KB024460

최신 KS / ISO 규격에 의한

기계설계 KS규격집

이홍우 · 노수황 편저

최신 KS/ISO 규격에 의한 기계설계 KS규격집

발　행 2020년 3월 10일 발행

저　자 이홍우 · 노수황
발행처 피앤피북
발행인 최영민
주　소 경기도 파주시 신촌2로 24
전　화 031-8071-0088
팩　스 031-942-8688
전자우편 pnpbook@naver.com
출판등록 2015년 3월 27일
등록번호 제406-2015-31호
인쇄제작 미래피앤피
등록번호 제2014-000036호
등록일자 2010년 02월 01일

정가 : 27,000원

ISBN 979-11-87244-60-8 (93550)

머리말

한국산업표준(KS : Korean Industrial Standards)은 산업표준화법에 의거하여 산업표준심의회의 심의를 거쳐 국가기술표준 원장이 고시함으로써 확정되는 국가표준으로 약칭하여 KS로 표시합니다. 또한, 한국산업표준은 국제 규격의 통일화를 기반으로 KS 규격도 새롭게 재정비되고 있으며, 기본 부문(A)에서부터 정보 부문(X)까지 21개 부문으로 구성되어 있습니다.

본서에서는 기계설계 · 제도와 CAD 교육의 기초 단계에 있어 규정된 산업 규격 데이터를 올바르게 활용하는 방법에 대해 터득하게 함으로써 산업 현장에서의 실무 적응력을 향상시키는데 도움이 될 수 있도록 하였습니다.
최근 국제 규격의 통일화를 기반으로 기존 KS 규격의 폐지와 개정 등이 이루어져, 최신 개정된 KS 및 ISO 규격을 인용하여 데이터를 정리하고 새롭게 구성하였으며, 규격의 활용 방법에 대한 이해도를 높이는데 중점을 두었습니다. 또한 일선 교육 기관의 학습용이나 국가기술자격증 취득 시에 활용하고 나아가 산업 현장의 실무용으로도 사용할 수 있도록 체계적으로 구성하였습니다.

본서가 출간되기까지 많은 노력과 지원을 아끼지 않은 메카피아와 피앤피북 출판 관계자들께 깊은 감사의 인사를 드리며, 앞으로도 독자 여러분의 조언과 건의를 경청하여 더욱 훌륭한 교재가 될 수 있도록 노력하겠습니다.

2020년 저자

차 례

Chapter 1 기계제도의 기본

Chapter 2 치수허용차와 도면지시법

Chapter 3 표면거칠기의 종류 및 표시

Chapter 4 일반공차 및 보통공차

Chapter 5 치수공차 및 기하공차

Chapter 6 키와 스플라인

Chapter 7 멈춤링과 로크너트·와셔

Chapter 8 나사의 제도와 규격

Chapter 9 볼트와 너트

Chapter 13 롤러 체인용 스프로킷

Chapter 14 기계요소 제도와 요목표 작성법

Chapter 18 베어링 끼워맞춤 및 설계 데이터

Chapter 19 미끄럼 베어링 규격

Chapter 20 볼 베어링 규격

Chapter 21 롤러 베어링 규격

Chapter 22 스러스트 베어링 규격

Chapter 23 축 설계 규격

Chapter 24 용접 기호

Chapter 25 유압 · 공기압 요소 기호

Chapter 01

기계제도의 기본

1-1 기계제도의 KS규격

■ 각국의 공업 규격 및 국제 기호

국가 및 기구	표준 규격 기호
국제표준화 기구 (International Organization For Standardization)	ISO
한국 산업 규격 (Korean Industrial Standards)	KS
영국 규격 (British Standards)	BS
독일 규격 (Deutsches Institute fur Normung)	DIN
미국 규격 (American National Standard Industrial)	ANSI
스위스 규격 (Schweitzerish Normen – Vereinigung)	SNV
프랑스 규격 (Norme Francaise)	NF
일본 공업 규격 (Japanese Industrial Standards)	JIS

■ KS 규격의 분류

기호	부문	기호	부문	기호	부문
A	기본(통칙)	F	토 건	M	화 학
B	기 계	G	일용품	P	의 료
C	전 기	H	식료품	R	수송기계
D	금 속	K	섬 유	V	조 선
E	광 산	L	요 업	W	항 공

기계제도에서 주로 사용하는 제도 용어(KS A 3007)에는 기계제도에 관한 일반사항, 도면의 크기 및 양식, 척도, 선의 종류에 관하여 규정하고 있다. 또, 기계 제도 규격 이외에도 아래와 같은 관련 규격이 제정되어 있다.

■ 기계제도 및 기계요소의 주요 KS 규격

표준 번호	표준명	표준 번호	표준명
KS B 0001	기계제도	KS A ISO 5456-1	투상법
KS A ISO 128-1	제도-표현의 일반원칙	KS B 0201	미터 보통 나사
KS A ISO 128-24	제도-기계제도에 사용하는 선	KS B 0204	미터 가는 나사
KS A ISO 128-30	제도-투상도에 대한 기본 규정	KS B 0222	관용 테이퍼 나사
KS B ISO 128-34	기계제도에서의 투상도	KS B 0226	29° 사다리꼴 나사
KS B ISO 128-44	기계제도에서의 단면도	KS B 0231	나사 끝의 모양 · 치수
KS A ISO 128-50	제도-절단 및 단면도 도시에 대한 기본 규정	KS B ISO 5459	제품의 형상명세-기하공차 표시
KS B ISO 129-1	치수 및 공차의 표시-일반 원칙	KS B 0246	나사부품 각 부의 치수호칭 및 기호
KS B 0002	제도-기어의 표시	KS B 0248	태핑 스크루의 나사부
KS B 0004-1	제도-구름베어링-일반간략표시	KS B ISO 286-1	제1부-공차, 편차 및 끼워맞춤의 기본
KS B 0004-2	제도-구름베어링-상세간략표시	KS B ISO 286-2	제2부-구멍 및 축용 표준공차 등급
KS B 0005	제도-스프링의 표시	KS B 0401	치수공차의 한계 및 끼워맞춤
KS B ISO 3098-2	제도-로마자, 숫자 및 표시	KS B 0410	센터 구멍
KS A ISO 128-22	지시선과 기입선의 기본 규정 및 적용	KS A ISO 1101	기하공차기입-형상, 자세, 위치 및 흔들림공차
KS B ISO 6412-1	제도-배관의 간략 표시-규칙 및 정투상도	KS A ISO 7083	기하공차기호-비율과 크기 치수
KS B ISO 6412-2	제도-배관의 간략 표시-등각투상도	KS B ISO 12085	표면의 결(조직)-프로파일법
KS B ISO 6412-3	제도-배관의 간략 표시-환기계 및 배수계	KS A ISO 1302	제품의 기술 문서에서 표면의 결에 대한 지시
KS B 0052	용접 기호	KS A 0005	제도-통칙(도면 작성의 일반 코드)
KS B ISO 701	기어기호-기하학적 데이터의 기호	KS A ISO 128-21	제도-CAD에 의한 선의 준비
KS B 0054	유압.공기압 도면기호	KS A ISO 10209	제품의 기술 문서(TPD)
KS B 0107	금속가공 공정의 기호	KS A ISO 7200	표제란의 정보 구역과 표제
KS B ISO 4287	제품의 형상 명세(GPS)-표면조직	KS B ISO 8734	맞춤핀
KS A ISO 5455	제도-척도	KS B ISO 5457	제품의 기술문서(TPD)-도면의 크기 및 양식

1-2 도면의 크기와 양식

KS B ISO 5457

이 표준은 컴퓨터에 의해서 제작되는 도면을 포함하여 여러 산업 분야에서의 제도용 용지의 크기 및 양식에 대하여 규정한다. 이 표준은 또한 기술 분야의 문서에서도 적용된다.

■ 도면의 크기(KS M ISO-A열 크기)

① ISO-A열(KS M ISO 216 참조)의 제도 영역뿐만 아니라 재단한 것과 재단하지 않은 것을 포함한 모든 용지에 대해 권장 크기는 아래 표에 따른다.

② 도면은 긴 쪽을 좌우 방향으로 놓고서 사용한다. 다만 A4는 짧은 쪽을 좌우 방향으로 놓고서 사용해도 무방하다.

■ 재단한 용지와 재단하지 않은 용지의 크기 및 제도 영역 크기

크기	재단한 용지(T)		제도 공간		재단하지 않은 용지(U)	
	a_1	b_1	a_2 ±0.5	b_2 ±0.5	a_3 ±2	b_3 ±2
A0	841	1189	821	1159	880	1230
A1	594	841	574	811	625	880
A2	420	594	400	564	450	625
A3	297	420	277	390	330	450
A4	210	297	180	277	240	330

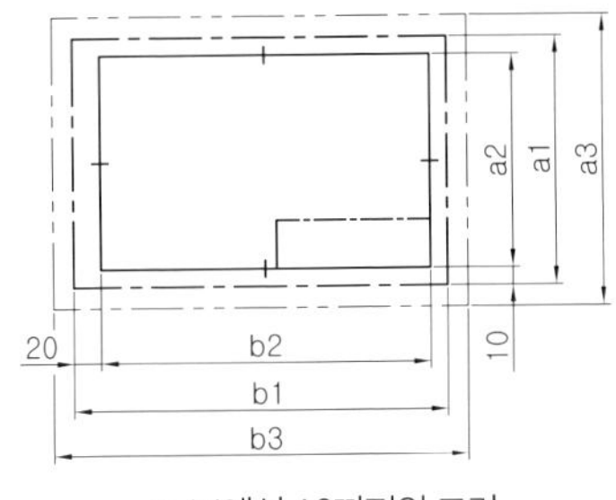

▶A4에서 A0까지의 크기

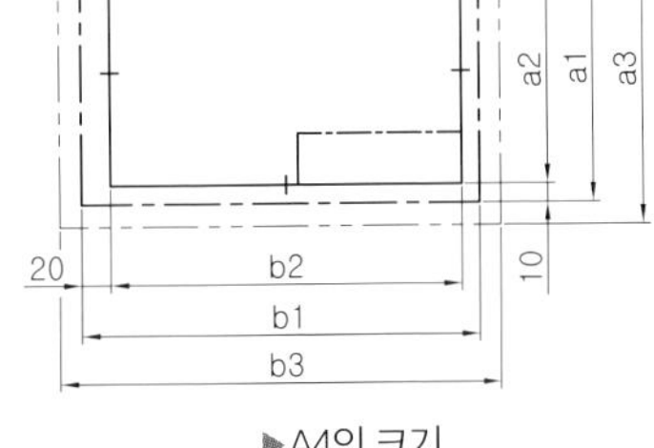

▶A4의 크기

■ 도면의 양식

(가) 도면에 반드시 마련해야 할 사항

① 도면에는 「도면의 크기와 종류 및 윤곽의 치수」의 치수에 따라 굵기 0.5mm 이상의 윤곽선을 그린다.

② 도면에는 그 오른쪽 아래 구석에 표제란을 그리고, 원칙적으로 도면 번호, 도명, 기업(단체)명, 책임자 서명(도장), 도면 작성 년월일, 척도 및 투상법을 기입한다.

③ 도면에는 KS B ISO 5457(도면의 크기 및 양식)에 따라 중심 마크를 설치한다.

(나) 도면에 마련하는 것이 바람직한 사항

① 비교 눈금:도면의 축소 또는 확대 복사의 작업 및 이들의 복사 도면을 취급할 때의 편의를 위하여 도면에 눈금의 간격이 10mm이상의 길이로 0.5mm의 실선인 눈금선으로 길이는 5mm 이하로 마련한다.

② 도면의 구역을 표시하는 구분선, 구분기호:도면 중 특정 부분의 위치를 지시하는 편의를 위하여 도면의 구역을 표시하며 25mm에서 75mm 간격의 길이를 0.5mm의 실선으로 도면의 윤곽선에서 접하여 도면의 가장자리 쪽으로 약 5mm 길이로 긋는다. 구분기호는 도면의 정위치 상태에서 가로변을 따라 1,2, 3…의 아라비아 숫자, 세로변을 따라 A,B,C…알파벳 대문자 기호를 붙인다.

③ 재단 마크 : 복사한 도면을 재단하는 경우의 편의를 위하여 원도에 재단 마크를 마련한다.

1-3 도면의 분류

■ 사용 목적에 따른 분류

분류	영문	설명
계획도	scheme drawing	설계자가 만들고자 하는 제품의 계획을 나타낸 도면
제작도	manufacture drawing	설계자의 의도를 작업자에게 정확히 전달시켜 요구하는 제품을 만들게 하기 위하여 사용되는 도면
주문도	drawing for order	주문하는 사람이 주문하는 제품의 모양, 정밀도, 기능도 등의 개요를 주문 받은 사람에게 제시하는 도면
승인도	approved drawing	주문 받은 사람이 주문하는 사람의 검토와 승인을 얻기 위하여 최종사용자나 기업에게 제출하는 용도의 도면
견적도	estimation drawing	주문할 사람에게 제품이나 기계의 부품구성 내용 및 금액 등을 설명하기 위한 도면
설명도	explanation drawing	사용자에게 제품의 구조, 치수, 주요기능, 작동원리, 취급방법 등을 설명하기 위한 도면, 주로 제품이나 기계의 카달로그(catalogue)나 매뉴얼(manual)에 사용된다.

■ 내용에 따른 분류

분류	영문	설명
조립도	assembly drawing	제품이나 기계의 전체적인 조립 상태를 나타내는 도면으로서 조립도를 보면 그 제품의 구조를 잘 알 수있다.
부분 조립도	partial assembly drawing	복잡한 제품의 조립 상태를 몇 개의 부분으로 나누어 각 부분마다의 자세한 조립 상태를 나타내는 도면
부품도	part drawing	제품을 구성하는 각 부품을 개별적으로 상세하게 그린 도면
공정도	process drawing	제조 과정에서 거쳐야 할 공정 마다의 처리 방법, 사용 용구 등을 상세히 나타내는 도면으로, 공작 공정도, 제조 공정도, 설비 공정도 등이 있다.
상세도	detail drawing	필요한 부분을 더욱 상세하게 표시한 도면으로, 선박, 건축, 기계 등의 도면에서 볼 수 있다.
접속도	electrical schematic diagram	전기 기기의 내부, 상호간 접속 상태 및 기능을 나타내는 도면
배선도	wiring diagram	전기 기기의 크기와 설치할 위치, 전선의 종별, 굵기, 수 및 배선의 위치 등을 도시 기호와 문자 등으로 나타내는 도면
배관도	piping diagram	펌프, 밸브 등의 위치, 관의 굵기와 길이, 배관의 위치와 설치 방법 등을 자세히 나타내는 도면
계통도	system diagram	물, 기름, 가스, 전력 등의 접속과 작동을 나타내는 도면
기초도	foundation drawing	콘크리트 기초의 높이, 치수 등과 설치되는 기계나 구조물과의 관계를 나타내는 도면
설치도	setting drawing	기계나 장치류 등을 설치할 경우에 관계되는 사항을 나타내는 도면
배치도	layout drawing	공장 내에 기계 등을 많이 설치할 경우에 이들의 설치 위치를 나타내는 도면, 배치도는 공정 관리, 운반 관리 및 생산 계획 등에도 사용된다.
장치도	plant layout drawing	장치 공업에서 각 장치의 배치와 제조 공정 등의 관계를 나타내는 도면
전개도	development drawing	구조물, 물품 등의 표면을 평면으로 나타내는 도면
외형도	outside drawing	구조물과 기계 전체의 겉모양과 설치 및 기초 공사 등에 필요한 사 항을 나타내는 도면
구조선도	skeleton drawing	기계나 건축 구조물의 구조를 선도로 나타내는 도면
스케치도	sketch drawing	부품을 그리거나 도안할 때 필요한 사항을 제도 기구 없이 프리핸드(free hand)로 나타내는 도면
곡면선도	lines drawing	자동차의 차체, 항공기의 동체, 배의 선체 등의 곡면부분을 단면 곡선으로 나타내는 도면

1-4 척도와 도면 기입 방법

KS A ISO 5455

도면에 사용하는 척도는 도면의 표제란에 기입한다. 척도(scale)는 「대상물의 실제 치수에 대한 도면에 표시한 대상물의 비」로 정의하며 도면에 작도된 길이와 대상물의 실제 길이와의 비율로 나타내며, 한 도면에서 공통적으로 사용되는 척도를 표제란에 기입해야 한다. 그러나 같은 도면에서 서로 다른 척도를 사용할 필요가 있는 경우에는 주요 척도를 표제란에 기입하고, 그 외의 척도는 부품 번호 또는 상세도(또는 단면도)의 참조 문자 부근에 기입한다. 또, 척도의 표시를 잘못 볼 염려가 없을 때에는 기입하지 않아도 좋다.

■ 척도의 종류

종류	영문	설명
현척 실제 치수	Full scale, Full size	척도의 비가 1:1인 척도, 도형을 실물과 같은 크기(1:1)로 그리는 경우로 가장 보편적으로 사용된다.
축척	Contraction scale Reduction scale	척도의 비가 1:1보다 작은 척도로, 비가 작으면 척도가 작다고 함. 도형을 실물보다 작게 그리는 경우로 치수 기입은 실물의 실제 치수를 기입한다.
배척	Enlarged scale Enlarrgement	척도의 비가 1:1보다 큰 척도로 비가 크면 척도가 크다고 함. 도형을 실물보다 크게 그리는 경우(확대도, 상세도 등)로 실물의 실제 치수를 기입한다.
NS	Not to scale	비례척이 아닌 임의의 척도를 말한다.

■ 척도의 표시 방법

척도는 A:B로 표시한다.

여기서, A: 그린 도형에서의 대응하는 길이 , B: 대상물의 실제 길이

또한, 현척의 경우에는 A, B를 다같이 1, 축척의 경우에는 A를 1, 배척의 경우에는 B를 1로 하여 나타낸다.

[보기] ① 축척의 경우 1:2
② 현척의 경우 1:1
③ 배척의 경우 2:1

도면에서의 길이　　　　대상물의 실제 길이

■ 제도에 사용되는 권장 척도

종류	권장 척도		
배척	50:1 5:1	20:1 2:1	10:1
현척	1:1		
축척	1:2 1:20 1:200 1:2000	1:5 1:50 1:500 1:5000	1:10 1:100 1:1000 1:10000

[비고] 위 표의 척도보다 큰 배척 또는 작은 축척이 필요한 경우에는 위 표의 척도 범위를 초과하여 상하로 확장해도 된다. 사용할 척도는 위 표의 척도에 10의 정수를 곱하여 얻어지는 척도로 한다. 예외로 위 표의 척도를 사용할 수 없을 경우에는 위 표의 중간 척도를 사용해도 좋다.

1-5 기계제도에서 사용하는 선의 종류와 용도

KS A ISO 128-24

■ 선의 종류 및 용도

용도에 의한 명칭	선의 종류		선의 용도
외형선	굵은 실선		대상물이 보이는 부분의 모양을 표시하는데 쓰인다.
치수선	가는 실선		치수를 기입하기 위하여 쓰인다.
치수 보조선			치수를 기입하기 위하여 도형으로부터 끌어내는 데 쓰인다.
지시선			기술 · 기호 등을 표시하기 위하여 끌어들이는 데 쓰인다.
회전 단면선			도형 내에 그 지분의 끊은 곳을 90° 회전하여 표시하는 데 쓰인다.
중심선			도형의 중심선을 간략하게 표시하는 데 쓰인다.
수준면선			수면, 유면 등의 위치를 표시하는 데 쓰인다.
숨은선(파선)	가는 파선		대상물의 보이지 않는 부분의 모양을 표시하는 데 쓰인다.
	굵은 파선		열처리와 같은 표면처리의 허용 부분을 지시하는 선
중심선	가는 일점 쇄선		a) 도형의 중심을 표시하는 데 쓰인다. b) 중심이 이동한 중심궤적을 표시하는 데 쓰인다.
기준선			특히 위치 결정의 근거가 된다는 것을 명시할 때 쓰인다.
피치선			되풀이하는 도형의 피치를 취하는 기준을 표시하는 데 쓰인다.
특수 지정선	굵은 일점 쇄선		특수한 가공을 하는 부분 등 특별한 요구사항을 적용할 수 있는 범위를 표시하는 데 사용한다.
가상선	가는 이점 쇄선		a) 인접부분을 참고로 표시하는 데 사용한다. b) 공구, 지그 등의 위치를 참고로 나타내는 데 사용한다. c) 가동부분을 이동 중의 특정한 위치 또는 이동한계의 위치로 표시하는 데 사용한다. d) 가공 전 또는 가공 후의 모양을 표시하는 데 사용한다. e) 되풀이하는 것을 나타내는 데 사용한다. f) 도시된 단면의 앞쪽에 있는 부분을 표시하는 데 사용한다.
무게 중심선			단면의 무게 중심을 연결한 선을 표시하는 데 사용한다.
광축선			렌즈를 통과하는 광축을 나타내는 데 사용한다.
파단선	불규칙한 파형의 가는 실선 또는 지그재그선		대상물의 일부를 파단한 경계 또는 일부를 떼어낸 경계를 표시하는 데 사용한다.
절단선	가는 일점 쇄선으로 끝부분 및 방향이 변하는 부분을 굵게한 것		단면도를 그리는 경우, 그 절단 위치를 대응하는 그림에 표시하는 데 사용한다.
해칭	가는 실선으로 규칙적으로 줄을 늘어놓은 것		도형의 한정된 특정 부분을 다른 부분과 구별하는 데 사용한다. 예를 들면 단면도의 절단된 부분을 나타낸다.
특수한 용도의 선	가는 실선		a) 외형선 및 숨은 선의 연장을 표시하는 데 사용한다. b) 평면이라는 것을 나타내는 데 사용한다. c) 위치를 명시하는 데 사용한다.
	아주 굵은 실선		얇은 부분의 단선 도시를 명시하는 데 사용한다.

[비고] 가는 선, 굵은 선 및 아주 굵은 선의 굵기 비율은 1:2:4로 한다.

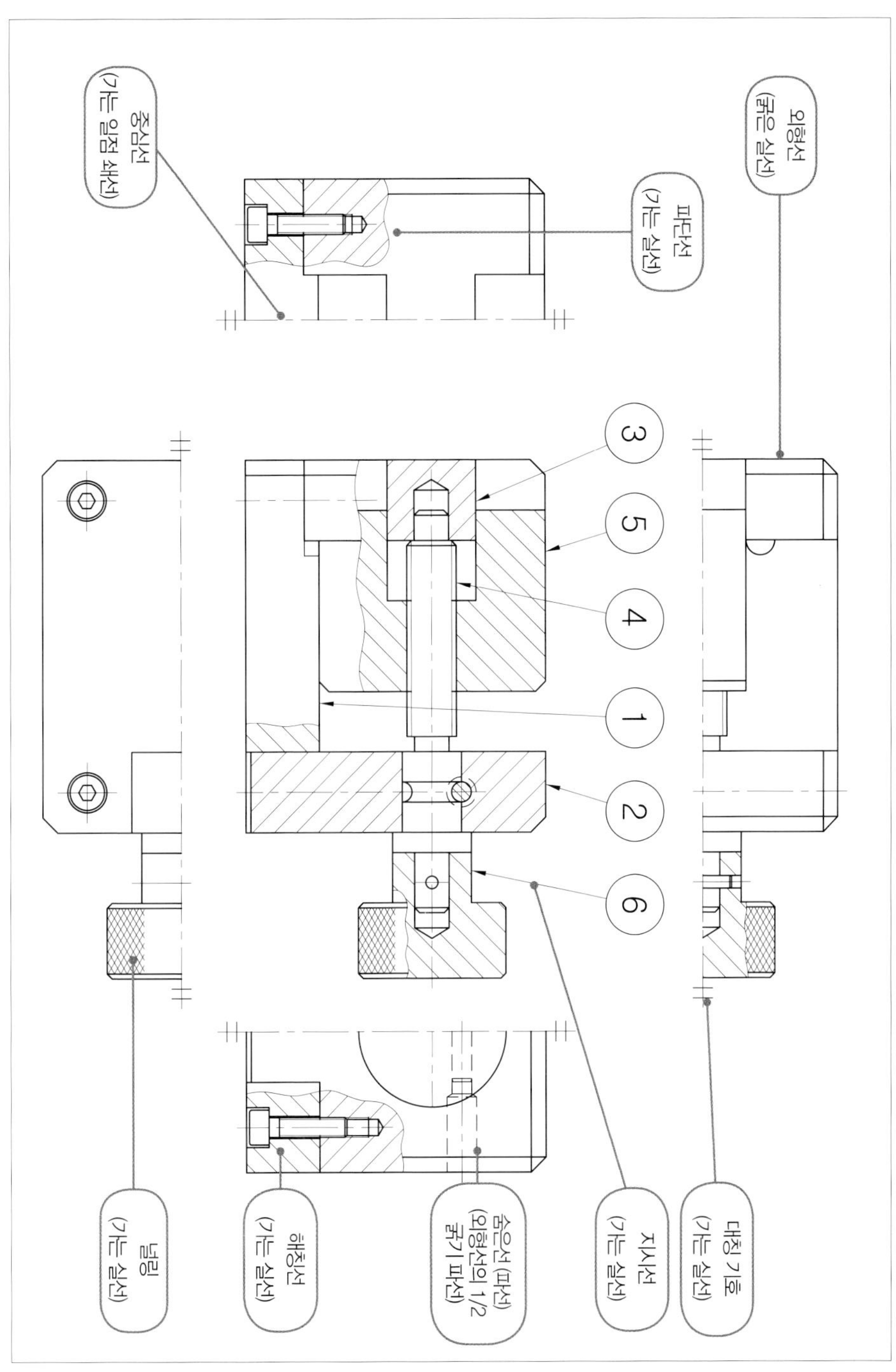
외형선
(굵은 실선)
파단선
(가는 실선)
중심선
(가는 일점 쇄선)
3
5
4
1
2
6
대칭 기호
(가는 실선)
지시선
(가는 실선)
숨은선 (파선)
(외형선의 1/2
굵기 파선)
해칭선
(가는 실선)
널링
(가는 실선)

▶선의 용도에 따른 명칭

■ 선의 우선 순위

도면에서 2종류 이상의 선이 겹치게 되면 아래의 우선 순위에 따라 선을 그린다.

① 외형선 (visible outline)
② 숨은선 (hidden outline)
③ 절단선 (line of cutting plane)
④ 중심선 (中心線, center line)
⑤ 무게중심선 (重心線,Centroidal line)
⑥ 치수보조선 (Profection line)

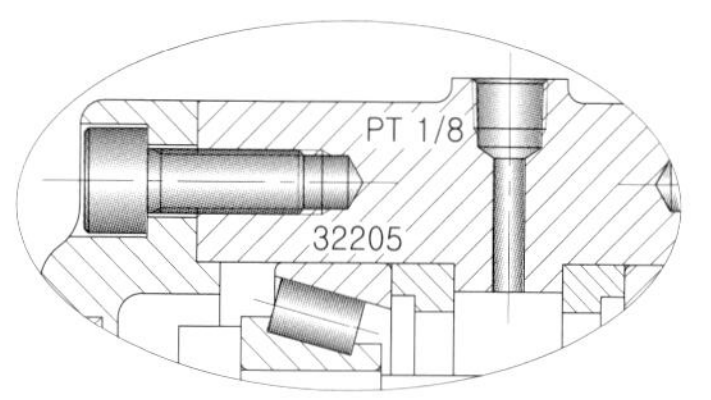

– 선의 우선 순위에서 문자는 최우선임

■ 전산응용(CAD)기계제도 기능사 및 일반기계 계열 산업기사/기사[작업형 실기시험]

CAD에서 선의 굵기는 색깔(Color)로 선의 종류를 지정하여 구분하고, 지정한 색깔에 설정한 선의 굵기대로 출력이 된다. 그러므로 CAD로 작도시에 선의 용도와 굵기는 반드시 익혀 둘 필요가 있다. 색깔로 선을 구분해서 출력하면 각각 지정한 색깔대로 출력이 되지 않고 검은색으로 굵기 별로 구분되어 출력이 되도록 CAD에서 '플롯 스타일 편집기 '라는 것을 이용하여 수검 도면에 사용됐던 모든 객체들이 검은색으로 출력이 되도록 지정해주면 된다. 만일 테이블을 수정하지 않고 출력을 하게 되는 경우, 플로터가 컬러가 지원이 되면 작도된 색깔대로 나오고, 플로터가 흑백만 지원이 되는 경우에는 각 색상의 명도값에 따라 흑색으로 출력되어 선이나 문자 등이 또렷하지 않고 흐릿하게 출력이 되므로 유의해야 한다.

CAD에서 선의 용도와 굵기 예시 (A3, A2 양식의 출력 예)

문자, 숫자, 기호의 높이	선 굵기	지정 색상(Color)		용도
7.0 mm	0.70 mm	청(파란)색	Blue	윤곽선, 표제란과 부품란의 윤곽선 등
5.0 mm	0.50 mm	초록, 갈색	Green Brown	외형선, 부품번호, 개별주서, 중심 마크 등
3.5 mm	0.35 mm	황(노란)색	Yellow	숨은선, 치수와 기호, 일반주서 등
2.5 mm	0.25 mm	흰색, 빨강	White Red	해치선, 치수선, 치수보조선, 중심선, 가상선, 파단선 등

[key point]

가는선 : CAD에서 작도 시에 가는선의 색깔(Color) 구분을 빨간색으로 지정했을 경우 **치수선, 치수보조선, 중심선, 해칭선, 가상선**, 파단선과 그 외의 가는 실선과 동일한 굵기의 선들은 전부 빨간색으로 지정해야 한다.

중간선 : CAD에서 작도시에 중간선의 색깔(Color) 구분을 노란색으로 지정했을 경우 **숨은선, 치수문자, 일반주서** 등의 색깔은 전부 노란색으로 지정해야 한다.

굵은선 : CAD에서 작도시에 굵은선의 색깔(Color) 구분을 초록색으로 지정했을 경우 **외형선, 개별 주서와 그 외의 외형선**과 동일한 굵기의 선들은 전부 초록색으로 지정해야 한다.

[주의사항]

실기시험에서 주어진 시간 내에 요구하는 사항을 준수하여 도면을 완성해 놓고 출력시에 위의 적용 예를 준수하지 않고 출력하여 제출 시 낭패를 볼 수도 있다. 그것은 다양한 색깔을 사용하여 작도시에 발생하는 사항으로 출력시에는 이미 지정된 색깔 이외로 작도된 것들은 출력되지 않는다는 점을 반드시 숙지해야 할 것이다.

■ 기계제도에 사용하는 선

KS A ISO 128-24

[선의 종류 및 적용]

가는 실선 :

- 서로 교차하는 가상의 상관 관계를 나타내는 선(상관선)
- 치수선 (KS B ISO 129-1)
- 치수 보조선 (KS B ISO 129-1)
- 지시선 및 기준선 (KS A ISO 128-22)
- 해칭 (KS A ISO 128-50)
- 회전 단면의 한 부분 윤곽을 나타내는 선 (KS A ISO 128-40)
- 짧은 중심을 나타내는 선
- 나사의 골을 나타내는 선 (KS B ISO 6410-1)
- 시작점과 끝점을 나타내는 치수선 (KS B ISO 129-1)
- 원형 부분의 평평한 면을 나타내는 대각선
- 소재의 굽은 부분이나 가공 공정의 표시선
- 상세도를 그리기 위한 틀의 선
- 반복되는 자세한 모양의 생략을 나타내는 선
- 테이퍼가 진 모양을 설명하기 위한 선 (KS B ISO 3040)
- 판의 겹침이나 위치를 나타내는 선
- 투상을 설명하는 선
- 격자를 나타내는 선

가는 자유 실선 :

만약 대칭선이나 중심선이 제한되지 않은 경우에 부분 투상도의 절단, 단면의 한계를 기계적으로 그을 때(하나의 도면에 한 종류의 선만 사용할 때 추천한다)

지그재그 가는 실선 :

만약 대칭선이나 중심선이 제한되지 않은 경우에 부분 투상도의 절단, 단면의 한계를 기계적으로 그을 때

굵은 실선 :

① 보이는 물체의 모서리 윤곽을 나타내는 선 (KS A ISO 128-30)
② 보이는 물체의 윤곽을 나타내는 선 (KS A ISO 128-30)
③ 나사 봉우리의 윤곽을 나타내는 선 (KS B ISO 6410-1)
④ 나사의 길이에 대한 한계를 나타내는 선 (KS B ISO 6410-1)
⑤ 도표, 지도, 흐름도에서 주요한 부분을 나타내는 선
⑥ 금속 구조 공학 등의 구조를 나타내는 선 (KS A ISO 5261)
⑦ 성형에서 분리되는 위치를 나타내는 선 (KS A ISO 10135)
⑧ 절단 및 단면을 나타내는 화살표의 선 (KS A ISO 128-40)

가는 파선 :

① 보이지 않는 물체의 모서리 윤곽을 나타내는 선 (KS A ISO 128-30)
② 보이지 않는 물체의 윤곽을 나타내는 선 (KS A ISO 128-30)

굵은 파선 : - - - - - - - -

① 열처리와 같은 표면 처리의 허용 부분을 지시하는 선 (ISO 15787)

가는 일점 쇄선 : —·—·—

① 중심선

② 대칭을 나타내는 선

③ 기어의 피치원을 나타내는 선 (KS B ISO 2203)

④ 구멍의 피치원을 나타내는 선

⑤ 열처리와 같은 표면 경화 부분의 예상되거나 원하는 확산을 나타내는 선 (ISO 15787)

⑥ 절단선 (KS A ISO 128-40)

굵은 일점 쇄선 : —·—·—

① 제한된 면적을 지시하는 선(열처리, 표면 처리 등) (ISO 15785, KS A ISO 1101)

② 절단면의 위치를 나타내는 선 (KS A ISO 128-40)

가는 이점 쇄선 : —··—··—

① 인접 부품의 윤곽을 나타내는 선

② 움직이는 부품의 최대 위치를 나타내는 선

③ 그림의 중심을 나타내는 선

④ 성형 가공 전의 윤곽을 나타내는 선

⑤ 부품의 절단면 앞모양을 나타내는 선

⑥ 움직이는 물체의 외형을 나타내는 선

⑦ 소재의 마무리된 부품 모양의 윤곽선 (KS A ISO 10135)

⑧ 특별히 범위나 영역을 나타내기 위한 틀의 선 (ISO 15787)

⑨ 돌출 공차 영역을 나타내는 선 (KS A ISO 1101)

⑩ 광 축 (KS B ISO 10110-1)

⑪ 기계적 공정에서 사용되는 구조적 외곽선을 나타내는 선 (ISO 15787)

굵은 점선 : ·············

열처리가 가능하지 않는 부분을 나타내는 선 (ISO 15787)

■ 선의 굵기 및 선군

기계 제도에서 2개의 선 굵기가 보통 사용된다. 선 굵기 비는 1:2 이어야 한다.

선군(Line groups)

단위 : mm

선군	선 번호에 대한 선의 굵기	
	01.2-02.2-04.2	01.1-02.1-04.1-05.1
0.25	0.25	0.13
0.35	0.35	0.18
0.5(1)	0.5	0.25
0.7(1)	0.7	0.35
1	1	0.5
1.4	1.4	0.7
2	2	1

[주] (1) 권장할 만한 선군

선의 굵기 및 선군은 도면의 종류, 크기 및 척도에 따라 선택되어야 하고, 정밀복사나 다른 재생방법의 요구사항에 따라 선택되어야 한다.

■ 선의 종류에 따른 적용 예

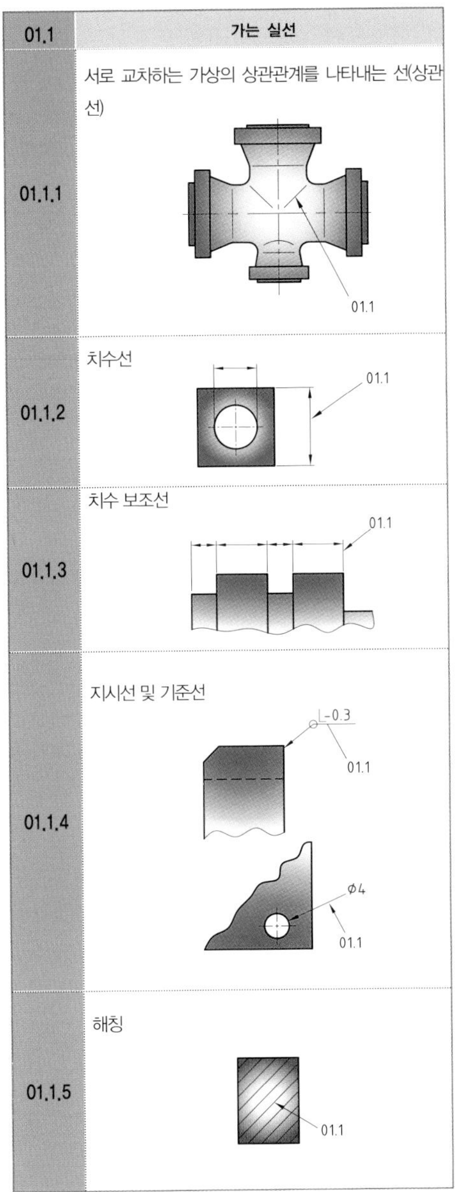

01.1	가는 실선
01.1.1	서로 교차하는 가상의 상관관계를 나타내는 선(상관선)
01.1.2	치수선
01.1.3	치수 보조선
01.1.4	지시선 및 기준선
01.1.5	해칭

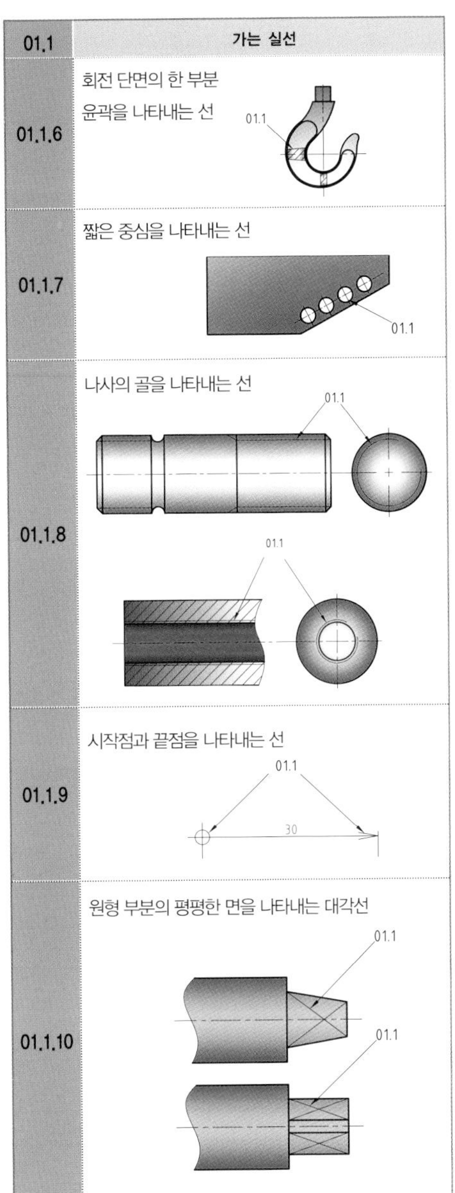

01.1	가는 실선
01.1.6	회전 단면의 한 부분 윤곽을 나타내는 선
01.1.7	짧은 중심을 나타내는 선
01.1.8	나사의 골을 나타내는 선
01.1.9	시작점과 끝점을 나타내는 선
01.1.10	원형 부분의 평평한 면을 나타내는 대각선

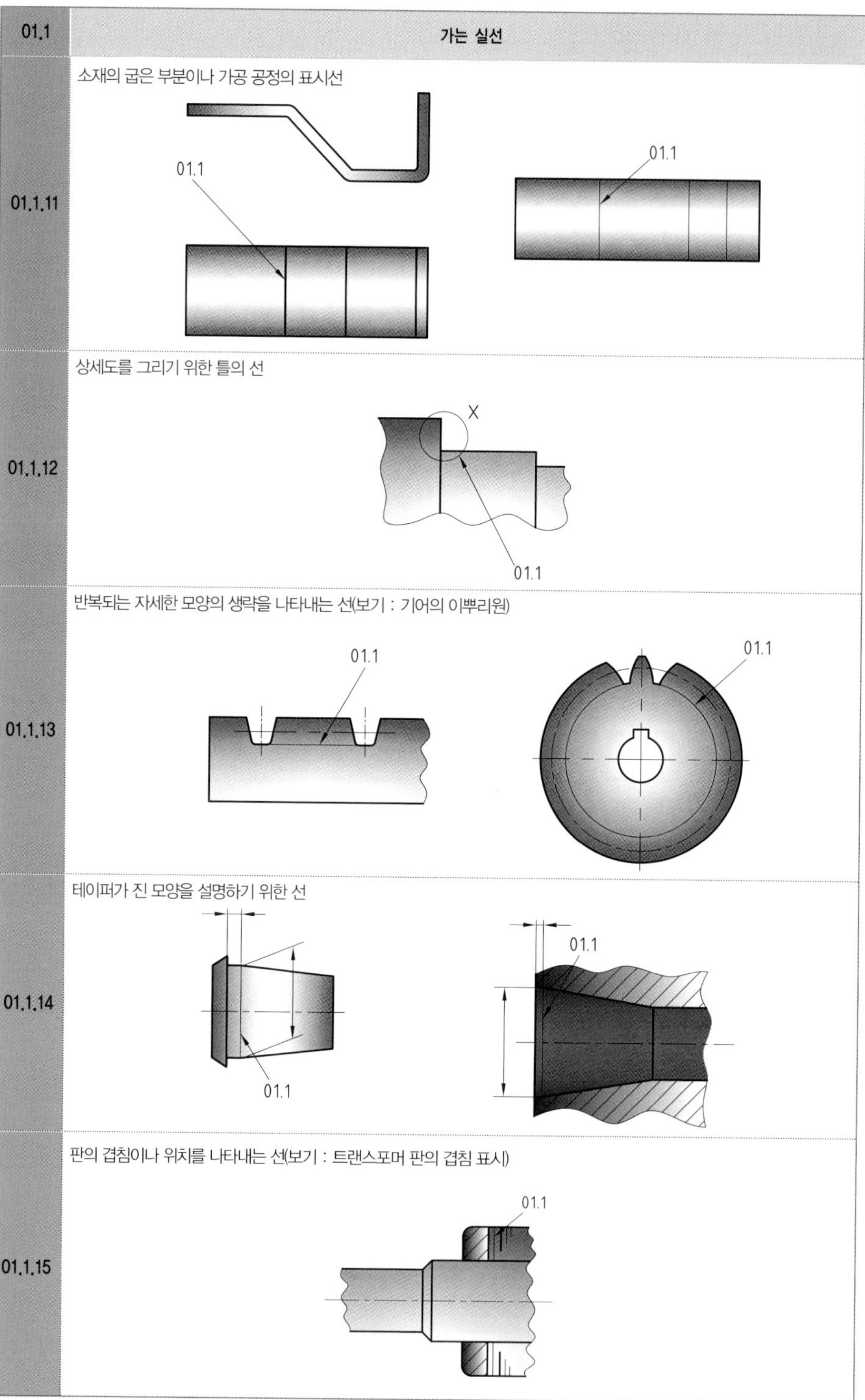

01.1	가는 실선
01.1.11	소재의 굽은 부분이나 가공 공정의 표시선 01.1 01.1
01.1.12	상세도를 그리기 위한 틀의 선 X 01.1
01.1.13	반복되는 자세한 모양의 생략을 나타내는 선(보기 : 기어의 이뿌리원) 01.1 01.1
01.1.14	테이퍼가 진 모양을 설명하기 위한 선 01.1 01.1
01.1.15	판의 겹침이나 위치를 나타내는 선(보기 : 트랜스포머 판의 겹침 표시) 01.1

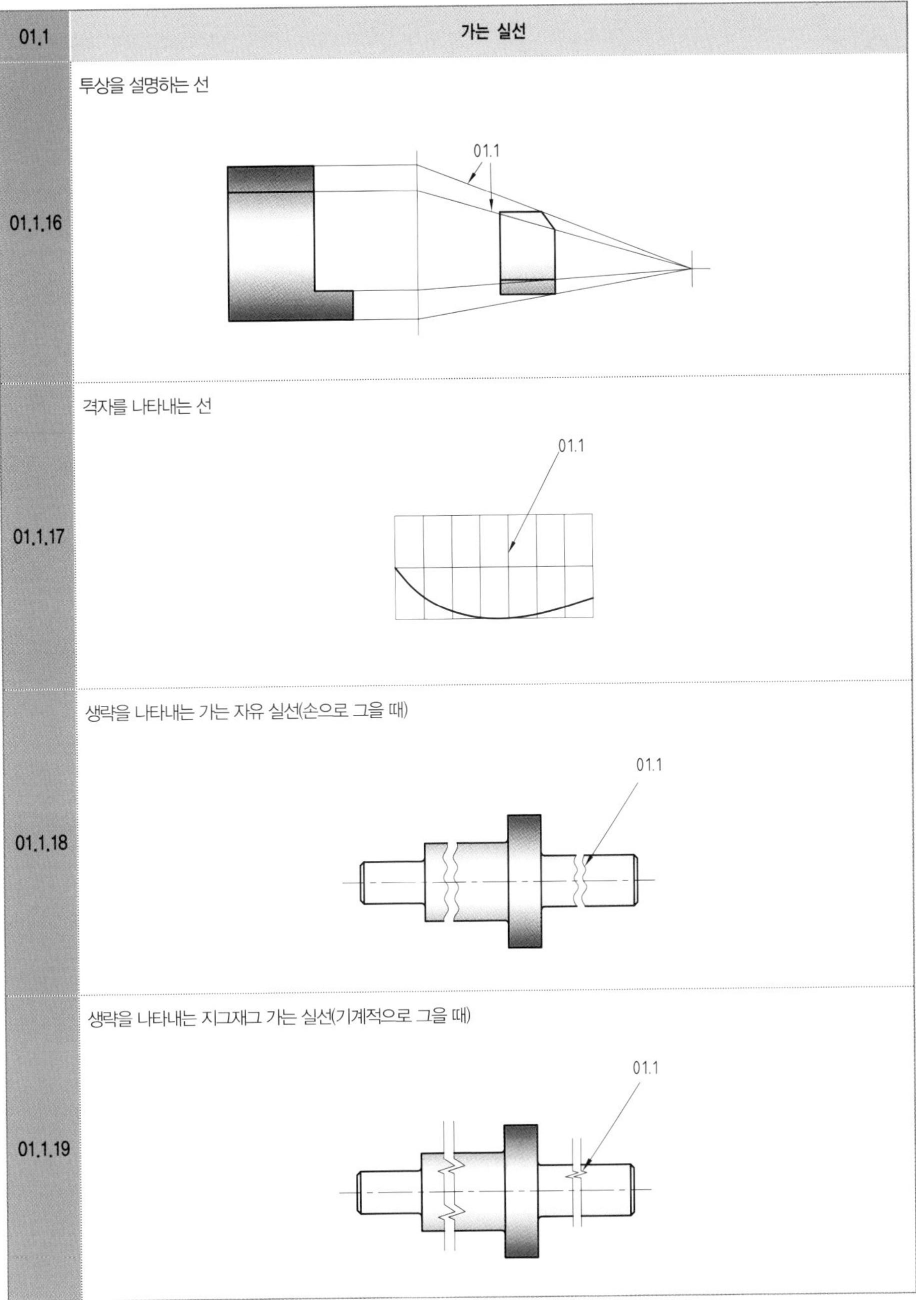

01.1	가는 실선
01.1.16	투상을 설명하는 선
01.1.17	격자를 나타내는 선
01.1.18	생략을 나타내는 가는 자유 실선(손으로 그을 때)
01.1.19	생략을 나타내는 지그재그 가는 실선(기계적으로 그을 때)

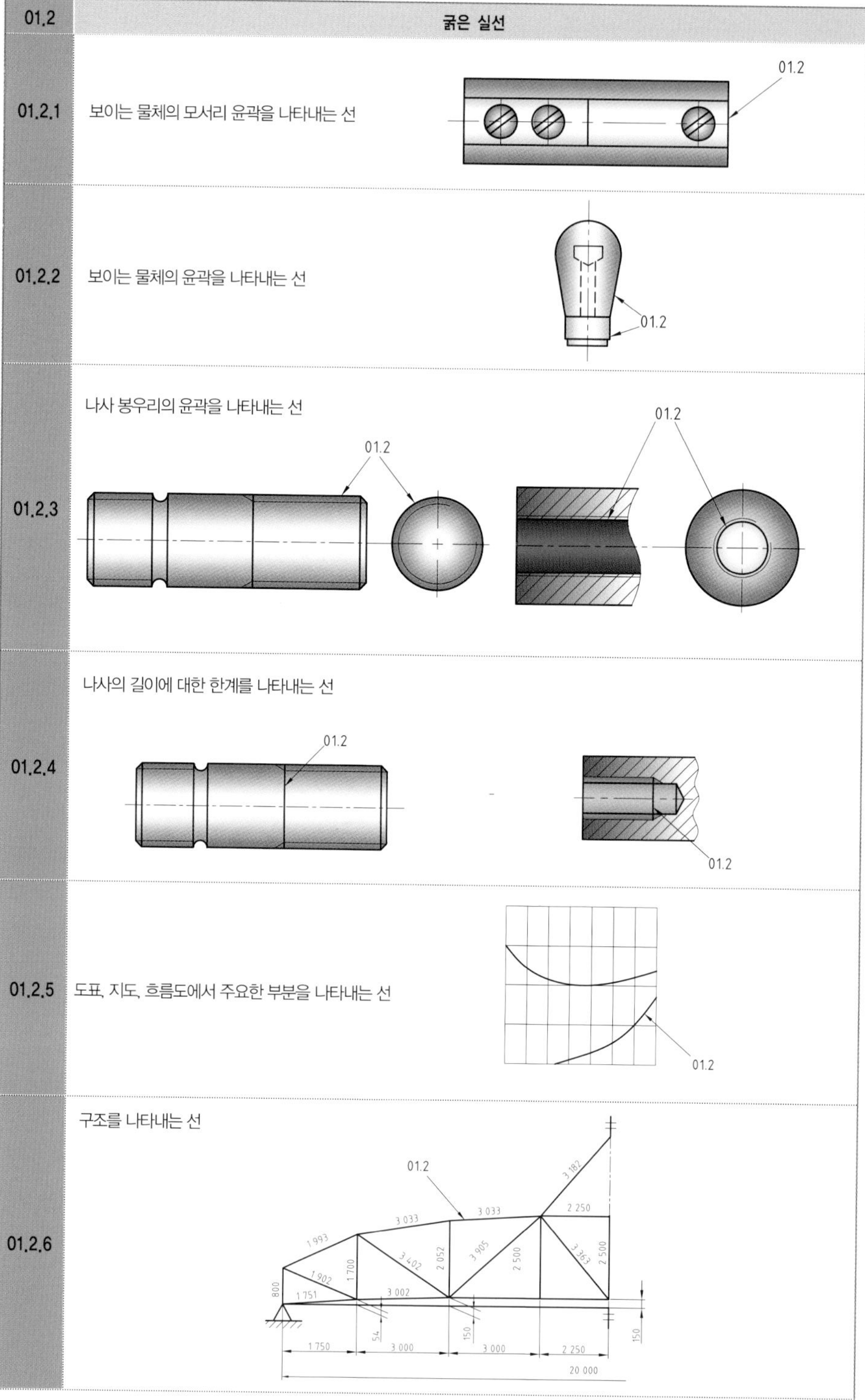

01.2	굵은 실선
01.2.1	보이는 물체의 모서리 윤곽을 나타내는 선
01.2.2	보이는 물체의 윤곽을 나타내는 선
01.2.3	나사 봉우리의 윤곽을 나타내는 선
01.2.4	나사의 길이에 대한 한계를 나타내는 선
01.2.5	도표, 지도, 흐름도에서 주요한 부분을 나타내는 선
01.2.6	구조를 나타내는 선

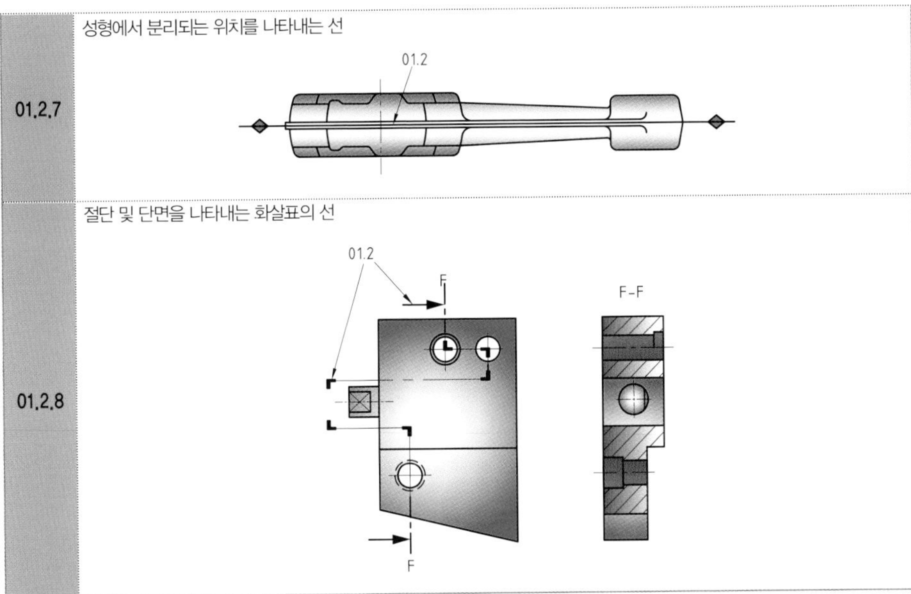

02.1	가는 파선
02.1.1	보이지 않는 물체의 모서리 윤곽을 나타내는 선 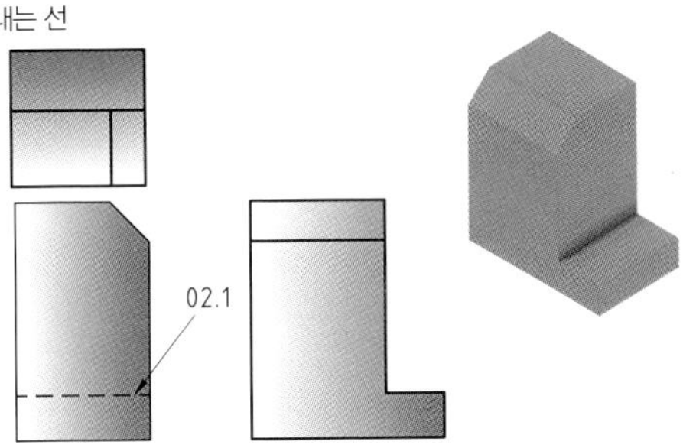 02.1
02.1.2	보이지 않는 물체의 윤곽을 나타내는 선 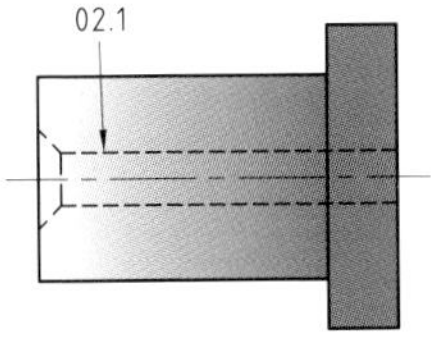 02.1
02.2	**굵은 파선**
02.2.1	열처리와 같은 표면 처리의 허용 부분을 지시하는 선 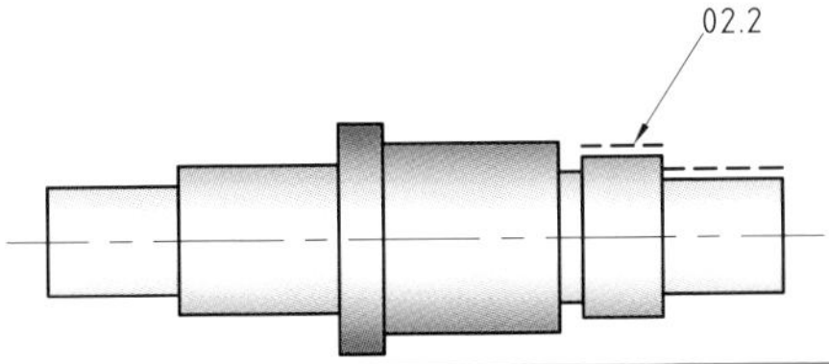 02.2

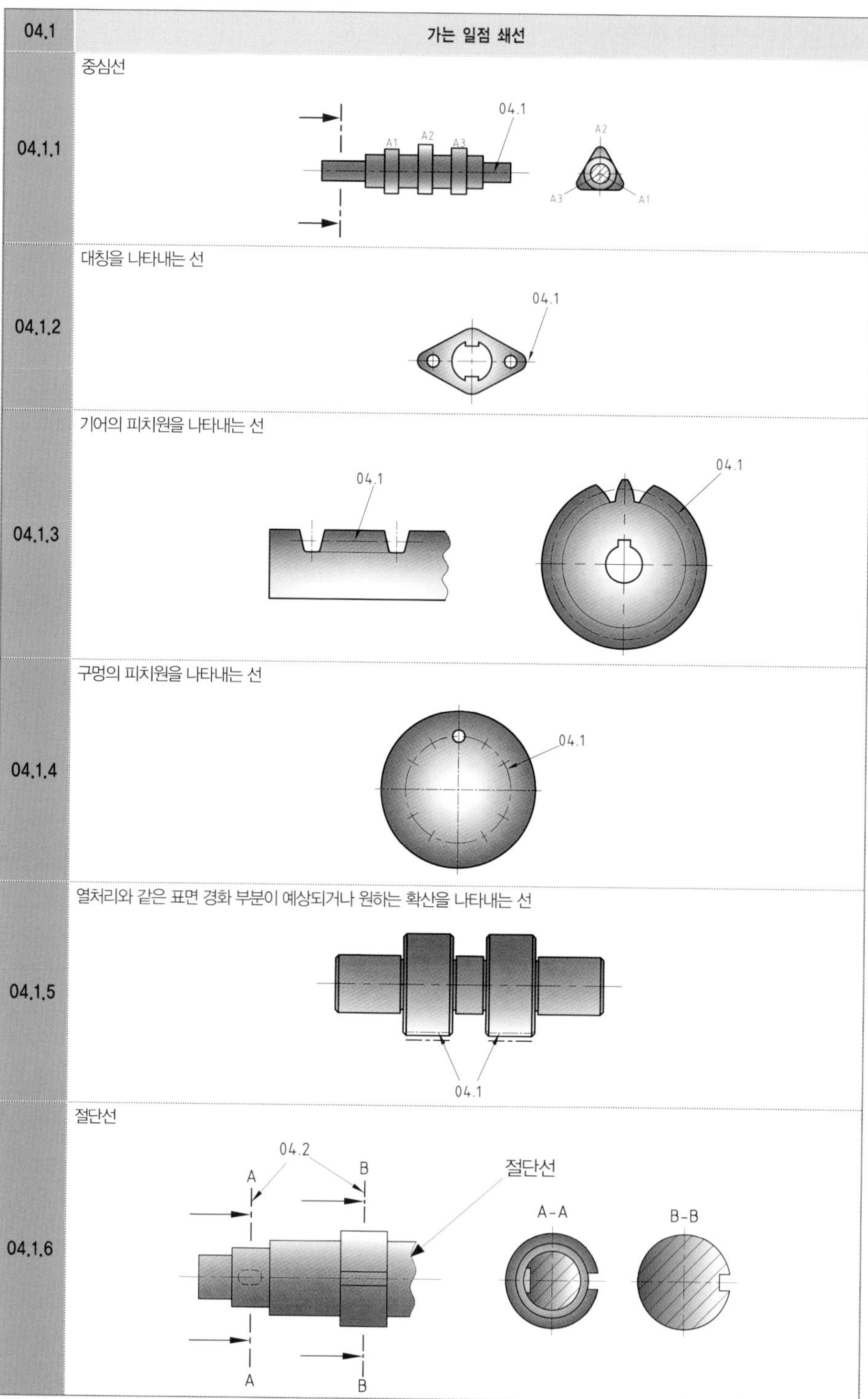

04.1	가는 일점 쇄선
04.1.1	중심선
04.1.2	대칭을 나타내는 선
04.1.3	기어의 피치원을 나타내는 선
04.1.4	구멍의 피치원을 나타내는 선
04.1.5	열처리와 같은 표면 경화 부분이 예상되거나 원하는 확산을 나타내는 선
04.1.6	절단선

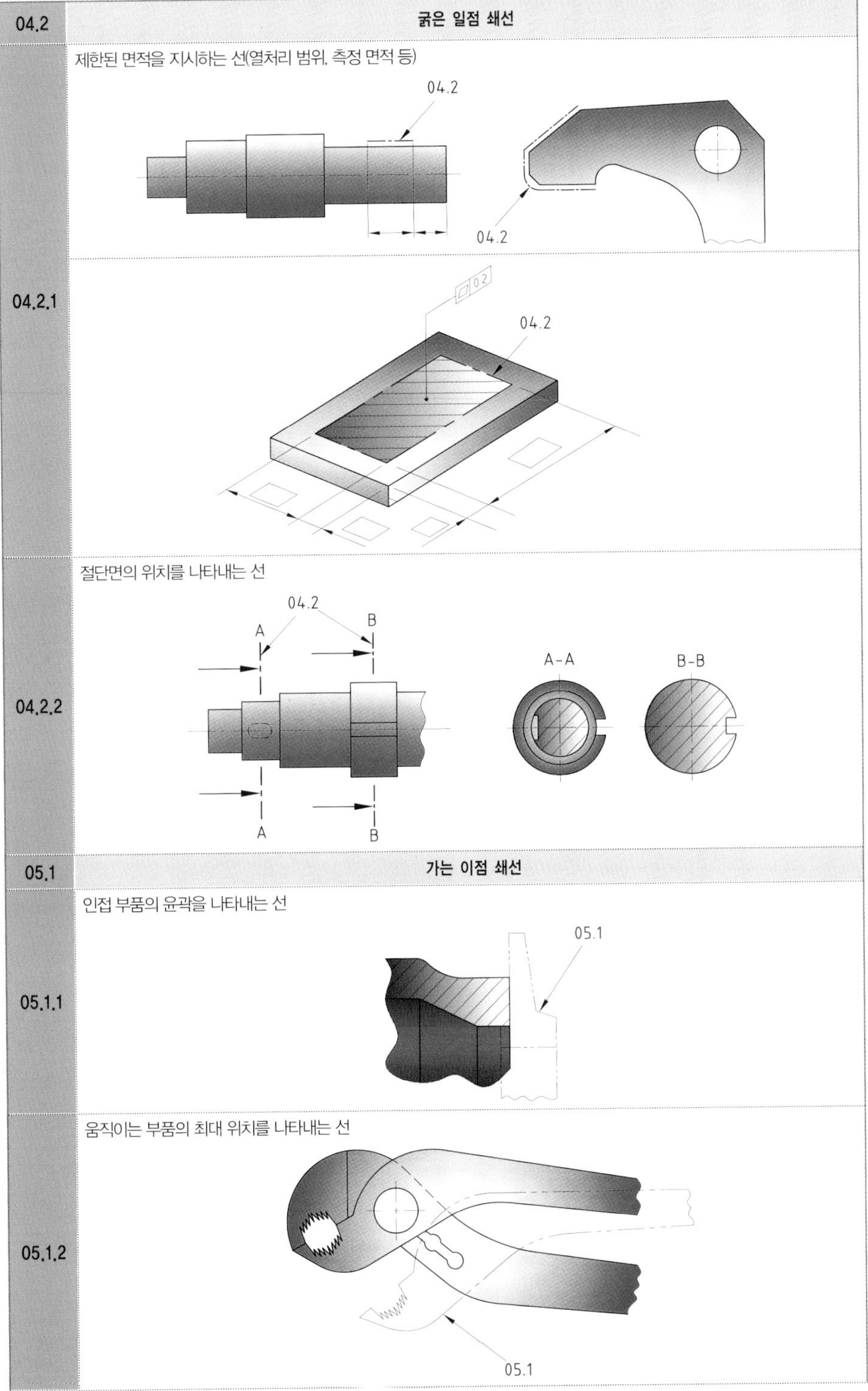

04.2	굵은 일점 쇄선
04.2.1	제한된 면적을 지시하는 선(열처리 범위, 측정 면적 등)
04.2.2	절단면의 위치를 나타내는 선
05.1	가는 이점 쇄선
05.1.1	인접 부품의 윤곽을 나타내는 선
05.1.2	움직이는 부품의 최대 위치를 나타내는 선

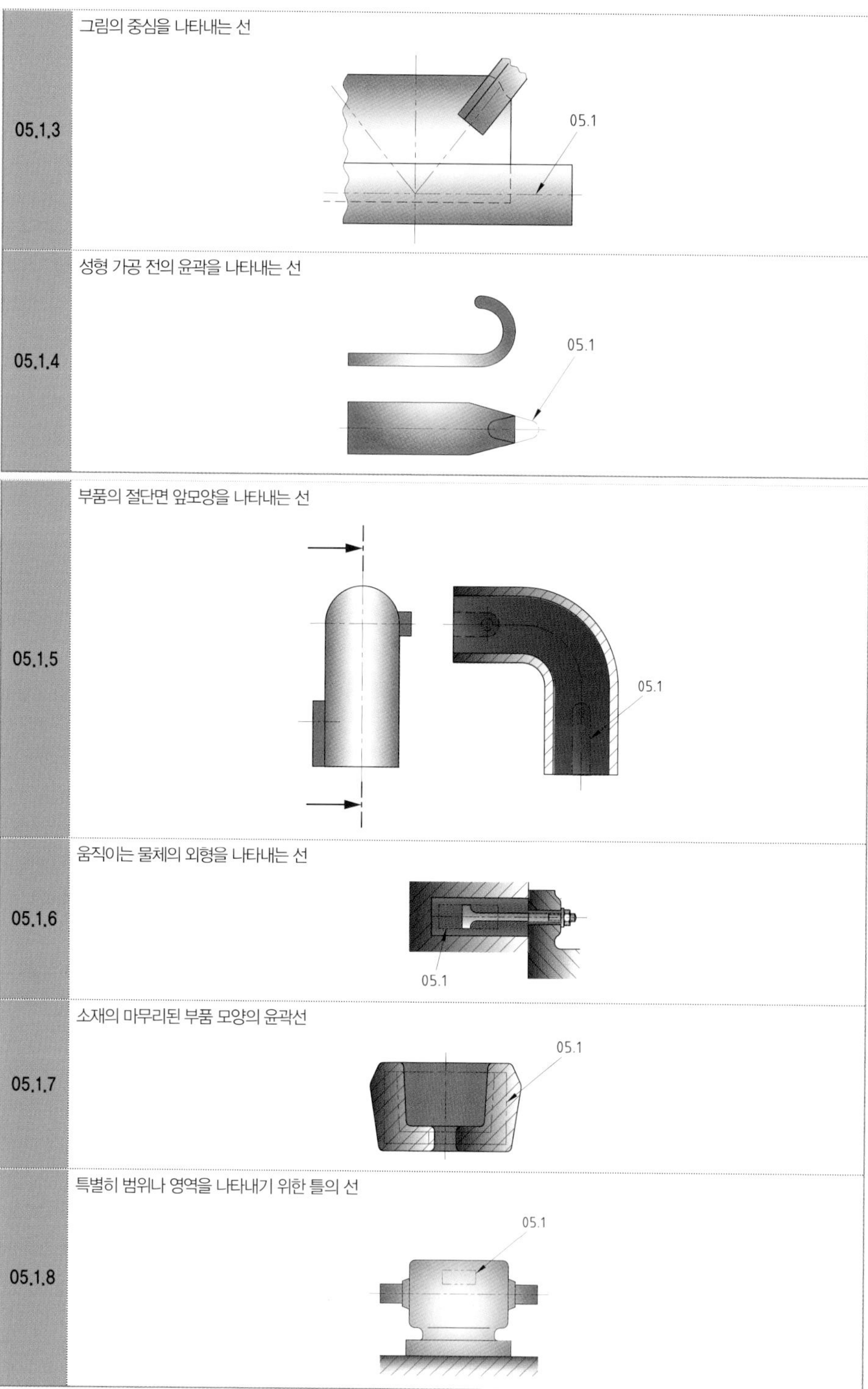
05.1.3
그림의 중심을 나타내는 선
05.1
05.1.4
성형 가공 전의 윤곽을 나타내는 선
05.1
05.1.5
부품의 절단면 앞모양을 나타내는 선
05.1
05.1.6
움직이는 물체의 외형을 나타내는 선
05.1
05.1.7
소재의 마무리된 부품 모양의 윤곽선
05.1
05.1.8
특별히 범위나 영역을 나타내기 위한 틀의 선
05.1

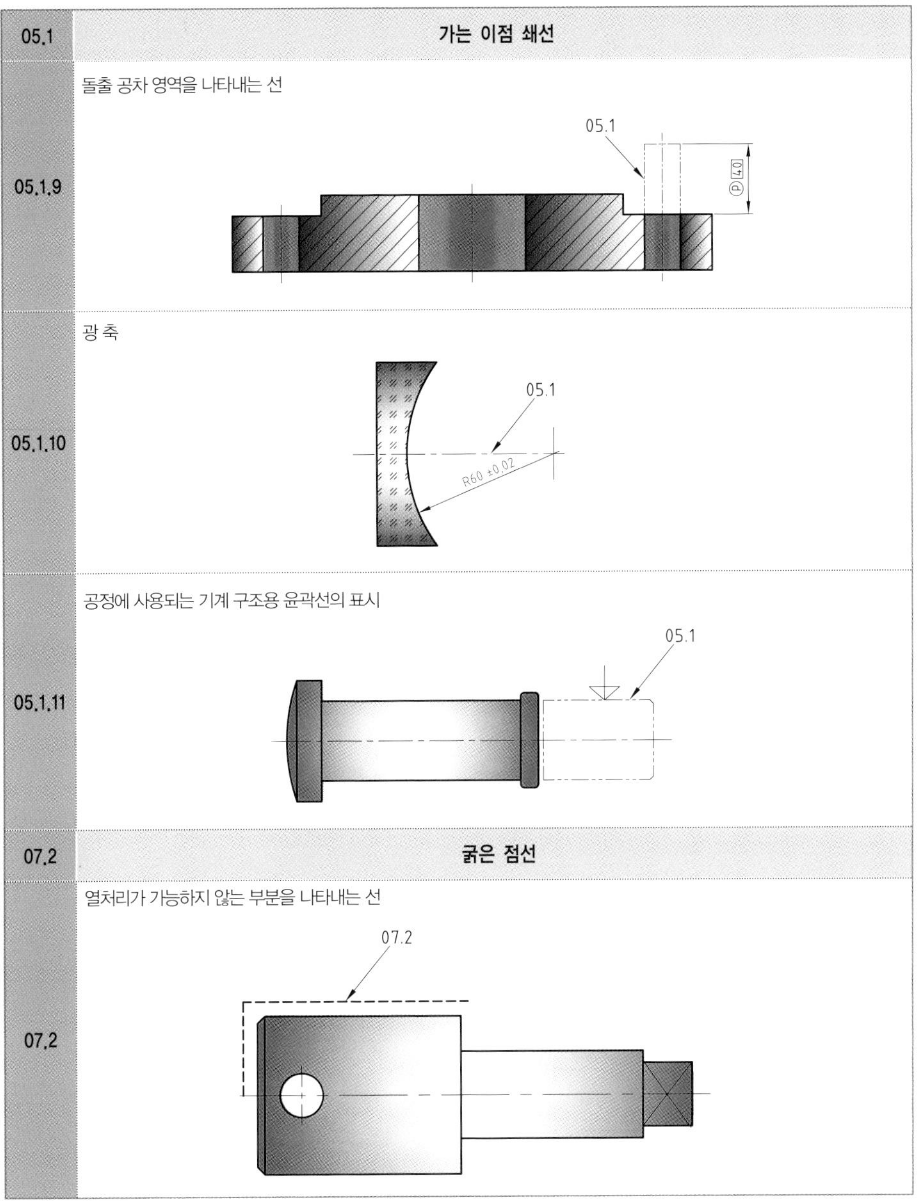

05.1	가는 이점 쇄선
05.1.9	돌출 공차 영역을 나타내는 선
05.1.10	광 축
05.1.11	공정에 사용되는 기계 구조용 윤곽선의 표시
07.2	굵은 점선
07.2	열처리가 가능하지 않는 부분을 나타내는 선

Chapter 02

치수허용차와 도면지시법

2-1 기준치수의 구분

KS B 0401

기본공차와 기초가 되는 치수 허용차는 각각의 기준치수에 대해 개별로 계산하는 것이 아니고 아래 표의 기준치수의 구분마다 그 구분을 구분하는 2개의 치수 D_1 및 D_2의 기하 평균 D로부터 계산한다.

$$D = \sqrt{D_1 \times D_2}$$

[비고] 최초의 기준치수의 구분(3mm 이하)의 D는 1mm와 3mm의 기하 평균, 즉 1.732mm로 한다.

500mm 이하의 기준치수				500mm 초과 3150mm 이하의 기준치수			
일반 구분		상세한 구분①		일반 구분		상세한 구분②	
초과	이하	초과	이하	초과	이하	초과	이하
–	3	상세히 구분하지 않는다.		500	630	500	560
						560	630
3	6			630	800	630	710
						710	800
6	10			800	1000	800	900
						900	1000
10	18	10	14	1000	1250	1000	1120
		14	18			1120	1250
18	30	18	24	1250	1600	1250	1400
		24	30			1400	1600
30	50	30	40	1600	2000	1600	1800
		40	50			1800	2000
50	80	50	65	2000	2500	2000	2240
		65	80			2240	2250
80	120	80	100	2500	3150	2500	2800
		100	120			2800	3150
120	180	120	140				
		140	160				
		160	180				
180	250	180	200				
		200	225				
		225	250				
250	315	250	280				
		280	315				
315	400	315	355				
		355	400				
400	500	400	450				
		450	500				

[주]

① 이들은 A~C 구멍 및 R~ZC 구멍 또는 a~c축 및 r~zc 축의 치수 허용차에 사용한다.

② 이들은 R~U 구멍 및 r~u 축의 치수 허용차에 사용한다.

(구멍 및 축의 기초가 되는 치수허용차의 수치 참조)

2-2 IT기본공차

KS B ISO 286-1

ISO 공차방식에 따른 기본공차로서 치수공차와 끼워맞춤에 있어서 정해진 모든 치수공차를 의미하는 것으로 IT기본공차 또는 IT라고 호칭하고, 국제 표준화 기구(ISO)공차 방식에 따라 분류하며, IT01부터 IT18까지 20 등급으로 구분하여 규정하고 있다.

■ 호칭 치수 3150mm까지의 표준 공차 등급 값

기준치수의 구분 (mm)		표준 공차 등급																			
		IT01	IT0	IT1	IT2	IT3	IT4	IT5	IT6	IT7	IT8	IT9	IT10	IT11	IT12	IT13	IT14	IT15	IT16	IT17	IT18
초과	이하	표준 공차 값(µm)													표준 공차 값(mm)						
-	3	0.3	0.5	0.8	1.2	2	3	4	6	10	14	25	40	60	0.1	0.14	0.25	0.40	0.6	1.0	1.4
3	6	0.4	0.6	1	1.5	2.5	4	5	8	12	18	30	48	75	0.12	0.18	0.30	0.48	0.75	1.2	1.8
6	10	0.4	0.6	1	1.5	2.5	4	6	9	15	22	36	58	90	0.15	0.22	0.36	0.58	0.9	1.5	2.2
10	18	0.5	0.8	1.2	2	3	5	8	11	18	27	43	70	110	0.18	0.27	0.43	0.70	1.1	1.8	2.7
18	30	0.6	1.0	1.5	2.5	4	6	9	13	21	33	52	84	130	0.21	0.33	0.52	0.84	1.3	2.1	3.3
30	50	0.6	1.0	1.5	2.5	4	7	11	16	25	39	62	100	160	0.25	0.39	0.62	1.0	1.6	2.5	3.9
50	80	0.8	1.2	2	3	5	8	13	19	30	46	74	120	190	0.30	0.46	0.74	1.2	1.9	3.0	4.6
80	120	1.0	1.5	2.5	4	6	10	15	22	35	54	87	140	220	0.35	0.54	0.87	1.4	2.2	3.5	5.4
120	180	1.2	2.0	3.5	5	8	12	18	25	40	63	100	160	250	0.40	0.63	1	1.6	2.5	4.0	6.3
180	250	2.0	3.0	4.5	7	10	14	20	29	46	72	115	185	290	0.46	0.72	1.15	1.85	2.9	4.6	7.2
250	315	2.5	4.0	6	8	12	16	23	32	52	81	130	210	320	0.52	0.81	1.30	2.1	3.2	5.2	8.1
315	400	3.0	5.0	7	9	13	18	25	36	57	89	140	230	360	0.57	0.89	1.40	2.3	3.6	5.7	8.9
400	500	4.0	6.0	8	10	15	20	27	40	63	97	155	250	400	0.63	0.97	1.55	2.5	4.0	6.3	9.7
500	630	-	-	9	11	16	22	32	44	70	110	175	280	440	0.70	1.10	1.75	2.8	4.4	7	11
630	800	-	-	10	13	18	25	36	50	80	125	200	320	500	0.80	1.25	2	3.2	5.0	8	12.5
800	1000	-	-	11	15	21	28	40	56	90	140	230	360	560	0.90	1.40	2.3	3.6	5.6	9	14
1000	1250	-	-	13	18	24	33	47	66	105	165	260	420	660	1.05	1.65	2.6	4.2	6.6	10.5	16.5
1250	1600	-	-	15	21	29	39	55	78	125	195	310	500	780	1.25	1.95	3.1	5	7.8	12.5	19.5
1600	2000	-	-	18	25	35	46	65	92	150	230	370	600	920	1.5	2.30	3.7	6	9.2	15	23
2000	2500	-	-	22	30	41	55	78	110	175	280	440	700	1100	1.75	2.80	4.4	7	11	17.5	28
2500	3150	-	-	26	36	50	68	96	135	210	330	540	860	1350	2.10	3.30	5.4	8.6	13.5	21	33

2-3 구멍의 기초가 되는 치수 허용차(1/2)

KS B 0401

단위 : ㎛=0.001mm

기준치수의 구분 (mm)		전체의 공차 등급												공차등급									
														6	7	8	8 이하	9 이상	8 이하	9 이상	8 이하	9 이상	7 이하
초과	이하	기초가 되는 치수 허용차 = 아래 치수 허용차 EI												기초가 되는 치수 허용차 = 위치수 허용차 ES									
		공차역의 위치												공차역의 위치									
		A1)	B1)	C	CD	D	E	EF	F	FG	G	H	JS2)	J			K4)		M4)		N4)5)		P ~ ZC
–	3	+270	+140	+60	+34	+20	+14	+10	+6	+4	+2	0	치수 허용차 = $\pm\frac{IT_n}{2}$	+2	+4	+6	0		−2	−2	−4	−4	오른쪽 난의 값에 Δ의 값을 더한다.
3	6	+270	+140	+70	+46	+30	+20	+14	+10	+6	+4	0		+5	+6	+10	−1+Δ	0	−4+Δ	−4	−8+Δ	0	
6	10	+280	+150	+80	+56	+40	+25	+18	+13	+8	+5	0		+5	+8	+12	−1+Δ		−6+Δ	−6	−10+Δ	0	
10	14	+290	+150	+95		+50	+32		+16		+6	0		+6	+10	+15	−1+Δ		−7+Δ	−7	−12+Δ	0	
14	18																						
18	24	+300	+160	+110		+65	+40		+20		+7	0		+8	+12	+20	−2+Δ		−8+Δ	−8	−15+Δ	0	
24	30																						
30	40	+310	+170	+120		+80	+50		+25		+9	0		+10	+14	+24	−2+Δ		−9+Δ	−9	−17+Δ	0	
40	50	+320	+180	+130																			
50	65	+340	+190	+140		+100	+60		+30		+10	0		+13	+18	+28	−2+Δ		−11+Δ	−11	−20+Δ	0	
65	80	+360	+200	+150																			
80	100	+380	+220	+170		+120	+72		+36		+12	0		+16	+22	+34	−3+Δ		−13+Δ	−13	−23+Δ	0	
100	120	+410	+240	+180																			
120	140	+460	+260	+200		+145	+85		+43		+14	0		+18	+26	+41	−3+Δ		−15+Δ	−15	−27+Δ	0	
140	160	+520	+280	+210																			
160	180	+580	+310	+230																			
180	200	+660	+340	+240		+170	+100		+50		+15	0		+22	+30	+47	−4+Δ		−17+Δ	−17	−31+Δ	0	
200	225	+740	+380	+260																			
225	250	+820	+420	+280																			
250	280	+920	+480	+300		+190	+110		+56		+17	0		+25	+36	+55	−4+Δ		3) −20+Δ	−20	−34+Δ	0	
280	315	+1050	+540	+330																			
315	355	+1200	+600	+360		+210	+125		+62		+18	0		+29	+39	+60	−4+Δ		−21+Δ	−21	−37+Δ	0	
355	400	+1350	+680	+400																			
400	450	+1500	+760	+440		+230	+135		+68		+20	0		+33	+43	+66	−5+Δ		−23+Δ	−23	−40+Δ	0	
450	500	+1650	+840	+480																			
500	560					+260	+145		+76		+22	0							−26		−44		
560	630																						
630	710					+290	+160		+80		+24	0							−30		−50		
710	800																						
800	900					+320	+170		+86		+26	0							−34		−56		
900	1000																						
1000	1120					+350	+195		+98		+28	0							−40		−66		
1120	1250																						
1250	1400					+390	+220		+110		+30	0							−48		−78		
1400	1600																						
1600	1800					+430	+240		+120		+32	0							−58		−92		
1800	2000																						
2000	2240					+480	+260		+130		+34	0							−68		−110		
2240	2500																						
2500	2800					+520	+290		+145		+38	0							−76		−135		
2800	3150																						

[주] 1) 기초가 되는 치수허용차 A 및 B는 기준 치수 1mm 이하에는 사용하지 않는다.
2) 공차 등급이 JS7~JS11의 경우 IT의 수치가 홀수일 때는 바로 밑의 짝수로 끝맺음 하여도 좋다.
3) IT 8 이하의 공차 등급에 대응하는 K, M 및 N 그리고 IT 7 이하의 공차 등급에 대응하는 치수 허용차 P~ZC를 결정할 때는 우측 표 에서 Δ의 수치를 가용한다.

2-3 구멍의 기초가 되는 치수 허용차(2/2)

KS B 0401

단위 : μm=0.001mm

공차등급 8 이상												공차등급					
기초가 되는 치수 허용차 = 위치수 허용차 ES												3	4	5	6	7	8
공차역의 위치												Δ의 수치					
P	R	S	T	U	V	X	Y	Z	ZA	ZB	ZC						
−6	−10	−14		−18		−20		−26	−32	−40	−60	0	0	0	0	0	0
−12	−15	−19		−23		−28		−35	−42	−50	−80	1	1.5	1	3	4	6
−15	−19	−23		−28		−34		−42	−52	−67	−97	1	1.5	2	3	6	7
−18	−23	−28		−33		−40		−50	−64	−90	−130	1	2	3	3	7	9
					−39	−45		−60	−77	−108	−150						
−22	−28	−35		−41	−47	−54	−63	−73	−93	−136	−188	1.5	2	3	4	8	12
			−41	−48	−55	−64	−75	−88	−118	−160	−218						
−26	−34	−43	−48	−60	−68	−80	−94	−112	−148	−200	−274	1.5	3	4	5	9	14
			−54	−70	−81	−97	−114	−136	−180	−242	−325						
−32	−41	−53	−66	−87	−102	−122	−144	−172	−226	−300	−405	2	3	5	6	11	16
	−43	−59	−75	−102	−120	−146	−174	−210	−274	−360	−480						
−37	−51	−71	−91	−124	−146	−178	−214	−258	−335	−445	−585	2	4	5	7	13	19
	−54	−79	−104	−144	−172	−210	−254	−310	−400	−525	−690						
−43	−63	−92	−122	−170	−202	−248	−300	−365	−470	−620	−800	3	4	6	7	15	23
	−65	−100	−134	−190	−228	−280	−340	−415	−535	−700	−900						
	−68	−108	−146	−210	−252	−310	−380	−465	−600	−780	−1000						
−50	−77	−122	−166	−236	−284	−350	−425	−520	−670	−880	−1150	3	4	6	9	17	26
	−80	−130	−180	−258	−310	−385	−470	−575	−740	−960	−1250						
	−84	−140	−196	−284	−340	−425	−520	−640	−820	−1050	−1350						
−56	−94	−158	−218	−315	−385	−475	−580	−710	−920	−1200	−1550	4	4	7	9	20	29
	−98	−170	−240	−350	−425	−525	−650	−790	−1000	−1300	−1700						
−62	−108	−190	−268	−390	−475	−590	−730	−900	−1150	−1500	−1900	4	5	7	11	21	32
	−114	−208	−294	−435	−530	−660	−820	−1000	−1300	−1650	−2100						
−68	−126	−232	−330	−490	−595	−740	−920	−1100	−1450	−1880	−2400	5	5	7	13	23	34
	−132	−252	−360	−540	−660	−820	−1000	−1250	−1600	−2100	−2600						
−78	−150	−280	−400	−600													
	−155	−310	−450	−660													
−88	−175	−340	−500	−740													
	−185	−380	−560	−840													
−100	−210	−430	−620	−940													
	−220	−470	−680	−1050													
−120	−250	−520	−780	−1150													
	−260	−580	−840	−1300													
−140	−300	−640	−960	−1450													
	−330	−720	−1050	−1600													
−170	−370	−820	−1200	−1850													
	−400	−920	−1350	−2000													
−195	−440	−1000	−1500	−2300													
	−460	−1100	−1650	−2500													
−240	−550	−1250	−1900	−2900													
	−580	−1400	−2100	−3200													

[보기] · 18~30mm 범위의 K7의 경우: Δ = 8μm 따라서 ES = −2+8=6μm
· 18~30mm 범위의 S6의 경우: Δ = 4μm 따라서 ES = −35+4=−31μm

4) 특수한 경우 : 250~315mm 범위의 공차역 등급 M6의 경우, ES는 −20+9=−11μm가 아니고 −9μm이다

5) IT8을 초과하는 공차 등급에 대응하는 기초가 되는 치수 허용차 N을 1mm 이하의 기준 치수에 사용해서는 안된다.

2-4 축의 기초가 되는 치수 허용차(1/2)

KS B 0401

단위 : ㎛=0.001mm

기준치수의 구분 (mm)		전체의 공차 등급											
		기초가 되는 치수 허용차 = 위치수 허용차 es											
		공차역의 위치											
초과	이하	a[1]	b[1]	c	cd	d	e	ef	f	fg	g	h	js[2]
–	3	−270	−140	−60	−34	−20	−14	−10	−6	−4	−2	0	치수허용차 = $\pm\frac{IT_n}{2}$
3	6	−270	−140	−70	−46	−30	−20	−14	−10	−6	−4	0	
6	10	−280	−150	−80	−56	−40	−25	−18	−13	−8	−5	0	
10	14	−290	−150	−95		−50	−32		−16		−6	0	
14	18												
18	24	−300	−160	−110		−65	−40		−20		−7	0	
24	30												
30	40	−310	−170	−120		−80	−50		−25		−9	0	
40	50	−320	−180	−130									
50	65	−340	−190	−140		−100	−60		−30		−10	0	
65	80	−360	−200	−150									
80	100	−380	−220	−170		−120	−72		−36		−12	0	
100	120	−410	−240	−180									
120	140	−460	−260	−200		−145	−85		−43		−14	0	
140	160	−520	−280	−210									
160	180	−580	−310	−230									
180	200	−660	−340	−240		−170	−100		−50		−15	0	
200	225	−740	−380	−260									
225	250	−820	−420	−280									
250	280	−920	−480	−300		−190	−110		−56		−17	0	
280	315	−1050	−540	−330									
315	355	−1200	−600	−360		−210	−125		−62		−18	0	
355	400	−1350	−680	−400									
400	450	−1500	−760	−440		−230	−135		−68		−20	0	
450	500	−1650	−840	−480									
500	560					−260	−145		−76		−22	0	
560	630												
630	710					−290	−160		−80		−24	0	
710	800												
800	900					−320	−170		−86		−26	0	
900	1000												
1000	1120					−350	−195		−98		−28	0	
1120	1250												
1250	1400					−390	−220		−110		−30	0	
1400	1600												
1600	1800					−430	−240		−120		−32	0	
1800	2000												
2000	2240					−480	−260		−130		−34	0	
2240	2500												
2500	2800					−520	−290		−145		−38	0	
2800	3150												

[주] 1) 기초가 되는 치수 허용차 a 및 b를 1mm 이하의 기준 치수에 사용하지 않는다.

2-4 축의 기초가 되는 치수 허용차(2/2)

KS B 0401

단위 : ㎛=0.001mm

공차등급					전체의 공차등급													
5, 6	7	8	4,5 6,7	3이하 및 8이상														
기초가 되는 치수 허용차 = 아래치수는 허용차 ei																		
공차역의 위치																		
j			k		m	n	p	r	s	t	u	v	x	y	z	za	zb	zc
−2	−4	−6	0	0	+2	+4	+6	+10	+14		+18		+20		+26	+32	+40	+60
−2	−4		+1	0	+4	+8	+12	+15	+19		+23		+28		+35	+42	+50	+80
−2	−5		+1	0	+6	+10	+15	+19	+23		+28		+34		+42	+52	+67	+97
−3	−6		+1	0	+7	+12	+18	+23	+28		+33		+40		+50	+64	+90	+130
												+39	+45		+60	+77	+108	+150
−4	−8		+2	0	+8	+15	+22	+28	+35		+41	+47	+54	+63	+73	+98	+136	+188
										+41	+48	+55	+64	+75	+88	+118	+160	+218
−5	−10		+2	0	+9	+17	+26	+34	+43	+48	+60	+68	+80	+94	+112	+148	+200	+274
										+54	+70	+81	+97	+114	+136	+180	+242	+325
−7	−12		+2	0	+11	+20	+32	+41	+53	+66	+87	+102	+122	+144	+172	+226	+300	+405
								+43	+59	+75	+102	+120	+146	+174	+210	+274	+360	+480
−9	−15		+3	0	+13	+23	+37	+51	+71	+91	+124	+146	+178	+214	+258	+335	+445	+585
								+54	+79	+104	+144	+172	+210	+254	+310	+400	+525	+690
−11	−18		+3	0	+15	+27	+43	+63	+92	+122	+170	+202	+248	+300	+365	+470	+620	+800
								+65	+100	+134	+190	+228	+280	+340	+415	+535	+700	+900
								+68	+108	+146	+210	+252	+310	+380	+465	+600	+780	+1000
−13	−21		+4	0	+17	+31	+50	+77	+122	+166	+236	+284	+350	+425	+520	+670	+880	+1150
								+80	+130	+180	+258	+310	+385	+470	+575	+740	+960	+1250
								+84	+140	+196	+284	+340	+425	+520	+640	+820	+1050	+1350
−16	−26		+4	0	+20	+34	+56	+94	+158	+218	+315	+385	+475	+580	+710	+920	+1200	+1550
								+98	+170	+240	+350	+425	+525	+650	+790	+1000	+1300	+1700
−18	−28		+4	0	+21	+37	+62	+108	+190	+268	+390	+475	+590	+730	+900	+1150	+1500	+1900
								+114	+208	+294	+435	+530	+660	+820	+1000	+1300	+1650	+2100
−20	−32		+5	0	+23	+40	+68	+126	+232	+330	+490	+595	+740	+920	+1100	+1450	+1850	+2400
								+132	+252	+360	+540	+660	+820	+1000	+1250	+1600	+2100	+2600
			0	0	+26	+44	+78	+150	+280	+400	+600							
								+155	+310	+450	+660							
			0	0	+30	+50	+88	+175	+340	+500	+740							
								+185	+380	+560	+840							
			0	0	+34	+56	+100	+210	+430	+620	+940							
								+220	+470	+680	+1050							
			0	0	+40	+66	+120	+250	+520	+780	+1150							
								+260	+580	+840	+1300							
			0	0	+48	+78	+140	+300	+640	+960	+1450							
								+330	+720	+1050	+1600							
			0	0	+58	+92	+170	+370	+820	+1200	+1850							
								+400	+920	+1350	+2000							
			0	0	+68	+110	+195	+440	+1000	+1500	+2300							
								+460	+1100	+1650	+2500							
			0	0	+76	+135	+240	+550	+1250	+1900	+2900							
								+580	+1400	+2100	+3200							

2) 공차 등급이 js7~js11인 경우 IT 번호 n이 홀수일 때에는 바로 밑의 짝수로 끝맺음 하여도 좋다.
따라서 그 결과 얻어지는 치수 허용차, 즉 ± ITn/2는 μ m 단위의 정수로 표시할 수 있다.

2-5 상용하는 끼워맞춤

KS B 0401

상용하는 끼워맞춤은 H구멍을 기준 구멍으로 하고, 이에 적당한 축을 선택하여 필요한 죔새 또는 틈새를 주는 끼워맞춤(구멍 기준 끼워맞춤) 또는 h축을 기준 축으로 하여 이것에 적당한 구멍을 선택하여 필요한 죔새 또는 틈새를 주는 끼워맞춤(축 기준 끼워맞춤)의 어느 것으로 한다. 기준치수 500mm 이하의 상용하는 끼워맞춤에 사용하는 구멍 · 축의 조립은 아래와 같다.

■ 상용하는 구멍 기준 끼워맞춤

기준 구멍	축의 공차역 클래스																
	헐거운 끼워맞춤							중간 끼워맞춤			억지 끼워맞춤						
H6						g5	h5	js5	k5	m5							
					f6	g6	h6	js6	k6	m6	n6[1)]	p6[1)]					
H7					f6	g6	h6	js6	k6	m6	n6[1)]	p6[1)]	r6[1)]	s6	t6	u6	x6
				e7	f7		h7	js7									
H8					f7		h7										
				e8	f8		h8										
			d9	e9													
H9			d8	e8			h8										
		c9	d9	e9			h9										
H10	b9	c9	d9														

구멍기준 끼워맞춤 중에서 H6와 H7에 결합되는 축의 공차역 클래스가 범위가 넓어 헐거운 끼워맞춤에서 억지끼워맞춤까지 널리 사용되는 것이다. 그 중에서도 H7의 기준구멍이 끼워맞춤되는 축의 공차역 범위가 가장 넓으므로 H7이 가장 많이 이용되고 있다.

[주] 1. [1)]로 표시한 끼워맞춤은 치수의 구분에 따라 예외가 생긴다.
2. 중간 끼워맞춤 및 억지 끼워맞춤에서는 기능을 확보하기 위해 선택 조합을 하는 경우가 많다.

[참고]
① 공차등급 : 치수공차 방식, 끼워맞춤 방식으로 전체의 기준 치수에 대하여 동일 수준에 속하는 치수공차의 일군을 의미함. (예: IT7과 같이, IT에 등급을 표시하는 숫자를 붙여 표기함)
② 공차역 : 치수공차를 도시하였을 때, 치수공차의 크기와 기준선에 대한 위치에 따라 결정하게 되는 최대허용치수와 최소허용치수를 나타내는 2개의 직선 사이의 영역을 의미함.
③ 공차역 클래스 : 공차역의 위치와 공차 등급의 조합을 의미함.

■ 상용하는 축 기준 끼워맞춤

기준축	구멍의 공차역 클래스																
	헐거운 끼워맞춤							중간 끼워맞춤			억지 끼워맞춤						
h5							H6	JS6	K6	M6	N6[1)]	P6					
h6					F6	G6	H6	JS6	K6	M6	N6	P6[1)]					
					F7	G7	H7	JS7	K7	M7	N7	P7[1)]	R7	S7	T7	U7	X7
h7				E7	F7		H7										
					F8		H8										
h8			D8	E8	F8		H8										
			D9	E9			H9										
h9			D8	E8			H8										
		C9	D9	E9			H9										
	B10	C10	D10														

[주] 1. [1)]로 표시한 끼워맞춤은 치수의 구분에 따라 예외가 생긴다.

2-6 상용하는 끼워맞춤 구멍의 치수허용차(1/2)

KS B 0401

단위 : μm=0,001mm

치수구분 (mm)		B	C		D			E			F			G		H					
		B10	C9	C10	D8	D9	D10	E7	E8	E9	F6	F7	F8	G6	G7	H5	H6	H7	H8	H9	H10
초과	이하																				
–	3	+180 +140	+85 +60	+100 +60	+34 +20	+45 +20	+60 +20	+24 +14	+28 +14	+39 +14	+12 +6	+16 +6	+20 +6	+8 +2	+12 +2	+4 0	+6 0	+10 0	+14 0	+25 0	+40 0
3	6	+188 +140	+100 +70	+118 +70	+48 +30	+60 +30	+78 +30	+32 +20	+38 +20	+50 +20	+18 +10	+22 +10	+28 +10	+12 +4	+16 +4	+5 0	+8 0	+12 0	+18 0	+30 0	+48 0
6	10	+208 +150	+116 +80	+138 +80	+62 +40	+76 +40	+98 +40	+40 +25	+47 +25	+61 +25	+22 +13	+28 +13	+35 +13	+14 +5	+20 +5	+6 0	+9 0	+15 0	+22 0	+36 0	+58 0
10	14	+220 +150	+138 +95	+165 +95	+77 +50	+93 +50	+120 +50	+50 +32	+59 +32	+75 +32	+27 +16	+34 +16	+43 +16	+17 +6	+24 +6	+8 0	+11 0	+18 0	+27 0	+43 0	+70 0
14	18																				
18	24	+244 +160	+162 +110	+194 +110	+98 +65	+117 +65	+149 +65	+61 +40	+73 +40	+92 +40	+33 +20	+41 +20	+53 +20	+20 +7	+28 +7	+9 0	+13 0	+21 0	+33 0	+52 0	+84 0
24	30																				
30	40	+270 +170	+182 +120	+220 +120	+119 +80	+142 +80	+180 +80	+75 +50	+89 +50	+112 +50	+41 +25	+50 +25	+64 +25	+25 +9	+34 +9	+11 0	+16 0	+25 0	+39 0	+62 0	+100 0
40	50	+280 +180	+192 +130	+230 +130																	
50	65	+310 +190	+214 +140	+260 +140	+146 +100	+174 +100	+220 +100	+90 +60	+106 +60	+134 +60	+49 +30	+60 +30	+76 +30	+29 +10	+40 +10	+13 0	+19 0	+30 0	+46 0	+74 0	+120 0
65	80	+320 +200	+224 +150	+270 +150																	
80	100	+360 +220	+257 +170	+310 +170	+174 +120	+207 +120	+260 +120	+107 +72	+126 +72	+156 +72	+58 +36	+71 +36	+90 +36	+34 +12	+47 +12	+15 0	+22 0	+35 0	+54 0	+87 0	+140 0
100	120	+380 +240	+267 +180	+320 +180																	
120	140	+420 +260	+300 +200	+360 +200	+208 +145	+245 +145	+305 +145	+125 +85	+148 +85	+185 +85	+68 +43	+83 +43	+106 +43	+39 +14	+54 +14	+18 0	+25 0	+40 0	+63 0	+100 0	+160 0
140	160	+440 +280	+310 +210	+370 +210																	
160	180	+470 +310	+330 +230	+390 +230																	
180	200	+525 +340	+355 +240	+425 +240	+242 +170	+285 +170	+355 +170	+146 +100	+172 +100	+215 +100	+79 +50	+96 +50	+122 +50	+44 +15	+61 +15	+20 0	+29 0	+46 0	+72 0	+115 0	+185 0
200	225	+565 +380	+375 +260	+445 +260																	
225	250	+605 +420	+395 +280	+465 +280																	
250	280	+690 +480	+430 +300	+510 +300	+271 +190	+320 +190	+400 +190	+162 +110	+191 +110	+240 +110	+88 +56	+108 +56	+137 +56	+49 +17	+69 +17	+23 0	+32 0	+52 0	+81 0	+130 0	+210 0
280	315	+750 +540	+460 +330	+540 +330																	
315	355	+830 +600	+500 +360	+590 +360	+299 +210	+350 +210	+440 +210	+182 +125	+214 +125	+265 +125	+98 +62	+119 +62	+151 +62	+54 +18	+75 +18	+25 0	+36 0	+57 0	+89 0	+140 0	+230 0
355	400	+910 +680	+540 +400	+630 +400																	
400	450	+1010 +760	+595 +440	+690 +440	+327 +230	+385 +230	+480 +230	+198 +135	+232 +135	+290 +135	+108 +68	+131 +68	+165 +68	+60 +20	+83 +20	+27 0	+40 0	+63 0	+97 0	+155 0	+250 0
450	500	+1090 +840	+635 +480	+730 +480																	

2-6 상용하는 끼워맞춤 구멍의 치수허용차(2/2)

KS B 0401

단위 : μm=0.001mm

Js			K			M			N		P		R	S	T	U	X	치수구분 (mm)	
Js5	Js6	Js7	K5	K6	K7	M5	M6	M7	N6	N7	P6	P7	R7	S7	T7	U7	X7	초과	이하
±2	±3	±5	0 −4	0 −6	0 −10	−2 −6	−2 −8	−2 −12	−4 −10	−4 −14	−6 −12	−6 −16	−10 −20	−14 −24	–	−18 −28	−20 −30	–	3
±2.5	±4	±6	0 −5	+2 −6	+3 −9	−3 −8	−1 −9	0 −12	−5 −13	−4 −16	−9 −17	−8 −20	−11 −23	−15 −27	–	−19 −31	−24 −36	3	6
±3	±4.5	±7.5	+1 −5	+2 −7	+5 −10	−4 −10	−3 −12	0 −15	−7 −16	−4 −19	−12 −21	−9 −24	−13 −28	−17 −32	–	−22 −37	−28 −43	6	10
±4	±5.5	±9	+2 −6	+2 −9	+6 −12	−4 −12	−4 −15	0 −18	−9 −20	−5 −23	−15 −26	−11 −29	−16 −34	−21 −39	–	−26 −44	−33 −51	10	14
																	−38 −56	14	18
±4.5	±6.5	±10.5	+1 −8	+2 −11	+6 −15	−5 −14	−4 −17	0 −21	−11 −24	−7 −28	−18 −31	−14 −35	−20 −41	−27 −48	–	−33 −54	−46 −67	18	24
															−33 −54	−40 −61	−56 −77	24	30
±5.5	±8	±12.5	+2 −9	+3 −13	+7 −18	−5 −16	−4 −20	0 −25	−12 −28	−8 −33	−21 −37	−17 −42	−25 −50	−34 −59	−39 −64	−51 −76	–	30	40
															−45 −70	−61 −86		40	50
±6.5	±9.5	±15	+3 −10	+4 −15	+9 −21	−6 −19	−5 −24	0 −30	−14 −33	−9 −39	−26 −45	−21 −51	−30 −60	−42 −72	−55 −85	−76 −106	–	50	65
													−32 −62	−48 −78	−64 −94	−91 −121		65	80
±7.5	±11	±17.5	+2 −13	+4 −18	+10 −25	−8 −23	−6 −28	0 −35	−16 −38	−10 −45	−30 −52	−24 −59	−38 −73	−58 −93	−78 −113	−111 −146	–	80	100
													−41 −76	−66 −101	−91 −126	−131 −166		100	120
±9	±12.5	±20	+13 −15	+4 −21	+12 −28	−9 −27	−8 −33	0 −40	−20 −45	−12 −52	−36 −61	−28 −68	−48 −88	−77 −117	−107 −147	–	–	120	140
													−50 −90	−85 −125	−119 −159			140	160
													−53 −93	−93 −133	−131 −171			160	180
±10	±14.5	±23	+2 −18	+5 −24	+13 −33	−11 −31	−8 −37	0 −46	−22 −51	−14 −60	−41 −70	−33 −79	−60 −106	−105 −151	–	–	–	180	200
													−63 −109	−113 −159				200	225
													−67 −113	−123 −169				225	250
±11.5	±16	±26	+3 −20	+5 −27	+16 −36	−13 −36	−9 −41	0 −52	−25 −57	−14 −66	−47 −79	−36 −88	−74 −126	–	–	–	–	250	280
													−78 −130					280	315
±12.5	±18	±28.5	+3 −22	+7 −29	+17 −40	−14 −39	−10 −46	0 −57	−26 −62	−16 −73	−51 −81	−41 −98	−87 −144	–	–	–	–	315	355
													−93 −150					355	400
±13.5	±20	±31.5	+2 −25	+8 −32	+18 −45	−16 −43	−10 −50	0 −63	−27 −67	−17 −80	−55 −95	−45 −108	−103 −166	–	–	–	–	400	450
													−109 −172					450	500

[비고] 표의 각 단에서 상한쪽 수치는 윗치수 허용공차, 하한쪽 수치는 아래치수 허용공차이다.

2-7 상용하는 구멍기준식 끼워맞춤 적용 예

기준 구멍	축	적용 장소	기준 구멍	축	적용 장소
H6	m5	전동축 (롤러 베어링)	H7	f6	베어링
	k5	전동축, 크랭크축상 밸브, 기어, 부시		e6	밸브, 베어링, 샤프트
	j5	전동축, 피스톤 핀, 스핀들, 측정기		j7	기어축, 리머, 볼트
	h5	사진기, 측정기, 공기 척		h7	기어축, 이동축, 피스톤, 키, 축이음 커플링, 사진기
	p6	전동축 (롤러 베어링)		(g)	베어링
	n6	미션, 크랭크, 전동축		f7	베어링, 밸브 시트, 사진기, 부시, 캠축
	m6	사진기		e7	베어링, 사진기, 실린더, 크랭크축
	k6	사진기	H8	h7	일반 접합부
	j6	사진기		f7	기어축
H7	x6	실린더		h8	유압부, 일반 접합부
	u6	샤프트, 실린더		f8	유압부, 피스톤부, 기어펌프축, 순환 펌프축
	t6	슬리브, 스핀들, 거버너축		e8	밸브, 크랭크축, 오일펌프 링
	s6	변속기		e9	웜, 슬리브, 피스톤 링
	r6	캠축, 플랜지 핀, 압입부		d9	고정핀, 사진기용 작은 축받침
	p6	노크핀, 체인, 실린더, 크랭크, 부시, 캠축	H9	h8	베어링, 조작축 받침
	n6	부시, 미션, 크랭크, 기어, 거버너축		e8	피스톤 링, 스프링 안내홈
	m6	부시, 기어, 커플링, 피스톤, 축		d9	웜, 슬리브
	j6	지그 공구, 전동축	H10	d9	고정핀, 사진기용 작은 베어링
	h6	기어축, 이동축, 실린더, 캠		h9	차륜 축
	g6	회전부, 스러스트, 칼라, 부시		c9	키 부분

[주] 구멍 기준식 끼워맞춤
아래 치수 허용차가 '0'인 H기호 구멍을 기준 구멍으로 하고, 이에 용도에 맞는 적절한 축을 선정하여 요구되는 기능이나 필요로 하는 죔새나 틈새를 얻는 끼워맞춤 방식을 말한다.

2-8 상용하는 끼워맞춤 축의 치수허용차(1/2)

KS B 0401

단위 : ㎛=0.001mm

치수구분 (mm)		b	c	d		e			f			g			h					
		b9	c9	d8	d9	e7	e8	e9	f6	f7	f8	g4	g5	g6	h4	h5	h6	h7	h8	h9
초과	이하																			
–	3	-140 -165	-60 -85	-20 -34	-20 -45	-14 -24	-14 -28	-14 -29	**-6 -12**	-6 -16	-6 -20	-2 -5	-2 -6	**-2 -8**	0 -3	0 -4	0 -6	**0 -10**	0 -14	0 -25
3	6	-140 -170	-70 -100	-30 -48	-30 -60	-20 -32	-20 -38	-20 -50	**-10 -18**	-10 -22	-10 -28	-4 -8	-4 -9	**-4 -12**	0 -4	0 -5	0 -8	**0 -12**	0 -18	0 -30
6	10	-150 -186	-80 -116	-40 -62	-40 -76	-25 -40	-25 -47	-25 -61	**-13 -22**	-13 -28	-13 -35	-5 -9	-5 -11	**-5 -14**	0 -4	0 -6	0 -9	**0 -15**	0 -22	0 -36
10	14	-150 -193	-95 -138	-50 -77	-50 -93	-32 -50	-32 -59	-32 -75	**-16 -27**	-16 -34	-16 -43	-6 -11	-6 -14	**-6 -17**	0 -5	0 -8	0 -11	**0 -18**	0 -27	0 -43
14	18																			
18	24	-160 -212	-110 -162	-65 -98	-65 -117	-40 -61	-40 -73	-40 -92	**-20 -33**	-20 -41	-20 -53	-7 -13	-7 -16	**-7 -20**	0 -6	0 -9	0 -13	**0 -21**	0 -33	0 -52
24	30																			
30	40	-170 -232	-120 -182	-80 -119	-80 -142	-50 -75	-50 -89	-50 -112	**-25 -41**	-25 -50	-25 -64	-9 -16	-9 -20	**-9 -25**	0 -7	0 -11	0 -16	**0 -25**	0 -39	0 -62
40	50	-180 -242	-130 -192																	
50	65	-190 -264	-140 -214	-100 -146	-100 -174	-60 -90	-60 -106	-60 -134	**-30 -49**	-30 -60	-30 -76	-10 -18	-10 -23	**-10 -29**	0 -8	0 -13	0 -19	**0 -30**	0 -46	0 -74
65	80	-200 -274	-150 -224																	
80	100	-220 -307	-170 -257	-120 -174	-120 -207	-72 -107	-72 -126	-72 -159	**-36 -58**	-36 -71	-36 -90	-12 -22	-12 -27	**-12 -34**	0 -10	0 -15	0 -22	**0 -35**	0 -54	0 -87
100	120	-240 -327	-180 -267																	
120	140	-260 -360	-200 -300	-145 -208	-145 -245	-85 -125	-85 -148	-85 -185	**-43 -68**	-43 -83	-43 -106	-14 -26	-14 -32	**-14 -39**	0 -12	0 -18	0 -25	**0 -40**	0 -63	0 -100
140	160	-280 -380	-210 -310																	
160	180	-310 -410	-230 -330																	
180	200	-340 -455	-240 -355	-170 -242	-170 -285	-100 -146	-100 -172	-100 -215	**-50 -79**	-50 -96	-50 -122	-15 -29	-15 -35	**-15 -44**	0 -14	0 -20	0 -29	**0 -46**	0 -72	0 -115
200	225	-380 -495	-260 -375																	
225	250	-420 -535	-280 -395																	
250	280	-480 -610	-300 -430	-190 -271	-190 -320	-110 -162	-110 -191	-110 -240	**-56 -88**	-56 -108	-56 -137	-17 -33	-17 -40	**-17 -49**	0 -16	0 -23	0 -32	**0 -52**	0 -81	0 -130
280	315	-540 -670	-330 -460																	
315	355	-600 -740	-360 -500	-210 -299	-210 -350	-125 -182	-125 -214	-125 -265	**-62 -98**	-62 -119	-62 -151	-18 -36	-18 -43	**-18 -54**	0 -18	0 -25	0 -36	**0 -57**	0 -89	0 -140
355	400	-680 -820	-400 -540																	
400	450	-760 -915	-440 -595	-230 -327	-230 -385	-135 -198	-135 -232	-135 -290	**-68 -108**	-68 -131	-68 -165	-20 -40	-20 -47	**-20 -60**	0 -20	0 -27	0 -40	**0 -63**	0 -97	0 -155
450	500	-840 -995	-480 -635																	

2-8 상용하는 끼워맞춤 축의 치수허용차(2/2)

KS B 0401

단위 : ㎛=0.001mm

js4	js5	js6	js7	k4	k5	k6	m4	m5	m6	n6	p6	r6	s6	t6	u6	x6	치수구분 (mm) 초과	이하
±1.5	±2	±3	±5	+3 0	+4 0	+6 +0	+5 +2	+6 +2	+8 +2	+10 +4	+12 +6	+16 +10	+20 +14	–	+24 +18	+26 +20	–	3
±2	±2.5	±4	±6	+5 +1	+6 +1	+9 +1	+8 +4	+9 +4	+12 +4	+16 +8	+20 +12	+23 +15	+27 +19	–	+31 +23	+36 +28	3	6
±2	±3	±4.5	±7	+6 +1	+7 +1	+10 +1	+10 +6	+12 +6	+15 +6	+19 +10	+24 +15	+28 +19	+32 +23	–	+37 +28	+43 +34	6	10
±2.5	±4	±5.5	±9	+6 +1	+9 +1	+12 +1	+12 +7	+15 +7	+18 +7	+23 +12	+29 +18	+34 +23	+39 +28	–	+44 +33	+51 +40	10	14
																+56 +45	14	18
±3	±4.5	±6.5	±10	+8 +2	+11 +2	+15 +2	+14 +8	+17 +8	+21 +8	+28 +15	+35 +22	+41 +28	+48 +35	–	+54 +41	+67 +54	18	24
														+54 +41	+61 +48	+77 +64	24	30
±3.5	±5.5	±8	±12	+9 +2	+13 +2	+18 +2	+16 +9	+20 +9	+25 +9	+33 +17	+42 +26	+50 +34	+59 +43	+64 +48	+76 +60	–	30	40
														+70 +54	+86 +70		40	50
±4	±6.5	±9.5	±15	+10 +2	+15 +2	+21 +2	+19 +11	+24 +11	+30 +11	+39 +20	+51 +32	+60 +41	+72 +53	+85 +66	+106 +87	–	50	65
												+62 +43	+78 +59	+94 +75	+121 +102		65	80
±5	±7.5	±11	±17.5	+13 +3	+18 +3	+25 +3	+23 +13	+28 +13	+35 +13	+45 +23	+59 +37	+73 +51	+93 +71	+113 +91	+146 +124	–	80	100
												+76 +54	+101 +79	+126 +104	+166 +144		100	120
±6	±9	±12.5	±20	+15 +3	+21 +3	+28 +3	+27 +15	+33 +15	+40 +15	+52 +27	+68 +43	+88 +63	+117 +92	+147 +122	–	–	120	140
												+90 +65	+125 +100	+159 +134			140	160
												+93 +68	+133 +108	+171 +146			160	180
±7	±10	±14.5	±23	+18 +4	+24 +4	+33 +4	+31 +17	+37 +17	+46 +17	+60 +31	+79 +50	+106 +77	+151 +122	–	–	–	180	200
												+109 +80	+159 +130				200	225
												+113 +84	+169 +140				225	250
±8	±11.5	±16	±26	+20 +4	+27 +4	+36 +4	+36 +20	+43 +20	+52 +20	+66 +34	+88 +56	+126 +94	–	–	–	–	250	280
												+130 +98					280	315
±9	±12.5	±18	±28	+22 +4	+29 +4	+40 +4	+39 +21	+46 +21	+57 +21	+73 +37	+98 +62	+144 +108	–	–	–	–	315	355
												+150 +114					355	400
±10	±13.5	±20	±31	+25 +5	+32 +5	+45 +5	+43 +23	+50 +23	+63 +23	+80 +40	+108 +68	+166 +126	–	–	–	–	400	450
												+172 +132					450	500

[비고] 표의 각 단에서 상한쪽 수치는 윗치수 허용공차, 하한쪽 수치는 아래치수 허용공차이다.

2-9 절삭가공품의 둥글기 및 모떼기

KS B 0403

■ 적용 범위

이 규격은 절삭 가공에 의하여 제작되는 기계 부품의 모서리 및 구석의 모떼기와 모서리 및 구석의 둥글기 값에 대하여 규정한다.

다만, 기능상의 고려가 필요한 곳에는 적용하지 않는다.

■ 모떼기 및 둥글기의 값

모떼기 및 둥글기의 값은 다음 표에 따른다.

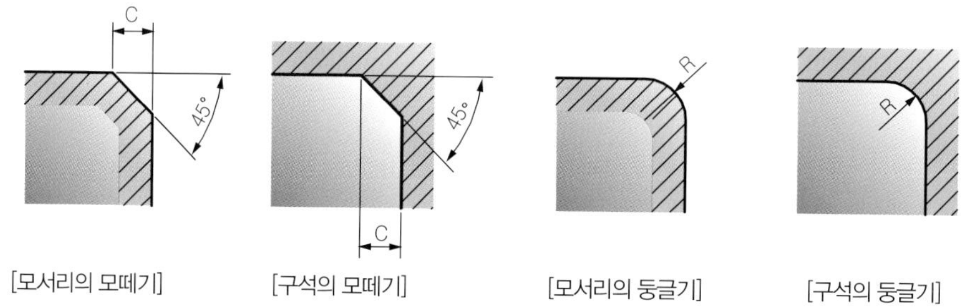

[모서리의 모떼기] [구석의 모떼기] [모서리의 둥글기] [구석의 둥글기]

단위 : mm

모떼기 C 및 둥글기 R의 값		
0.1	1.0	10
–	1.2	12
–	1.6	16
0.2	2.0	20
–	2.2 (2.4)	25
0.3	3 (3.2)	32
0.4	4	40
0.5	5	50
0.6	6	–
0.8	8	–

[비고] · ( )의 수치는 절삭공구 팁(tip)을 사용하여 구석의 둥글기를 가공하는 경우에만 사용하여도 좋다.

2-10 제도-미정의 모서리 모양-용어 및 지시(1/5)

KS A ISO 13715

■ 적용 범위

이 규격은 모서리 상태를 정의하는 용어를 정의하고, 제도에서 상세히 도시가 되지 않은 미정의 모서리 모양 상태를 표시하는 규칙을 규정한다. 도식적 기호의 비례와 치수가 또한 규정된다.

■ 용어의 정의

① 모서리(edge) : 두 면이 교차하는 곳, 구석(corner)은 3개 또는 그 이상의 면이 교차되어 만들어진 것

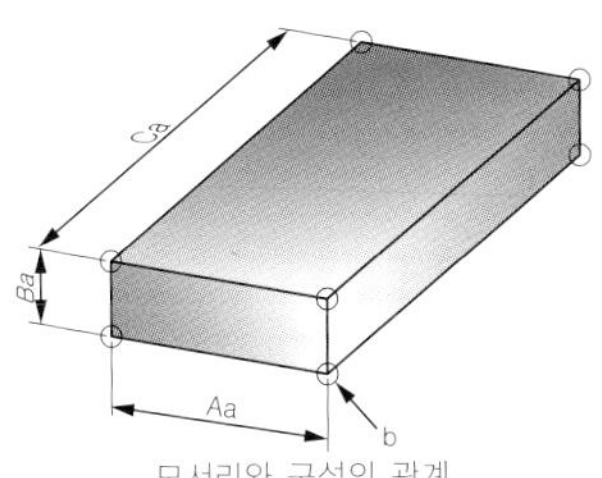

a 모서리 길이
b 구석

모서리와 구석의 관계

② 모서리 상태(rate of an angle) : 모서리의 기하학적인 모양과 크기

③ 미정의 모서리(edge of undefined shape) : 그림으로 상세하게 도시가 되지 않는 모서리의 모양

④ 예리한 모서리(shartp edge) : 이상적인 기하학적 모양에서 오차가 거의 없는 부품의 외부 모서리나 내부 구석

식별 부호
1 언더컷의 크기
2 예리한 모서리의 크기
3 버의 크기

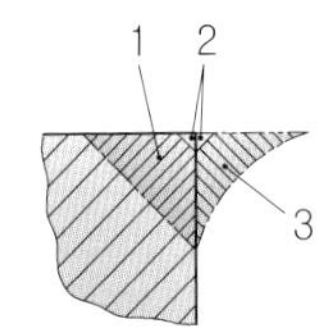

외부 모서리의 상태

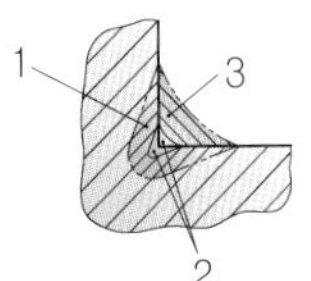

내부 구석 모서리의 상태

⑤ 버(burr) : 외부 모서리의 이상적인 기하학적 모양 밖에서 거친 버가 남아 있는 것, 기계 가공이나 소성 가공에서 남겨진 것

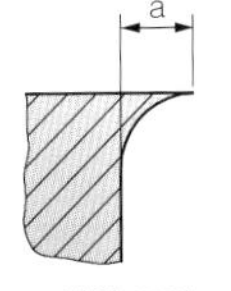

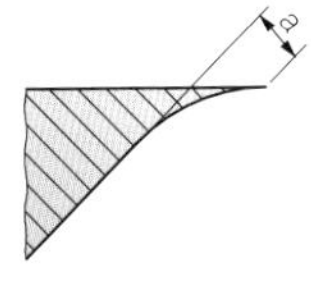

a : 버의 크기

버의 보기

⑥ 언더컷(undercut) : 내부 구석 모서리의 이상적인 기하학적 모양 안에서의 오차

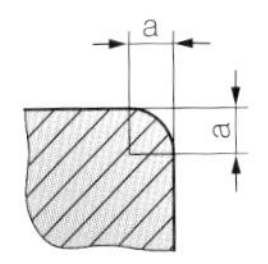
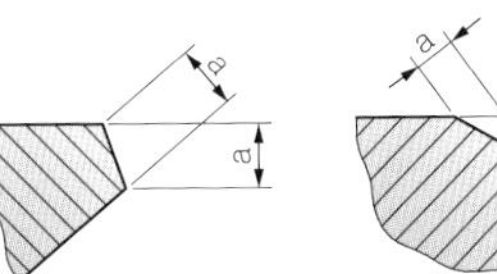
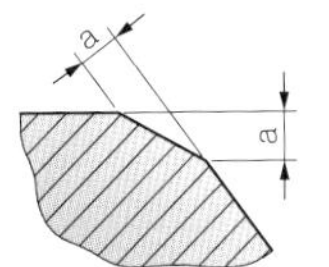

a : 언더컷의 크기

외부 모서리에서 언더컷의 보기

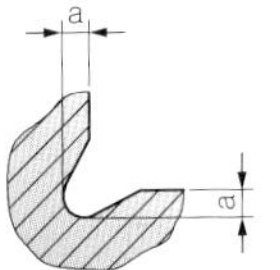
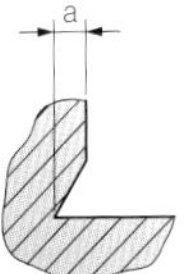
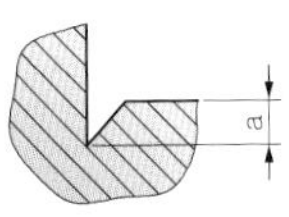

내부 모서리에서 언더컷의 보기

2-10 제도-미정의 모서리 모양-용어 및 지시(2/5)

KS A ISO 13715

⑦ 패싱(passing) : 내부 구석 모서리의 이상적인 기하학적 모양 안에서의 오차

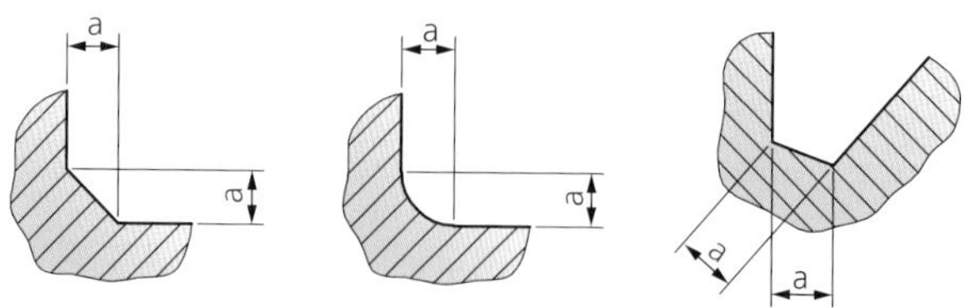

■ 모서리 크기의 추천 값

a	적 용	
+2.5 +1 +0.5 +0.3 +0.1	버 또는 패싱이 허용된 모서리 : 언더컷은 허용되지 않는다.	
+0.05 +0.02	예리한 모서리	
−0.02 −0.05		
−0.1 −0.3 −0.5 −1 −2.5	언더컷이 허용된 모서리 : 버 또는 패싱은 허용되지 않는다.	

■ 도면에서의 지시 및 기본 기호의 위치

기본 기호	기본 기호의 위치
	한 개 모서리에 대하여 하나의 지시 부품의 표시된 윤곽을 따른 모든 모서리에 대하여 각 개별 지시 부품의 모서리의 전체 또는 대부분에 공동적인 집합 지시

■ 모서리 모양에 대한 기호 요소

기호 요소		의 미	
		외부 모서리	내부 구석 모서리
± [1]	±0.3	버 또는 언더컷 허용	언더컷 또는 패싱 허용
+	+	버는 허용되나 언더컷은 허용되지 않는다.	패싱은 허용되나 언더컷은 허용되지 않는다.
−	−	언더컷은 요구되나 버는 허용되지 않는다.	언더컷은 요구되나 패싱은 허용되지 않는다.

[주] 1. 크기의 지시를 한 때에만 사용한다.

2-10 제도-미정의 모서리 모양-용어 및 지시(3/5)

■ 버 또는 언더컷의 방향

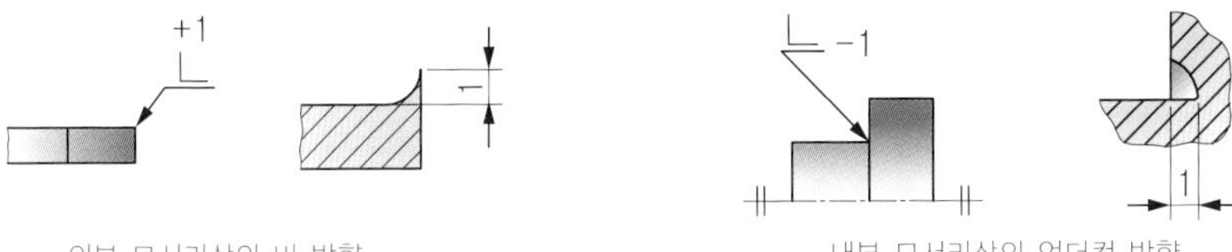

외부 모서리상의 버 방향　　　　내부 모서리상의 언더컷 방향

■ 그림 기호의 크기 및 치수

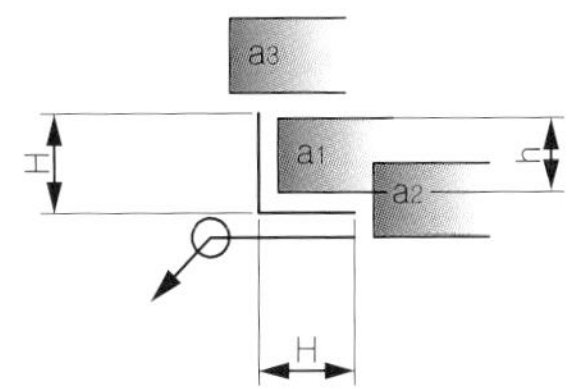

■ 기호의 치수

서체높이 h	3.5	5	7	10	14
기호와 서체 B의 선 굵기 KS B ISO 3098-0,d	0.35	0.5	0.7	1	1.4
기호 높이 H	5	7	10	14	20

[비고]
1. 기호 요소 "원"의 사용은 선택적이다. 즉 지시선의 각은 적용 경우에 따른다.
2. 지시선의 길이는 1.5x와 같거나 커야만 한다. 적절하다면 기입선은 연장될 수도 있다.

■ 도면상 지시의 의미

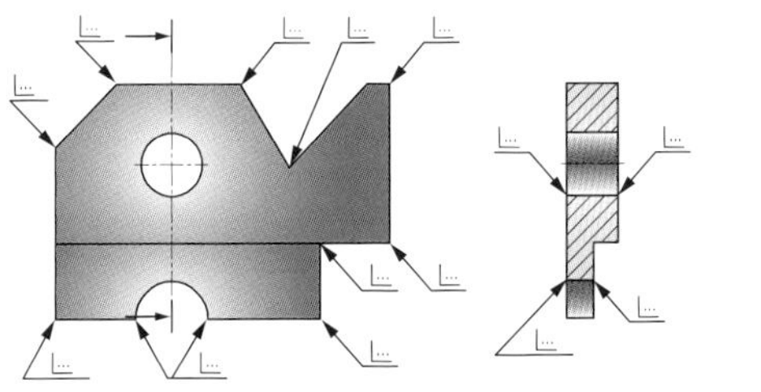

투상면과 형체에 수직인 모서리의 상태

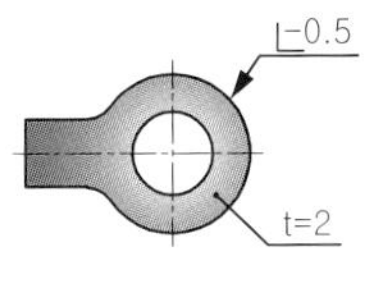

부품의 형상을 따른 모든 모서리의 상태

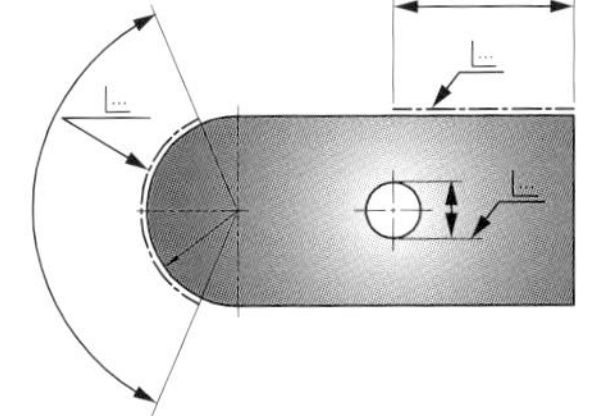

규정된 모서리 길이에만 유용한 모서리의 상태

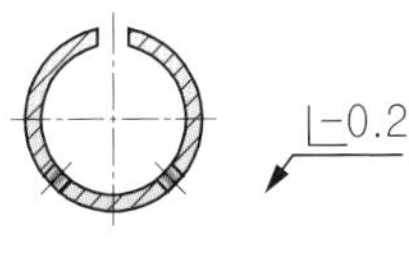

부품의 모든 모서리에 공통적인 모서리의 상태

2-10 제도-미정의 모서리 모양-용어 및 지시(4/5)

■ 도면상 지시의 의미(계속)

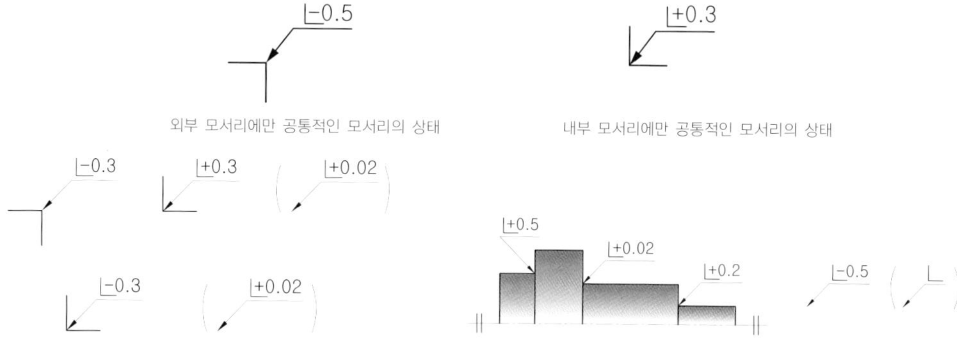

외부 모서리에만 공통적인 모서리의 상태

내부 모서리에만 공통적인 모서리의 상태

집합 지시의 경우에 덧붙이는 내용이 모서리의 상태

공통 지시의 경우에 덧붙이는 내용의 모서리 상태의 간략 표시

■ 모서리 상태의 예

번호	지 시	의 미	설 명
1	+0.3		0.3mm 까지 용인되는 버가 있는 외부 모서리 : 버 방향 미정
2	+		용인된 버가 있는 외부 모서리 : 버의 크기와 방향 미정
3	+0.3		0.3mm까지 용인되는 버가 있는 외부 모서리 : 버 방향 정의
4	+0.3		
5	-0.3		버는 없고 0.3mm까지 언더컷이 있는 외부 모서리
6	-0.1 -0.5		버는 없고 0.1~0.5mm의 영역에서 언더컷이 있는 외부 모서리
7	-		버는 없고 언더컷은 용인되며 크기는 미정인 외부 모서리

2-10 제도-미정의 모서리 모양-용어 및 지시(5/5)

KS A ISO 13715

■ 모서리의 상태의 예(계속)

번호	지 시	의 미	설 명
8	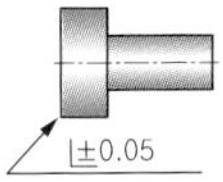 ⌊±0.05		0.05mm까지의 버가 용인되거나 0.05mm까지의 언더컷(예리한 모서리)이 있는 외부 모서리 : 버 방향 미정
9	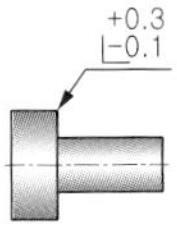 +0.3 ⌊-0.1	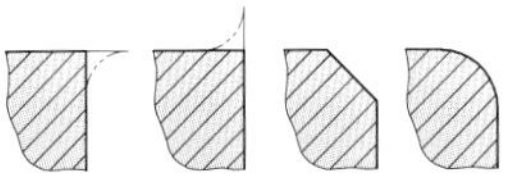	0.3mm까지의 버가 용인되거나 0.1mm까지의 언더컷(예리한 모서리)이 있는 외부 모서리 : 버 방향 미정
10	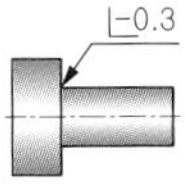 ⌊-0.3	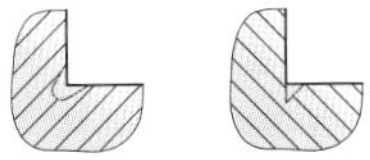	0.3mm까지의 언더컷이 용인된 내부 모서리 : 언더컷 방향 미정
11	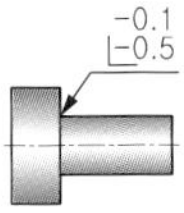 -0.1 ⌊-0.5	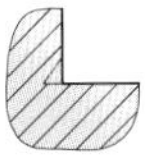	0.1~0.5mm의 영역에서 용인된 언더컷이 있는 내부 모서리 : 언더컷 방향 정의
12	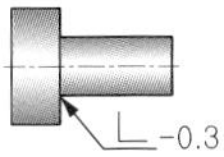 ⌊-0.3		0.3mm까지 용인된 언더컷이 있는 내부 모서리 : 언더컷 방향 정의
13	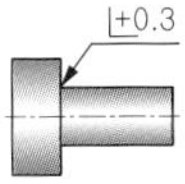 ⌊+0.3	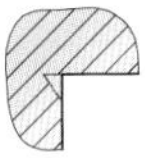	0.3mm까지 용인된 패싱이 있는 내부 모서리
14	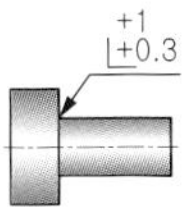 +1 ⌊+0.3	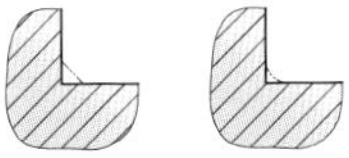	0.05mm까지 용인된 언더컷이나 0.005mm까지 용인된 패싱이 잇는 내부 모서리(예리한 모서리) : 언더컷 방향은 미정
15	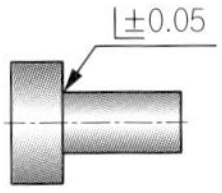 ⌊±0.05	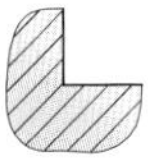	0.05mm까지의 버가 용인되거나 0.05mm까지의 언더컷(예리한 모서리)이 있는 외부 모서리 : 버 방향 미정
16	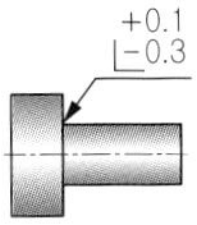 +0.1 ⌊-0.3	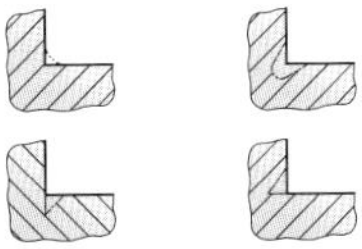	0.1mm까지 용인된 패싱이나 0.3mm까지 용인된 언더컷이 있는 내부 모서리 : 언더컷 방향 미정

2-11 열처리를 한 철 계통의 부품 지시 방법(1/10)

KS B ISO 15787

■ 적용 범위

이 표준은 기술 도면에서 열처리된 철계 부품의 최종 상태를 표시하고 지시하는 방법을 규정한다.

■ 용어와 정의(ISO 4885에 따름)

기 호	약 어	영 문
CHD	표면(침탄)경화 깊이	Case Hardening Depth
CD	침탄 깊이	Carburization Depth
CLT	복합 층 두께	Compound Layer Thickness
FHD	융해 경도 깊이	Fusion Hardness Depth
NHD	질화 경도 깊이	Nitriding Hardness Depth
SHD	표면 경화 깊이	Surface Hardness Depth
FTS	융해 처리 명세	Fusion Treatment Specification
HTO	열처리 순서	Heat Treatment Order
HTS	열처리 명세	Heat Treatment Specification

■ 도면에서의 지시

① 일반사항

열처리 조건에 관한 도면에서의 지시는 조립체나 열처리 후의 직접적인 상태뿐 아니라 최종 상태에 관련될 수 있다. 이 차이는 열처리 부품이 종종 후에 기계 가공(예를 들면 연삭)되는 것처럼 함축적으로 관찰되어야 한다.
따라서 특히 침탄 경화, 표면 경화, 표면 융해 경화 및 질화 부품에서 경화 깊이가 감소되고 질화 침탄경화 부품의 복합 층 두께가 감소하는 것과 같다. 그러므로 기계 가공 여유는 열처리 동안 적절하게 고려되어야 한다.
후가공 전의 상태에 관한 관련 정보를 주어 열처리 후의 상태에 대한 별도의 도면이 준비되지 않으면 관련 도면에 각각의 정보 조건을 알려주는 그림 설명으로 적당한 지시를 사용하여야 한다.

② 재료 데이터(Material data)

열처리 방법에 관계없이 일반적으로 열처리 가공품에 대해 사용되는 재료의 확인을 도면에 넣어야 한다.(재료 명칭, 재료 명세서에 대한 기준 등)

③ 열처리 조건(Heat-treatment condition)

열처리 후의 상태는 예를 들면 "담금질(Quench hardened)", "담금질 및 뜨임" 또는 "질화"와 같은 요구 조건을 지시하는 단어로 규정한다. 한 가지 이상의 열처리가 요구되는 경우 예를 들면 "담금질 및 뜨임" 과 같이 그 실행 순서를 단어로서 확인하여야 한다.

④ 표면 경도(Surface hardness)

표면 경도는 ISO 6507-1에 따른 비커스(Vickers) 경도, ISO 6506-1에 따른 브리넬(Brinell) 경도 또는 KS M ISO 6508-1에 따른 로크웰(Rockwell) 경도로 나타내어야 한다.

⑤ 심부 경도(core hardness)

심부 경도는 도면의 필요한 곳과 시험될 부분에 주어진 명세에 지시되어야 한다. 심부 경도는 ISO 6507-1에 따른 비커스 경도, ISO 6506-1에 따른 브리넬 경도, KS M ISO 6508-1에 따른 로크웰 경도(방법 B,C)로 주어져야 한다.

⑥ 경도(hardness value)

모든 경도는 공차를 가지고 있어야 한다. 공차는 기능이 허용하는 한 클수록 바람직하다.

memo

Chapter 03

표면거칠기의 종류 및 표시

3-1 표면거칠기 파라미터

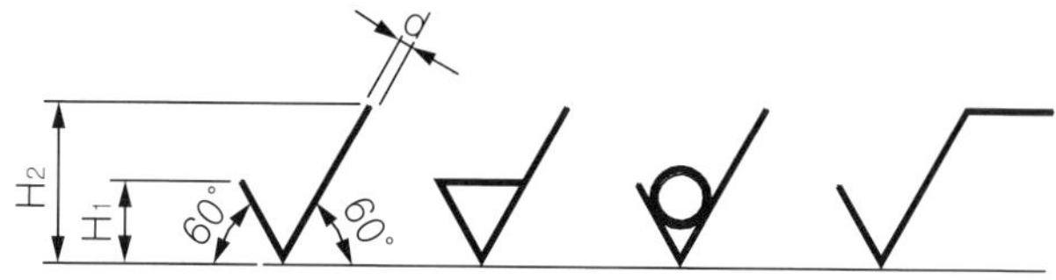

[면 지시 기호의 치수 비율]

■ 면의 지시 기호의 치수 비율

숫자 및 문자의 높이 (h)	3.5	5	7	10	14	20
문자를 그리는 선의 굵기 (d)	ISO 3098/I에 따른다(A형 문자는 h/14, B형 문자는 h/10					
기호의 짧은 다리의 높이 (H1)	5	7	10	14	20	28
기호의 긴 다리의 높이 (H2)	10	14	20	28	40	56

■ 표면거칠기 기호 표시법

현장 실무 도면을 직접 접해보면 실제로 다듬질기호(삼각기호)를 적용한 도면들을 많이 볼 수 있을 것이다. 다듬질기호 표기법과 표면거칠기 기호의 표기에 혼동이 있을 수도 있는데 아래와 같이 표면거칠기 기호를 사용하고 가공면의 거칠기에 따라서 반복하여 기입하는 경우에는 알파벳의 소문자(w, x, y, z) 부호와 함께 사용한다.

W = 12.5, X = 3.2, y = 0.8, Z = 0.2

[표면거칠기 기호 표시법]

■ 표면거칠기 기호의 의미

아래[그림:(a)]는 제거가공을 허락하지 않는 부분에 표시하는 기호로 주물, 단조 등의 공정을 거쳐 제작된 제품에 별도의 2차 기계가공을 하면 안되는 표면에 해당되는 기호이다. [그림:(c)]는 별도로 기계절삭 가공을 필요로 하는 표면에 표시하는 기호이다. 즉, 선반, 밀링, 드릴, 리밍, 보링, 연삭 가공 등 공작기계에 의한 일반적인 가공부에 적용한다. 또한(그림 : W, X, Y, Z)과 같이 알파벳 소문자와 함께 사용하는 기호들은 표면의 거칠기 상태(정밀도)에 따라 문자기호로 표시한 것이다.

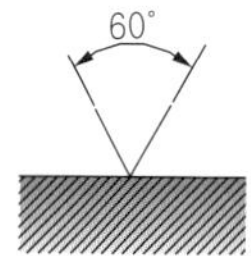

(a) 기본 지시기호

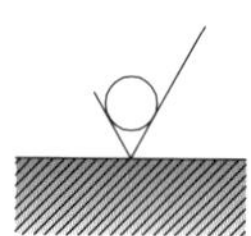

(b) 제거가공을 허락하지 않는 면의 지시기호

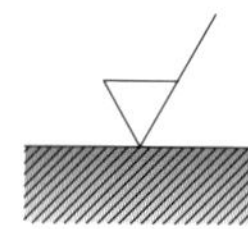

(c) 제거가공을 요하는 면의 지시기호

[표면거칠기 기호의 의미]

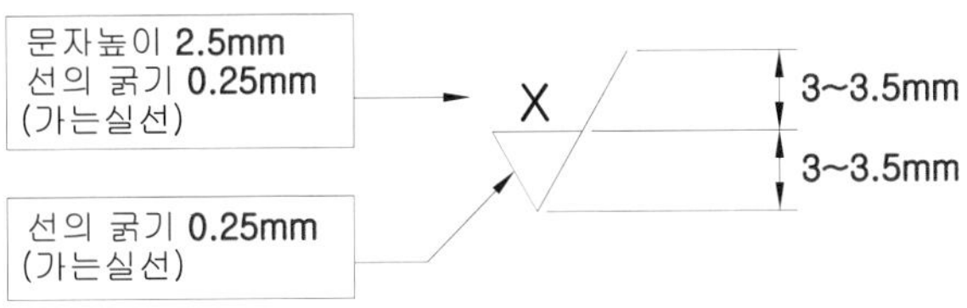

[부품도에 기입하는 경우]

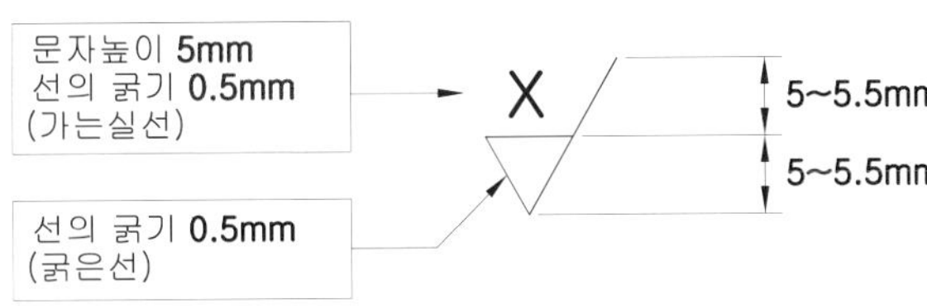

[품번 우측에 기입하는 경우]

3-2 표면거칠기와 다듬질기호(삼각기호)의 관계

■ 표면거칠기와 다듬질기호(삼각기호)의 관계

	산술평균거칠기 Ra	최대높이 Rmax	10점평균거칠기 Rz	표면거칠기 기호	다듬질기호 (참고)
구분값	0.025	0.1	0.1	Z	▽▽▽▽
	0.05	0.2	0.2		
	0.1	0.3	0.4		
	0.2	0.8	0.8		
	0.4	1.6	1.6	y	▽▽▽
	0.8	3.2	3.2		
	1.6	6.3	6.3		
	3.2	12.5	12.5	X	▽▽
	6.3	25	25		
	12.5	50	50	W	▽
	25	100	100		
	특별히 규정하지 않는다.				~

3-3 산술평균거칠기(Ra)의 거칠기 값과 적용 예

일반적으로 사용이 되고 있는 **산술평균거칠기(Ra)**의 적용예를 아래에 나타내었다. 거칠기의 값에 따라서 최종 완성 다듬질 면의 정밀도가 달라지며 거칠기(Ra)값이 적을수록 정밀한 다듬질 면을 얻을 수 있다.

■ 산술평균거칠기(Ra)의 적용 예

거칠기의 값	적용 예
Ra 0.025 Ra 0.05	**초정밀 다듬질 면** 제조원가의 상승 특수정밀기기, 고정밀면, 게이지류 이외에는 사용하지 않는다.
Ra 0.1	**극히 정밀한 다듬질 면** 제조원가의 상승 연료펌프의 플런저나 실린더 등에 사용한다.
Ra 0.2	**정밀 다듬질 면** 수압실린더 내면이나 정밀게이지 고속회전 축이나 고속회전용 베어링 메카니컬 실 부위 등에 사용한다.
Ra 0.4	**부품의 기능상 매끄러움(미려함)을 중요시하는 면** 저속회전 축 또는 저속회전용 베어링, 중하중이 걸리는 면, 정밀기어 등
Ra 0.8	집중하중을 받는 면, 가벼운 하중에서 연속적으로 운동하지 않는 베어링면, 클램핑 핀이나 정밀나사 등
Ra 1.6	**기계가공에 의한 양호한 다듬질 면** 베어링 끼워맞춤 구멍, 접촉면, 수압실린더 등
Ra 3.2	**중급 다듬질 정도의 기계 다듬질 면** 고속에서 적당한 이송량을 준 공구에 의한 선삭, 연삭등 정밀한 기준면, 조립면, 베어링 끼워맞춤 구멍 등
Ra 6.3	**가장 경제적인 기계다듬질 면** 급속이송 선삭, 밀링, 쉐이퍼, 드릴가공 등 일반적인 기준면이나 조립면의 다듬질에 사용
Ra 12.5	**별로 중요하지 않은 다듬질 면** 기타 부품과 접촉하거나 닿지 않는 면
Ra 25	**별도 기계가공이나 제거가공을 하지 않는 거친면** 주물 등의 흑피, 표면

3-4 표면거칠기 표기 및 가공 방법

■ 표면거칠기 기호의 표기 및 가공 방법

명 칭 (다듬질정도)		다듬질 기호 (구 기호)	표면거칠기 기호 (신 기호)	가공방법 및 적용부위
매끄러운 생지		∼	∅/ (원이 있는 ▽/)	① 기계 가공 및 버 제거 가공을 하지 않은 부분 ② 주조(주물), 압연, 단조품 등의 표면부 ③ 철판 절곡물 등
거친 다듬질		▽	w▽/	① 밀링, 선반, 드릴 등의 공작기계 가공으로 가공 흔적이 남을 정도의 거친 면 ② 끼워맞춤을 하지 않는 일반적인 가공면 ③ 볼트머리, 너트, 와셔 등의 좌면
보통 다듬질 (중 다듬질)		▽▽	x▽/	① 상대 부품과 끼워맞춤만 하고, 상대적 마찰운동을 하지 않고 고정되는 부분 ② 보통공차(일반공차)로 가공한 면 ③ 커버와 몸체의 끼워맞춤 고정부, 평행키홈, 반달키홈 등 ④ 줄가공, 선반, 밀링, 연마등의 가공으로 가공 흔적이 남지 않을 정도의 가공면
상다듬질	절삭 다듬질 면	▽▽▽	y▽/	① 끼워맞춤되어 회전운동이나 직선왕복 운동을 하는 부분 ② 베어링과 축의 끼워맞춤 부분 ③ 오링, 오일실, 패킹이 접촉하는 부분 ④ 끼워맞춤 공차를 지정한 부분 ⑤ 위치결정용 핀 홀, 기준면 등
	담금질, 경질크롬도금, 연마 다듬질 면			① 끼워맞춤되어 고속 회전운동이나 직선왕복 운동을 하는 부분 ② 선반, 밀링, 연마, 래핑 등의 가공으로 가공 흔적이 전혀 남지 않는 미려하고 아주 정밀한 가공면 ③ 신뢰성이 필요한 슬라이딩하는 부분, 정밀지그의 위치결정면 ④ 열처리 및 연마되어 내마모성을 필요로 하는 미끄럼 마찰면
정밀 다듬질		▽▽▽▽	z▽/	① 그라인딩(연삭), 래핑, 호닝, 버핑 등에 의한 가공으로 광택이 나는 극히 초정밀 가공면 ② 고급 다듬질로서 일반적인 기계 부품 등에는 사용 안함 ③ 자동차 실린더 내면, 게이지류, 정밀 스핀들 등

3-5 표면거칠기 기호 비교 분석

표면 거칠기 기호 비교표

기호		대응 기호	Ry	Rz	N
∀ (가공 안 함)	=	∀ (가공 안 함)	Ry200	Rz200	N12
w/∇	=	12.5/∇	Ry50	Rz50	N10
x/∇	=	3.2/∇	Ry12.5	Rz12.5	N8
y/∇	=	0.8/∇	Ry3.2	Rz3.2	N6
z/∇	=	0.2/∇	Ry0.8	Rz0.8	N4

[표면거칠기 기호 비교표]

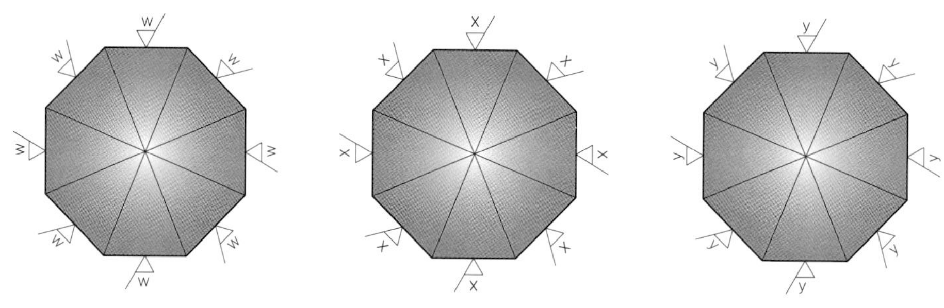

[표면거칠기 및 문자 표시 방향]

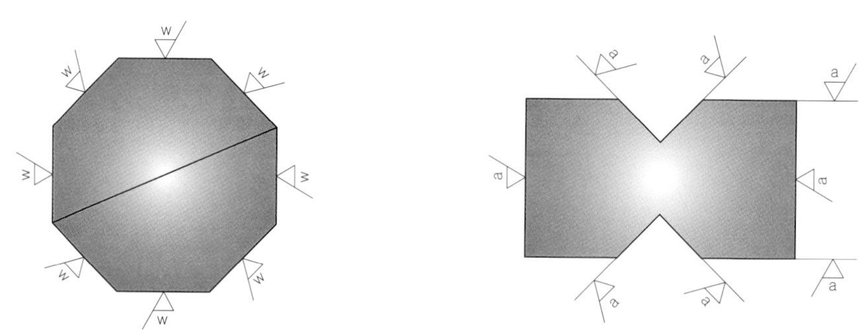

[Ra 만을 지시하는 경우의 기호와 방향]

3-6 비교 표면 거칠기 표준편

KS B 0507

■ 최대 높이의 구분치에 따른 비교 표준의 범위

거칠기 구분치		0.1S	0.2S	0.4S	0.8S	1.6S	3.2S	6.3S	12.5S	25S	50S	100S	200S
표면 거칠기의 범위 ($\mu m Rmax$)	최소치	0.08	0.17	0.33	0.66	1.3	2.7	5.2	10	21	42	83	166
	최대치	0.11	0.22	0.45	0.90	1.8	3.6	7.1	14	28	56	112	224
거칠기 번호 (표준편 번호)		SN1	SN2	SN3	SN4	SN5	SN6	SN7	SN8	SN9	SN10	SN11	SN12

■ 중심선 평균거칠기의 구분치에 따른 비교 표준의 범위

거칠기 구분치		0.025a	0.05a	0.1a	0.2a	0.4a	0.8a	1.6a	3.2a	6.3a	12.5a	25a	50a
표면 거칠기의 범위 ($\mu m Rmax$)	최소치	0.02	0.04	0.08	0.17	0.33	0.66	1.3	2.7	5.2	10	21	42
	최대치	0.03	0.06	0.11	0.22	0.45	0.90	1.8	3.6	7.1	14	28	56
거칠기 번호 (표준편 번호)		N1	N2	N3	N4	N5	N6	N7	N8	N9	N10	N11	N12

3-7 제도-표면의 결 도시 방법(1/3)

KS B 0617

■ 용어의 정의

용어	정의
표면의 결	주로 기계 부품, 구조 부재 등의 표면에서의 표면 거칠기, 제거 가공의 필요 여부, 줄무늬 방향, 표면 파상도 등
제거 가공	기계 가공 또는 이것에 준하는 방법에 따라 부품, 부재 등의 표층부를 제거하는 것.
줄무늬 방향	제거 가공에 의해 생기는 현저한 줄무늬의 모양

■ 제거 가공의 지시 방법

제거 가공의 지시 방법	지시 기호
제거 가공을 요하는 것의 지시	제거 가공을 요하는 면의 지시
제거 가공을 허락하지 않는 것의 지시	제거 가공을 허락하지 않는 면의 지시
가공 방법 등을 기입하기 위한 가로선	가로선을 부가한 면의 지시 기호

3-7 제도-표면의 결 도시 방법(2/3)

■ 표면 거칠기의 지시 방법

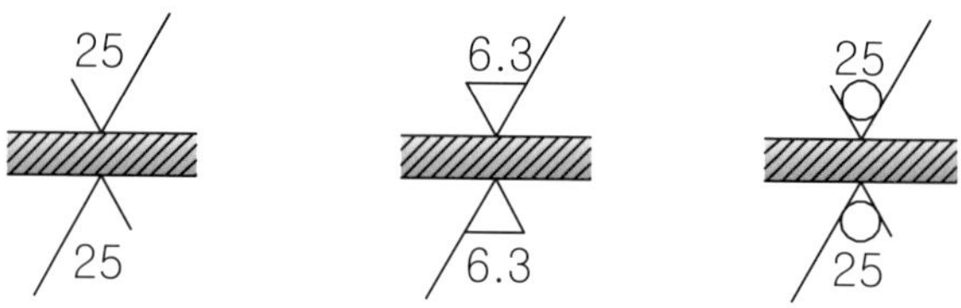

[Ra의 상한을 지시한 보기]

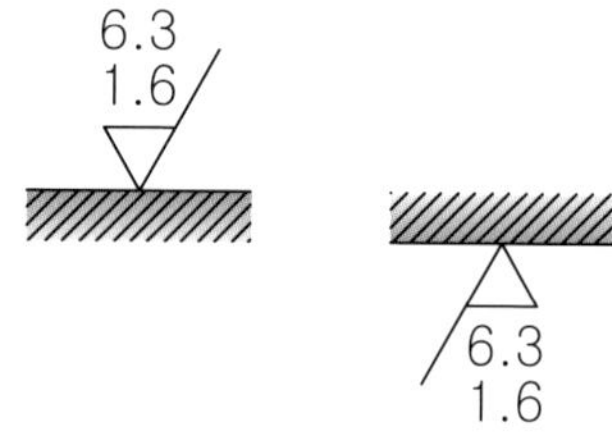

[Ra의 상한, 하한을 지시한 보기]

■ 컷오프값 및 평가 길이의 지시

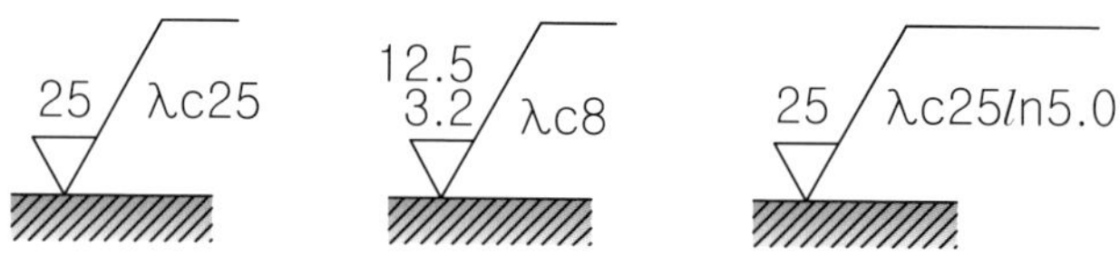

[컷오프값 및 평가 길이를 지시한 보기]

■ 표면 거칠기의 지시값 및 기입 위치

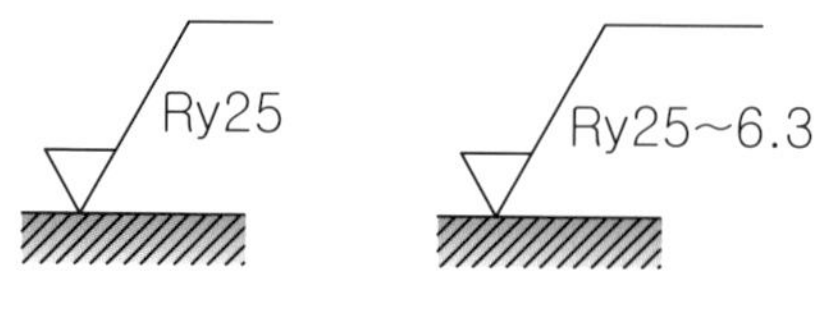

[Ry를 지시한 보기]

3-7 제도-표면의 결 도시 방법(3/3)

■ 기준 길이 및 평가 길이의 지시

[기준 길이를 지시한 보기]

■ 절단 레벨의 지시

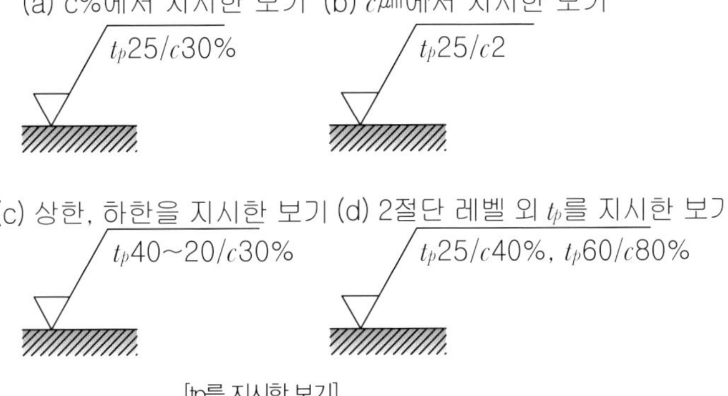

[tp를 지시한 보기]

■ 2종류 이상의 파라미터를 지시하는 경우

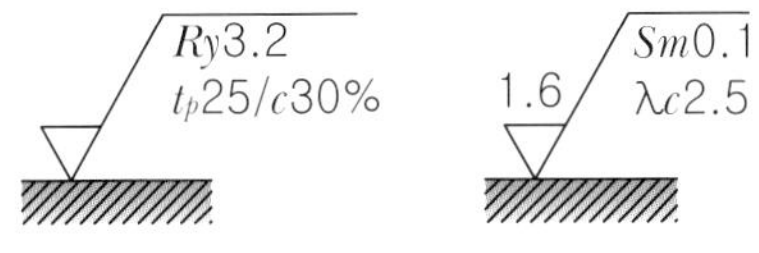

[2종류 이상의 파라미터를 지시한 보기]

■ 특수한 지시를 하는 경우

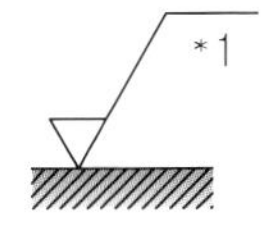

[특수한 지시의 보기]

3-8 특수한 요구 사항의 지시 방법(1/2)

■ 가공 방법

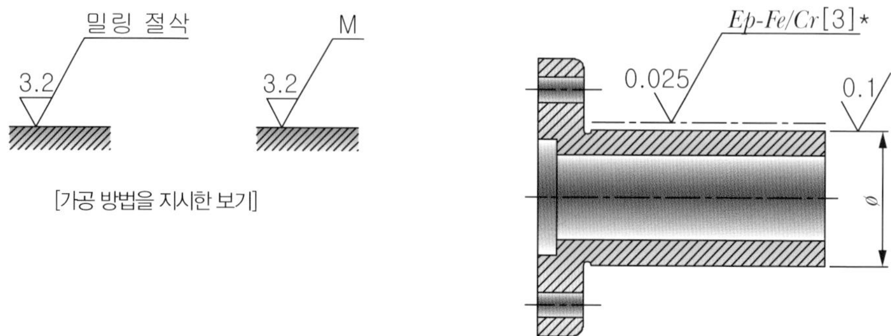

[가공 방법을 지시한 보기]

[표면 처리의 앞 및 뒤의 표면 거칠기를 지시한 보기]

■ 줄무늬 방향

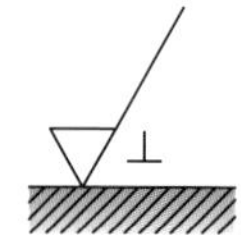

[줄무늬 방향을 지시한 보기]

■ 줄무늬 방향의 기호

기 호	의 미	설명 그림
=	가공에 의한 컷의 줄무늬 방향이 기호를 기입한 그림의 투영면에 평행 [보기] 세이핑 면	
⊥	가공에 의한 컷의 줄무늬 방향이 기호를 기입한 그림의 투영면에 직각 [보기] 세이핑 면(수평으로 본 상태) 선삭, 원통 연삭면	
X	가공에 의한 컷의 줄무늬 방향이 기호를 기입한 그림의 투영면에 비스듬하게 2방향으로 교차 [보기] 호닝 다듬질면	

3-8 특수한 요구 사항의 지시 방법(2/2)

■ 줄무늬 방향의 기호 (계속)

기 호	의 미	설명 그림
M	가공에 의한 컷의 줄무늬가 여러 방향으로 교차 또는 무방향 보기 래핑 다듬질면, 슈퍼 피니싱면, 가로 이송을 건 정면 밀링 또는 앤드밀 절삭면	
C	가공에 의한 컷의 줄무늬가 기호를 기입한 면의 중심에 대하여 거의 동심원 모양 보기 끝면 절삭면	
R	가공에 의한 컷의 줄무늬가 기호를 기입한 면의 중심에 대하여 거의 방사 모양	

■ 면의 지시 기호에 대한 각 지시 기호의 위치

[각 지시 기호의 기입 위치]

[기호 설명]
a : Ra의 값
b : 가공 방법
c : 컷오프값 및 평가 길이
c' : 기준 길이 및 평가 길이
d : 줄무늬 방향의 기호
f : Ra 이외의 파라미터(tp일 때에는 파라미터/절단 레벨)
g : 표면 파상도(KS B 0610에 따른다.)
[비고] a 또는 f 이외에는 필요에 따라 기입한다.
기호 e의 개소에 ISO 1302에서는 다듬질 여유를 기입하게 되어 있다.

3-9 도면 기입법(1/2)

■ 도면 기입 방법의 기본

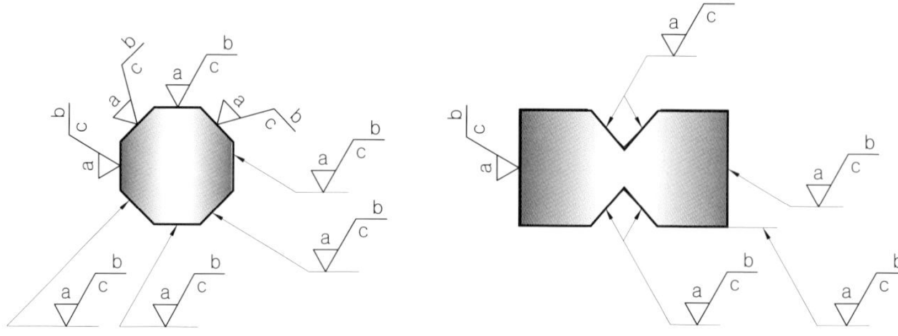

[기호의 방향]

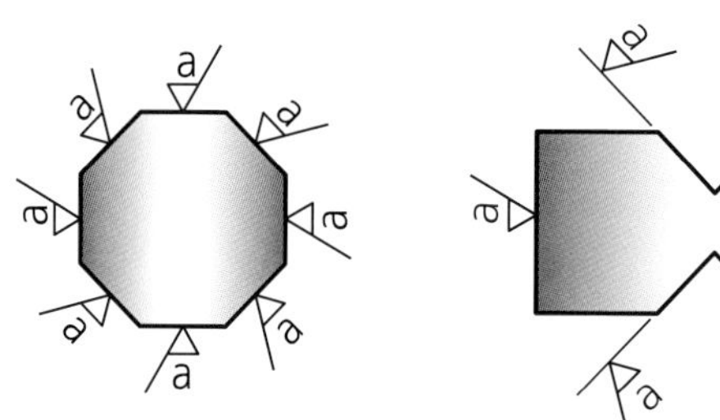

[Ra만을 지시하는 경우의 기호의 방향]

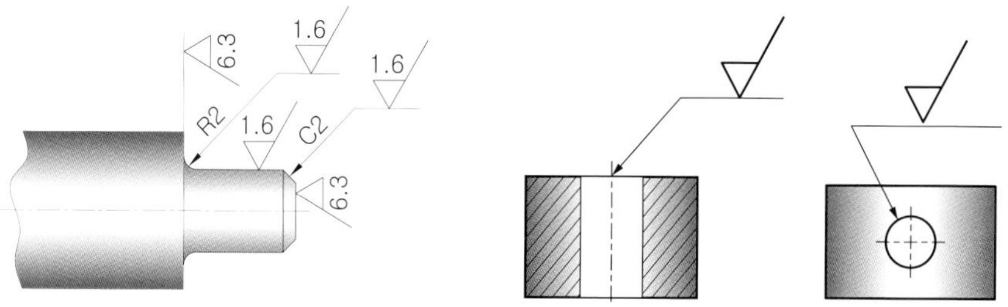

[둥글기 및 모떼기에 대한 지시의 보기]

[지름 치수의 다음에 기입한 보기]

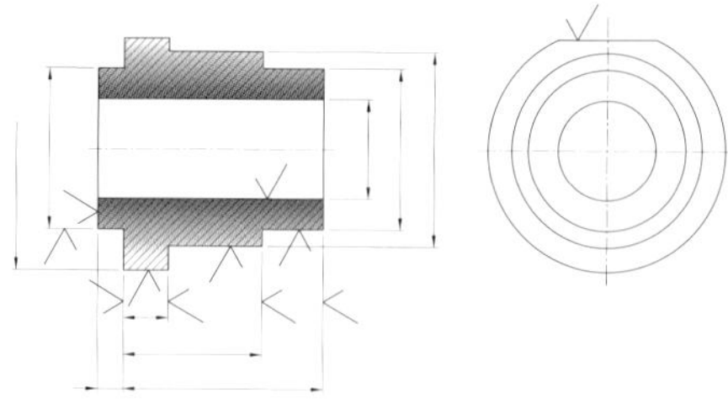

[면의 지시 기호의 배치]

3-9 도면 기입법(2/2)

■ 도면 기입의 간략한 방법

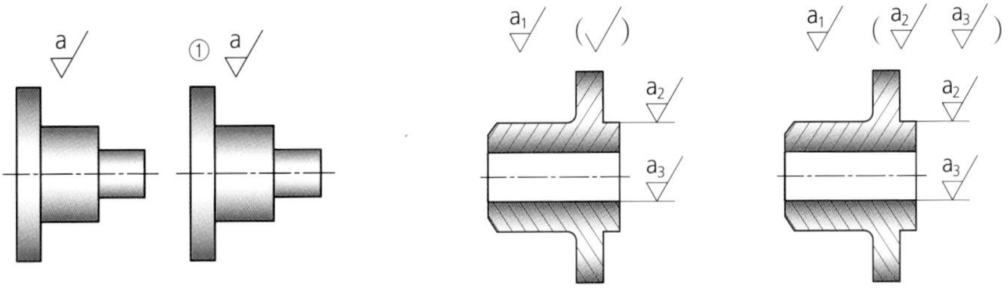

[전면 동일한 지시의 간략한 방법의 보기]

[대부분 동일한 지시의 간략한 방법의 보기]

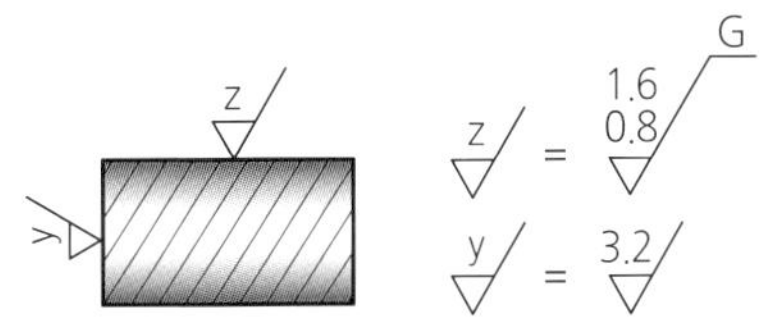

[반복 지시의 간략한 방법의 보기]

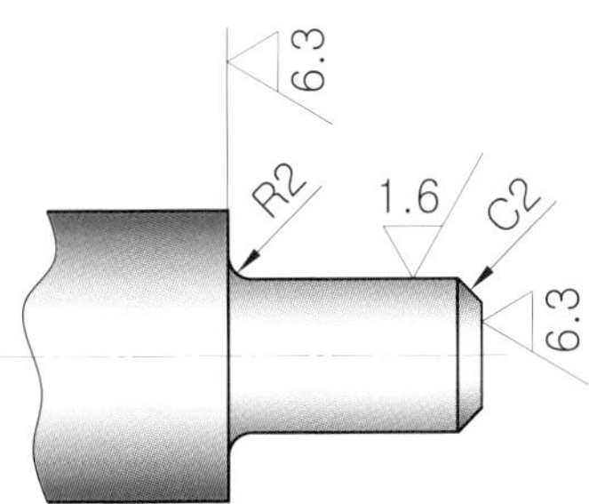

[둥글기 및 모떼기에 대한 지시 생략의 보기]

Chapter 04

일반공차 및 보통공차

4-1 일반공차(1/3)

일반공차(보통공차)란 특별히 정밀도가 요구되지 않는 부분에 일일이 치수공차를 기입하지 않고 정해진 치수 범위 내에서 일괄적으로 공차를 적용할 목적으로 규정된 것이다. 일반공차를 적용함으로써 설계자는 특별한 정밀도를 필요로 하지 않는 치수의 공차까지 고민하고 결정해야 하는 수고를 덜 수 있다. 또, 제도자는 모든 치수에 일일이 공차를 기입하지 않아도 되며 도면이 훨씬 간단하고 명료해진다. 뿐만 아니라 비슷한 기능을 가진 부분들의 공차 등급이 설계자에 관계없이 동일하게 적용되므로 제작자가 효율적인 부품을 생산할 수가 있다. 도면을 보면 대부분의 치수는 특별한 정밀도를 필요로 하지 않기 때문에 치수 공차가 따로 규제되어 있지 않은 경우를 흔히 볼 수 있을 것이다.

■ 적용 범위

일반공차는 KS B ISO 2768-1:2002(2007확인)에 따르면 이 규격은 제도 표시를 단순화하기 위한 것으로 공차 표시가 없는 선형 및 치수에 대한 일반공차를 4개의 등급(f, m, c, v)으로 나누어 규정하고, 일반공차는 금속 파편이 제거된 제품 또는 박판 금속으로 형성된 제품에 대하여 적용한다고 규정되어 있다.

① 선형치수 : 예를 들면 외부 크기, 내부 크기, 눈금 크기, 지름, 반지름, 거리, 외부 반지름 및 파손된 가장자리의 모따기 높이

② 일반적으로 표시되지 않는 각도를 포함하는 각도. 예를 들면 ISO 2768-2에 따르지 않거나 또는 정다각형의 각도가 아니라면 직각(90°)

③ 부품을 가공하여 만든 선형 및 각도 치수(이 규격은 다음의 치수에는 적용하지 않는다)

a) 일반 공차에 대하여 다른 규격으로 대신할 수 있는 선형 및 각도 치수

b) 괄호 안에 표시된 보조 치수

c) 직사각형 프레임에 표시된 이론적으로 정확한 치수

[주기 예]

1. 일반공차 가) 가공부 : KS B ISO 2768-m
   나) 주강부 : KS B 0418 보통급
   다) 주조부 : KS B 0250 CT-11

· 일반공차의 도면 표시 및 공차등급 : KS B ISO 2768-m
  m은 아래 표에서 볼 수 있듯이 공차등급을 중간급으로 적용하라는 지시인 것을 알 수 있다.

■ 모따기를 제외한 선 치수에 대한 허용 편차

단위 : mm

공차 등급		기본 크기 범위에 대한 허용편차							
호칭	설명	0.5에서 3 이하	3 초과 6 이하	6 초과 30 이하	30 초과 120 이하	120 초과 400 이하	4000 초과 1000 이하	1000 초과 2000 이하	2000 초과 4000 이하
f	정밀	±0.05	±0.05	±0.1	±0.15	±0.2	±0.3	±0.5	-
m	중간	±0.1	±0.1	±0.2	±0.3	±0.5	±0.8	±1.2	±2.0
c	거침	±0.2	±0.3	±0.5	±0.8	±1.2	±2.0	±3.0	±4.0
v	매우 거침	-	±0.5	±1.0	±1.5	±2.5	±4.0	±6.0	±8.0

[비고] 0.5mm 미만의 공칭 크기에 대해서는 편차가 관련 공칭 크기에 근접하게 표시되어야 한다.

4-1 일반공차(2/3)

■ 모따기를 포함한 허용 편차(모서리 라운딩 및 모따기 치수)

단위 : mm

공차 등급		기본 크기 범위에 대한 허용 편차		
호칭	설명	0.5 에서 6 이하	3 초과 6 이하	6 초과
f	정밀	±0.2	±0.5	±1
m	중간			
c	거침	±0.4	±1	±2
v	매우 거침			

[모따기를 제외한 선 치수에 대한 허용 편차] 표를 참고로 공차등급을 m(중간)급으로 선정했을 경우의 보통허용차가 적용된 상태의 치수표기를 예로 들어보겠다. 일반공차는 공차가 별도로 붙어 있지 않은 치수수치에 대해서 어느 지정된 범위안에서 +측으로 만들어지든 −측으로 만들어지든 관계없는 공차범위를 의미한다.

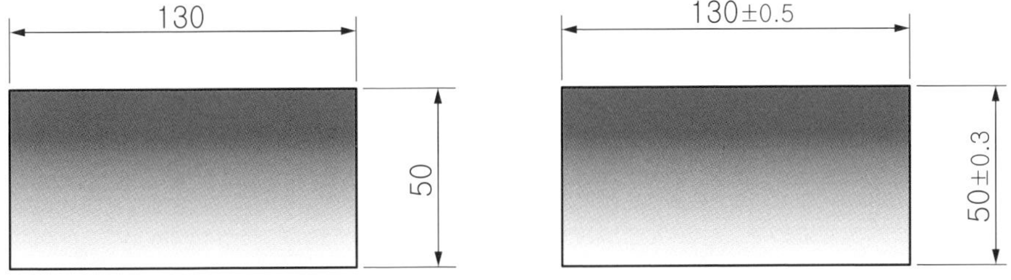

일반공차의 적용 해석

■ 각도 치수의 허용 편차

각도 단위에 규정된 일반 공차는 편차가 아니라 표면의 선 또는 선 요소의 일반적인 방향만을 나타낸다. 실제 표면으로부터 유도된 선의 방향은 이상적인 기하학적 형태의 접선의 방향이다. 접선과 실제 선 사이의 최대 거리는 최소 허용값이어야 하며, 각도 치수의 허용 편차는 다음 표를 따른다.

단위 : mm

공차 등급		짧은 면의 각과 관련된 길이 범위(단위 : mm)에 대한 허용 편차				
호칭	설명	10 이하	10 초과 50 이하	50 초과 120 이하	120 초과 400 이하	400 초과
f	정밀	±1°	±0° 30'	±0° 20'	±0° 10'	±0° 5'
m	중간					
c	거침	±1° 30'	±1°	±0° 30'	±0° 15'	±0° 10'
v	매우 거침	±3°	±2°	±1°	±0° 30'	±0° 20'

4-1 일반공차(3/3)

■ 선형 및 각도 치수의 일반 공차 이면의 개념

① 특정한 공차 값 이상으로 공차를 크게 하는 것은 경제적인 측면에서 이득이 없다. 예를 들면 35mm의 지름을 가진 형체는 '관습상의 공장 정밀도' 를 가진 공장에서 높은 수준으로 제조될 수 있다. 위와 같이 특별한 공장에서서는 ±1mm의 공차를 규정하는 것이 ±0.3mm의 일반 공차 수치가 충분히 충족되기 때문에 이익이 없다. 그러나 기능적인 이유로 인해 형체가 '일반 공차' 보다 작은 공차를 요구하는 경우 이러한 체는 크기 또는 각도를 규정한 치수 가까이에 작은 공차를 표시하는 것이 바람직하다. 이런 공차의 유형은 일반 공차의 적용 범위 외에 있다. 기능이 일반 공차와 동일하거나 일반 공차보다 큰 공차를 허용하는 경우 공차는 치수에 가까이 표시하는 것이 아니라 도면에 설명되는 것이 바람직하다. 이러한 공차의 유형은 일반공차의 개념을 사용하는 것이 가능하다. 기능이 일반 공차보다 큰 공차를 허용하는 '규정의 예외' 가 있으며, 제조상의 경제성 문제이다. 이와 같이 특별한 경우에 큰 공차는 특정 형체의 치수에 가까이 표시되는 것이 바람직하다. (예를 들면 조립체에 뚫린 블라인드 구멍의 깊이)

② 일반 공차 사용시 장점

a) 도면을 읽는 것이 쉽고, 사용자에게 보다 효과적으로 의사를 전달하게 된다.

b) 일반공차보다 크거나 동일한 공차를 허용하는 것을 알고 있기 때문에 설계자가 상세한 공차 계산을 할 필요가 없으며 시간을 절약할 수 있다.

c) 도면은 형상이 이미 정상적인 수행 능력으로 생성될 수 있다는 것을 표시하며 검사 수준을 감소시켜 품질을 향상시킨다.

d) 대부분의 경우 개별적으로 표시된 공차를 가지는 치수는 상대적으로 작은 공차를 요구하며, 이로 인해 생산시 주의를 하게 한다. 이것은 생산 계획을 세우는 데 유용하며 검사 요구 사항의 분석을 통하여 품질을 향상시킨다.

e) 계약 전에 '관습상의 공장 정밀도' 가 알려져 있기 때문에 구매 및 하청 기술자가 주문을 협의할 수 있다. 이러한 관점에서 도면이 완전하기 때문에 구매자와 공급자 사이의 논쟁을 피할 수 있다. 위의 장점들은 일반공차가 초과되지 않을 것이라는 충분한 신뢰성이 있는 경우, 즉 특정 공장의 관습상 공장 정밀도가 도면상에 표시된 일반 공차와 동일하거나 일반 공차보다 양호한 경우에만 얻어진다.

그러므로 작업장은,

- 그의 관습상 작업장 정밀도가 무엇인지를 계측 작업으로 알아내고
- 관습상 작업장 정밀도와 동일하거나 관습상 공장 정밀도보다 큰 일반 공차를 가지는 도면만을 인정하며
- 관습상 작업장 정밀도가 저하되지 않는다는 것을 샘플링 작업으로 조사한다.

모든 불확도 및 오해로 한정되지 않는 '훌륭한 장인 정신'에 의지하는 것은 일반적인 기하학적 공차의 개념에서는 더 이상 불필요하다. 일반적인 기하학적 공차는 '훌륭한 장인 정신' 의 요구 정밀도를 정의한다.

③ 기능이 허용하는 공차는 종종 일반 공차보다 크다. 이에 따라 일반공차가 작업편의 어떠한 형상에서 초과되는 경우 그 부분의 기능이 항상 손상되는 것은 아니다. 일반 공차를 초과하는 작업편은 기능이 손상되는 경우에만 거부하는 것이 바람직하다.

4-2 주조품-치수 공차 및 절삭 여유 방식(1/4)

KS B 0250

■ 적용 범위

이 규격은 주조품의 치수 공차 및 요구하는 절삭 여유 방식에 대하여 규정하고, 금속 및 합금을 여러 가지 방법으로 주조한 주조품의 치수에 적용한다.

■ 기준 치수

절삭 가공 전의 주조한 대로의 주조품(raw casting)의 치수이고, 필요한 최소 절삭 여유(machinging allowance)를 포함한 치수이다.

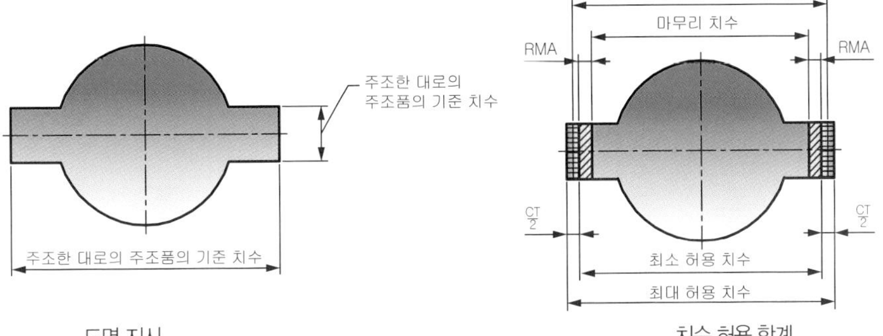

도면 지시

치수 허용 한계

■ 주조품의 치수 공차

단위 : mm

주조한 대로의 주조품의 기준치수		전체 주조 공차															
		주조 공차 등급 CT															
초과	이하	1	2	3	4	5	6	7	8	9	10	11	12	13	14	15	16
–	10	0.09	0.13	0.18	0.26	0.36	0.52	0.74	1	1.5	2	**2.8**	4.2	–	–	–	–
10	16	0.1	0.14	0.2	0.28	0.38	0.54	0.78	1.1	1.6	2.2	**3**	4.4	–	–	–	–
16	25	0.11	0.15	0.22	0.3	0.42	0.58	0.82	1.2	1.7	2.4	**3.2**	4.6	6	8	10	12
25	40	0.12	0.17	0.24	0.32	0.46	0.64	0.9	1.3	1.8	2.6	**3.6**	5	7	9	11	14
40	63	0.13	0.18	0.26	0.36	0.5	0.7	1	1.4	2	2.8	**4**	5.6	8	10	12	16
63	100	0.14	0.2	0.28	0.4	0.56	0.78	1.1	1.6	2.2	3.2	**4.4**	6	9	100	14	18
100	160	0.15	0.22	0.3	0.44	0.62	0.88	1.2	1.8	2.5	3.6	**5**	7	10	12	16	20
160	250	–	0.24	0.34	0.5	0.7	1	1.4	2	2.8	4	**5.6**	8	11	14	18	22
250	400	–	–	0.4	0.56	0.78	1.1	1.6	2.2	3.2	4.4	**6.2**	9	12	16	20	25
400	630	–	–	–	0.64	0.9	1.2	1.8	2.6	3.6	5	**7**	10	14	18	22	28
630	1000	–	–	–	–	1	1.4	2	2.8	4	6	**8**	11	16	20	25	32
1000	1600	–	–	–	–	–	1.6	2.2	3.2	4.6	7	**9**	13	18	23	29	37
1600	2500	–	–	–	–	–	–	2.6	3.8	5.4	8	**10**	15	21	26	33	42
2500	4000	–	–	–	–	–	–	–	4.4	6.2	9	**12**	17	24	30	38	49
4000	6300	–	–	–	–	–	–	–	–	7	10	**14**	20	28	35	44	56
6300	10000	–	–	–	–	–	–	–	–	–	11	**16**	23	32	40	50	64

■ 도면상의 주석문 표기방법

- 일반 공차 KS B 0250–CT11
- 일반 공차 KS B ISO 8062–CT11

4-2 주조품-치수 공차 및 절삭 여유 방식(2/4)

KS B 0250

■ 주철품 및 주강품의 여유 기울기 보통 허용값

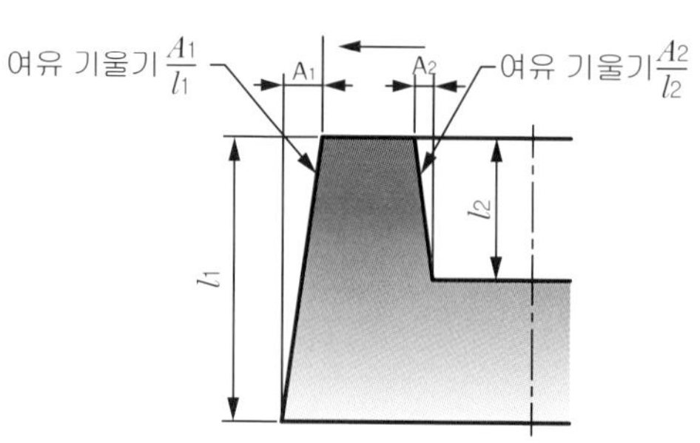

단위 : mm

치수 구분 l		치수A (최대)
초과	이하	
–	16	1
16	40	1.5
40	100	2
100	160	2.5
160	250	3.5
250	400	4.5
400	630	6
630	1000	9

[비고] 1. l 은 위 그림에서 l_1, l_2 를 의미한다.
2. A 는 위 그림에서 A_1, A_2 를 의미한다.

■ 알루미늄합금 주물의 여유 기울기 보통 허용값

단위 : 도

여유 기울기의 구분	밖	안
모래형 ·금형 주물	2	3

[비고] 이 표의 숫자는 기울기부의 길이 400mm 이하에 적용한다.

■ 다이캐스팅의 여유 기울기 각도의 보통 허용값

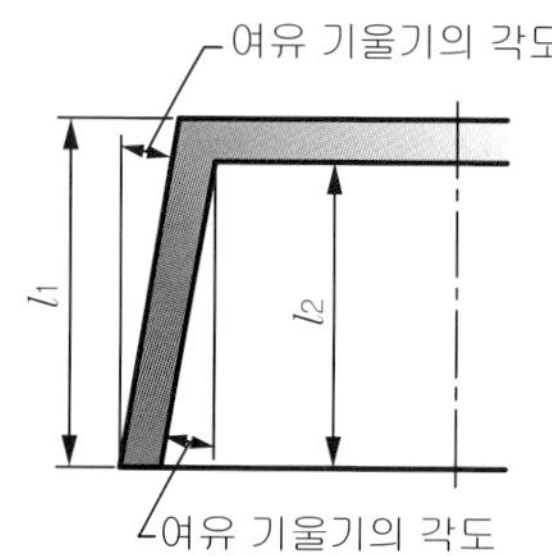

치수 구분 l (mm)		각도(°)	
초과	이하	알루미늄 합금	아연 합금
–	3	10	6
3	10	5	3
10	40	3	2
40	160	2	1.5
160	630	1.5	1

[비고] 여유 기울기의 각도는 위 그림에 따른다.

1. 요구하는 절삭 여유(RMA)

특별히 지정한 경우를 제외하고 절삭 여유는 주조한 대로의 주조품의 최대 치수에 대하여 변화한다. 즉, 최종 절삭 가공 후 완성한 주조품의 최대 치수에 따른 적절한 치수 구분에서 선택한 1개의 절삭 여유만 절삭 가공되는 모든 표면에 적용된다.

형체의 최대 치수는 완성한 치수에서 요구하는 절삭 여유와 전체 주조 공차를 더한 값을 넘지 않아야 한다.

4-2 주조품-치수 공차 및 절삭 여유 방식(3/4)

■ 요구하는 절삭 여유(RMA)

단위 : mm

최대 치수(1)		요구하는 절삭 여유									
		절삭 여유의 등급									
초과	이하	A(2)	B(2)	C	D	E	F	G	H	J	K
-	40	0.1	0.1	0.2	0.3	0.4	0.5	0.5	0.7	1	1.4
40	63	0.1	0.2	0.3	0.3	0.4	0.5	0.7	1	1.4	2
63	100	0.2	0.3	0.4	0.5	0.7	1	1.4	2	2.8	4
100	160	0.3	0.4	0.5	0.8	1.1	1.5	2.2	3	4	6
160	250	0.3	0.5	0.7	1	1.4	2	2.8	4	5.5	8
250	400	0.4	0.7	0.9	1.3	1.8	2.5	3.5	5	7	10
400	630	0.5	0.8	1.1	1.5	2.2	3	4	6	9	12
630	1000	0.6	0.9	1.2	1.8	2.5	3.5	5	7	10	14
1000	1600	0.7	1	1.4	2	2.8	4	5.5	8	11	16
1600	2500	0.8	1.1	1.6	2.2	3.2	4.5	6	9	13	18
2500	4000	0.9	1.3	1.8	2.5	3.5	5	7	10	14	20
4000	6300	1	1.4	2	2.8	4	5.5	8	11	16	22
6300	10000	1.1	1.5	2.2	3	4.5	6	9	12	17	24

[주] (1) 절삭 가공 후의 주조품 최대 치수
(2) 등급 A 및 B는 특별한 경우에 한하여 적용한다. 예를 들면, 고정 표면 및 데이텀 표면 또는 데이텀 타깃에 관하여 대량 생산 방식으로 모형, 주조 방법 및 절삭 가공 방법을 포함하여 인수 · 인도 당사자 사이의 협의에 따른 경우

■ 공차 및 절삭 여유 표시 방법

[보기] · KS B 0250-CT12-RMA 6(H)
· KS B ISO 8062-CT12-RMA 6(H)

400mm 초과 630mm까지의 최대 치수 구분 주조품에 대하여 등급 H에서의 6mm의 절삭 여유(주조품에 대한 보통 공차에서 KS B 0250-CT12)를 지시하고 있다.

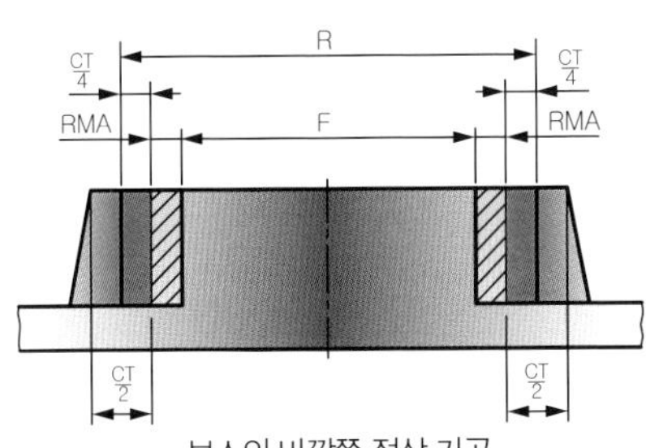

보스의 바깥쪽 절삭 가공

R : 주조한 대로의 주조품의 기준 치수
F : 완성 치수
RMA : 절삭 여유

$$R = F + 2RMA + \frac{CT}{2}$$

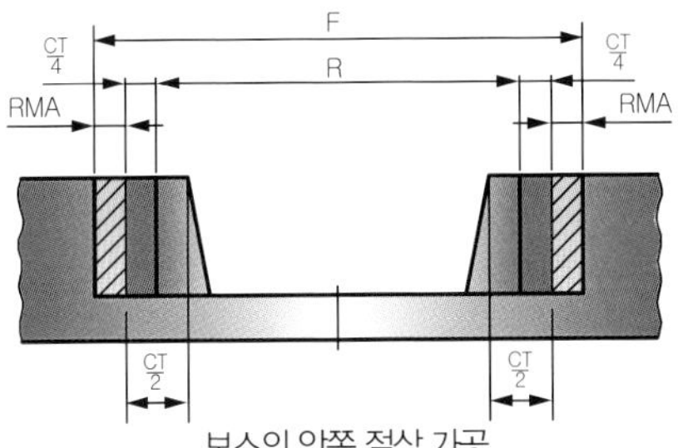

보스의 안쪽 절삭 가공

R : 주조한 대로의 주조품의 기준 치수
F : 완성 치수
RMA : 절삭 여유

$$R = F - 2RMA - \frac{CT}{2}$$

4-2 주조품-치수 공차 및 절삭 여유 방식(4/4)

■ 공차 및 절삭 여유 표시 방법(계속)

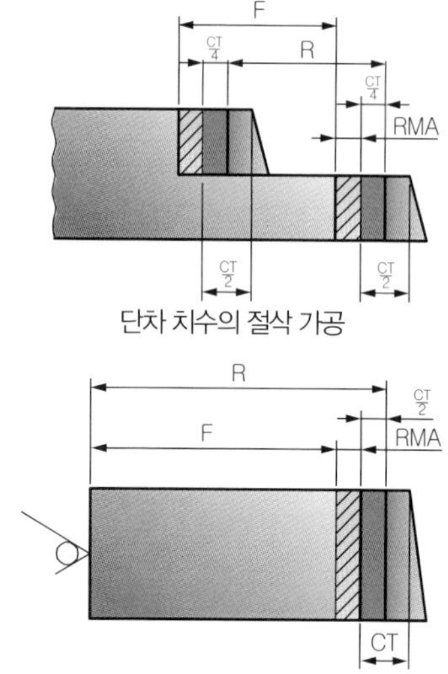

단차 치수의 절삭 가공

R : 주조한 대로의 주조품의 기준 치수
F : 완성 치수
RMA : 절삭 여유
$R=F$
$=F-RMA+RMA-\frac{CT}{4}+\frac{CT}{4}$

형체의 한 방향 쪽 절삭 가공

R : 주조한 대로의 주조품의 기준 치수
F : 완성 치수
RMA : 절삭 여유
$R=F+RMA+\frac{CT}{2}$

2. 주조품 공차(부속서 A: 참고)

■ 장기간 제조하는 주조한 대로의 주조품에 대한 공차 등급

주조 방법	공차 등급 CT								
	주강	회주철	가단 주철	구상 흑연 주철	구리 합금	아연 합금	경금속 합금	니켈 기합금	코발트 기합금
모래형 주조 수동 주입	11~14	11~14	11~14	11~14	10~13	10~13	9~12	11~14	11~14
모래형 주조 기계 주입 및 셀 몰드	8~12	8~12	8~12	8~12	8~10	8~10	7~9	8~12	8~12
금형 주조(중력법 및 저압법)	적절한 표를 확정하는 조사 연구를 하고 있다. 당분간 인수 인도 당사자 사이에 협의하는 것이 좋다.								
압력 다이캐스팅									
인베스트먼트 주조									

[비고] 이 표에 나타내는 공차는 장기간에 제조하는 주조품으로 주조품의 치수 정밀도에 영향을 주는 생산 요인을 충분히 해결하고 있는 경우에 적용한다.

■ 단기간 또는 1회에 한하여 제조하는 주조한 대로의 주조품에 대한 공차 등급

주조 방법	주형 재료	공차 등급 CT							
		주강	회주철	가단 주철	구상흑연 주철	구리 합금	경금속 합금	니켈 기합금	코발트 기합금
모래형 주조 수동 주입	그대로	13~15	13~15	13~15	13~15	13~15	11~13	13~15	13~15
	자경성 주형	12~14	11~13	11~13	11~13	10~12	10~12	12~14	12~14

[비고]
1. 이 표에 나타내는 공차는 단기간 또는 1회에 한하여 제조하는 모래형 주조품으로 주조품의 치수 정밀도를 주는 생산 요인을 충분히 해결하고 있는 경우에 보통 적용한다.
2. 이 표의 수치는 일반적으로 25mm를 넘는 기준 치수에 적용한다. 이것보다 작은 기준 치수에 대해서는 보통 다음과 같은 작은 공차로 한다.
   a) 기준 치수 10mm까지 : 3등급 작은 공차
   b) 기준 치수 10mm를 초과하고 16mm까지 : 2등급 작은 공차
   c) 기준 치수 16mm를 초과하고 25mm까지 : 1등급 작은 공차

4-3 금형 주조품 · 다이캐스팅 · 알루미늄합금(참고)

KS B 0250

■ 금형 주조품, 다이캐스팅품 및 알루미늄 합금 주물에 대하여 권장하는 주조품 공차

장기간 제조하는 주조한 대로의 주조품에 대한 공차 등급

주조 방법	공차 등급 CT								
	주강	회주철	구상흑연 주철	가단 주철	구리 합금	아연 합금	경금속 합금	니켈 기합금	코발트 기합금
금형 주조 (저압 주조 포함)		7~9	7~9	7~9	7~9	7~9	6~8		
다이캐스팅					6~8	4~6	5~7		
인베스트먼트 주조	4~6	4~6	4~6		4~6		4~6	4~6	4~6

[비고] 이 표에 나타내는 공차는 장기간에 제조하는 주조품으로 주조품의 치수 정밀도에 영향을 주는 생산 요인을 충분히 해결하고 있는 경우에 보통 적용한다.

■ 부속서 B(참고) 요구하는 절삭 여유의 등급(RMA), [KS B 0250, KS B ISO 8062]

주조한 대로의 주조품에 필요한 절삭 여유의 등급

주조 방법	공차 등급 CT								
	주강	회주철	가단 주철	구상흑연 주철	구리 합금	아연 합금	경금속 합금	니켈 기합금	코발트 기합금
모래형 주조 수동 주입	G~K	F~H	F~H	F~H	F~H	F~H	F~H	G~K	G~K
모래형 주조 기계 주입 및 셸 몰드	F~H	E~G	E~G	E~G	E~G	E~G	E~G	F~H	F~H
금형 주조 (중력법 및 저압법)	–	D~F	D~F	D~F	D~F	D~F	D~F	–	–
압력 다이캐스팅	–	–	–	–	B~D	B~D	B~D	–	–
인베스트먼트 주조	E	E	E	–	E	–	E	E	E

[비고] 100mm 이하의 철제(주강, 회주철, 가단 주철, 구상 흑연 주철)및 경금속의 모래형 주조품 및 금형 주조품에 대하여 이 표의 절삭 여유 등급이 작은 경우에는 2~3등급 큰 절삭 여유 등급을 지정하는 것이 좋다.

4-4 주철품의 보통 치수 공차

■ 적용 범위

모래형(정밀 주형 및 여기에 준한 것 제외)에 따른 회 주철품 및 구상 흑연 주철품의 길이 및 살두께의 주조한 대로의 치수의 보통 공차에 대하여 규정한다.

■ 길이의 허용차

단위 : mm

치수의 구분	회 주철품		구상 흑연 주철품	
	정밀급	보통급	정밀급	보통급
120 이하	±1	±1.5	±1.5	±2
120 초과 250 이하	±1.5	±2	±2	±2.5
250 초과 400 이하	±2	±3	±2.5	±3.5
400 초과 800 이하	±3	±4	±3	±5
800 초과 1600 이하	±4	±6	±4	±7
1600 초과 3150 이하	-	±10	-	±10

■ 살두께의 허용차

단위 : mm

치수의 구분	회 주철품		구상 흑연 주철품	
	정밀급	보통급	정밀급	보통급
10 이하	±1	±1.5	±1.2	±2
10 초과 18 이하	±1.5	±2	±1.5	±2.5
18 초과 30 이하	±2	±3	±2	±3
30 초과 50 이하	±2	±3.5	±2.5	±4

■ 도면상의 지시

1) 규격 번호 및 등급

보기
· KS B 0250 부속서 1 보통급

2) 각 치수 구분에 대한 수치표

3) 개별 공차

보기
· 주조품 공차 ±3

4-5 알루미늄 합금 주물의 보통 치수 공차

KS B 0250

■ 적용 범위

이 부속서 3은 모래형(셸형 주물을 포함한다.) 및 금형(저압 주조를 포함한다.)에 따른 알루미늄합금 주물의 길이 및 살두께의 치수 보통 공차에 대하여 규정한다. 다만 로스트 왁스법 등의 정밀 주형에 따른 주물에는 적용하지 않는다.

■ 길이의 등급 및 허용차

단위 : mm

종류	호칭 치수의 구분	50 이하		50 초과 120 이하		120 초과 250 이하		250 초과 400 이하		250 초과 800 이하		800 초과 1600 이하		1600 초과 3150 이하		(참고)해당 공차 등급	
		정밀급	보통급	정밀급	보통급	정밀급	보통급	정밀급	보통급	정밀급	보통급	정밀급	보통급	정밀급	보통급	정밀급	보통급
모래형 주물	틀 분할면을 포함하지 않은 부분	±0.5	±1.1	±0.7	±1.2	±0.9	±1.4	±1.1	±1.8	±1.6	±2.5	–	±4	–	±7	15	16
	틀 분할면을 포함하는 부분	±0.8	±1.5	±1.1	±1.8	±1.4	±2.2	±2.2	±2.8	±2.5	±4.0	–				16	17
금형 주물	틀 분할면을 포함하지 않은 부분	±0.3	±0.5	±0.45	±0.7	±0.55	±0.9	±0.9	±1.1	±1.0	±1.6	–	–	–	–	14	15
	틀 분할면을 포함하는 부분	±0.5	±0.6	±0.7	±0.8	±0.9	±1.0	±1.0	±1.2	±1.6	±1.8	–	–	–	–	15	15

■ 살두께의 등급 및 허용차

단위 : mm

종류	호칭 치수의 구분	50 이하		50 초과 120 이하		120 초과 250 이하		250 초과 400 이하		250 초과 800 이하	
		정밀급	보통급	정밀급	보통급	정밀급	보통급	정밀급	보통급	정밀급	보통급
모래형 주물	120 이하	±0.6	±1.2	±0.7	±1.4	±0.8	±1.6	±0.9	±1.8	–	–
	120 초과 250 이하	±0.7	±1.3	±0.8	±1.5	±0.9	±1.7	±1.0	±1.9	±1.2	±2.3
	250 초과 400 이하	±0.8	±1.4	±0.9	±1.6	±1.0	±1.8	±1.1	±2.0	±1.3	±2.4
	400 초과 800 이하	±1.0	±1.6	±1.1	±1.8	±1.2	±2.0	±1.3	±2.2	±1.5	±2.6
금형 주물	120 이하	±0.3	±0.7	±0.4	±0.9	±0.5	±1.1	±0.6	±1.3	–	–
	120 초과 250 이하	±0.4	±0.8	±0.5	±1.0	±0.6	±1.2	±0.7	±1.4	±0.9	±1.8
	250 초과 400 이하	±0.5	±0.9	±0.6	±1.1	±0.7	±1.3	±0.8	±1.5	±1.0	±1.9

4-6 다이캐스팅의 보통 치수 공차

KS B 0250

■ 적용 범위

이 부속서 4는 아연합금 다이캐스팅, 알루미늄 합금 다이캐스팅 등의 주조한 대로의 치수의 보통 공차에 대하여 규정한다.

■ 등급 및 허용차

등급 및 허용차는 1등급으로 하고, 그 허용차는 아래 표에 따른다.

■ 치수의 허용차

단위 : mm

치수의 구분	고정형 및 가동형으로 만드는 부분			가동 내부로 만드는 부분 l_3	
	틀 분할면과 평행 방향 l_1	틀 분할면과 직각 방향(1) l_2			
		틀 분할면과 직각 방향의 주물 투영 면적(2) cm²		가동 내부의 이동 방향과 직각인 주물 부분의 투영 면적 cm²	
		600 이하	600 초과 2400 이하	150 이하	150 초과 600 이하
30 이하	±0.25	±0.5	±0.6	±0.5	±0.6
30 초과 50 이하	±0.3	±0.5	±0.6	±0.5	±0.6
50 초과 80 이하	±0.35	±0.6	±0.6	±0.6	±0.6
80 초과 120 이하	±0.45	±0.7	±0.7	±0.7	±0.7
120 초과 180 이하	±0.5	±0.8	±0.8	±0.8	±0.8
180 초과 250 이하	±0.55	±0.9	±0.9	±0.9	±0.9
250 초과 315 이하	±0.6	±1	±1	±1	±1
315 초과 400 이하	±0.7	-	-	-	-
400 초과 500 이하	±0.8	-	-	-	-
500 초과 630 이하	±0.9	-	-	-	-
630 초과 800 이하	±1	-	-	-	-
800 초과 1000 이하	±1.1	-	-	-	-

[주] (1) 틀 분할면이 길이에 영향을 주지 않는 치수 부분에는 l_1의 치수 공차를 적용한다. 이 경우의 l_1 등의 기호는 아래 그림에 따른다.
(2) 주물의 투영 면적이란 주조한 대로의 주조품의 바깥 둘레 내 투영 면적을 나타낸다.

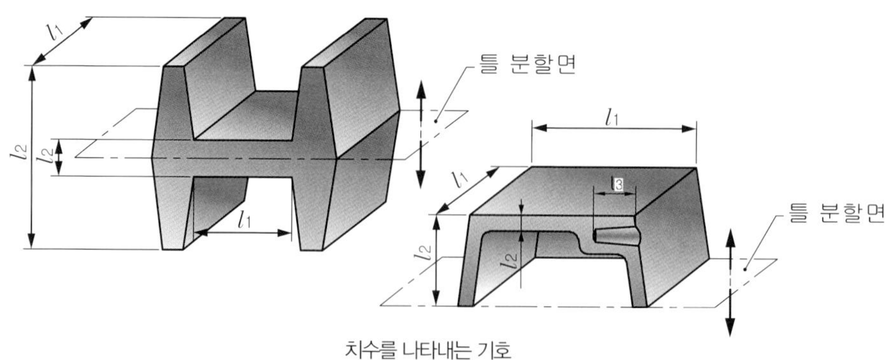

치수를 나타내는 기호

4-7 금속판 셰어링 보통 공차(1/2)

■ 적용 범위

이 규격은 갭 시어, 스퀘어 시어 등 곧은 날 절단기로 절단한 두께 12mm 이하의 금속판 절단 나비의 보통 치수 공차와 진직도 및 직각도의 보통 공차에 대하여 규정한다.

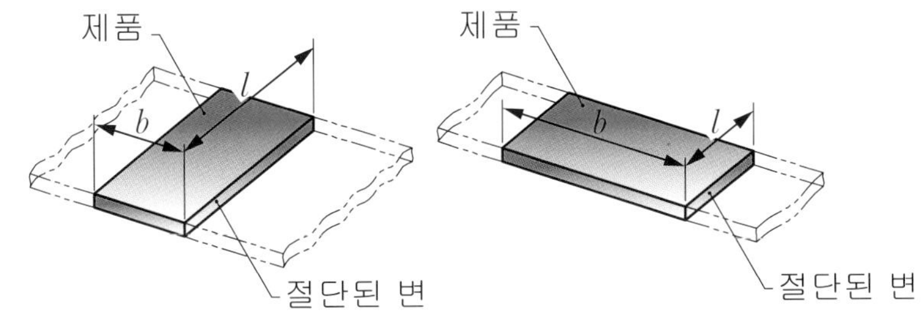

[절단 나비 길이]

[비고]
1. 절단 나비 : 시어의 날로 절단된 변과 맞변의 거리(위 그림의 b)
2. 절단 길이 : 시어의 날로 절단된 변의 길이(위 그림의 l)

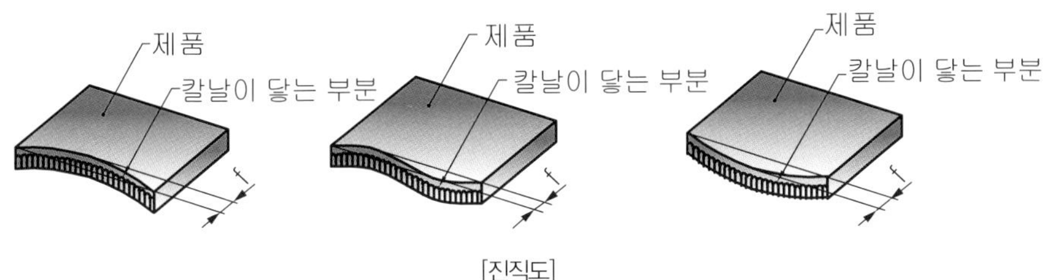

[진직도]

[비고]
· 진직도 : 절단된 변의 칼날이 닿는 부분에 기하학적으로 정확한 직선에서 어긋남의 크기(위 그림의 f)

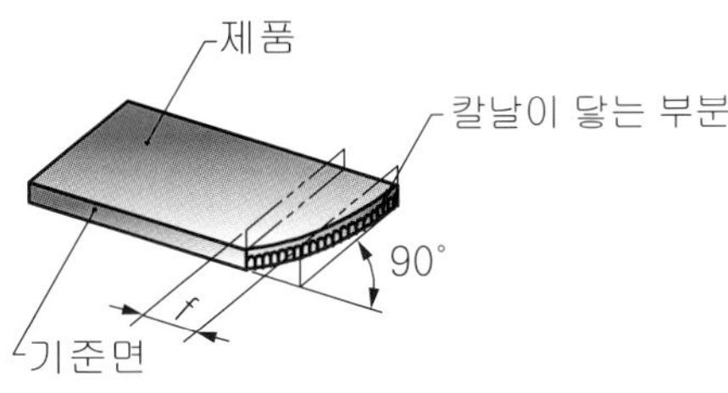

[절단 나비 길이]

[비고]
· 직각도 : 긴 변을 기준면으로 하고 이 기준면에 대하여 직각인 기하학적 평면에서 짧은 변의 칼날이 닿는 부분의 어긋남의 크기(위 그림의 f)

4-7 금속판 셰어링 보통 공차(2/2)

KS B 0416

■ 절단 나비의 보통 공차

단위 : mm

기준 치수의 구분	t ≦ 1.6		1.6 < t ≦ 3		3 < t ≦ 6		6 < t ≦ 12	
	A급	B급	A급	B급	A급	B급	A급	B급
30 이하	±0.1	±0.3	–	–	–	–	–	–
30 초과 120 이하	±0.2	±0.5	±0.3	±0.5	±0.8	±1.2	–	±1.5
120 초과 400 이하	±0.3	±0.8	±0.4	±0.8	±1	±1.5	–	±2
400 초과 1000 이하	±0.5	±1	±0.5	±1.2	±1.5	±2	–	±2.5
1000 초과 2000 이하	±0.8	±1.5	±0.8	±2	±2	±3	–	±3
2000 초과 4000 이하	±1.2	±2	±1.2	±2.5	±3	±4	–	±4

■ 진직도의 보통 공차

단위 : mm

기준 치수의 구분	t ≦ 1.6		1.6 < t ≦ 3		3 < t ≦ 6		6 < t ≦ 12	
	A급	B급	A급	B급	A급	B급	A급	B급
30 이하	0.1	0.2	–	–	–	–	–	–
30 초과 120 이하	0.2	0.3	0.2	0.3	0.5	0.8	–	1.5
120 초과 400 이하	0.3	0.5	0.3	0.5	0.8	1.5	–	2
400 초과 1000 이하	.05	0.8	0.5	1	1.5	2	–	3
1000 초과 2000 이하	0.8	1.2	0.8	1.5	2	3	–	4
2000 초과 4000 이하	1.2	2	1.2	2.5	3	5	–	6

■ 직각도의 보통 공차

단위 : mm

기준 치수의 구분	t ≦ 3		3t ≦ 6		6t ≦ 12	
	A급	B급	A급	B급	A급	B급
30 이하	–	–	–	–	–	–
30 초과 120 이하	0.3	0.5	0.5	0.8	–	1.5
120 초과 400 이하	0.8	1.2	1	1.5	–	2
400 초과 1000 이하	1.5	3	2	3	–	3
1000 초과 2000 이하	3	6	4	6	–	6
2000 초과 4000 이하	6	10	6	10	–	10

· 도면상의 지시 : 도면 또는 관련 문서에는 이 규격의 규격 번호 및 등급을 지시한다.
[보기 1] 절단 나비의 보통 치수 공차 KS B 0414–A
[보기 2] 직직도 및 직각도의 보통 공차 KS B 0414–B

4-8 주강품의 보통 치수 공차

KS B 0418

■ 적용 범위

이 규격은 모래형에 의한 주강품의 길이 및 덧살에 대한 주조 치수의 보통 공차에 대하여 규정한다.

[비고] 1. 보통 공차는 시방서, 도면 등에서 기능상 특별한 정밀도가 요구되지 않는 치수에 대하여, 공차를 일일이 기입하지 않고 일괄하여 지시하는 경우에 적용한다.
2. 보통 공차의 등급은 A급(정밀급), B급(중급), C급(보통급)의 3등급으로 한다.

■ 길이의 허용차

길이 : mm

치수구분 \ 등급		정밀급	중급	보통급
	120 이하	± 1.8	± 2.8	± 4.5
120 초과	315 이하	± 2.5	± 4	± 6
315 초과	630 이하	± 3.5	± 5.5	± 9
630 초과	1250 이하	± 5	± 8	± 12
1250 초과	2500 이하	± 9	± 14	± 22
2500 초과	5000 이하	–	± 20	± 35
5000 초과	10000 이하	–	–	± 63

[비고] ISO 8062에서는 모래형 주조 수동 주입 방법에 대한 주강품 공차 등급을 CT11~14로, 모래형 주조 기계 주입 및 셸 모드 방식의 주강품 공차 등급을 CT 8~12로 규정하고 있다.

■ 살 두께의 허용차

길이 : mm

치수구분 \ 등급		정밀급	중급	보통급
	18 이하	± 1.4	± 2.2	± 3.5
18 초과	50 이하	± 2	± 3	± 5
50 초과	120 이하	–	± 4.5	± 7
120 초과	250 이하	–	± 5.5	± 9
250 초과	400 이하	–	± 7	± 11
400 초과	630 이하	–	± 9	± 14
630 초과	1000 이하	–	–	± 18

[비고] 정밀급은 작은 것으로서 특별 정밀도를 필요로 하는 것에 한하여 적용한다.

4-9 금속 프레스 가공품 보통 치수 공차

KS B 0413

■ 적용 범위

이 표준은 금속 프레스 가공품의 보통 치수 공차에 대하여 규정한다.

[비고] 1. 여기서 말하는 금속 프레스 가공품이란 블랭킹, 벤딩, 드로잉에 의해 프레스 가공한 것을 말하며, 금속판의 시어링은 포함하지 않는다.
2. 금속판 시어링 보통 공차는 KS B 0416에 규정되어 있다.

■ 블랭킹, 밴딩 및 드로잉의 보통 치수 공차

블랭킹의 및 밴딩 및 드로잉의 보통 치수 공차의 등급은 A급, B급, C급의 3등급으로 하고 각각의 치수 허용차는 아래와 같다.

■ 블랭킹의 보통 치수 허용차

단위 :mm

기준 치수의 구분		등 급		
		A급	B급	C급
	6 이하	± 0.05	± 0.1	± 0.3
6 초과	30 이하	± 0.1	± 0.2	± 0.5
30 초과	120 이하	± 0.15	± 0.3	± 0.8
120 초과	400 이하	± 0.2	± 0.5	± 1.2
400 초과	1000 이하	± 0.3	± 0.8	± 2
1000 초과	2000 이하	± 0.5	± 1.2	± 3

■ 밴딩 및 드로잉의 보통 치수 허용차

단위 :mm

기준 치수의 구분		등 급		
		A급	B급	C급
	6 이하	± 0.1	± 0.3	± 0.5
6 초과	30 이하	± 0.2	± 0.5	± 1
30 초과	120 이하	± 0.3	± 0.8	± 1.5
120 초과	400 이하	± 0.5	± 1.2	± 2.5
400 초과	1000 이하	± 0.8	± 2	± 4
1000 초과	2000 이하	± 1.2	± 3	± 6

[비고]
· A급, B급 및 C급은 각각 KS B 0412의 공차 등급 f, m 및 c에 해당한다.

[참고]
· 블랭킹 : 프레스 기계를 사용하여 금속판에서 소정의 모양으로 따내는 것
· 벤딩 : 프레스 기계를 사용하여 금속판을 소정의 모양으로 굽히는 것
· 드로잉 : 프레스 기계를 사용하여 금속판을 소정의 컵 모양으로 성형하는 것

4-10 중심거리의 허용차

KS B 0420

1. 적용 범위

이 규격은 다음에 표시하는 중심거리의 허용차(이하 허용차라 한다)에 대하여 규정한다.

① 기계 부분에 뚫린 두 구멍의 중심거리
② 기계 부분에 있어서 두 축의 중심거리
③ 기계 부분에 가공된 두 홈의 중심거리
④ 기계 부분에 있어서 구멍과 축, 구멍과 홈 또는 축과 홈의 중심거리

[비고] 여기서 구멍, 축 및 홈은 그 중심선에 서로 평행하고, 구멍과 축은 원형 단면이며, 테이퍼(Taper)가 없고, 홈은 양 측면이 평행한 조건이다.

2. 중심거리

구멍, 축 또는 홈의 중심선에 직각인 단면 내에서 중심부터 중심까지의 거리

3. 등급

허용차의 등급은 1급~4급까지 4등급으로 한다. 또 0등급을 참고로 아래 표에 표시한다.

4. 허용차

허용차의 수치는 아래 표를 따른다.

[중심거리 허용차]

단위 : μm

중심 거리 구분(mm) \ 등급		0급 (참고)	1급	2급	3급	4급 (mm)
초과	이하					
–	3	± 2	± 3	± 7	± 20	± 0.05
3	6	± 3	± 4	± 9	± 24	± 0.06
6	10	± 3	± 5	± 11	± 29	± 0.08
10	18	± 4	± 6	± 14	± 35	± 0.09
18	30	± 5	± 7	± 17	± 42	± 0.11
30	50	± 6	± 8	± 20	± 50	± 0.13
50	80	± 7	± 10	± 23	± 60	± 0.15
80	120	± 8	± 11	± 27	± 70	± 0.18
120	180	± 9	± 13	± 32	± 80	± 0.20
180	250	± 10	± 15	± 36	± 93	± 0.23
250	315	± 12	± 16	± 41	± 105	± 0.26
315	400	± 13	± 18	± 45	± 115	± 0.29
400	500	± 14	± 20	± 49	± 125	± 0.32
500	630	–	± 22	± 55	± 140	± 0.35
630	800	–	± 25	± 63	± 160	± 0.40
800	1000	–	± 28	± 70	± 180	± 0.45
1000	1250	–	± 33	± 83	± 210	± 0.53
1250	1600	–	± 39	± 98	± 250	± 0.63
1600	2000	–	± 46	± 120	± 300	± 0.75
2000	2500	–	± 55	± 140	± 350	± 0.88
2500	3150	–	± 68	± 170	± 430	± 1.05

기하공차

5-1 기하공차의 종류와 부가 기호(1/3)

KS A ISO 1101

1. 기하공차의 필요성

어떤 최신의 기계 가공법을 이용해도 정확한 치수로 가공하는 것은 거의 불가능하고, 정확한 치수로 원하는 형상을 만들어 낼 수는 없다. 다만 도면에 규제된 각종 조건에 따라서 최대한 근접한 치수나 형상에 접근시키느냐가 문제이다. 이때 치수 공차로만 규제된 도면은 확실한 정의가 곤란하므로 제품의 형상이나 위치에 대한 기하학적 특성을 정확히 규제할 수 없을 때 이를 규제하기 위해 기하공차가 사용되며, 기하공차 시스템은 1950년대 말 미국에서 개발되어 특히 다음과 같은 경우에 사용한다.

① 부품과 부품간의 기능 및 호환성이 중요한 때
② 기능적인 검사 방법이 바람직할 때
③ 제조와 검사의 일괄성을 위해 참조 기준이 필요할 때
④ 표준적인 해석 또는 공차가 미리 암시되어 있지 않은 경우이다.

2. 적용 범위

이 규격은 도면에 있어서 대상물의 모양, 자세, 위치 및 흔들림의 공차(이하 이들을 총칭하여 기하공차라 한다. 또 혼동되지 않을 때에는 단순히 공차라 한다.)의 기호에 의한 표시와 그들의 도시 방법에 대하여 규정한다.

3. 공차의 종류 및 설명

공차 구분	공차 설명 및 적용
치수 공차	① 2차원적 규제(직교좌표 방식의 치수기입) ② 길이, 두께, 높이, 직경 등
모양(형상) 공차	① 3차원적 규제 ② 진직도 / 평면도 / 진원도 / 원통도 / 윤곽도 ③ 단독 형체에 적용
자세 공차	① 3차원적 규제 ② 직각도 / 평행도 / 경사도 / 윤곽도 등 ③ 관련 형체에 적용
위치 공차	① 3차원적 규제 ② 위치도, 대칭도, 동심도 ③ 축선 또는 중심면을 갖는 사이즈 형체에 적용
흔들림 공차	① 형상 공차와 위치 공차 복합 부품 형체 상의 원주 흔들림

5-1 기하공차의 종류와 부가 기호(2/3)

KS A ISO 1101

4. 기하공차의 종류와 기호

적용하는 형체	공차의 종류		기호	데이텀
단독 형체	모양(형상) 공차	진직도 (Straightness)	—	불필요
		평면도 (Flatness)	▱	불필요
		진원도 (Roundness)	○	불필요
		원통도 (Cylindricity)	⌭	불필요
단독 형체 또는 관련 형체		선의 윤곽도 (Line profile)	⌒	불필요
		면의 윤곽도 (Surface profile)	⌓	불필요
관련 형체	자세 공차	평행도 (Parallelism)	//	필요
		직각도 (Squareness)	⊥	필요
		경사도 (Angularity)	∠	필요
	위치 공차	위치도 (Position)	⌖	필요 불필요
		동축도 또는 동심도 (Concentricity)	◎	필요
		대칭도 (Symmetry)	⌯	필요
	흔들림 공차	원주 흔들림(Circular runout)	↗	필요
		온 흔들림(Total runout)	⌰	필요

치수공차 및 기하공차

5-1 기하공차의 종류와 부가 기호(3/3)

5. 부가 기호

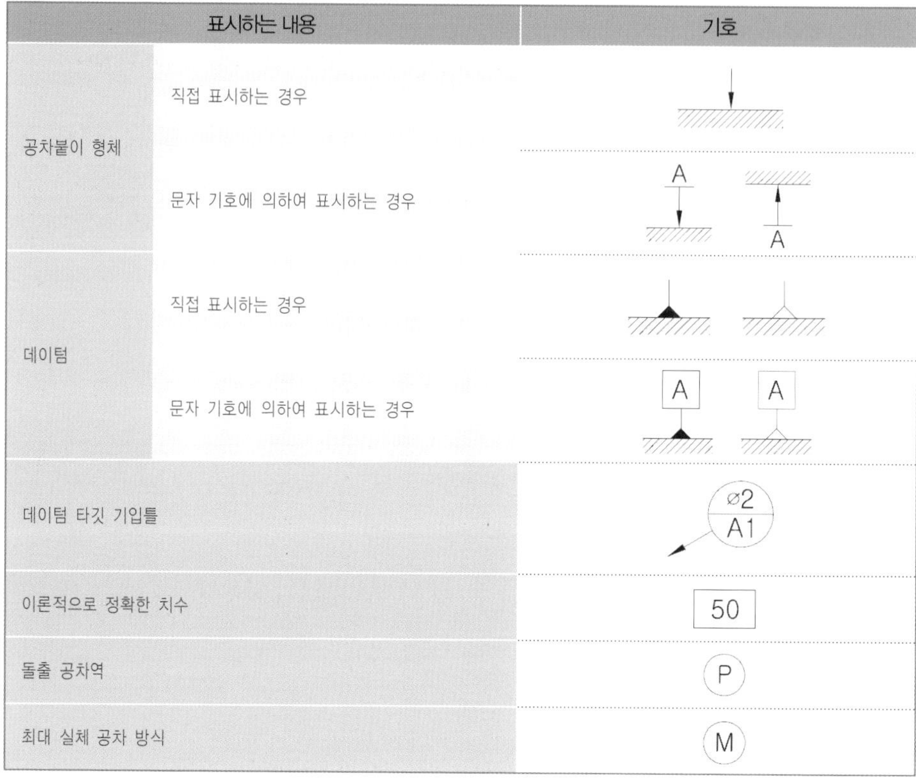

표시하는 내용		기호
공차붙이 형체	직접 표시하는 경우	
	문자 기호에 의하여 표시하는 경우	A A
데이텀	직접 표시하는 경우	
	문자 기호에 의하여 표시하는 경우	A A
데이텀 타깃 기입틀		⌀2 A1
이론적으로 정확한 치수		50
돌출 공차역		P
최대 실체 공차 방식		M

[비고] 기호란의 문자 기호 및 수치는 P, M을 제외하고 한 보기를 나타낸다.

5-2 데이텀과 기하공차의 상호관계(1/2)

1. 데이텀(Datum)의 정의

데이텀이란 형체의 기준으로, 계산상이나 결합상태의 기준으로 하기 위해서 또는 다른 형체의 형상 및 위치를 결정하기 위해서 정확하다고 가정하는 점, 선, 평면, 원통 등을 말하며 규제형체에 따라 데이텀이 없이 규제되는 경우도 있다.

① 평면의 데이텀
평면은 실제 완전할 수가 없으며, 이론적으로 정확한 평면은 존재하지 않는다. 데이텀의 형체는 부품이 정반과 같은 표면위에 놓였을 때 접촉하게 되는 세 곳의 높은 돌기부분으로 구성되는 가상평면이 실제 데이텀이라 할 수 있다.

② 원통 축선의 데이텀
원통의 구멍이나 축의 중심선을 데이텀으로 설정할 경우 데이텀은 구멍의 최대 내접원통의 축직선 또는 축의 최소 외접원통의 축직선에 의해 설정된다.
데이텀 형체가 불완전한 경우에는 원통은 어느 방향으로 움직여도 이 도량이 같아지는 자세가 되도록 설정한다.

[설계와 가공 및 측정에 있어 데이텀의 의미]

3 요소	데이텀의 의미	기준
설계	데이텀이 되는 면, 선, 점 등은 기능이나 조립을 염두에 두고 설계자가 결정한다. ① 우선적으로 결합이 되는 면 (또는 선이나 점) ② 결합한 후에 위치결정을 하기 위한 면 (또는 선이나 점) ③ 기능상 기준이 되는 면 (또는 선이나 점)	도면
가공	데이텀이 되는 면, 선, 점 등을 도면에서 확인하고 그 부분이 가공의 기준이 될 수 있도록 공작기계에 대상 공작물을 세팅하여 도면에서 의도하는 바 대로 가공공정을 결정한다.	부품
측정	데이텀이 되는 면, 선, 점 등을 도면에서 확인하고 그 부분이 측정의 기준이 될 수 있도록 정반이나 게이지를 이용해서 측정 대상물을 고정시킨 후 측정을 실시한다.	도면 부품

2. 데이텀의 표시방법

① 영어의 대문자를 정사각형으로 둘러싸고, 데이텀이라는 것을 나타내는 삼각 기호를 지시선으로 연결해서 나타낸다.
② 데이텀을 지시하는 문자기호를 공차 기입틀에 기입할 때, 한 개의 형체에 의해 설정되는 데이텀은 지시하는 한 개의 문자기호로 나타낸다.
③ 두 개의 형체에 설정하는 공통데이텀은 아래와 같이 하이픈으로 연결한 기호로 나타낸다.
④ 두 개 이상의 우선 순위를 지정할 때는 우선 순위가 높은 순위로 왼쪽에서 오른쪽으로 각각 다른 구획에 기입한다.

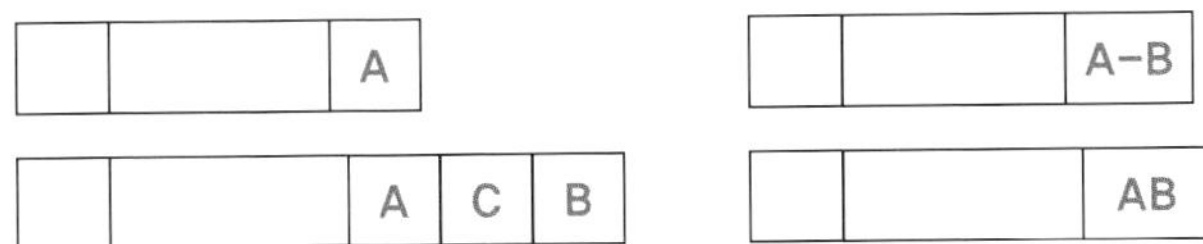

5-2 데이텀과 기하공차의 상호관계(2/2)

3. 기준치수 (basic size)

위치도, 윤곽도 또는 경사도의 공차를 형체에 지정하는 경우, 이론적으로 정확한 위치, 윤곽, 경사 등을 정하는 치수를 사각형 테두리로 묶어 나타낸다. 이를 기준치수라 한다. 치수에 공차를 허용하지 않기 위해, 이론적으로 정확한 위치, 윤곽 또는 각도의 치수를 기준치수로 사용한다.

4. 기하공차 기입 테두리의 표시

기하공차에 대한 표시는 직사각형의 공차기입 테두리를 두 칸 또는 그 이상으로 구분하여 그 테두리 안에 기입한다. 첫 번째 칸에는 기하공차의 종류, 두 번째 칸에는 공차역(ø 또는 R, Sø), 직경일 경우에는 ø를 나타내고, 구일 경우에는 Sø를 붙여서 나타낸다. 그리고 공차값, 규제조건에 대한 기호(M, L, P)를 데이텀이 있을 경우 표시한다.

5. 기하공차에 의해 규제되는 형체의 표시방법

기하공차에 의해 규제되는 형체는 공차 기입 테두리로부터 지시선으로 연결해서 도시한다. 이때 지시선의 방향은 공차를 규제하고자 하는 형체에 수직으로 한다.

6. 위치공차 도시방법과 공차역의 관계

① 공차역은 공차값 앞에 ø가 없는 경우에는 공차 기입 테두리와 공차붙이 형체를 연결하는 지시선의 화살표 방향에 존재하는 것으로 취급한다. 기호 ø가 부기되어 있는 경우에는 공차역은 원 또는 원통의 내부에 존재하는 것으로서 취급한다.
② 공차역의 나비는 원칙적으로 규제되는 면에 대하여 법선방향에 존재한다.
③ 공차역을 면의 법선방향이 아니고 특정한 방향에 지정할 때는 그 방향을 지정한다.
④ 여러 개의 떨어져 있는 형체에 같은 공차를 공통인 공차 기입 테두리를 사용하여 지정하는 경우, 특별히 지정하지 않는 한 각각의 형체마다 지정하는 공차역을 적용한다.
⑤ 여러 개의 떨어져 있는 형체의 공통의 영역을 갖는 공차값을 지정하는 경우, 공통의 공차 기입 테두리의 위쪽에 '공통 공차역' 이라고 기입한다.
⑥ 기하공차에서 지정하는 공차는 대상으로 하고 있는 형체 자체에 적용된다.

7. 돌출공차역(Projected Tolerance Zone)

기하공차에서 지정하는 공차는 대상으로 하고 있는 형체 자체에 적용되어 부품 결합시 문제가 발생하기도 한다. 이러한 문제를 해결하기 위해 형체에만 공차를 규제하는 것이 아니라 조립되는 상태를 고려하여 공차를 규제한다. 즉 조립되어 돌출된 형상을 가상하여 그 돌출부에 공차를 지정하는 것을 말한다.

5-3 최대 실체 공차방식과 실효치수(1/2)

1. 최대실체 공차방식(Maximum Material Size, MMS)

기하공차의 기초이면서 가장 중요한 원칙의 하나가 최대실체 조건으로서 이는 크기를 갖는 형체(구멍, 축, 핀, 홈, 돌출부)의 실체, 즉 체적이 최대가 되는 상태를 말한다. 축이나 돌출부의 경우에 가장 큰 체적을 가지는 치수는 상한치수(최대실체 치수)이고 구멍이나 홈의 경우에는 그 하한치수가 최대실체 치수이다. 약자는 MMS, 기호는 Ⓜ으로 나타낸다(ANSI 규격에서는 약자로 MMC로 나타낸다).

최대실체 공차방식은 두 개 또는 그 이상의 형체를 조립할 필요가 있을 때, 각각의 치수공차와 형상공차 또는 위치공차와의 사이에 상호 의존성을 고려하여, 치수의 여유분을 형상공차 또는 위치공차에 부가할 경우에 적용한다. 그러나 기어의 축 사이의 거리와 같이 형체의 치수에도 불구하고 기능상 규제된 위치공차 또는 형상공차를 지켜야 할 경우에는 최대실체 공차방식을 적용해서는 안 된다. 축선 또는 중심면을 가지는 관련 형체에 적용한다. 그러나 평면 또는 평면상의 선에는 적용할 수 없다.

① 축이나 핀 : 최대실체치수 = 최대허용치수(허용된 치수 범위 내의 최대값)
② 구멍이나 홈 : 최대실체치수 = 최소허용치수(허용된 치수 범위 내의 최소값)

2. 최소실체 공차방식(Least Material Size, LMS)

형체의 실체가 최소가 되는 허용한계치수를 갖는 형체의 상태 즉, 크기에 대한 치수공차를 갖는 형체가 허용한계치수 범위 내에서 실체의 체적이나 질량이 최소일 때의 치수를 최소실체치수라 한다. 축이나 핀의 경우에는 최소허용치수가 구멍이나 홈의 경우에는 최대허용치수가 최소실체치수가 된다. 약자는 LMS, 기호는 Ⓛ로 나타내는데 최소실체치수를 도면에 주기로 나타내는 경우에는 약자로 LMS, 규제형체의 도면에 나타내는 경우에는 기호 Ⓛ로 나타낸다.

① 축이나 핀 : 최소실체치수 = 최소허용치수(허용된 치수 범위 내의 최소값)
② 구멍이나 홈 : 최소실체치수 = 최대허용치수(허용된 치수 범위 내의 최대값)

간단하게 정의를 한다면, 외측형체(축, 핀 등)에 있어서나 내측형체에 있어서나 그 부품의 체적이 가장 크게 될 때가 최대실체상태이고 그 체적이 가장 작게 될 때가 최소실체상태로 이해하면 된다.

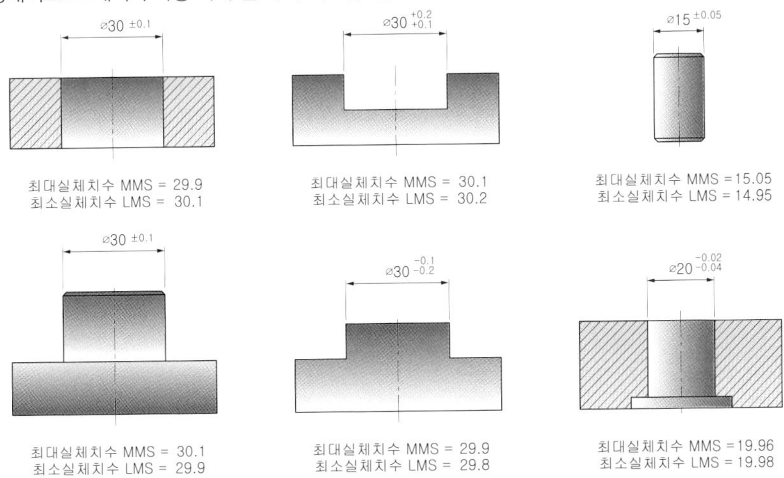

[구멍과 축의 최대실체치수와 최소실체치수의 해석]

5-3 최대 실체 공차방식과 실효치수(2/2)

3. 실효치수(Virtual Size)

치수공차와 위치공차에 의하여 상호 결합관계를 갖거나 끼워맞춤되는 부품들이 가장 빡빡하게 결합되는 가장 극한에 있는 상태의 치수를 말한다.

축(핀)의 실효치수 = 축의 MMS 치수 + 형상 또는 위치공차 = 축이나 핀을 검사하는 기능의 게이지 기본치수 = 축이나 핀에 결합되는 구멍의 MMS = 실효치수일 때 형상, 위치공차는 0이다.
구멍(홈)의 실효치수 = 구멍의 MMS 치수 - 형상 또는 위치공차 = 구멍이나 홈을 검사하는 기능의 게이지 기본치수 = 구멍이나 홈에 결합되는 축이나 핀의 MMS치수 = 실효치수일 때 형상, 위치공차는 0이다.

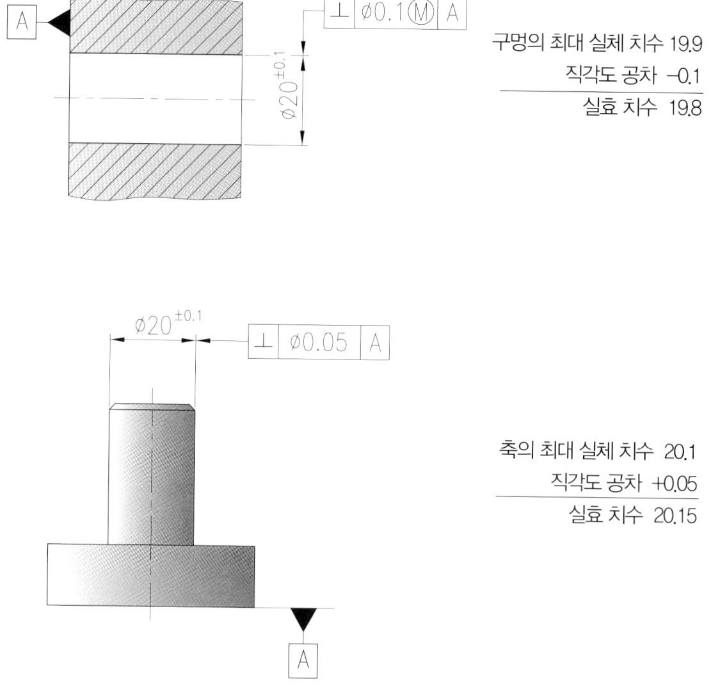

5-4 IT 기본공차 등급과 가공 방법과의 관계

공작기계의 발달에 따라 대상물을 기하학적인 형상에 가깝도록 정밀하게 가공할 수 있게 되었으며, 더불어 정밀도가 높은 측정기가 개발되어 아주 미세한 단위까지 측정할 수 있게 되었다. 지금도 가공의 기술은 계속 진보하고 있으며 컴퓨터와 공작기계의 접목으로 작업자의 숙련도에 의존하던 난해한 가공기술도 어렵지 않게 처리하고 있다. 아래는 일반적인 가공법에 따른 IT 기본공차 등급 적용 예이다.

가공법	IT 기본 공차 등급							
	IT4	IT5	IT6	IT7	IT8	IT9	IT10	IT11
래핑, 호닝	■	■						
원통 연삭		■	■	■				
평면 연삭		■	■	■	■			
다이아몬드 선삭		■	■	■				
다이아몬드 보링		■	■	■				
브로우칭			■	■	■			
분말 압착			■	■	■	■	■	
리밍			■	■	■	■	■	■
선삭			■	■	■	■	■	■
분말 야금			■	■	■	■	■	■
보링							■	■
밀링							■	■
플레이너, 셰이핑							■	■
드릴링							■	■
펀칭							■	■
다이캐스팅								■

5-5 IT 등급의 공차값이 아닌 일반적으로 적용하는 기하공차의 공차역

제조산업 현장에서 적용하는 기하공차 값을 살펴보면 IT 등급의 치수 구분에 따른 공차값을 따르지 않은 예가 많다. 실무에서는 도면에 공차를 규제시에 자체 보유하고 있는 공작 기계나 외주 가공시 해당 업체가 보유한 공작 기계의 성능 즉, 그 기계가 낼 수 있는 정밀도 이상으로 공차를 규제하게 되면 더욱 정밀한 가공을 할 수 있는 기계를 찾아야 한다. 일반적으로 아주 정밀한 가공이 필요한 경우 0.005, 정밀한 가공에는 0.01~0.05, 보통급의 가공에는 진원도나 동심도의 경우 0.02를 다른 기하공차는 0.05~0.1 정도를 적용한다. 거친급에서는 진원도나 동심도의 경우 0.05를 다른 기하공차는 0.1~0.2 정도를 적용하는데 이는 표준 규격으로 규정되어 있는 것이 아니라 일반적으로 실무에서 적용하는 기하공차의 공차값이니 참조하길 바란다. 이러한 공차값은 IT 등급에서 주로 끼워맞춤을 적용하는 등급인 IT5~IT10급의 경우 기본공차가 미크론 단위로 예를 들어 ø40에 IT5급을 적용시 공차값은 0.011이 되는데 이러한 공차값에서는 1/1000 단위의 공차를 0.01로 하여 1/100 단위로 공차를 관리해 준 것이며, ø20에 IT7급을 적용시 공차값은 0.021이 되는데 이런 경우 0.02로 적용하여 1/1000 단위에서 관리해야 하는 공차를 1/100 단위로 현장에 맞도록 공차관리를 해준 경우가 될 수도 있으며 범용 공작기계가 낼 수 있는 정밀도를 고려하여 각 산업 현장의 조건에 알맞게 규제를 해준 것으로 아래 일반적으로 적용하는 기하공차 및 공차역은 하나의 일례이므로 참조할 수 있기 바란다.

■ 일반적으로 적용하는 기하공차 및 공차역

종류	적용하는 기하공차	공차 기호	정밀급	보통급	거친급	데이텀
모양	진직도 공차	—	0.02/1000	0.05/1000	0.1/1000	불필요
			0.01	0.05	0.1	
			ø0.02	ø0.05	ø0.1	
	평면도 공차	▱	0.02/100	0.05/100	0.1/100	
			0.02	0.05	0.1	
	진원도 공차	○	0.005	0.02	0.05	
	원통도 공차	⌭	0.01	0.05	0.1	
	선의 윤곽도 공차	⌒	0.05	0.1	0.2	
	면의 윤곽도 공차	⌓	0.05	0.1	0.2	
자세	평행도 공차	//	0.01	0.05	0.1	필요
	직각도 공차	⊥	0.02/100	0.05/100	0.1/100	
			0.02	0.05	0.1	
			ø0.02	ø0.05	ø0.05	
	경사도 공차	∠	0.025	0.05	0.1	
위치	위치도 공차	⌖	0.02	0.05	0.1	
			ø0.02	ø0.05	ø0.1	
	동심도 공차	◎	0.01	0.02	0.05	
	대칭도 공차	⌯	0.02	0.05	0.1	
흔들림	원주 흔들림 공차 온 흔들림 공차	↗ ⌰	0.01	0.02	0.05	

memo

Chapter 06

키와 스플라인

6-1 묻힘키의 종류 및 끼워맞춤 공차(1/2)

KS B 1311

일반 기계에 사용하는 강제의 묻힘키는 평행키, 경사키, 반달키로 구분할 수 있으며, 평행키는 구 규격에서 묻힘키 또는 성크키라고도 호칭하였으며, 축과 허브의 키 홈은 각각 축방향으로 평행한 형태의 홈 가공을 한다. 평행키는 보통형(보통급), 조임형(정밀급), 활동형(미끄럼키)으로 구분하고 있으며, 키 홈으로 인해 축의 강도가 저하되는 단점이 있다.
키의 호칭치수(폭× 높이, b× h)는 표준 규격으로 정해져 있고, 호칭치수에 따라서 길이(l)의 사용범위가 주어지며 적용하고자 하는 축 지름도 참고로 주어지므로 올바른 키 홈 치수와 조립되는 보스에 알맞은 키 홈 치수를 찾아 도면에 명시해주어야 한다. 키 홈의 가공 방법으로는, 축의 경우 수직밀링에서 밀링커터나 앤드밀로 절삭하고 보스 측 홈의 경우 브로우치나 슬로터 가공을 한다. 키의 재질은 보통 기계 구조용 탄소강(SM35C~SM45C) 등이 사용되며, 축 지름이 큰 경우는 탄소강 단강품(SF 540A)을 사용한다.

■ 키의 종류 및 기호

종 류	모 양	기 호	영문
평행키 (보통형, 조임형)	나사용 구멍 없음	P	Parallel key
평행키 (활동형)	나사용 구멍 있음	PS	Parallel sliding key
경사키	머리 없음	T	Taper key
	머리 있음	TG	Taper key with Gib head
반달키	둥근 바닥	WA	Woodruff keys A type
	납작 바닥	WB	Woodruff keys B type

■ 키의 끝부

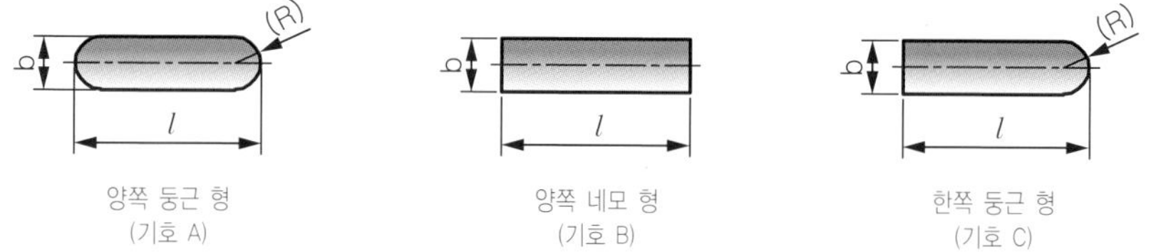

양쪽 둥근 형 (기호 A)　　양쪽 네모 형 (기호 B)　　한쪽 둥근 형 (기호 C)

■ 키에 의한 축 · 허브의 경우

형 식	설 명	적용하는 키
활동형	축과 허브가 상대적으로 축방향으로 미끄러지며 움직일 수 있는 결합	평행키
보통형	축에 고정된 키에 허브를 끼우는 결합 (1)	평행키, 반달키
조임형	축에 고정된 키에 허브를 조이는 결합 (1), 또는 조립된 축과 허브 사이에 키를 넣는 결합	평행키, 경사키, 반달키

[주] 1. 선택 끼워맞춤이 필요하다. 허브(hub)란 풀리나 기어, 스프로킷 등의 회전체 보스(boss)부를 의미한다.

■ 개정 후 키 및 키 홈의 끼워맞춤 공차(신 규격)

키의 종류		키		키홈의 너비	
		너비 b	높이 h	축 b1	허브 b2
평행키	활동형	h9	정사각형 단면 h9 직사각형 단면 h11	H9	D10
	보통형			N9	Js9
	조임형			P9	
경사키				D10	
반달키	보통형			N9	Js9
	조임형			P9	

■ 개정 후 키 및 키 홈의 끼워맞춤 공차(신 규격)

키의 종류	키의 나비	키의 높이	키홈의 나비	
	b	h	b1	b2
미끄럼키	h8	h10	N9	E9
평행키 2종	h8	h10	H9	E9
평행키 1종	p7	h9	H8	F7
경사키	h9	h10	D10	D10
반달키	h9	h11	N9	F9

6-1 묻힘키의 종류 및 끼워맞춤 공차(2/2)

KS B 1311

■ 키와 키홈의 끼워맞춤(키의 너비 7~10의 경우)

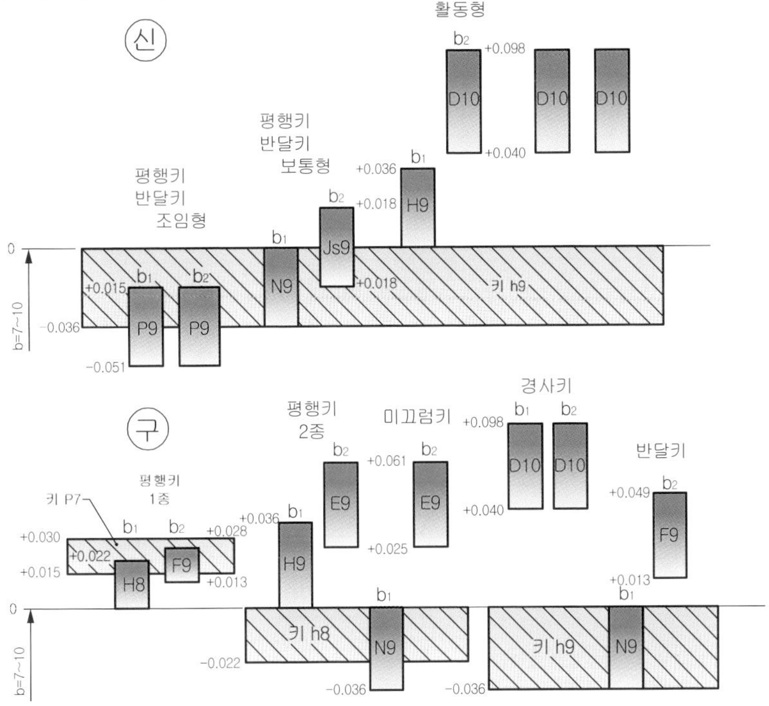

■ 고정 나사

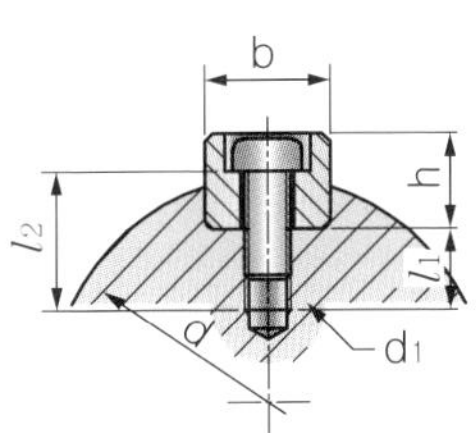

나사의 호칭	신			구		
	b×h	l_1	l_2	b×h	l_1	l_2
M3	8×7	52	8	8×7	7	10
	10×8	6	10	10×8	8	12
M4	12×8	7	10	12×8	10	12
M5	14×9	8	12	–	–	–
	(15×10)	10	14	15×10	10	14
	16×10	8	12	–	–	–
M6	18×11	10	14	18×12	12	16
	20×12	8	14	20x13	12	18
	22×14	8	16	–	–	–
M8	(24×16)	14	20	24×16	14	20
	25×14	10	16	–	–	–
M10	28×16	14	16	28×18	16	20
	32×18	16	20	32×20	16	22

나사의 호칭	신			구		
	b×h	l_1	l_2	b×h	l_1	l_2
M10	(35×22)	16	25	35×22	16	25
M12	36×20	18	20	–	–	–
M10	(38×24)	16	25	38×24	16	25
M12	40×22	20	25	–	–	–
M10	(42×26)	18	28	42×26	18	28
M12	45×25	18	25	45×28	18	28
	50×28	20	30	50×31.5	18	32
	56×32	20	35	56×35.5	20	36
	63×32	20	35	63×40	20	40
M16	70×36	22	35	71×45	20	40
	80×40	22	40	80×50	20	45
M20	90×45	25	45	90×56	25	56
	100×50	25	50	100×63	25	63

6-2 평행키의 끼워맞춤 설명

1. '보통형' 키의 끼워맞춤 (구 규격-묻힘키의 '보통급')

보통형은 미리 키를 축의 키홈에 끼워 놓고 허브를 기우는 것으로 보통급이다.
보통형은 축에 가공된 키 홈과 조립하는 키와의 끼워맞춤을 N9/h9(중간 끼워맞춤)로 적용하고, 보스 부분의 키 홈과 키와의 끼워맞춤을 Js9/h9(중간 끼워맞춤)로 적용한다. 보통형에서는 키의 폭방향(호칭:b)으로 축과 키 및 축과 보스의 끼워맞춤을 중간 끼워맞춤으로 적용하는데 보스 측보다 축 측에 더 작은 끼워맞춤 틈새(또는 더 큰 끼워맞춤 죔새)를 준다.
보통형 평행키는 개정 전 구 규격에서 '묻힘키' 의 보통급 평행키를 말한다.

2. '조임형' 키의 끼워맞춤 (구 규격-묻힘키의 '정밀급')

조임형은 미리 키를 축의 키 홈에 단단히 끼워 놓고 허브를 조이는 것(정밀급)과 허브를 축에 끼워 놓고, 경사키를 박는 것으로 구별된다.
조임형은 축에 가공된 키 홈과 조립하는 키와의 끼워맞춤을 P9/h9(억지 끼워맞춤)로 하고, 보스 측의 키 홈과 키와의 끼워맞춤을 P9/h9(억지 끼워맞춤)로 한다. 조립형 평행키는 개정 전 구 규격에서 묻힘키의 '정밀급' 평행키를 말한다.

3. '활동형' 키의 끼워맞춤 (구 규격-'미끄럼키')

활동형은 축 위를 허브가 축 방향으로 움직일 때에 사용하고 미그럼키를 말한다. 키는 고정 나사로 축에 고정한다.
활동형은 축에 가공된 키 홈과 조립하는 키와의 끼워맞춤을 H9/h9(헐거운 끼워맞춤)로 적용하고, 보스 부분의 키 홈과 키와의 끼워맞춤을 D10/h9(헐거운 끼워맞춤)로 적용한다. 축과 보스가 축 방향으로 상대 운동을 하는 경우 키가 안내 역할을 한다.

활동형에서는 폭 방향으로 축과 키 및 축과 보스의 끼워맞춤은 모두 헐거운 끼워맞춤을 적용하는데 보스 측보다 축 측에 더 작은 끼워맞춤 틈새를 준다. 토크를 전달하면서 보스가 축을 따라 미끄럼 운동을 하는 것이 가능하며, 축 방향으로 기울기가 없다. 보통형이나 조임형에 비해서 전달 토크가 작으며, 큰 토크를 전달할 수 없다.

활동형 평행키는 개정 전 구 규격에서 미끄럼키를 말한다. 최근에는 키 대용으로 축을 기어나 풀리 등의 하우징에 고정시켜 동력을 전달하는 요소로 파워록(power lock) 혹은 쉬링크 디스크(shrink disk)라고 하는 기성품도 자주 쓰인다. 파워록은 암, 수가 짝을 이루는 테이퍼(tpaer, 쐐기)를 볼트로 죄어 수직방향의 분력을 줌으로써 강력하게 축과 보스(또는 허브)를 고정시켜주는 역할을 하며, 셀프센터링(self centering) 및 고토크 전달, 보스 가공이 쉬우며, 조립 및 분해가 용이하다는 장점을 가지고 있는 마찰식 체결요소이다.

평행키와 경사키의 크기와 그 적응하는 축지름은 키에 작용하는 힘에 의해 정하여야 한다. 참고로 나타낸 적응하는 축지름은 보통으로 사용되는 표준적인 범위를 나타낸 것으로 이 경우는 허브 쪽의 키홈의 측면에서 키 높이의 약 1/2이 닿게 되는데, 만약 이것보다 작은 호칭 치수의 키를 사용하면 허브 쪽의 키홈의 측면에 닿는 부분은 키 높이의 1/2 이하가 될 염려가 있으므로 그런 경우는 키 측면의 면압을 계산해 볼 필요가 있다.

6-3 평행키(1/2)

■ 평행키의 모양 및 치수

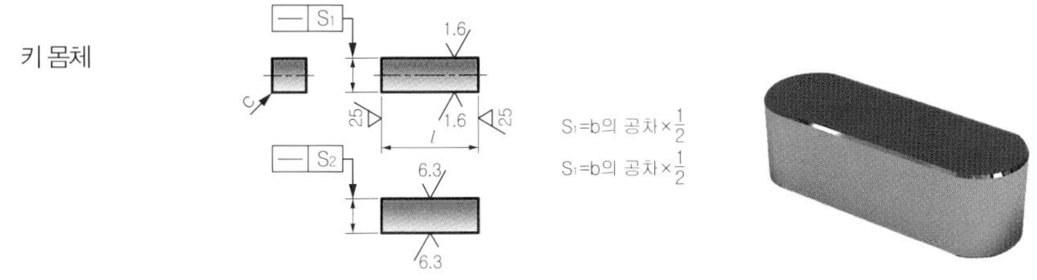

나사용 구멍(구멍 A : 고정 나사용 구멍, 구멍 B : 빠짐 나사용 구멍

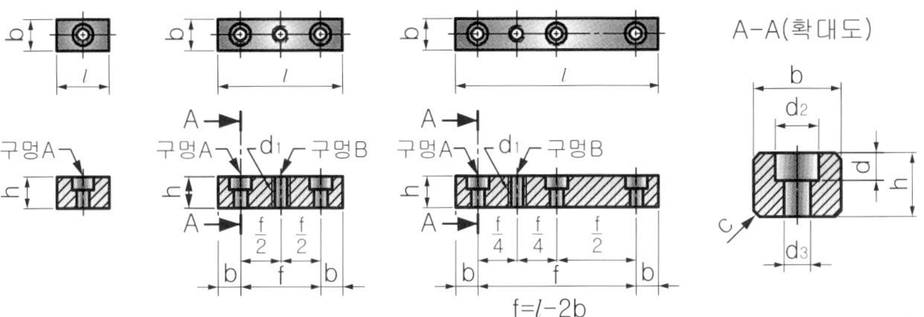

단위 : mm

키의 호칭치수 b×h	키 몸체							나사용 구멍			
	b		h			c	L	나사의 호칭 d1	d2	d3	g
	기준치수	허용차(h9)	기준치수	허용차							
2×2	2	0 -0.025	2	0 -0.025	h9	0.16~0.25	6~20	-	-	-	-
3×3	3		3				6~36	-	-	-	-
4×4	4	0 -0.030	4	0 -0.030			8~45	-	-	-	-
5×5	5		5			0.25~0.40	10~56	-	-	-	-
6×6	6		6				14~70	-	-	-	-
(7×7)	7	0 -0.036	7	0 -0.036			16~80	-	-	-	-
8×7	8		7	0 -0.090	h11		18~90	M3	6.0	3.4	2.3
10×8	10		8			0.40~0.60	22~110	M3	6.0	3.4	2.3
12×8	12	0 -0.043	8				28~140	M4	8.0	4.5	3.0
14×9	14		9				36~160	M5	10.0	5.5	3.7
(15×10)	15		10				40~180	M5	10.0	5.5	3.7
16×10	16		10				45~180	M5	10.0	5.5	3.7
18×11	18		11	0 -0.110			50~200	M6	11.5	6.6	4.3
20×12	20	0 -0.052	12			0.60~0.80	56~220	M6	11.5	6.6	4.3
22×14	22		14				63~250	M6	11.5	6.6	4.3
(24×16)	24		16				70~280	M8	15.0	9.0	5.7
25×14	25		14				70~280	M8	15.0	9.0	5.7
28×16	28		16				80~320	M10	17.5	11.0	10.8
32×18	32	0 -0.062	18				90~360	M10	17.5	11.0	10.8
(35×22)	35		22	0 -0.130		1.00~1.20	100~400	M10	17.5	11.0	10.8
36×20	36		20				-	M12	20.0	14.0	13.0
(38×24)	38		24				-	M10	17.5	11.0	10.8
40×22	40		22				-	M12	20.0	14.0	13.0
(42×26)	42		26				-	M10	17.5	11.0	10.8
45×25	45		25				-	M12	20.0	14.0	13.0
50×28	50		28				-	M12	20.0	14.0	13.0
56×32	56	0 -0.074	32	0 -0.160		1.60~2.00	-	M12	20.0	14.0	13.0
63×32	63		32				-	M12	20.0	14.0	13.0
70×36	70		36				-	M16	26.0	18.0	17.5
80×40	80		40			2.50~3.00	-	M16	26.0	18.0	17.5
90×45	90	0 -0.087	45				-	M20	32.0	22.0	21.5
100×50	100		50				-	M20	32.0	22.0	21.5

[비고] 괄호를 붙인 호칭 치수의 것은 대응국제표준에는 규정되어 있지 않으므로 새로운 설계에는 사용하지 않는다.

[참고] 위 표에 규정하는 키의 허용차보다 공차가 작은 키가 필요한 경우에는 키의 너비 b에 대한 허용차를 h7로 한다.
이 경우 높이 h의 허용차는 키의 호칭 치수 7×7 이하는 h7, 키의 호칭 치수 8×7 이상은 h11로 한다.

[주] 1. L은 표의 범위 내에서 다음 중에 고르는 것이 좋다. 그리고 l의 치수 허용차는 h12로 한다.
6, 8, 10, 12, 14, 16, 18, 20, 22, 25, 28, 32, 36, 40, 45, 50, 56, 63, 70, 80, 90, 100, 110, 125, 140, 160, 180, 200, 220, 250, 280, 320, 360, 400
2. 45° 모떼기(c) 대신에 라운딩(r)을 주어도 좋다.

6-3 평행키(2/2)

KS B 1311

■ 평행키용 키홈의 모양 및 치수

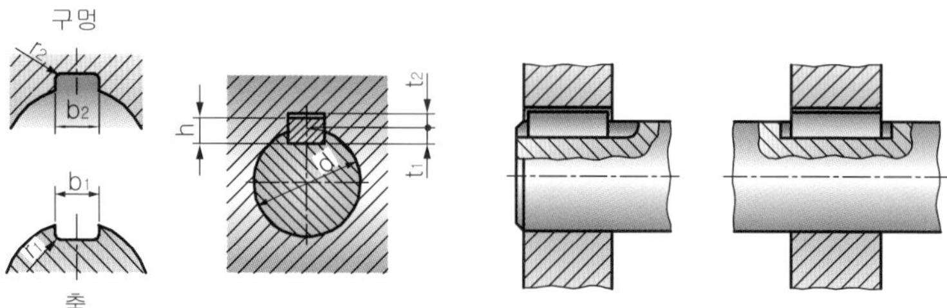

단위 : mm

참고			키홈의 치수와 허용차								
			활동형		보통형		조립형		축	구멍	
적용하는 축지름 d (초과~이하)	키의 호칭치수 b×h	b1,b2 기준치수	b1 축 허용차 (H9)	b2 구멍 허용차 (D10)	b1 축 허용차 (N9)	b1 구멍 허용차 (Js9)	b1, b2 허용차 (P9)	r1, r2	t1 기준치수	t2 기준치수	t1, t2 허용차
6~8	2×2	2	+0.025 0	+0.060 +0.020	-0.004 -0.029	±0.0125	-0.006 -0.031	0.08~0.16	1.2	1.0	+0.1 0
8~10	3×3	3							1.8	1.4	
10~12	4×4	4	+0.030 0	+0.078 +0.030	0 -0.030	±0.0150	-0.012 -0.042		2.5	1.8	
12~17	5×5	5						0.16~0.25	3.0	2.3	
17~22	6×6	6							3.5	2.8	
20~25	(7×7)	7	+0.036 0	+0.098 +0.040	0 -0.036	±0.0180	-0.015 -0.051		4.0	3.3	+0.2 0
22~30	8×7	8							4.0	3.3	
30~38	10×8	10						0.25~0.40	5.0	3.3	
38~44	12×8	12	+0.043 0	+0.120 +0.050	0 -0.043	±0.0215	-0.018 -0.061		5.0	3.3	
44~50	14×9	14							5.5	3.8	
50~55	(15×10)	15							5.0	5.3	
50~58	16×10	16							6.0	4.3	
58~65	18×11	18							7.0	4.4	
65~75	20×12	20	+0.052 0	+0.149 +0.065	0 -0.052	±0.0260	-0.022 -0.074	0.40~0.60	7.5	4.9	
75~85	22×14	22							9.0	5.4	
80~90	(24×16)	24							8.0	8.4	
85~95	25×14	25							9.0	5.4	
95~110	28×16	28							10.0	6.4	
110~130	32×18	32	+0.062 0	+0.180 +0.080	0 -0.062	± 0.0310	-0.026 -0.088		11.0	7.4	
125~140	(35×22)	35						0.70~1.00	11.0	11.4	+0.3 0
130~150	36×20	36							12.0	8.4	
140~160	(38×24)	38							12.0	12.4	
150~170	40×22	40							13.0	9.4	
160~180	(42×26)	42							13.0	13.4	
170~200	45×25	45							15.0	10.4	
200~230	50×28	50							17.0	11.4	
230~260	56×32	56	+0.074 0	+0.220 +0.100	0 -0.074	± 0.0370	-0.032 -0.106	1.20~1.60	20.0	12.4	
260~290	63×32	63							20.0	12.4	
290~330	70×36	70							22.0	14.4	
330~380	80×40	80						1.20~2.50	25.0	15.4	
380~440	90×45	90	+0.087 0	+0.260 +0.120	0 -0.087	± 0.0435	-0.037 -0.124		28.0	17.4	
440~500	100×50	100							31.0	19.5	

[비고] 괄호를 붙인 호칭 치수의 것은 대응국제표준에는 규정되어 있지 않으므로 새로운 설계에는 사용하지 않는다.

[주] 적용하는 축지름은 키의 강도에 대응하는 토크에서 구할 수 있는 것으로 일반적인 용도의 기준으로 나타낸다. 키의 크기가 전달하는 토크에 대하여 적절한 경우에는 적용하는 축지름보다 굵은 축을 사용하여도 좋다. 그 경우에는 키의 옆면이 축 및 허브에 균등하게 닿도록 t1 및 t2 를 수정하는 것이 좋다. 적용하는 축지름보다 가는 축에는 사용하지 않는 편이 좋다.

6-4 반달키(1/2)

KS B 1311

둥근바닥
(기호WA)

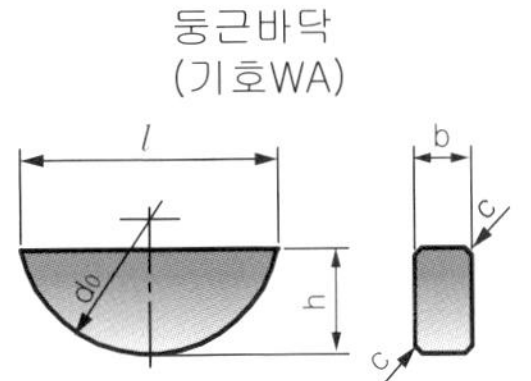

납작바닥
(기호WB)

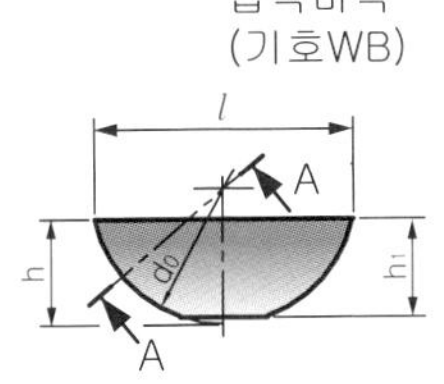

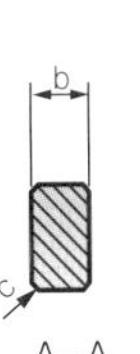

A-A

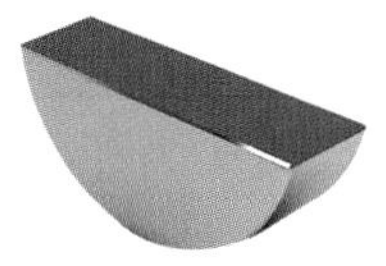

[비고] 표면거칠기는 양쪽면은 1.6μmRa로 기타는 6.3μmRa로 한다.

■ 반달키의 모양 및 치수

단위 : mm

키의 호칭치수 $b \times d_0$	키 몸체									참고
	b		d_0		h		h_1		c	L (계산값)
	기준치수	허용차 (h9)	기준치수	허용차	기준치수	허용차 (h11)	기준치수	허용차		
1×4	1	0 −0.025	4	0 −0.120	1.4	0 −0.060	1.1	±0.1	0.16~0.25	−
1.5×7	1.5		7	0 −0.150	2.6		2.1			−
2×7	2		7		2.6		2.1			−
2×10			10		3.7	0 −0.075	3.0			−
2.5×10	2.5		10		3.7		3.0			9.6
(3×10)	3		10	0 −0.1	3.7		3.55			9.6
3×13			13	0 −0.180	5.0		4.0	±0.2		12.6
3×16			16		6.5	0 −0.090	5.2			15.7
(4×13)	4	0 −0.030	13	0 −0.1	5.0	0 −0.075	4.75			12.6
4×16			16	0 −0.180	6.5	0 −0.090	5.2		0.25~0.40	15.7
4×19			19	0 −0.210	7.5		6.0			18.5
5×16	5		16		6.5		5.2			15.7
5×19			19		7.5		6.0			18.5
5×22			22		9.0		7.2			21.6
6×22	6		22		9.0		7.2			21.6
6×25			25		10.0		8.0			24.4
(6×28)			28	0 −0.2	11.0	0 −0.110	10.6			27.3
(6×32)			32		13.0		12.5			31.4
(7×22)	7	0 −0.036	22	0 −0.1	9.0	0 −0.090	8.5			21.6
(7×25)			25	0 −0.2	10.0		9.5			24.4
(7×28)			28		11.0	0 −0.110	10.6			27.3
(7×32)			32		13.0		12.5			31.4
(7×38)			38		15.0		14.0			37.1
(7×45)			45		16.0		15.0			43.0
(8×25)	8		25		10.0	0 −0.090	9.5			24.4
8×28			28	0 −0.210	11.0	0 −0.110	8.8		0.40~0.60	27.3
(8×32)			32	0 −0.2	13.0		12.5		0.25~0.40	31.4
(8×38)			38		15.0		14.0			37.1
10×32	10		32	0 −0.250	13.0		10.4		0.40~0.60	31.4
(10×45)			45	0 −0.2	16.0		15.0			43.0
(10×55)			55		17.0		16.0			50.8
(10×65)			65		19.0	0 −0.130	18.0	±0.3		59.0
(12×65)	12	0 −0.043	65		19.0		18.0			59.0
(12×80)			80		24.0		22.4			73.3

[비고] 괄호를 붙인 호칭 치수의 것은 대응국제표준에는 규정되어 있지 않으므로 새로운 설계에는 사용하지 않는다.
[주] 1. 45 ° 모떼기(c) 대신에 라운딩(r)을 주어도 좋다.

■ 반달키용 키홈의 모양 및 치수

평행축

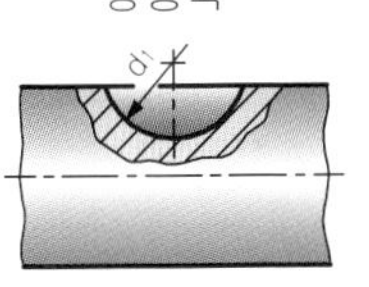

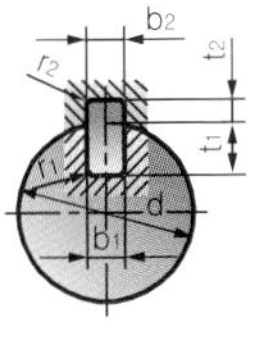

원추형 축의 경우

6-4 반달키(2/2)

■ 반달키용 키홈의 모양 및 치수 (계속)

단위 : mm

키의 호칭 치수 b×d₀	키 홈 의 치 수											참고 (계열 3)
	b₁, b₂의 기준 치수	보통형 축 b₁ 허용차 (N9)	보통형 구멍 b₂ 허용차 (Js9)	조임형 b₁,b₂의 허용차 (P9)	t_1 (축) 기준 치수	t_1 (축) 허용차	t_2 (구멍) 기준 치수	t_2 (구멍) 허용차	r_1 및 r_2 키 홈 모서리	d_1 기준 치수	d_1 허용차 (h9)	적용하는 축 지름 d (초과~이하)
1×4	1	-0.004 -0.029	±0.012	-0.006 -0.031	1.0	+0.1 0	0.6	+0.1 0	0.08~0.16	4	+0.1 0	-
2.5×10	1.5				2.0		0.8			7		-
2.5×10	2				1.8		1.0			7		-
2.5×10	2				2.9		1.0			10	+0.2 0	-
2.5×10	2.5				2.7		1.2			10		7~12
(3×10)	3				2.5		1.4			10		8~14
3×13	3				3.8	+0.2 0				13		9~16
3×16	3				5.3					16		11~18
(4×13)	4	0 -0.030	±0.015	-0.012 -0.042	3.5	+0.1 0	1.7			13		11~18
4×16	4				5.0	+0.2 0	1.8		0.16~0.25	16		12~20
4×19	4				6.0					19	+0.3 0	14~22
5×16	5				4.5		2.3			16	+0.2 0	14~22
5×19	5				5.5					19	+0.3 0	15~24
5×22	5				7.0	+0.3 0				22		17~26
6×22	6				6.5		2.8			22		19~28
6×25	6				7.5			+0.2 0		25		20~30
(6×28)	6				8.6	+0.1 0	2.6	+0.1 0		28		22~32
(6×32)	6				10.6					32		24~34
(7×22)	7	0 -0.036	±0.018	-0.015 -0.051	6.4		2.8			22		20~29
(7×25)	7				7.4					25		22~32
(7×28)	7				8.4					28		24~34
(7×32)	7				10.4					32		26~37
(7×38)	7				12.4					38		29~41
(7×45)	7				13.4					45		31~45
(8×25)	8				7.2		3.0			25		24~34
8×28	8				8.0	+0.3 0	3.3	+0.2 0	0.25~0.40	28		26~37
(8×32)	8				10.2	+0.1 0	3.0	+0.1 0	0.16~0.25	32		28~40
(8×38)	8				12.2					38		30~44
10×32	10				10.0	+0.3 0	3.3	+0.2 0	0.25~0.40	32		31~46
(10×45)	10				12.8	+0.1 0	3.4	+0.1 0		45		38~54
(10×55)	10				13.8					55		42~60
(10×65)	10				15.8					65	+0.5 0	46~65
(12×65)	12	0 -0.043	±0.022	-0.018 -0.061	15.2		4.0			65		50~73
(12×80)	12				20.2					80		58~82

[비고] 키의 호칭치수에서 괄호를 붙인 것은 대응 국제규격에는 규정되어 있지 않은 것으로 새로운 설계에는 적용하지 않는다.

■ 반달키에 적용하는 축지름

키의 호칭 치수	계열 1	계열 2	계열 3	전단 단면적 ㎟	키의 호칭 치수	계열 1	계열 2	계열 3	전단 단면적 ㎟
1×4	3~4	3~4	-	-	(6×32)	-	-	24~34	180
1.5×7	4~5	4~6	-	-	(7×22)	-	-	20~29	139
2×7	5~6	6~8	-	-	(7×25)	-	-	22~32	159
2×10	6~7	8~10	-	-	(7×28)	-	-	24~34	179
2.5×10	7~8	10~12	7~12	21	(7×32)	-	-	26~37	209
(3×10)	-	-	8~14	26	(7×38)	-	-	29~41	249
3×13	8~10	12~15	9~16	35	(7×45)	-	-	31~45	288
3×16	10~12	15~18	11~18	45	(8×25)	-	-	24~34	181
(4×13)	-	-	11~18	46	8×28	28~32	40~-	26~37	203
4×16	12~14	18~20	12~20	57	(8×32)	-	-	28~40	239
4×19	14~16	20~22	14~22	70	(8×38)	-	-	30~44	283
5×16	16~18	22~25	14~22	72	10×32	32~38	-	31~46	295
5×19	18~20	25~28	15~24	86	(10×45)	-	-	38~54	406
5×22	20~22	28~32	17~26	102	(10×55)	-	-	42~60	477
6×22	22~25	32~36	19~28	121	(10×65)	-	-	46~65	558
6×25	25~28	36~40	20~30	141	(12×65)	-	-	50~73	660
(6×28)	-	-	22~32	155	(12×80)	-	-	58~82	834

[비고] 1. 괄호를 붙인 호칭 치수의 것은 대응국제표준에는 규정되어 있지 않으므로 새로운 설계에는 사용하지 않는다.
2. 계열 1 및 계열 2는 대응하는 국제표준에 포함된 축지름으로 다음에 따른다.
계열 1 : 키에 의해 토크를 전달하는 결합에 적용한다.
계열 2 : 키에 의해 위치결정을 하는 경우, 예를 들면 축과 허브가 '억지끼워맞춤' 으로 끼워 맞추고, 키에 의해 토크를 전달하지 않는 경우에 적용한다.
3. 계열 3은 표에 나타내는 전단 단면적에서의 키의 전단강도에 대응한다. 이 전단 단면적은 키가 키홈에 완전히 묻혀 있을 때 전단을 받는 부분의 계산 값이다.

6-5 경사키(1/2)

■ 경사키의 모양 및 치수

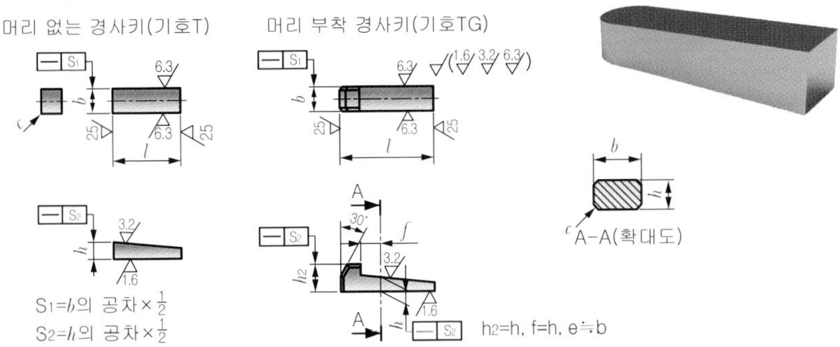

키의 호칭치수 b×h	키 몸체							
	b		h			h₁	c	L
	기준치수	허용차 (h9)	기준치수	허용차				
2×2	2	0 -0.025	2	0 -0.025	h9	-	0.16~0.25	6~30
3×3	3		3			-		6~36
4×4	4	0 -0.030	4	0 -0.030		7		8~45
5×5	5		5			8	0.25~0.40	10~56
6×6	6		6			10		14~70
(7×7)	7	0 -0.036	7.2	0 -0.036		10		16~80
8×7	8		7	0 -0.090	h11	11		18~90
10×8	10		8			12	0.40~0.60	22~110
12×8	12	0 -0.043	8			12		28~140
14×9	14		9			14		36~160
(15×10)	15		10.2	0 -0.070	h10	15		40~180
16×10	16		10	0 -0.090	h11	16		45~180
18×11	18		11	0 -0.110		18		50~200
20×12	20	0 -0.052	12			20	0.60~0.80	56~220
22×14	22		14			22		63~250
(24×16)	24		16.2	0 -0.070	h10	24		70~280
25×14	25		14	0 -0.110	h11	22		70~280
28×16	28		16			25		80~320
32×18	32	0 -0.062	18			28		90~360
(35×22)	35		22.3	0 -0.084	h10	32	1.00~1.20	100~400
36×20	36		20	0 -0.130	h11	32		-
(38×24)	38		24.3	0 -0.084	h10	36		-
40×22	40		22	0 -0.130	h11	36		-
(42×26)	42		26.3	0 -0.084	h10	40		-
45×25	45		25	0 -0.130	h11	40		-
50×28	50		28			45		-
56×32	56	0 -0.074	32	0 -0.160		50	1.60~2.00	-
63×32	63		32			50		-
70×36	70		36			56		-
80×40	80		40			63	2.50~3.00	-
90×45	90	0 -0.087	45			70		-
100×50	100		50			80		-

6-5 경사키(2/2)

■ 경사키 키홈의 모양 및 치수

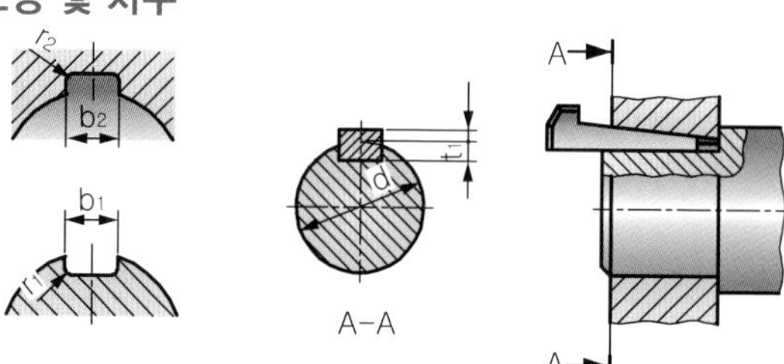

단위 : mm

참고 적용하는 축 지름 d (초과~이하)	키의 호칭 치수 b×h	키홈의 치수 b1(축) 및 b1 (구멍) 기준치수	허용차 (D10)	r1 및 r2	t1의 기준치수 축	t2의 기준치수 구멍	t1, t2 허용오차
6~8	2×2	2	+0.060 +0.020	0.08~0.16	1.2	0.5	+0.05 0
8~10	3×3	3			1.8	0.9	
10~12	4×4	4	+0.078 +0.030		2.5	1.2	+0.1 0
12~17	5×5	5		+0.16~0.25	3.0	1.7	
17~22	6×6	6			3.5	2.2	
20~25	(7×7)	7	+0.098 +0.040		4.0	3.0	
22~30	8×7	8			4.0	2.4	+0.2 0
30~38	10×8	10		0.25~0.40	5.0	2.4	
38~44	12×8	12	+0.120 +0.050	0.25~0.40	5.0	2.4	+0.2 0
44~50	14×9	14			5.5	2.9	
50~55	(15×10)	15			5.0	5.0	+0.1 0
50~58	16×10	16			6.0	3.4	+0.2 0
58~65	18×11	18			7.0	3.4	
65~75	20×12	20	+0.149 +0.065	0.40~0.60	7.5	3.9	
75~85	22×14	22			9.0	4.4	
80~90	(24×16)	24			8.0	8.0	+0.1 0
85~95	25×14	25			9.0	4.4	+0.2 0
95~110	28×16	28			10.0	5.4	
110~130	32×18	32	+0.180 +0.080		11.0	6.4	
125~140	(35×22)	35		0.70~1.00	11.0	11.0	+0.15 0
130~150	36×20	36			12.0	7.1	+0.3 0
140~160	(38×24)	38			12.0	12.0	+0.15 0
150~170	40×22	40			13.0	8.1	+0.3 0
160~180	(42×26)	42			13.0	13.0	+0.15 0
170~200	45×25	45			15.0	9.1	+0.3 0
200~230	50×28	50			17.0	10.1	
230~260	56×32	56	+0.220 +0.100	1.20~1.60	20.0	11.1	
260~290	63×32	63			20.0	11.1	
290~330	70×36	70			22.0	13.1	
330~380	80×40	80	+0.260 +0.120	2.00~2.50	25.0	14.1	
380~440	90×45	90			28.0	16.1	
440~500	100×50	100			31.0	18.1	

[비고] 괄호를 붙인 호칭 치수의 것은 대응국제표준에는 규정되어 있지 않으므로 새로운 설계에는 사용하지 않는다.

[주] 적용하는 축지름은 키의 강도에 대응하는 토크에서 구할 수 있는 것으로 일반 용도의 기준으로 나타낸다. 키의 크기가 전달하는 토크에 대하여 적절한 경우에는 적용하는 축지름보다 굵은 축을 사용하여도 좋다. 그 경우에는 키의 옆면이 축 및 허브에 균등하게 닿도록 t_1 및 t_2를 수정하는 것이 좋다. 적용하는 축지름보다 가는 축에는 사용하지 않는 편이 좋다.

6-6 스플라인 제도 및 표시방법(1/6)

1. 스플라인의 개요

스플라인(spline)이란 큰 토크를 전달하고자 할 때 원주 방향을 따라서 여러 줄의 키홈을 가공한 축을 사용하며 회전토크를 전달하는 동시에 축방향으로도 이동할 수 있는 기계 요소이다. 주요 용도로는 기어 변속장치의 축으로서 공작기계, 자동차, 항공기 등의 동력 전달기구 등에 사용하며, 종류로는 키 홈의 모양에 따라 각형 스플라인과 인벌류트 스플라인(involute spline), 세레이션으로 구분한다.
각형 스플라인의 줄수는 6, 8, 10의 3종류가 있다. 스플라인은 보통형 평행 키에 비하여 큰 토크를 전달할 수가 있으며, 스플라인 축은 키 홈의 역할 뿐 아니라 축의 역할도 한다. 각형 스플라인의 호칭은 [스플라인의 홈수 N x 작은지름 d x 큰지름 D]의 형태로 표기한다.
아래 원통형 축의 각형 스플라인 호칭 치수에서 예를 들어 각형 스플라인의 호칭이 축 또는 허브의 경우, 6 x 23 x 26 이라면 스플라인 홈 수 N이 6개, 작은지름 d가 23mm, 큰지름 D는 26mm이다.
제작시 SPLINE GENERATOR로 전용 HOB를 제작 사용하여 가공시 높은 정밀도와 일반 KEY의 역할을 보완하여 중하중이나 고하중이 걸리는 경우에 사용하며, 정확한 슬라이드와 고정밀도를 유지할 수가 있다.
스플라인의 끼워맞춤은 작업 방법에 따라 고정하는 경우와 유동이 있는 경우, 두 가지 방법이 있으며, 큰 지름 방향으로 아주 헐거운 끼워맞춤을 하며, 폭과 안지름 부분에서 끼워맞춤의 공차를 다르게 하여 틈새를 조정하여 미끄럼형, 근접 미끄럼형, 고정형으로 구분한다.
큰 토크를 전달하는 경우에, 2개 이상의 키를 사용하여 축의 상하방향에 키 홈 가공을 하여 사용하는 것은 기계 가공상 바람직하지 않으며, 또한 상하 키 홈에 의해 축의 단면적이 감소되어 축의 강도를 현저하게 저하시키는 요인이 된다.
이러한 경우 활동형 키(미끄럼키)를 추과 일체로 하여 축에 여러 개의 키홈 가공을 하여 동일 간격으로 배치한 스플라인 축을 사용한다. 스플라인은 축 방향으로의 이동이 가능하고, 토크를 여러 개의 키로 분담시키기 때문에 큰 토크를 전달하는 것이 가능하며 내구성이 우수하다.

2. 스플라인의 면압 강도

스플라인의 면압 강도는 키의 면압 강도와 동일하다. 면압 강도에 대한 스플라인의 허용전달력 F(kgf)는 아래 식에 의해 계산한다.

$$F = \eta\ ZHL\sigma$$

여기서,
η : 치면의 접촉효율 (0.3~0.9)
Z : 잇수
H: 이의 접촉높이 (이뿌리방향)mm
L : 스플라인의 접촉길이 mm
σ : 스플라인의 허용면압력 kgf/mm²

고정인 경우 : 7 ~ 125 kgf/mm²
무부하 상태에서 유동인 경우 : 4.5 ~ 9 kgf/mm²
부하 상태에서 유동인 경우 : 3이하 kgf/mm²

면압 강도에 대한 스플라인의 허용전달 토크 T (kgf-m)는,

$$T = Fde / 2{,}000$$

여기서,
de : 스플라인의 유효 지름 mm

스플라인 축은 이 면압 강도 이외에 굽힘 강도나 비틀림 강도, 특히 축의 휨 등도 검토할 필요가 있다.

6-6 스플라인 제도 및 표시방법(2/6)

■ 원통형 축의 각형 스플라인 호칭치수

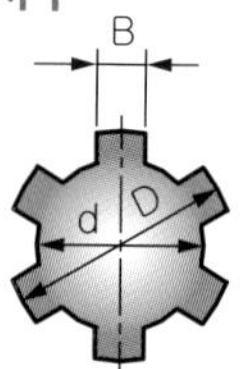

호칭지름 d	경 하중용 호칭 N x d x D	경 하중용 홈의 수 N	경 하중용 큰지름 D	경 하중용 홈의 폭 B	호칭지름 d	중간 하중용 호칭 N x d x D	중간 하중용 홈의 수 N	중간 하중용 큰지름 D	중간 하중용 홈의 폭 B
11	–	–	–	–	11	6x11x14	6	14	3
13	–	–	–	–	13	6x13x16	6	16	3.5
16	–	–	–	–	16	6x16x20	6	20	4
18	–	–	–	–	18	6x18x22	6	22	5
21	–	–	–	–	21	6x21x25	6	25	5
23	6x23x26	6	26	6	23	6x23x28	6	28	6
26	6x26x30	6	30	6	26	6x26x32	6	32	6
28	6x28x32	6	32	7	28	6x28x34	6	34	7
32	8x32x36	8	36	6	32	8x32x38	8	38	6
36	8x36x40	8	40	7	36	8x36x42	8	42	7
42	8x42x46	8	46	8	42	8x42x48	8	48	8
46	8x46x50	8	50	9	46	8x46x54	8	54	9
52	8x52x58	8	58	10	52	8x52x60	8	60	10
56	8x56x62	8	62	10	56	8x56x65	8	65	10
62	8x62x68	8	68	12	62	8x62x72	8	72	12
72	10x72x78	10	78	12	72	10x72x82	10	82	12
82	10x82x88	10	88	12	82	10x82x92	10	92	12
92	10x92x98	10	98	14	92	10x92x102	10	102	14
102	10x102x108	10	108	16	102	10x102x112	10	112	16
112	10x112x120	10	120	18	112	10x112x125	10	125	18

■ 구멍 및 축의 공차

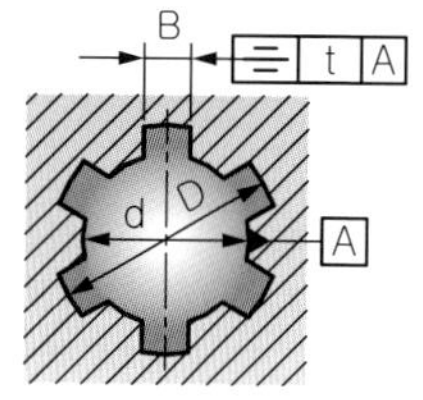

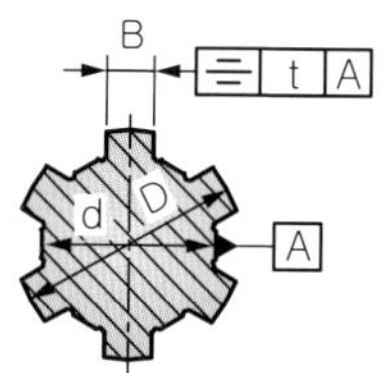

구멍 공차						축공차			고정형태
브로칭 후 열처리하지 않은 것			브로칭 후 열처리한 것						
B	D	d	B	D	d	B	D	d	
H9	H10	H7	H11	H10	H7	d10	a11	f7	미끄럼형
						f9	a11	g7	근접 미끄럼형
						h10	a11	h7	고정형

[주] 위 표 이외의 재질을 사용하는 경우의 열처리에 관해서는 별도로 제조사와 협의할 것.

6-6 스플라인 제도 및 표시방법(3/6)

KS B 2006

■ 대칭에서의 공차

단위 : mm

스플라인 나비 B	3	3, 5, 4, 5, 6	7, 8, 9, 10	12, 14, 16, 18
대칭에서 공차 t	0.010 (IT7)	0.012 (IT7)	0.015 (IT7)	0.018 (IT7)

■ 스플라인의 재질 및 열처리 [참고]

요구 재질과 열처리	소재의 열처리	소재 경도, HB	비 고
SM43C 담금질, 뜨임	담금질, 뜨임 (뜨임 온도 630~680℃)	170~200	강도가 그다지 필요없는 축
SM43C 고주파 열처리, 뜨임	담금질, 뜨임 (뜨임 온도 603~680℃)	170~200	고강도가 필요한 축
표면 경화재 침탄 열처리, 뜨임	불림	170~200	
일반 구조용 압연강재		180 이하	

■ 각형 스플라인의 모양과 기본 치수

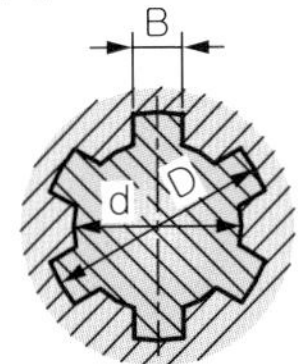

형식	1형						2형					
홈수	6		8		10		6		8		10	
호칭 지름 d	큰지름 D	나비 B	큰지름 D	나비 B	큰지름 D	나비 B	큰지름 D	나비 B	큰지름 D	나비 B	큰지름 D	나비 B
11	–	–	–	–	–	–	14	3	–	–	–	–
13	–	–	–	–	–	–	16	3.5	–	–	–	–
16	–	–	–	–	–	–	20	4	–	–	–	–
18	–	–	–	–	–	–	22	5	–	–	–	–
21	–	–	–	–	–	–	25	5	–	–	–	–
23	26	6	–	–	–	–	28	6	–	–	–	–
26	30	6	–	–	–	–	32	6	–	–	–	–
28	32	7	–	–	–	–	34	7	–	–	–	–
32	36	8	36	6	–	–	38	8	38	6	–	–
36	40	8	40	7	–	–	42	8	42	7	–	–
42	46	10	46	8	–	–	48	10	48	8	–	–
46	50	12	50	9	–	–	54	12	54	9	–	–
52	58	14	58	10	–	–	60	14	60	10	–	–
56	62	14	62	10	–	–	65	14	65	10	–	–
62	68	16	68	12	–	–	72	16	72	12	–	–
72	78	18	–	–	78	12	82	18	–	–	82	12
82	88	20	–	–	88	12	92	20	–	–	92	12
92	98	22	–	–	98	14	102	22	–	–	102	14
102	–	–	–	–	108	16	–	–	–	–	112	16
112	–	–	–	–	120	18	–	–	–	–	125	18

6-6 스플라인 제도 및 표시방법(4/6)

■ 각형 스플라인 1형의 모양과 기본 치수

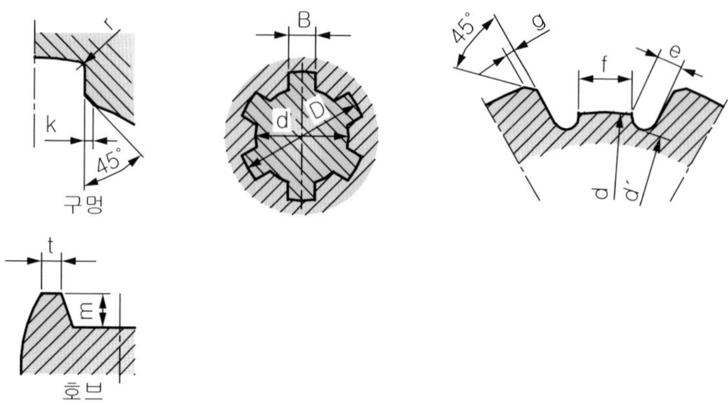

<table>
<tr><th rowspan="4">호칭 지름 d</th><th rowspan="4">홈 수 N</th><th rowspan="4">작은 지름 d</th><th rowspan="4">큰 지름 D</th><th rowspan="4">나비 B</th><th rowspan="4">g (최소)</th><th rowspan="4">k (최대)</th><th rowspan="4">r (최대)</th><th colspan="6">참고</th></tr>
<tr><th rowspan="3">넓이 So (㎟)</th><th colspan="5">호브를 절단할 경우</th></tr>
<tr><th rowspan="2">d' (최소)</th><th rowspan="2">e (최대)</th><th rowspan="2">f (최소)</th><th colspan="2">호 브</th></tr>
<tr><th>t</th><th>m</th></tr>
<tr><td>23</td><td rowspan="12">6</td><td>23</td><td>26</td><td>6</td><td rowspan="7">0.3</td><td rowspan="7">0.3</td><td rowspan="3">0.2</td><td>6.6</td><td>22.0</td><td>1.3</td><td>3.4</td><td>0.5</td><td>0.5</td></tr>
<tr><td>26</td><td>26</td><td>30</td><td>6</td><td>9.5</td><td>24.4</td><td>1.9</td><td>3.8</td><td rowspan="6">0.7</td><td>0.8</td></tr>
<tr><td>28</td><td>28</td><td>32</td><td>7</td><td>9.6</td><td>26.6</td><td>1.8</td><td>4.0</td><td rowspan="3">0.7</td></tr>
<tr><td>32</td><td>32</td><td>36</td><td>8</td><td rowspan="4">0.3</td><td>9.6</td><td>30.6</td><td>1.8</td><td>5.1</td></tr>
<tr><td>36</td><td>36</td><td>40</td><td>8</td><td>9.5</td><td>34.6</td><td>1.8</td><td>7.2</td></tr>
<tr><td>42</td><td>42</td><td>46</td><td>10</td><td>9.6</td><td>40.8</td><td>1.6</td><td>8.7</td><td rowspan="2">0.6</td></tr>
<tr><td>46</td><td>46</td><td>50</td><td>12</td><td>9.7</td><td>44.8</td><td>1.5</td><td>9.0</td></tr>
<tr><td>52</td><td>52</td><td>58</td><td>14</td><td rowspan="6">0.4</td><td rowspan="6">0.4</td><td rowspan="6">0.4</td><td>15.1</td><td>50.2</td><td>2.4</td><td>8.2</td><td rowspan="6">1.0</td><td rowspan="4">0.9</td></tr>
<tr><td>56</td><td>56</td><td>62</td><td>14</td><td>14.9</td><td>54.2</td><td>2.5</td><td>10.2</td></tr>
<tr><td>62</td><td>62</td><td>68</td><td>16</td><td>15.0</td><td>60.2</td><td>2.4</td><td>11.5</td></tr>
<tr><td>72</td><td>72</td><td>78</td><td>18</td><td>14.9</td><td>70.2</td><td>2.4</td><td>14.9</td></tr>
<tr><td>82</td><td>82</td><td>88</td><td>20</td><td>14.9</td><td>80.4</td><td>2.2</td><td>18.3</td><td rowspan="2">0.8</td></tr>
<tr><td>92</td><td>92</td><td>98</td><td>22</td><td>14.8</td><td>90.4</td><td>2.1</td><td>21.8</td></tr>
<tr><td>32</td><td rowspan="7">8</td><td>32</td><td>36</td><td>6</td><td rowspan="3">0.4</td><td rowspan="3">0.4</td><td rowspan="3">0.3</td><td>11.0</td><td>30.2</td><td>1.2</td><td>2.5</td><td rowspan="5">0.7</td><td>0.9</td></tr>
<tr><td>36</td><td>36</td><td>40</td><td>7</td><td>11.1</td><td>34.4</td><td>1.9</td><td>3.3</td><td rowspan="3">0.8</td></tr>
<tr><td>42</td><td>42</td><td>46</td><td>8</td><td>11.1</td><td>40.4</td><td>1.8</td><td>4.9</td></tr>
<tr><td>46</td><td>46</td><td>50</td><td>9</td><td rowspan="4">0.5</td><td rowspan="4">0.5</td><td rowspan="4">0.5</td><td>11.1</td><td>44.4</td><td>1.7</td><td>5.6</td></tr>
<tr><td>52</td><td>52</td><td>58</td><td>10</td><td>17.9</td><td>49.6</td><td>2.8</td><td>4.8</td><td>1.2</td></tr>
<tr><td>56</td><td>56</td><td>62</td><td>10</td><td>17.7</td><td>53.4</td><td>2.8</td><td>6.3</td><td rowspan="2">1.0</td><td>1.3</td></tr>
<tr><td>62</td><td>62</td><td>68</td><td>12</td><td>17.9</td><td>59.6</td><td>2.6</td><td>7.1</td><td>1.2</td></tr>
<tr><td>72</td><td rowspan="5">10</td><td>72</td><td>78</td><td>12</td><td rowspan="5">0.5</td><td rowspan="5">0.5</td><td rowspan="5">0.5</td><td>22.0</td><td>69.4</td><td>2.6</td><td>6.4</td><td rowspan="4">1.0</td><td rowspan="3">1.3</td></tr>
<tr><td>82</td><td>82</td><td>88</td><td>12</td><td>21.7</td><td>79.4</td><td>2.6</td><td>8.5</td></tr>
<tr><td>92</td><td>92</td><td>98</td><td>14</td><td>21.8</td><td>89.4</td><td>2.5</td><td>9.9</td></tr>
<tr><td>102</td><td>102</td><td>108</td><td>16</td><td>21.9</td><td>99.6</td><td>2.2</td><td>11.6</td><td>1.2</td></tr>
<tr><td>112</td><td>112</td><td>120</td><td>18</td><td>32.1</td><td>108.8</td><td>3.3</td><td>10.5</td><td>1.3</td><td>1.6</td></tr>
</table>

[주] 1. r 은 모떼기로써 대신할 수 있다.
2. So 는 스플라인의 길이 1mm마다의 치면이 압력을 받는 넓이를 표시한다.

[비고] 1. 축의 치면은 작은 지름 d 를 그린 원호와 교차하는 부분까지 평행하여야 한다.
2. 축을 호브 가공하는 경우 이외에는 d', e, f 의 값은 제한하지 않는다.

6-6 스플라인 제도 및 표시방법(5/6)

KS B 2006

■ 각형 스플라인 2형의 모양과 기본 치수

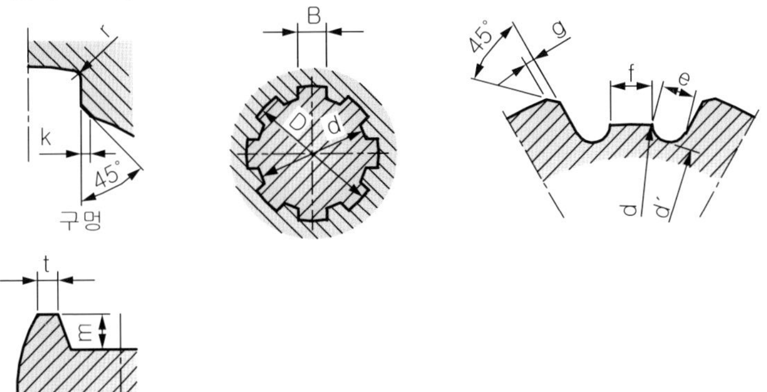

호칭 지름 d	홈 수 N	작은 지름 d	큰 지름 D	나비 B	g (최소)	k (최대)	r (최대)	참고: 넓이 So (㎟)	참고: 호브를 절단할 경우 d' (최소)	e (최대)	f (최소)	호브 t	호브 m
11	6	11	14	3	0.3	0.3	0.2	6.6	9.8	1.7	–	0.5	0.6
13		13	16	3.5				6.6	11.8	1.6	–		
16		16	20	4				9.6	14.4	2.2	–	0.7	0.8
18		18	22	5				9.7	16.6	2.0	0.4		0.7
21		21	25	5				9.5	19.4	2.1	1.9		0.8
23		23	28	6				12.7	21.2	2.4	1.2		0.9
26		26	32	6	0.4	0.4	0.3	14.6	23.6	3.2	1.2	1.0	1.2
28		28	34	7				14.8	25.8	3.1	1.4		1.1
32		32	38	8				14.8	29.8	2.9	2.8		
36		36	42	8				14.6	33.6	3.0	4.8		1.2
42		42	48	10				14.8	39.8	2.8	6.3		1.1
46		46	54	12	0.5	0.5	0.5	20.2	43.2	3.7	4.5	1.3	1.4
52		52	60	14				20.4	49.2	3.5	6.0		
56		56	65	14				23.2	53.4	4.3	6.6	1.6	1.3
62		62	72	16				26.4	58.8	4.6	7.1		1.6
72		72	82	18				26.3	68.6	4.7	10.1	2.0	1.7
82		82	92	20				26.3	78.8	4.6	13.5		1.6
92		92	102	22				26.2	88.8	4.5	17.0		
32	8	32	38	6	0.4	0.4	0.3	19.1	29.2	3.3	–	1.0	1.4
36		36	42	7				19.2	33.4	3.1	0.9		1.3
42		42	48	8				19.2	39.4	3.0	2.4		
46		46	54	9	0.5	0.5	0.5	26.0	42.6	4.1	0.8	1.3	1.7
52		52	60	10				26.0	48.6	3.9	2.6		
56		56	65	10				29.9	52.0	4.8	2.3	1.6	2.0
62		62	72	12				34.1	57.8	5.1	2.1		2.1
72	10	72	82	12	0.5	0.5	0.5	42.2	67.4	5.3	–	2.0	2.3
82		82	92	12				41.9	77.0	5.4	2.9		2.5
92		92	102	14				42.0	87.4	5.2	4.5		2.3
102		102	112	16				42.1	97.6	4.9	6.2		2.2
112		112	125	18				57.3	106.0	6.5	4.1	2.4	3.0

[주] 1. r 은 모떼기로써 대신할 수 있다.
2. So 는 스플라인의 길이 1mm마다의 치면이 압력을 받는 넓이를 표시한다.

[비고] 1. 축의 치면은 작은 지름 d 를 그린 원호와 교차하는 부분까지 평행하여야 한다.
2. 축을 호브 가공하는 경우 이외에는 d', e, f 의 값은 제한하지 않는다.

키와 스플라인

6-6 스플라인 제도 및 표시방법(6/6)

3. 스플라인 및 세레이션의 표시방법

① 스플라인 이음(spline joint) : 원통 모양 축의 바깥둘레에 설치한 등간격의 이(齒)와 이것과 관련하는 원통 모양 구멍의 안둘레에 설치한 축과 같은 간격의 끼워 맞추는 홈이 동시에 물림으로써 토크를 전달하는 결합된 동축의 기계요소[KS B ISO 4156]

② 인벌류트 스플라인(involute spline) : 잇면의 윤곽이 인벌류트 곡선의 이 또는 홈을 가진 스플라인 이음의 축 또는 구멍[KS B ISO 4156]

③ 각형 스플라인(straight-sided spline) : 잇면의 윤곽이 평행 평면의 이 또는 홈을 가진 스플라인 이음의 축 또는 구멍

④ 세레이션(serration) : 잇면의 윤곽이 일반적으로 60° 인 압력각의 이 또는 홈을 가진 스플라인 이음의 축 또는 구멍

4. 그림기호

각형 스플라인

인벌류트 스플라인 및 세레이션

5. 호칭 방법의 지시 방법

호칭 방법은 그 형체 부근에 반드시 스플라인 이음의 윤곽에서 인출선을 끌어내어서 지시하는 것이 좋다.

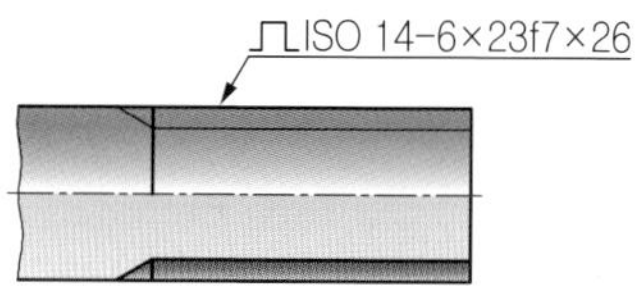

스플라인 이음이 위의 규정에 따르지 않는 경우 또는 그 요구사항을 수정한 경우에는 필요사항을 그 도면 안이나 다른 관련 문서에 표의 형식으로 표시함과 동시에 적용하는 윤곽에 인출선 및 도면기호를 사용하여 조합시켜야 한다.

6. 스플라인 이음의 완전한 도시

정확한 치수에서 모든 상세부를 나타내는 스플라인 이음의 완전한 도시는 보통은 기술 도면에는 필요하지 않으므로 피하는 것이 좋다. 만일 그와 같은 도시를 하여야 할 경우에는 ISO 128에 규정하는 도형의 표시방법을 적용한다.

7. 각형 스플라인 및 인벌류트 스플라인의 간단한 도시

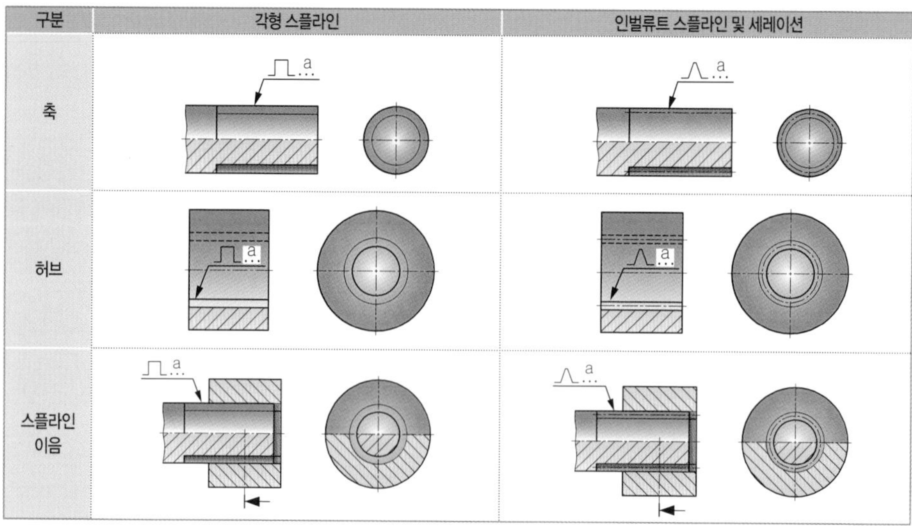

구분
각형 스플라인
인벌류트 스플라인 및 세레이션
축
a
a
허브
a
a
스플라인 이음
a
a

6-7 접선키와 키홈(1/3)

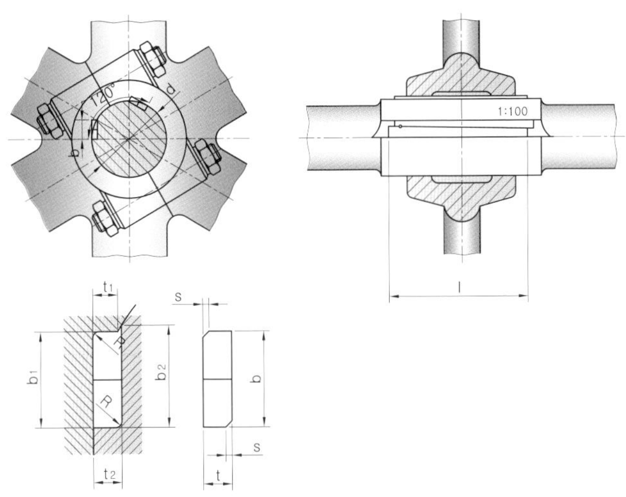

[주] 길이 l 은 설계 함수이다. 이 값은 항상 지정되어야 한다. 이 길이는 허브의 길이보다 10~15% 정도 크게 설정하도록 권장된다.

[비고] 1. 조립품 후단의 키의 상대적 위치는 맞춤못 또는 다른 적절한 방법으로 고정한다.
2. 축 및 허브에 키홈 절삭을 용이하게 하기 위해 관련 당사자 사이의 합의에 의하여 180° 떨어져 있기도 한다.

■ 키와 키홈의 치수 및 허용차

단위 : mm

축지름 *d*	키					키 홈							
	두께 (*t*)		계산 너비 *b*	모떼기 (*s*)		깊이				계산 너비		반지름 *R*	
						허브에서 t_1		축에서 t_2		허브에서 b_1	축에서 b_2		
	호칭	허용차 *h11*		최소	최대	호칭	허용차	호칭	허용차			최대	최소
60	7		19.3	0.6	0.8	7		7.3		19.3	19.6	0.6	0.4
63	7		19.8	0.6	0.8	7		7.3		19.8	20.2	0.6	0.4
65	7		20.1	0.6	0.8	7		7.3		20.1	20.5	0.6	0.4
70	7		21.0	0.6	0.8	7		7.3		21.0	21.4	0.6	0.4
71	8		22.5	0.6	0.8	8		8.3		22.5	22.8	0.6	0.4
75	8		23.2	0.6	0.8	8		8.3		23.2	23.5	0.6	0.4
80	8		24.0	0.6	0.8	8		8.3		24.0	24.4	0.6	0.4
85	8	0 −0.090	24.8	0.6	0.8	8		8.3		24.8	25.2	0.6	0.4
90	8		25.6	0.6	0.8	8	0 −0.2	8.3	+0.2 0	25.6	26.0	0.6	0.4
95	9		27.8	0.6	0.8	9		9.3		27.8	28.2	0.6	0.4
100	9		28.6	0.6	0.8	9		9.3		28.6	29.0	0.6	0.4
110	9		30.1	0.6	0.8	9		9.3		30.1	30.6	0.6	0.4
120	10		33.2	1.0	1.2	10		10.3		33.2	33.6	1.0	0.7
125	10		33.9	1.0	1.2	10		10.3		33.9	34.4	1.0	0.7
130	10		34.6	1.0	1.2	10		10.3		34.6	35.1	1.0	0.7
140	11		37.7	1.0	1.2	11		11.4		37.7	38.3	1.0	0.7
150	11		39.1	1.0	1.2	11		11.4		39.1	39.7	1.0	0.7
160	12		42.1	1.0	1.2	12		12.4		42.1	42.8	1.0	0.7
170	12		43.5	1.0	1.2	12		12.4		43.5	44.2	1.0	0.7
180	12		44.9	1.0	1.2	12		12.4		44.9	45.6	1.0	0.7
190	14	0 −0.110	49.6	1.0	1.2	14		14.4	+0.3 0	49.6	50.3	1.0	0.7
200	14		51.0	1.0	1.2	14	0 −0.3	14.4		51.0	51.7	1.0	0.7
220	16		57.1	1.6	2.0	16		16.4		57.1	57.8	1.6	1.2
240	16		59.9	1.6	2.0	16		16.4		59.9	60.6	1.6	1.2
250	18		64.6	1.6	2.0	18		18.4		64.6	65.3	1.6	1.2
260	18		66.0	1.6	2.0	18		18.4		66.0	66.7	1.6	1.2

6-7 접선키와 키홈(2/3)

KS B ISO 3117

축지름 d	키					키 홈							
	두께 (t)		계산 너비 b	모떼기 (s)		깊이				계산 너비		반지름 R	
						허브에서 t_1		축에서 t_2		허브에서 b_1	축에서 b_2		
	호칭	허용차 h11		최소	최대	호칭	허용차	호칭	허용차			최대	최소
280	20	0 −0.130	72.1	2.5	3.0	20	0 −0.3	20.4	+0.3 0	72.1	72.8	2.5	2.0
300	20		74.8	2.5	3.0	20		20.4		74.8	75.5	2.5	2.0
320	22		81.0	2.5	3.0	22		22.4		81.0	81.6	2.5	2.0
340	22		83.6	2.5	3.0	22		22.4		83.6	84.3	2.5	2.0
360	26		93.2	2.5	3.0	26		26.4		93.2	93.8	2.5	2.0
380	26		95.9	2.5	3.0	26		26.4		95.9	96.6	2.5	2.0
400	26		98.6	2.5	3.0	26		26.4		98.6	99.3	2.5	2.0
420	30		108.2	3.0	4.0	30		30.4		108.2	108.8	3.0	2.5
440	30		110.9	3.0	4.0	30		30.4		110.9	111.6	3.0	2.5
450	30		112.3	3.0	4.0	30		30.4		112.3	112.9	3.0	2.5
460	30		113.6	3.0	4.0	30		30.4		113.6	114.3	3.0	2.5
480	34	0 −0.160	123.1	3.0	4.0	34		34.4		123.1	123.8	3.0	2.5
500	34		125.9	3.0	4.0	34		34.4		125.9	126.6	3.0	2.5
530	38		136.7	3.0	4.0	38		38.4		136.7	137.4	3.0	2.5
560	38		140.8	3.0	4.0	38		38.4		140.8	141.5	3.0	2.5
600	42		153.1	3.0	4.0	42		42.4		153.1	153.8	3.0	2.5
630	42		157.1	3.0	4.0	42		42.4		157.1	157.8	3.0	2.5

[주] 1. 축지름이 사이에 있는 경우 인접한 지름에 대해 주어진 키와 키홈의 치수를 적용한다. 축지름이 630mm 이상일 경우 키와 키홈의 치수는 다음 식을 이용하여 계산한다.

$t = 0.068d$ (mm 미만의 값은 버린다.)

$b = \sqrt{t \times (d - t)}$

$t_1 = t$

$t_2 = t + 0.4$ mm (t≤45mm인 경우)

$= t + 0.5$ mm (t>45mm인 경우)

$b_1 = b = \sqrt{t \times (d - t)}$

$b = \sqrt{t_2 \times (d - t_2)}$

2. 너비 b_1 는 허브와 축에서 각각 밀링된 키홈의 너비 b_1 과 b_2 의 함수이다. 이론적인 값은 $\sqrt{t \times (d - t)}$ 와 같다.
3. 너비 b_1 은 밀링 깊이 t_1 의 함수이다. 이 값은 공식 $b_1 = b = \sqrt{t \times (d - t)}$ 를 기초로 계산되었다. 이 계산된 값은 호칭이며 허브에서 키홈 너비의 최대값이다.
4. 너비 b_2 는 밀링 깊이 t_2 의 함수이다. 이 값은 공식 $b_2 = b = \sqrt{t_2 \times (d - t_2)}$ 를 기초로 계산되었다. 이 계산된 값은 호칭이며 허브에서 키홈 너비의 최대값이다.

[비고] 구동 장치가 특별히 심하게 충격을 받기 쉽거나 빈번하게 회전 방향이 바뀌는 경우 아래의 데이터로부터 계산된 치수의 단면보다 더 큰 키를 사용하는 것이 권장된다.

6-7 접선키와 키홈(3/3)

KS B ISO 3117

$t = 0.1\,d$

$t_1 = t$

$b = \sqrt{t \times (d-t)} = 0.3d$

$t_2 = t + 0.3$ mm (t≤45mm인 경우)

$= t + 0.4$ mm (10mm<t≤45mm인 경우)

$= t + 0.5$ mm (t>45mm인 경우)

$b_1 = b = \sqrt{t \times (d-t)} = 0.3d$

$b_2 = b = \sqrt{t_2 \times (d-t_2)}$

■ S와 R의 치수

단위 : mm

t의 범위	S		R	
	최소	최대	최대	최소
t≤ 9	0.6	0.8	0.6	0.4
9<t ≤ 14	1.0	1.2	1.0	0.7
14 <t ≤ 18	1.6	2.0	1.6	1.2
18 <t ≤ 26	2.5	3.0	2.5	2.0
26 <t ≤ 42	3.0	4.0	3.0	2.5
42 < t ≤ 56	4.0	5.0	4.0	3.0
56 < t ≤ 63	5.0	6.0	5.0	4.0

멈춤링과 로크너트 · 와셔

7-1 축용 C형 멈춤링

KS B 1336

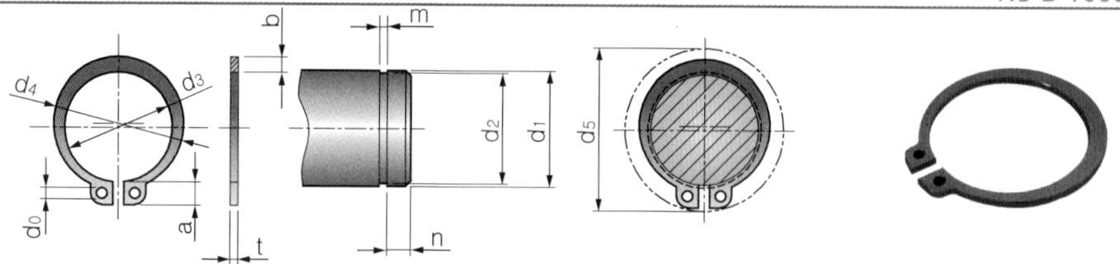

지름 d_0의 구멍위치는 멈춤링을 적용하는 축에 끼워졌을 때 홈에 가려지지 않도록 한다.
d_5는 축에 끼울 때의 바깥 둘레의 최대 지름

단위 : mm

호칭			멈춤링							적용하는 축(참고)						
			d_3		t		b	a	d_0	d_5	d_1	d_2		m		n
1	2	3	기준치수	허용차	기준치수	허용차	약	약	최소			기준치수	허용차	기준치수	허용차	최소
10			9.3	±0.15	1	±0.05	1.6	3	1.2	17	10	9.6	0 -0.09	1.15	+0.14 0	1.5
	11		10.2				1.8	3.1		18	11	10.5	0 -0.11			
12			11.1	±0.18			1.8	3.2	1.5	19	12	11.5				
		13	12				1.8	3.3		20	13	12.4				
14			12.9				2	3.4	1.7	22	14	13.4				
15			13.8				2.1	3.5		23	15	14.3				
16			14.7				2.2	3.6		24	16	15.2				
17			15.7				2.2	3.7		25	17	16.2				
18			16.5		1.2	±0.06	2.6	3.8		26	18	17		1.35		
	19		17.5				2.7	3.8	2	27	19	18				
20			18.5	±0.2			2.7	3.9		28	20	19	0 -0.21			
		21	19.5				2.7	4		30	21	20				
22			20.5				2.7	4.1		31	22	21				
	24		22.2				3.1	4.2		33	24	22.9				
25			23.2				3.1	4.3		34	25	23.9				
	26		24.2				3.1	4.4		35	26	24.9				
28			25.9		1.6		3.1	4.6		38	28	26.6		1.75		
		29	26.9				3.5	4.7		39	29	27.6				
30			27.9				3.5	4.8		40	30	28.6				
32			29.6				3.5	5	2.5	43	32	30.3	0 -0.25			
		34	31.5	±0.25			4	5.3		45	34	32.3				
35			32.2				4	5.4		46	35	33				
	36		33.2		1.8	±0.07	4	5.4		47	36	34		1.95		2
	38		35.2				4.5	5.6		50	38	36				
40			37	±0.4			4.5	5.8		53	40	38				
	42		38.5				4.5	6.2		55	42	39.5				
45			41.5				4.8	6.3		58	45	42.5				
	48		44.5		2		4.8	6.5		62	48	45.5		2.2		
50			45.8				5	6.7		64	50	47				
		52	47.8				5	6.8		66	52	49				
55			50.8	±0.45			5	7		70	55	52	0 -0.3		+0.14 0	
	56		51.8				5	7		56	53	53				
		58	53.8				5.5	7.1		58	55	55				
60			55.8				5.5	7.2		60	57	57				
		62	57.8				5.5	7.2		62	59	59				
		63	58.8				5.5	7.3		63	60	60				
65			60.8		2.5	±0.08	6.4	7.4		65	62	62		2.5		2.5
		68	63.5				6.4	7.8		68	65	65				
70			65.5				6.4	7.8		70	67	67				
		72	67.5				7	7.9		72	69	69				
75			70.5				7	7.9		75	72	72				
		78	73.5				7.4	8.1		78	75	75				
80			74.5				7.4	8.2		80	76.5	76.5				
		82	76.5				7.4	8.3	3	99	82	78.5				
85			79.5		3	±0.09	8	8.4		103	85	81.5	0 -0.35	3.2		3
		88	82.5	±0.55			8	8.6		106	88	84.5				
90			84.5				8	8.7		108	90	86.5				
95			89.5				8.6	9.1		114	95	91.5				
100			94.5				9	9.5		119	100	96.5				
	105		98		4		9.5	9.8		125	105	101	0 -0.54	4.2	+0.18 0	4
110			103				9.5	10		131	110	106				
		115	108				9.5	10.5		137	115	111				
120			113				10.3	10.9		143	120	116				
		125	118				10.3	11.3	3.5	148	125	121	0 -0.63			

[주] 1. 호칭은 1란의 것을 우선하며, 필요에 따라서 2란, 3란의 순으로 한다. 또한, 3란은 앞으로 폐지할 예정이다.
2. 두께 t=1.6mm는 당분간 1.5mm로 할 수 있다. 이때 m=1.65mm로 한다.

[비고] 1. 멈춤링 원환 부의 최소 나비는 판 두께 t보다 작지 않아야 한다.
2. 적용하는 축의 치수는 권장하는 치수를 참고로 표시한 것이다.
3. d4치수(mm)는 d4=d3+(1.4~1.5)b로 하는 것이 바람직하다.

7-2 구멍용 C형 멈춤링

KS B 1336

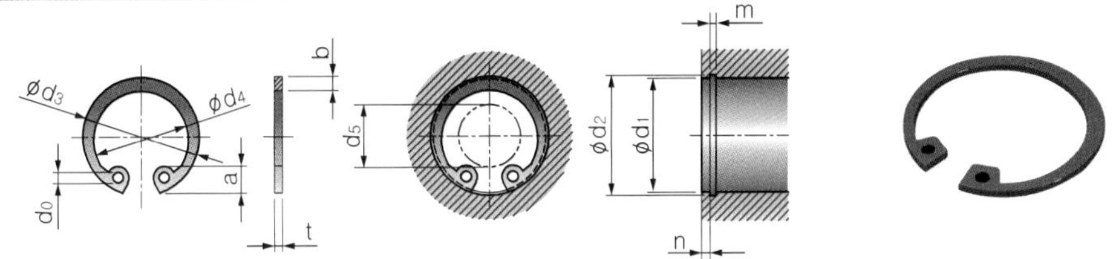

지름 d_0의 구멍위치는 멈춤링을 적용하는 축에 끼워졌을 때 홈에 가려지지 않도록 한다.
d_5는 구멍에 끼울 때의 안둘레의 최대 지름

단위 : mm

호칭			멈춤링							적용하는 구멍 (참고)						
			d_3		t		b	a	d_0	d_5	d_1	d_2		m		n
1	2	3	기준치수	허용차	기준치수	허용차	약	약	최소			기준치수	허용차	기준치수	허용차	최소
10			10.7				1.8	3.1	1.2	3	10	10.4				
11			11.8				1.8	3.2		4	11	11.4				
12			13				1.8	3.3	1.5	5	12	12.5				
	13		14.1	±0.18			1.8	3.5		6	13	13.6	+0.11 0			
14			15.1				2	3.6		7	14	14.6				
	15		16.2				2	3.6		8	15	15.7				
16			17.3		1	±0.05	2	3.7	1.7	8	16	16.8		1.15		
	17		18.3				2	3.8		9	17	17.8				
18			19.5				2.5	4		10	18	19				
19			20.5				2.5	4		11	19	20				1.5
20			21.5				2.5	4		12	20	21				
		21	22.5	±0.2			2.5	4.1		12	21	22	+0.21 0			
22			23.5				2.5	4.1		13	22	23				
	24		25.9				2.5	4.3	2	15	24	25.2				
25			26.9				3	4.4		16	25	26.2				
	26		27.9		1.2		3	4.6		16	26	27.2				
28			30.1				3	4.6		18	28	29.4		1.35		
30			32.1				3	4.7		20	30	31.4				
32			34.4			±0.06	3.5	5.2		21	32	33.7				
		34	36.5	±0.25			3.5	5.2		23	34	35.7				
35			37.8				3.5	5.2		24	35	37				
	36		38.8		1.6		3.5	5.2		25	36	38	+0.25 0	1.75	+0.14 0	
37			39.8				3.5	5.2		26	37	39				
	38		40.8				4	5.3		27	38	40				
40			43.5				4	5.7		28	40	42.5				
42			45.5	±0.4			4	5.8		30	42	44.5		1.95		
45			48.5		1.8		4.5	5.9		33	45	47.5				
47			50.5				4.5	6.1		34	47	49.5		1.9		2
	48		51.5				4.5	6.2		35	48	50.5				
50			54.2				4.5	6.5		37	50	53				
52			56.2			±0.07	5.1	6.5	2.5	39	52	55				
55			59.2				5.1	6.5		41	55	58				
	56		60.2		2		5.1	6.6		42	56	59		2.2		
		58	62.2				5.1	6.8		44	58	61				
60			64.2	±0.45			5.5	6.8		46	60	63	+0.3 0			
62			66.2				5.5	6.9		48	62	65				
	63		67.2				5.5	6.9		49	63	66				
	65		69.2				5.5	7		50	65	68				
68			72.5				6	7.4		53	68	71				
	70		74.5				6	7.4		55	70	73				
72			76.5		2.5	±0.08	6.6	7.4		57	72	75		2.7		2.5
75			79.5				6.6	7.8		60	75	78				
		78	82.5				6.6	8		62	78	81				
80			85.5				7	8		64	80	83.5				
		82	87.5				7	8		66	82	85.5				
85			90.5				7	8		69	85	88.5				
		88	93.5				7.6	8.2		71	88	91.5	+0.35 0			
90			95.5				7.6	8.3		73	90	93.5				
		92	97.5		3		8	8.3		74	92	95.5		3.2		3
95			100.5	±0.55			8	8.5		77	95	98.5				
		98	103.5				8.3	8.7		80	98	101.5				
100			105.5				8.3	8.8	3	82	100	103.5			+0.18 0	
		102	108			±0.09	8.9	9		83	102	106				
	105		112				8.9	9.1		86	105	109				
		108	115				8.9	9.5		87	108	112	+0.54 0			
110			117		4		8.9	10.2		89	110	114		4.2		4
	112		119				8.9	10.2		90	112	116				
	115		122				9.5	10.2		94	115	119				
120			127	±0.65			9.5	10.7		98	120	124	+0.63 0			
125			132				10	10.7	3.5	103	125	129				

멈춤링과 로크너트·와셔

7-3 E형 멈춤링

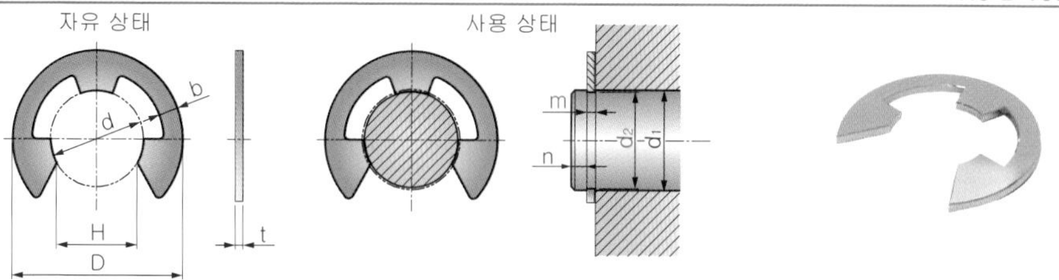

[비고] 모양은 하나의 보기로서 표시한다.

단위 : mm

호칭 지름	멈춤링 d 기본치수	d 허용차	D 기본치수	D 허용차	H 기본치수	H 허용차	t 기본치수	t 허용차	b 약	적용하는 축 (참고) d1의 구분 초과	d1의 구분 이하	d2 기본치수	d2 허용차	m 기본치수	m 허용차	n 최소
0.8	0.8	0 -0.08	2	±0.1	0.7		0.2	±0.02	0.3	1	1.4	0.8	+0.05 0	0.3		0.4
1.2	1.2		3		1		0.3	±0.025	0.4	1.4	2	1.2		0.4		0.6
1.5	1.5		4		1.3	0 -0.25	0.4		0.6	2	2.5	1.5			+0.05 0	0.8
2	2	0 -0.09	5		1.7		0.4	±0.03	0.7	2.5	3.2	2	+0.06 0	0.5		
2.5	2.5		6		2.1		0.4		0.8	3.2	4	2.5				1
3	3		7		2.6		0.6		0.9	4	5	3				
4	4		9	±0.2	3.5		0.6		1.1	5	7	4		0.7		
5	5	0 -0.12	11		4.3	0 -0.30	0.6		1.2	6	8	5	+0.075 0			1.2
6	6		12		5.2		0.8	±0.04	1.4	7	9	6			+0.1 0	
7	7		14		6.1		0.8		1.6	8	11	7		0.9		1.5
8	8	0 -0.15	16		6.9	0 -0.35	0.8		1.8	9	12	8	+0.09 0			1.8
9	9		18		7.8		0.8		2.0	10	14	9				2
10	10		20		8.7		1.0	±0.05	2.2	11	15	10		1.15		
12	12	0 -0.18	23		10.4		1.0		2.4	13	18	12	+0.11 0			2.5
15	15		29	±0.3	13.0	0 -0.45	1.6		2.8	16	24	15			+0.14 0	3
19	19	0 -0.21	37		16.5		1.6	±0.06	4.0	20	31	19	+0.13 0	1.75		3.5
24	24		44		20.8	0 -0.50	2.0	±0.07	5.0	25	38	24		2.2		4

[주] 1. d의 측정에는 한계 플러그 게이지를 사용한다.
2. D의 측정에는 KS B 5203의 버어니어 캘리퍼스를 사용한다.
3. H의 측정에는 한계 플러그 게이지, 한계 납작 플러그 게이지 또는 KS B 5203의 버어니어캘리퍼스를 사용한다.
4. t의 측정에는 KS B 5203의 마이크로미터 또는 한계 스냅 게이지를 사용한다.
5. 두께 t=1.6mm는 당분간 1.5mm로 할 수 있다. 이 때 m=1.65mm로 한다.

[비고] 적용하는 축의 치수는 권장하는 치수를 참고로 표시한 것이다.

7-4 축용 C형 동심 멈춤링

KS B 1338

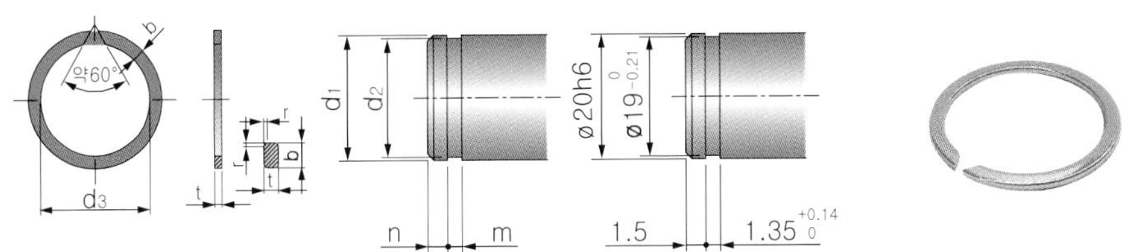

단위 : mm

호칭			멈춤링							적용하는 축(참고)					
			d3		t		b		r	d1	d2		m		n
1	2	3	기준치수	허용차	기준치수	허용차	기준치수	허용차	최대		기준치수	허용차	기준치수	허용차	최소
20			18.7	0 −0.5	1.2	±0.07	2	±0.1	0.3	20	19	0 −0.21	1.35	+0.14 0	1.5
22			20.7							22	21				
		22.4	21.1							22.4	21.5				
25			23.4							25	23.9				
28			26.1		1.6		2.8		0.5	28	26.6		1.75		
30			28.1							30	28.6				
		31.5	29.3							31.5	29.8	0 −0.25			
32			29.8							32	30.3				
35			32.5	0 −1.0						35	33				
		35.5	33							35.5	33.5				
40			37.4		1.75	±0.08	3.5	±0.12	0.7	40	38		1.9		2
	42		38.9							42	39.5				
45			41.9							45	42.5				
50			46.3		2		4			50	47		2.2		
55			51.3	0 −1.2						55	52	0 −0.3			
	56		52.3							56	53				
60			56.3							60	57				
		63	59.3							63	60				
65			61.3		2.5		5			65	62		2.7		2.5
70			66							70	67				
		71	67							71	68				
75			71							75	72				
80			75.1							80	76.5				
85			80.1	0 −1.4	3	±0.09	6	±0.15		85	81.5	0 −0.35	3.2		3
90			85.1							90	86.5				
95			90.1							95	91.5				
100			95.1							100	96.5				
105			98.8		4		8		1.2	105	101	0 −0.54	4.2	+0.18 0	4
110			103.8							110	106				
		112	105.8							112	108				
120			113.8							120	116				
	125		118.7							125	121	0 −0.63			
130			123.7	0 −2.5			10			130	126				
140			133.7							140	136				
150			142.7							150	145				
160			151.7							160	155				
170			161.2							170	165				
180			171.2							180	175				
190			181.1	0 −3.0						190	185	0 −0.72			
200			191.1							200	195				

[주] 1. 호칭은 1란의 것을 우선으로 하고, 필요에 따라서 2란, 3란(앞으로 폐지 예정)의 순으로 한다.
2. 두께 t=1.6mm는 당분간 1.5mm로 할 수 있다. 이 경우 m=1.65

[비고] 적용하는 축의 치수는 권장하는 치수를 참고로 표시한 것이다.

멈춤링과 로크너트·와셔

7-5 구멍용 C형 동심 멈춤링

KS B 1338

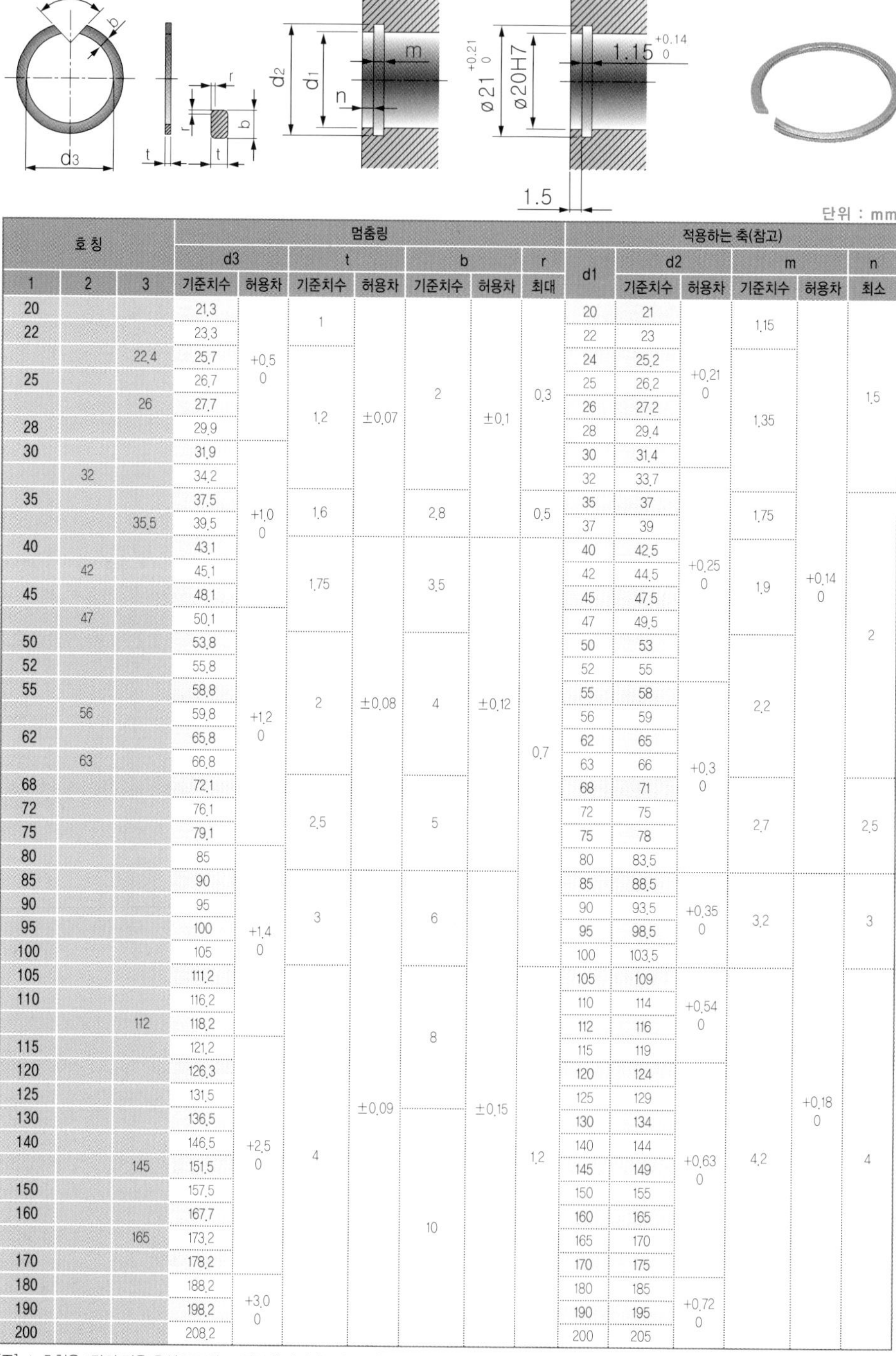

단위 : mm

호칭			멈춤링							적용하는 축(참고)					
			d3		t		b		r	d1	d2		m		n
1	2	3	기준치수	허용차	기준치수	허용차	기준치수	허용차	최대		기준치수	허용차	기준치수	허용차	최소
20			21.3	+0.5 0	1	±0.07	2	±0.1	0.3	20	21	+0.21 0	1.15	+0.14 0	1.5
22			23.3							22	23				
		22.4	25.7		1.2					24	25.2		1.35		
25			26.7							25	26.2				
		26	27.7							26	27.2				
28			29.9							28	29.4				
30			31.9	+1.0 0						30	31.4				
	32		34.2							32	33.7	+0.25 0			
35			37.5		1.6		2.8		0.5	35	37		1.75		2
		35.5	39.5							37	39				
40			43.1		1.75	±0.08	3.5	±0.12	0.7	40	42.5		1.9		
	42		45.1							42	44.5				
45			48.1							45	47.5				
	47		50.1	+1.2 0						47	49.5				
50			53.8		2		4			50	53		2.2		
52			55.8							52	55				
55			58.8							55	58	+0.3 0			
	56		59.8							56	59				
62			65.8							62	65				
	63		66.8							63	66				
68			72.1		2.5		5			68	71		2.7		2.5
72			76.1							72	75				
75			79.1							75	78				
80			85	+1.4 0						80	83.5				
85			90		3	±0.09	6	±0.15		85	88.5	+0.35 0	3.2		3
90			95							90	93.5				
95			100							95	98.5				
100			105							100	103.5				
105			111.2		4		8		1.2	105	109	+0.54 0	4.2	+0.18 0	4
110			116.2							110	114				
		112	118.2							112	116				
115			121.2	+2.5 0						115	119				
120			126.3							120	124	+0.63 0			
125			131.5							125	129				
130			136.5				10			130	134				
140			146.5							140	144				
		145	151.5							145	149				
150			157.5							150	155				
160			167.7							160	165				
		165	173.2							165	170				
170			178.2							170	175				
180			188.2	+3.0 0						180	185	+0.72 0			
190			198.2							190	195				
200			208.2							200	205				

[주] 1. 호칭은 1란의 것을 우선으로 하고, 필요에 따라서 2란, 3란(앞으로 폐지 예정)의 순으로 한다.
2. 두께 t=1.6mm는 당분간 1.5mm로 할 수 있다. 이 경우 m=1.65mm로 한다.

7-6 구름 베어링용 로크 너트

KS B 2004

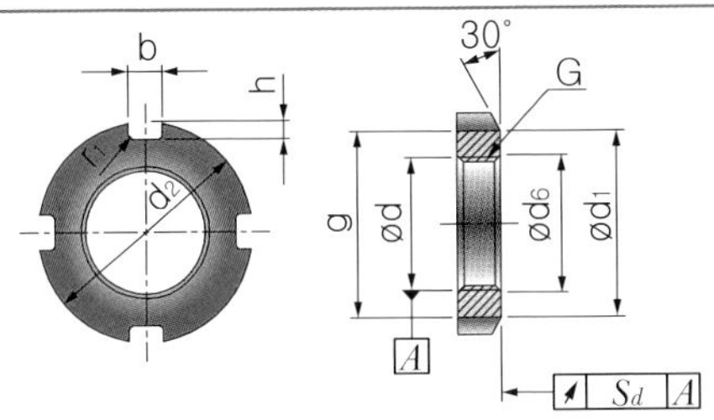

■ 로크 너트 계열 AN의 로크 너트의 호칭 번호 및 치수

호칭 번호	나사의 호칭 G	기준치수						참고							
		d	d_1	d_2	B	b	h	d6	g	r_1 (최대)	l	s	dp	조합하는 부품의 호칭 번호: 와셔	조합하는 부품의 호칭 번호: 멈춤쇠
AN 00	M10×0.75	10	13.5	18	4	3	2	10.5	14	0.4	–	–	–	AW00	–
AN 01	M12×1	12	17	22	4	3	2	12.5	18	0.4	–	–	–	AW01	–
AN 02	M15×1	15	21	25	5	4	2	15.5	21	0.4	–	–	–	AW02	–
AN 03	M17×1	17	24	28	5	4	2	17.5	24	0.4	–	–	–	AW03	–
AN 04	M20×1	20	26	32	6	4	2	20.5	28	0.4	–	–	–	AW04	–
AN/22	M22×1	22	28	34	6	4	2	22.5	30	0.4	–	–	–	AW/22	–
AN 05	M25×1.5	25	32	38	7	5	2	25.8	34	0.4	–	–	–	AW05	–
AN/28	M28×1.5	28	36	42	7	5	2	28.8	38	0.4	–	–	–	AW/28	–
AN 06	M30×1.5	30	40	45	7	5	2	30.8	41	0.4	–	–	–	AW06	–
AN/32	M32×1.5	32	44	48	8	5	2	32.8	44	0.4	–	–	–	AW/32	–
AN 07	M35×1.5	35	50	52	8	5	2	35.8	48	0.4	–	–	–	AW07	–
AN 08	M40×1.5	40	50	58	9	6	2.5	40.8	44	0.5	–	–	–	AW08	–
AN 09	M45×1.5	45	56	65	10	6	2.5	45.8	48	0.5	–	–	–	AW09	–
AN 10	M50×1.5	50	61	70	11	6	2.5	50.8	53	0.5	–	–	–	AW10	–
AN 11	M55×2	55	67	75	11	7	3	56	69	0.5	–	–	–	AW11	–
AN 12	M60×2	60	73	80	11	7	3	61	74	0.5	–	–	–	AW12	–
AN 13	M65×2	65	79	85	12	7	3	66	79	0.5	–	–	–	AW13	–
AN 14	M70×2	70	85	92	12	8	3.5	71	85	0.5	–	–	–	AW14	–
AN 15	M75×2	75	90	98	13	8	3.5	76	91	0.5	–	–	–	AW15	–
AN 16	M80×2	80	95	105	15	8	3.5	81	98	0.6	–	–	–	AW16	–
AN 17	M85×2	85	102	110	16	8	3.5	86	103	0.6	–	–	–	AW17	–
AN 18	M90×2	90	108	120	16	10	4	91	112	0.6	–	–	–	AW18	–
AN 19	M95×2	95	113	125	17	10	4	96	117	0.6	–	–	–	AW19	–
AN 20	M100×2	100	120	130	18	10	4	101	122	0.6	–	–	–	AW20	–
AN 21	M105×2	105	126	140	18	12	5	106	130	0.7	–	–	–	AW21	–
AN 22	M110×2	110	133	145	19	12	5	111	135	0.7	–	–	–	AW22	–
AN 23	M115×2	115	137	150	19	12	5	116	140	0.7	–	–	–	AW23	–
AN 24	M120×2	120	138	155	20	12	5	121	145	0.7	–	–	–	AW24	–
AN 25	M125×2	125	148	160	21	12	5	126	150	0.7	–	–	–	AW25	–
AN 26	M130×2	130	149	165	21	12	5	131	155	0.7	–	–	–	AW26	–
AN 27	M135×2	135	160	175	22	14	6	136	163	0.7	–	–	–	AW27	–
AN 28	M140×2	140	160	180	22	14	6	141	168	0.7	–	–	–	AW28	–
AN 29	M145×2	145	172	190	24	14	6	146	178	0.7	–	–	–	AW29	–
AN 30	M150×2	150	171	195	24	14	6	151	183	0.7	–	–	–	AW30	–
AN 31	M155×3	155	182	200	25	16	7	156.5	186	0.7	–	–	–	AW31	–
AN 32	M160×3	160	182	210	25	16	7	161.5	196	0.7	–	–	–	AW32	–
AN 33	M165×3	165	193	210	26	16	7	166.5	196	0.7	–	–	–	AW33	–
AN 34	M170×3	170	193	220	26	16	7	171.5	206	0.7	–	–	–	AW34	–
AN 36	M180×3	180	203	230	27	18	8	181.5	214	0.7	–	–	–	AW36	–
AN 38	M190×3	190	214	240	28	18	8	191.5	224	0.7	–	–	–	AW38	–
AN 40	M200×3	200	226	250	29	18	8	201.5	234	0.7	–	–	–	AW40	–
AN 44	Tr220×4	220	250	280	32	20	10	222	260	0.8	15	M8	238	AW44	AL44
AN 48	Tr240×4	240	270	300	34	20	10	242	280	0.8	15	M8	258	AW48	AL44
AN 52	Tr260×4	260	300	330	36	24	12	262	306	0.8	18	M10	281	AW52	AL52
AN 56	Tr280×4	280	320	350	38	24	12	282	326	0.8	18	M10	301	–	AL52
AN 60	Tr300×4	300	340	380	40	24	12	302	356	0.8	18	M10	326	–	AL60
AN 64	Tr320×5	320	360	400	42	24	12	322.5	376	0.8	18	M10	345	–	AL64
AN 68	Tr340×5	340	400	440	55	28	15	342.5	410	1	21	M12	372	–	AL68
AN 72	Tr360×5	360	420	460	58	28	15	362.5	430	1	21	M12	392	–	AL68
AN 76	Tr380×5	380	450	490	60	32	18	382.5	454	1	21	M12	414	–	AL76
AN 80	Tr400×5	400	470	520	62	32	18	402.5	484	1	27	M16	439	–	AL80
AN 84	Tr420×5	420	490	540	70	32	18	422.5	504	1	27	M16	459	–	AL80
AN 88	Tr440×5	440	510	560	70	36	20	442.5	520	1	27	M16	477	–	AL88
AN 92	Tr460×5	460	540	580	75	36	20	462.5	540	1	27	M16	497	–	AL88
AN 96	Tr480×5	480	560	620	75	36	20	482.5	580	1	27	M16	527	–	AL96
AN100	Tr500×5	500	580	630	80	40	23	502.5	584	1	27	M16	539	–	AL100

7-7 구름 베어링용 와셔

KS B 2004

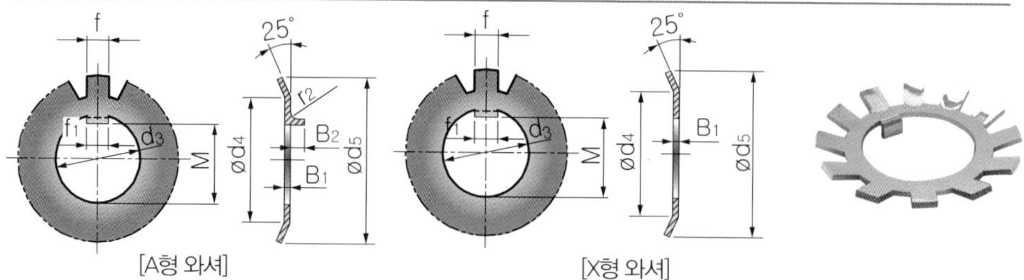

[A형 와셔]　　[X형 와셔]

■ 와셔 계열 AW의 와셔의 호칭 번호 및 치수

호칭 번호	기준치수								잇수	참고치수
	d_3	d_4	d_5	f_1	M	f	B_1	B_2	N (최소)	r_2
AW 00X	10	13.5	21	3	8.5	3	1	–	9	–
AW 01X	12	17	25	3	10.5	3	1	–	11	–
AW 02A	15	21	28	4	13.5	4	1	2.5	11	1
AW 02X	15	21	28	4	13.5	4	1	–	11	–
AN 03A	17	24	32	4	15.5	4	1	2.5	11	1
AW 03X	17	24	32	4	15.5	4	1	–	11	–
AW 04A	20	26	36	4	18.5	4	1	2.5	11	1
AW 04X	20	26	36	4	18.5	4	1	–	11	–
AW/22X	22	28	38	4	20.5	4	1	–	11	–
AW 05A	25	32	42	5	23	5	1.25	2.5	13	1
AW 05X	25	32	42	5	23	5	1.25	–	13	–
AW/28X	28	36	46	5	26	5	1.25	–	13	–
AW 06A	30	38	49	5	27.5	5	1.25	2.5	13	1
AW 06X	30	38	49	5	27.5	5	1.25	–	13	–
AW/32X	32	40	52	5	29.5	5	1.25	–	13	–
AW 07A	35	44	57	6	32.5	5	1.25	2.5	13	1
AW 07X	35	44	57	6	32.5	5	1.25	–	13	–
AW 08A	40	50	62	6	37.5	6	1.25	2.5	13	1
AW 08X	40	50	62	6	37.5	6	1.25	–	13	–
AW 09A	45	56	69	6	42.5	6	1.25	2.5	13	1
AW 09X	45	56	69	6	42.5	6	1.25	–	13	–
AW 10A	50	61	74	6	47.5	6	1.25	2.5	13	1
AW 10X	50	61	74	6	47.5	6	1.25	–	13	–
AW 11A	55	67	81	8	52.5	7	1.5	4	17	1
AW 11X	55	67	81	8	52.5	7	1.5	–	17	–
AW 12A	60	73	86	8	57.5	7	1.5	4	17	1.2
AW 12X	60	73	86	8	57.5	7	1.5	–	17	–
AW 13A	65	79	92	8	62.5	7	1.5	4	17	1.2
AX 13X	65	79	92	8	62.5	7	1.5	–	17	–
AW 14A	70	85	98	8	66.5	8	1.5	4	17	1.2
AW 14X	70	85	98	8	66.5	8	1.5	–	17	–
AW 15A	75	90	104	8	71.5	8	1.5	4	17	1.2
AW 15X	75	90	104	8	71.5	8	1.5	–	17	–
AW 16A	80	95	112	10	76.5	8	1.8	4	17	1.2
AW 16X	80	95	112	10	76.5	8	1.8	–	17	–
AW 17A	85	102	119	10	81.5	8	1.8	4	17	1.2
AW 17X	85	102	119	10	81.5	8	1.8	–	17	–
AW 18A	90	108	126	10	86.5	10	1.8	4	17	1.2
AW 18X	90	108	126	10	86.5	10	1.8	–	17	–
AW 19A	95	113	133	10	91.5	10	1.8	4	17	1.2
AW 19X	95	113	133	10	91.5	10	1.8	–	17	–
AW 20A	100	120	142	12	96.5	10	1.8	6	17	1.2
AW 20X	100	120	142	12	96.5	10	1.8	–	17	–
AW 21A	105	126	145	12	100.5	12	1.8	6	17	1.2
AW 21X	105	126	145	12	100.5	12	1.8	–	17	–

7-8 구름 베어링용 와셔 체결부 축의 홈 치수

■ 구름 베어링 로크 와셔 상대 축 홈 치수 실무 규격

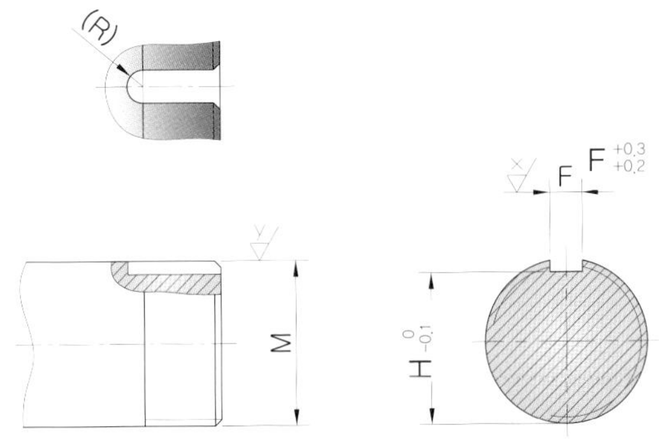

너트 호칭 번호	와셔 호칭 번호	호칭 치수	나사축 홈의 가공치수			
AN 너트	AW 와셔	M	F	허용차	H	허용차
AN02	AW02	15	4	+0.3 +0.2	13.5	0 -0.1
AN03	AW03	17			15.5	
AN04	AW04	20			18.5	
AN05	**AW05**	**25**	5		23	
AN06	AW06	30			27.5	
AN07	AW07	35			32.5	
AN08	AW08	40	6		37.5	
AN09	AW09	45			42.5	
AN10	AW10	50			47.5	
AN11	AW11	55	8		52.5	
AN12	AW12	60			57.5	
AN13	AW13	65			62.5	
AN14	AW14	70			66.5	
AN15	AW15	75			71.5	
AN16	AW16	80	10		76.5	
AN17	AW17	85			81.5	

[참고] 'F'의 수치는 구름 베어링용 와셔의 기준치수 중 'f_1'의 치수와 동일하다.

나사의 제도와 규격

8-1 나사 제도 및 치수 기입법(1/2)

1. 나사의 표시법 KS B 0200

① 나사의 호칭
 - 나사의 종류의 약호 : 표준화된 기호, (예) M, G, Tr, HA 등
 - 호칭지름 또는 크기 : (예) 20, 1/2, 40, 4.5 등

② 나사의 등급

③ 나사산의 감긴 방향 지시
 - 왼나사 : 나사의 호칭에 약호 LH 추가 표시
 - 동일 부품에 오른나사와 왼나사가 있는 경우 필요시 오른나사는 호칭방법에 약호 RH 추가 표시

④ 나사의 제도법
 나사는 그 종류에 따라 생기는 나선의 형상을 도시하려면 복잡하고 작도하기도 쉽지 않은데 나사의 실형 표시는 절대적으로 필요한 경우에만 사용하고 KS B ISO 6410:2009 에 의거하여 나선은 직선으로 하여 약도법으로 제도하는 것을 원칙으로 하고 있다.

2. 나사 제도시 용도에 따른 선의 분류 및 제도법 KS B ISO 6410

① 굵은 선(외형선) : 수나사 바깥지름, 암나사 안지름, 완전 나사부와 불완전 나사부 경계선

② 가는 실선 : 수나사 골지름, 암나사 골지름, 불완전 나사부

③ 나사의 끝면에서 본 그림에서는 나사의 골지름은 가는 실선으로 그려 원주의 3/4에 가까운 원의 일부로 표시하고 오른쪽 상단 1/4 정도를 열어둔다. 이때 모떼기 원을 표시하는 굵은 선은 일반적으로 생략한다.

④ 나사부품의 단면도에서 해칭은 암나사 안지름, 수나사 바깥지름까지 작도한다.

⑤ 암나사의 드릴구멍(멈춤구멍) 깊이는 나사 길이에 1.25배 정도로 작도한다. 일반적으로 나사 길이치수는 표시하나 멈춤구멍 깊이는 보통 생략한다. 특별히 멈춤구멍 깊이를 표시할 필요가 있는 경우 간단한 표시를 사용해도 좋다.

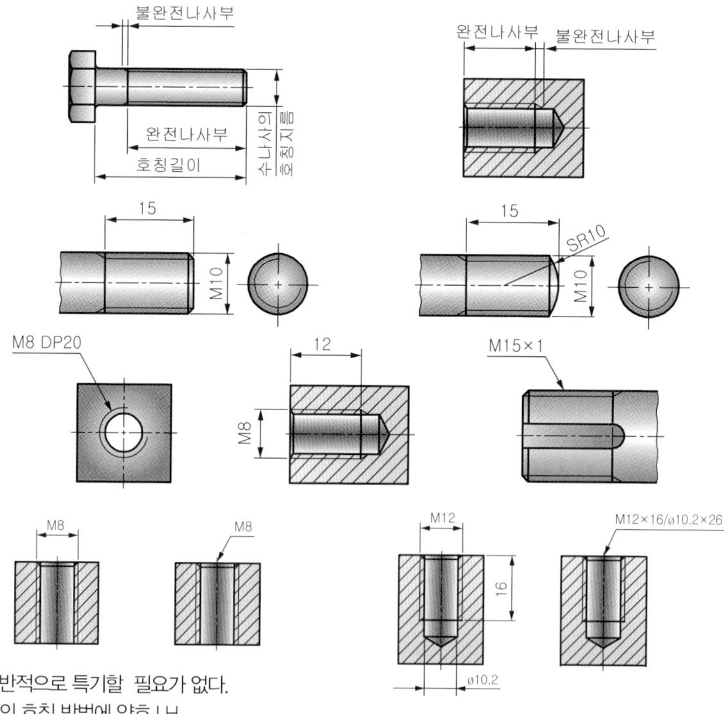

[나사 제도법]

8-1 나사 제도 및 치수 기입법(2/2)

3. 나사 작도 예

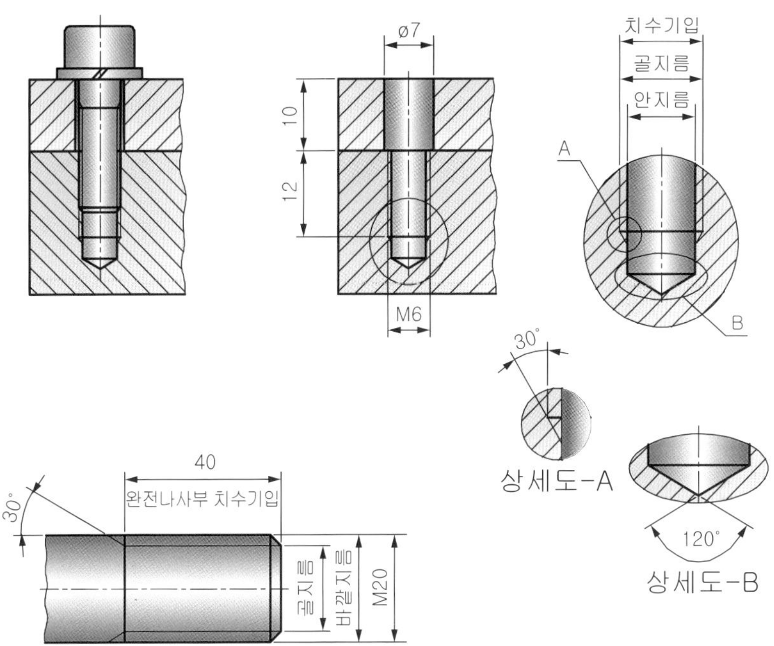

4. 체결하는 방법에 따른 볼트의 종류

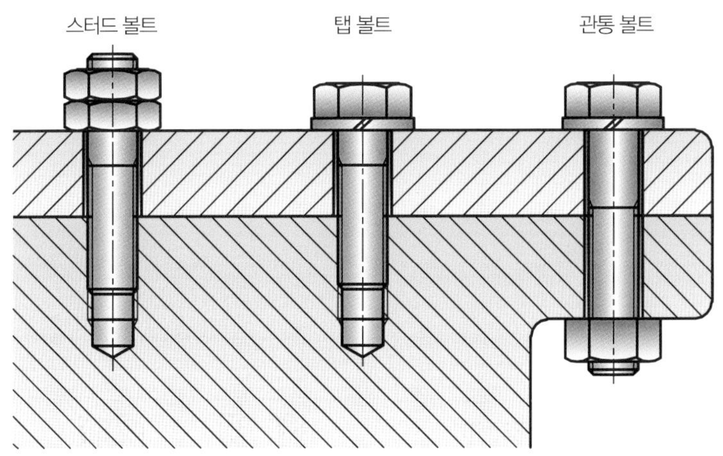

[참고]
관통 볼트 : 상호 체결하고자 하는 두 부품에 구멍 가공을 하여 볼트를 관통시킨 다음 나사부를 너트로 조인다.
탭 볼트 : 부품의 한 쪽에는 암나사를 가공하고 다른 부품에는 구멍 가공을 하여 볼트머리를 스패너나 육각렌치로 죄어 체결한다.
스터드 볼트 : 축의 양쪽에 나사가공이 된 머리가 없는 볼트로 부품의 한 쪽에는 탭을 내고 다른 부품에는 구멍 가공을 하여 체결 후 너트로 조인다.

8-2 나사 표시 방법

■ 나사의 종류를 표시하는 기호 및 나사의 호칭에 대한 표시 방법의 보기

구 분		나사의 종류		나사의 종류를 표시하는 기호	나사의 호칭에 대한 표시 방법의 보기	관련 표준
일반용	ISO 표준에 있는것	미터보통나사		M	M8	KS B 0201
		미터가는나사			M8x1	KS B 0204
		미니츄어나사		S	S0.5	KS B 0228
		유니파이 보통 나사		UNC	3/8-16UNC	KS B 0203
		유니파이 가는 나사		UNF	No.8-36UNF	KS B 0206
		미터사다리꼴나사		Tr	Tr10x2	KS B 0229의 본문
		관용테이퍼 나사	테이퍼 수나사	R	R3/4	KS B 0222의 본문
			테이퍼 암나사	Rc	Rc3/4	
			평행 암나사	Rp	Rp3/4	
	ISO 표준에 없는것	관용평행나사		G	G1/2	KS B 0221의 본문
		30도 사다리꼴나사		TM	TM18	
		29도 사다리꼴나사		TW	TW20	KS B 0206
		관용 테이퍼나사	테이퍼 나사	PT	PT7	KS B 0222의 본문
			평행 암나사	PS	PS7	
		관용 평행나사		PF	PF7	KS B 0221
특수용		후강 전선관나사		CTG	CTG16	KS B 0223
		박강 전선관나사		CTC	CTC19	
		자전거나사	일반용	BC	BC3/4	KS B 0224
			스포크용		BC2.6	
		미싱나사		SM	SM1/4 산40	KS B 0225
		전구나사		E	E10	KS C 7702
		자동차용 타이어 밸브나사		TV	TV8	KS R 4006의 부속서
		자전거용 타이어 밸브나사		CTV	CTV8 산30	KS R 8004의 부속서

■ 관용나사의 종류

ⓐ 관용 테이퍼 나사 : 관, 관용 부품, 유체 기계 등의 접속에 있어 나사부의 내밀성을 주목적으로 한 나사

ⓑ 관용 평행 나사 : 관, 관용 부품, 유체 기계 등의 접속에 있어 기계적 결합을 주목적으로 한 나사

나사의 종류		ISO 규격	구 JIS 규격		KS 규격	
관용 테이퍼 나사	테이퍼 수나사	R	PT	JIS B 0203	R	KS B 0222
	테이퍼 암나사	Rc	PT		Rc	
	평행 암나사	Rp	PS		Rp	
관용 평행 나사	관용 평행 수나사	G (A 또는 B를 붙인다)	PF	JIS B 0202	G (A 또는 B를 붙인다)	KS B 0221
	관용 평행 암나사	G	PF		G	

8-3 미터 보통 나사

KS B 0201

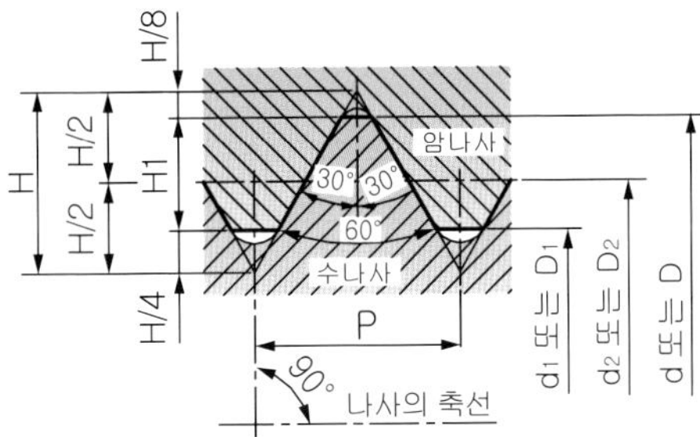

[미터 보통 나사의 기준 산 모양]

기준 치수의 산출에 사용하는 공식은 다음에 따른다.

$H = 0.866025P$　　$d_2 = d - 0.649519P$

$H_1 = 0.541266P$　　$d_1 = d - 1.082532P$

$D = d$

$D_1 = d_1$

$D_2 = d_2$

■ 미터 보통 나사의 기준 치수

단위 : mm

나사의 호칭			피치 P	접촉 높이 H_1	암나사 골 지름 D	암나사 유효 지름 D_2	암나사 안 지름 D_1
1	2	3			수나사 바깥 지름 d	수나사 유효 지름 d_2	수나사 골 지름 d_1
M 1			0.25	0.135	1.000	0.838	0.729
	M 1.1		0.25	0.135	1.100	0.938	0.829
M 1.2			0.25	0.135	1.200	1.038	0.929
	M 1.4		0.3	0.162	1.400	1.205	1.075
M 1.6			0.35	0.189	1.600	1.373	1.221
	M 1.8		0.35	0.189	1.800	1.573	1.421
M 2			0.4	0.217	2.000	1.740	1.567
	M 2.2		0.45	0.244	2.200	1.908	1.713
M 2.5			0.45	0.244	2.500	2.208	2.013
M 3			0.5	0.271	3.000	2.675	2.459
	M 3.5		0.6	0.325	3.500	3.110	2.850
M 4			0.7	0.379	4.000	3.545	3.242
	M 4.5		0.75	0.406	4.500	4.013	3.688
M 5			0.8	0.433	5.000	4.480	4.134
M 6			1	0.541	6.000	5.350	4.917
		M 7	1	0.541	7.000	6.350	5.917
M 8			1.25	0.677	8.000	7.188	6.647
		M 9	1.25	0.677	9.000	8.188	7.647
M 10			1.5	0.812	10.000	9.026	8.376
		M 11	1.5	0.812	11.000	10.026	9.376
M 12			1.75	0.947	12.000	10.863	10.106
	M 14		2	1.083	14.000	12.701	11.835
M 16			2	1.083	16.000	14.701	13.835
	M 18		2.5	1.353	18.000	16.376	15.294
M 20			2.5	1.353	20.000	18.376	17.294
	M 22		2.5	1.353	22.000	20.376	19.294
M 24			3	1.624	24.000	22.051	20.752
	M 27		3	1.624	27.000	25.051	23.752
M 30			3.5	1.894	30.000	27.727	26.211
	M 33		3.5	1.894	33.000	30.727	29.211
M 36			4	2.165	36.000	33.402	31.670
	M 39		4	2.165	39.000	36.402	34.670
M 42			4.5	2.436	42.000	39.077	37.129
	M 45		4.5	2.436	45.000	42.077	40.129
M 48			5	2.706	48.000	44.752	42.587
	M 52		5	2.706	52.000	48.752	46.587
M 56			5.5	2.977	56.000	52.428	50.046
	M 60		5.5	2.977	60.000	56.428	54.046
M 64			6	3.248	64.000	60.103	57.505
	M 68		6	3.248	68.000	64.103	61.505

· 1란을 우선적으로, 필요에 따라 2란, 3란의 순으로 선정한다.

8-4 미터 가는 나사(1/5)

KS B 0204

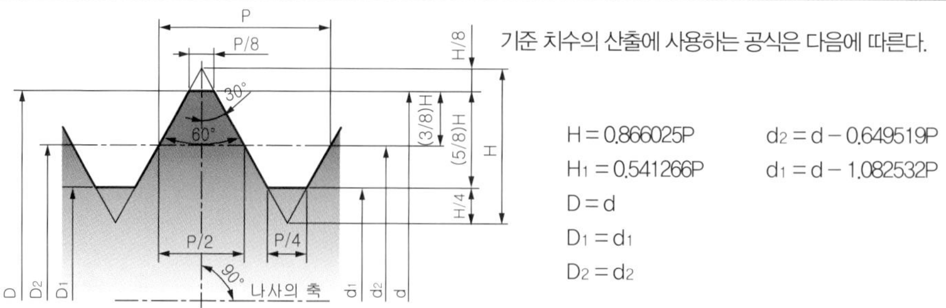

기준 치수의 산출에 사용하는 공식은 다음에 따른다.

$H = 0.866025P$　　$d_2 = d - 0.649519P$

$H_1 = 0.541266P$　　$d_1 = d - 1.082532P$

$D = d$

$D_1 = d_1$

$D_2 = d_2$

■ 미터 가는 나사의 기본 치수

단위 : mm

나사의 호칭	피치 P	접촉 높이 H_1	암나사		
			골 지름 D	유효 지름 D_2	안 지름 D_1
			수나사		
			바깥 지름 d	유효 지름 d_2	골 지름 d_1
M 1 × 0.2	0.2	0.108	1.000	0.870	0.783
M 1.1 × 0.2	0.2	0.108	1.100	0.970	0.883
M 1.2 × 0.2	0.2	0.108	1.200	1.070	0.983
M 1.4 × 0.2	0.2	0.108	1.400	1.270	1.183
M 1.6 × 0.2	0.2	0.108	1.600	1.470	1.383
M 1.8 × 0.2	0.2	0.108	1.800	1.670	1.583
M 2 × 0.25	0.25	0.135	2.000	1.838	1.729
M 2.2 × 0.25	0.25	0.135	2.200	2.038	1.929
M 2.5 × 0.35	0.35	0.189	2.500	2.273	2.121
M 3 × 0.35	0.35	0.189	3.000	2.773	2.621
M 3.5 × 0.35	0.35	0.189	3.500	3.273	3.121
M 4 × 0.5	0.5	0.271	4.000	3.675	3.459
M 4.5 × 0.5	0.5	0.271	4.500	4.175	3.959
M 5 × 0.5	0.5	0.271	5.000	4.675	4.459
M 5.5 × 0.5	0.5	0.271	5.500	5.175	4.959
M 6 × 0.75	0.75	0.406	6.000	5.513	5.188
M 7 × 0.75	0.75	0.406	7.000	6.513	6.188
M 8 × 1	1	0.541	8.000	7.350	6.917
M 8 × 0.75	0.75	0.406	8.000	7.513	7.188
M 9 × 1	1	0.541	9.000	8.350	7.917
M 9 × 0.75	0.75	0.406	9.000	8.513	8.188
M 10 × 1.25	1.25	0.677	10.000	9.188	8.647
M 10 × 1	1	0.541	10.000	9.350	8.917
M 10 × 0.75	0.75	0.406	10.000	9.513	9.188
M 11 × 1	1	0.541	11.000	10.350	9.917
M 11 × 0.75	0.75	0.406	11.000	10.513	10.188
M 12 × 1.5	1.5	0.812	12.000	11.026	10.376
M 12 × 1.25	1.25	0.677	12.000	11.188	10.647
M 12 × 1	1	0.541	12.000	11.350	10.917
M 14 × 1.5	1.5	0.812	14.000	13.026	12.376
M 14 × 1.25	1.25	0.677	14.000	13.188	12.647
M 14 × 1	1	0.541	14.000	13.350	12.917
M 15 × 1.5	1.5	0.812	15.000	14.026	13.376
M 15 × 1	1	0.541	15.000	14.350	13.917
M 16 × 1.5	1.5	0.812	16.000	15.026	14.376
M 16 × 1	1	0.541	16.000	15.350	14.917
M 17 × 1.5	1.5	0.812	17.000	16.026	15.376
M 17 × 1	1	0.541	17.000	16.350	15.917
M 18 × 2	2	1.083	18.000	16.701	15.835
M 18 × 1.5	1.5	0.812	18.000	17.026	16.376
M 18 × 1	1	0.541	18.000	17.350	16.917
M 20 × 2	2	1.083	20.000	18.701	17.835
M 20 × 1.5	1.5	0.812	20.000	19.026	18.376
M 20 × 1	1	0.541	20.000	19.350	18.917
M 22 × 2	2	1.083	22.000	20.701	19.835
M 22 × 1.5	1.5	0.812	22.000	21.026	20.376
M 22 × 1	1	0.541	22.000	21.350	20.917
M 24 × 2	2	1.083	24.000	22.701	21.835
M 24 × 1.5	1.5	0.812	24.000	23.026	22.376
M 24 × 1	1	0.541	24.000	23.350	22.917

8-4 미터 가는 나사(2/5)

KS B 0204

■ 미터 가는 나사의 기본 치수(계속)

단위 : mm

나사의 호칭	피 치 P	접촉 높이 H_1	암나사 골 지름 D / 수나사 바깥 지름 d	암나사 유효 지름 D_2 / 수나사 유효 지름 d_2	암나사 안 지름 D_1 / 수나사 골 지름 d_1
M 25 × 2	2	1.083	25.000	23.701	22.835
M 25 × 1.5	1.5	0.812	25.000	24.026	23.376
M 25 × 1	1	0.541	25.000	24.350	23.917
M 26 × 1.5	1.5	0.812	26.000	25.026	24.376
M 27 × 2	2	1.083	27.000	25.701	24.835
M 27 × 1.5	1.5	0.812	27.000	26.026	25.376
M 27 × 1	1	0.541	27.000	26.350	25.917
M 28 × 2	2	1.083	28.000	26.701	25.835
M 28 × 1.5	1.5	0.812	28.000	27.026	26.376
M 28 × 1	1	0.541	28.000	27.350	26.917
M 30 × 3	3	1.624	30.000	28.051	26.752
M 30 × 2	2	1.083	30.000	28.701	27.835
M 30 × 1.5	1.5	0.812	30.000	29.026	28.376
M 30 × 1	1	0.541	30.000	29.350	28.917
M 32 × 2	2	1.083	32.000	30.701	29.835
M 32 × 1.5	1.5	0.812	32.000	31.026	30.376
M 33 × 3	3	1.624	33.000	31.051	29.752
M 33 × 2	2	1.083	33.000	31.701	30.835
M 33 × 1.5	1.5	0.812	33.000	32.026	31.376
M 35 × 1.5	1.5	0.812	35.000	34.026	33.376
M 36 × 3	3	1.624	36.000	34.051	32.752
M 36 × 2	2	1.083	36.000	34.701	33.835
M 36 × 1.5	1.5	0.812	36.000	35.026	34.376
M 38 × 1.5	1.5	0.812	38.000	37.026	36.376
M 39 × 3	3	1.624	39.000	37.051	35.752
M 39 × 2	2	1.083	39.000	37.701	36.835
M 39 × 1.5	1.5	0.812	39.000	38.026	37.376
M 40 × 3	3	1.624	40.000	38.051	36.752
M 40 × 2	2	1.083	40.000	38.701	37.835
M 40 × 1.5	1.5	0.812	40.000	39.026	38.376
M 42 × 4	4	2.165	42.000	39.402	37.670
M 42 × 3	3	1.624	42.000	40.051	38.752
M 42 × 2	2	1.083	42.000	40.701	39.835
M 42 × 1.5	1.5	0.812	42.000	41.026	40.376
M 45 × 4	4	2.165	45.000	42.402	40.670
M 45 × 3	3	1.624	45.000	43.051	41.752
M 45 × 2	2	1.083	45.000	43.701	42.835
M 45 × 1.5	1.5	0.812	45.000	44.026	43.367
M 48 × 4	4	2.165	48.000	45.402	43.670
M 48 × 3	3	1.624	48.000	46.051	44.752
M 48 × 2	2	1.083	48.000	46.701	45.835
M 48 × 1.5	1.5	0.812	48.000	47.026	46.376
M 50 × 3	3	1.624	50.000	48.051	46.752
M 50 × 2	2	1.083	50.000	48.701	47.835
M 50 × 1.5	1.5	0.812	50.000	49.026	48.376
M 52 × 4	4	2.165	52.000	49.402	47.670
M 52 × 3	3	1.624	52.000	50.051	48.752
M 52 × 2	2	1.083	52.000	50.701	49.835
M 52 × 1.5	1.5	0.812	52.000	51.026	50.376
M 55 × 4	4	2.165	55.000	52.402	50.670
M 55 × 3	3	1.624	55.000	53.051	51.752
M 55 × 2	2	1.083	55.000	53.701	52.835
M 55 × 1.5	1.5	0.812	55.000	54.026	53.376
M 56 × 4	4	2.165	56.000	53.402	51.670
M 56 × 3	3	1.624	56.000	54.051	52.752
M 56 × 2	2	1.083	56.000	54.701	53.835
M 56 × 1.5	1.5	0.812	56.000	55.026	54.376
M 58 × 4	4	2.165	58.000	55.402	53.670
M 58 × 3	3	1.624	58.000	56.051	54.752
M 58 × 2	2	1.083	58.000	56.701	55.835
M 58 × 1.5	1.5	0.812	58.000	57.026	56.376
M 60 × 4	4	2.165	60.000	57.402	55.670
M 60 × 3	3	1.624	60.000	58.051	56.752
M 60 × 2	2	1.083	60.000	58.701	57.835
M 60 × 1.5	1.5	0.812	60.000	59.026	58.376

8-4 미터 가는 나사(3/5)

■ 미터 가는 나사의 기본 치수(계속)

단위 : mm

나사의 호칭	피 치 P	접촉 높이 H_1	암나사		
			골 지름 D	유효 지름 D_2	안 지름 D_1
			수나사		
			바깥 지름 d	유효 지름 d_2	골 지름 d_1
M 62 × 4	4	2.165	62.000	59.402	57.670
M 62 × 3	3	1.624	62.000	60.051	58.752
M 62 × 2	2	1.083	62.000	60.701	59.835
M 62 × 1.5	1.5	0.812	62.000	61.026	60.376
M 64 × 4	4	2.165	64.000	61.402	59.670
M 64 × 3	3	1.624	64.000	62.051	60.752
M 64 × 2	2	1.083	64.000	62.701	61.835
M 64 × 1.5	1.5	0.812	64.000	63.026	62.376
M 65 × 4	4	2.165	65.000	62.402	60.670
M 65 × 3	3	1.624	65.000	63.051	61.752
M 65 × 2	2	1.083	65.000	63.701	62.835
M 65 × 1.5	1.5	0.812	65.000	64.026	63.376
M 68 × 4	4	2.165	68.000	65.402	63.670
M 68 × 3	3	1.624	68.000	66.051	64.752
M 68 × 2	2	1.083	68.000	66.701	65.835
M 68 × 1.5	1.5	0.812	68.000	67.026	66.376
M 70 × 6	6	3.248	70.000	66.103	63.505
M 70 × 4	4	2.165	70.000	67.402	65.670
M 70 × 3	3	1.624	70.000	68.051	66.752
M 70 × 2	2	1.083	70.000	68.701	67.835
M 70 × 1.5	1.5	0.812	70.000	69.026	68.376
M 72 × 6	6	3.248	72.000	68.103	65.505
M 72 × 4	4	2.165	72.000	69.402	67.670
M 72 × 3	3	1.624	72.000	70.051	68.752
M 72 × 2	2	1.083	72.000	70.701	69.835
M 72 × 1.5	1.5	0.812	72.000	71.026	70.376
M 75 × 4	4	2.165	75.000	72.402	70.670
M 75 × 3	3	1.624	75.000	73.051	71.752
M 75 × 2	2	1.083	75.000	73.701	72.835
M 75 × 1.5	1.5	0.812	75.000	74.026	73.376
M 76 × 6	6	3.248	76.000	72.103	69.505
M 76 × 4	4	2.165	76.000	73.402	71.670
M 76 × 3	3	1.624	76.000	74.051	72.752
M 76 × 2	2	1.083	76.000	74.701	73.835
M 76 × 1.5	1.5	0.812	76.000	75.026	74.376
M 78 × 2	2	1.083	78.000	76.701	75.835
M 80 × 6	6	3.248	80.000	76.103	73.505
M 80 × 4	4	2.165	80.000	77.402	75.670
M 80 × 3	3	1.624	80.000	78.051	76.752
M 80 × 2	2	1.083	80.000	78.701	77.835
M 80 × 1.5	1.5	0.812	80.000	79.026	78.376
M 82 × 2	2	1.083	82.000	80.701	79.835
M 85 × 6	6	3.248	85.000	81.103	78.505
M 85 × 4	4	2.165	85.000	82.402	80.670
M 85 × 3	3	1.624	85.000	83.051	81.752
M 85 × 2	2	1.083	85.000	83.701	82.835
M 90 × 6	6	3.248	90.000	86.103	83.505
M 90 × 4	4	2.165	90.000	87.402	85.670
M 90 × 3	3	1.624	90.000	88.051	86.752
M 90 × 2	2	1.083	90.000	88.701	87.835
M 95 × 6	6	3.248	95.000	91.103	88.505
M 95 × 4	4	2.165	95.000	92.402	90.670
M 95 × 3	3	1.624	95.000	93.051	91.752
M 95 × 2	2	1.083	95.000	93.701	92.835
M 100 × 6	6	3.248	100.000	96.103	93.505
M 100 × 4	4	2.165	100.000	97.402	95.670
M 100 × 3	3	1.624	100.000	98.051	96.752
M 100 × 2	2	1.083	100.000	98.701	97.835
M 105 × 6	6	3.248	105.000	101.103	98.505
M 105 × 4	4	2.165	105.000	102.402	100.670
M 105 × 3	3	1.624	105.000	103.051	101.752
M 105 × 2	2	1.083	105.000	103.701	102.835

8-4 미터 가는 나사(4/5)

■ 미터 가는 나사의 기본 치수(계속)

단위 : mm

나사의 호칭	피 치 P	접촉 높이 H_1	암나사		
			골 지름 D	유효 지름 D_2	안 지름 D_1
			수나사		
			바깥 지름 d	유효 지름 d_2	골 지름 d_1
M 110 × 6	6	3.248	110.000	106.103	103.505
M 110 × 4	4	2.165	110.000	107.402	105.670
M 110 × 3	3	1.624	110.000	108.051	106.752
M 110 × 2	2	1.083	110.000	108.701	107.835
M 115 × 6	6	3.248	115.000	111.103	108.505
M 115 × 4	4	2.165	115.000	112.402	110.670
M 115 × 3	3	1.624	115.000	113.051	111.752
M 115 × 2	2	1.083	115.000	113.701	112.835
M 120 × 6	6	3.248	120.000	116.103	113.505
M 120 × 4	4	2.165	120.000	117.402	115.670
M 120 × 3	3	1.624	120.000	118.051	116.752
M 120 × 2	2	1.083	120.000	118.701	117.835
M 125 × 6	6	3.248	125.000	121.103	118.505
M 125 × 4	4	2.165	125.000	122.402	120.670
M 125 × 3	3	1.624	125.000	123.051	121.752
M 125 × 2	2	1.083	125.000	123.701	122.835
M 130 × 6	6	3.248	130.000	126.103	123.505
M 130 × 4	4	2.165	130.000	127.402	125.670
M 130 × 3	3	1.624	130.000	128.051	126.752
M 130 × 2	2	1.083	130.000	128.701	127.835
M 135 × 6	6	3.248	135.000	131.103	128.505
M 135 × 4	4	2.165	135.000	132.402	130.670
M 135 × 3	3	1.624	135.000	133.051	131.752
M 135 × 2	2	1.083	135.000	133.701	132.835
M 140 × 6	6	3.248	140.000	136.103	133.505
M 140 × 4	4	2.165	140.000	137.402	135.670
M 140 × 3	3	1.624	140.000	138.051	136.752
M 140 × 2	2	1.083	140.000	138.701	137.835
M 145 × 6	6	3.248	145.000	141.103	138.505
M 145 × 4	4	2.165	145.000	142.402	140.670
M 145 × 3	3	1.624	145.000	143.051	141.752
M 145 × 2	2	1.083	145.000	143.701	142.835
M 150 × 6	6	3.248	150.000	146.103	143.505
M 150 × 4	4	2.165	150.000	147.402	145.670
M 150 × 3	3	1.624	150.000	148.051	146.752
M 150 × 2	2	1.083	150.000	148.701	147.835
M 155 × 6	6	3.248	155.000	151.103	148.505
M 155 × 4	4	2.165	155.000	152.402	150.670
M 155 × 3	3	1.624	155.000	153.051	151.752
M 160 × 6	6	3.248	160.000	156.103	153.505
M 160 × 4	4	2.165	160.000	157.402	155.670
M 160 × 3	3	1.624	160.000	158.051	156.752
M 165 × 6	6	3.248	165.000	161.103	158.505
M 165 × 4	4	2.165	165.000	162.402	160.670
M 165 × 3	3	1.624	165.000	163.051	161.752
M 170 × 6	6	3.248	170.000	166.103	163.505
M 170 × 4	4	2.165	170.000	167.402	165.670
M 170 × 3	3	1.624	170.000	168.051	166.752
M 175 × 6	6	3.248	175.000	171.103	168.505
M 175 × 4	4	2.165	175.000	172.402	170.670
M 175 × 3	3	1.624	175.000	173.051	171.752
M 180 × 6	6	3.248	180.000	176.103	173.505
M 180 × 4	4	2.165	180.000	177.402	175.670
M 180 × 3	3	1.624	180.000	178.051	176.752
M 185 × 6	6	3.248	185.000	181.103	178.505
M 185 × 4	4	2.165	185.000	182.402	180.670
M 185 × 3	3	1.624	185.000	183.051	181.752
M 190 × 6	6	3.248	190.000	186.103	183.505
M 190 × 4	4	2.165	190.000	187.402	185.670
M 190 × 3	3	1.624	190.000	188.051	186.752

8-4 미터 가는 나사(5/5)

KS B 0204

■ 미터 가는 나사의 기본 치수(계속)

단위 : mm

나사의 호칭	피 치 P	접촉 높이 H_1	암나사		
			골 지름 D	유효 지름 D_2	안 지름 D_1
			수나사		
			바깥 지름 d	유효 지름 d_2	골 지름 d_1
M 195 × 6	6	3.248	195.000	191.103	188.505
M 195 × 4	4	2.165	195.000	192.402	190.670
M 195 × 3	3	1.624	195.000	193.051	191.752
M 200 × 6	6	3.248	200.000	196.103	193.505
M 200 × 4	4	2.165	200.000	197.402	195.670
M 200 × 3	3	1.624	200.000	198.051	196.752
M 205 × 6	6	3.248	205.000	201.103	198.505
M 205 × 4	4	2.165	205.000	202.402	200.670
M 205 × 3	3	1.624	205.000	203.051	201.752
M 210 × 6	6	3.248	210.000	206.103	203.505
M 210 × 4	4	2.165	210.000	207.402	205.670
M 210 × 3	3	1.624	210.000	208.051	206.752
M 215 × 6	6	3.248	215.000	211.103	208.505
M 215 × 4	4	2.165	215.000	212.402	210.670
M 215 × 3	3	1.624	215.000	213.051	211.752
M 220 × 6	6	3.248	220.000	216.103	213.505
M 220 × 4	4	2.165	220.000	217.402	215.670
M 220 × 3	3	1.624	220.000	218.051	216.752
M 225 × 6	6	3.248	225.000	221.103	218.505
M 225 × 4	4	2.165	225.000	222.402	220.670
M 225 × 3	3	1.624	225.000	223.051	221.752
M 230 × 6	6	3.248	230.000	226.103	223.505
M 230 × 4	4	2.165	230.000	227.402	225.670
M 230 × 3	3	1.624	230.000	228.051	226.752
M 235 × 6	6	3.248	235.000	231.103	228.505
M 235 × 4	4	2.165	235.000	232.402	230.670
M 235 × 3	3	1.624	235.000	233.051	231.752
M 240 × 6	6	3.248	240.000	236.103	233.505
M 240 × 4	4	2.165	240.000	237.402	235.670
M 240 × 3	3	1.624	240.000	238.051	236.752
M 245 × 6	6	3.248	245.000	241.103	238.505
M 245 × 4	4	2.165	245.000	242.402	240.670
M 245 × 3	3	1.624	245.000	243.051	241.752
M 250 × 6	6	3.248	250.000	246.103	243.505
M 250 × 4	4	2.165	250.000	247.402	245.670
M 250 × 3	3	1.624	250.000	248.051	246.752
M 255 × 6	6	3.248	255.000	251.103	248.505
M 255 × 4	4	2.165	255.000	252.402	250.670
M 260 × 6	6	3.248	260.000	256.103	253.505
M 260 × 4	4	2.165	260.000	257.402	255.670
M 265 × 6	6	3.248	265.000	261.103	258.505
M 265 × 4	4	2.165	265.000	262.402	260.670
M 270 × 6	6	3.248	270.000	266.103	263.505
M 270 × 4	4	2.165	270.000	267.402	265.670
M 275 × 6	6	3.248	275.000	271.103	268.505
M 275 × 4	4	2.165	275.000	272.402	270.670
M 280 × 6	6	3.248	280.000	276.103	273.505
M 280 × 4	4	2.165	280.000	277.402	275.670
M 285 × 6	6	3.248	285.000	281.103	278.505
M 285 × 4	4	2.165	285.000	282.402	280.670
M 290 × 6	6	3.248	290.000	286.103	283.505
M 290 × 4	4	2.165	290.000	287.402	285.670
M 295 × 6	6	3.248	295.000	291.103	288.505
M 295 × 4	4	2.165	295.000	292.402	290.670
M 300 × 6	6	3.248	300.000	296.103	293.505
M 300 × 4	4	2.165	300.000	297.402	295.670

[비고] 나사의 표시 방법은 KS B 0200에 따른다. (예 : M6x0.75, M10x1.25)

8-5 유니파이 보통 나사

KS B 0203

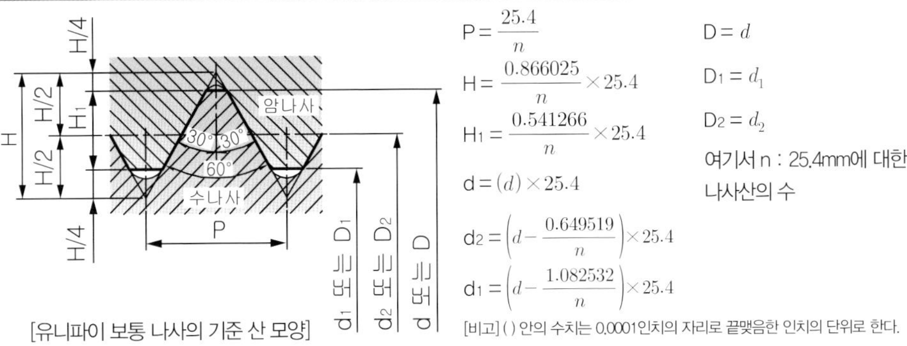

$$P = \frac{25.4}{n}$$

$$H = \frac{0.866025}{n} \times 25.4$$

$$H_1 = \frac{0.541266}{n} \times 25.4$$

$$d = (d) \times 25.4$$

$$d_2 = \left(d - \frac{0.649519}{n}\right) \times 25.4$$

$$d_1 = \left(d - \frac{1.082532}{n}\right) \times 25.4$$

$D = d$

$D_1 = d_1$

$D_2 = d_2$

여기서 n : 25.4mm에 대한 나사산의 수

[유니파이 보통 나사의 기준 산 모양]

[비고] ( ) 안의 수치는 0.0001인치의 자리로 끝맺음한 인치의 단위로 한다.

■ 유니파이 보통 나사의 기본 치수

단위 : mm

나사의 호칭			나사산 수 (25.4mm)에 대한 n	피치 P (참고)	접촉 높이 H1	암나사 골 지름 D	암나사 유효 지름 D2	암나사 안 지름 D1
1란	2란	(참고)				수나사 바깥 지름 d	수나사 유효 지름 d2	수나사 골 지름 d1
	No.1-64 UNC	0.0730-64UNC	64	0.3969	0.215	1.854	1.598	1.425
No.2-56 UNC		0.0860-56UNC	56	0.4536	0.246	2.184	1.890	1.694
	No.3-48 UNC	0.0990-48UNC	48	0.5292	0.286	2.515	2.172	1.941
No.4-40 UNC		0.1120-40UNC	40	0.6350	0.344	2.845	2.433	2.156
No.5-40 UNC		0.1250-40UNC	40	0.6350	0.344	3.175	2.764	2.487
No.8-32 UNC		0.1380-32UNC	32	0.7938	0.430	3.505	2.990	2.647
No.8-32 UNC		0.1640-32UNC	32	0.7938	0.430	4.166	3.650	3.307
10-24 UNC		0.1900-24UNC	24	1.0583	0.573	4.826	4.138	3.680
	No.12-24 UNC	0.2160-24UNC	24	1.0583	0.573	5.486	4.798	4.341
1/4 - 20 UNC		0.2500-20UNC	20	1.2700	0.687	6.350	5.524	4.976
5/16 - 18 UNC		0.3125-18UNC	18	1.4111	0.764	7.938	7.021	6.411
3/8 - 16 UNC		0.3750-16UNC	16	1.5875	0.859	9.525	8.494	7.805
7/16 - 14 UNC		0.4375-14UNC	14	1.8143	0.982	11.112	9.934	9.149
1/2 - 13 UNC		0.5000-13UNC	13	1.9538	1.058	12.700	11.430	10.584
9/16 - 12 UNC		0.5625-12UNC	12	2.1167	1.146	14.288	12.913	11.996
5/8 - 11 UNC		0.6250-11UNC	11	2.3091	1.250	15.875	14.376	13.376
3/4 - 10 UNC		0.7500-10UNC	10	2.5400	1.375	19.050	17.399	16.299
7/8 - 9 UNC		0.8750-9 UNC	9	2.8222	1.528	22.225	20.391	19.169
1 - 8 UNC		1.0000-8 UNC	8	3.1750	1.718	25.400	23.338	21.963
1 1/8 - 7 UNC		1.1250-7 UNC	7	3.6286	1.964	28.575	26.218	24.648
1 1/4 - 7 UNC		1.2500-7 UNC	7	3.6286	1.964	31.750	29.393	27.823
1 3/8 - 6 UNC		1.3750-6 UNC	6	4.2333	2.291	34.925	32.174	30.343
1 1/2 - 6 UNC		1.5000-6 UNC	6	4.2333	2.291	38.100	35.349	33.518
1 3/4 - 5 UNC		1.7500-5 UNC	5	5.0800	2.750	44.450	41.151	38.951
2 - 4 UNC		2.0000-4.5UNC	4 1/2	5.6444	3.055	50.800	47.135	44.689
2 1/4 - 4 UNC		2.2500-4.5UNC	4 1/2	5.6444	3.055	57.150	53.485	51.039
2 1/2 - 4 UNC		2.5000-4 UNC	4	6.3500	3.437	63.500	59.375	56.627
2 3/4 - 4 UNC		2.7500-4 UNC	4	6.3500	3.437	69.850	65.725	62.977
3 - 4 UNC		3.0000-4 UNC	4	6.3500	3.437	76.200	72.275	69.327
3 1/4 - 4 UNC		3.2500-4 UNC	4	6.3500	3.437	82.550	78.425	75.677
3 1/2 - 4 UNC		3.5000-4 UNC	4	6.3500	3.437	88.900	84.775	82.027
3 3/4 - 4 UNC		3.7500-4 UNC	4	6.3500	3.437	95.250	91.125	88.377
4 - 4 UNC		4.0000-4 UNC	4	6.3500	3.437	101.600	97.475	94.727

[주] 1란을 우선적으로 택하고 필요에 따라 2란을 택한다. 참고란은 나사의 호칭을 10진법으로 표시한 것이다.

8-6 관용 평행 나사(1/2)

KS B 0221

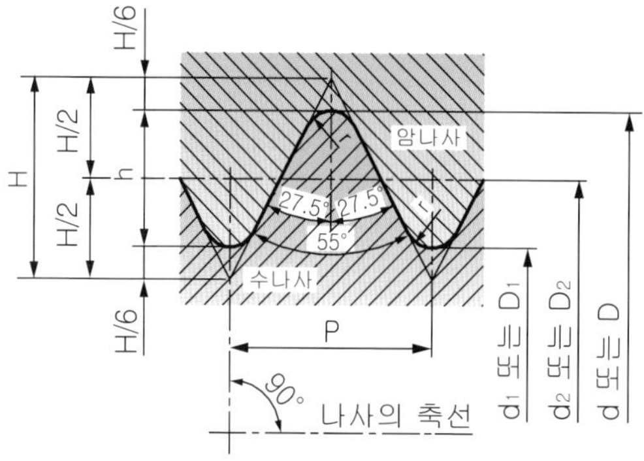

[관용 평행 나사의 기준 산 모양]

굵은 실선은 기준 산 모양을 표시한다.

$P = \frac{25.4}{n}$

$H = 0.960491P$

$h = 0.640327P$

$r = 0.137329P$

$d_2 = d - h$

$d_1 = d - 2h$

$D_2 = d_2$

$D_1 = d_1$

■ 관용 평행 나사 기준치수

단위 : mm

나사의 호칭	나사 산수 (25.4mm)에 대한 n	피 치 P (참고)	나사산의 높이 h	산의 봉우리 및 골의 둥글기 r	수나사		
					바깥 지름 d	유효 지름 d_2	골 지름 d_1
					암나사		
					골 지름 D	유효 지름 D_2	안 지름 D_1
G 1/16	28	0.9071	0.581	0.12	7.723	7.142	6.561
G 1/8	28	0.9071	0.581	0.12	9.728	9.147	8.566
G 1/4	19	1.3368	0.856	0.18	13.157	12.301	11.445
G 3/8	19	1.3368	0.856	0.18	16.662	15.806	14.950
G 1/2	14	1.8143	1.162	0.25	20.955	19.793	18.631
G 5/8	14	1.8143	1.162	0.25	22.911	21.749	20.587
G 3/4	14	1.8143	1.162	0.25	26.441	25.279	24.117
G 7/8	14	1.8143	1.162	0.25	30.201	29.039	27.877
G 1	11	2.3091	1.479	0.32	33.249	31.770	30.291
G 1 1/8	11	2.3091	1.479	0.32	37.897	36.418	34.939
G 1 1/4	11	2.3091	1.479	0.32	41.910	40.431	38.952
G 1 1/2	11	2.3091	1.479	0.32	47.803	46.324	44.845
G 1 3/4	11	2.3091	1.479	0.32	53.746	52.267	50.788
G 2	11	2.3091	1.479	0.32	59.614	58.135	56.656
G 2 1/4	11	2.3091	1.479	0.32	65.710	64.231	62.752
G 2 1/2	11	2.3091	1.479	0.32	75.184	73.705	72.226
G 2 3/4	11	2.3091	1.479	0.32	81.534	80.055	78.576
G 3	11	2.3091	1.479	0.32	87.884	86.405	84.926
G 3 1/2	11	2.3091	1.479	0.32	100.330	98.851	97.372
G 4	11	2.3091	1.479	0.32	113.030	111.551	110.072
G 4 1/4	11	2.3091	1.479	0.32	125.730	124.251	122.772
G 5	11	2.3091	1.479	0.32	138.430	136.951	135.472
G 5 1/2	11	2.3091	1.479	0.32	151.130	149.651	148.172
G 6	11	2.3091	1.479	0.32	163.830	162.351	160.872

8-6 관용 평행 나사(2/2)

■ ISO 228-1에 규정되어 있지 않은 관용 평행 나사

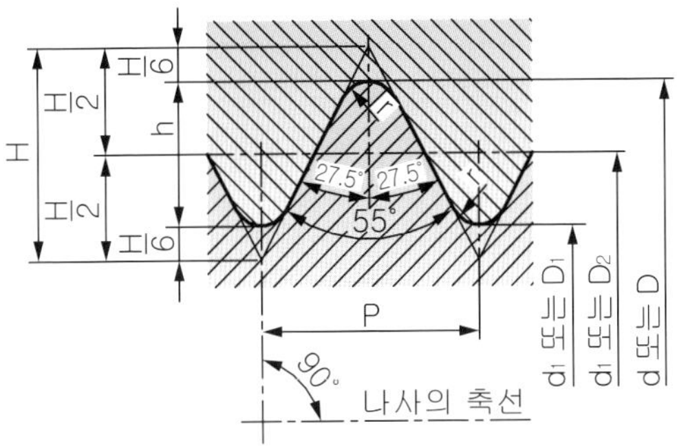

[관용 평행 나사의 기준 산 모양]

굵은 실선은 기준 산 모양을 표시한다.

$P = \frac{25.4}{n}$

$H = 0.960491P$

$h = 0.640327P$

$r = 0.137329P$

$d_2 = d - h$

$d_1 = d - 2h$

$D_2 = d_2$

$D_1 = d_1$

■ 관용 평행 나사 기준치수

단위 : mm

나사의 호칭	나사 산수 (25.4mm)에 대한 n	피 치 P (참고)	나사산의 높이 h	산의 봉우리 및 골의 둥글기 r	수나사		
					바깥 지름 d	유효 지름 d_2	골 지름 d_1
					암나사		
					골 지름 D	유효 지름 D_2	안 지름 D_1
PF 1/8	28	0.9071	0.581	0.12	9.728	9.147	8.566
PF 1/4	19	1.3368	0.856	0.18	13.157	12.301	11.445
PF 3/8	19	1.3368	0.856	0.18	16.662	15.806	14.950
PF 1/2	14	1.8143	1.162	0.25	20.955	19.793	18.631
PF 5/8	14	1.8143	1.162	0.25	22.911	21.749	20.587
PF 3/4	14	1.8143	1.162	0.25	26.441	25.279	24.117
PF 7/8	14	1.8143	1.162	0.25	30.201	29.039	27.877
PF 1	11	2.3091	1.479	0.32	33.249	31.770	30.291
PF 1 1/8	11	2.3091	1.479	0.32	37.897	36.418	34.939
PF 1 1/4	11	2.3091	1.479	0.32	41.910	40.431	38.952
PF 1 1/2	11	2.3091	1.479	0.32	47.803	46.324	44.845
PF 1 3/4	11	2.3091	1.479	0.32	53.746	52.267	50.788
PF 2	11	2.3091	1.479	0.32	59.614	58.135	56.656
PF 2 1/4	11	2.3091	1.479	0.32	65.710	64.231	62.752
PF 2 1/2	11	2.3091	1.479	0.32	75.184	73.705	72.226
PF 2 3/4	11	2.3091	1.479	0.32	81.534	80.055	78.576
PF 3	11	2.3091	1.479	0.32	87.884	86.405	84.926
PF 3 1/2	11	2.3091	1.479	0.32	100.330	98.851	97.372
PF 4	11	2.3091	1.479	0.32	113.030	111.551	110.072
PF 4 1/2	11	2.3091	1.479	0.32	125.730	124.251	122.772
PF 5	11	2.3091	1.479	0.32	138.430	136.951	135.472
PF 5 1/2	11	2.3091	1.479	0.32	151.130	149.651	148.172
PF 6	11	2.3091	1.479	0.32	163.830	162.351	160.872
PF 7	11	2.3091	1.479	0.32	189.230	187.751	186.272
PF 8	11	2.3091	1.479	0.32	214.630	213.151	211.672
PF 9	11	2.3091	1.479	0.32	240.030	238.551	237.072
PF 10	11	2.3091	1.479	0.32	265.430	263.951	262.472
PF 12	11	2.3091	1.479	0.32	316.230	314.751	313.272

8-7 관용 테이퍼 나사(1/4)

■ 기본 산모양

■ 테이퍼 수나사 및 테이퍼 암나사에 대하여 적용하는 기본 산모양

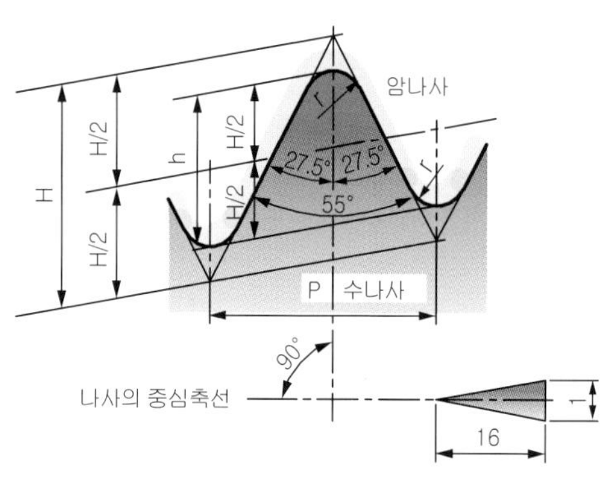

굵은 실선은 기준 산 모양을 나타낸다.

$P = \dfrac{25.4}{n}$

H = 0.960237P

h = 0.640327P

r = 0.137278P

■ 평행 암나사에 대하여 적용하는 기본 산모양

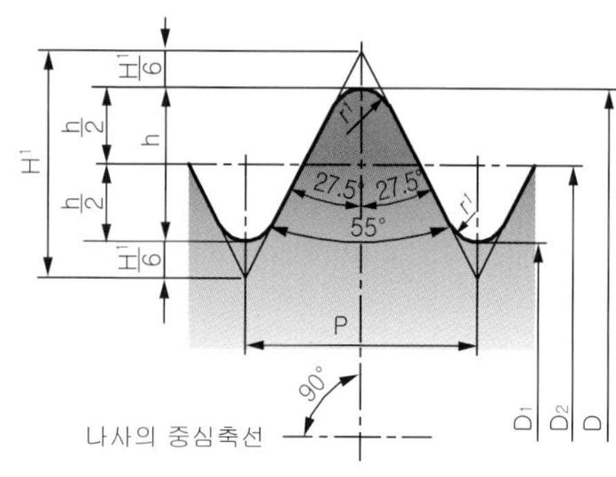

굵은 실선은 기준 산 모양을 나타낸다.

$P = \dfrac{25.4}{n}$

H' = 0.960237P

h' = 0.640327P

r' = 0.137278P

■ 테이퍼 수나사와 테이퍼 암나사 또는 평행 암나사와의 끼워맞춤

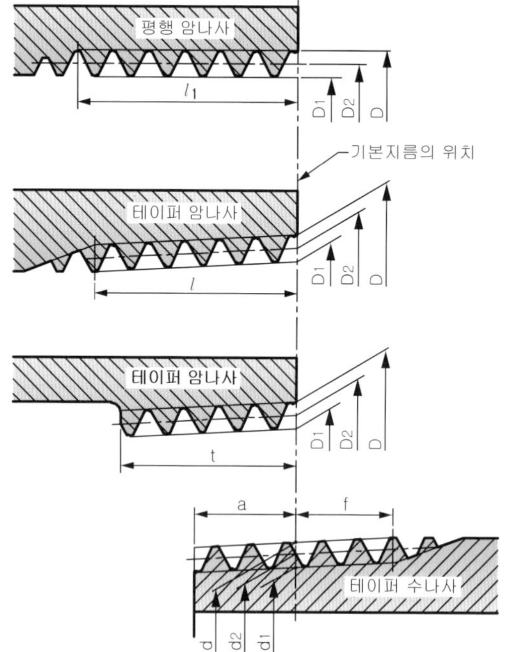

8-7 관용 테이퍼 나사(2/4)

■ 기본치수 및 치수 허용차

나사의 호칭	나사산: 나사 산수 (25.4 mm에 대한) n	나사산: 피치 P (참고)	나사산: 산의 높이 h	나사산: 둥글기 r 또는 r'	기본 지름 수나사: 바깥 지름 d / 암나사: 골 지름 D	기본 지름 수나사: 유효 지름 d_2 / 암나사: 유효 지름 D_2	기본 지름 수나사: 골지름 d_1 / 암나사: 안지름 D_1	기본 지름의 위치 수나사 관 끝으로부터: 기본 길이 a	기본 지름의 위치 수나사 관 끝으로부터: 축선 방향의 허용차 ±b	기본 지름의 위치 암나사 관 끝 부분: 축선 방향의 허용차 ±c	평행 암나사의 D, D_2 및 D_1 의 허용차 ±	유효 나사의 길이(최소) 수나사: 기본 지름의 위치로부터 큰지름쪽으로 f	유효 나사의 길이(최소) 암나사 불완전 나사부가 있는 경우 테이퍼 암나사: 기본 지름의 위치부터 작은지름쪽으로 l	유효 나사의 길이(최소) 암나사 불완전 나사부가 있는 경우 평행 암나사: 관, 관이음 끝으로부터 l' (참고)	유효 나사의 길이(최소) 암나사 불완전 나사부 가없는 경우 테이퍼 암나사, 평행 암나사: 기본 지름 또는 관, 관 이음의 끝으로부터 t	배관용 탄소 강관의 치수(참고): 바깥 지름	배관용 탄소 강관의 치수(참고): 두께
R 1/16	28	0.9071	0.581	0.12	7.723	7.142	6.561	3.97	0.91	1.13	0.071	2.5	6.2	7.4	4.4	–	–
R 1/8	28	0.9071	0.581	0.12	9.728	9.147	8.566	3.97	0.91	1.13	0.071	2.5	6.2	7.4	4.4	10.5	2.0
R 1/4	19	1.3368	0.856	0.18	13.157	12.301	11.445	6.01	1.34	1.67	0.104	3.7	9.4	11.0	6.7	13.8	2.3
R 3/8	19	1.3368	0.856	0.18	16.662	15.806	14.950	6.35	1.34	1.67	0.104	3.7	9.7	11.4	7.0	17.3	2.3
R 1/2	14	1.8143	1.162	0.25	20.955	19.793	18.631	8.16	1.81	2.27	0.142	5.0	12.7	15.0	9.1	21.7	2.8
R 3/4	14	1.8143	1.162	0.25	26.441	25.279	24.117	9.53	1.81	2.27	0.142	5.0	14.1	16.3	10.2	27.2	2.8
R 1	11	2.3091	1.479	0.32	33.249	31.770	30.291	10.39	2.31	2.89	0.181	6.4	16.2	19.1	11.6	34.0	3.2
R 1 1/4	11	2.3091	1.479	0.32	41.910	40.431	38.952	12.70	2.31	2.89	0.181	6.4	18.5	21.4	13.4	42.7	3.5
R 1 1/2	11	2.3091	1.479	0.32	47.803	46.324	44.845	12.70	2.31	2.89	0.181	6.4	18.5	21.4	13.4	48.6	3.5
R 2	11	2.3091	1.479	0.32	59.614	58.135	56.656	15.88	2.31	2.89	0.181	7.5	22.8	25.7	16.9	60.5	3.8
R 2 1/2	11	2.3091	1.479	0.32	75.184	73.705	72.226	17.46	3.46	3.46	0.216	9.2	26.7	30.1	18.6	76.3	4.2
R 3	11	2.3091	1.479	0.32	87.884	86.405	84.926	20.64	3.46	3.46	0.216	9.2	29.8	33.3	21.1	89.1	4.2
R 4	11	2.3091	1.479	0.32	113.030	111.551	110.072	25.40	3.46	3.46	0.216	10.4	35.8	39.3	25.9	114.3	4.5
R 5	11	2.3091	1.479	0.32	138.430	136.951	135.472	28.58	3.46	3.46	0.216	11.5	40.1	43.5	29.3	139.8	4.5
R 6	11	2.3091	1.479	0.32	163.830	162.351	160.872	28.58	3.46	3.46	0.216	11.5	40.1	43.5	29.3	165.2	5.0

[주] 호칭은 테이퍼 수나사에 대한 것으로서, 테이퍼 암나사 및 평행 암나사의 경우는 R의 기호를 Rc 또는 Rp로 한다.

[비 고]

(1) 관용 나사를 나타내는 기호(R, Rc 및 Rp)는 필요에 따라 생략하여도 좋다.

(2) 나사산은 중심 축선에 직각으로, 피치는 중심 축선에 따라 측정한다.

(3) 유효 나사부의 길이는 완전하게 나사산이 깍인 나사부의 길이이며, 최후의 몇 개의 산만은 그 봉우리에 관 또는 관 이음쇠의 면이 그대로 남아 있어도 좋다. 또, 관 또는 관 이음쇠의 끝이 모떼기가 되어 있어도 이 부분을 유효 나사부의 길이에 포함시킨다.

(4) a, f 또는 t가 이 표의 수치에 따르기 어려울 때는 별도로 정하는 부품의 규격에 따른다.

(5) 표시 방법 : ① 테이퍼 수나사의 경우 R 1 1/2, ② 테이퍼 암나사의 경우 Rc 1 1/2, ③ 평행 암나사의 경우 Rp 1 1/2, ④ 좌나사의 경우 R 1 1/2 LH

8-7 관용 테이퍼 나사(3/4)

■ [부속서-A] KS B ISO 7-1에 규정되어 있지 않은 관용 테이퍼 나사

■ 테이퍼 수나사 및 테이퍼 암나사에 대하여 적용하는 기본 산모양

■ 평행 암나사에 대하여 적용하는 기본 산모양

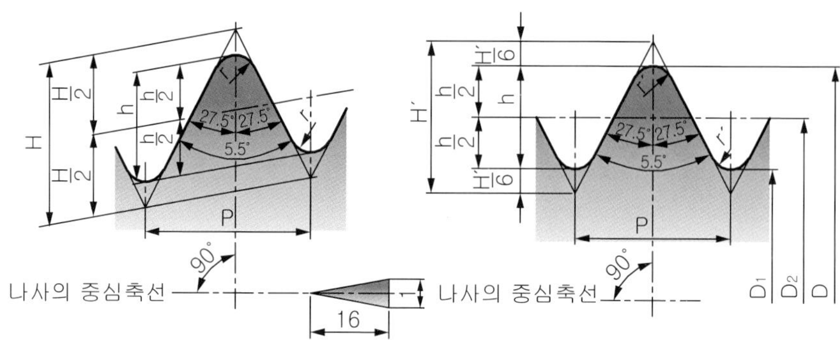

굵은 실선은 기준 산 모양을 나타낸다.

$P = \frac{25.4}{n}$

H = 0.960237P

h = 0.640327P

r = 0.137278P

굵은 실선은 기준 산 모양을 나타낸다.

$P = \frac{25.4}{n}$

H' = 0.960237P

h' = 0.640327P

r' = 0.137278P

■ 테이퍼 수나사와 테이퍼 암나사 또는 평행 암나사와의 끼워맞춤

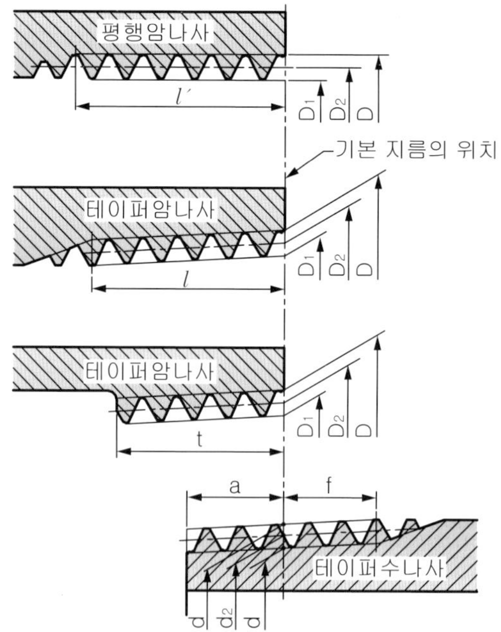

8-7 관용 테이퍼 나사(4/4)

KS B 0222

■ 기본치수 및 치수 허용차

나사의 호칭	나사산: 나사산수 (25.4 mm에 대한) n	나사산: 피치 P (참고)	나사산: 산의 높이 h	나사산: 둥글기 r 또는 r'	기본 지름: 수나사 바깥지름 d / 암나사 골지름 D	기본 지름: 수나사 유효지름 d_2 / 암나사 유효지름 D_2	기본 지름: 수나사 골지름 d_1 / 암나사 안지름 D_1	기본 지름의 위치: 수나사 관끝으로부터 기본길이 a	기본 지름의 위치: 수나사 관끝으로부터 축선 방향의 허용차 ±b	기본 지름의 위치: 암나사 관끝 부분 축선 방향의 허용차 ±c	평행 암나사의 D, D_2 및 D_1의 허용차 ±	유효 나사의 길이(최소): 수나사 기본 지름의 위치로부터 큰지름쪽으로 f	유효 나사의 길이(최소): 암나사 불완전 나사부가 있는 경우 테이퍼 암나사 기본 지름의 위치부터 작은지름쪽으로 l	유효 나사의 길이(최소): 암나사 불완전 나사부가 있는 경우 평행 암나사 관, 관이음 끝으로부터 l' (참고)	유효 나사의 길이(최소): 암나사 불완전 나사부가 없는 경우 테이퍼 암나사, 평행 암나사 기본 지름 또는 관, 관 이음의 끝으로부터 t	배관용 탄소 강관의 치수(참고) 바깥지름	배관용 탄소 강관의 치수(참고) 두께
PT 1/8	28	0.9071	0.581	0.12	9.728	9.147	8.566	3.97	0.91	1.13	0.071	2.5	6.2	7.4	4.4	10.5	2.0
PT 1/4	19	1.3368	0.856	0.18	13.157	12.301	11.445	6.01	1.34	1.67	0.104	3.7	9.4	11.0	6.7	13.8	2.3
PT 3/8	19	1.3368	0.856	0.18	16.662	15.806	14.950	6.35	1.34	1.67	0.104	3.7	9.7	11.4	7.0	17.3	2.3
PT 1/2	14	1.8143	1.162	0.25	20.955	19.793	18.631	8.16	1.81	2.27	0.142	5.0	12.7	15.0	9.1	21.7	2.8
PT 3/4	14	1.8143	1.162	0.25	26.441	25.279	24.117	9.53	1.81	2.27	0.142	5.0	14.1	16.3	10.2	27.2	2.8
PT 1	11	2.3091	1.479	0.32	33.249	31.770	30.291	10.39	2.31	2.89	0.181	6.4	16.2	19.1	11.6	34.0	3.2
PT 1 1/4	11	2.3091	1.479	0.32	41.910	40.431	38.952	12.70	2.31	2.89	0.181	6.4	18.5	21.4	13.4	42.7	3.5
PT 1 1/2	11	2.3091	1.479	0.32	47.803	46.324	44.845	12.70	2.31	2.89	0.181	6.4	18.5	21.4	13.4	48.6	3.5
PT 2	11	2.3091	1.479	0.32	59.614	58.135	56.656	15.88	2.31	2.89	0.181	7.5	22.8	25.7	16.9	60.5	3.8
PT 2 1/2	11	2.3091	1.479	0.32	75.184	73.705	72.226	17.46	3.46	3.46	0.216	9.2	26.7	30.1	18.6	76.3	4.2
PT 3	11	2.3091	1.479	0.32	87.884	86.405	84.926	20.64	3.46	3.46	0.216	9.2	29.8	33.3	21.1	89.1	4.2
PT 3 1/2	11	2.3091	1.479	0.32	100.330	98.851	97.372	22.23	3.46	3.46	0.216	9.2	31.4	34.9	22.4	101.6	4.2
PT 4	11	2.3091	1.479	0.32	113.030	111.551	110.072	25.40	3.46	3.46	0.216	10.4	35.8	39.3	25.9	114.3	4.5
PT 5	11	2.3091	1.479	0.32	138.430	136.951	135.472	28.58	3.46	3.46	0.216	11.5	40.1	43.5	29.3	139.8	4.5
PT 6	11	2.3091	1.479	0.32	163.830	162.351	160.872	28.58	3.46	3.46	0.216	11.5	40.1	43.5	29.3	165.2	5.0
PT 7	11	2.3091	1.479	0.32	189.230	187.751	186.272	34.93	5.08	5.08	0.318	14.0	48.9	54.0	35.1	190.7	5.3
PT 8	11	2.3091	1.479	0.32	214.630	213.151	211.672	38.10	5.08	5.08	0.318	14.0	52.1	57.2	37.6	216.3	5.8
PT 9	11	2.3091	1.479	0.32	240.030	238.551	237.072	38.10	5.08	5.08	0.318	14.0	52.1	57.2	37.6	241.8	6.2
PT 10	11	2.3091	1.479	0.32	265.430	263.951	262.472	41.28	5.08	5.08	0.318	14.0	55.3	60.4	40.2	267.4	6.6
PT 12	11	2.3091	1.479	0.32	316.230	314.751	314.751	41.28	6.35	6.35	0.397	17.5	58.8	65.1	41.9	318.5	6.9

[비 고]

1. 관용 테이퍼 나사를 나타내는 기호(PT 및 PS)는 필요에 따라 생략하여도 좋다.
2. 나사산은 중심 축선에 직각으로 하고 피치는 중심 축선을 따라 측정한다.
3. 유효 나사부의 길이란 완전하게 나사산이 깎인 나사부의 길이이며, 마지막 몇 개의 산만은 그 봉우리에 관 또는 관 이음쇠의 면이 그대로 있어도 좋다.
4. a, f 또는 t 가 이 표의 수치에 따르기 어려울 때는 따로 정하는 부품의 규격에 따른다.
5. 이 표의 음영 부분은 이 부속서의 규정의 사항이지만, 그 내용은 본체 부표 1에 규정한 나사의 호칭 R 1/8~R 3 및 R 4~R 6에 대한 것과 동일하다. 그러나 호칭이 다르기 때문에 ISO 규격과의 일치성 때문에 사용하지 않는 것이 좋다.

[주] 나사의 호칭은 테이퍼 수나사 및 테이퍼 암나사에 대한 것으로, 테이퍼 수나사와 끼워 맞추는 평행 암나사의 경우는 PT의 기호를 PS로 한다.

8-8 29도 사다리꼴 나사(1/2)

KS B 0226

굵은 실선은 기본 산 모양을 표시한다.

$$P = \frac{25.4}{n}$$

다만, n은 산수 (25.4mm에 당)

$h = 1.9335P$ $d_2 = d - 2c$

$c \fallingdotseq 0.25P$ $d_1 = d - 2h_1$

$h_1 = 2c + a$ $D = d + 2a$

$h_2 = 2c + a - b$ $D_2 = d_2$

$H = 2c + 2a - b$ $D_1 = d_1 + 2b$

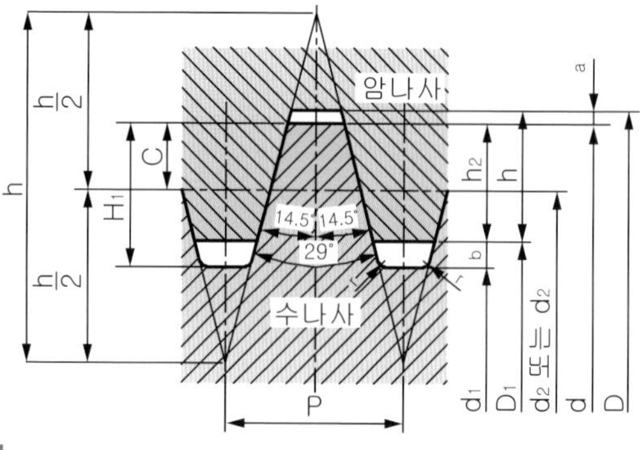

■ 29도 사다리꼴 나사의 산수 계열

단위 : mm

호칭	산수 (25.4mm 당)	호칭	산수 (25.4mm 당)	호칭	산수 (25.4mm 당)	호칭	산수 (25.4mm 당)
TW 10	12	TW 34	4	TW 60	3	TW 90	2
TW 12	10	TW 36	4	TW 62	3	TW 92	2
TW 14	8	TW 38	3 1/2	TW 65	2 1/2	TW 95	2
TW 16	8	TW 40	3 1/2	TW 68	2 1/2	TW 98	2
TW 18	6	TW 42	3 1/2	TW 70	2 1/2	TW 100	2
TW 20	6	TW 44	3 1/2	TW 72	2 1/2		
TW 22	5	TW 46	3	TW 75	2 1/2		
TW 24	5	TW 48	3	TW 78	2 1/2		
TW 26	5	TW 50	3	TW 80	2 1/2		
TW 28	5	TW 52	3	TW 82	2 1/2		
TW 30	4	TW 55	3	TW 85	2		
TW 32	4	TW 58	3	TW 88	2		

[용어의 뜻]
기준산형이란 나사산의 실제 모양을 정하기 위한 기초가 되는 나사산 1 피치분의 모양을 말하며, 도 기준치수란 기준산형을 가진 나사의 각 주요 치수를 각 호칭에 대하여 구한 수치를 말한다.

[비 고]
특별히 필요해서 이 표의 호칭과 산수의 관계 또는 이 표의 호칭 나사 지름을 사용할 수 없는 경우에는 이것을 변경하여도 지장이 없다. 다만, 산수는 이 표 중의 것에서 선택한다.

■ 29도 사다리꼴 나사의 나사산의 기준 치수

단위 : mm

산수 (25.4mm 당) n	피치 P	틈새		c	걸리는 높이 h2	수나사의 나사산 높이 h1	암나사의 나사산 높이 H	수나사 골 구석의 둥글기 r
		a	b					
12	2.1167	0.25	0.50	0.50	0.75	1.25	1.00	0.25
10	2.5400	0.25	0.50	0.60	0.95	1.45	1.20	0.25
8	3.1750	0.25	0.50	0.75	1.25	1.75	1.50	0.25
6	4.2333	0.25	0.50	1.00	1.75	2.25	2.00	0.25
5	5.0800	0.25	0.75	1.25	2.00	2.75	2.25	0.25
4	6.3500	0.25	0.75	1.50	2.50	3.25	2.75	0.25
3 1/2	7.2571	0.25	0.75	1.75	3.00	3.75	3.25	0.25
3	8.4667	0.25	0.75	2.00	3.50	4.25	3.75	0.25
2 1/2	10.1600	0.25	0.75	2.50	4.50	5.25	4.75	0.25
2	12.7000	0.25	0.75	3.00	5.50	6.25	5.75	0.25

8-8 29도 사다리꼴 나사(2/2)

KS B 0226

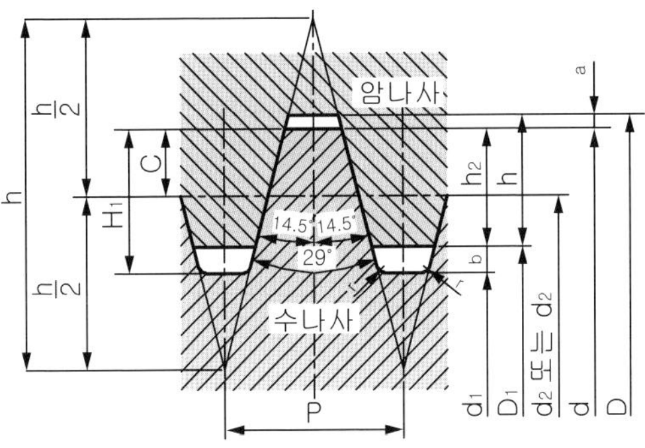

■ 29도 사다리꼴 나사 기준 치수

단위 : mm

호 칭	산 수 (25.4mm 당) n	피 치 P	수나사			암나사		
			바깥 지름 d	유효 지름 d2	골 지름 d1	골 지름 D	유효 지름 D2	안 지름 D1
TW 10	12	2.1167	10	9.0	7.5	10.5	9.0	8.5
TW 12	10	2.5400	12	10.8	9.1	12.5	10.8	10.1
TW 14	8	3.1750	14	12.5	10.5	14.5	12.5	11.5
TW 16	8	3.1750	16	14.5	12.5	16.5	14.5	13.5
TW 18	6	4.2333	18	16.0	13.5	18.5	16.0	14.5
TW 20	6	4.2333	20	18.0	15.5	20.5	18.0	16.5
TW 22	5	5.0800	22	19.5	16.5	22.5	19.5	18.0
TW 24	5	5.0800	24	21.5	18.5	24.5	21.5	20.0
TW 26	5	5.0800	26	23.5	20.5	26.5	23.5	22.0
TW 28	5	5.0800	28	25.5	22.5	28.5	25.5	24.0
TW 30	4	6.3500	30	27.0	23.5	30.5	27.0	25.0
TW 32	4	6.3500	32	29.0	25.5	32.5	29.0	27.0
TW 34	4	6.3500	34	31.0	27.5	34.5	31.0	29.0
TW 36	4	6.3500	36	33.0	29.5	36.5	33.0	31.0
TW 38	3 1/2	7.2571	38	34.5	30.5	38.5	34.5	32.0
TW 40	3 1/2	7.2571	40	36.5	32.5	40.5	36.5	34.0
TW 42	3 1/2	7.2571	42	38.5	34.5	42.5	38.5	36.0
TW 44	3 1/2	7.2571	44	40.5	36.5	44.5	40.5	38.0
TW 46	3	8.4667	46	42.0	37.5	46.5	42.0	39.0
TW 48	3	8.4667	48	44.0	39.5	48.5	44.0	41.0
TW 50	3	8.4667	50	46.0	41.5	50.5	46.0	43.0
TW 52	3	8.4667	52	48.0	43.5	52.5	48.0	45.0
TW 55	3	8.4667	55	51.0	46.5	55.5	51.0	48.0
TW 58	3	8.4667	58	54.0	49.5	58.5	54.0	51.0
TW 60	3	8.4667	60	56.0	51.5	60.5	56.0	53.0
TW 62	3	8.4667	62	58.0	53.5	62.5	58.0	55.0
TW 65	2 1/2	10.1600	65	60.0	54.5	65.5	60.0	56.0
TW 68	2 1/2	10.1600	68	63.0	57.5	68.5	63.0	59.0
TW 70	2 1/2	10.1600	70	65.0	59.5	70.5	65.0	61.0
TW 72	2 1/2	10.1600	72	67.0	61.5	72.5	67.0	63.0
TW 75	2 1/2	10.1600	75	70.0	64.5	75.5	70.0	66.0
TW 78	2 1/2	10.1600	78	73.0	67.5	78.5	73.0	69.0
TW 80	2 1/2	10.1600	80	75.0	69.5	80.5	75.0	71.0
TW 82	2 1/2	10.1600	82	77.0	71.5	82.5	77.0	73.0
TW 85	2	12.7000	85	79.0	72.5	85.5	79.0	74.0
TW 88	2	12.7000	88	82.0	75.5	88.5	82.0	77.0
TW 90	2	12.7000	90	84.0	77.5	90.5	84.0	79.0
TW 92	2	12.7000	92	86.0	79.5	92.5	86.0	81.0
TW 95	2	12.7000	95	89.0	82.5	95.5	89.0	84.0
TW 98	2	12.7000	98	92.0	85.5	98.5	92.0	87.0
TW 100	2	12.7000	100	94.0	87.5	100.5	94.0	89.0

8-9 미터 사다리꼴 나사(1/4)

KS B 0229

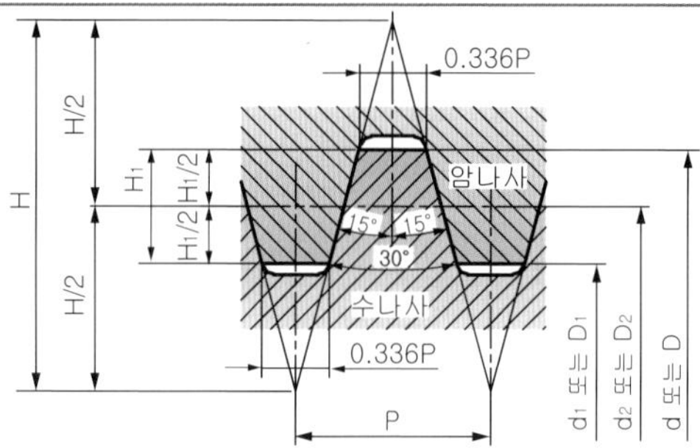

■ 미터 사다리꼴 나사의 호칭 표시 방법

① 한 줄 나사의 호칭 표시 방법

한 줄 미터 사다리꼴 나사의 호칭은 나사의 종류를 표시하는 기호 Tr, 나사의 호칭지름 및 피치를 표시하는 숫자(mm 단위인 것)를 다음 보기와 같이 조합하여 표시한다.

보기 : 호칭지름 40mm, 피치 7mm인 경우 Tr40x7

② 여러 줄 나사의 호칭 표시 방법

여러 줄 미터 사다리꼴 나사의 호칭은 나사의 종류를 표시하는 기호 Tr, 나사의 호칭지름, 리드 및 피치를 표시하는 숫자(mm 단위인 것)를 다음 보기와 같이 조합하여 표시한다. 이 때 피치는 그 숫자 암에 P의 문자를 붙이고 리드 뒤에 ( )를 붙여 표시한다.

보기 : 호칭지름 40mm, 리드 14mm, 피치 7mm인 경우 Tr40x14(P7)

③ 왼나사의 표시 방법

왼 미터 사다리꼴 나사의 호칭은 호칭 뒤에 LH 기호를 붙여서 표시한다.

보기 : Tr40x7H, Tr40x14(P7)LH

■ 미터 사다리꼴 나사의 기준 치수 산출에 사용하는 공식

$H = 1.866P$ $d_2 = d - 0.5P$

$H_1 = 0.5P$ $d_1 = d - P$

$D = d$ $D_2 = d_2$

$D_1 = d_1$

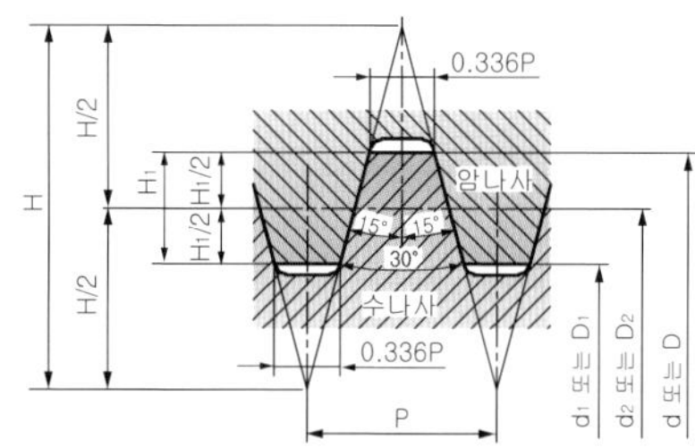

[미터 사다리꼴 나사의 기준 산형]

■ 미터 사다리꼴 나사의 기준 치수

단위 : mm

나사의 호칭	피 치 P	접촉 높이 H1	암나사 골지름 D / 수나사 바깥 지름 d	암나사 유효 지름 D_2 / 수나사 유효 지름 d_2	암나사 안 지름 D_1 / 수나사 골 지름 d_1
Tr 8 x 1.5	1.5	0.75	8.000	7.250	6.500
Tr 9 x 2	2	1	9.000	8.000	7.000
Tr 9 x 1.5	1.5	0.75	9.000	8.250	7.500
Tr 10 x 2	2	1	10.000	9.000	8.000
Tr 10 x 1.5	1.5	0.75	10.000	9.250	8.500
Tr 11 x 3	3	1.5	11.000	9.500	8.000
Tr 11 x 2	2	1	11.000	10.000	9.000

8-9 미터 사다리꼴 나사(2/4)

KS B 0229

■ 미터 사다리꼴 나사 기준 치수

단위 : mm

나사의 호칭	피 치 P	접촉 높이 H_1	암나사		
			골지름 D	유효 지름 D_2	안 지름 D_1
			수나사		
			바깥 지름 d	유효 지름 d_2	골 지름 d_1
Tr 12 x 3	3	1.5	12.000	10.500	9.000
Tr 12 x 2	2	1	12.000	11.000	10.000
Tr 14 x 3	3	1.5	14.000	12.500	11.000
Tr 14 x 2	2	1	14.000	13.000	12.000
Tr 16 x 4	4	2	16.000	14.000	12.000
Tr 16 x 2	2	1	16.000	15.000	14.000
Tr 18 x 4	4	2	18.000	16.000	14.000
Tr 18 x 2	2	1	18.000	17.000	16.000
Tr 20 x 4	4	2	20.000	18.000	16.000
Tr 20 x 2	2	1	20.000	19.000	18.000
Tr 22 x 8	8	4	22.000	18.000	14.000
Tr 22 x 5	5	2.5	22.000	19.500	17.000
Tr 22 x 3	3	1.5	22.000	20.500	19.000
Tr 24 x 8	8	4	24.000	20.000	16.000
Tr 24 x 5	5	2.5	24.000	21.500	19.000
Tr 24 x 3	3	1.5	24.000	22.500	21.000
Tr 26 x 8	8	4	26.000	22.000	18.000
Tr 26 x 5	5	2.5	26.000	23.500	21.000
Tr 26 x 3	3	1.5	26.000	24.500	23.000
Tr 28 x 8	8	4	28.000	24.000	20.000
Tr 28 x 5	5	2.5	28.000	25.500	23.000
Tr 28 x 3	3	1.5	28.000	26.500	25.000
Tr 30 x 10	10	5	30.000	25.000	20.000
Tr 30 x 6	6	3	30.000	27.000	24.000
Tr 30 x 3	3	1.5	30.000	28.500	27.000
Tr 32 x 10	10	5	32.000	27.000	22.000
Tr 32 x 6	6	3	32.000	29.000	26.000
Tr 32 x 3	3	1.5	32.000	30.500	29.000
Tr 34 x 10	10	5	34.000	29.000	24.000
Tr 34 x 6	6	3	34.000	31.000	28.000
Tr 34 x 3	3	1.5	34.000	32.500	31.000
Tr 36 x 10	10	5	36.000	31.000	26.000
Tr 36 x 6	6	3	36.000	33.000	30.000
Tr 36 x 3	3	1.5	36.000	34.500	33.000
Tr 38 x 10	10	5	38.000	33.000	28.000
Tr 38 x 7	7	3.5	38.000	34.500	31.000
Tr 38 x 3	3	1.5	38.000	36.500	35.000
Tr 40 x 10	10	3	40.000	35.000	30.000
Tr 40 x 7	7	3.5	40.000	36.500	33.000
Tr 40 x 3	3	1.5	40.000	38.500	37.000
Tr 42 x 10	10	5	42.000	37.000	32.000
Tr 42 x 7	7	3.5	42.000	38.500	35.000
Tr 42 x 3	3	1.5	42.000	40.500	39.000
Tr 44 x 12	12	6	44.000	38.000	32.000
Tr 44 x 7	7	3.5	44.000	40.500	37.000
Tr 44 x 3	3	1.5	44.000	42.500	41.000
Tr 46 x 12	12	6	46.000	40.000	34.000
Tr 46 x 8	8	4	46.000	42.000	38.000
Tr 46 x 3	3	1.5	46.000	44.500	43.000
Tr 48 x 12	12	6	48.000	42.000	36.000
Tr 48 x 8	8	4	48.000	44.000	40.000
Tr 48 x 3	3	1.5	48.000	46.500	45.000
Tr 50 x 12	12	6	50.000	44.000	38.000
Tr 50 x 8	8	4	50.000	46.000	42.000
Tr 50 x 3	3	1.5	50.000	48.500	47.000
Tr 52 x 12	12	6	52.000	46.000	40.000
Tr 52 x 8	8	4	52.000	48.000	44.000
Tr 52 x 3	3	1.5	52.000	50.500	49.000

8-9 미터 사다리꼴 나사(3/4)

KS B 0229

■ 미터 사다리꼴 나사 기준 치수 (계속)

단위 : mm

나사의 호칭	피 치 P	접촉 높이 H_1	암나사		
			골 지름 D	유효 지름 D_2	안 지름 D_1
			수나사		
			바깥 지름 d	유효 지름 d_2	골 지름 d_1
Tr 55 x 14	14	7	55,000	48,000	41,000
Tr 55 x 9	9	4.5	55,000	50,500	46,000
Tr 55 x 3	3	1.5	55,000	53,500	52,000
Tr 60 x 14	14	7	60,000	53,000	46,000
Tr 60 x 9	9	4.5	60,000	55,500	51,000
Tr 60 x 3	3	1.5	60,000	58,500	57,000
Tr 65 x 16	16	8	65,000	57,000	49,000
Tr 65 x 10	10	5	65,000	60,000	55,000
Tr 65 x 4	4	2	65,000	63,000	61,000
Tr 70 x 16	16	8	70,000	62,000	54,000
Tr 70 x 10	10	5	70,000	65,000	60,000
Tr 70 x 4	4	2	70,000	68,000	66,000
Tr 75 x 16	16	8	75,000	67,000	59,000
Tr 75 x 10	10	5	75,000	70,000	65,000
Tr 75 x 4	4	2	75,000	73,000	71,000
Tr 80 x 16	16	8	80,000	72,000	64,000
Tr 80 x 10	10	5	80,000	75,000	70,000
Tr 80 x 4	4	2	80,000	78,000	76,000
Tr 85 x 18	18	9	85,000	76,000	67,000
Tr 85 x 12	12	6	85,000	79,000	73,000
Tr 85 x 4	4	2	85,000	83,000	81,000
Tr 90 x 18	18	9	90,000	81,000	72,000
Tr 90 x 12	12	6	90,000	84,000	78,000
Tr 90 x 4	4	2	90,000	88,000	86,000
Tr 95 x 18	18	9	95,000	86,000	77,000
Tr 95 x 12	12	6	95,000	89,000	83,000
Tr 95 x 4	4	2	95,000	93,000	91,000
Tr 100 x 20	20	10	100,000	90,000	80,000
Tr 100 x 12	12	6	100,000	94,000	88,000
Tr 100 x 4	4	2	100,000	98,000	96,000
Tr 105 x 20	20	10	105,000	95,000	85,000
Tr 105 x 12	12	6	105,000	99,000	93,000
Tr 105 x 4	4	2	105,000	103,000	101,000
Tr 110 x 20	20	10	110,000	100,000	90,000
Tr 110 x 12	12	6	110,000	104,000	98,000
Tr 110 x 4	4	2	110,000	108,000	106,000
Tr 115 x 22	22	11	115,000	104,000	93,000
Tr 115 x 14	14	7	115,000	108,000	101,000
Tr 115 x 6	6	3	115,000	112,000	109,000
Tr 120 x 22	22	11	120,000	109,000	98,000
Tr 120 x 14	14	7	120,000	113,000	106,000
Tr 120 x 6	6	3	120,000	117,000	114,000
Tr 125 x 22	22	11	125,000	114,000	103,000
Tr 125 x 14	14	7	125,000	118,000	111,000
Tr 125 x 6	6	3	125,000	122,000	119,000
Tr 130 x 22	22	11	130,000	119,000	108,000
Tr 130 x 14	14	7	130,000	123,000	116,000
Tr 130 x 6	6	3	130,000	127,000	124,000
Tr 135 x 24	24	12	135,000	123,000	111,000
Tr 135 x 14	14	7	135,000	128,000	121,000
Tr 135 x 6	6	3	135,000	132,000	129,000
Tr 140 x 24	24	12	140,000	128,000	116,000
Tr 140 x 14	14	7	140,000	133,000	126,000
Tr 140 x 6	6	3	140,000	137,000	134,000
Tr 145 x 24	24	12	145,000	133,000	121,000
Tr 145 x 14	14	7	145,000	138,000	131,000
Tr 145 x 6	6	3	145,000	142,000	139,000
Tr 150 x 24	24	12	150,000	138,000	126,000
Tr 150 x 16	16	8	150,000	142,000	134,000
Tr 150 x 6	6	3	150,000	147,000	144,000

8-9 미터 사다리꼴 나사(4/4)

KS B 0229

■ 미터 사다리꼴 나사 기준 치수 (계속)

단위 : mm

나사의 호칭	피 치 P	접촉 높이 H_1	암나사		
			골 지름 D	유효 지름 D_2	안 지름 D_1
			수나사		
			바깥 지름 d	유효 지름 d_2	골 지름 d_1
Tr 155 x 24	24	12	155.000	143.000	131.000
Tr 155 x 16	16	8	155.000	147.000	139.000
Tr 155 x 6	6	3	155.000	152.000	149.000
Tr 160 x 28	28	14	160.000	146.000	132.000
Tr 160 x 16	16	8	160.000	152.000	144.000
Tr 160 x 6	6	3	160.000	157.000	154.000
Tr 165 x 28	28	14	165.000	151.000	137.000
Tr 165 x 16	16	8	165.000	157.000	149.000
Tr 165 x 6	6	3	165.000	162.000	159.000
Tr 170 x 28	28	14	170.000	156.000	142.000
Tr 170 x 16	16	8	170.000	162.000	154.000
Tr 170 x 6	6	3	170.000	167.000	164.000
Tr 175 x 28	28	14	175.000	161.000	147.000
Tr 175 x 16	16	8	175.000	167.000	159.000
Tr 175 x 8	8	4	175.000	171.000	167.000
Tr 180 x 28	28	14	180.000	166.000	152.000
Tr 180 x 18	18	9	180.000	171.000	162.000
Tr 180 x 8	8	4	180.000	176.000	172.000
Tr 185 x 32	32	16	185.000	169.000	153.000
Tr 185 x 18	18	9	185.000	176.000	167.000
Tr 185 x 8	8	4	185.000	181.000	177.000
Tr 190 x 32	32	16	190.000	174.000	158.000
Tr 190 x 18	18	9	190.000	181.000	172.000
Tr 190 x 8	8	4	190.000	186.000	182.000
Tr 195 x 32	32	16	195.000	179.000	163.000
Tr 195 x 18	18	9	195.000	186.000	177.000
Tr 195 x 8	8	4	195.000	191.000	187.000
Tr 200 x 32	32	16	200.000	184.000	168.000
Tr 200 x 18	18	9	200.000	191.000	182.000
Tr 200 x 8	8	4	200.000	196.000	192.000
Tr 210 x 36	36	18	210.000	192.000	174.000
Tr 210 x 20	20	10	210.000	200.000	190.000
Tr 210 x 8	8	4	210.000	206.000	202.000
Tr 220 x 36	36	18	220.000	202.000	184.000
Tr 220 x 20	20	10	220.000	210.000	200.000
Tr 220 x 8	8	4	220.000	216.000	212.000
Tr 230 x 36	36	18	230.000	212.000	194.000
Tr 230 x 20	20	10	230.000	220.000	210.000
Tr 230 x 8	8	4	230.000	226.000	222.000
Tr 240 x 36	36	18	240.000	222.000	204.000
Tr 240 x 22	22	11	240.000	229.000	218.000
Tr 240 x 8	8	4	240.000	236.000	232.000
Tr 250 x 40	40	20	250.000	230.000	210.000
Tr 250 x 22	22	11	250.000	239.000	228.000
Tr 250 x 12	12	6	250.000	244.000	238.000
Tr 260 x 40	40	20	260.000	240.000	220.000
Tr 260 x 22	22	11	260.000	249.000	238.000
Tr 260 x 12	12	6	260.000	254.000	248.000
Tr 270 x 44	40	20	270.000	250.000	230.000
Tr 270 x 24	24	12	270.000	258.000	246.000
Tr 270 x 12	12	6	270.000	264.000	258.000
Tr 280 x 44	40	20	280.000	260.000	240.000
Tr 280 x 24	24	12	280.000	268.000	256.000
Tr 280 x 12	12	6	280.000	274.000	268.000
Tr 290 x 44	44	22	290.000	268.000	246.000
Tr 290 x 24	24	12	290.000	278.000	266.000
Tr 290 x 12	12	6	290.000	284.000	278.000
Tr 300 x 44	44	22	300.000	278.000	256.000
Tr 300 x 24	24	12	300.000	288.000	276.000
Tr 300 x 12	12	6	300.000	294.000	288.000

[주] 나사의 호칭 앞의 기호 Tr은 미터 사다리꼴 나사를 나타내는 기호이다.

8-10 수나사 부품의 불완전 나사부 길이 및 나사의 틈새(1/2)

KS B 0245

■ 나사의 절단 끝부에 있어서 불완전 나사부 길이(x)

절삭 나사의 경우

(원통부 지름 = 수나사 바깥지름)

ød

x b

전조 나사의 경우

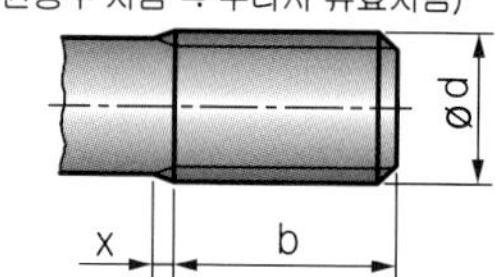

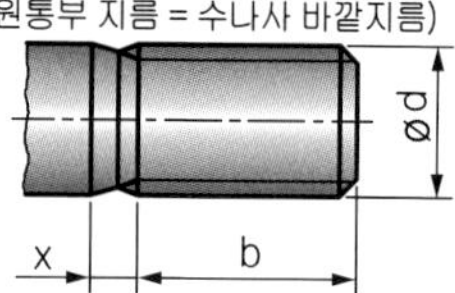

[비고] 그림 중의 b는 나사부 길이를 표시한다.

온나사에 있어서 불완전 나사부 길이(a)

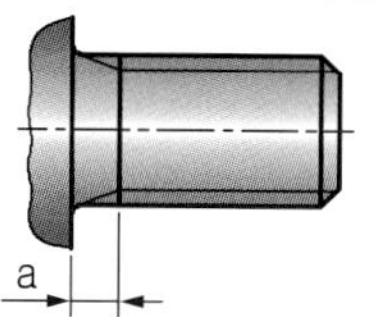

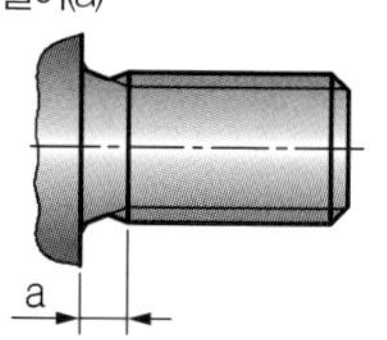

단위 : mm

나사의 피치 P	x (최대)		a (최대)			(참 고) 피치에 대응하는 미터나사의 호칭지름(d)	
	보통 것	짧은 것	보통 것	짧은 것	긴 것	보통나사의 경우	가는 나사의 경우
0.2	0.5	0.25	0.6	0.4	0.8	–	–
0.25	0.6	0.3	0.75	0.5	1	1, 1.2	–
0.3	0.75	0.4	0.9	0.6	1.2	1.4	–
0.35	0.9	0.45	1.05	0.7	1.4	1.6 , 1.8	–
0.4	1	0.5	1.2	0.8	1.6	2	–
0.45	1.1	0.6	1.35	0.9	1.8	2.2, 2.5	–
0.5	1.25	0.7	1.5	1	2	3	–
0.6	1.5	0.75	1.8	1.2	2.4	3.5	–
0.7	1.75	0.9	2.1	1.4	2.8	4	–
0.75	1.9	1	2.25	1.5	3	4.5	–
0.8	2	1	2.4	1.6	3.2	5	–
1	2.5	1.25	3	2	4	6, 7	8
1.25	3.2	1.6	4	2.5	5	8	10, 12
1.5	3.8	1.9	4.5	3	6	10	14, 16, 18, 20, 22
1.75	4.3	2.2	5.3	3.5	7	12	–
2	5	2.5	6	4	8	14, 16	24, 27, 30, 33
2.5	6.3	3.2	7.5	5	10	18, 20, 22	–
3	7.5	3.8	9	6	12	24, 27	36, 39
3.5	9	4.5	10.5	7	14	30, 33	–
-4	10	5	12	8	16	36, 39	–
4.5	11	5.5	12.5	9	18	42, 45	–
5	12.5	6.3	15	10	20	48, 52	–
5.5	14	7	16.5	11	22	56, 60	–
6	15	7.5	18	12	24	64, 68	–

[주] 1. x(최대) 중 '보통 것' 의 값은 2.5P, '짧은 것' 의 값은 1.25P 로서 구한 값을 맺음한 것으로, 그 적용은 다음에 따른다.
보통 것 : 원칙적으로 KS B 0238 (나사 부품의 공차 방식)의 부품 등급 A, B급 및 C에 속한 수나사 부품에 적용한다.
짧은 것 : 사용상의 기술적 이유에 따르고, 특히 짧은 x를 필요로 하는 수나사 부품에 적용한다.
2. a(최대) 중 '보통 것'의 값은 3P 로서 구한 값을 맺음한 것, '짧은 것'의 값은 2P, '긴 것'의 값은 4P로 구한 것으로 그 적용은 다음에 따른다.
보통 것 : 원칙적으로 KS B 0238의 부품 등급 A에 속하는 수나사 부품에 적용한다.
짧은 것 : 사용상의 기술적 이유에 따라 특히 짧은 a를 필요로 하는 수나사 부품에 적용한다.
긴 것 : 원칙적으로 KS B 0238의 부품 등급 B 및 C에 속하는 수나사 부품에 적용한다.
3. 가는 나사의 호칭 지름은 KS B 0204(미터 가는 나사)의 표3에 규정하는 '작은 나사류, 볼트 및 너트용의 가는 나사의 선택 기준'에 따른 것이다.

8-10 수나사 부품의 불완전 나사부 길이 및 나사의 틈새(2/2)

KS B 0245

■ 나사의 틈새

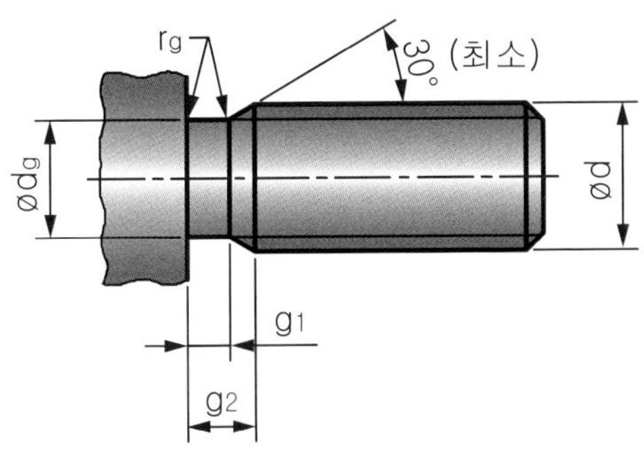

단위 : mm

나사의 피치 P	dg		g1	g2	rg
	기준 치수	허용차	최소	최대	약
0.25	d-0.4	주5 참조	0.4	0.75	0.12
0.3	d-0.5		0.5	0.9	0.16
0.35	d-0.6		0.6	1.05	0.16
0.4	d-0.7		0.6	1.2	0.2
0.45	d-0.7		0.7	1.35	0.2
0.5	d-0.8		0.8	1.5	0.2
0.6	d-1		0.9	1.8	0.4
0.7	d-1.1		1.1	2.1	0.4
0.75	d-1.2		1.2	2.25	0.4
0.8	d-1.3		1.3	2.4	0.4
1	d-1.6		1.6	3	0.6
1.25	d-2		2	3.75	0.6
1.5	d-2.3		2.5	4.5	0.8
1.75	d-2.6		3	5.25	1
2	d-3		3.4	6	1
2.5	d-3.6		4.4	7.5	1.2
3	d-4.4		5.2	9	1.6
3.5	d-5		6.2	10.5	1.6
4	d-5.7		7	12	2
4.5	d-6.4		8	13.5	2.5
5	d-7		9	15	2.5
5.5	d-7.7		11	16.5	3.2
6	d-8.3		11	18	3.2

[주] 4. dg의 기준 치수는 나사 피치에 대응하는 나사의 호칭 지름(d)에서 이 난에 규정하는 수치를 뺀 것으로 한다.
(보기 : P=0.25, d=1.2에 대한 dg의 기준 치수는 d-0.4=1.2-0.4=0.8mm)
5. 나사의 호칭지름(d)이 3mm 이하인 것에는 KS B 0401(치수 공차 및 끼워맞춤)의 h12, d가 3mm를 초과하는 것에는 h13을 적용한다.
6. g1(최소)의 값은 dg부에서 d부에 이행하는 각도를 30° (최소)로 한 것이다.
7. g2(최대)의 값은 3P로 한 것이다.

8-11 볼트 구멍 자리파기와 나사부 치수

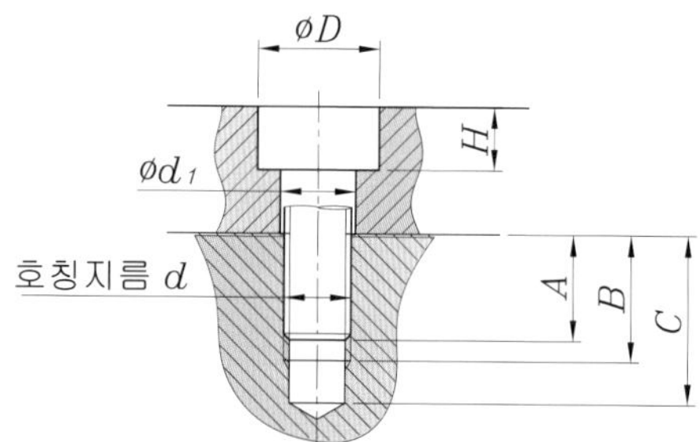

단위 :mm

육각홈붙이 볼트 구멍 및 자리파기와 나사부 치수							
호칭 지름	d_1	D	H	H(깊은구멍용)	A	B	C
M2	2.4	4	2	2.2	주철=1.5d 알루미늄=2d 동=2d 강=1.25d 주강=1.25d	A+2~10 (A+2~3산분)	B+2 정도 또는 그 이상
M2.6	3.0	5.5	2.5	2.8			
M3	3.5	6.5	2.8	3.3			
M4	4.5	8	3.5	4.4			
M5	5.8	10	4.5	5.4			
M6	6.8	11	5.6	6.5			
M8	9.0	14.5	7.5	8.5			
M10	11	18	9	10.5			
M12	14	20	11.2	13.5			
M16	18	26	15	17.5			

8-12 육각홈붙이 볼트의 자리파기 및 볼트 구멍의 치수

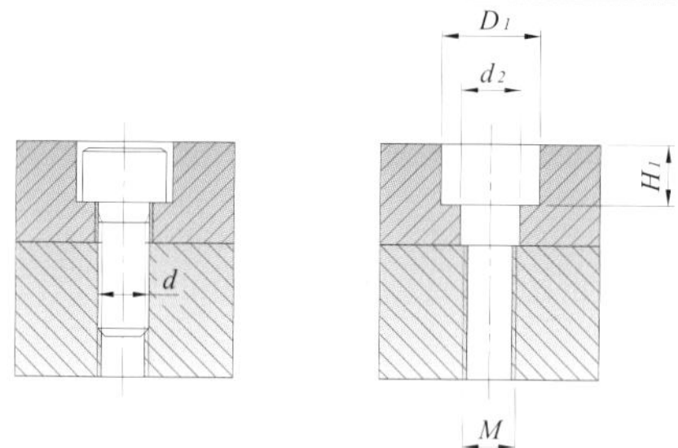

■ 육각 홈붙이 볼트에 대한 자리파기(카운터 보어) 및 볼트 구멍 치수

단위 :mm

나사의 호칭 d	M3	M4	M5	M6	M8	M10	M12	M14	M16	M18	M20	M22	M24	M27	M30
d_2	3.4	4.5	5.5	6.6	9	11	14	16	18	20	22	24	26	30	33
D_1	6.5	8	9.5	11	14	17.5	20	23	26	29	32	35	39	43	48
H_1	3.3	4.4	5.4	6.5	8.6	10.8	13	15.2	17.5	19.5	21.5	23.5	25.5	29	32

8-13 탭 깊이 및 드릴 가공 깊이

■ 탭 깊이 및 드릴 가공 깊이

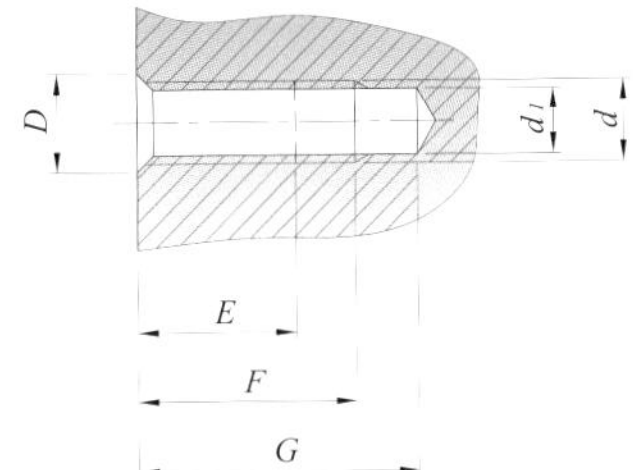

단위 :mm

적용 재질			강, 주강, 단강, 청동, 황동			주철, 동합금, 주물		
나사 호칭	드릴 지름	모떼기 지름	체결 깊이	탭 깊이	드릴 깊이	체결 깊이	탭 깊이	드릴 깊이
d	d_1	D	E	F	G	E	F	G
M5×0.8	4.2	5.5	5	10	14	6	11	14
M6×1.0	5.0	6.5	6	11	15	8	13	16
M8×1.25	6.8	9.0	8	13	18	10	15	20
M10×1.5	8.5	11.0	13	18	24	15	20	25
M12×1.75	10.2	14.0	15	20	25	18	23	28
M16×2.0	14.0	18.0	20	25	32	24	29	35
M20×2.5	17.5	22.0	25	30	38	30	35	44
M24×3.0	21.0	26.0	28	30	40	32	38	46
M30×3.5	26.5	33.0	30	35	45	40	45	55
M36×4.0	32	39.0	36	42	55	48	52	65

8-14 일반적인 접시머리나사의 카운터 싱크 치수

접시머리나사의 머리부가 튀어나오지 않도록 하기 위한 가공이다. 일반적으로 2종류의 가공이 있으며 아래 표는 깊이 F가 있는 가공 치수이다.

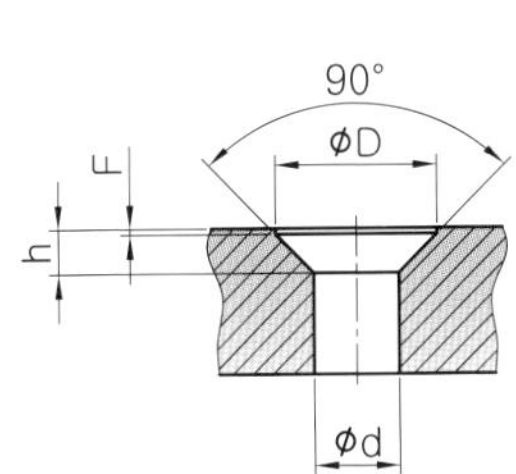

카운터 싱크의 지시

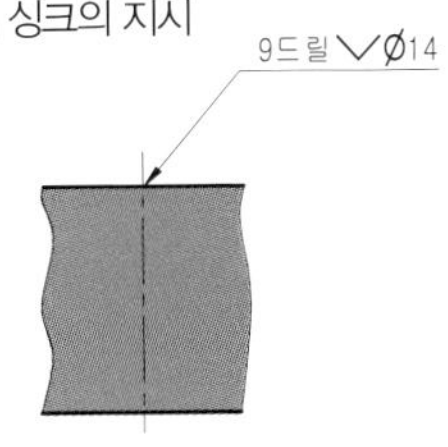

원형 형상에 지시하는 접시머리 구멍 지시의 보기

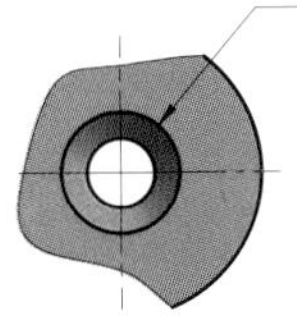

나사의 제도와 규격

단위 : mm

나사 사이즈	나사부 구멍 지름	접시머리부 구멍 지름	깊이 F		접시머리 구멍의 깊이
	∅d	∅D	최소	최대	h
M1	1.2	2.2	0.2	0.4	0.7~0.9
M1.2	1.4	2.6			0.8~1.0
(M1.4)	1.6	3.0			0.9~1.1
M1.6	1.8	3.4			1.0~1.2
(M1.7)	2.0	3.6			1.0~1.2
M2	2.3	4.3			1.2~1.4
(M2.3)	2.6	4.9			1.4~1.6
M2.5	3.0	5.3			1.4~1.6
(M2.6)	3.0	5.5			1.5~1.7
M3	3.4	6.3			1.7~1.9
(M3.5)	3.9	7.3			1.9~2.1
M4	4.5	8.4	0.3	0.6	2.3~2.6
M5	5.5	10.5			2.8~3.1
M6	6.6	12.5			3.3~3.6
M8	9.0	17.0			4.3~4.6

8-15 접시머리 작은 나사 카운터싱크 치수

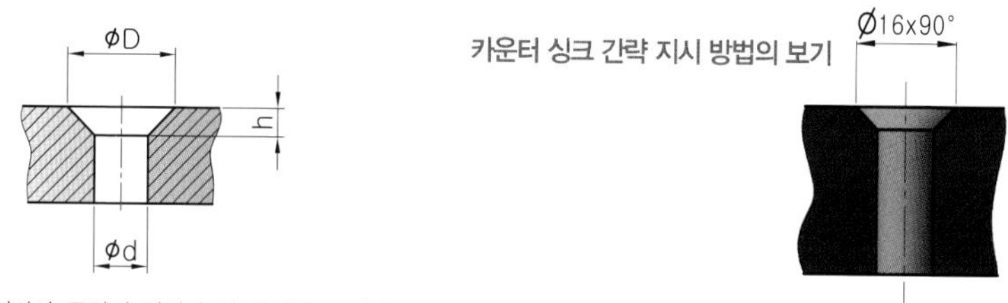

[주] 접시머리 구멍의 깊이가 판 두께를 초과하는 경우에는 상대측에 모떼기가 필요하다.

단위 : mm

나사의 호칭	나사 구멍 지름 d	접시머리구멍 지름 D	접시머리 구멍 허용차	접시머리 구멍 깊이 h
M2	2.2	Ø4.4	±0.2	1.2
M2.3	2.5	Ø5.0		1.3
M2.5	2.7	Ø5.4		1.4
M2.6	2.8	Ø5.6		1.5
M3	3.2	Ø6.6		1.8
M3.5	3.7	Ø7.6		2
M4	4.3	Ø8.6		2.2
M4.5	4.8	Ø9.6		2.5
M5	5.3	Ø10.6		2.7
M6	6.4	Ø12.8	+0.3	3.3
M8	8.4	Ø16.8	+0.2	4.3

8-16 재질별 탭 깊이 및 나사 체결부 깊이

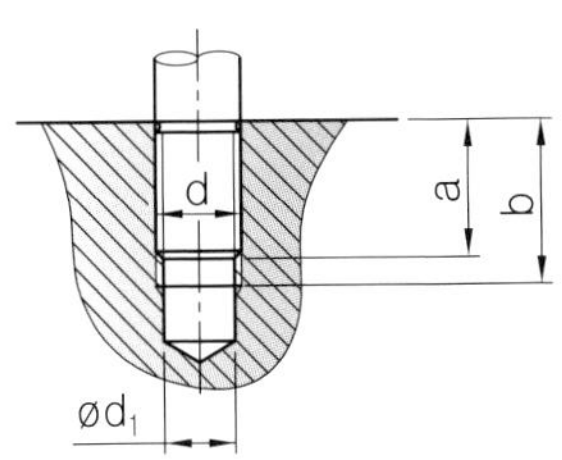

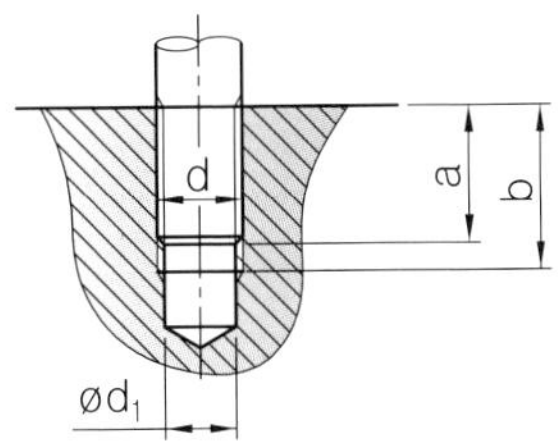

수나사의 외경 d	나사가공을 위한 구멍 드릴 지름 d_1	강, 주강, 청동, 청동주물		주철		알루미늄 및 기타 경합금계열	
		나사 체결부 깊이 a	탭 깊이 b	나사 체결부 깊이 a	탭 깊이 b	나사 체결부 깊이 a	탭 깊이 b
3	2.4	3	6	4.5	7.5	5.5	8.5
3.5	2.9	3.5	6.5	5.5	8.5	6.5	9.5
4	3.25	4	7	6	9	7	10
4.5	3.75	4.5	7.5	7	10	8	11
5	4.1	5	8.5	8	11.5	9	12.5
5.5	4.6	5.5	9	8	11.5	10	13.5
6	5	6	10	9	13	11	15
7	6	7	11	11	15	13	17
8	6.8	8	12	12	16	14	18
9	7.8	9	13	13	17	16	20
10	8.5	10	14	15	19	18	22
12	10.2	12	17	17	22	22	27
14	12	14	19	20	25	25	30
16	14	16	21	22	27	28	33
18	15.5	18	24	25	31	33	39
20	17.5	20	26	27	33	36	42
22	19.5	22	29	30	37	40	47
24	21	24	32	32	40	44	52
27	24	27	36	36	45	48	57
30	26.5	30	39	40	49	54	63
33	29.5	33	43	43	53	60	70
36	32	36	47	47	58	65	76
39	35	39	51	52	64	70	82
42	37.5	42	54	55	67	75	87
45	40.5	45	58	58	71	80	93
48	43	48	62	62	76	86	100

8-17 볼트 구멍 및 자리파기 규격

■ 볼트 드릴 구멍 및 카운터보어 지름 및 깊이 치수

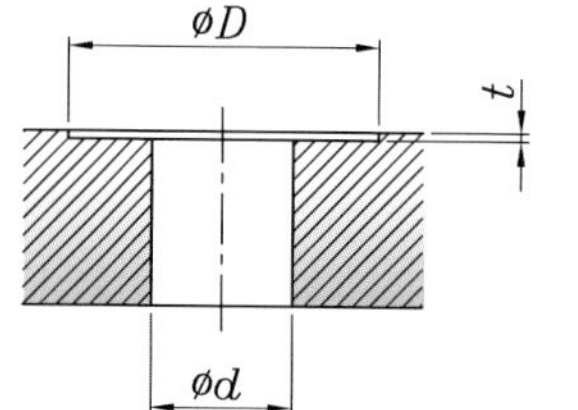

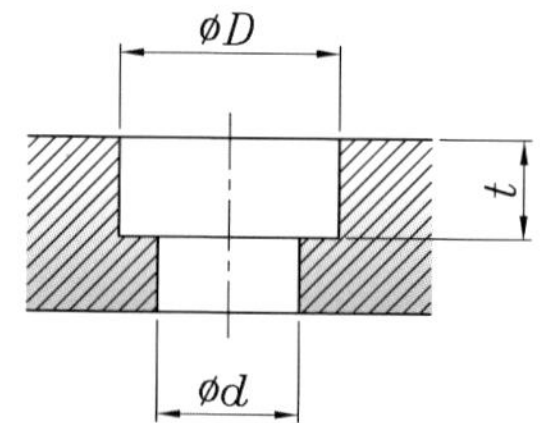

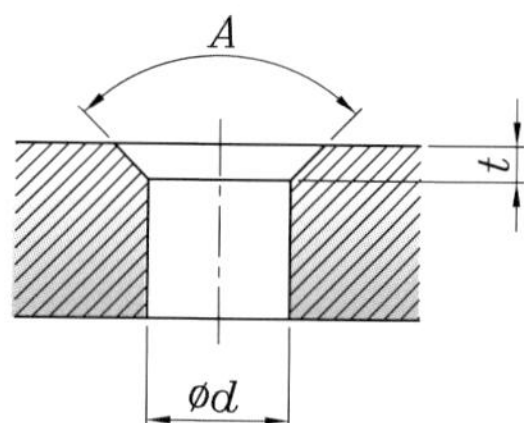

단위 : mm

호칭		자리파기 (Spot Facing)		깊은 자리파기 (Counter Bore)		카운터싱크 (Counter sink)	
나사	Drill(d)	Endmill(D)	깊이(t)	Endmill(D)	깊이(t)	깊이(t)	각도(A)
M3	3.4	9	0.2	6.5	3.3	1.75	$90^{\circ}{}^{+2''}_{0}$
M4	4.5	11	0.3	8	4.4	2.3	
M5	5.5	13	0.3	9.5	5.4	2.8	
M6	6.6	15	0.5	11	6.5	3.4	
M8	9	20	0.5	14	8.6	4.4	
M10	11	24	0.8	17.5	10.8	5.5	$90^{\circ}{}^{+2''}_{0}$
M12	14	28	0.8	22	13	6.5	
M14	16	32	0.8	23	15.2	7	
M16	18	35	1.2	26	17.5	7.5	
M18	20	39	1.2	29	19.5	8	
M20	22	43	1.2	32	21.5	8.5	
M22	24	46	1.2	35	23.5	13.2	$60^{\circ}{}^{+2''}_{0}$
M24	26	50	1.6	39	25.5	14	
M27	30	55	1.6	43	29	-	
M30	33	62	1.6	48	32	16.6	
M33	36	66	2.0	54	35	-	

[비고] 1. 볼트 구멍지름(d) 및 카운터 보어(깊은 자리파기, DCB : D)는 KS B 1007:2010의 2급과 해당 규격의 수치에 따른다.
2. 위 표의 깊은 자리파기의 치수는 KS규격 미제정이며 KS B 1003의 6각구멍붙이 볼트의 규격을 적용하는 제조사나 산업현장 실무에서 상용하는 수치이다.

[참고] KS B 0001:2018

카운터 보어 지시의 보기

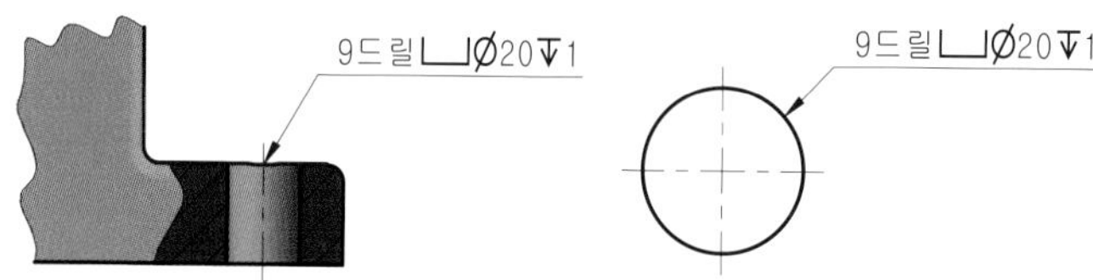

카운터 보어 및 깊은 카운터 보어 지시의 보기

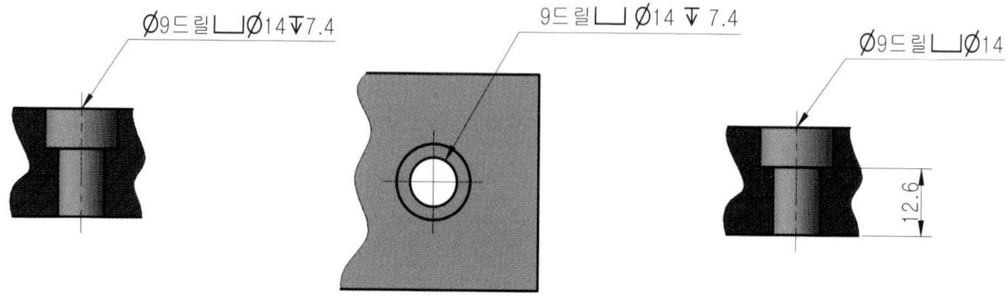

8-18 자리파기, 카운터보링, 카운터싱킹

6각 구멍붙이 볼트에 관한 규격은 KS B 1003에 규정되어 있으며, 6각 구멍붙이 볼트를 사용하여 기계 부품을 결합시킬 때 볼트의 머리가 묻히도록 깊은 자리파기(카운터보링 DCB) 가공을 실시하는데, KS B 1003의 부속서에 6각 구멍붙이 볼트에 대한 자리파기 및 볼트 구멍 치수의 규격이 정해져 있다.
볼트 구멍 지름 및 카운터 보어 지름은 KS B 1007에 규정되어 있으며, 볼트 구멍 지름의 등급은 나사의 호칭 지름과 볼트의 구멍 지름에 따라 1~4급으로 구분하며, 4급은 주로 주조 구멍에 적용한다.

■ 적용 예 및 치수기입법

BOLT TAP의 스폿페이싱, 카운터보링, 카운터싱킹에 관한 치수기입은 다음 그림과 같이 지시선에 의한 기입법과 치수선과 치수보조선에 의한 기입법이 있다.

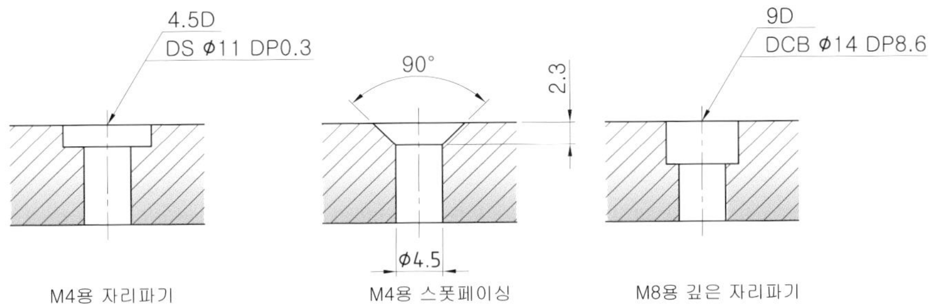

[key point]

- 스폿페이싱(Spot Facing) : 6각 볼트의 머리나 너트가 접촉되는 부분이 거친 다듬질로 되어있는 주조부 등에 올바른 접촉면을 가질 수 있도록 평탄하게 다듬질하는 가공
- 카운터보링(Counter Boring) : 작은나사, 6각 홈붙이 볼트의 머리가 부품에 묻혀 돌출되지 않도록 깊은 자리파기를 하는 가공
- 카운터싱킹(Counter Sinking) : 접시머리나사의 머리 부분이 완전히 묻힐 수 있도록 자리파기를 하는 가공

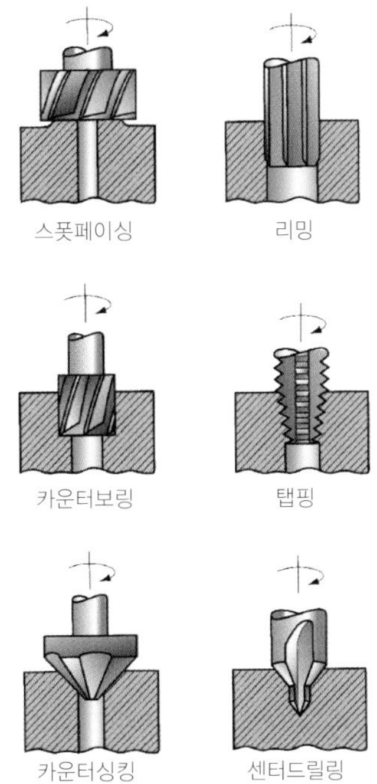

볼트와 너트

9-1 6각 구멍붙이 볼트(1/2)

KS B 1003

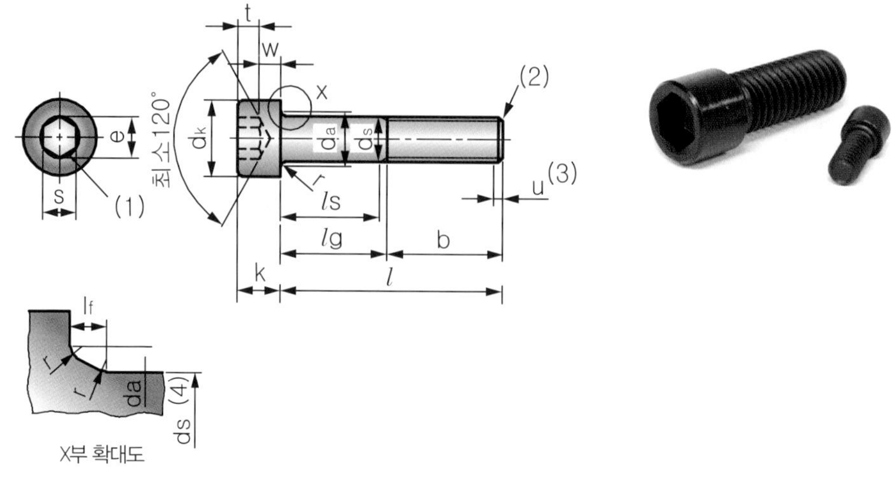

6각 구멍의 바닥은 다음의 모양으로 해도 좋다.

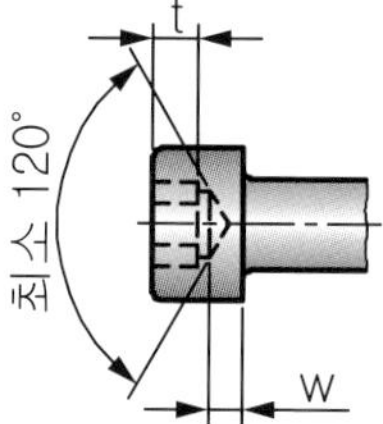

[비고] 구멍파기의 경우, 드릴 가공 구멍의 최대 깊이는 6각 구멍의 깊이(t최소)보다 20% 이상 깊지 않아야 한다.

■ 머리부의 봉우리와 자리면의 모서리부

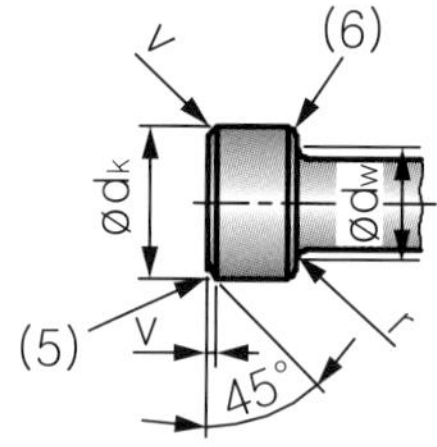

[주]

① 6각 구멍의 입구에는 약간 라운딩하거나 접시형으로 해도 좋다.

② 모떼기를 한다. 다만 M4 이하에 대해서는 적당히 한다.(KS B 0231 참조)

③ 불완전 나사부 $u \leq 2P$

④ d_s는 l_{smin}가 규정되어진 것에 적용한다.

⑤ 머리부의 봉우리 모서리는 제조자의 판단에 따라 라운딩하거나 모떼기 하여야 한다.

⑥ 머리부의 자리면의 모서리는 라운딩하거나 d_w로 모떼기 한다. 모든 경우에 거스러미가 없어야 한다.

9-1 6각 구멍붙이 볼트(2/2)

KS B 1003

단위 : mm

나사의 호칭 (d)		M1,6	M2	M2,5	M3	M4	M5	M6	M8
나사의 피치 (P)		0,35	0,4	0,45	0,5	0,7	0,8	1	1,25
b	참고	15	16	17	18	20	22	24	28
dk	최대	3,00	3,80	4,50	5,50	7,00	8,50	10,00	13,00
	최대	3,14	3,98	4,68	5,68	7,22	8,72	10,22	13,27
	최소	2,86	3,62	4,32	5,32	6,78	8,28	9,78	12,73
da	최대	2,0	2,6	3,1	3,6	4,7	5,7	6,8	9,2
ds	최대(기준치수)	1,6	2,0	2,5	3,0	4,0	5,0	6,0	8,0
	최소	1,46	1,86	2,36	2,86	3,82	4,82	5,82	7,78
e	최소	1,73	1,73	2,30	2,87	3,44	4,58	5,72	6,86
lf	최대	0,34	0,51	0,51	0,51	0,60	0,60	0,68	1,02
k	최대(기준치수)	1,6	2	2,5	3	4	5	6	8
	최소	1,46	1,86	2,36	2,86	3,82	4,82	5,70	7,64
r	최소	0,1	0,1	0,1	0,1	0,2	0,2	0,25	0,4
s	호칭	1,5	1,5	2	2,5	3	4	5	6
	최소	1,52	1,52	2,02	2,52	3,02	4,02	5,02	6,02
	최대 강도 구분 12.9	1,560	1,560	2,060	2,580	3,080	4,095	5,140	6,140
	최대 기타 강도 구분	1,545	1,545	2,045	2,560	3,080	4,095	5,095	6,095
t	최소	0,7	1	1,1	1,3	2	2,5	3	4
v	최대	0,16	0,2	0,25	0,3	0,4	0,5	0,6	0,8
dw	최소	2,72	3,40	4,18	5,07	6,53	8,03	9,38	12,33
w	최소	0,55	0,55	0,85	1,15	1,4	1,9	2,3	3,3
l (상용적인 호칭 길이의 범위)		2,5~16	3~20	4~25	5~30	6~40	8~50	10~60	12~80

나사의 호칭 (d)		M10	M12	(M14)	M16	M20	M24	M30	M36
나사의 피치 (P)		1,5	1,75	2	2	2,5	3	3,5	4
b	참고	32	36	40	44	52	60	72	84
dk	최대	16,00	18,00	21,00	24,00	30,00	36,00	45,00	54,00
	최대	16,27	18,27	21,33	24,33	30,33	36,39	45,39	54,46
	최소	15,73	17,73	20,67	23,67	29,67	35,61	44,61	53,54
da	최대	11,2	13,7	15,7	17,7	22,4	26,4	33,4	39,4
ds	최대	10,00	12,00	14,00	16,00	20,00	24,00	30,00	36,00
	최소	9,78	11,73	13,73	15,73	19,67	23,67	29,67	35,61
e	최소	9,15	11,43	13,72	16,00	19,44	21,73	25,15	30,85
f	최대	1,02	1,45	1,45	1,45	2,04	2,04	2,89	2,89
k	최대	10	12	14	16	20	24	30,00	36,00
	최소	9,64	11,57	13,57	15,57	19,48	23,48	29,48	35,38
r	최소	0,4	0,6	0,6	0,6	0,8	0,8	1	1
s	호칭	8	10	12	14	17	19	22	27
	최소	8,025	10,025	12,032	14,032	17,050	19,065	22,065	27,065
	최대 강도 구분 12.9	8,115	10,115	12,142	14,142	17,230	19,275	22,275	27,275
	최대 기타 강도 구분	8,175	10,175	12,212	14,212				
t	최소	5	6	7	8	10	12	15,5	19
v	최대	1	1,2	1,4	1,6	2	2,4	3	3,6
dw	최소	15,33	17,23	20,17	23,17	28,87	34,81	43,61	52,54
w	최소	4	4,8	5,8	6,8	8,6	10,4	13,1	15,3
l (상용적인 호칭 길이의 범위)		16~100	20~120	25~140	25~160	30~200	40~200	45~200	55~200

나사의 호칭 (d)		M42	M48	M56	M64
나사의 피치 (P)		4,5	5	5,5	6
b	참고	96	108	124	140
dk	최대	63,00	72,00	84,00	96,00
	최대	63,46	72,46	84,54	96,54
	최소	62,54	71,54	83,46	95,46
da	최대	45,6	52,6	63	71
ds	최대	42,00	48,00	56,00	64,00
	최소	41,61	47,61	55,54	63,54
e	최소	36,57	41,13	46,83	52,53
f	최대	3,06	3,91	5,95	5,95
k	최대	42,00	48,00	56,00	64,00
	최소	41,38	47,38	55,26	63,26
r	최소	1,2	1,6	2	2
s	호칭	32	36	41	46
	최소	32,080	36,080	41,33	46,33
	최대	32,330	36,330	41,08	46,08
t	최소	24	28	34	38
v	최대	4,2	4,8	5,6	6,4
dw	최소	61,34	70,34	82,26	94,26
w	최소	16,3	17,5	19	22
l (상용적인 호칭 길이의 범위)		60~300	70~300	80~300	90~300

9-2 볼트 구멍 지름 및 카운터 보어 지름

KS B ISO 273

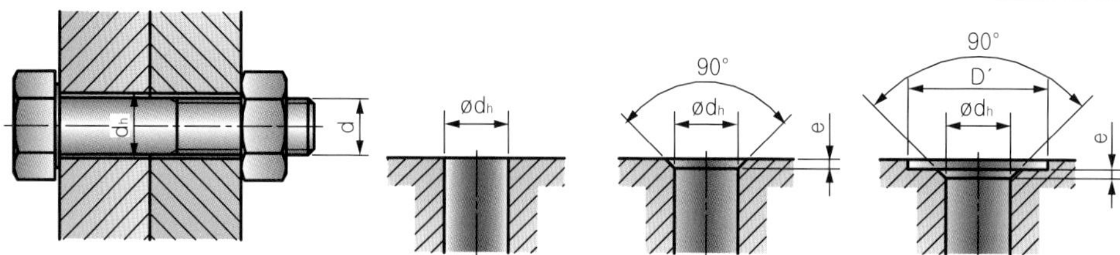

d : 나사 호칭지름
d_h : 볼트 구멍 지름

단위 : mm

나사의 호칭 지름	볼트 구멍 지름(d_h) 1급	2급	3급	4급	모떼기 (e)	카운터 보어 지름 (D')
1	1.1	1.2	1.3	–	0.2	3
1.2	1.3	1.4	1.5	–	0.2	4
1.4	1.5	1.6	1.8	–	0.2	4
1.6	1.7	1.8	2	–	0.2	5
※ 1.7	1.8	2	2.1	–	0.2	5
1.8	2.0	2.1	2.2	–	0.2	5
2	2.2	2.4	2.6	–	0.2	7
2.2	2.4	2.5	2.8	–	0.2	8
※ 2.3	2.5	2.6	2.9	–	0.2	8
2.5	2.7	2.9	3.1	–	0.2	8
※ 2.6	2.8	3	3.2	–	0.2	8
3	3.2	3.4	3.6	–	0.2	9
3.5	3.7	3.9	4.2	–	0.2	10
4	4.3	4.5	4.8	5.5	0.3	11
4.5	4.8	5	5.3	6	0.3	13
5	5.3	5.5	5.8	6.5	0.3	13
6	6.4	6.6	7	7.8	0.5	15
7	7.4	7.6	8	–	0.5	18
8	8.4	9	10	10	0.5	20
10	10.5	11	12	13	0.8	24
12	13	14	14.5	15	0.8	28
14	15	16	16.5	17	0.8	32
16	17	18	18.5	20	1.2	35
18	19	20	21	22	1.2	39
20	21	22	24	25	1.2	43
22	23	24	26	27	1.2	46
24	25	26	28	29	1.6	50
27	28	30	32	33	1.6	55

나사의 호칭 지름	볼트 구멍 지름(d_h) 1급	2급	3급	4급	모떼기 (e)	카운트 보어 (D')
30	31	33	35	36	1.7	62
33	34	36	38	40	1.7	66
36	37	39	42	43	1.7	72
39	40	42	45	46	1.7	76
42	43	45	48	–	1.8	82
45	46	48	52	–	1.8	87
48	50	52	56	–	2.3	93
52	54	56	62	–	2.3	100
56	58	62	66	–	3.5	110
60	62	66	70	–	3.5	115
64	66	70	74	–	3.5	122
68	70	74	78	–	3.5	127
72	74	78	82	–	3.5	133
76	78	82	86	–	3.5	143
80	82	86	91	–	3.5	148
85	87	91	96	–	–	–
90	93	96	101	–	–	–
95	98	101	107	–	–	–
100	104	107	112	–	–	–
105	109	112	117	–	–	–
110	114	117	122	–	–	–
115	119	122	127	–	–	–
120	124	127	132	–	–	–
125	129	132	137	–	–	–
130	134	137	144	–	–	–
140	144	147	155	–	–	–
150	155	158	165	–	–	–

[주] 1. 볼트 구멍 지름 중 4급은 주로 주조 구멍에 적용한다.
2. 볼트 구멍 지름의 허용차는 1급 : H12, 2급 : H13, 3급 : H14이다.

[비고] 1. ISO 273에서는 fine(1급 해당), medium(2급 해당) 및 coarse(3급 해당)의 3등급으로만 분류하고 있다. 따라서 이 표에서 규정하는 나사의 호칭 지름 및 볼트 구멍 지름 중 네모(□)를 한 부분은 ISO 273에서 규정되지 않은 것이다.
2. 나사의 구멍 지름에 ※표를 붙인 것은 ISO 261에 규정되지 않은 것이다.
3. 구멍의 모떼기는 필요에 따라 실시하고, 그 각도는 원칙적으로 90° 로 한다.
4. 어느 나사의 호칭 지름에 대하여 이 표의 카운터 보어 지름보다 작은 것, 또는 큰 것을 필요로 하는 경우에는, 될 수 있는 한 이 표의 카운터 보어 지름 계열에서 수치를 선택하는 것이 좋다.
5. 카운터 보어면은 구멍의 중심선에 대하여 직각이 되도록 하고, 카운터 보어 깊이는 일반적으로 흑피가 없어질 정도로 한다.

9-3 6각 구멍붙이 볼트의 카운터 보어 및 볼트 구멍의 치수표

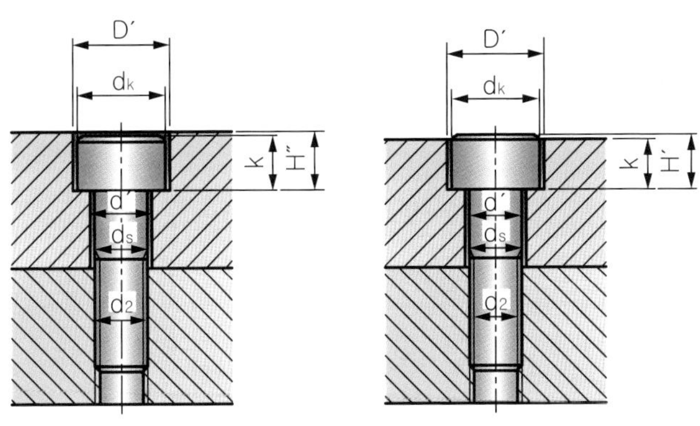

나사의 호칭 d	M3	M4	M5	M6	M8	M10	M12	M14	M16	M18	M20	M22	M24	M27	M30
ds	3	4	5	6	8	10	12	14	16	18	20	22	24	27	30
d'	3.4	4.5	5.5	6.6	9	11	14	16	18	20	22	24	26	30	33
dk	5.5	7	8.5	10	13	16	18	21	24	27	30	33	36	40	45
D'	6.5	8	9.5	11	14	17.5	20	23	26	29	32	35	39	43	48
k	3	4	5	6	8	10	12	14	16	18	20	22	24	27	30
H'	2.7	3.6	4.6	5.5	7.4	9.2	11	12.8	14.5	16.5	18.5	20.5	22.5	25	28
H''	3.3	4.4	5.4	6.5	8.6	10.8	13	15.2	17.5	19.5	21.5	23.5	25.5	29	32
d2	2.6	3.4	4.3	5.1	6.9	8.6	10.4	12.2	14.2	15.7	17.7	19.7	21.2	24.2	26.7

[주] M3~M30까지 자주 사용하는 6각 구멍붙이 볼트의 깊은 자리파기 및 볼트 체결을 위한 드릴 구멍 치수에 관한 실무 규격 자료이다.

9-4 6각 볼트 (상)

■ 호칭 지름 6각 볼트(부품 등급 A)의 모양 및 치수

나사끝은 모떼기를 할 것. 다만 M4 이하는 생략하여도 좋다.

불완전 나사부 2P 이하

사선을 한 부분은 목밑부 구석살의 최대와 최소의 범위를 나타낸다.

X부 확대도

단위 : mm

나사의 호칭 d		ds		k		s		e	dk	r	da	z	A-B	ℓ
보통 나사	가는 나사	기준 치수	허용차	기준 치수	허용차	기준 치수	허용차	약	약	최소	최대	약	최대	길이
M3x0.5	-	3	0 −0.1	2	±0.1	5.5	0 −0.2	6.4	5.3	0.1	3.6	0.6	0.2	5~32
(M3.5)	-	3.5		2.4		6		6.9	3.8	0.1	4.1	0.6	0.2	5~32
M4X0.7	-	4		2.8		7		8.1	6.8	0.2	4.7	0.8	0.2	6~40
(M4.5)	-	4.5		3.2	±0.15	8		9.2	7.8	0.2	5.2	0.8	0.3	6~40
M5X0.8	-	5		3.5		8		9.2	7.8	0.2	5.7	0.9	0.3	7~50
M6	-	6		4		10		11.5	9.8	0.25	6.8	1	0.3	7~70
(M7)	-	7	0 −0.15	5		11	0 −0.25	12.7	10.7	0.25	7.8	1	0.3	11~100
M8	M8 X 1	8		5.5		13		15	12.6	0.4	9.2	1.2	0.4	11~100
M10	M10X1.25	10		7	±0.2	17		19.6	16.5	0.4	11.2	1.5	0.5	14~100
M12	M12X1.25	12	0 −0.2	8		19	0 −0.35	21.9	18	0.6	14.2	2	0.7	18~140
(M14)	(M14X1.5)	14		9		22		25.4	21	0.6	16.2	2	0.7	20~140
M16	M16X1.5	16		10		24		27.7	23	0.6	18.2	2	0.8	22~140
(M18)	(M18X1.5)	18		12		27		31.2	26	0.6	20.2	2.5	0.9	25~200
M20	M20X1.5	20		13		30		34.6	29	0.8	22.4	2.5	0.9	28~200
(M22)	(M22X1.5)	22		14		32	0 −0.4	37	31	0.8	24.4	2.5	1.1	28~200
M24	M24X2	24		15		36		41.6	34	0.8	26.4	3	1.2	30~220
(M27)	(M27X2)	27		17		41		47.3	39	1	30.4	3	1.3	35~240
M30	M30X2	30		19	±0.25	46		53.1	44	1	33.4	3.5	1.5	40~240
(M33)	(M33X2)	33	0 −0.25	21		50		57.7	48	1	36.4	3.5	1.6	45~240
M36	M36X3	36		23		55	0 −0.45	63.5	53	1	39.4	4	1.8	50~240
(M39)	(M39X3)	39		25		60		69.3	57	1	42.4	4	2.0	50~240
M42	-	42		26		65		75	62	1.2	45.6	4.5	2.1	55~325
(M45)	-	45		28		70		80.8	67	1.2	48.6	4.5	2.3	55~325
M48	-	48		30		75		86.5	72	1.6	52.6	5	2.4	60~325
(M52)	-	52	0 −0.3	33	±0.3	80		92.4	77	1.6	56.6	5	2.6	130~400
M56	-	56		35		85	0 −0.55	98.1	82	2	63	5.5	2.8	130~400
(M60)	-	60		38		90		104	87	2	67	5.5	3.0	130~400
M64	-	64		40		95		110	92	2	71	6	3.0	130~400
(M68)	-	68		43		100		115	97	2	75	6	3.3	130~400
-	M72X6	72		45		105		121	102	2	79	6	3.3	130~400
-	(M76X6)	76		48		110		127	107	2	83	6	3.5	130~400
-	M80X6	80		50		115		133	112	2	87	6	3.5	130~400

[비고]

1. 나사의 호칭에 ( )를 붙인 것은 될 수 있는 한 사용하지 않는다.
2. 이 규격은 ISO 4014~4018에 따르지 않는 일반적으로 사용하는 강제의 6각 볼트, 스테인레스 강제의 6각 볼트 및 비철 금속의 5각 볼트에 대하여 규정한다.
3. 전조 나사의 경우에는 M6 이하인 것은 특별히 지정이 없는 한 ds를 대략 나사의 유효 지름으로 한다.
   또한, M6을 초과하는 것은 지정에 따라 ds를 대략 나사의 유효 지름으로 할 수 있다.
4. 특별히 큰 자리면을 필요로 하는 경우에는 한 계단 큰 s 및 e 치수를 사용하여도 좋다.

9-5 6각 볼트 (중)

KS B 1002

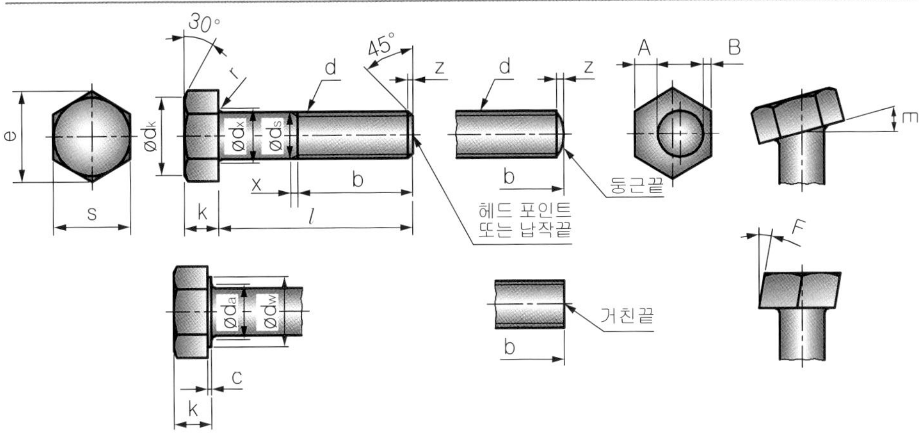

■ 6각 볼트(중)의 모양 및 치수

단위 : mm

나사의 호칭 d		ds		k		s		e 약	dk 약	r 최소	da 최대	z 약	A-B 최대	ℓ 길이
보통 나사	가는 나사	기준 치수	허용차	기준 치수	허용차	기준 치수	허용차	약	약	최소	최대	약	최대	
M6	-	6	0 -0.2	4	±0.25	10	0 -0.6	11.5	9.8	0.25	6.8	1	0.3	7~70
(M7)	-	7		5		11	0 -0.7	12.7	10.7	0.25	7.8	1	0.3	11~100
M8	M8 X 1	8		5.5		13		15	12.6	0.4	9.2	1.2	0.4	11~100
M10	M10X1.25	10		7	±0.3	17		19.6	16.5	0.4	11.2	1.5	0.5	14~100
M12	M12X1.25	12	0 -0.25	8		19	0 -0.8	21.9	18	0.6	14.2	2	0.7	18~140
(M14)	(M14X1.5)	14		9		22		25.4	21	0.6	16.2	2	0.7	20~140
M16	M16X1.5	15		10		24		27.7	23	0.6	18.2	2	0.8	22~140
(M18)	(M18X1.5)	18		12	±0.35	27		31.2	26	0.6	20.2	2.5	0.9	25~200
M20	M20X1.5	20	0 -0.35	13		30		34.6	29	0.8	22.4	2.5	0.9	28~200
(M22)	(M22X1.5)	22		14		32	0 -1.0	37	31	0.8	24.4	2.5	1.1	28~200
M24	M24X2	24		15		36		41.6	34	0.8	26.4	3	1.2	30~220
(M27)	(M27X2)	27		17		41		47.3	39	1	30.4	3	1.3	35~240
M30	M30X2	30		19	±0.4	46		53.1	44	1	33.4	3.5	1.5	40~240
(M33)	(M33X2)	33	0 -0.4	21		50		57.7	48	1	36.4	3.5	1.6	45~240
M36	M36X3	36		23		55	0 -1.2	63.5	53	1	39.4	4	1.8	50~240
(M39)	(M39X3)	39		25		60		69.3	57	1	42.4	4	2.0	50~240
M42	-	42		26		65		75	62	1.2	45.6	4.5	2.1	55~325
(M45)	-	45		28		70		80.8	67	1.2	48.6	4.5	2.3	55~325
M48	-	48		30		75		86.5	72	1.6	52.6	5	2.4	60~325
(M52)	-	52	0 -0.45	33	±0.5	80		92.4	77	1.6	56.6	5	2.6	130~400
M56	-	56		35		85	0 -1.4	98.1	82	2	63	5.5	2.8	130~400
(M60)	-	60		38		90		104	87	2	67	5.5	3.0	130~400
M64	-	64		40		95		110	92	2	71	6	3.0	130~400
(M68)	-	68		43		100		115	97	2	75	6	3.3	130~400
-	M72X6	72		45		105		121	102	2	79	6	3.3	130~400
-	(M76X6)	76		48		110		127	107	2	83	6	3.5	130~400
-	M80X6	80		50		115		133	112	2	87	6	3.5	130~400

[비 고]
1. 나사의 호칭에 ( )를 붙인 것은 될 수 있는 한 사용하지 않는다.
2. 이 규격은 ISO 4014~4018에 따르지 않는 일반적으로 사용하는 강제의 6각 볼트, 스테인리스 강제의 6각 볼트 및 비철 금속의 5각 볼트에 대하여 규정한다.
3. 전조 나사의 경우에는 M6 이하인 것은 특별히 지정이 없는 한 ds를 대략 나사의 유효 지름으로 한다. 또한, M6을 초과하는 것은 지정에 따라 ds를 대략 나사의 유효 지름으로 할 수 있다.
4. 특별히 큰 자리면을 필요로 하는 경우에는 한 계단 큰 s 및 e 치수를 사용하여도 좋다.

9-6 6각 볼트 (흑)

KS B 1002

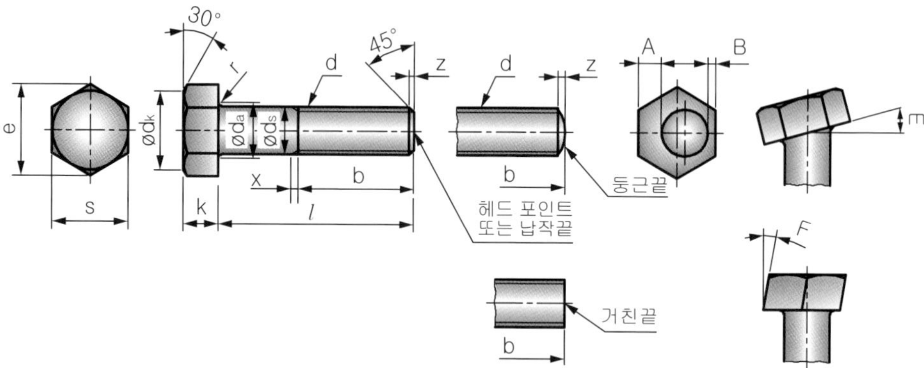

■ 6각 볼트(흑)의 모양 및 치수

단위 : mm

나사의 호칭 d		ds		k		s		e	dk	r	da	z	A-B	ℓ
보통 나사	가는 나사	기준 치수	허용차	기준 치수	허용차	기준 치수	허용차	약	약	최소	최대	약		길이
M6	–	6	+0.6 −0.15	4	±0.6	10	0 −0.6	11.5	9.8	0.25	7.2	1	0.5	7~70
(M7)	–	7	+0.7 −0.2	5		11	0 −0.7	12.7	10.7	0.25	8.2	1	0.5	11~100
M8	M8 X 1	8		5.5		13		15	12.6	0.4	10.2	1.2	0.6	11~100
M10	M10X1.25	10		7	±0.8	17		19.6	16.5	0.4	12.2	1.5	0.7	14~100
M12	M12X1.25	12	+0.9 −0.2	8		19	0 −0.8	21.9	18	0.6	15.2	2	1.0	18~140
(M14)	(M14X1.5)	14		9		22		25.4	21	0.6	17.2	2	1.1	20~140
M16	M16X1.5	16		10		24		27.7	23	0.6	19.2	2	1.2	22~140
(M18)	(M18X1.5)	18		12	±0.9	27		31.2	26	0.6	21.2	2.5	1.4	25~200
M20	M20X1.5	20	+0.95 −0.35	13		30		34.6	29	0.8	24.4	2.5	1.5	28~200
(M22)	(M22X1.5)	22		14		32	0 −1.0	37	31	0.8	26.4	2.5	1.6	28~200
M24	M24X2	24		15		36		41.6	34	0.8	28.4	3	1.8	30~220
(M27)	(M27X2)	27		17		41		47.3	39	1	32.4	3	2.0	35~240
M30	M30X2	30		19	±1.0	46		53.1	44	1	35.4	3.5	2.2	40~240
(M33)	(M33X2)	33	+1.2 −0.4	21		50		57.7	48	1	38.4	3.5	2.4	45~240
M36	M36X3	36		23		55	0 −1.2	63.5	53	1	42.4	4	2.6	50~240
(M39)	(M39X3)	39		25		60		69.3	57	1	45.4	4	2.8	50~240
M42	–	42		26		65		75	62	1.2	48.6	4.5	3.1	55~325
(M45)	–	45		28		70		80.8	67	1.2	52.6	4.5	3.3	55~325
M48	–	48		30		75		86.5	72	1.6	56.6	5	3.6	60~325
M(52)	–	52	+1.2 −0.7	33	±1.5	80		92.4	77	1.6	62.6	5	3.8	130~400

[비 고]

1. 나사의 호칭에 ( )를 붙인 것은 될 수 있는 한 사용하지 않는다.
2. 이 규격은 ISO 4014~4018에 따르지 않는 일반적으로 사용하는 강제의 6각 볼트, 스테인레스 강제의 6각 볼트 및 비철 금속의 5각 볼트에 대하여 규정한다.
3. 전조 나사의 경우에는 M6 이하인 것은 특별히 지정이 없는 한 ds를 대략 나사의 유효 지름으로 한다.
   또한, M6을 초과하는 것은 지정에 따라 ds를 대략 나사의 유효 지름으로 할 수 있다.
4. 특별히 큰 자리면을 필요로 하는 경우에는 한 계단 큰 s 및 e 치수를 사용하여도 좋다.

9-7 6각 너트 (상)

KS B 1012

■ 6각 너트(상)의 모양 및 치수 (부속서)

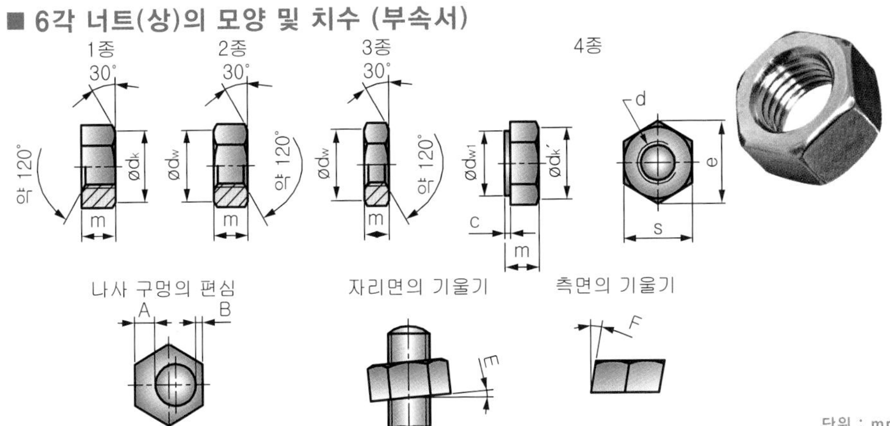

단위 : mm

나사의 호칭 d		m		m1		s		e	dk' 및 dw	dw1	c	A-B	E 및 F
보통 나사	가는 나사	기준치수	허용차	기준치수	허용차	기준치수	허용차	약	약	최소	약	최대	최대
M2	–	1.6	0 −0.25	1.2	0 −0.25	4	0 −0.2	4.6	3.8	–	–	0.2	w1°
(M2.2)	–	1.8		1.4		4.5		5.2	4.3	–	–	0.2	
M2.3	–	1.8		1.4		4.5		5.2	4.3	–	–	0.2	
M2.5	–	2		1.6		5		5.8	4.7	–	–	0.2	
M2.6	–	2		1.6		5		5.8	4.7	–	–	0.2	
M3	–	2.4		1.8		5.5		6.4	5.3	–	–	0.2	
(M3.5)	–	2.8		2		6		6.9	5.8	–	–	0.2	
M4	–	3.2	0 −0.30	2.4		7		8.1	6.8	–	–	0.2	
(M4.5)	–	3.6		2.8		8		9.2	7.8	–	–	0.3	
M5	–	4		3.2	0 −0.30	8		9.2	7.8	7.2	0.4	0.3	
M6	–	5		3.6		10		11.5	9.8	9.0	0.4	0.3	
(M7)	–	5.5		4.2		11	0 −0.25	12.7	10.8	10.0	0.4	0.4	
M8	M8x1	6.5	0 −0.36	5		13		15.0	12.5	11.7	0.4	0.4	
M10	M10X1.25	8		6		17		19.6	16.5	15.8	0.4	0.5	
M12	M12X1.25	10		7	0 −0.36	19	0 −0.35	21.9	18	17.6	0.6	0.5	
(M14)	(M14X1.5)	11	0 −0.43	8		22		25.4	21	20.4	0.6	0.7	
M16	M16X1.5	13		10		24		27.7	23	22.3	0.6	0.8	
(M18)	(M18X1.5)	15		11		27		31.2	26	25.6	0.6	0.8	
M20	M20X1.5	16		12		30		34.6	29	28.5	0.6	0.9	
(M22)	(M22X1.5)	18		13	0 −0.43	32	0 −0.4	37.0	31	30.4	0.6	0.9	
M24	M24X2	19	0 −0.52	14		36		41.6	34	34.2	0.6	1.1	
(M27)	(M27X2)	22		16		41		47.3	39	–	–	1.3	
M30	M30X2	24		18		46		53.1	44	–	–	1.5	
(M33)	(M33X2)	26		20	0 −0.52	50		57.7	48	–	–	1.6	
M36	M36X3	29		21		55	0 −0.45	63.5	53	–	–	1.8	
(M39)	(M39X3)	31	0 −0.62	23		60		69.3	57	–	–	2	
M42	–	32		25		65		75	62	–	–	2.1	
(M45)	–	36		27		70		80.8	67	–	–	2.3	
M48	–	38		29		75		86.5	72	–	–	2.4	
(M52)	–	42		31	0 −0.62	80		92.4	77	–	–	2.6	
M56	–	45		34		85	0 −0.55	98.1	82	–	–	2.8	
(M60)	–	48		36		90		104	87	–	–	2.9	
M64	–	51	0 −0.74	38		95		110	92	–	–	3	
(M68)	–	54		40		100		115	97	–	–	3.2	
–	M72X6	58		42		105		121	102	–	–	3.3	
–	(M76X6)	61		46		110		127	107	–	–	3.5	
–	M80X6	64		48		115		133	112	–	–	3.5	
–	(M85X6)	68		50		120		139	116	–	–	3.5	
–	M90X6	72		54		130	0 −0.65	150	126	–	–	4	
–	M95X6	76		57		135		156	131	–	–	4	
–	M100X6	80		60		145		167	141	–	–	4.5	
–	(M105X6)	84	0 −0.87	63	0 −0.74	150		173	146	–	–	4.5	
–	M110X6	88		65		155		179	151	–	–	4.5	
–	(M115X6)	92		69		165		191	161	–	–	5	
–	(M120X6)	96		72		170		196	166	–	–	5.5	
–	M125X6	100		76		180		208	176	–	–	5.5	
–	(M130X6)	104		78		185	0 −0.7	214	181	–	–	5.5	

볼트와 너트

9-8 6각 너트 (중)

KS B 1012

■ 6각 너트(상)의 모양 및 치수 (부속서)

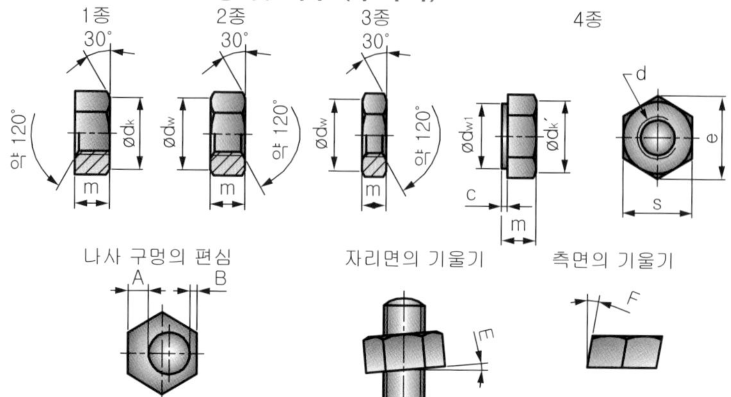

단위 : mm

나사의 호칭 d		m		m1		s		e	dk' 및 dw	dw1	c	A-B	E	F
보통 나사	가는 나사	기준치수	허용차	기준치수	허용차	기준치수	허용차	약	약	최소	약	최대	최대	최대
M6	–	5	0 -0.48	3.6	0 -0.48	10	0 -0.6	11.5	9.8	9.0	0.4	0.3	1°	2°
(M7)	–	5.5		4.2		11	0 -0.7	12.7	10.8	10.0	0.4	0.4		
M8	M8x1	6.5	0 -0.58	5		13		15.0	12.5	11.7	0.4	0.4		
M10	M10X1.25	8		6		17		19.6	16.5	15.8	0.4	0.5		
M12	M12X1.25	10		7	0 -0.58	19	0 -0.8	21.9	18	17.6	0.6	0.5		
(M14)	(M14X1.5)	11	0 -0.70	8		22		25.4	21	20.4	0.6	0.7		
M16	M16X1.5	13		10		24		27.7	23	22.3	0.6	0.8		
(M18)	(M18X1.5)	15		11	0 -0.70	27		31.2	26	25.6	0.6	0.8		
M20	M20X1.5	16		12		30		34.6	29	28.5	0.6	0.9		
(M22)	(M22X1.5)	18		13		32	0 -1.0	37.0	31	30.4	0.6	0.9		
M24	M24X2	19	0 -0.84	14		36		41.6	34	34.2	0.6	1.1		
(M27)	(M27X2)	22		16		41		47.3	39	–	–	1.3		
M30	M30X2	24		18		46		53.1	44	–	–	1.5		
(M33)	(M33X2)	26		20	0 -0.84	50		57.7	48	–	–	1.6		
M36	M36X3	29		21		55	0 -1.2	63.5	53	–	–	1.8		
(M39)	(M39X3)	31	0 -1.0	23		60		69.3	57	–	–	2		
M42	–	32		25		65		75	62	–	–	2.1		
(M45)	–	36		27		70		80.8	67	–	–	2.3		
M48	–	38		29		75		86.5	72	–	–	2.4		
(M52)	–	42		31	0 -0.1.0	80		92.4	77	–	–	2.6		
M56	–	45		34		85	0 -1.4	98.1	82	–	–	2.8		
(M60)	–	48		36		90		104	87	–	–	2.9		
M64	–	51	0 -1.2	38		95		110	92	–	–	3		
(M68)	–	54		40		100		115	97	–	–	3.2		
–	M72X6	58		42		105		121	102	–	–	3.3		
–	(M76X6)	61		46		110		127	107	–	–	3.5		
–	M80X6	64		48		115		133	112	–	–	3.5		
–	(M85X6)	68		50		120		139	116	–	–	3.5		
–	M90X6	72		54	0 -1.2	130	0 -1.6	150	126	–	–	4		
–	M95X6	76		57		135		156	131	–	–	4		
–	M100X6	80		60		145		167	141	–	–	4.5		
–	(M105X6)	84	0 -1.4	63		150		173	146	–	–	4.5		
–	M110X6	88		65		155		179	151	–	–	4.5		
–	(M115X6)	92		69		165		191	161	–	–	5		
–	(M120X6)	96		72		170		196	166	–	–	5.5		
–	M125X6	100		76		180		208	176	–	–	5.5		
–	(M130X6)	104		78		185	0 -1.8	214	181	–	–	5.5		

9-9 홈붙이 멈춤나사(1/5)

KS B 1025

■ 홈붙이 멈춤나사 · 납작끝의 모양 및 치수

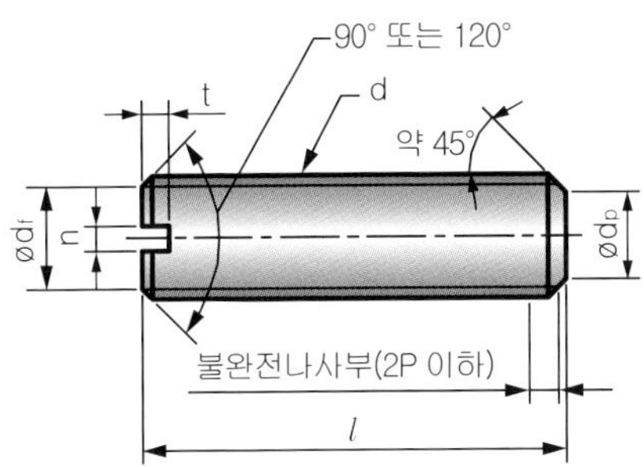

(a) l 이 아래 표에 표시하는 계단 모양의 점선보다 짧은 것은 120 ° 의 모떼기로 한다.
(b) 45 ° 의 각도는 수나사의 골지름보다 아래의 경사부에 적용한다.

단위 : mm

나사의 호칭 (d)		M1	M1.2	(M1.4)	M1.6	M1.7	M2	M2.3	M2.5	M2.6	M3	(M3.5)	M4	M5	M6	M8	M10	M12
피치 (P)		0.25	0.25	0.3	0.35	0.35	0.4	0.4	0.45	0.45	0.5	0.6	0.7	0.8	1	1.25	1.5	1.75
d_f	약	수나사의 골지름																
d_p	최소	0.25	0.35	0.45	0.55	0.55	0.75	0.95	1.25	1.25	1.75	1.95	2.25	3.2	3.7	5.2	6.64	8.14
	최대 (기준치수)	0.5	0.6	0.7	0.8	0.8	1	1.2	1.5	1.5	2	2.2	2.5	3.5	4	5.5	7	8.5
n	호칭 (a)	0.2	0.2	0.25	0.25	0.25	0.25	0.4	0.4	0.4	0.5	0.5	0.6	0.8	1	1.2	1.6	2
	최소	0.26	0.26	0.31	0.31	0.31	0.31	0.46	0.46	0.46	0.56	0.56	0.66	0.86	1.06	1.26	1.66	2.06
	최대	0.4	0.4	0.45	0.45	0.45	0.45	0.6	0.6	0.6	0.7	0.7	0.8	1	1.2	1.51	1.91	2.31
t	최소	0.3	0.4	0.4	0.56	0.56	0.56	0.64	0.72	0.72	0.96	0.96	1.12	1.28	1.6	2	2.4	2.8
	최대	0.42	0.52	0.52	0.74	0.74	0.74	0.84	0.95	0.95	1.21	1.21	0.42	1.63	2	2.5	3	3.6

l (b) 호칭길이 (기준치수)	최소	최대	M1	M1.2	(M1.4)	M1.6	M1.7	M2	M2.3	M2.5	M2.6	M3	(M3.5)	M4	M5	M6	M8	M10	M12
2	1.8	2.2																	
2.5	2.3	2.7																	
3	2.8	3.2																	
4	3.7	4.3																	
5	4.7	5.3																	
6	5.7	6.3																	
8	7.7	8.3																	
10	9.7	10.3																	
12	11.6	12.4																	
(14)	13.6	14.4																	
16	15.6	16.4																	
20	19.6	20.4																	
25	24.6	25.4																	
30	29.6	30.4																	
35	34.5	35.5																	
40	39.5	40.5																	
45	44.5	45.5																	
50	49.5	50.5																	
55	54.4	55.6																	
60	59.4	60.6																	

[비 고]
1. 나사의 호칭에 ( )를 붙인 것은 되도록 사용하지 않는다.
2. 나사의 호칭에 대하여 권장하는 호칭길이 (l) 는 굵은 선의 틀 내로 한다. 다만 l 에 ( )를 붙인 것은 되도록 사용하지 않는다. 또한 이 표 이외의 l 을 특별히 필요로 하는 경우는 주문자가 지정한다.
3. 나사끝의 모양 · 치수는 KS B 0231에 따르고 있다.

[참 고]
· 이 표에서 망점 ( )을 깔아놓은 것 이외의 모양 및 치수는 ISO 4766에 따르고 있다.

9-9 홈붙이 멈춤나사(2/5)

KS B 1025

■ 홈붙이 멈춤나사 · 뾰족끝의 모양 및 치수

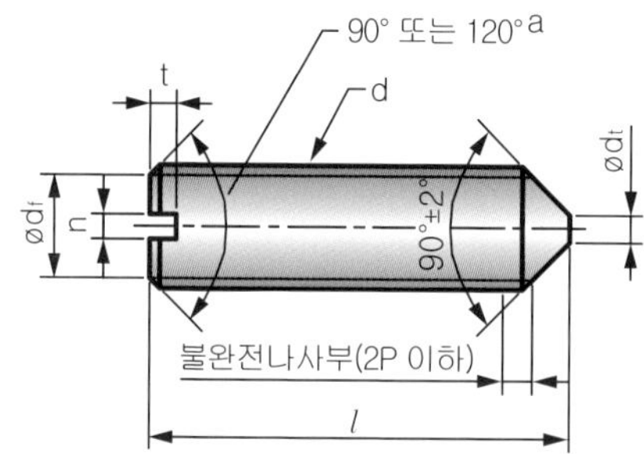

(a) l 이 아래 표에 표시하는 계단 모양의 점선보다 짧은 것은 120° 의 모떼기로 한다.

(b) 90 ° 의 각도는 l 이 아래 표에 표시하는 계단 모양의 점선보다 긴 멈춤 나사의 골지름보다 아래의 경사부에 적용하고, l 이 그 점선보다 짧은 것에 대하여는 120 ° ±2 ° 의 각도를 적용한다.

단위 : mm

나사의 호칭(d)			M1	M1.2	M1.4	M1.6	M2	M2.5	M3	(M3.5)	M4	M5	M6	M8	M10	M12
피치(P)			0.25	0.25	0.3	0.35	0.4	0.45	0.5	0.6	0.7	0.8	1	1.25	1.5	1.75
d_f	약		수나사의 골지름													
d_t	약		0.1	0.12	0.14	0.16	0.2	0.25	0.3	0.35	0.4	0.5	1.5	2	2.5	3
n	호칭(a)		0.2	0.2	0.25	0.25	0.25	0.4	0.5	0.5	0.6	0.8	1	1.2	1.6	2
	최소		0.26	0.26	0.31	0.31	0.31	0.46	0.56	0.56	0.66	0.86	1.06	1.26	1.66	2.06
	최대		0.4	0.4	0.45	0.45	0.45	0.6	0.7	0.7	0.8	1	1.2	1.51	1.91	2.31
t	최소		0.3	0.4	0.4	0.56	0.56	0.72	0.96	0.96	1.12	1.28	1.6	2	2.4	2.8
	최대		0.42	0.52	0.52	0.74	0.74	0.95	1.21	1.21	0.42	1.63	2	2.5	3	3.6
l (b)																
호칭길이 (기준치수)	최소	최대														
2	1.8	2.2														
2.5	2.3	2.7														
3	2.8	3.2														
4	3.7	4.3														
5	4.7	5.3														
6	5.7	6.3														
8	7.7	8.3														
10	9.7	10.3														
12	11.6	12.4														
(14)	13.6	14.4														
16	15.6	16.4														
20	19.6	20.4														
25	24.6	25.4														
30	29.6	30.4														
35	34.5	35.5														
40	39.5	40.5														
45	44.5	45.5														
50	49.5	50.5														
55	54.4	55.6														
60	59.4	60.6														

[비 고]

1. 나사의 호칭에 ( )를 붙인 것은 되도록 사용하지 않는다.
2. 나사의 호칭에 대하여 권장하는 호칭길이 (l)는 굵은 선의 틀 내로 한다. 다만 l 에 ( )를 붙인 것은 되도록 사용하지 않는다. 또한 이 표 이외의 l 을 특별히 필요로 하는 경우는 주문자가 지정한다.
3. 나사끝의 모양 · 치수는 KS B 0231에 따르고 있다.

[참 고]

이 표에서 망점 ( )을 깔아놓은 것 이외의 모양 및 치수는 ISO 4766에 따르고 있다.

(a) n 의 호칭은 그 최대 · 최소를 정할 때 기준치수로서 사용한다.

(b) l 의 최대 · 최소는 KS B 0238에 따르고 있는데, 소수점 이하 1자리까지 끝맺음하고 있다.

9-9 홈붙이 멈춤나사(3/5)

■ 홈붙이 멈춤나사 · 막대끝의 모양 및 치수

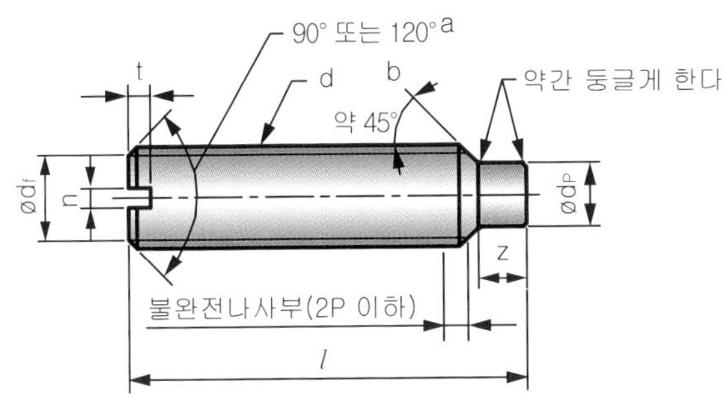

(a) l 이 아래 표에 표시하는 계단 모양의 점선보다 짧은 것은 120 ° 의 모떼기로 한다.
(b) 45 ° 의 각도는 수나사의 골지름보다 아래의 경사부에 적용한다.

단위 : mm

나사의 호칭 (d)			M1.6	M2	M2.5	M3	(M3.5)	M4	M5	M6	M8	M10	M12
피치 (P)			0.35	0.4	0.45	0.5	0.6	0.7	0.8	1	1.25	1.5	1.75
d_f	약		수나사의 골지름										
d_p	최소		0.55	0.75	1.25	1.75	1.95	2.25	3.2	3.7	5.2	6.64	8.14
	최대 (기준치수)		0.8	1	1.5	2	2.2	2.5	3.5	4	5.5	7	8.5
n	호칭 (a)		0.25	0.25	0.4	0.5	0.5	0.6	0.8	1	1.2	1.6	2
	최소		0.31	0.31	0.46	0.56	0.56	0.66	0.86	1.06	1.26	1.66	2.06
	최대		0.45	0.45	0.6	0.7	0.7	0.8	1	1.2	1.51	1.91	2.31
t	최소		0.56	0.56	0.72	0.96	0.96	1.12	1.28	1.6	2	2.4	2.8
	최대		0.74	0.74	0.95	1.21	1.21	0.42	1.63	2	2.5	3	3.6
z	최소 (기준치수)		0.8	1	1.25	1.5	1.75	2	2.5	3	4	5	6
	최대		1.05	1.25	1.5	1.75	2	2.25	2.75	3.25	4.3	5.3	6.3
l (b)													
호칭길이 (기준치수)	최소	최대											
2	1.8	2.2											
2.5	2.3	2.7											
3	2.8	3.2											
4	3.7	4.3											
5	4.7	5.3											
6	5.7	6.3											
8	7.7	8.3											
10	9.7	10.3											
12	11.6	12.4											
(14)	13.6	14.4											
16	15.6	16.4											
20	19.6	20.4											
25	24.6	25.4											
30	29.6	30.4											
35	34.5	35.5											
40	39.5	40.5											
45	44.5	45.5											
50	49.5	50.5											
55	54.4	55.6											
60	59.4	60.6											

[주]
(a) n의 호칭은 그 최대 · 최소를 정할 때 기준치수로서 사용한다.
(b) l 의 최대 · 최소는 KS B 0238에 따르고 있는데, 소수점 이하 1자리까지 끝맺음 한다.

[비 고]
1. 나사의 호칭에 ( )를 붙인 것은 되도록 사용하지 않는다.
2. 나사의 호칭에 대하여 권장하는 호칭길이 (l)는 굵은 선의 틀 내로 한다. 다만 l 에 ( )를 붙인 것은 되도록 사용하지 않는다.
   또한 이 표 이외의 l 을 특별히 필요로 하는 경우는 주문자가 지정한다.
3. 나사끝의 모양 · 치수는 KS B 0231에 따르고 있다.

9-9 홈붙이 멈춤나사(4/5)

■ 홈붙이 멈춤나사 · 오목끝의 모양 및 치수

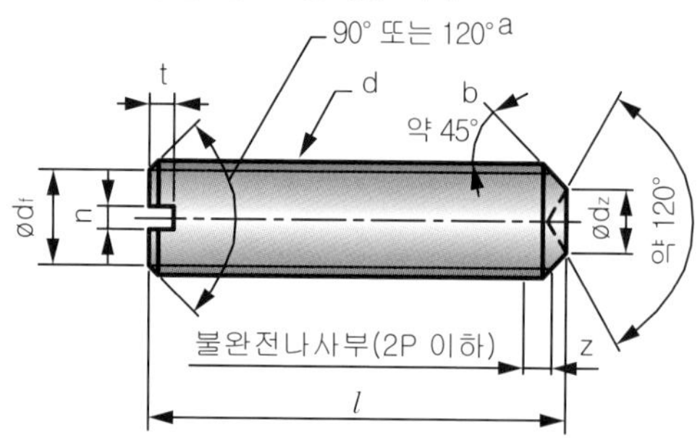

(a) l 이 아래 표에 표시하는 계단 모양의 점선보다 짧은 것은 120 ° 의 모떼기로 한다.
(b) 45 ° 의 각도는 수나사의 골지름보다 아래의 경사부에 적용한다.

단위 : mm

나사의 호칭 (d)			M1.6	M2	M2.5	M3	(M3.5)	M4	M5	M6	M8	M10	M12
피치 (P)			0.35	0.4	0.45	0.5	0.6	0.7	0.8	1	1.25	1.5	1.75
d_f	약		수나사의 골지름										
d_z	최소		0.55	0.75	0.95	1.15	1.45	1.75	2.25	2.75	4.7	5.7	6.64
	최대 (기준치수)		0.8	1	1.2	1.4	1.7	2	2.5	3	5	6	7
n	호칭 (a)		0.25	0.25	0.4	0.5	0.5	0.6	0.8	1	1.2	1.6	2
	최소		0.31	0.31	0.46	0.56	0.56	0.66	0.86	1.06	1.26	1.66	2.06
	최대		0.45	0.45	0.6	0.7	0.7	0.8	1	1.2	1.51	1.91	2.31
t	최소		0.56	0.56	0.72	0.96	0.96	1.12	1.28	1.6	2	2.4	2.8
	최대		0.74	0.74	0.95	1.21	1.21	0.42	1.63	2	2.5	3	3.6
l (b)													
호칭길이 (기준치수)	최소	최대											
2	1.8	2.2											
2.5	2.3	2.7											
3	2.8	3.2											
4	3.7	4.3											
5	4.7	5.3											
6	5.7	6.3											
8	7.7	8.3											
10	9.7	10.3											
12	11.6	12.4											
(14)	13.6	14.4											
16	15.6	16.4											
20	19.6	20.4											
25	24.6	25.4											
30	29.6	30.4											
35	34.5	35.5											
40	39.5	40.5											
45	44.5	45.5											
50	49.5	50.5											
55	54.4	55.6											
60	59.4	60.6											

[주]
(a) n 의 호칭은 그 최대 · 최소를 정할 때 기준치수로서 사용한다.
(b) l 의 최대 · 최소는 KS B 0238에 따르고 있는데, 소수점 이하 1자리까지 끝맺음 한다.

[비 고]
1. 나사의 호칭에 ( )를 붙인 것은 될 수 있는 한 사용하지 않는다.
2. 나사의 호칭에 대하여 권장하는 호칭길이 (l) 는 굵은 선의 틀 내로 한다. 다만 l 에 ( )를 붙인 것은 되도록 사용하지 않는다. 또한 이 표 이외의 l 을 특별히 필요로 하는 경우는 주문자가 지정한다.
3. 나사끝의 모양 · 치수는 KS B 0231에 따르고 있다.

9-9 홈붙이 멈춤나사(5/5)

■ 홈붙이 멈춤나사 · 둥근끝의 모양 및 치수

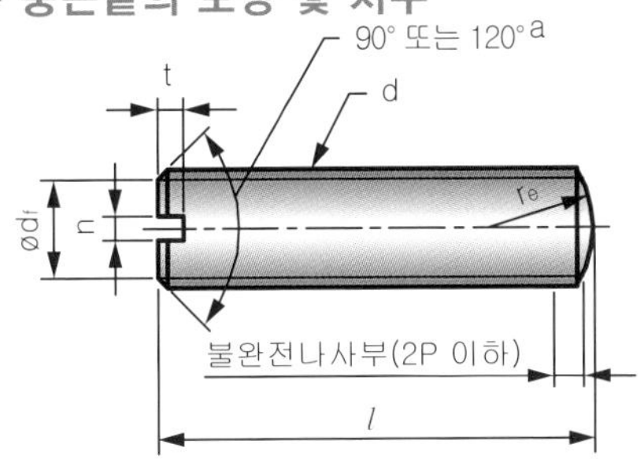

(a) *l* 이 아래 표에 표시하는 계단 모양의 점선보다 짧은 것은 120 ° 의 모떼기로 한다.

(b) 45 ° 의 각도는 수나사의 골지름보다 아래의 경사부에 적용한다.

단위 : mm

나사의 호칭 (d)		M1	M1.2	(M1.4)	M1.6	M1.7	M2	M2.3	M2.5	M2.6	M3	(M3.5)	M4	M5	M6	M8	M10	M12
피치 (P)		0.25	0.25	0.3	0.35	0.35	0.4	0.4	0.45	0.45	0.5	0.6	0.7	0.8	1	1.25	1.5	1.75
d_f	약	수나사의 골지름																
r_e	약	1.4	1.7	2	2.2	2.2	2.8	3.1	3.5	3.5	4.2	4.9	5.6	7	8.4	11	14	17
n	호칭 (a)	0.2	0.2	0.25	0.25	0.25	0.25	0.4	0.4	0.4	0.5	0.5	0.6	0.8	1	1.2	1.6	2
	최소	0.26	0.26	0.31	0.31	0.31	0.31	0.46	0.46	0.46	0.56	0.56	0.66	0.86	1.06	1.26	1.66	2.06
	최대	0.4	0.4	0.45	0.45	0.45	0.45	0.6	0.6	0.6	0.7	0.7	0.8	1	1.2	1.51	1.91	2.31
t	최소	0.3	0.4	0.4	0.56	0.56	0.56	0.64	0.72	0.72	0.96	0.96	1.12	1.28	1.6	2	2.4	2.8
	최대	0.42	0.52	0.52	0.74	0.74	0.74	0.84	0.95	0.95	1.21	1.21	0.42	1.63	2	2.5	3	3.6

l (b) 호칭길이 (기준치수)	최소	최대	M1	M1.2	(M1.4)	M1.6	M1.7	M2	M2.3	M2.5	M2.6	M3	(M3.5)	M4	M5	M6	M8	M10	M12
2	1.8	2.2																	
2.5	2.3	2.7																	
3	2.8	3.2																	
4	3.7	4.3																	
5	4.7	5.3																	
6	5.7	6.3																	
8	7.7	8.3																	
10	9.7	10.3																	
12	11.6	12.4																	
(14)	13.6	14.4																	
16	15.6	16.4																	
20	19.6	20.4																	
25	24.6	25.4																	
30	29.6	30.4																	
35	34.5	35.5																	
40	39.5	40.5																	
45	44.5	45.5																	
50	49.5	50.5																	
55	54.4	55.6																	
60	59.4	60.6																	

[주](a) n 의 호칭은 그 최대 · 최소를 정할 때 기준치수로서 사용한다

(b) *l* 의 최대 · 최소는 KS B 0238에 따르고 있는데, 소수점 이하 1자리까지 끝맺음 한다.

[비 고] 1. 나사의 호칭에 ( )를 붙인 것은 될 수 있는 한 사용하지 않는다.

2. 나사의 호칭에 대하여 권장하는 호칭길이 (*l*)는 굵은 선의 틀 내로 한다. 다만 *l* 에 ( )를 붙인 것은 되도록 사용하지 않는다. 또한 이 표 이외의 *l* 을 특별히 필요로 하는 경우는 주문자가 지정한다.

3. 나사끝의 모양 · 치수는 KS B 0231에 따르고 있다.

[참 고] ISO 규격에는 홈붙이 멈춤나사의 앞 끝에 상당하는 것은 없다.

(a) n 의 호칭은 그 최대 · 최소를 정할 때 기준치수로서 사용한다.

(b) *l* 의 최대 · 최소는 KS B 0238에 따르고 있는데, 소수점 이하 1자리까지 끝맺음 한다.

9-10 6각 구멍붙이 멈춤나사(1/5)

■ 6각 구멍붙이 멈춤나사 · 납작끝의 모양 및 치수

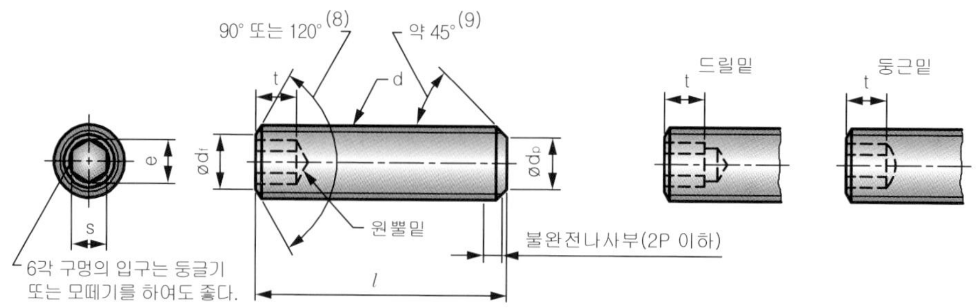

[주] (1) l 이 아래에 표시한 계단 모양의 점선보다 짧은 것은 120 ° 의 모떼기를 한다.
(2) 45 ° 각도는 수나사의 골지름보다 아래의 경사부에 적용한다.

단위 : mm

나사의 호칭 (d)			M1.6	M2	M2.5	M3	M4	M5	M6	M8	M10	M12	M16	M20	M24
피치 (P)			0.35	0.4	0.45	0.5	0.7	0.8	1.0	1.25	1.5	1.75	2.0	2.5	3.0
d_p	최대 (기준치수)		0.8	1.0	1.5	2.0	2.5	3.5	4.0	5.5	7.0	8.5	12.0	15.0	18.0
	최소		0.55	0.75	1.25	1.75	2.25	3.2	3.7	5.2	6.64	8.14	11.57	14.57	17.57
d_f	약		수나사의 골지름												
e	최소 (1)		0.803	1.003	1.427	1.73	2.30	2.87	3.44	4.58	5.72	6.86	9.15	11.43	13.72
s	호칭 (기준치수)		0.7	0.9	1.3	1.5	2.0	2.5	3.0	4.0	5.0	6.0	8.0	10.0	12.0
	최소		0.711	0.889	1.270	1.520	2.020	2.520	3.020	4.020	5.020	6.020	8.025	10.025	12.032
	최대		0.724	0.902	1.295	1.545	2.045	2.560	3.080	4.095	5.095	6.095	8.115	10.115	12.142
t	최소(2)	1 란	0.7	0.8	1.2	1.2	1.5	2.0	2.0	3.0	4.0	4.8	6.4	8.0	10.0
		2 란	1.5	1.7	2.0	2.0	2.5	3.0	3.5	5.0	6.0	8.0	10.0	12.0	15.0
l (3)															
호칭길이 (기준치수)	최소	최대													
2	1.8	2.2													
2.5	2.3	2.7													
3	2.8	3.2													
4	3.7	4.3													
5	4.7	5.3													
6	5.7	6.3													
8	7.7	8.3													
10	9.7	10.3													
12	11.6	12.4													
16	15.6	16.4													
20	19.6	20.4													
25	24.6	25.4													
30	29.6	30.4													
35	34.5	35.5													
40	39.5	40.5													
45	44.5	45.5													
50	49.5	50.5													
55	54.4	55.6													
60	59.4	60.6													

[주] (1) e (최소) =1.14×s(최소)이다. 다만, 나사의 호칭 M25 이하는 제외한다.
(2) t (최소) 1란의 값은 호칭길이 (l)가 계단모양의 점선보다 짧은 것으로 하고, 2란의 값은 그 점선보다 긴 것에 적용한다.
(3) l 의 최소, 최대는 KS B 0238에 따르나, 소수점 이하 1자리로 끝맺음한다.

[비 고]
1. 나사의 호칭에 대하여 추천하는 호칭길이 (l)는 굵은선 둘레 안으로 한다. 또한 이 표 이외의 (l)을 특별히 필요로 하는 경우는 주문자가 지정한다.
2. 나사끝의 모양 치수는 KS B 0231(나사끝의 모양 및 치수)에 따른다.
3. 6각 구멍 밑의 모양은 원뿔밑, 드릴밑, 둥근밑의 어느 것도 좋다.

[참 고] 이 표의 모양 및 치수는 ISO 4026-1977에 따른다.

9-10 6각 구멍붙이 멈춤나사(2/5)

KS B 1028

■ 6각 구멍붙이 멈춤나사 · 뾰족끝의 모양 및 치수

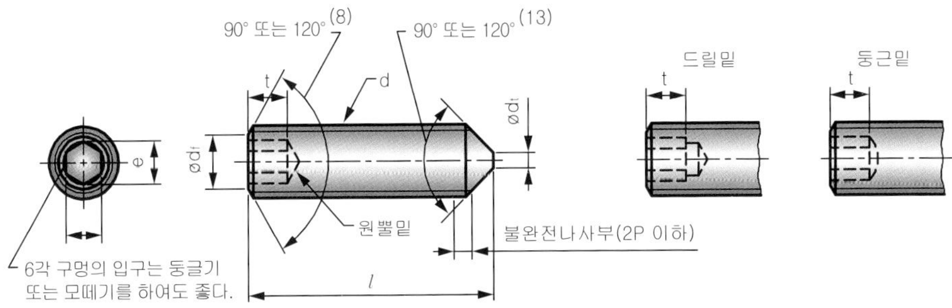

[주] (1) 이 원뿔 각도는 수나사의 골지름보다 작은 지름의 끝부에 적용하고 l 이 계단 모양의 점선보다 짧은 것은 120 °, 점선보다 긴 것은 90 ° 로 한다.

단위 : mm

나사의 호칭 (d)			M1.6	M2	M2.5	M3	M4	M5	M6	M8	M10	M12	M16	M20	M24
피치 (P)			0.35	0.4	0.45	0.5	0.7	0.8	1.0	1.25	1.5	1.75	2.0	2.5	3.0
dp	최대 (기준치수)		0.16	0.2	0.25	0.3	0.4	0.5	1.5	2.0	2.5	3.0	4.0	5.0	6.0
df	약		수나사의 골지름												
e	최소 (1)		0.803	1.003	1.427	1.73	2.30	2.87	3.44	4.58	5.72	6.86	9.15	11.43	13.72
s	호칭 (기준치수)		0.7	0.9	1.3	1.5	2.0	2.5	3.0	4.0	5.0	6.0	8.0	10.0	12.0
	최소		0.711	0.889	1.270	1.520	2.020	2.520	3.020	4.020	5.020	6.020	8.025	10.025	12.032
	최대		0.724	0.902	1.295	1.545	2.045	2.560	3.080	4.098	5.098	6.098	8.115	10.115	12.142
t	최소(2)	1 란	0.7	0.8	1.2	1.2	1.5	2.0	2.0	3.0	4.0	4.8	6.4	8.0	10.0
		2 란	1.5	1.7	2.0	2.0	2.5	3.0	3.5	5.0	6.0	8.0	10.0	12.0	15.0
l (3)															
호칭길이 (기준치수)	최 소	최 대													
2	1.8	2.2													
2.5	2.3	2.7													
3	2.8	3.2													
4	3.7	4.3													
5	4.7	5.3													
6	5.7	6.3													
8	7.7	8.3													
10	9.7	10.3													
12	11.6	12.4													
16	15.6	16.4													
20	19.6	20.4													
25	24.6	25.4													
30	29.6	30.4													
35	34.5	35.5													
40	39.5	40.5													
45	44.5	45.5													
50	49.5	50.5													
55	54.4	55.6													
60	59.4	60.6													

[비 고]

1. 나사의 호칭에 대하여 추천하는 호칭길이 (l)는 굵은선 둘레 안으로 한다. 또한, 이 표 이외의 l 을 특별히 필요로 하는 경우는 주문자가 지정한다.
2. 나사끝의 모양 치수는 KS B 0231에 따른다. 또 dt의 최소는 규정하지 않으나 끝단에는 평면부를 둔다. 나사의 호칭 M5 이하의 끝단은 약간 둥글게 하여도 좋다.
3. 6각 구멍 밑의 모양은 원뿔밑, 드릴밑, 둥근밑의 어느 것도 좋다.

[참 고]

· 이 표의 모양 및 치수는 M5 이하의 dt(최대)를 제외한 ISO 4026-1977에 따른다.

■ 6각 구멍붙이 멈춤나사 · 원통끝의 모양 및 치수

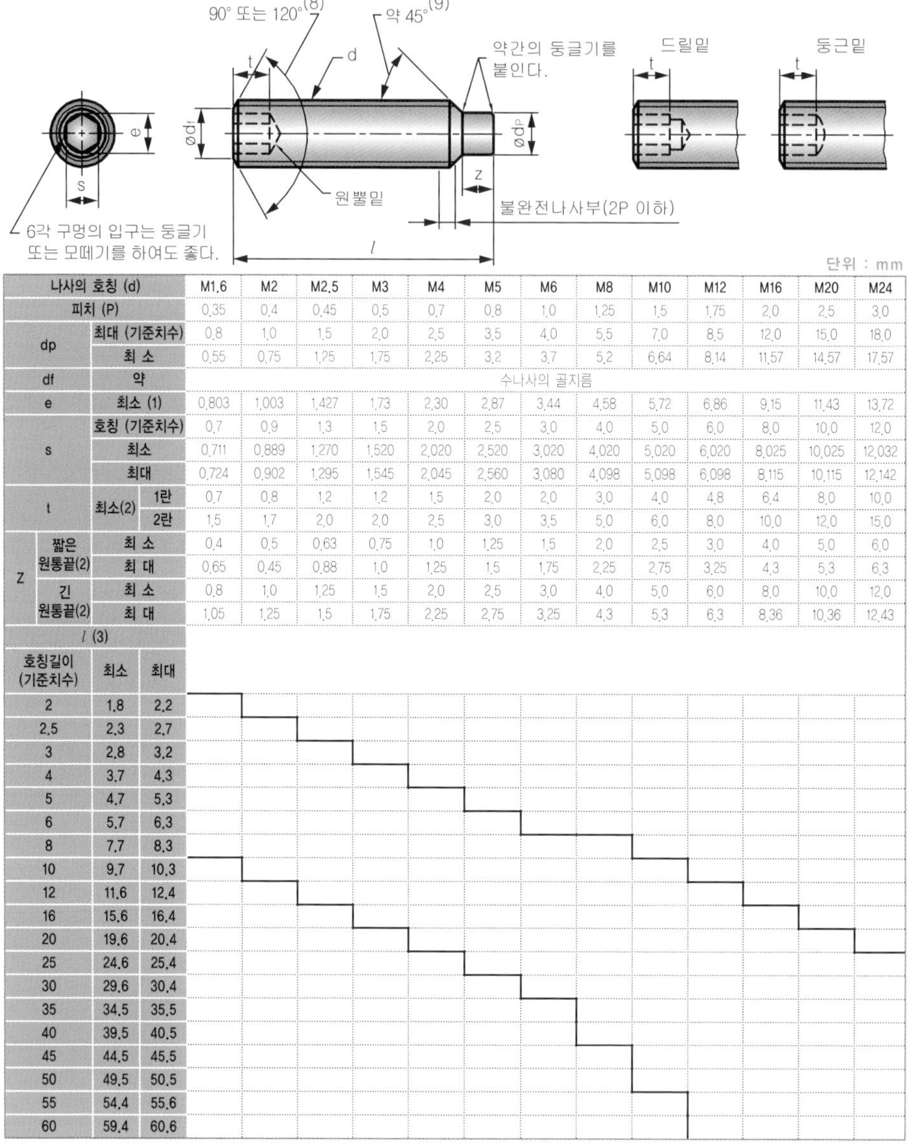

단위 : mm

나사의 호칭 (d)			M1.6	M2	M2.5	M3	M4	M5	M6	M8	M10	M12	M16	M20	M24
피치 (P)			0.35	0.4	0.45	0.5	0.7	0.8	1.0	1.25	1.5	1.75	2.0	2.5	3.0
dp	최대 (기준치수)		0.8	1.0	1.5	2.0	2.5	3.5	4.0	5.5	7.0	8.5	12.0	15.0	18.0
	최 소		0.55	0.75	1.25	1.75	2.25	3.2	3.7	5.2	6.64	8.14	11.57	14.57	17.57
df	약		수나사의 골지름												
e	최소 (1)		0.803	1.003	1.427	1.73	2.30	2.87	3.44	4.58	5.72	6.86	9.15	11.43	13.72
s	호칭 (기준치수)		0.7	0.9	1.3	1.5	2.0	2.5	3.0	4.0	5.0	6.0	8.0	10.0	12.0
	최소		0.711	0.889	1.270	1.520	2.020	2.520	3.020	4.020	5.020	6.020	8.025	10.025	12.032
	최대		0.724	0.902	1.295	1.545	2.045	2.560	3.080	4.098	5.098	6.098	8.115	10.115	12.142
t	최소(2)	1란	0.7	0.8	1.2	1.2	1.5	2.0	2.0	3.0	4.0	4.8	6.4	8.0	10.0
		2란	1.5	1.7	2.0	2.0	2.5	3.0	3.5	5.0	6.0	8.0	10.0	12.0	15.0
z	짧은 원통끝(2)	최 소	0.4	0.5	0.63	0.75	1.0	1.25	1.5	2.0	2.5	3.0	4.0	5.0	6.0
		최 대	0.65	0.45	0.88	1.0	1.25	1.5	1.75	2.25	2.75	3.25	4.3	5.3	6.3
	긴 원통끝(2)	최 소	0.8	1.0	1.25	1.5	2.0	2.5	3.0	4.0	5.0	6.0	8.0	10.0	12.0
		최 대	1.05	1.25	1.5	1.75	2.25	2.75	3.25	4.3	5.3	6.3	8.36	10.36	12.43
l (3)															
호칭길이 (기준치수)	최소	최대													
2	1.8	2.2													
2.5	2.3	2.7													
3	2.8	3.2													
4	3.7	4.3													
5	4.7	5.3													
6	5.7	6.3													
8	7.7	8.3													
10	9.7	10.3													
12	11.6	12.4													
16	15.6	16.4													
20	19.6	20.4													
25	24.6	25.4													
30	29.6	30.4													
35	34.5	35.5													
40	39.5	40.5													
45	44.5	45.5													
50	49.5	50.5													
55	54.4	55.6													
60	59.4	60.6													

[주]

t (최소) 1란의 값과 z의 "짧은 막대끝" 의 값은 호칭 길이 (l)가 계단 모양의 점선보다 짧은 것에 t(최소) 2란의 값과 z의 "긴 막대끝" 의 값은 그 점선보다 긴 것에 적용한다.

[비 고]

1. 나사의 호칭에 대하여 추천하는 호칭길이(l)는 굵은선 둘레 안으로 한다. 또한, 이 표 이외의 l 을 특별히 필요로 하는 경우는 주문자가 지정한다.
2. 나사끝의 모양 치수는 KS B 0231에 따른다.
3. 6각 구멍 밑의 모양은 원뿔밑, 드릴밑, 둥근밑의 어느 것도 좋다.

[참 고]

· 이 표의 모양 및 치수는 ISO 4028-1977에 따른다.

9-10 6각 구멍붙이 멈춤나사(4/5)

■ 6각 구멍붙이 멈춤나사 · 오목끝의 모양 및 치수

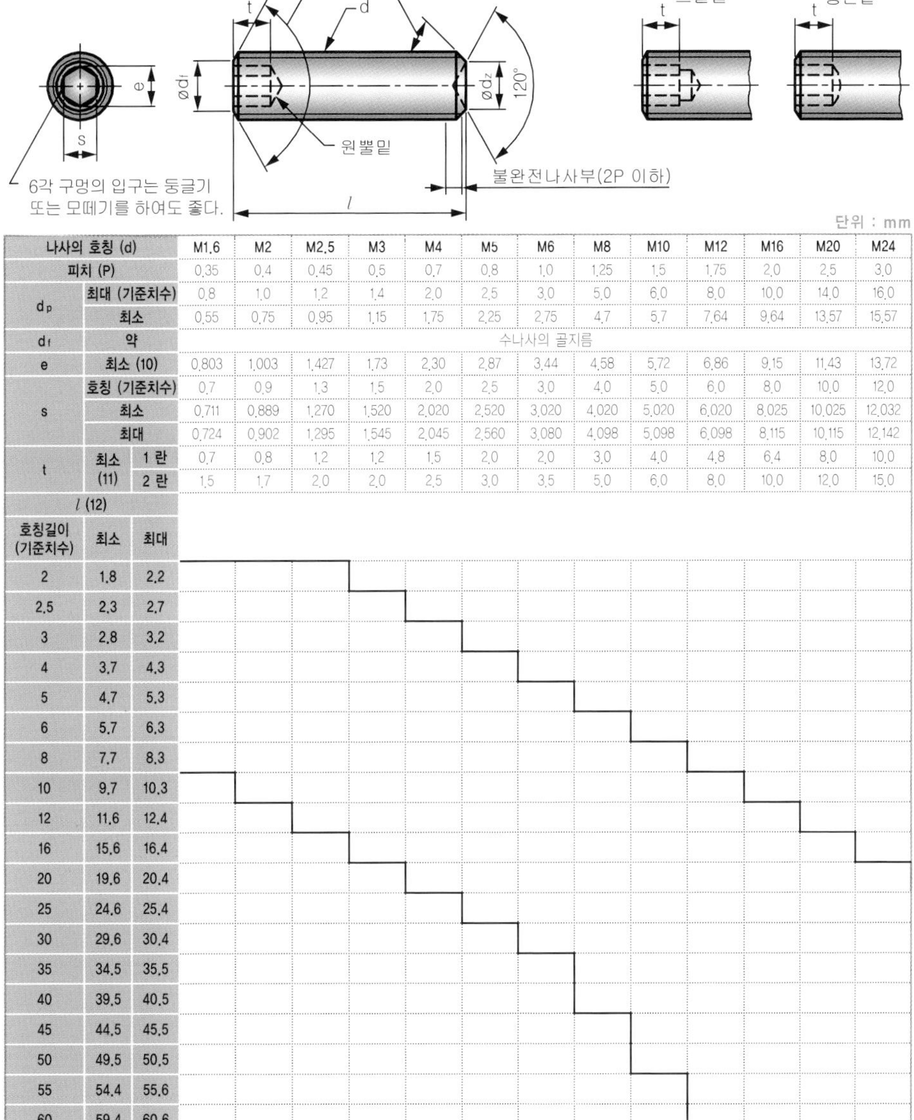

단위 : mm

나사의 호칭 (d)			M1.6	M2	M2.5	M3	M4	M5	M6	M8	M10	M12	M16	M20	M24
피치 (P)			0.35	0.4	0.45	0.5	0.7	0.8	1.0	1.25	1.5	1.75	2.0	2.5	3.0
d_p	최대 (기준치수)		0.8	1.0	1.2	1.4	2.0	2.5	3.0	5.0	6.0	8.0	10.0	14.0	16.0
	최소		0.55	0.75	0.95	1.15	1.75	2.25	2.75	4.7	5.7	7.64	9.64	13.57	15.57
d_f	약		수나사의 골지름												
e	최소 (10)		0.803	1.003	1.427	1.73	2.30	2.87	3.44	4.58	5.72	6.86	9.15	11.43	13.72
s	호칭 (기준치수)		0.7	0.9	1.3	1.5	2.0	2.5	3.0	4.0	5.0	6.0	8.0	10.0	12.0
	최소		0.711	0.889	1.270	1.520	2.020	2.520	3.020	4.020	5.020	6.020	8.025	10.025	12.032
	최대		0.724	0.902	1.295	1.545	2.045	2.560	3.080	4.098	5.098	6.098	8.115	10.115	12.142
t	최소 (11)	1 란	0.7	0.8	1.2	1.2	1.5	2.0	2.0	3.0	4.0	4.8	6.4	8.0	10.0
		2 란	1.5	1.7	2.0	2.0	2.5	3.0	3.5	5.0	6.0	8.0	10.0	12.0	15.0
l (12)															
호칭길이 (기준치수)	최소	최대													
2	1.8	2.2													
2.5	2.3	2.7													
3	2.8	3.2													
4	3.7	4.3													
5	4.7	5.3													
6	5.7	6.3													
8	7.7	8.3													
10	9.7	10.3													
12	11.6	12.4													
16	15.6	16.4													
20	19.6	20.4													
25	24.6	25.4													
30	29.6	30.4													
35	34.5	35.5													
40	39.5	40.5													
45	44.5	45.5													
50	49.5	50.5													
55	54.4	55.6													
60	59.4	60.6													

[비 고]

1. 나사의 호칭에 대하여 추천하는 호칭길이(*l*)는 굵은선 둘레 안으로 한다. 또한, 이 표 이외의 *l* 을 특별히 필요로 하는 경우는 주문자가 지정한다.
2. 나사끝의 모양 및 치수는 KS B 0231에 따른다.
3. 6각 구멍 밑의 모양은 원뿔밑, 드릴밑, 둥근밑의 어느 것도 좋다.

[참 고]

· 이 표의 모양 및 치수는 ISO 4029-1977에 따른다.

9-10 6각 구멍붙이 멈춤나사(5/5)

KS B 1028

■ 6각 구멍붙이 멈춤나사 · 둥근 끝의 모양 및 치수

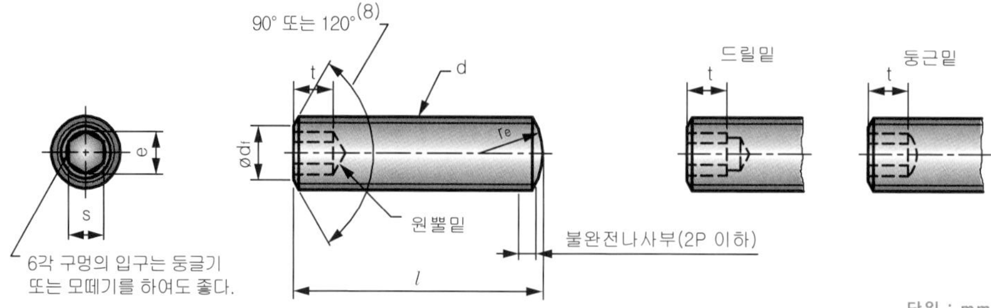

단위 : mm

나사의 호칭 (d)			M3	M4	M5	M6	M8	M10	M12	M16	M20	M24
피치 (P)			0.5	0.7	0.8	1.0	1.25	1.5	1.75	2.0	2.5	3.0
r_e	약		4.2	5.6	7.0	8.4	11	14	17	22	28	34
d_f	약		수나사의 골지름									
e	최소 (10)		1.73	2.30	2.87	3.44	4.58	5.72	6.86	9.15	11.43	13.72
s	호칭 (기준치수)		1.5	2.0	2.5	3.0	4.0	5.0	6.0	8.0	10.0	12.0
	최소		1.520	2.020	2.520	3.020	4.020	5.020	6.020	8.025	10.025	12.032
	최대		1.545	2.045	2.560	3.080	4.098	5.098	6.098	8.115	10.115	12.142
t (11)	최소	1 란	1.2	1.5	2.0	2.0	3.0	4.0	4.8	6.4	8.0	10.0
		2 란	2.0	2.5	3.0	3.5	5.0	6.0	8.0	10.0	12.0	15.0
l												
호칭길이 (기준치수)	최소	최대										
2	1.8	2.2										
2.5	2.3	2.7										
3	2.8	3.2										
4	3.7	4.3										
5	4.7	5.3										
6	5.7	6.3										
8	7.7	8.3										
10	9.7	10.3										
12	11.6	12.4										
16	15.6	16.4										
20	19.6	20.4										
25	24.6	25.4										
30	29.6	30.4										
35	34.5	35.5										
40	39.5	40.5										
45	44.5	45.5										
50	49.5	50.5										
55	54.4	55.6										
60	59.4	60.6										

[비 고]

1. 나사의 호칭에 대하여 추천하는 호칭길이(*l*)는 굵은선 둘레 안으로 한다. 또한, 이 표 이외의 *l* 을 특별히 필요로 하는 경우는 주문자가 지정한다.
2. 나사끝의 모양 치수는 KS B 0231에 따른다.
3. 6각 구멍 밑의 모양은 원뿔밑, 드릴밑, 둥근밑의 어느 것도 좋다.

[참 고]

· ISO 규격에는 6각 구멍붙이 멈춤나사의 둥근 끝에 상당하는 것이 없다.

9-11 아이 볼트

■ 아이 볼트의 모양 및 치수와 사용 하중

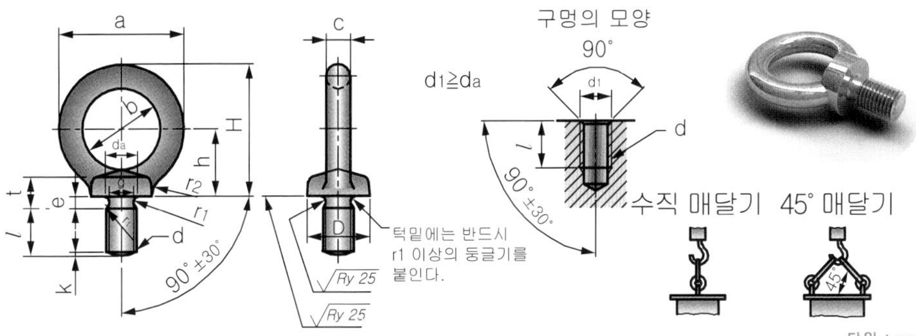

단위 : mm

나사의 호칭 (d)	a	b	c	D	t	h	H (참고)	l (길이)	e	g (최소)	r_1 (최소)	d_a (최대)	r2 (약)	k (약)	사용 하중	
															수직 매달기 kgf(kN)	45도 매달기 (2개 당) kgf(kN)
M8	32.6	20	6.3	16	5	17	33.3	15	3	6	1	9.2	4	1.2	80 (0.785)	80 (0.785)
M10	41	25	8	20	7	21	41.5	18	4	7.7	1.2	11.2	4	1.5	150 (1.47)	150 (1.47)
M12	50	30	10	25	9	26	51	22	5	9.4	1.4	14.2	6	2	220 (2.16)	220 (2.16)
M16	60	35	12.5	30	11	30	60	27	5	13	1.6	18.2	6	3	450 (4.41)	450 (4.14)
M20	72	40	16	35	13	35	71	30	6	16.4	2	22.4	8	2.5	630 (6.18)	630 (6.18)
M24	90	50	20	45	18	45	90	38	8	19.6	2.5	26.4	12	3	950 (9.332)	950 (9.32)
M30	110	60	25	60	22	55	110	45	8	25	3	33.4	15	3.5	1500 (14.7)	1500 (14.7)
M36	133	70	31.5	70	26	65	131.5	55	10	30.3	3	39.4	18	4	2300 (22.6)	2300 (22.6)
M42	151	80	35.5	80	30	75	150.5	65	12	35.6	3.5	45.6	20	4.5	3400 (33.3)	3400 (33.3)
M48	170	90	40	90	35	90	170	75	12	41	4	52.6	22	5	4500 (44.1)	4500 (44.1)
M64	210	110	50	110	42	105	210	85	14	55.7	5	71	25	6	9000 (88.3)	9000 (88.3)
M80X6	266	140	63	130	50	130	263	105	14	71	5	87	35	6	15000 (147)	15000 (147)
(M90X6)	302	160	71	150	55	150	301	120	14	81	5	97	35	6	18000 (177)	18000 (177)
M100X6	340	180	80	170	60	165	355	130	14	91	5	108	40	6	20000 (196)	20000 (196)

[비 고]
1. 나사의 호칭에 ( )를 붙인 것은 되도록 사용하지 않는다.
2. 이 표의 l 은 아이 볼트를 붙이는 암나사의 부분이 주철 또는 강으로 할 경우 적용하는 치수로 한다.
3. a, b, c, D, t 및 h의 허용차는 KS B 0426의 보통급, l 및 c의 허용차는 KS B ISO 2768-1의 거친급으로 한다.

[주]
45 ° 매달기의 사용 하중은 볼트의 자리면이 상대와 밀착해서 2개의 볼트의 링 방향이 위 그림과 같이 동일한 평면 내에 있을 경우에 적용된다.

9-12 아이 너트

KS B 1034

■ 아이 너트의 모양 및 치수와 사용 하중

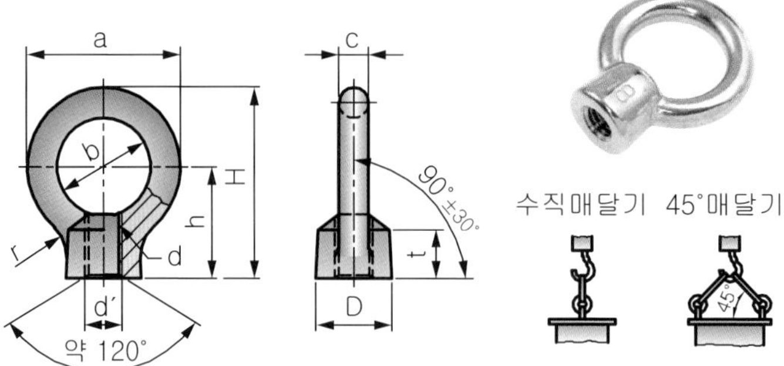

단위 : mm

나사의 호칭 (d)	a	b	c	D	t	h	H (참고)	r (약)	d'	사용 하중	
										수직 매달기 kgf(kN)	45도 매달기 (2개에 대한) kgf(kN)
M8	32.6	20	6.3	16	12	23	39.3	8	8.5	80 (0.785)	80 (0.785)
M10	41	25	8	20	15	28	48.5	10	10.6	150 (1.47)	150 (1.47)
M12	50	30	10	25	19	36	61	12	12.5	220 (2.16)	220 (2.16)
M16	60	35	12.5	30	23	42	72	14	17	450 (4.41)	450 (4.14)
M20	72	40	16	35	28	50	86	16	21.2	630 (6.18)	630 (6.18)
M24	90	50	20	45	38	66	111	25	25	950 (9.332)	950 (9.32)
M30	110	60	25	60	46	80	135	30	31.5	1500 (14.7)	1500 (14.7)
M36	133	70	31.5	70	55	95	161.5	35	37.5	2300 (22.6)	2300 (22.6)
M42	151	80	35.5	80	64	109	184.5	40	45	3400 (33.3)	3400 (33.3)
M48	170	90	40	90	73	123	208	45	50	4500 (44.1)	4500 (44.1)
M64	210	110	50	110	90	151	256	50	67	9000 (88.3)	9000 (88.3)
M80X6	266	140	63	130	108	184	317	65	85	15000 (147)	15000 (147)

[비 고]
1. a, b, c, D, t 및 h의 허용차는 KS B 0426의 보통급, d'의 허용차는 KS B ISO 2768-1의 거친급으로 한다.

[주]
45 ° 매달기의 사용 하중은 너트의 자리면이 상대와 밀착하고 2개의 너트 링의 방향이 위의 그림과 같이 동일 평면 내에 있을 경우에 적용한다.

9-13 T홈용 4각 볼트

KS B ISO 299

■ 홈 및 볼트의 모양 · 치수

45° 모떼기 부 높이 (E, F와 G)

단위 : mm

T홈 호칭치수 A	T 홈 B 최소	B 최대	C 최소	C 최대	H 최소	H 최대	E 최대	F 최대	G 최대	볼트 a	b	c
5	10	11	3.5	4.5	8	10	1	0.6	1	M4	9	3
6	11	12.5	5	6	11	13	1	0.6	1	M5	10	4
8	14.5	16	7	8	15	18	1	0.6	1	M6	13	6
10	16	18	7	8	17	21	1	0.6	1	M8	15	6
12	19	21	8	9	20	25	1	0.6	1	M10	18	7
14	23	25	9	11	23	28	1.6	0.6	1.6	M12	22	8
18	30	32	12	14	30	36	1.6	1	1.6	M16	28	10
22	37	40	16	18	38	45	1.6	1	2.5	M20	34	14
28	46	50	20	22	48	56	1.6	1	2.5	M24	43	18
36	56	60	25	28	61	71	2.5	1	2.5	M30	53	23
42	68	72	32	35	74	85	2.5	1.6	4	M36	64	28
48	80	85	36	40	84	95	2.5	2	6	M42	75	32
54	90	95	40	44	94	106	2.5	2	6	M48	85	36

· 홈 : A 의 공차 : 고정 홈에 대해서는 H12, 기준 홈에 대해서는 H8
· 볼트 : a, b, c 의 공차 : 볼트와 너트에 대한 일반 공차

[비 고]
볼트에 의한 조립체만이 제시되었지만, 동일한 호환성 조건에 따르는 어떤 부품도 이 표준과 일치한 것으로 간주 될 수있다.

■ T홈의 간격

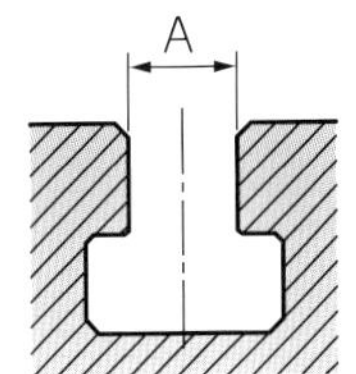

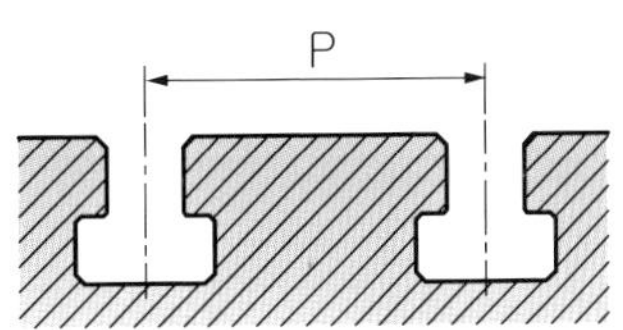

홈의 폭 A	간격 P (1), (2)
5	20-25-32
6	25-32-40
8	32-40-50
10	40-50-63
12	(40)-50-63-80
14	(50)-50-63-80
18	(63)-80-100-125
22	(80)-100-125-160
28	100-125-160-200
36	125-160-200-250
42	160-200-250-320
48	200-250-320-400
54	250-320-400-500

[주] (1) 위 표에 제시된 P값보다 크거나 작은 치수가 반드시 요구되는 경우에는 R10 계열의 치수들 중에서 택할 수 있으며, 위 치수들의 사이값이 요구되는 경우에는 R20 계열의 치수들로부터 택할 수 있다.
(2) T홈 간의 재료 두께(Pmin-Bmax)는 괄호 안의 치수들은 가능한 한 피해야 한다.

■ T홈 간격의공차

간 격 P	20과 25	32에서 100	125에서 250	320에서 500
공 차	± 0.2	± 0.3	± 0.5	± 0.8

[비 고]
모든 T-홈의 간격에 공차는 누적되지 않는다.

9-14 T홈 너트

KS B 1039

■ T홈 너트의 모양 및 치수

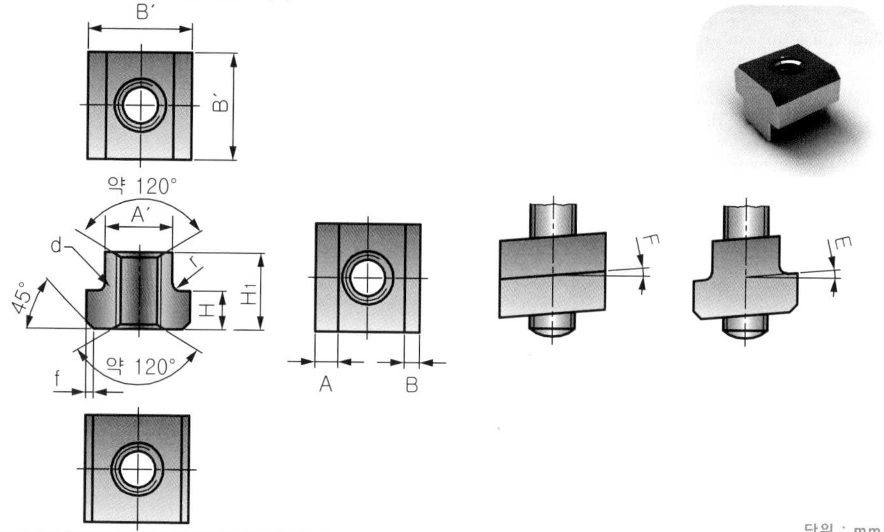

단위 : mm

T홈의 호칭치수	d	A′		B′		H		H1		f	r	A-B	E 및 F
	나사의 호칭	기준치수	허용차	기준치수	허용차	기준치수	허용차	기준치수	허용차	최대값	최대값	허용값	최대
5	M4	5	-0.3 -0.5	9	±0.29	2.5	±0.2	6.5	±0.29	1	0.3	0.2	1°
6	M5	6		10		4	±0.24	8		1.6		0.3	
8	M6	8		13	±0.35	6	±0.29	10				0.3	
10	M8	10		15		6		12	±0.35			0.4	
12	M10	12	-0.3 -0.6	18		7		14		2.5	0.4	0.5	
14	M12	14		22	±0.42	8		16				0.7	
18	M16	18		28		10		20	±0.42			0.8	
22	M20	22		34	±0.5	14	±0.35	28			0.5	0.9	
28	M24	28		43		18		36	±0.5	4		1.2	
36	M30	36	-0.4 -0.7	53	±0.6	23	±0.42	44		6		1.5	
42	M36	42		64		28		52	±0.6		0.8	1.8	
48	M42	48		75		32	±0.5	60				2.1	
54	M48	54		85	±0.7	36		70				2.4	
참고 16	M14	16	-0.3 -0.6	25	±0.42	9	±0.29	18	±0.35	2.5	0.4	0.7	1°
참고 20	M18	20		32	±0.5	12	±0.35	24	±0.42			0.9	
참고 24	M22	24		40		16		32	±0.5	4	0.5	1.1	
참고 32	M27	32	-0.4 -0.7	50		20	±0.42	40				1.3	

[주] T홈의 호칭 치수 16, 20, 24mm 및 32mm는 KS B 0902-1991에서 삭제되었으나, KS B 0902-1982에서는 ( )를 붙여 규정하고 있어 거기에 대한 T홈 너트의 모양 및 치수를 참고로 나타내었다.

[비 고] 너트의 각 부는 약 0.1mm의 모떼기를 한다.

memo

Chapter 10

펀

10-1 평행 핀

KS B ISO 2338

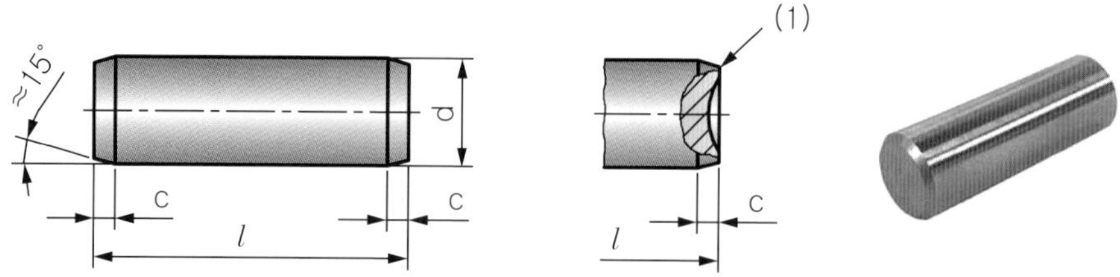

[주] (1) 반지름 또는 딤플된 핀 끝단 허용

단위 : mm

호칭 지름 d m6/h8 (1)	0.6	0.8	1	1.2	1.5	2	2.5	3	4	5	6	8	10	12	16	20	25	30	40	50
c 약	0.12	0.16	0.2	0.25	0.3	0.35	0.4	0.5	0.63	0.8	1.2	1.6	2	2.5	3	3.5	4	5	6.3	8
허용차 A종 (m6)	+0.008 +0.002								+0.012 +0.004			+0.015 +0.006		+0.018 +0.007		+0.021 +0.008			+0.025 +0.009	
허용차 B종 (h8)	0 −0.014								0 −0.018			0 −0.022		0 −0.027		0 −0.033			0 −0.039	
상용 길이의 범위 *l* (2)	2~6	2~8	4~10	4~12	4~16	6~20	6~24	8~30	8~40	10~50	12~60	14~80	18~95	22~140	26~180	35~200	50~200	60~200	80~200	95~200

[주]
(1) 그 밖의 공차는 당사자 간의 협의에 따른다.
(2) 호칭 길이가 200mm를 초과하는 것은 20mm 간격으로 한다.

■ 요구 사항과 관련 국제 규격

재료	강[Steel(St)]	오스테나이트계 스테인리스강
	경도 : HV 125~245	ISO 3506-1에 따르는 A1 경도 : HV 210~280
표면 처리	· 당사자간 협의에 따라 규정하지 않는 한 공급시 보호 윤활제를 바른다. · 흑색 산화물, 인산염 표면처리 또는 크로메이트 표면처리를 가지는 아연도금이다(ISO 9717 및 ISO 4042에 따름) · 그 밖의 피막 처리는 당사자간의 협의에 따른다. · 모든 공차는 표면처리 하기 전의 것에 적용한다.	자연적으로 다듬질 되어진다.
표면 거칠기	공차 분류 m6의 핀 : Ra ≤ 0.8 ㎛ 공차 분류 h8의 핀 : Ra ≤ 1.6 ㎛	
겉모양	핀은 불규칙성 또는 유해한 결함이 없어야 한다. 핀의 어떤 부분에도 거스러미가 나타나지 않아야 한다.	
허용차	허용 방법은 ISO 3269에 따른다.	

[제품의 호칭 방법]
1. 비경화강 평행 핀, 호칭 지름 6mm, 공차 m6, 호칭 길이 30mm일 경우의 표시
   평행 핀 또는 KS B ISO 2338 m6x30-St

2. 오스테나이트계 스테인리스강 A1 등급인 경우의 표시
   평행 핀 또는 KS B ISO 2338 m6x30-A1

10-2 분할 핀

KS B ISO 1234

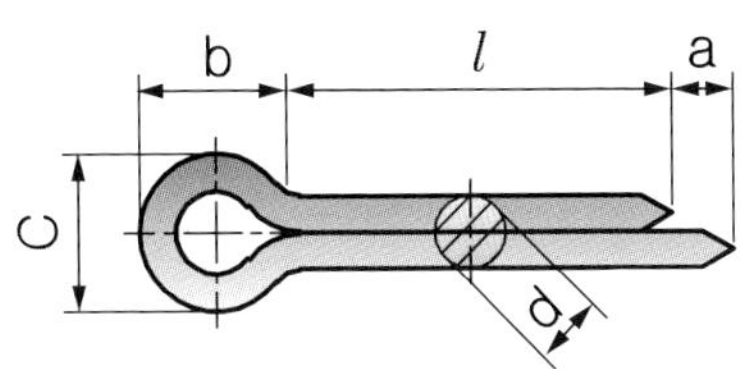

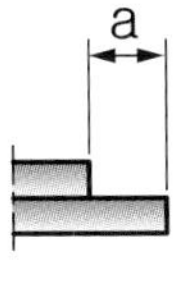

단위 : mm

호칭 지름			0.6	0.8	1	1.2	1.6	2	2.5	3.2	4	5	6.3	8	10	13	16	20
d		최대	0.5	0.7	0.9	1	1.4	1.8	2.3	2.9	3.7	4.6	5.9	7.5	9.5	12.4	15.4	19.3
		최소	0.4	0.6	0.8	0.9	1.3	1.7	2.1	2.7	3.5	4.4	5.7	7.3	9.3	12.1	15.1	19.0
a		최대	1.6	1.6	1.6	2.50	2.50	2.50	2.50	3.2	4	4	4	4	6.30	6.30	6.30	6.30
		최소	0.8	0.8	0.8	1.25	1.25	1.25	1.25	1.6	2	2	2	2	3.15	3.15	3.15	3.15
b		약	2	2.4	3	3	3.2	4	5	6.4	8	10	12.6	16	20	26	32	40
c		최대	1.0	1.4	1.8	2.0	2.8	3.6	4.6	5.8	7.4	9.2	11.8	15.0	19.0	24.8	30.8	38.5
		최소	0.9	1.2	1.6	1.7	2.4	3.2	4.0	5.1	6.5	8.0	10.3	13.1	16.6	21.7	27.0	33.8
상응 지름	볼트	초과	–	2.5	3.5	4.5	5.5	7	9	11	14	20	27	39	56	80	120	170
		이하	2.5	3.5	4.5	5.5	7	9	11	14	20	27	39	56	80	120	170	–
	클레비스 핀	초과	–	2	3	4	5	6	8	9	12	17	23	29	44	69	110	160
		이하	2	3	4	5	6	8	9	12	17	23	29	44	69	110	160	–
상용 길이의 범위 l			4 ~ 12	5 ~ 16	6 ~ 20	8 ~ 25	8 ~ 32	10 ~ 40	12 ~ 50	14 ~ 56	18 ~ 80	22 ~ 100	32 ~ 125	40 ~ 160	45 ~ 200	71 ~ 250	112 ~ 280	160 ~ 280

[비 고]

1. 호칭 크기 = 분할 핀 구멍의 지름에 대하여 다음과 같은 공차를 분류한다.
   H13 ≤ 1.2　　　H14 〉1.2

2. 철도 용품 또는 클레비스 핀 안의 분할 핀은 서로 가는 방향 힘을 받는다면 표에서 규정된 것보다 큰 다음 단계의 핀을 사용하는 것이 바람직하다.

■ 요구 사항과 관련 국제 규격

재료	강[steel(st)] 구리-이연합금[Copper-zinc alloy(CuZn)] 구리[Copper(Cu)] 알루미늄합금[Aluminium alloy(Al)] 오스테나이트 스테인리스강[Austenitic stainless(A)] 그 밖의 다른 재료는 당사자간의 협의에 따른다.
굽힘	핀의 각각의 다리는 굽힘에서 파단이 없어야 하며, 한번은 뒤로 굽혀져 유지될 수 있어야 한다.
표면 처리	핀은 자연적으로 다듬질되어 보호 윤활제를 바르고 공급하거나 당사자 간의 협의에 따라 다른 표면 처리를 할 수 있다. 전기 도금의 경우 ISO 4042에 따르고, 인산염 표면 처리는 ISO 9717에 따른다.
겉모양	핀은 거스러미, 불규칙성, 유해한 결함이 없어야 한다. 핀 구멍은 가능한 한 원이어야 하며, 곧은 다리의 단면 또한 원이어야 한다.
검사	검사 방법은 ISO 3269에 따른다.

[제품의 호칭 방법]

· 강으로 제조한 분할 핀 호칭 지름 5mm, 호칭 길이 50mm의 경우 다음과 같이 호칭한다.
  분할 핀 KS B ISO 1234-5x20-St

10-3 분할 테이퍼 핀

KS B 1323

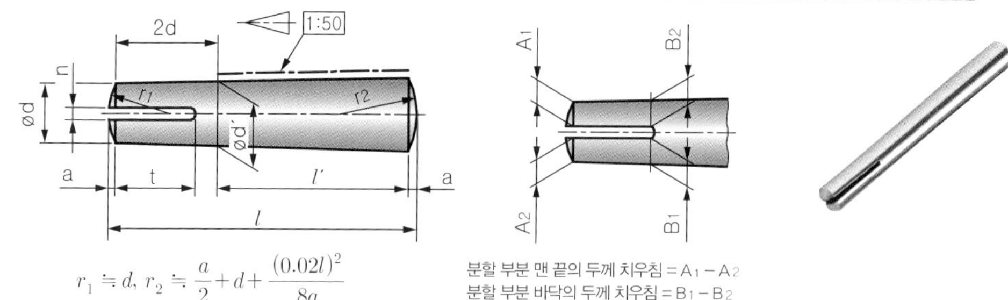

$r_1 \fallingdotseq d,\ r_2 \fallingdotseq \dfrac{a}{2}+d+\dfrac{(0.02l)^2}{8a}$

분할 부분 맨 끝의 두께 치우침 = $A_1 - A_2$
분할 부분 바닥의 두께 치우침 = $B_1 - B_2$

[주] 1:50은 기준 원뿔의 테이퍼 비가 1/50 임을 나타내고, 굵은 1점 쇄선은 원뿔공차의 적용 범위를, l' 은 그 길이를 나타낸다.

단위 : mm

호칭 지름		2	2.5	3	4	5	6	8	10	12	16	20
d	호칭 원뿔지름	2	2.5	3	4	5	6	8	10	13	16	20
d'	기준치수[1]	2.08	2.6	3.12	4.16	5.2	6.24	8.32	10.40	13.52	16.64	20.80
	허용차[2] (h10)	0 -0.040		0 -0.048			0 -0.058		0 -0.070			0 -0.084
n	최 소	0.4		0.6			0.8		1.0			1.6
t	최 소	3	3.5	4.5	6	7.5	9	12	15	20	24	30
	최 대	4	5	6	8	10	12	16	20	26	32	40
$A_1 - A_2$ $B_1 - B_2$	최 대	0.2		0.3			0.4		0.5			0.8
상용 길이의 범위 l		10~35	10~35	12~45	14~55	18~60	22~90	22~120	26~160	32~180	40~200	45~200

[주] 1. d 기준 치수는 $d+\dfrac{d}{25}$로 구한 것이다.
2. d의 허용차는 호칭 원뿔 지름(d)에 KS B 0401의 h10을 준 것에 따르고 있다.

10-4 스프링 핀

KS B 1339

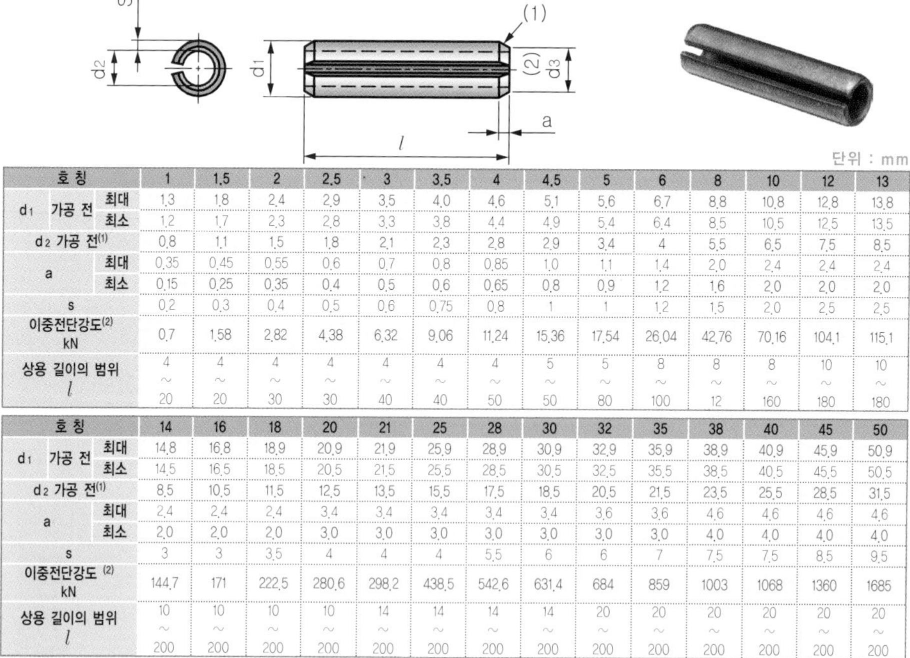

단위 : mm

호 칭			1	1.5	2	2.5	3	3.5	4	4.5	5	6	8	10	12	13
d_1	가공 전	최대	1.3	1.8	2.4	2.9	3.5	4.0	4.6	5.1	5.6	6.7	8.8	10.8	12.8	13.8
		최소	1.2	1.7	2.3	2.8	3.3	3.8	4.4	4.9	5.4	6.4	8.5	10.5	12.5	13.5
d_2 가공 전[1]			0.8	1.1	1.5	1.8	2.1	2.3	2.8	2.9	3.4	4	5.5	6.5	7.5	8.5
a		최대	0.35	0.45	0.55	0.6	0.7	0.8	0.85	1.0	1.1	1.4	2.0	2.4	2.4	2.4
		최소	0.15	0.25	0.35	0.4	0.5	0.6	0.65	0.8	0.9	1.2	1.6	2.0	2.0	2.0
s			0.2	0.3	0.4	0.5	0.6	0.75	0.8	1	1	1.2	1.5	2.0	2.5	2.5
이중전단강도[2] kN			0.7	1.58	2.82	4.38	6.32	9.06	11.24	15.36	17.54	26.04	42.76	70.16	104.1	115.1
상용 길이의 범위 l			4~20	4~20	4~30	4~30	4~40	4~40	4~50	5~50	5~80	8~100	8~12	8~160	10~180	10~180

호 칭			14	16	18	20	21	25	28	30	32	35	38	40	45	50
d_1	가공 전	최대	14.8	16.8	18.9	20.9	21.9	25.9	28.9	30.9	32.9	35.9	38.9	40.9	45.9	50.9
		최소	14.5	16.5	18.5	20.5	21.5	25.5	28.5	30.5	32.5	35.5	38.5	40.5	45.5	50.5
d_2 가공 전[1]			8.5	10.5	11.5	12.5	13.5	15.5	17.5	18.5	20.5	21.5	23.5	25.5	28.5	31.5
a		최대	2.4	2.4	2.4	3.4	3.4	3.4	3.4	3.4	3.6	3.6	4.6	4.6	4.6	4.6
		최소	2.0	2.0	2.0	3.0	3.0	3.0	3.0	3.0	3.0	3.0	4.0	4.0	4.0	4.0
s			3	3	3.5	4	4	4	5.5	6	6	7	7.5	7.5	8.5	9.5
이중전단강도 [2] kN			144.7	171	222.5	280.6	298.2	438.5	542.6	631.4	684	859	1003	1068	1360	1685
상용 길이의 범위 l			10~200	10~200	10~200	10~200	14~200	14~200	14~200	14~200	20~200	20~200	20~200	20~200	20~200	20~200

[주] 1. 호칭지름 d1 ≥ 10mm인 스프링 핀에 대하여 한쪽 모떼기 모양은 공급자 임의로 한다.
2. d3 < d1, nom

10-5 스프링식 곧은 핀-코일형, 중하중용

KS B ISO 8748

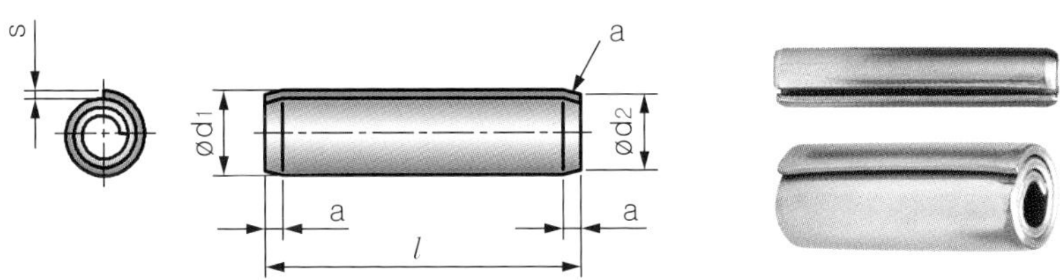

단위 : mm

호 칭		1.5	2	2.5	3	3.5	4	5	6	8	10	12	14	16	20
d1 조립 전	최대	1.71	2.21	2.73	3.25	3.79	4.30	5.35	6.40	8.55	10.65	12.75	14.85	16.9	21.0
	최소	1.61	2.11	2.62	3.12	3.64	4.15	5.15	6.18	8.25	10.30	12.35	14.40	16.4	20.4
d2 조립 전	최대	1.4	1.9	2.4	2.9	3.4	3.9	4.85	5.85	7.8	9.75	11.7	13.6	15.6	19.6
a		0.5	0.7	0.7	0.9	1	1.1	1.3	1.5	2	2.5	3	3.5	4	4.5
s		0.17	0.22	0.28	0.33	0.39	0.45	0.56	0.67	0.9	1.1	1.3	1.6	1.8	2.2
최소 전단력, 양면, kN	(1)	1.9	3.5	5.5	7.6	10	13.5	20	30	53	84	120	165	210	340
	(2)	1.45	2.5	3.8	5.7	7.6	10	15.5	23	41	64	91	–	–	–
상용 길이의 범위 l (3)		4 ~ 26	4 ~ 40	5 ~ 45	6 ~ 50	6 ~ 50	8 ~ 60	10 ~ 60	12 ~ 75	16 ~ 120	20 ~ 120	24 ~ 160	28 ~ 200	35 ~ 200	45 ~ 200

[주] 1. 강과 마텐사이트계 내식강 제품에 적용한다.
2. 오스테나이트계 스테인레스강 제품에 적용한다.
3. 호칭길이가 200mm를 초과하면 20mm씩 증가한다.

10-6 스프링식 곧은 핀-코일형, 표준하중용

KS B ISO 8750

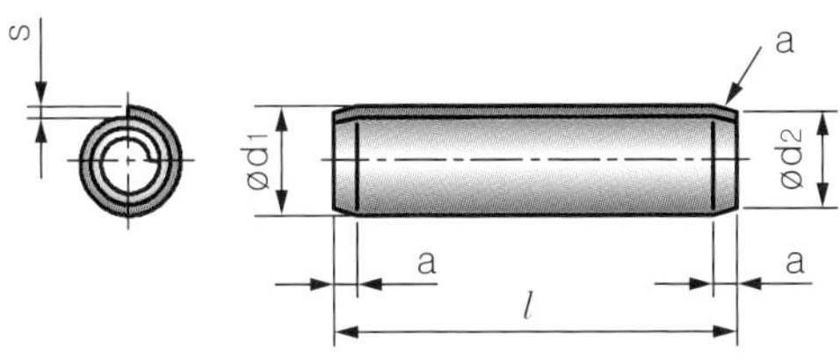

단위 : mm

호 칭		0.8	1	1.2	1.5	2	2.5	3	3.5	4	5	6	8	10	12	14	16	20
d_1 조립 전	최대	0.91	1.15	1.35	1.73	2.25	2.78	3.30	3.84	4.4	5.50	6.50	8.63	10.80	12.85	14.95	17.00	21.1
	최소	0.85	1.05	1.25	1.62	2.13	2.65	3.15	3.67	4.2	5.25	6.25	8.30	10.35	12.40	14.45	16.45	20.4
d_2 조립 전	최대	0.75	0.95	1.15	1.4	1.9	2.4	2.9	3.4	3.9	4.85	5.85	7.8	9.75	11.7	13.6	15.6	19.6
a		0.3	0.3	0.4	0.5	0.7	0.7	0.9	1	1.1	1.3	1.5	2	2.5	3	3.5	4	4.5
s		0.07	0.08	0.1	0.13	0.17	0.21	0.25	0.29	0.33	0.42	0.5	0.67	0.84	1	1.2	1.3	1.7
최소 전단력, 양면, kN	(1)	0.4	0.6	0.9	1.45	2.5	3.9	5.5	7.5	9.6	15	22	39	62	89	120	155	250
	(2)	0.3	0.45	0.65	1.05	1.9	2.9	4.2	5.7	7.6	11.5	16.8	30	48	67	–	–	–
상용 길이의 범위 l (3)		4 ~ 16	4 ~ 16	4 ~ 16	4 ~ 24	4 ~ 40	5 ~ 45	6 ~ 50	6 ~ 50	8 ~ 60	10 ~ 60	12 ~ 75	16 ~ 120	20 ~ 120	24 ~ 160	28 ~ 200	32 ~ 200	45 ~ 200

[주] 1. 강과 마텐사이트계 내식강 제품에 적용한다.
2. 오스테나이트계 스테인레스강 제품에 적용한다.
3. 호칭길이가 200mm를 초과하면 20mm씩 증가한다.

10-7 스프링식 곧은 핀-홈, 저하중용

KS B ISO 13337

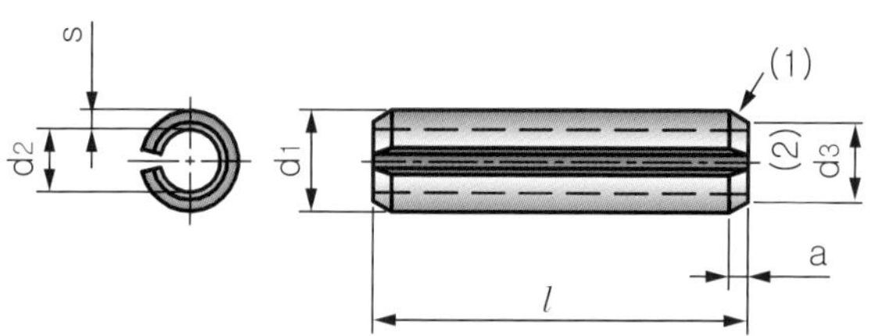

단위 : mm

호 칭			2	2.5	3	3.5	4	4.5	5	6	8	10	12	13
d_1	가공전	최대	2.4	2.9	3.5	4.0	4.6	5.1	5.6	6.7	8.8	10.8	12.8	13.8
		최소	2.3	2.8	3.3	3.8	4.4	4.9	5.4	6.4	8.5	10.5	12.5	13.5
d_2 가공 전[(1)]			1.9	2.3	2.7	3.1	3.4	3.9	4.4	4.9	7	8.5	10.5	11
a		최대	0.4	0.45	0.45	0.5	0.7	0.7	0.7	0.9	1.8	2.4	2.4	2.4
		최소	0.2	0.25	0.25	0.3	0.5	0.5	0.5	0.7	1.5	2.0	2.0	2.0
s			0.2	0.25	0.3	0.35	0.5	0.5	0.5	0.75	0.75	1	1	1.2
이중전단강도[(2)] kN			1.5	2.4	3.5	4.6	8	8.8	10.4	18	24	40	48	66
상용 길이의 범위 l			4~30	4~30	4~40	4~40	4~50	6~50	6~80	10~100	10~120	10~160	10~180	10~180

호 칭			14	16	18	20	21	25	28	30	35	40	45	50
d_1	가공전	최대	14.8	16.8	18.9	20.9	21.9	25.9	28.9	30.9	35.9	40.9	45.9	50.9
		최소	14.5	16.5	18.5	20.5	21.5	25.5	28.5	30.5	35.5	40.5	45.5	50.5
d_2 가공 전[(1)]			11.5	13.5	15	16.5	17.5	21.5	23.5	25.5	28.5	32.5	37.5	40.5
a		최대	2.4	2.4	2.4	2.4	2.4	3.4	3.4	3.4	3.6	4.6	4.6	4.6
		최소	2.0	2.0	2.0	2.0	2.0	3.0	3.0	3.0	3.0	4.0	4.0	4.0
s			1.5	1.5	1.7	2	2	2	2.5	2.5	3.5	4	4	5
이중전단강도[(2)] kN			84	98	126	158	168	202	280	302	490	634	720	1000
상용 길이의 범위 l			9~200	9~200	9~200	9~200	14~200	14~200	14~200	14~200	20~200	20~200	20~200	20~200

[주] 1. 강과 마텐사이트계 내식강 제품에 적용한다.
2. 오스테나이트계 스테인레스강 제품에 적용한다.
3. 호칭길이가 200mm를 초과하면 20mm씩 증가한다.

10-8 맞춤 핀

KS B ISO 8734

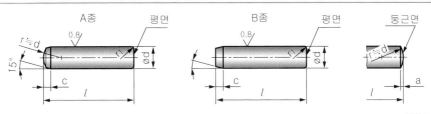

단위 : mm

호칭 지름		1	1.5	2	2.5	3	4	5	6	8	10	12	16	20
d	기준치수	1	1.5	2	2.5	3	4	5	6	8	10	12	16	20
	허용차 (m6)	+0.008 +0.002					+0.012 +0.004			+0.015 +0.006		+0.018 +0.007		+0.021 +0.008
a	약	0.12	0.2	0.25	0.3	0.4	0.5	0.63	0.8	1	1.2	1.6	2	2.5
c	약	0.5	0.6	0.8	1	1.2	1.4	1.7	2.1	2.6	3	3.8	4.6	6
r_1	최소	–	0.2	0.2	0.3	0.3	0.4	0.4	0.4	0.5	0.6	0.6	0.8	0.8
	최대	–	0.6	0.6	0.7	0.8	0.9	1	1.1	1.3	1.4	1.6	1.8	2
상용하는 호칭길이 l		3~10	4~16	5~20	6~24	8~30	10~40	12~50	14~60	18~80	22~100	26~100	40~100	50~100

[주] m6에 대한 수치는 KS B 0401에 따른다.

■ 핀의 종류

종류	열처리	가공 오차
A종	Quenching 템퍼링을 한 것	ISO 8734의 type A에 따른 것
B종	탄소 처리 Quenching 템퍼링을 한 것	ISO 8734의 type B에 따른 것

■ 핀의 경도

a) A종 : HV550~650

b) B종 : 표면에 대하여 HV600~700, 경화층 깊이 0.25~0.40mm에서 HV550 이상

c) 스테인리스강 : ISO 3506-1에 의한 C1, HV460~560으로 경화 후 뜨임처리한다.

■ 핀의 재료

종류	재료 (참고)
A종	KS D 3525의 STB2
B종	KS D 3752의 SM9CK KS D 3567의 SUM24L

10-9 나사붙이 테이퍼 핀 (1/2)

KS B 1308

■ 암나사붙이 테이퍼 핀의 모양 · 치수

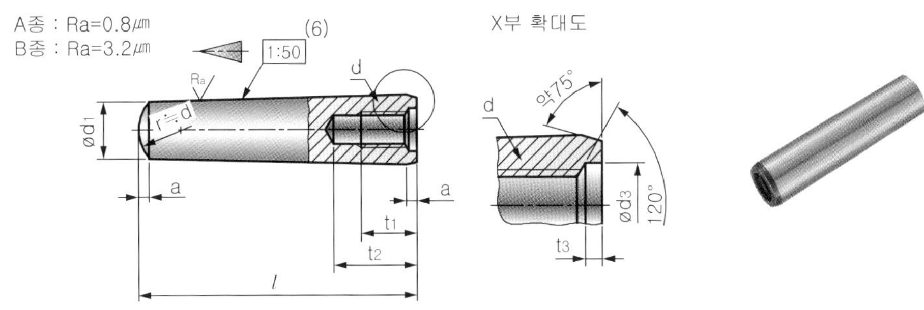

10-9 나사붙이 테이퍼 핀(2/2)

KS B 1308

단위 : mm

호칭 지름		6	8	10	12	16	20	25	30	40	50
나사의 호칭(d)		M4	M5	M6	M8	M10	M12	M16	M20	M20	M24
나사의 피치(P)		0.7	0.8	1	1.25	1.5	1.75	2	2.5	2.5	3
d_1	기준치수	6	8	10	12	16	20	25	30	40	50
	허용차 (h10)	0 −0.048	0 −0.058		0 −0.070		0 −0.084			0 −0.100	
a	약	0.8	1	1.2	1.6	2	2.5	3	4	5	6.3
d_3	약	4.3	5.3	6.4	8.4	10.5	13	17	21	21	25
t_1	최소	6	8	10	12	16	18	24	30	30	36
t_2	최소	10	12	16	20	25	28	35	40	40	50
t_3	최대	1	1.2	1.2	1.2	1.5	1.5	2	2	2.5	2.5
상용하는 호칭길이 l		16~60	18~80	22~100	26~120	32~160	40~200	50~200	60~200	80~200	100~200

[주] 1. 그림상의 1:50은 기준 원뿔의 테이퍼 비가 1/50인 것을 표시한다.
2. 기준치수(d_1)의 h10 에 대한 수치는 KS B 0401에 따른다.

■ 수나사붙이 테이퍼 핀의 모양 · 치수

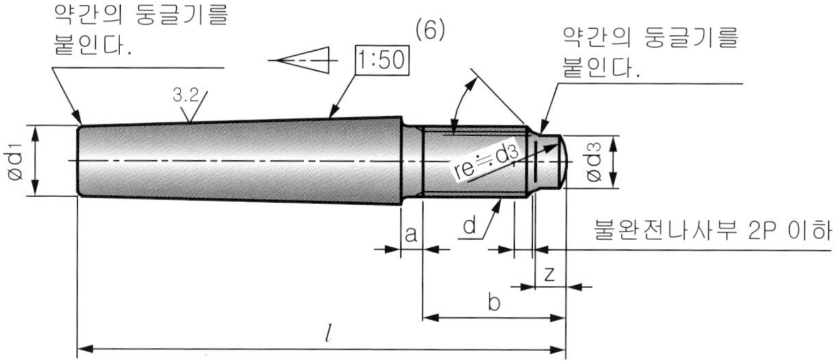

단위 : mm

호칭 지름		5	6	8	10	12	16	20	25	30	40	50
나사의 호칭 (d)		M5	M6	M8	M10	M12	M16	M16	M20	M24	M30	M36
나사의 피치 (P)		0.8	1	1.25	1.5	1.75	2	2	2.5	3	3.5	4
d_1	기준 치수	5	6	8	10	12	16	20	25	30	40	50
	허용차 (h10)	0 −0.048		0 −0.058		0 −0.070		0 −0.084			0 −0.100	
a	최대	2.4	3	4	4.5	5.3	6	6	7.5	9	10.5	12
b	최대	15.6	20	24.5	27	30.5	39	39	45	52	65	78
	최소	14	18	22	24	27	35	35	40	46	58	70
d_3	최대	3.5	4	5.5	7	8.5	12	12	15	18	23	28
	최소	3.25	3.7	5.2	6.6	8.1	11.5	11.5	14.5	17.5	22.5	27.5
z	최대	1.5	1.75	2.25	2.75	3.25	4.3	4.3	5.3	6.3	7.5	9.4
	최소	1.25	1.5	2	2.5	3	4	4	5	6	7	9
상용하는 호칭길이 l		40~50	45~60	55~75	65~100	85~120	100~160	120~190	140~250	160~280	190~320	220~400

[주] 1. 그림상의 1:50은 기준 원뿔의 테이퍼 비가 1/50 인 것을 표시한다.
2. 기준치수(d_1)의 h10에 대한 수치는 KS B 0401에 따른다.

10-10 암나사붙이 평행 핀

KS B 1309

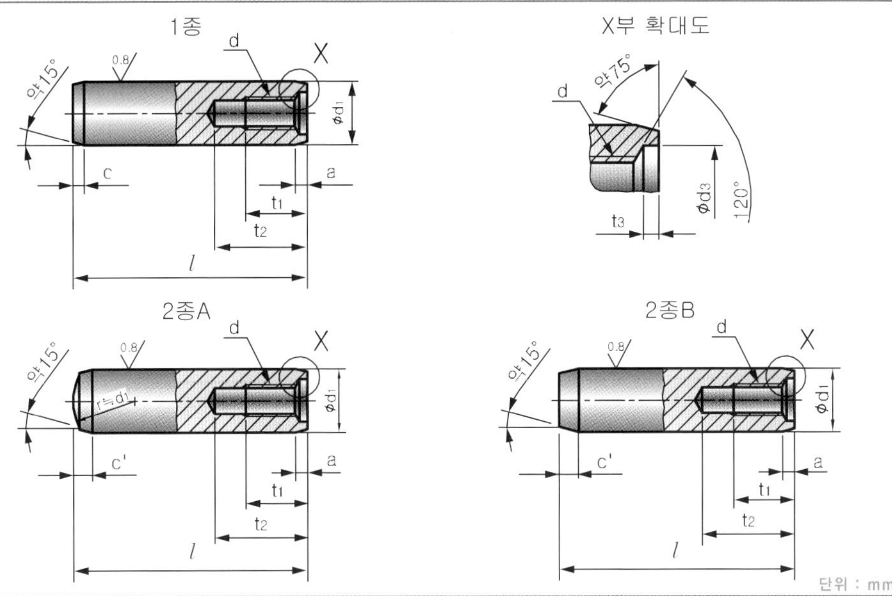

단위 : mm

호칭 지름		6	8	10	12	16	20	25	30	40	50
나사의 호칭 (d)		M4	M5	M6	M8	M10	M12	M16	M20	M20	M24
나사의 피치 (P)		0.7	0.8	1	1.25	1.5	1.75	2	2.5	2.5	3
d_1	기준치수	6	8	10	12	16	20	25	30	40	50
	허용차 (m6)	+0.012 +0.004	+0.015 +0.006		+0.018 +0.007		+0.021 +0.008			+0.025 +0.009	
a	약	0.8	1	1.2	1.6	2	2.5	3	4	5	6.3
c	약	1.2	1.6	2	2.5	3	3.5	4	5	6.3	8
c'	약	2.1	2.6	3	3.8	6	6	6	7	8	10
d_3	약	4.3	5.3	6.4	6.4	10.5	10.5	17	21	21	25
t_1	최소	6	8	10	12	18	18	24	30	30	36
t_2	약	10	12	16	20	28	28	35	40	40	50
t_3	최대	1	1.2	1.2	1.2	1.5	1.5	2	2	2.5	2.5
상용하는 호칭길이 l		16~60	18~80	22~100	26~120	32~180	40~200	50~200	65~200	80~200	100~200

[주] 호칭 지름 d_1의 m6에 대한 수치는 KS B 0401에 따른다.

Chapter 11

치공구 요소

11-1 지그용 부시 및 그 부속품

KS B 1030

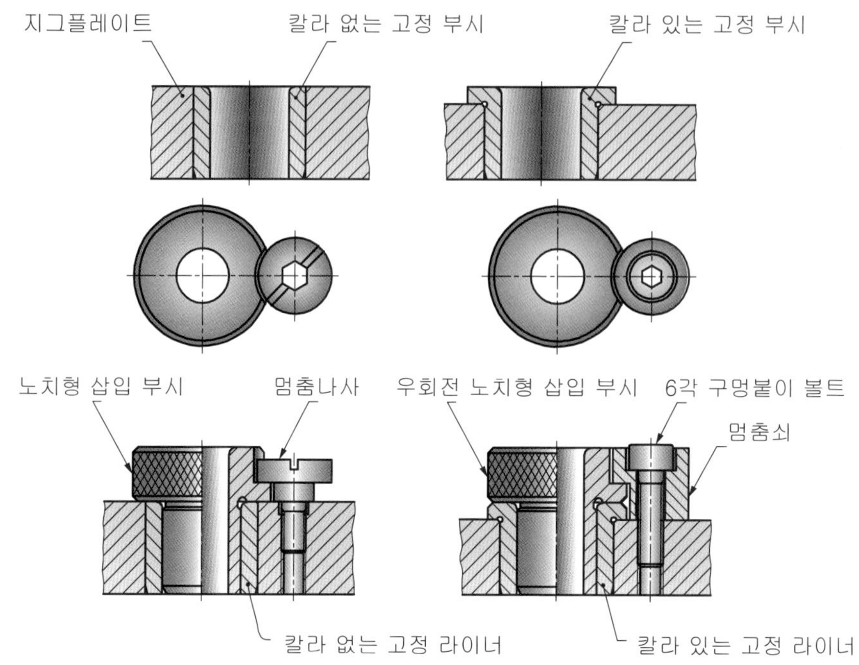

■ 부시 및 부속품의 종류 및 기호

부시의 종류			용 도	기 호	제품 명칭
부시	고정 부시	칼라 없음	드릴용	BUFAD	지그용 (칼라 없음) 드릴용 고정 부시
			리머용	BUFAR	지그용 (칼라 없음) 리머용 고정 부시
		칼라 있음	드릴용	BUFBD	지그용 칼라있는 드릴용 고정 부시
			리머용	BUFBR	지그용 칼라있는 리머용 고정 부시
	삽입 부시	둥근형	드릴용	BUSCD	지그용 둥근형 드릴용 꽂음 부시
			리머용	BUSCR	지그용 둥근형 리머용 꽂음 부시
		우회전용 노치형	드릴용	BUSDD	지그용 우회전용 노치 드릴용 꽂음 부시
			리머용	BUSDR	지그용 우회전용 노치 리머용 꽂음 부시
		좌회전용 노치형	드릴용	BUSED	지그용 좌회전용 노치 드릴용 꽂음 부시
			리머용	BUSER	지그용 좌회전용 노치 리머용 꽂음 부시
		노치형	드릴용	BUSFD	지그용 노치형 드릴용 꽂음 부시
			리머용	BUSFR	지그용 노치형 리머용 꽂음 부시
	고정 라이너	칼라 없음	부시용	LIFA	지그용 (칼라없음) 고정 라이너
		칼라 있음		LIFB	지그용 (칼라있음) 고정 라이너
부속품	멈 춤 쇠		부시용	BUST	지그 부시용 멈춤 쇠
	멈춤 나사			BULS	지그 부시용 멈춤 나사

[비고]
1. 표 중에 제품에 ( )를 붙인 글자는 생략하여도 좋다.
2. 약호로서 드릴용은 D, 리머용은 R, 라이너용은 L로 한다.

11-2 고정 라이너

KS B 1030

■ 고정 라이너의 모양 및 치수

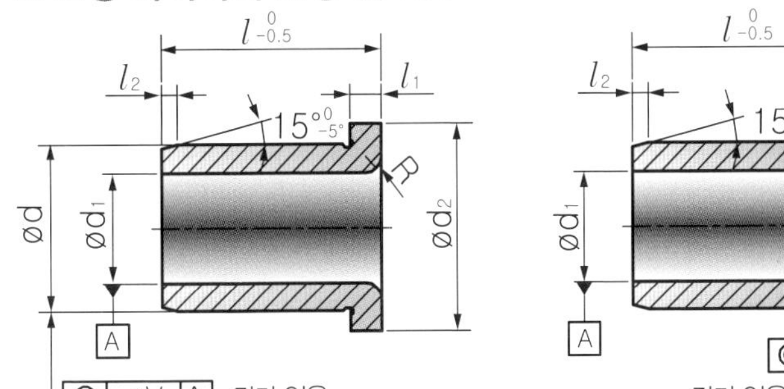

칼라 있음

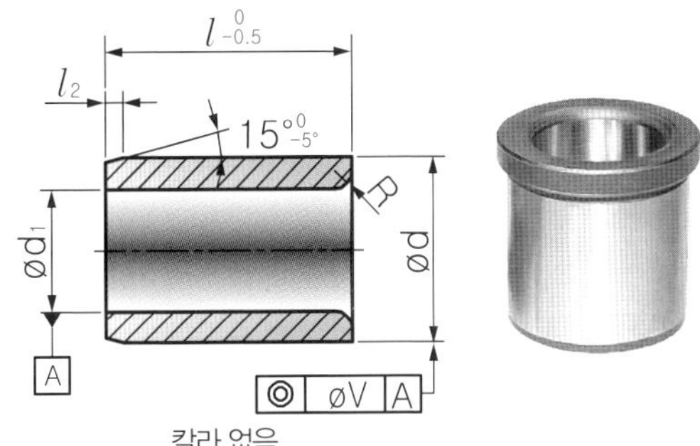

칼라 없음

단위 : mm

d_1		d			d_2		l	l_1	l_2	R
기준치수	허용차 (F7)	기준치수	동심도 (V)	허용차 (p6)	기준치수	허용차 (h13)				
8	+0.028 +0.013	12	0.012	+0.029 +0.018	16	0 −0.270	10 12 16	3	1.5	2
10		15			19	0 −0.330	12 16 20 25			
12	+0.034 +0.016	18			22			4		
15		22		+0.035 +0.022	26		16 20 (25) 28 36			
18		26			30					
22	+0.041 +0.020	30	0.020		35	0 −0.390	20 25 (30) 36 45	5		3
26		35		+0.042 +0.026	40					
30		42			47		25 (30) 36 45 56			
35	+0.050 +0.025	48		+0.051 +0.032	53	0 −0.460		6		4
42		55			60		30 35 45 56			
48		62			67					
55	+0.060 +0.030	70	0.025		75					
62		78			83	0 −0.540	33 45 56 67			
70		85		+0.059 +0.032	90					
78		95			100		40 56 67 78			
85	+0.071 +0.036	105			110					
95		115			120		45 50 67 89			
105		125		+0.068 +0.043	130	0 −0.630				

[비고]
1. d, d_1 및 d_2의 허용차는 KS B 0401의 규정에 따른다.
2. l_1, l_2 및 R의 허용차는 KS B 0412에서 규정하는 보통급으로 한다.
3. 표 중의 l 치수에서 ( )를 붙인 것은 되도록 사용하지 않는다.

11-3 고정 부시

■ 고정 부시의 모양 및 치수

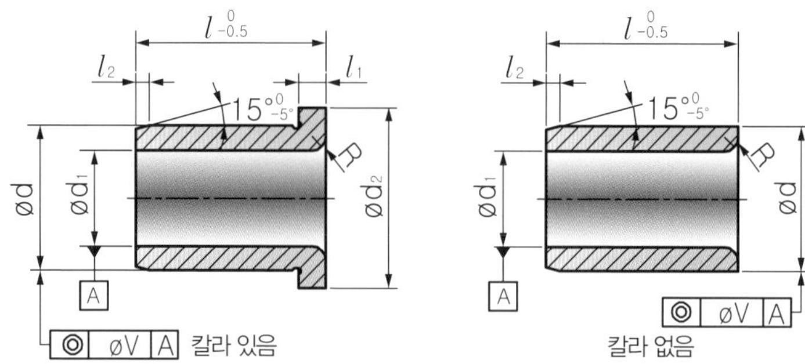

단위 : mm

d1	d			d2		l	l_1	l_2	R
드릴용(G6) 리머용(F7)	기준치수	동심도 (V)	허용차 (p6)	기준치수	허용차 (h13)				
1 이하	3	0.012	+ 0.012 + 0.006	7	0 − 0.220	6, 8	2	1.5	0.5
1 초과 1.5 이하	4		+ 0.020 + 0.012	8					
1.5 초과 2 이하	5			9		6, 8, 10, 12			0.8
2 초과 3 이하	7		+ 0.024 + 0.015	11	0 − 0.270	8, 10, 12, 16	2.5		
3 초과 4 이하	8			12					1.0
4 초과 6 이하	10			14		10, 12, 16, 20	3		
6 초과 8 이하	12		+ 0.029 + 0.018	16					2.0
8 초과 10 이하	15			19	0 − 0.330	12, 16, 20, 25			
10 초과 12 이하	18			22			4		
12 초과 15 이하	22		+ 0.035 + 0.022	26		16, 20, (25), 28, 36			
15 초과 18 이하	26			30		20, 25, (30,) 36, 45			
18 초과 22 이하	30	0.020		35	0 − 0.390		5		3.0
22 초과 26 이하	35		+ 0.042 + 0.026	40					
26 초과 30 이하	42			47		25, (30), 36, 45, 56			
30 초과 35 이하	48			53	0 − 0.460		6		4.0
35 초과 42 이하	55		+ 0.051 + 0.032	60		30, 35, 45, 56			
42 초과 48 이하	62			67					
48 초과 55 이하	70			75					
55 초과 63 이하	78	0.025		83	0 − 0.540	35, 45, 56, 67			
63 초과 70 이하	85		+ 0.059 + 0.037	90					
70 초과 78 이하	95			100		40, 56, 67, 78			
78 초과 85 이하	105			110					
85 초과 95 이하	115			120		45, 56, 67, 89			
95 초과 105 이하	125			130	0 − 0.630				

[비고]
1. d, d1 및 d2의 허용차는 KS B 0401의 규정에 따른다.
2. l1, l2 및 R의 허용차는 KS B 0412에서 규정하는 보통급으로 한다.
3. 표 중의 ℓ 치수에서 ( )를 붙인 것은 되도록 사용하지 않는다.
4. 드릴용 구멍지름 d1의 허용차는 KS B 0401에 규정하는 G6으로 하고, 리머용 구멍지름 d1의 허용차는 KS B 0401에 규정하는 F7로 한다.

11-4 둥근형 삽입(꽂음) 부시

KS B 1030

■ 둥근형 삽입(꽂음) 부시의 모양 및 치수

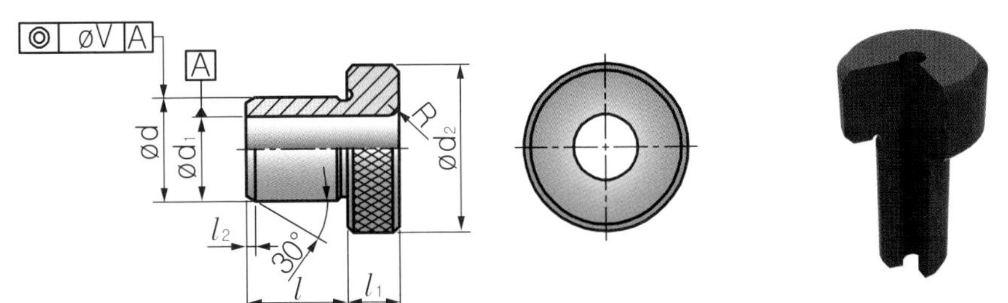

단위 : mm

d1	d			d2		l	l_1	l_2	R
드릴용(G6) 리머용(F7)	기준 치수	동심도 (V)	허용차 (p6)	기준 치수	허용차 (h13)				
4 이하	12	0.012	+ 0.012 + 0.006	16	0 − 0.270	10 12 16	8	1.5	2
4 초과 6 이하	15			19		12 16 20 25			
6 초과 8 이하	18		+ 0.015 + 0.007	22	0 − 0.330		10		
8 초과 10 이하	22			26		16 20 (25) 28 36			
10 초과 12 이하	26			30					
12 초과 15 이하	30		+ 0.017 + 0.008	35	0 − 0.390	20 25 (30) 36 45	12		3
15 초과 18 이하	35			40					
18 초과 22 이하	42	0.020		47		25 (30) 36 45 56			
22 초과 26 이하	48		+ 0.020 + 0.009	53	0 − 0.460				4
26 초과 30 이하	55			60		30 35 45 56			
30 초과 35 이하	62			67			16		
35 초과 42 이하	70		+ 0.024 + 0.011	75					
42 초과 48 이하	78			83	0 − 0.540	35 45 56 67			
48 초과 55 이하	85			90					
55 초과 63 이하	95	0.025		100		40 56 67 78			
63 초과 70 이하	105		+ 0.028 + 0.013	110					
70 초과 78 이하	115			120		45 56 67 89			
78 초과 85 이하	125			130	0 − 0.630				

[비고]

1. d, d_1 및 d_2 의 허용차는 KS B 0401의 규정에 따른다.
2. l_1, l_2 및 R의 허용차는 KS B 0412에서 규정하는 보통급으로 한다.
3. 표 중의 l 치수에서 ( )를 붙인 것은 되도록 사용하지 않는다.
4. 드릴용 구멍지름 d1의 허용차는 KS B 0401에 규정하는 G6으로 하고, 리머용 구멍지름 d1의 허용차는 KS B 0401에 규정하는 F7로 한다.

11-5 노치형 삽입 부시

KS B 1030

■ 노치형 삽입 부시의 모양 및 치수

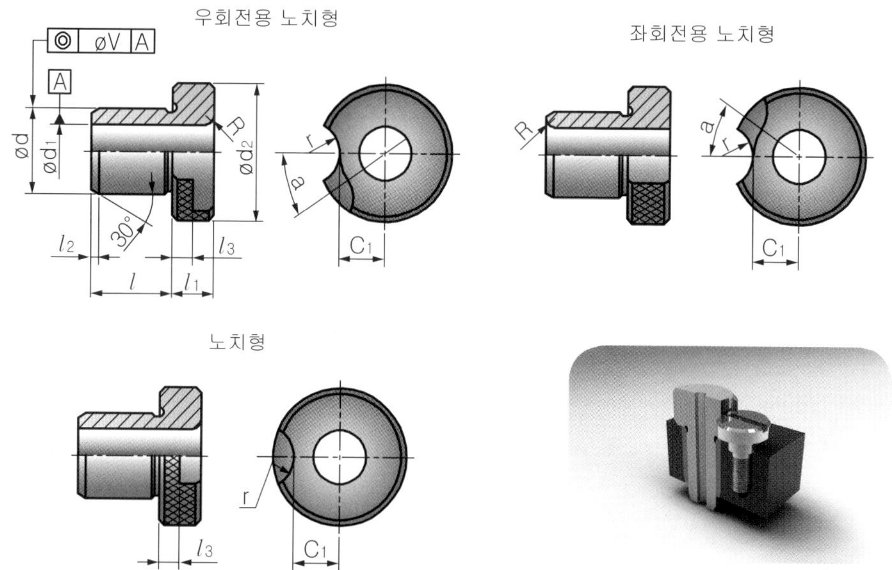

단위 : mm

<table>
<tr><th>d1</th><th colspan="3">d</th><th colspan="2">d2</th><th rowspan="2">l</th><th rowspan="2">l1</th><th rowspan="2">l2</th><th rowspan="2">R</th><th colspan="2">l3</th><th rowspan="2">l1</th><th rowspan="2">r</th><th rowspan="2">a
(도)</th></tr>
<tr><th>드릴용(G6)
리머용(F7)</th><th>기준
치수</th><th>동심도
(V)</th><th>허용차
(m6)</th><th>기준
치수</th><th>허용차
(h13)</th><th>기준
치수</th><th>허용차</th></tr>
<tr><td>4 이하</td><td>8</td><td rowspan="7">0.012</td><td rowspan="2">+0.012
+0.006</td><td>15</td><td rowspan="2">0
−0.270</td><td>10, 12, 16</td><td rowspan="2">8</td><td rowspan="18">1.5</td><td rowspan="2">1</td><td rowspan="2">3</td><td rowspan="18">−0.1
−0.2</td><td>4.5</td><td rowspan="2">7</td><td rowspan="2">65</td></tr>
<tr><td>4 초과 6 이하</td><td>10</td><td>18</td><td rowspan="2">12, 16, 20, 25</td><td>6</td></tr>
<tr><td>6 초과 8 이하</td><td>12</td><td rowspan="3">+0.015
+0.007</td><td>22</td><td rowspan="3">0
−0.330</td><td rowspan="3">10</td><td rowspan="5">2</td><td rowspan="3">4</td><td>7.5</td><td rowspan="3">8.5</td><td>60</td></tr>
<tr><td>8 초과 10 이하</td><td>15</td><td>26</td><td rowspan="2">16, 20, (25), 28, 36</td><td>9.5</td><td rowspan="2">50</td></tr>
<tr><td>10 초과 12 이하</td><td>18</td><td>30</td><td>11.5</td></tr>
<tr><td>12 초과 15 이하</td><td>22</td><td rowspan="3">+0.017
+0.008</td><td>34</td><td rowspan="3">0
−0.390</td><td rowspan="2">20, 25, (30), 36, 45</td><td rowspan="3">12</td><td rowspan="6">5.5</td><td>13</td><td rowspan="5">10.5</td><td rowspan="2">35</td></tr>
<tr><td>15 초과 18 이하</td><td>26</td><td>39</td><td>15.5</td></tr>
<tr><td>18 초과 22 이하</td><td>30</td><td rowspan="7">0.020</td><td>46</td><td rowspan="2">25, (30), 36, 45, 56</td><td rowspan="4">3</td><td>19</td><td rowspan="4">30</td></tr>
<tr><td>22 초과 26 이하</td><td>35</td><td rowspan="3">+0.020
+0.009</td><td>52</td><td rowspan="4">0
−0.460</td><td rowspan="10">16</td><td>22</td></tr>
<tr><td>26 초과 30 이하</td><td>42</td><td>59</td><td rowspan="3">30, 35, 45, 56</td><td>25.5</td></tr>
<tr><td>30 초과 35 이하</td><td>48</td><td>66</td><td>28.5</td><td rowspan="8">12.5</td></tr>
<tr><td>35 초과 42 이하</td><td>55</td><td rowspan="4">+0.024
+0.011</td><td>74</td><td rowspan="7">4</td><td rowspan="7">7</td><td>32.5</td><td rowspan="4">25</td></tr>
<tr><td>42 초과 48 이하</td><td>62</td><td>82</td><td rowspan="5">0
−0.540</td><td rowspan="2">35, 45, 56, 67</td><td>36.5</td></tr>
<tr><td>48 초과 55 이하</td><td>70</td><td>90</td><td>40.5</td></tr>
<tr><td>55 초과 63 이하</td><td>78</td><td rowspan="4">0.025</td><td>100</td><td rowspan="2">40, 56, 67, 78</td><td>45.5</td></tr>
<tr><td>63 초과 70 이하</td><td>85</td><td rowspan="3">+0.028
+0.013</td><td>110</td><td>50.5</td><td rowspan="3">20</td></tr>
<tr><td>70 초과 78 이하</td><td>95</td><td>120</td><td rowspan="2">45, 50, 67, 89</td><td>55.5</td></tr>
<tr><td>78 초과 85 이하</td><td>105</td><td>130</td><td>0
−0.630</td><td>60.5</td></tr>
</table>

[비고]

1. d, d1 및 d2의 허용차는 KS B 0401의 규정에 따른다.
2. l1, l2 및 R의 허용차는 KS B 0412에서 규정하는 보통급으로 한다.
3. 표 중의 l 치수에서 ( )를 붙인 것은 되도록 사용하지 않는다.
4. 드릴용 구멍지름 d1의 허용차는 KS B 0401에 규정하는 G6으로 하고, 리머용 구멍지름 d1의 허용차는 KS B 0401에 규정하는 F7로 한다.

11-6 부시와 멈춤쇠 또는 멈춤 나사 치수

KS B 1030

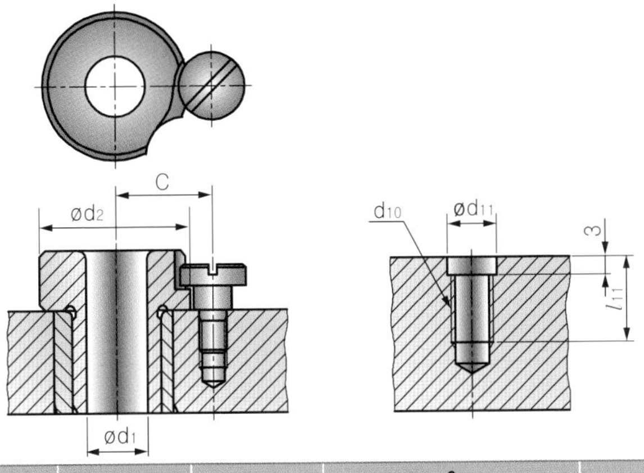

단위 : mm

삽입부시의 구멍 지름 d_1	d_2	d_{10}	c 기준 치수	c 허용차	d_{11}	l_{11}
4 이하	15	M5	11.5	± 0.2	5.2	11
4 초과 6 이하	18		13			
6 초과 8 이하	22		16			
8 초과 10 이하	26		18			
10 초과 12 이하	30		20			
12 초과 15 이하	34	M6	23.5		6.2	14
15 초과 18 이하	39		26			
18 초과 22 이하	46		29.5			
22 초과 26 이하	52	M8	32.5		8.2	16
26 초과 30 이하	59		36			
30 초과 35 이하	66		41			
35 초과 42 이하	74		45			
42 초과 48 이하	82	M10	49		10.2	20
48 초과 55 이하	90		53			
55 초과 63 이하	100		58			
63 초과 70 이하	110		63			
70 초과 78 이하	120		68			
78 초과 85 이하	130		73			

■ 멈춤 나사의 모양 및 치수

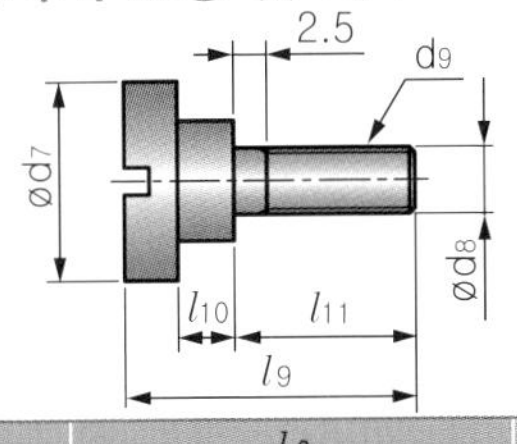

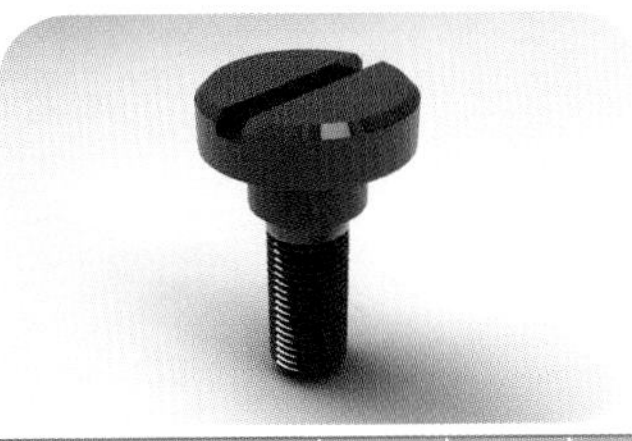

단위 : mm

삽입부시의 구멍 지름 d_1	l_9 칼라 없는 고정 라이너 사용시	l_9 칼라 있는 고정 라이너 사용시	l_{10} 칼라 없는 고정 라이너 사용시	l_{10} 칼라 있는 고정 라이너 사용시	허용차	l_{11}	d_7	d_8	d_9
6 이하	15.5	18.5	3.5	6.5	+0.25 +0.15	9	12	6	M5
6 초과 12 이하	16	20	4	8			13	6.5	
12 초과 22 이하	21.5	26.5	5.5	10.5		12	16	8	M6
22 초과 30 이하	25	31	6	12		14	19	9	M8
30 초과 42 이하	26	32	7	13			20	10	
42 초과 85 이하	31.5	37.5				18	24	15	M10

[비고]

1. d7, d8, d9, l9, l10 및 l11의 허용차는 KS B 0412에 규정하는 보통급으로 하고, 그 외의 치수 허용차는 거친급으로 한다.
2. 나사 d9의 치수는 KS B 0201의 규정에 따르고, 그 정밀도는 KS B 0211에서 규정하는 6g로 한다.
3. 멈춤 나사의 경도는 H_RC 30~38(HV 302~373) 이상으로 한다.

11-7 멈춤쇠 및 고정핀

KS B 1030

■ 멈춤쇠의 모양 및 치수

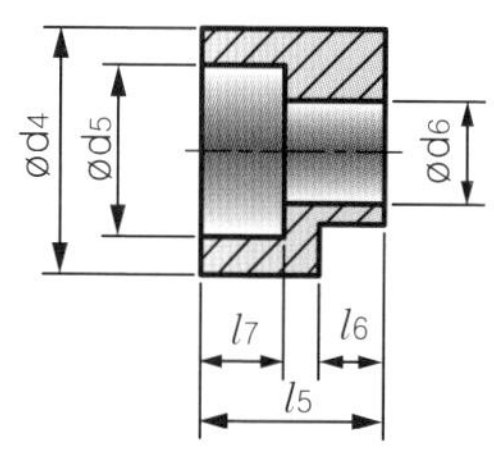

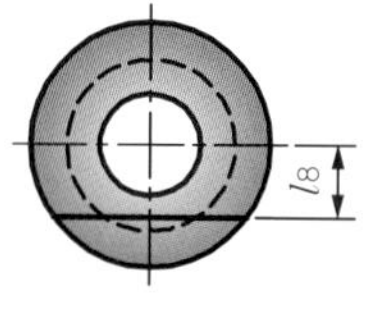

단위 : mm

삽입부시의 구멍 지름 d_1	l_5		l_6			l_7	d_4	d_5	d_6	l_8	6각 구멍붙이 볼트의 호칭
	칼라 없는 고정 라이너 사용시	칼라 있는 고정 라이너 사용시	칼라 없는 고정 라이너 사용시	칼라 있는 고정 라이너 사용시	허용차						
6 이하	8	11	3.5	6.5		2.5	12	8.5	5.2	3.3	M5
6 초과 12 이하	9	13	4	8		5.5	13	8.5	5.2	3.3	
12 초과 22 이하	12	17	5.5	10.5	+0.25 +0.15	3.5	16	10.5	6.3	4	M6
22 초과 30 이하	12	18	6	12		3.5	19	13.5	8.3	4.7	M8
30 초과 42 이하	15	21	7	13		5	20	13.5	8.3	5	
42 초과 85 이하	15	21	7	13		5	24	16.5	10.3	7.5	M10

[비고]

1. d4, d5, d6, l5, l6 및 l8의 허용차는 KS B 0412에서 규정하는 보통급으로 적용한다.
2. 멈춤쇠의 경도는 H_RC 40(HV 392) 이상으로 한다.

■ 고정핀의 모양 및 치수

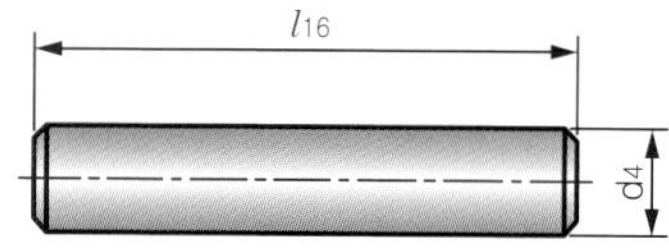

단위 : mm

핀이 사용된 부시 내부 지름	d4 (m6)	l16
0 초과 6 이하	2.5	16
6 초과 12 이하	3	20
12 초과 22 이하	5	25
22 초과 30 이하	6	30
30 초과 42 이하	6	35
42 초과 78 이하	8	35
78 초과 85 이하	8	40

[참고]

삽입 부시를 고정할 경우의 부시와 멈춤쇠 또는 멈춤 나사의 중심 거리 및 부착 나사의 가공치수를 참고표에 나타낸다.

■ 부시 및 부속품의 재료

종 류		재 료
부시		KS D 3711의 SCM 415 KS D 3751의 SK 3 KS D 3753의 SKS 3, SKS 21 KS D 3525의 SUJ2
부속품	멈춤쇠 멈춤나사	KS D 3752의 SM 45C KS D 3711의 SCM 435

11-8 분할 와셔

KS B 1327

■ 분할 와셔의 모양 및 치수

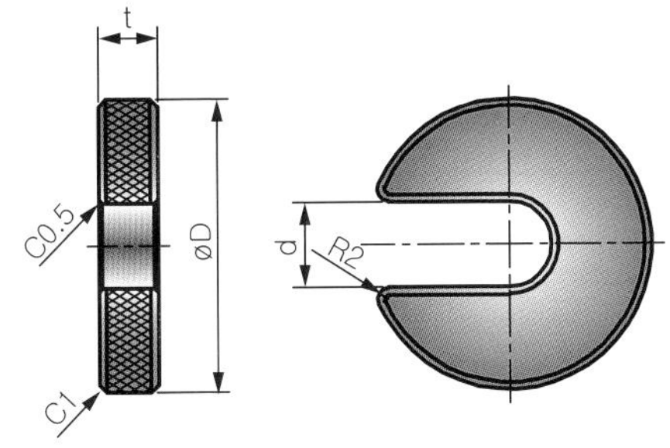

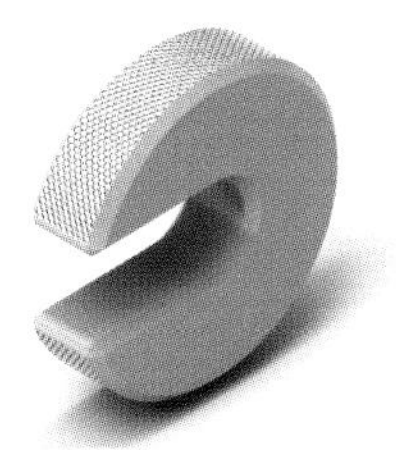

단위 : mm

호칭	d	두께 t	바깥지름 D											
6	6.4	6	20	25	–	–	–	–	–	–	–	–	–	–
8	8.4	6	–	25	–	–	–	–	–	–	–	–	–	–
		8	–	–	30	35	40	45	–	–	–	–	–	–
10	10.5	8	–	–	30	35	40	45	–	–	–	–	–	–
		10	–	–	–	–	–	–	50	60	70	–	–	–
12	13	8	–	–	–	35	40	45	–	–	–	–	–	–
		10	–	–	–	–	–	–	50	60	70	80	–	–
16	17	10	–	–	–	–	–	–	50	60	70	80	–	–
		12	–	–	–	–	–	–	–	–	–	–	90	100
20	21	10	–	–	–	–	–	–	–	–	70	80	–	–
		12	–	–	–	–	–	–	–	–	–	–	90	100
24	25	10	–	–	–	–	–	–	–	–	70	80	–	–
		12	–	–	–	–	–	–	–	–	–	–	90	100
27	28	10	–	–	–	–	–	–	–	–	70	80	–	–
		12	–	–	–	–	–	–	–	–	–	–	90	100

[주]
바깥지름 D의 치수는 널링 가공 전의 것으로 한다.

[비고]
1. 널링은 생략할 수 있다.
2. d의 허용차는 KS B 0412(절삭 가공 치수의 보통 허용차)에 규정하는 보통급으로 하고, 그 밖의 치수 허용차는 KS B 0412의 거친 급으로 한다.
3. 표 중의 호칭에 ( )를 붙인 것은 되도록 사용하지 않는다.

11-9 열쇠형 와셔 및 볼트

KS B 1327

■ 열쇠형 와셔의 모양 및 치수

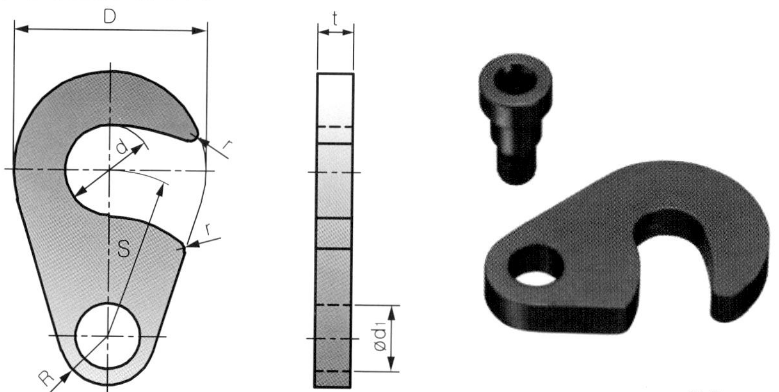

단위 : mm

호 칭	d	d1	D	r	R	S	t
6	6.6	8.5	20	2	8	18	6
8	9		26			21	
10	11		32	3		24	
12	13.5	10.5	40		10	27	8
16	18		50			33	
20	22		60			38	
24	26	12.5	65	4	12	42	10
(27)	29		70			45	

[비고]
1. 양면 바깥 가장자리는 약 0.5mm의 모떼기를 한다.
2. d, d1 및 S의 허용차는 KS B 0412에 규정하는 보통급으로 하고, 그 밖의 치수 허용차는 KS B 0412의 거친급으로 한다.
3. 표 중의 호칭에 ( )를 붙인 것은 되도록 사용하지 않는다.

■ 열쇠형 와셔에 사용하는 볼트의 모양 및 치수

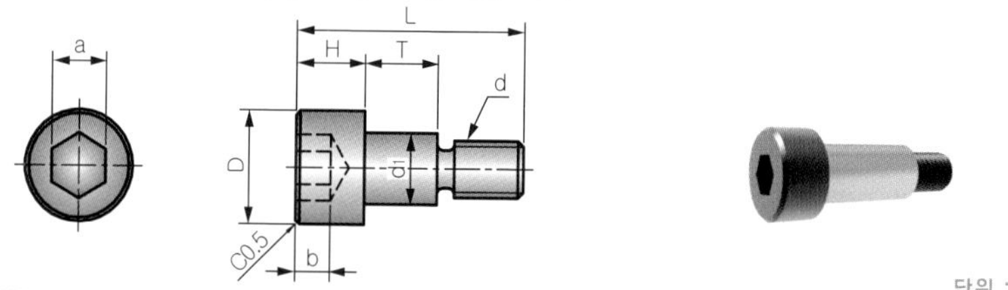

단위 : mm

호 칭	d	d1	D	H	a 기준치수	a 허용차	b	T	L
6	M 6	8	11	6	5	+0.105 +0.030	3	6.5	21
8	M 8	10	14	6	6		4	8.5	26
10	M 10	12	16	5	8		5	10.5	33

[비고]
1. d_1, D, T 및 L의 허용차는 KS B 0412에 규정하는 보통급으로 하고, 그 밖의 치수 허용차는 KS B 0412의 거친급으로 한다.
2. 나사는 KS B 0201(미터 보통 나사)에 따르고, 그 정밀도는 KS B 0211(미터 보통 나사의 허용 한계 치수 및 공차)의 2급으로 한다.
3. 이 볼트에 사용하는 스패너는 KS B 3013(6각봉 스패너)에 따른다.

11-10 지그 및 부착구용 위치 결정 핀(1/2)

KS B 1319

■ 둥근형 및 마름모형 핀의 모양 및 치수

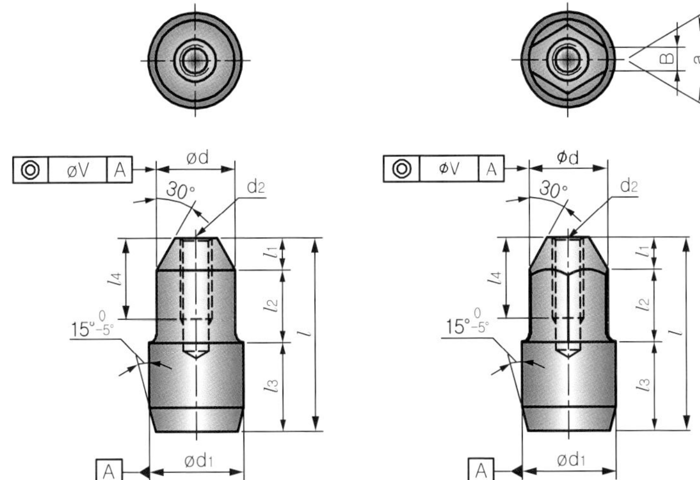

단위 : mm

d			d1		l	l_1	l_2	l_3	d_2	l_4	B	a
치수 구분	동심도 V	허용차 g6	기준치수	허용차 p6							(약)	(약°)
3 이상 4 이하	0.005	-0.004 -0.012	4	+0.020 +0.012	11 13	2	4	5 7	–	–	1.2	50
4 초과 5 이하			5		13 16		5	6 9			1.5	
5 초과 6 이하			6		16 20	3	6	7 11			1.8	
6 초과 8 이하	0.008	-0.005 -0.014	8	+0.024 +0.015	20 25		8	9 14			2.2	60
8 초과 10 이하			10		24 30		10	11 17	M4	10	3	
10 초과 12 이하		-0.006 -0.017	12	+0.029 +0.018	27 34	4		13 20			3.5	
12 초과 14 이하			14		30 38		11	15 23	M6	12	4	
14 초과 16 이하			16		33 42		12	17 26			5	
16 초과 18 이하	0.010		18		36 46	5		19 29			5.5	
18 초과 20 이하		-0.007 -0.020	20	+0.035 +0.022	39 47			22 30			6	
20 초과 22 이하			22		41 49		14	22 30	M8	16	7	
22 초과 25 이하			25		41 49			22 30			8	
25 초과 28 이하			28		41 49			22 30			9	
28 초과 30 이하			30		41 49			22 30				

[비고]

1. d의 허용차는 KS B 0401에 규정하는 g6 또는 상대 부품에 맞추어서 그 때마다 정하기로 하고, d1의 허용차는 KS B 0401에 규정하는 p6으로 한다.
2. 나사는 KS B 0201에 따르고, 그 정밀도는 KS B 0211의 2급으로 한다.
3. 핀의 재료는 KS D 3708의 SNC 415, KS D 3707의 SCr 420, KS D 3751의 STC 5 또는 사용상 이것과 동등 이상인 것으로 한다.
4. 핀의 경도는 H_RC 55(HV 595) 이상으로 한다.

11-10 지그 및 부착구용 위치 결정 핀(2/2)

■ 칼라붙은 둥근형 및 마름모형 핀의 모양 및 치수

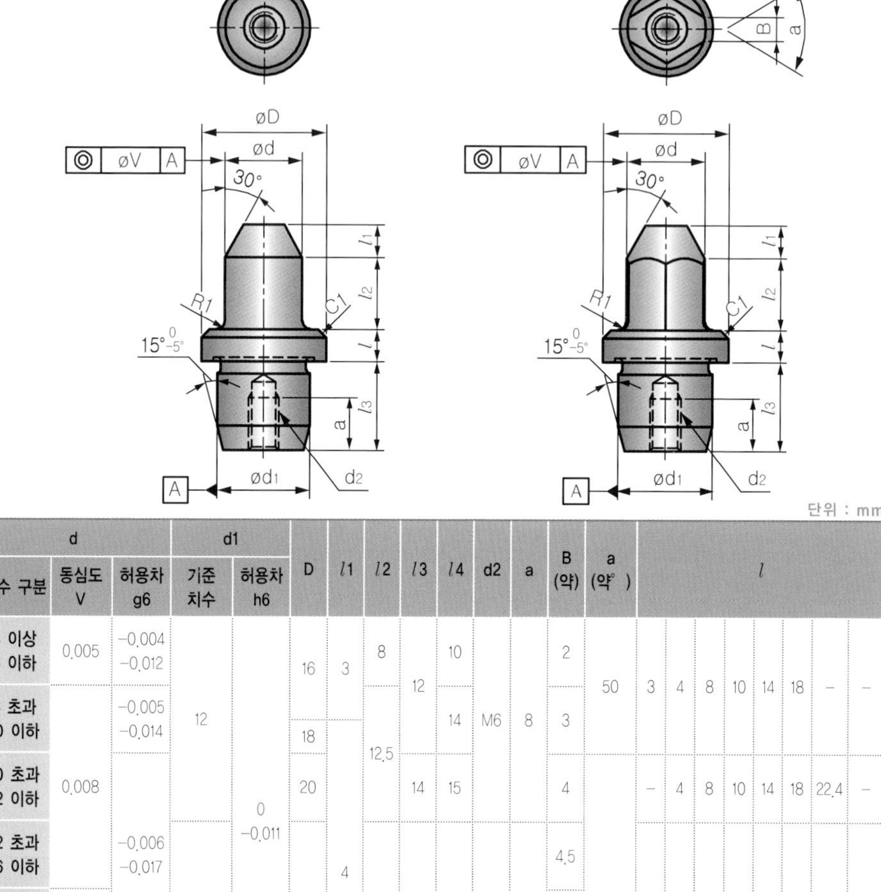

단위 : mm

치수 구분	d 동심도 V	d 허용차 g6	d1 기준치수	d1 허용차 h6	D	l_1	l_2	l_3	l_4	d2	a	B (약)	a (약°)	l							
4 이상 6 이하	0.005	−0.004 −0.012			16	3	8	12	10			2	50	3	4	8	10	14	18	–	–
6 초과 10 이하		−0.005 −0.014	12		18				14	M6	8	3									
10 초과 12 이하	0.008				20		12.5	14	15			4		–	4	8	10	14	18	22.4	–
12 초과 16 이하		−0.006 −0.017		0 −0.011		4						4.5									
16 초과 18 이하			16		25				17	M8	10										
18 초과 20 이하							14	16				6	60	–	–	8	10	14	18	22.4	28
20 초과 25 이하	0.010	−0.007 −0.020			30				18			7.5									
25 초과 30 이하			20	0 −0.013	35.5	5	16	20	20	M10	12	9									

[비고]
1. d의 허용차는 KS B 0401에 규정하는 g6 또는 상대 부품에 맞추어서 그 때마다 정하기로 하고, d1의 허용차는 KS B 0401에 규정하는 h6으로 한다.
2. 나사는 KS B 0201에 따르고, 그 정밀도는 KS B 0211의 2급으로 한다.
3. 핀의 재료는 KS D 3708의 SNC 415, KS D 3707의 SCr 420, KS D 3751의 STC 5 또는 사용상 이것과 동등 이상인 것으로 한다.
4. 핀의 경도는 H_RC 55(HV 595) 이상으로 한다.

11-11 V-블록의 설계

V-블록은 V형의 홈을 가지고 있는 주철제 또는 강 재질의 다이(die)로 주로 환봉을 올려놓고 클램핑(clamping)하여 구멍 가공을 하거나 금긋기 및 중심내기(centering)에 사용하는 부품이다.

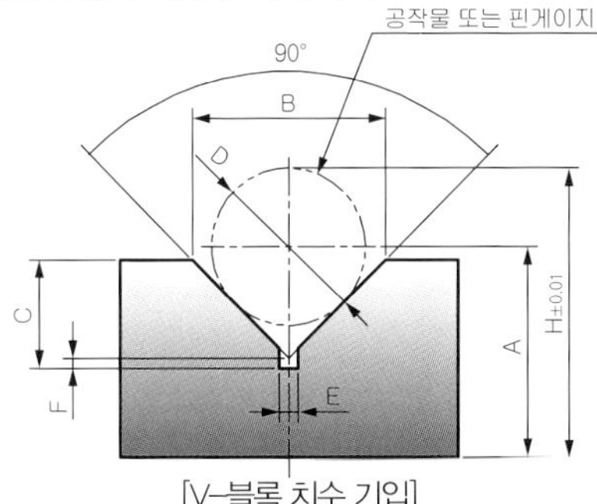

[V-블록 치수 기입]

[Key point]
1. øD 는 도면상에 주어진 공작물의 외경치수나 핀게이지의 치수를 재서 기입하거나 임의로 정한다.
2. A, B, C, D, E, F 의 값은 주어진 도면의 치수를 재서 기입한다.

■ H치수 구하는 계산식

① V-블록 각도(θ °)가 90 ° 인 경우 H의 값

$$Y=\sqrt{2}\times\frac{D}{2}-\frac{B}{2}+A+\frac{D}{2}$$

② V-블록 각도(θ °)가 120 ° 인 경우 H의 값

$$Y=\frac{D}{2}\div\cos30^\circ-\tan30^\circ\times\frac{B}{2}+A+\frac{D}{2}$$

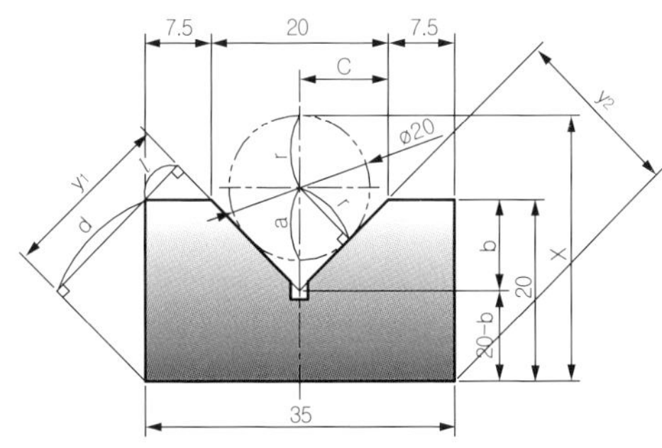

[V-블록 가공 치수 계산]

■ V홈을 가공하기 위한 치수 구하는 계산식

[X 를 구하는 방법]

$X=r+a+(30-b)\,r=10$

$a=\dfrac{10}{\cos45^\circ}=10\times\sec45^\circ$

$10\times1.4142=14.142$

$b=c=17.14$

따라서 $X=10+14.142+(30-17.14)$

$=37.002\fallingdotseq37.0$

■ Y_1과 Y_2를 구하는 방법

$Y_1=Y_2,\ Y_1=d+l$

$=30\times\cos45^\circ+7.86\times\cos45^\circ$

$=30\times0.7071+7.86\times0.7071\fallingdotseq26.77$

11-12 더브테일 설계

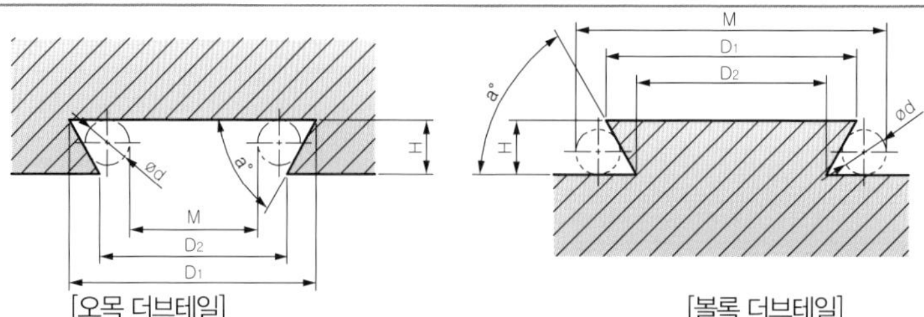

[오목 더브테일] [볼록 더브테일]

오목 더브테일 계산식	볼록 더브테일 계산식
① D_2 를 정한다.	① D_2 를 정한다.
② $D_1 = D_2 + 2H \cot a^\circ$	② $D_2 = D_1 - 2H \cot a^\circ$
③ $M = D_1 - d(1 + \cot \frac{a^\circ}{2})$	③ $M = D_1 - d(1 + \cot \frac{a^\circ}{2})$
④ $M^\circ = D_2 + d(1 + \cot \frac{a^\circ}{2})$	④ $M^\circ = D_2 + d(1 + \cot \frac{a^\circ}{2})$
	⑤ $D_1 = M + d(1 + \cot \frac{a^\circ}{2})$

$$\sec a = \frac{1}{\cos a} \qquad \mathrm{cosec}\, a = \frac{1}{\sin a} \qquad \cot a = \frac{1}{\tan a}$$

■ 더브테일 오버 핀 측정값 (x값)

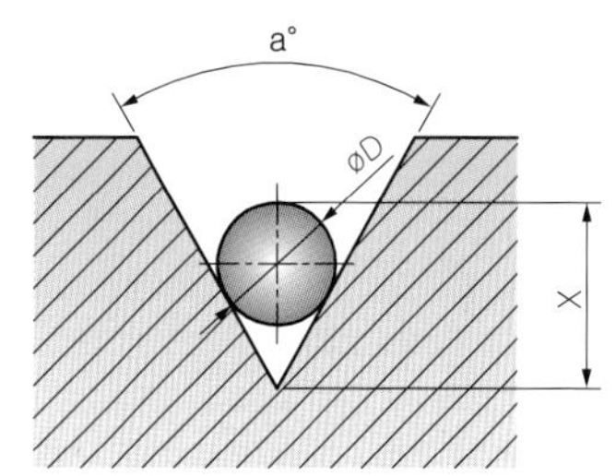

D \ a	4	5	6	8	10
60°	6.00	7.50	9.0	12.5	15.0
70°	5.487	6.859	8.230	10.974	13.717
80°	5.111	6.389	7.667	10.223	12.774
90°	4.88	6.036	7.243	9.657	12.071
100°	4.611	5.764	6.916	9.222	11.527
110°	4.442	5.552	6.662	8.883	11.104
120°	4.039	5.387	6.464	8.619	10.773
130°	4.207	5.258	6.310	8.414	10.517
140°	4.128	5.160	6.193	8.257	10.321
150°	4.071	5.088	6.106	8.141	10.176
160°	4.031	5.039	6.046	8.062	10.071

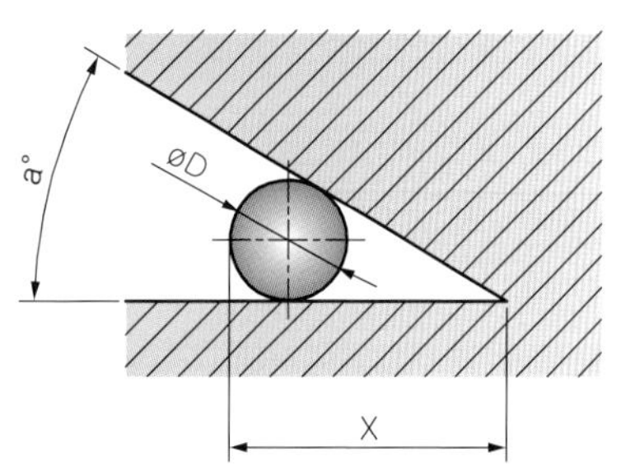

D \ a	4	5	6	8	10
25°	11.021	13.776	16.532	–	–
30°	9.464	11.830	14.196	18.928	23.660
35°	8.343	10.428	12.515	16.689	20.857
40°	7.495	9.368	11.242	14.990	18.737
45°	5.826	8.536	10.248	13.657	17.071
50°	6.289	7.861	9.494	12.578	15.722
55°	5.842	7.302	8.763	11.685	14.605
60°	5.464	6.830	8.196	10.928	13.660
65°	5.140	6.425	7.710	10.279	12.849
70°	4.856	6.070	7.285	9.713	12.140
75°	4.607	5.758	6.910	9.213	11.516
80°	4.384	5.479	6.579	9.213	11.516

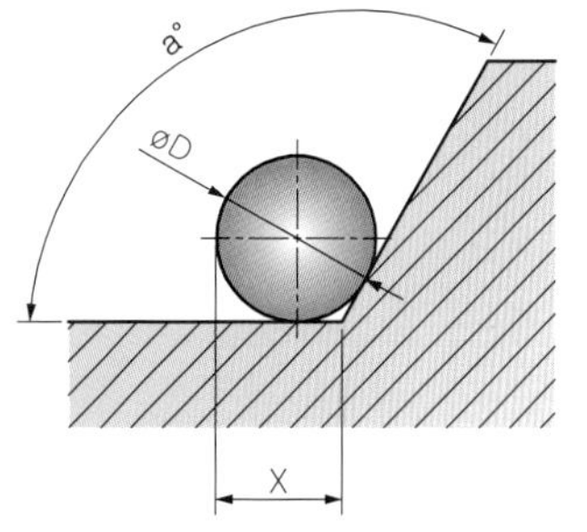

D \ a	4	5	6	8	10
110°	3.4	4.251	5.1	6.8	8.501
115°	3.274	4.094	4.911	6.549	8.185
120°	3.155	3.943	4.737	6.309	7.887
125°	3.041	3.801	4.562	6.182	7.603
130°	2.99	3.666	4.399	5.863	7.332
135°	2.828	6.536	4.243	5.457	7.071
140°	2.728	3.410	4.090	5.450	6.870
145°	2.631	3.288	3.946	5.261	6.576
150°	2.636	3.170	3.804	5.072	6.340
155°	2.443	3.054	3.665	4.887	6.108
160°	2.353	2.940	3.529	4.705	5.882
165°	2.263	2.829	3.395	4.522	5.658
170°	2.175	2.719	3.262	4.350	5.437

11-13 치공구요소(1/3)

■ 지그용 고리형 와셔

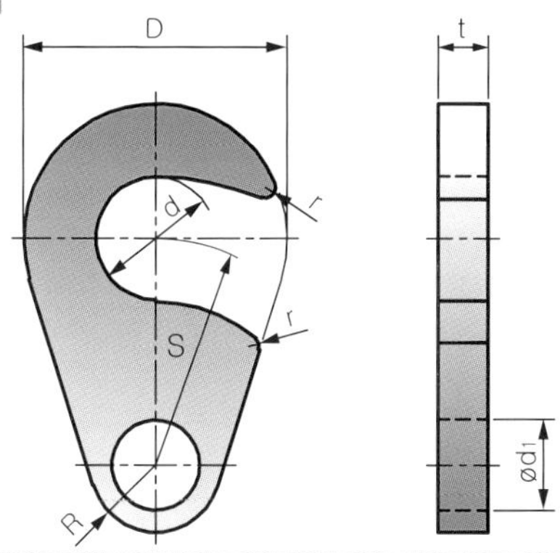

호칭	d	d1	D	r	R	S	t
6	6.6	8.5	20	2	8	18	6
8	9	8.5	26	3	8	21	6
10	11	8.5	32	3	8	24	6
12	13.5	10.5	40	3	10	27	8
16	18	10.5	50	3	10	33	8
20	22	10.5	60	3	10	38	8
24	26	12.5	65	4	12	42	10
(27)	29	12.5	70	4	12	45	10

■ 지그용 고리형 와셔에 사용하는 볼트

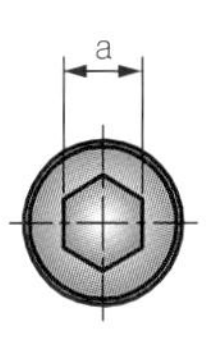

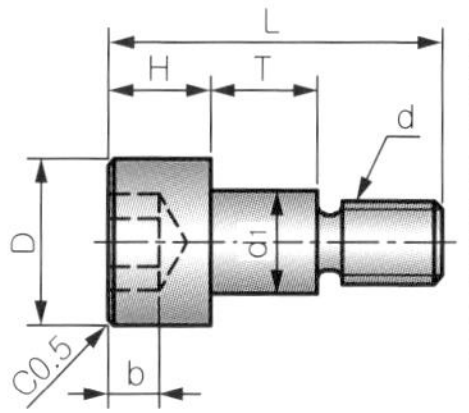

호칭	d	d1	D	H	a	b	T	L
6	M6	8	11	6	5	3	6.5	21
8	M8	10	14	6	6	4	8.5	26
10	M10	12	16	8	8	5	10.5	33

■ 지그용 T형 너트(핸들 고정형)

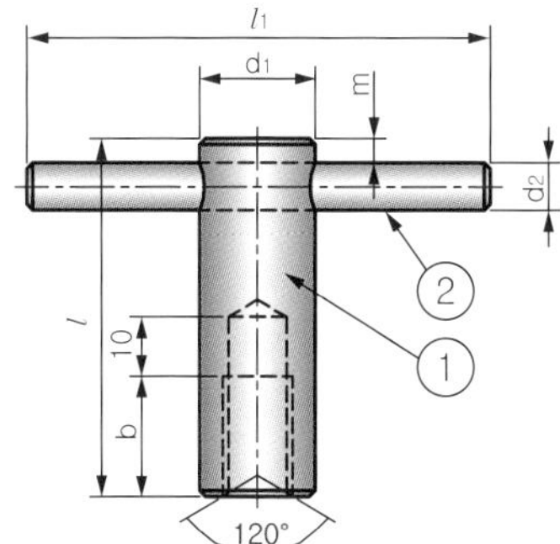

암나사의 외경	b	d1	l	m	d_2	l_1
10	20	18	60	7	8	80
12	25	20	70	9	10	100
16	35	24	85	11	13	120
20	40	30	95	14	16	140

11-13 치공구요소(2/3)

■ 지그용 T형 너트(핸들 가동형)

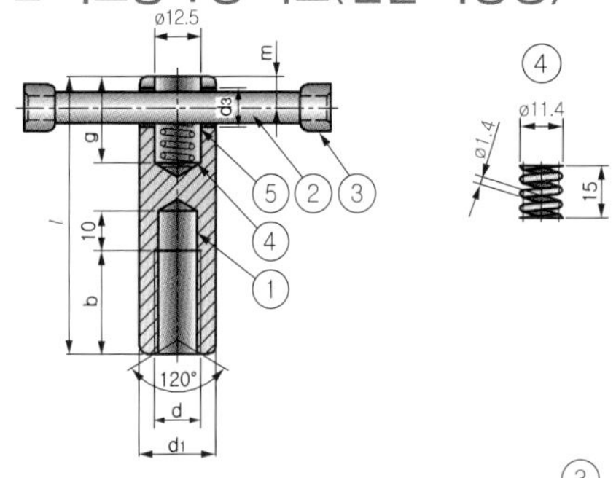

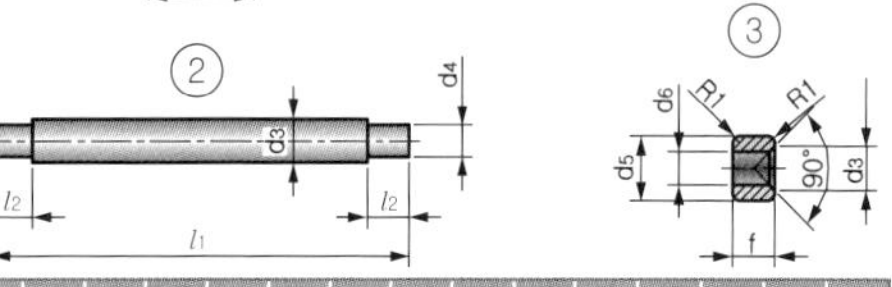

	b	d1	d2	g	l	m	d3	d4	l1	l2	l3	d5	d6	f
10	20	18	8.2	22	60	7	8	4.9	82	8	80	10	5	7
12	25	20	10.2	24	70	9	10	5.9	102	9	100	13	6	8
16	35	24	13.2	28	85	11	13	7.9	122	11	120	16	8	10
20	40	30	16.2	32	95	14	16	8.9	142	13	140	20	9	12

■지그용 핸들

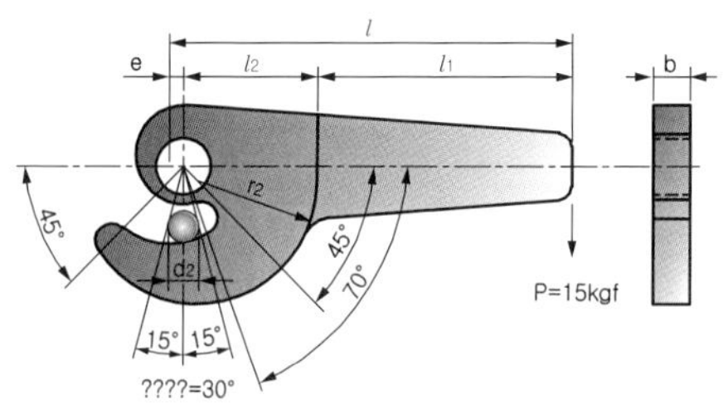

d(2r)	r1	e		N(kgf)
5.2	7.5	0.8	0.2	12
10	14	1.5	0.4	90
16	23.5	2.5	0.65	195
20	29	3	0.75	305
24	35	3.75	1	440

	d	d1	D	H	a	b	T	L
6	M6	8	11	6	5	3	6.5	21
8	M8	10	14	6	6	4	8.5	26
10	M10	12	16	8	8	5	10.5	33

■ 지그용 구형 핸들

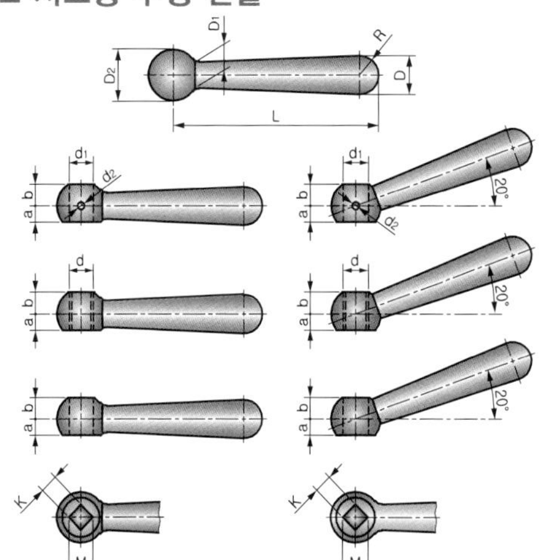

D	L	D1	D2	R	a	b	d1	d2	d	K	M
10	64	7	16	5	5	6.5	8 6	2.6	8	6	8.2
13	80	9	20	6.5	6	8	10 8	3	10	7 8	9.2 10.8
16	100	11	25	8	7.5	10	12 10	4	12	9 10	12.2 13.6
20	125	14	32	10	10	13	16 14	5	16	12	16.5
25	160	18	40	12.5	12.5	16	20 18	6	20	14	19.2
32	200	22	50	16	18	20	24 22	8	24	17 19	23 26

■ 지그용 볼트

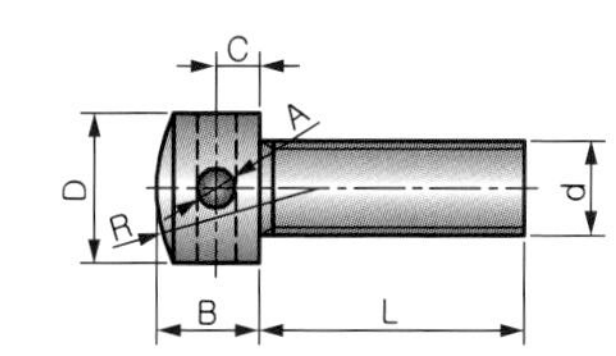

d	D	A	B	C	R
16	25	8	20	9	50
18	28	10	22	10	56
20	30	10	25	11	60
22	32	10	28	12	64
24	36	12	30	13	72
30	36	12	30	13	72

11-13 치공구요소(3/3)

■ 지그 체결 자리부 치수

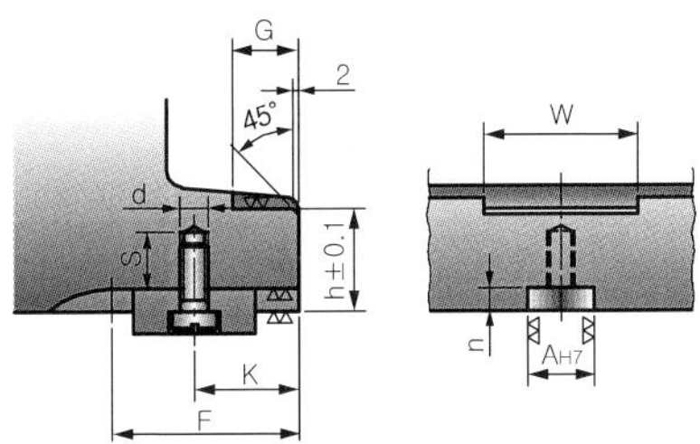

조립용 볼트 지름	AH2	n	F	K	d	S	W	G	h
12	14	4.5	40	20	5	15	50	15	25 30
14	16	5	45	25	6	18	50	15	30 35
16	20	6	55	30	8	22	60	15	35 40
20	24	7	65	35	8	22	60	20	40 45
22	28	8.5	75	40	10	25	70	20	45 50
27	32	10	85	45	10	25	70	20	50 –

■ 지그 체결 자리부 치수

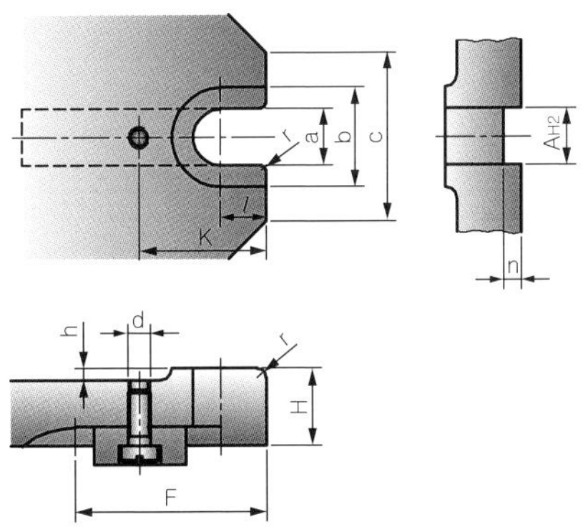

조립용 볼트 지름	AH2	a	b	c	H	h	l	F	K	n	d	r
6	8	8	16	32	12	2	10	30	20	3.5	3	1
8	10	10	20	40	15	2.5	12	45	30	4	3	1
10	12	12	24	48	18	3	15	50	35	4	4	1.5
12	14	14	28	56	21	3.5	18	60	40	4.5	5	1.5
14	16	16	32	64	24	4	20	70	50	5	6	2
16	20	20	40	80	30	5	25	85	60	6	8	2
20	24	24	48	96	36	6	30	100	70	7	8	2.5
22	28	28	56	112	42	7	35	115	85	8	10	2.5
27	32	32	64	128	48	8	40	130	95	10	10	3
30	36	36	72	144	54	9	45	150	110	11.5	10	3

Chapter 12

벨트와 풀리 로프 도르래

12-1 주철제 V 벨트 풀리(홈)(1/2)

KS B 1400

■ 적용 범위

이 규격은 KS M 6535에 규정하는 V벨트를 사용하는 주철제 V벨트 풀리에 대하여 규정한다. 다만 KS M 6535(일반용 V 고무 벨트)에 규정하는 M형, D형 및 E형의 V벨트를 사용하는 것에 대하여는 홈 부분의 모양 및 치수만을 규정한다.

■ V 벨트 풀리의 종류 및 홈의 수

홈의 수 / V 벨트의 종류	1	2	3	4	5	6
A	A1	A2	A3	–	–	–
B	B1	B2	B3	B4	B5	–
C	–	–	C3	C4	C5	C6

■ V 벨트 풀리 홈 부분의 모양 및 치수

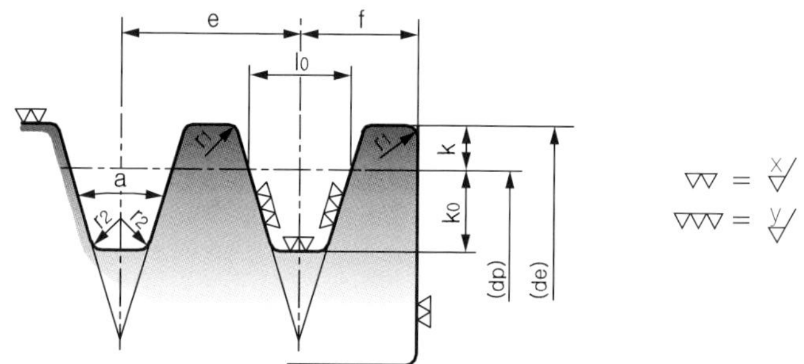

단위 : mm

V벨트 형 별	호칭지름 (dp)	a° (±0.5°)	$l0$	k	k0	e	f	r1	r2	r3	홈수	(참고) V벨트의 두께
M	50 이상 71 이하 71 초과 90 이하 90 초과하는 것	34 36 38	8.0	2.7	6.3	–	9.5	0.2~0.5	0.5~1.0	1~2	1	5.5
A	71 이상 100 이하 100 초과 125 이하 125 초과하는 것	34 36 38	9.2	4.5	8.0	15.0	10.0	0.2~0.5	0.5~1.0	1~2	1~3	9
B	125 이상 160 이하 160 초과 200 이하 200 초과하는 것	34 36 38	12.5	5.5	9.5	19.0	12.5	0.2~0.5	0.5~1.0	1~2	1~5	11
C	200 이상 250 이하 250 초과 315 이하 315 초과하는 것	34 36 38	16.9	7.0	12.0	25.5	17.0	0.2~0.5	1.0~1.6	2~3	3~6	14
D	355 이상 450 이하 450 초과하는 것	36 38	24.6	9.5	15.5	37.0	24.0	0.2~0.5	1.6~2.0	3~4	–	19
E	500 이상 630 이하 630 초과하는 것	36 38	28.7	12.7	19.3	44.5	29.0	0.2~0.5	1.6~2.0	4~5	–	25.5

[주]
· 각 표 중의 호칭 지름이란 피치원 dp의 기준 치수이며, 회전비 등의 계산에도 이를 사용한다.
· dp는 홈의 나비가 l0인 곳의 지름이다.

[비고]
1. M형은 원칙적으로 한 줄만 걸친다.
2. V벨트 풀리에 사용하는 재료는 KS D 4301의 3종(GC 200) 또는 이와 동등 이상의 품질인 것으로 한다.
3. k의 허용차는 바깥지름 de를 기준으로 하여, 홈의 나비가 l0가 되는 dp의 위치의 허용차를 나타낸다.

12-1 주철제 V 벨트 풀리(홈)(2/2)

KS B 1400

■ V 벨트 풀리 바깥지름 de의 허용차

단위 : mm

호칭지름	바깥지름 de의 허용차
75 이상 118 이하	±0.6
125 이상 300 이하	±0.8
315 이상 630 이하	±1.2
710 이상 900 이하	±1.6

■ 홈부 각 부분의 치수 허용차

단위 : mm

<table>
<tr><th>V벨트의 형별</th><th>a의 허용차(°)</th><th>k의 허용차</th><th>e의 허용차</th><th>f의 허용차</th></tr>
<tr><td>M</td><td rowspan="6">± 0.5</td><td rowspan="3">+0.2
0</td><td>–</td><td rowspan="4">±1</td></tr>
<tr><td>A</td><td rowspan="2">± 0.4</td></tr>
<tr><td>B</td></tr>
<tr><td>C</td><td>+0.3
0</td><td rowspan="3">± 0.5</td></tr>
<tr><td>D</td><td>+0.4
0</td><td>+2
−1</td></tr>
<tr><td>E</td><td>+0.5
0</td><td>+3
−1</td></tr>
</table>

[주] k의 허용차는 바깥지름 de를 기준으로 하여 홈의 나비가 ℓ_0가 되는 dp의 위치의 허용차를 나타낸다.

■ V 벨트 풀리의 바깥둘레 흔들림 및 림 측면 흔들림의 허용값

단위 : mm

호칭지름	바깥둘레 흔들림의 허용값	림 측면 흔들림의 허용값
75 이상 118 이하	0.3	0.3
125 이상 300 이하	0.4	0.4
315 이상 630 이하	0.6	0.6
710 이상 900 이하	0.8	0.8

12-2 가는 나비 V 풀리(홈)(1/3)

■ 풀리 홈의 모양 및 치수

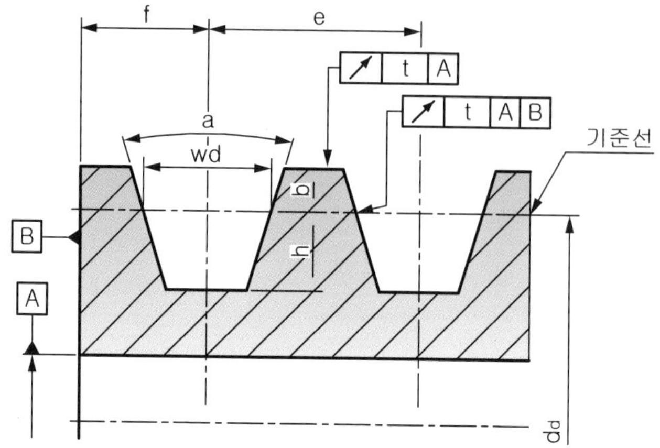

단위 : mm

풀리 홈의 단면 형상		w_d	b 최소	h 최소	e(1)	공차 e(2)	편차의 합 e(3)	f(4) 최소
표준 V-벨트	가는 나비 V-벨트							
Y		5.3	1.6	4.7	8	±0.3	±0.6	6
Z		8.5	2	7	12	±0.3	±0.6	7
	SPZ			9				
A		11	2.75	8.7	15	±0.3	±0.6	9
	SPA			11				
B		14	3.5	10.8	19	±0.4	±0.8	11.5
	SPB			14				
C		19	4.8	14.3	25.5	±0.5	±1	16
	SPC			19				
D		27	8.1	19.9	37	±0.6	±1.2	23
E		32	9.6	23.4	44.5	±0.7	±1.4	28

[주]
1. 치수 e에 대하여 특별한 경우 더 높은 값을 사용하여도 좋다.(보기 : pressed-sheet pulleys). e의 치수가 이 표준에 확실하게 포함되지 않을 때에는 표준화된 풀리 사용을 권한다.
2. 공차는 연속적인 홈의 두 축 사이의 거리에 적용된다.
3. 하나의 풀리에서 모든 홈에 대하여 호칭값 e로부터 발생되는 모든 편차의 합은 표의 값 이내이어야 한다.
4. f값의 변화는 풀리가 정렬된 상태에서 고려되어야 한다.

12-2 가는 나비 V 풀리(홈)(2/3)

호칭 ±0.8% (mm)	t (mm)	풀리 홈의 단면 형상에 따른 기준 지름 선정						
		Y	Z SPZ	A SPA	B SPB	C SPC	D	E
20	0.2	+						
22.4	0.2	+						
25	0.2	+						
28	0.2	+						
31.5	0.2	+						
35.5	0.2	+						
40	0.2	+						
45	0.2	+						
50	0.2	+	+					
53	0.2							
56	0.2	+	+					
60	0.2							
63	0.2	+	*					
67	0.2							
71	0.2	+	*					
75	0.2			+				
80	0.2	+	*	+				
85	0.2			+				
90	0.2	+	*	*				
95	0.2			*				
100	0.2	+						
106	0.3			*				
112	0.3	+	*	*				
118	0.3			*				
125	0.3	+	*	*	+			
132	0.3		*	*	+			
140	0.3		*	*	*			
150	0.3		*	*	*			
160	0.3		*	*	*			
170	0.4				*			
180	0.4		*	*	*			
190	0.4							
200	0.4		*	*	*	+		
212	0.4					+		
224	0.4		*	*	*	*		
236	0.4					*		
250	0.4		*	*	*	*		

12-2 가는 나비 V 풀리(홈)(3/3)

호칭 ±0.8%	t	풀리 홈의 단면 형상에 따른 기준 지름 선정						
		Y	Z SPZ	A SPA	B SPB	C SPC	D	E
mm	mm							
265	0.5					*		
280			*	*	*	*		
300						*		
315			*	*	*	*		
335						*		
355			*	*	*	*	+	
375							+	
400			*	*	*	*	+	
425	0.6						+	
450				*	*	*	+	
475							+	
500			*	*	*	*	+	+
530								+
560				*	*	*	+	+
600					*	*	+	+
630				*	*	*	+	+
670	0.8							+
710				*	*	*	+	+
750					*	*	+	
800				*	*	*	+	+
850								
900					*	*	+	+
950								
1000					*	*	+	+
1060	1						+	
1120					*	*	+	+
1180								
1250						*	+	+
1350								
1400						*	+	+
1500							+	+
1600						*	+	+
1700	1.2							
1800							+	+
1900								+
2000						*	+	+
2120								
2240								+
2360								
2500								+

[비 고]
1. +가 표시된 것은 표준용에 사용하는 것이 바람직하다.
2. *가 표시된 것은 표준용 및 가는 나비용에 사용하는 것이 바람직하다.
3. 아무런 표시가 없는 것은 사용하지 않는 것이 바람직하다.

12-3 평 벨트 풀리

■ 평 벨트 풀리의 종류

아래 그림과 같이 구조에 따라 일체형과 분할형으로 하고, 바깥둘레면의 모양에 따라 C와 F로 구분한다.

■ 호칭 방법

명칭 · 종류 · 호칭 지름×호칭나비 및 재료로 표시한다.

[보기] 1. 평 벨트 풀리 일체형 : C · 125×25 · 주철

2. 평 벨트 풀리 분할형 : F · 125×25 · 주강

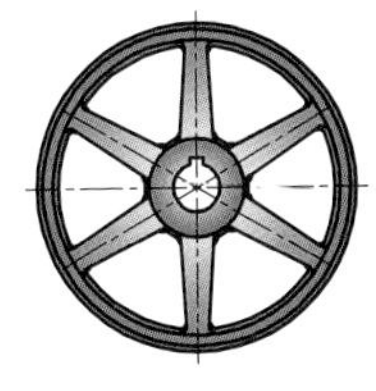

일 체 형

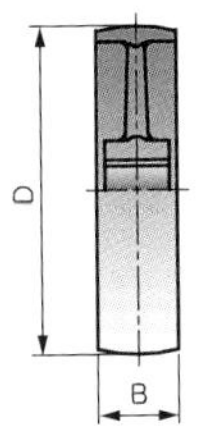

바깥둘레면의 모양

분 할 형

크라운

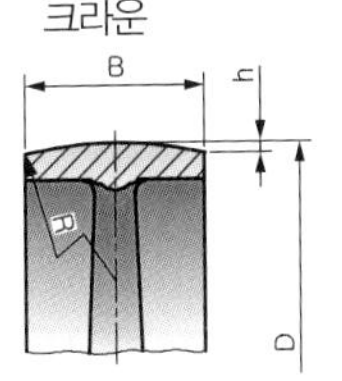

FLAT

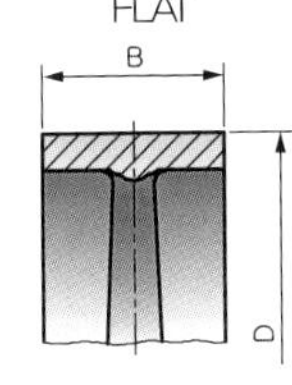

$$R \fallingdotseq \frac{B^2}{8h}$$

■ 평 벨트 풀리의 호칭 나비 및 허용차

단위 : mm

호칭 나비 (B)	허용차	호칭 나비 (B)	허용차
20, 25, 32, 40, 50, 63, 71	± 1	160, 180, 200, 224, 250, 280	± 2
80, 90, 100, 112, 125, 140	± 1.5	315, 355, 400, 450, 500, 560, 630	± 3

■ 평 벨트 풀리의 호칭 지름 및 허용차

단위 : mm

호칭 지름 (D)	허용차	호칭 지름 (D)	허용차	호칭 지름 (D)	허용차
40	± 0.5	160, 180, 200	± 2.0	560, 630, 710	± 5.0
45, 50	± 0.6	224, 250	± 2.5	800, 900, 1000	± 6.3
56, 63	± 0.8	280, 315, 355	± 3.2	1120, 1250, 1400	± 8.0
71, 80	± 1.0	400, 450, 500	± 4.0	1600, 1800, 2000	± 10.0
90, 100, 112	± 1.2				
125, 140	± 1.6				

■ 크라운

A) 평 벨트 풀리의 호칭 지름(40~355mm까지)

단위 : mm

호칭지름 (D)	크라운 (h)	호칭지름 (D)	크라운 (h)
40~112	0.3	200, 224	0.6
125, 140	0.4	250, 280	0.8
160, 180	0.5	315, 355	1.0

단위 : mm

호칭나비 (B)	125 이하	140 160	180 200	224 250	280 315	355	400 이상
호칭지름 (D)	크라운 (h)						
400	1	1.2	1.2	1.2	1.2	1.2	1.2
450	1	1.2	1.2	1.2	1.2	1.2	1.2
500	1	1.5	1.5	1.5	1.5	1.5	1.5
560	1	1.5	1.5	1.5	1.5	1.5	1.5
630	1	1.5	2	2	2	2	2
710	1	1.5	2	2	2	2	2
800	1	1.5	2	2.5	2.5	2.5	2.5
900	1	1.5	2	2.5	2.5	2.5	2.5
1000	1	1.5	2	2.5	3	3	3
1120	1.2	1.5	2	2.5	3	3	3.5
1250	1.2	1.5	2	2.5	3	3.5	4
1400	1.5	2	2.5	3	3.5	4	4
1600	1.5	2	2.5	3	3.5	4	5
1800	2	2.5	3	3.5	40	5	5
2000	2	2.5	3	3.5	4	5	6

[주] 크라운 h는 수직축에 쓰이는 평 벨트 풀리의 경우 위 표보다 크게 하는 것이 좋다.

12-4 천정 크레인용 로프 도르래(1/4)

KS B 6407

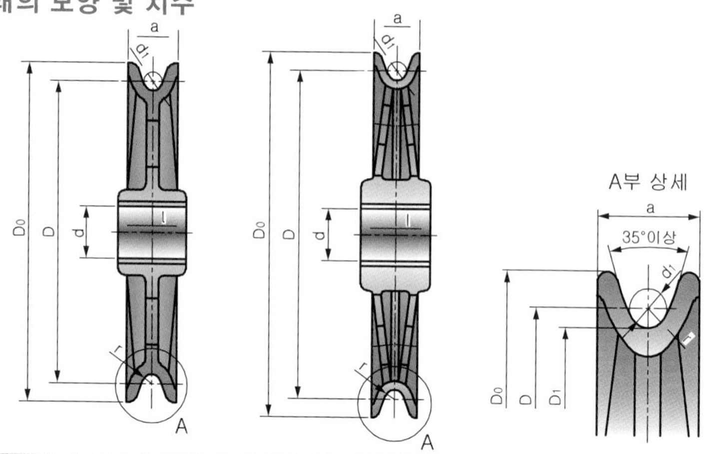

20형	로프 도르래의 피치원 지름이 로프 지름의 20배인 것
25형	로프 도르래의 피치원 지름이 로프 지름의 25배인 것

[비고] 피치원 지름은 도르래에 로프가 감겼을 때, 로트 단면의 중심이 만드는 원의 지름을 말한다.

■ 20형

단위 : mm

호칭	적용하는 로프 지름		도르래 피치원 지름 D(1)	바깥 지름 D_0	홈밑 지름 d_1	나비 (최대) a	홈밑 반지름 r	축 구멍 지름 d		보스의 길이 l		(참고)
	d_1	KS D 3514 와이어로프의 지름						기준 치수	허용차(2) H10	기준 치수	허용차	적용하는 도르래 열수
200	9 초과 10 이하	10	200	226	190	31.5	6.3	45	$^{+0.1}_{0}$	50	$^{0}_{-0.3}$	2
								50	$^{+0.1}_{0}$	50	$^{0}_{-0.3}$	3
								56	$^{+0.1}_{0}$	40	$^{0}_{-0.3}$	4
224	10 초과 11.2 이하	11.2	224.2	253	213	35.5	7.1	50	$^{+0.12}_{0}$	63	$^{0}_{-0.3}$	2
								56	$^{+0.12}_{0}$	50	$^{0}_{-0.3}$	3
								63	$^{+0.12}_{0}$	50	$^{0}_{-0.3}$	4
250	11.2 초과 12.5 이하	12.5	250.5	278	238	35.5	7.1	56	$^{+0.12}_{0}$	63	$^{0}_{-0.3}$	2
								63	$^{+0.12}_{0}$	63	$^{0}_{-0.3}$	3
								71	$^{+0.12}_{0}$	50	$^{0}_{-0.3}$	4
280	12.5 초과 14 이하	14	280	311	266	40	8	63	$^{+0.12}_{0}$	80	$^{0}_{-0.5}$	2
								71	$^{+0.12}_{0}$	63	$^{0}_{-0.3}$	3
								80	$^{+0.12}_{0}$	63	$^{0}_{-0.3}$	4
								90	$^{+0.14}_{0}$	50	$^{0}_{-0.3}$	5
320	14 초과 16 이하	16	320	354	304	45	9	71	$^{+0.12}_{0}$	80	$^{0}_{-0.5}$	2
								80	$^{+0.12}_{0}$	80	$^{0}_{-0.5}$	3
								90	$^{+0.14}_{0}$	63	$^{0}_{-0.3}$	4
								100	$^{+0.14}_{0}$	63	$^{0}_{-0.3}$	5
360	16 초과 18 이하	18	360	398	342	50	10	80	$^{+0.14}_{0}$	100	$^{0}_{-0.5}$	2
								90	$^{+0.14}_{0}$	80	$^{0}_{-0.5}$	3
								100	$^{+0.14}_{0}$	80	$^{0}_{-0.5}$	4
								112	$^{+0.14}_{0}$	63	$^{0}_{-0.3}$	5

12-4 천정 크레인용 로프 도르래(2/4)

KS B 6407

■ 20형 (계속)

단위 : mm

호칭	적용하는 로프 지름 d1	적용하는 로프 지름 KS D 3514 와이어로프의 지름	도르래 피치원 지름 D(1)	바깥 지름 Do	홈밑 지름 d1	나비 (최대) a	홈밑 반지름 r	축 구멍 지름 d 기준 치수	축 구멍 지름 d 허용차(2) H10	보스의 길이 l 기준 치수	보스의 길이 l 허용차	(참고) 적용하는 도르래 열수
400	18 초과 20 이하	20	400	443	380	56	11.2	90	+0.14 0	100	0 −0.5	2
								100	+0.14 0	100	0 −0.5	3
								112	+0.14 0	80	0 −0.5	4
								125	+0.16 0	80	0 −0.5	5
450	20 초과 22.4 이하	22.4	450.4	499	428	63	12.5	100	+0.14 0	125	0 −0.5	2
								112	+0.14 0	100	0 −0.5	3
								125	+0.16 0	100	0 −0.5	4
								140	+0.16 0	80	0 −0.5	5
500	22.4 초과 25 이하	25	500	555	475	71	14	112	+0.14 0	125	0 −0.5	2
								125	+0.16 0	125	0 −0.5	3
								140	+0.16 0	100	0 −0.5	4
								160	+0.16 0	100	0 −0.5	5
560	25 초과 28 이하	28	560	622	532	80	16	125	+0.16 0	160	0 −0.5	2
								140	+0.16 0	125	0 −0.5	3
								160	+0.16 0	125	0 −0.5	4
								180	+0.16 0	100	0 −0.5	5
630	28 초과 31.5 이하	30 31.5	630.5	699	599	90	18	140	+0.16 0	160	0 −0.5	2
								160	+0.16 0	160	0 −0.5	3
								180	+0.16 0	125	0 −0.5	4
								200	+0.185 0	125	0 −0.5	5
710	31.5 초과 35.5 이하	33.5 35.5	710.5	787	675	100	20	160	+0.16 0	200	0 −0.5	2
								180	+0.16 0	160	0 −0.5	3
								200	+0.185 0	160	0 −0.5	4
								224	+0.185 0	125	0 −0.5	5
800	35.5 초과 40 이하	37.5 40	800	886	760	112	22.4	180	+0.16 0	200	0 −0.5	2
								200	+0.185 0	200	0 −0.5	3
								224	+0.185 0	160	0 −0.5	4
								225	+0.185 0	160	0 −0.5	5

[주] (1) 적용하는 로프 지름 d_1의 상한 값을 취했을 때 로프 도르래의 피치원 지름
(2) KS B 0401의 규정에 따른다.
[비고] 허용차의 규정이 없는 부분의 가공 정밀도는 KS B ISO 2768-1의 거친급으로 한다.

12-4 천정 크레인용 로프 도르래(3/4)

KS B 6407

■ 25형

단위 : mm

호칭	적용하는 로프 지름		도르래 피치원 지름 D[1]	바깥 지름 D_0	홈밑 지름 d_1	나비 (최대) a	홈밑 반지름 r	축 구멍 지름 d		보스의 길이 l		(참고)
	d_1	KS D 3514 와이어로프의 지름						기준 치수	허용차[2] H10	기준 치수	허용차	적용하는 도르래 열수
250	9 초과 10 이하	10	250	276	240	31.5	6.3	45	$^{+0.1}_{0}$	50	$^{0}_{-0.3}$	2
								50	$^{+0.1}_{0}$	50	$^{0}_{-0.3}$	3
								56	$^{+0.12}_{0}$	10	$^{0}_{-0.3}$	4
280	10 초과 11.2 이하	11.2	280.2	309	269	35.5	7.1	50	$^{+0.1}_{0}$	63	$^{0}_{-0.3}$	2
								56	$^{+0.12}_{0}$	50	$^{0}_{-0.3}$	3
								63	$^{+0.12}_{0}$	50	$^{0}_{-0.3}$	4
315	11.2 초과 12.5 이하	12.5	345.5	343	303	35.5	7.1	56	$^{+0.12}_{0}$	63	$^{0}_{-0.3}$	2
								63	$^{+0.12}_{0}$	63	$^{0}_{-0.3}$	3
								71	$^{+0.12}_{0}$	50	$^{0}_{-0.3}$	4
335	12.5 초과 14 이하	14	355	386	341	40	8	63	$^{+0.12}_{0}$	80	$^{0}_{-0.5}$	2
								71	$^{+0.12}_{0}$	63	$^{0}_{-0.3}$	3
								80	$^{+0.12}_{0}$	63	$^{0}_{-0.3}$	4
								90	$^{+0.14}_{0}$	50	$^{0}_{-0.3}$	5
400	14 초과 16 이하	16	400	434	384	45	9	71	$^{+0.12}_{0}$	80	$^{0}_{-0.5}$	2
								80	$^{+0.12}_{0}$	80	$^{0}_{-0.5}$	3
								90	$^{+0.14}_{0}$	63	$^{0}_{-0.3}$	4
								100	$^{+0.14}_{0}$	63	$^{0}_{-0.3}$	5
450	16 초과 18 이하	18	450	488	432	50	10	80	$^{+0.12}_{0}$	100	$^{0}_{-0.5}$	2
								90	$^{+0.14}_{0}$	80	$^{0}_{-0.5}$	3
								100	$^{+0.14}_{0}$	80	$^{0}_{-0.5}$	4
								112	$^{+0.14}_{0}$	63	$^{0}_{-0.3}$	5
500	18 초과 20 이하	20	500	534	480	56	11.2	90	$^{+0.14}_{0}$	100	$^{0}_{-0.5}$	2
								100	$^{+0.14}_{0}$	100	$^{0}_{-0.5}$	3
								112	$^{+0.14}_{0}$	80	$^{0}_{-0.5}$	4
								125	$^{+0.16}_{0}$	80	$^{0}_{-0.5}$	5
560	20 초과 22.4 이하	22.4	560.4	609	538	63	12.5	100	$^{+0.14}_{0}$	125	$^{0}_{-0.5}$	2
								112	$^{+0.14}_{0}$	100	$^{0}_{-0.5}$	3
								125	$^{+0.16}_{0}$	100	$^{0}_{-0.5}$	4
								140	$^{+0.16}_{0}$	80	$^{0}_{-0.5}$	5

12-4 천정 크레인용 로프 도르래(4/4)

■ 25형 (계속)

단위 : mm

호칭	적용하는 로프 지름		도르래 피치원 지름 D(1)	바깥 지름 D_0	홈밑 지름 d_1	나비 (최대) a	홈밑 반지름 r	축 구멍 지름 d		보스의 길이 l		(참고)
	d_1	KS D 3514 와이어로프의 지름						기준 치수	허용차(2) H10	기준 치수	허용차	적용하는 도르래 열수
630	22.4 초과 25 이하	25	630	685	605	71	14	112	+0.14 0	125	0 −0.5	2
								125	+0.16 0	125	0 −0.5	3
								140	+0.16 0	100	0 −0.5	4
								160	+0.16 0	100	0 −0.5	5
710	25 초과 28 이하	28	710	772	682	80	16	125	+0.16 0	160	0 −0.5	2
								140	+0.16 0	125	0 −0.5	3
								160	+0.16 0	125	0 −0.5	4
								180	+0.16 0	100	0 −0.5	5
800	28 초과 31.5 이하	30 31.5	799.5	868	768	90	18	140	+0.16 0	160	0 −0.5	2
								160	+0.16 0	160	0 −0.5	3
								180	+0.16 0	125	0 −0.5	4
								200	+0.185 0	125	0 −0.5	5
900	31.5 초가 35.5 이하	33.5 35.5	899.5	976	864	100	20	160	+0.16 0	200	0 −0.5	2
								180	+0.16 0	160	0 −0.5	3
								200	+0.185 0	160	0 −0.5	4
								224	+0.185 0	125	0 −0.5	5
1000	35.5 초과 40 이하	37.5 40	1000	1086	960	112	22.4	180	+0.16 0	200	0 −0.5	2
								200	+0.185 0	200	0 −0.5	3
								224	+0.185 0	160	0 −0.5	4
								250	+0.185 0	160	0 −0.5	5

[주] (1) 적용하는 로프 지름 d1의 상한 값을 취했을 때의 로프 도르래의 피치원 지름
(2) KS B 0401의 규정에 따른다.
[비고] 허용차의 규정이 없는 부분의 가공 정밀도는 KS B ISO 2768-1의 거친급으로 한다.

Chapter 13

롤러 체인용 스프로킷

13-1 롤러 체인용 스프로킷 치형 및 치수

KS B 1408

■ 스프로킷의 기준 치수

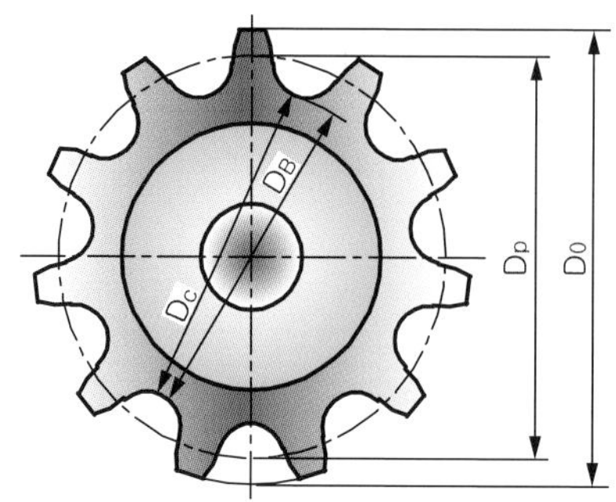

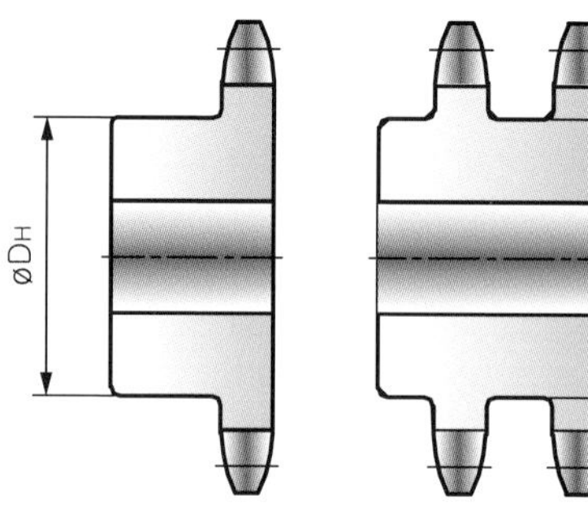

■ 잇골거리(Dc)의 측정방법

1) 직접 측정법

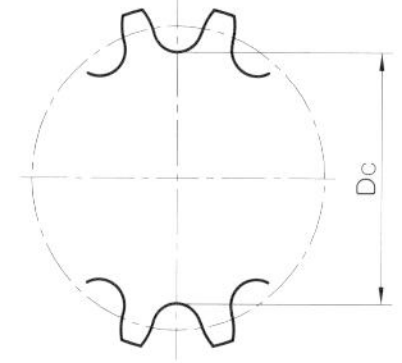

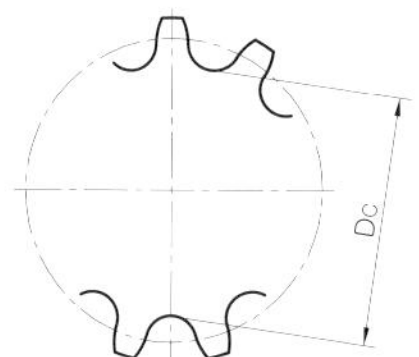

2) 오버핀법

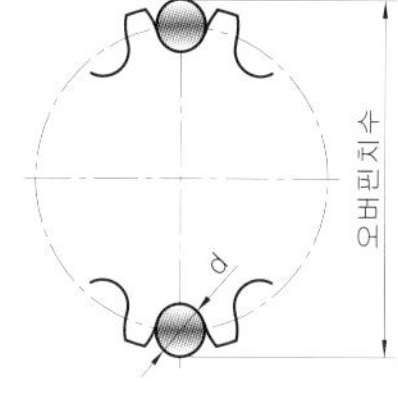

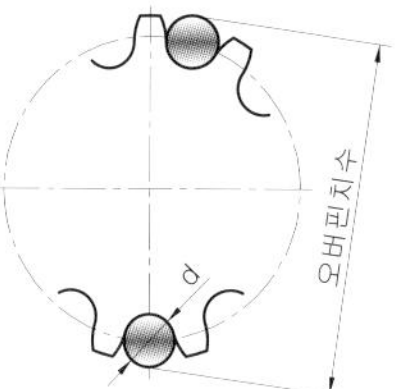

Dc = 오버핀치수 − 2d
다만, d 〈 Ds (통상 d는 거의 d1과 같다.)

항 목	계산식
피치원 지름(D_P)	$Dp = \dfrac{P}{\sin\dfrac{180°}{N}}$
바깥 지름(D_O)	$D_O = p\left(0.6 + \cot\dfrac{180°}{N}\right)$
이뿌리원 지름(D_B)	$D_B = D_P - D_r$
이뿌리 거리(D_C)	$D_C = D_B$ $D_C = D_P \cos\dfrac{90°}{N} - d_1$ $= P \cdot \dfrac{1}{2\sin\dfrac{180°}{2N}} - d_1$
최대 보스 지름 및 최대 홈 지름 (D_H)	$D_H = P\left(\cot\dfrac{180°}{N} - 1\right) - 0.76$

p : 롤러 체인의 피치, N : 잇수, d1 : 롤러 체인의 롤러 바깥지름

■ 보스의 형식(보통 사용되는 대표적인 형식)

평판형

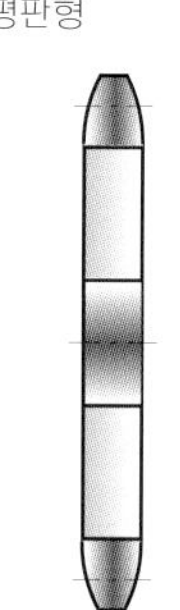

한쪽보스형

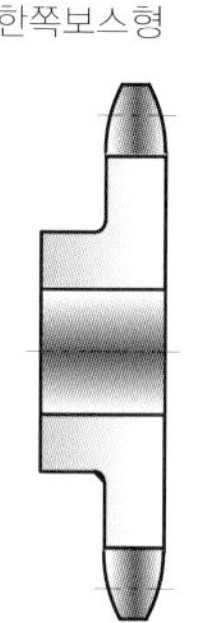

양쪽보스형

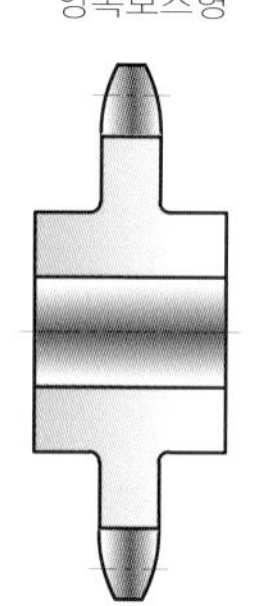

보스분리형

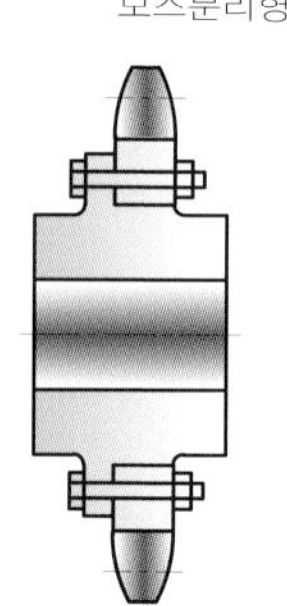

13-2 스프로킷의 모양 및 치수

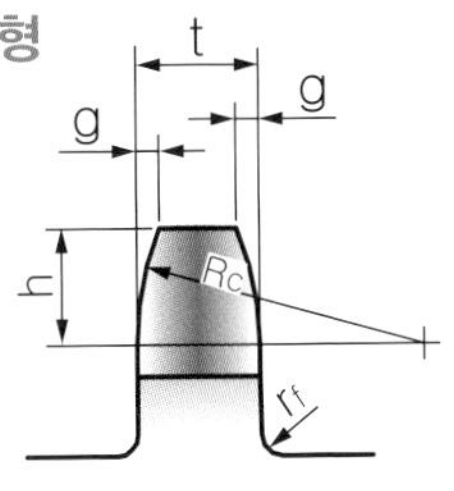

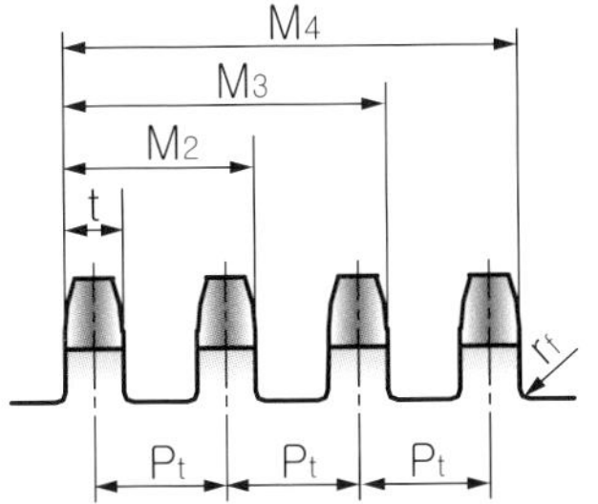

단위 : mm

호칭 번호	가로치형								가로 피치 Pt	적용 롤러 체인(참고)		
	모떼기 폭 g (약)	모떼기 깊이 h (약)	모떼기 반지름 Rc (최소)	둥글기 rf (최대)	이나비 t(최대) 홑줄	이나비 t(최대) 2줄, 3줄	이폭 전체 이폭 t·M 4줄 이상	이폭 전체 이폭 t·M 허용차		원주 피치 P	롤러 바깥지름 d1 (최대)	안쪽 링크 안쪽 나비 b1 (최소)
25	0.8	3.2	6.8	0.3	2.8	2.7	2.4	0 −0.20	6.4	6.35	3.30	3.10
35	1.2	4.8	10.1	0.4	4.3	4.1	3.8		10.1	9.525	5.08	4.68
41	1.6	6.4	13.5	0.5	5.8	–	–		–	12.70	7.77	6.25
40	1.6	6.4	13.5	0.5	7.2	7.0	6.5	0 −0.25	14.4	12.70	7.95	7.85
50	2.0	7.9	16.9	0.6	8.7	8.4	7.9		18.1	15.875	10.16	9.40
60	2.4	9.5	20.3	0.8	11.7	11.3	10.6	0 −0.30	22.8	19.05	11.91	12.57
80	3.2	12.7	27.0	1.0	14.6	14.1	13.3		29.3	25.40	15.88	15.75
100	4.0	15.9	33.8	1.3	17.6	17.0	16.1	0 −0.35	35.8	31.75	19.05	18.90
120	4.8	19.0	40.5	1.5	23.5	22.7	21.5	0 −0.40	45.4	38.10	22.23	25.22
140	5.6	22.2	47.3	1.8	23.5	22.7	21.5	0 −0.40	48.9	44.45	25.40	25.22
160	6.4	25.4	54.0	2.0	29.4	28.4	27.0	0 −0.45	58.5	50.80	28.58	31.55
200	7.9	31.8	67.5	2.5	35.3	34.1	32.5	0 −0.55	71.6	63.50	39.68	37.85
240	9.5	38.1	81.0	3.0	44.1	42.7	40.7	0 −0.65	87.8	76.20	47.63	47.35

[비고] 1. 가로 치형이란, 톱니를 스프로킷의 축을 포함하는 평면으로 절단했을 때의 단면 모양을 말한다.
2. 총 이나비
M2, M3, M4, ……, Mn = Pt (n−1) + t (n=줄수)

[주] 1. RC는 일반적으로 표에 표시한 최소값을 사용하지만 이 값 이상 무한대가 되어도 좋다
2. rf(최대)는 보스 지름 및 홈지름의 최대값 DH를 사용했을 때의 값이다.
3. 롤러 바깥지름 d1에서 3.30, 5.08의 경우 d1은 부시 바깥지름을 표시한다.
4. 41은 홑줄만으로 한다.

■ 이나비, 총 이나비의 치수 허용차

단위 : mm

호칭 번호	25	35	41	40	50	60	80	100	120	140	160	200	240
치수 허용차	0 −0.20			0 −0.25		0 −0.30		0 −0.35	0 −0.40		0 −0.45	0 −0.55	0 −0.65

■ 짝수 톱니 이뿌리원 지름(D_B), 홀수 톱니 이뿌리 거리(D_C)의 치수 허용차

단위 : mm

잇수 \ 호칭번호	25	35	41	40	50	60	80	100	120	140	160	200	240
11~15	0 −0.10	0 −0.10	0 −0.12	0 −0.12	0 −0.12	0 −0.12	0 −0.15	0 −0.15	0 −0.20	0 −0.20	0 −0.25	0 −0.25	0 −0.30
16~24		0 −0.12				0 −0.15	0 −0.20	0 −0.20	0 −0.25	0 −0.25	0 0.30	0 −0.35	0 −0.40
25~35			0 −0.15	0 −0.15	0 −0.15			0 −0.25		0 0.30	0 −0.35	0 −0.40	0 −0.45
36~48	0 −0.12					0 −0.20	0 −0.25		0 −0.30	0 −0.35	0 −0.40	0 −0.45	0 −0.55
49~63		0 −0.15			0 −0.20			0 −0.30	0 −0.35	0 −0.40	0 −0.45	0 −0.50	0 −0.60
64~80			0 −0.20	0 −0.20		0 −0.25	0 −0.30	0 −0.35	0 −0.40	0 −0.45	0 −0.50	0 −0.60	0 −0.70
81~99										0 −0.50	0 −0.55	0 −0.65	0 −0.75
100~120	0 −0.15				0 −0.25		0 −0.35	0 −0.40	0 −0.45		0 −0.60	0 −0.70	0 −0.85

롤러 체인용 스프로킷

13-3 롤러 체인용 스프로킷 치형 및 치수(1/2)

■ 스프로킷의 기준 치수

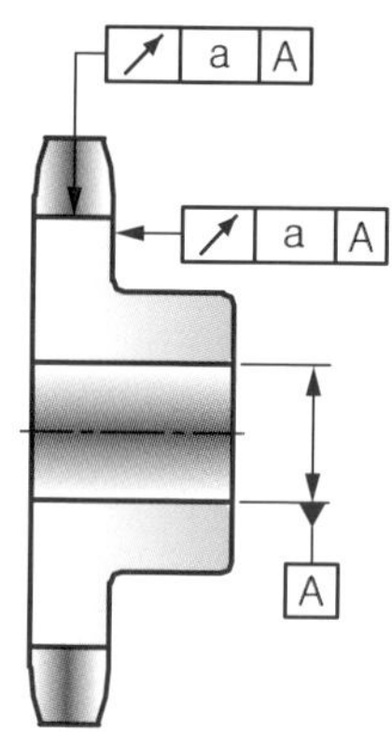

이뿌리원 지름(D_B)	100이하	100초과 150이하	150초과 250이하	250초과 650이하	650초과 1000이하	1000 초과
이뿌리의 흔들림 (a)	0.15	0.20	0.25	0.001 D_B	0.65	
옆흔들림 (b)	0.25			0.001 D_B	0.001 DB	1.00

13-3 롤러 체인용 스프로킷 치형 및 치수(2/2)

KS B 1408

■ 피치 1의 롤러 체인용 스프로킷의 피치원 지름

잇수 N	단위 피치의 피치원 지름	이뿌리 거리 계수 $\left(=\frac{1}{2\sin\left(\frac{180°}{2N}\right)}\right)$	$\cot\frac{180°}{N}$	잇수 N	단위 피치의 피치원 지름	이뿌리 거리 계수	$\cot\frac{180°}{N}$
11	3.5495	3.5133	3.406	66	21.0164	–	20.993
12	3.8637	–	3.732	67	21.3346	21.3287	21.311
13	4.1786	4.1481	4.057	68	21.6528	–	21.630
14	4.4940	–	4.381	69	21.9710	21.9653	21.948
15	4.8097	4.7834	4.705	70	22.2892	–	22.267
16	5.1258	–	5.027	71	22.6074	22.6018	22.585
17	5.4422	5.4190	5.350	72	22.9256	–	22.904
18	5.7588	–	5.671	73	23.2438	23.2384	23.222
19	6.0755	6.0548	5.993	74	23.5620	–	23.541
20	6.3925	–	6.314	75	23.8802	23.8750	23.859
21	6.7095	6.6907	6.635	76	24.1984	–	24.178
22	7.0267	–	6.955	77	24.5167	24.5116	24.496
23	7.3439	7.3268	7.276	78	24.8349	–	24.815
24	7.6613	–	7.596	79	25.1531	25.1481	25.133
25	7.7987	7.9630	7.916	80	25.4713	–	25.452
26	8.2962	–	8.236	81	25.7896	25.7847	25.770
27	8.6138	8.5992	8.556	82	26.1078	–	26.089
28	8.9314	–	8.875	83	26.4261	26.4213	26.407
29	9.2491	9.2355	9.195	84	26.7443	–	26.726
30	9.5668	–	9.514	85	27.0625	27.0580	27.044
31	9.8845	9.8718	9.834	86	27.3807	–	27.362
32	10.2023	–	10.153	87	27.6990	27.6945	27.681
33	10.5201	10.5082	10.472	88	28.0172	–	27.999
34	10.8380	–	10.792	89	28.3335	28.3311	28.318
35	11.1558	11.1446	11.111	90	28.6537	–	28.636
36	11.4737	–	11.430	91	28.9720	28.9676	28.955
37	11.7916	11.7810	11.749	92	29.2902	–	29.273
38	12.1096	–	12.068	93	29.6085	29.6042	29.592
39	12.4275	12.4174	12.387	94	29.9267	–	29.910
40	12.7455	–	12.706	95	30.2449	30.2408	30.228
41	13.0635	13.0539	13.025	96	30.5632	–	30.547
42	13.3815	–	13.344	97	30.8815	30.8774	30.865
43	13.6995	13.6904	13.663	98	31.1997	–	31.184
44	14.0175	–	13.982	99	31.5180	31.5140	31.502
45	14.3356	14.3269	14.301	100	31.8362	–	31.821
46	14.6536	–	14.619	101	32.1545	32.1506	32.139
47	14.9717	14.9634	14.938	102	32.4727	–	32.457
48	15.2898	–	15.257	103	32.7910	32.7872	32.776
49	15.6079	15.5999	15.576	104	33.1093	–	33.094
50	15.9260	–	15.895	105	33.4275	33.4238	33.413
51	16.2441	16.2364	16.213	106	33.7458	–	33.731
52	16.5622	–	16.532	107	34.0641	34.0604	34.049
53	16.8803	16.8729	16.851	108	34.3823	–	34.368
54	17.1984	–	17.169	109	34.7006	34.6970	34.686
55	17.5166	17.5094	17.488	110	35.0188	–	35.005
56	17.8347	–	17.807	111	35.3371	35.3336	35.323
57	18.1529	18.1460	18.125	112	35.6554	–	35.641
58	18.4710	–	18.444	113	35.9737	35.9702	35.960
59	18.7892	18.7825	18.763	114	36.2919	–	36.278
60	19.1073	–	19.081	115	36.6102	36.6068	36.597
61	19.4255	19.4190	19.400	116	36.9285	–	36.915
62	19.7437	–	19.718	117	37.2467	37.2434	37.233
63	20.0618	20.0556	20.037	118	37.5650	–	37.552
64	20.3800	–	20.355	119	37.8833	37.8800	37.870
65	20.6982	20.6922	20.674	120	38.2016	–	38.188

13-4 스프로킷의 기준 치수(호칭번호 25)

KS B 1408

단위 : mm

잇수	피치원 지름	바깥지름	이뿌리원 지름	이뿌리 거리	최대보스 지름
N	D_P	D_O	D_B	D_C	D_H
11	22.54	25	19.24	19.01	15
12	24.53	28	21.23	21.23	7
13	26.53	30	23.23	23.04	19
14	28.54	32	25.24	25.24	21
15	30.54	34	27.24	27.07	23
16	32.55	36	29.25	29.25	25
17	34.56	38	31.26	31.11	27
18	36.57	40	33.27	33.27	29
19	38.58	42	35.28	35.15	31
20	40.59	44	37.29	37.29	33
21	42.61	46	39.31	39.19	35
22	44.62	48	41.32	41.32	37
23	46.63	50	43.33	43.23	39
24	48.65	52	45.35	45.35	41
25	50.66	54	47.36	47.27	43
26	52.68	56	49.38	49.38	45
27	54.70	58	51.40	51.30	47
28	56.71	60	53.41	53.41	49
29	58.73	62	55.43	55.35	51
30	60.75	64	57.45	57.45	53
31	62.77	66	59.47	59.39	55
32	64.78	68	61.48	61.48	57
33	66.80	70	63.50	63.43	59
34	68.82	72	65.52	65.52	61
35	70.84	74	67.54	67.47	63
36	72.86	76	69.56	69.56	65
37	74.88	78	71.58	71.51	67
38	76.90	80	73.60	73.60	70
39	78.91	82	75.61	75.55	72
40	80.93	84	77.63	77.63	74
41	82.95	87	79.65	79.59	76
42	84.97	89	81.67	81.67	78
43	86.99	91	83.69	83.63	80
44	89.01	93	85.71	85.71	82
45	91.03	95	87.73	87.68	84
46	93.05	97	89.75	89.75	86
47	95.07	99	91.77	91.72	88
48	97.09	101	93.79	93.79	90
49	99.11	103	95.81	95.76	92
50	101.13	105	97.83	97.83	94
51	103.15	107	99.85	99.80	96
52	105.17	109	101.87	101.87	98
53	107.19	111	103.89	103.84	100
54	109.21	113	105.91	105.91	102
55	111.23	115	107.93	107.88	104
56	113.25	117	109.95	109.95	106
57	115.27	119	111.97	111.93	108
58	117.29	121	113.99	113.99	110
59	119.31	123	116.01	115.97	112
60	121.33	125	118.03	118.03	114
61	123.35	127	120.05	120.01	116
62	125.37	129	122.07	122.07	118
63	127.39	131	124.09	124.05	120
64	129.41	133	126.11	126.11	122
65	131.43	135	128.10	128.10	124
66	133.45	137	130.15	130.15	126
67	135.47	139	132.17	132.14	128
68	137.50	141	134.20	134.20	130
69	139.52	143	136.22	136.18	132
70	141.54	145	138.24	138.24	134
71	143.56	147	140.26	140.22	136
72	145.58	149	142.28	142.28	138
73	147.60	151	144.30	144.26	140
74	149.62	153	146.32	146.32	142
75	151.64	155	148.34	148.31	144
76	153.66	157	150.36	150.36	146
77	155.68	159	152.38	152.35	148
78	157.70	161	154.40	154.40	150
79	159.72	163	156.42	156.39	152
80	161.74	165	158.44	158.44	155
81	163.76	167	160.44	160.43	157
82	165.78	169	162.48	162.48	159
83	167.81	171	164.51	164.48	161
84	169.83	174	166.53	166.53	163
85	171.85	176	168.55	168.52	165
86	173.87	178	170.57	170.57	167
87	175.89	180	172.59	172.56	169
88	177.91	182	174.61	174.61	171
89	179.93	184	176.63	176.60	173
90	181.95	186	178.65	178.65	175
91	183.97	188	180.67	180.64	177
92	185.99	190	182.69	182.69	179
93	188.01	192	184.71	184.69	181
94	190.03	194	186.73	186.73	183
95	192.06	196	188.76	188.73	185
96	194.08	198	190.78	190.78	187
97	196.10	200	192.80	192.77	189
98	198.12	202	194.82	194.82	191
99	200.14	204	196.84	196.81	193
100	202.16	206	198.86	198.86	195
101	204.18	208	200.88	200.86	197
102	206.20	210	202.90	202.90	199
103	208.22	212	204.92	204.90	201
104	210.24	214	206.94	206.94	203
105	212.26	216	208.96	208.94	205
106	214.29	218	210.99	210.99	207
107	216.31	220	213.01	212.98	209
108	218.33	222	215.03	215.03	211
109	220.35	224	217.05	217.03	213
110	222.37	226	219.07	219.07	215
111	224.39	228	221.09	221.07	217
112	226.41	230	223.11	223.11	219
113	228.43	232	225.13	225.11	221
114	230.45	234	227.15	227.15	223
115	232.47	236	229.17	229.15	225
116	234.50	238	231.20	231.20	227
117	236.52	240	233.22	233.20	229
118	238.54	242	235.24	235.24	231
119	240.56	244	237.26	237.24	233
120	242.58	246	239.28	239.28	235

13-5 스프로킷의 기준 치수(호칭번호 35)

KS B 1408

단위 : mm

잇수	피치원 지름	바깥지름	이뿌리원 지름	이뿌리 거리	최대보스 지름
N	D_P	D_O	D_B	D_C	D_H
11	33.81	38	28.73	28.38	22
12	36.80	41	31.72	31.72	25
13	39.80	44	34.72	34.43	28
14	42.81	47	37.73	37.73	31
15	45.81	51	40.73	40.48	35
16	48.82	54	43.74	43.74	38
17	51.84	57	46.76	46.54	41
18	54.85	60	49.77	49.77	44
19	57.87	63	52.79	52.59	47
20	60.89	66	55.81	55.81	50
21	63.91	69	58.83	58.65	53
22	66.93	72	61.85	61.85	56
23	69.95	75	64.87	64.71	59
24	72.97	78	67.89	67.89	62
25	76.00	81	70.92	70.77	65
26	79.02	84	73.94	73.94	68
27	82.05	87	76.97	76.83	71
28	85.07	90	79.99	79.99	74
29	88.10	93	83.02	82.89	77
30	91.12	96	86.04	86.04	80
31	94.15	99	89.07	88.95	83
32	97.18	102	92.10	92.10	86
33	100.20	105	95.12	95.01	89
34	103.23	109	98.15	98.15	93
35	106.26	112	101.18	101.07	96
36	109.29	115	104.21	104.21	99
37	112.31	118	107.23	107.13	102
38	115.34	121	110.26	110.26	105
39	118.37	124	113.29	113.20	108
40	121.40	127	116.32	116.32	111
41	124.43	130	119.35	119.26	114
42	127.46	133	122.38	122.38	117
43	130.49	136	125.41	125.32	120
44	133.52	139	128.44	128.44	123
45	136.55	142	131.47	131.38	126
46	139.58	145	134.50	134.50	129
47	142.61	148	137.53	137.45	132
48	145.64	151	140.56	140.56	135
49	148.67	154	143.59	143.51	138
50	151.70	157	146.62	146.62	141
51	154.73	160	149.65	149.57	144
52	157.75	163	152.67	152.67	147
53	160.78	166	155.70	155.63	150
54	163.81	169	158.73	158.73	153
55	166.85	172	161.77	161.70	156
56	169.88	175	164.80	164.80	159
57	172.91	178	167.83	167.76	162
58	175.94	181	170.86	170.86	165
59	178.97	184	173.89	173.82	168
60	182.00	187	176.92	176.92	171
61	185.03	190	179.95	179.89	174
62	188.06	194	182.98	182.98	178
63	191.09	197	186.01	185.95	181
64	194.12	200	189.04	189.04	184
65	197.15	203	192.07	192.01	187
66	200.18	206	195.10	195.10	190
67	203.21	209	198.13	198.08	193
68	206.24	212	201.16	201.16	196
69	209.27	215	204.19	204.14	199
70	212.30	218	207.22	207.22	202
71	215.34	221	210.26	210.20	205
72	218.37	224	213.29	213.29	208
73	221.40	227	216.32	216.27	211
74	224.43	230	219.35	219.35	214
75	227.46	233	222.38	222.33	217
76	230.49	236	225.41	225.41	220
77	233.52	239	228.44	228.39	223
78	236.55	242	231.47	231.47	226
79	239.58	245	234.50	234.46	229
80	242.61	248	237.53	237.53	232
81	245.65	251	240.57	240.52	235
82	248.68	254	243.60	243.60	238
83	251.71	257	246.63	246.58	241
84	254.74	260	249.66	249.66	244
85	257.77	263	252.69	252.65	247
86	260.80	266	255.72	255.72	250
87	263.83	269	258.75	258.71	253
88	266.86	272	261.78	261.78	256
89	269.90	275	264.82	264.77	259
90	272.93	278	267.85	267.85	262
91	275.96	282	270.88	270.84	266
92	278.99	285	273.91	273.91	269
93	282.02	288	276.94	276.90	272
94	285.05	291	279.97	279.97	275
95	288.08	294	283.00	282.96	278
96	291.11	297	286.03	286.03	281
97	294.15	300	289.07	289.03	284
98	297.18	303	292.10	292.10	287
99	300.21	306	295.13	295.09	290
100	303.24	309	298.16	298.16	293
101	306.27	312	301.19	301.15	296
102	309.30	315	304.22	304.22	299
103	312.33	318	307.25	307.22	302
104	315.37	321	310.29	310.29	305
105	318.40	324	313.32	313.28	308
106	321.43	327	316.35	316.35	311
107	324.46	330	319.38	319.35	314
108	327.49	333	322.41	322.41	317
109	330.52	336	325.44	325.41	320
110	333.55	339	328.47	328.47	323
111	336.59	342	331.51	331.47	326
112	339.62	345	334.54	334.54	329
113	342.65	348	337.57	337.54	332
114	345.68	351	340.60	340.60	335
115	348.71	354	343.63	343.60	338
116	351.74	357	346.66	346.66	341
117	354.77	360	349.69	349.66	344
118	357.81	363	352.73	352.73	347
119	360.84	366	355.76	355.73	350
120	363.87	369	358.79	358.79	353

13-6 스프로킷의 기준 치수(호칭번호 41)

KS B 1408

단위 : mm

잇수	피치원 지름	바깥지름	이뿌리원 지름	이뿌리 거리	최대보스 지름
N	D_P	D_O	D_B	D_C	D_H
11	45.08	51	37.31	36.85	30
12	49.07	55	41.30	41.30	34
13	53.07	59	45.30	44.91	38
14	57.07	63	49.30	49.30	42
15	61.08	67	53.31	52.98	46
16	65.10	71	57.33	57.33	50
17	69.12	76	61.35	61.05	54
18	73.14	80	65.37	65.37	59
19	77.16	84	69.39	69.13	63
20	81.18	88	73.41	73.41	67
21	85.21	92	77.44	77.20	71
22	89.24	96	81.47	81.47	75
23	93.27	100	85.50	85.28	79
24	97.30	104	89.53	89.53	83
25	101.33	108	93.56	93.36	87
26	105.36	112	97.59	97.59	91
27	109.40	116	101.63	101.44	95
28	113.43	120	105.66	105.66	99
29	117.46	124	109.69	109.52	103
30	121.50	128	113.73	113.73	107
31	125.53	133	117.76	117.60	111
32	129.57	137	121.80	121.80	115
33	133.61	141	125.84	125.68	120
34	137.64	145	129.87	129.87	124
35	141.68	149	133.91	133.77	128
36	145.72	153	137.95	137.95	132
37	149.75	157	141.98	141.85	136
38	153.79	161	146.02	146.02	140
39	157.83	165	150.06	149.93	144
40	161.87	169	154.10	154.10	148
41	165.91	173	158.14	158.01	152
42	169.95	177	162.18	162.18	156
43	173.98	181	166.21	166.10	160
44	178.02	185	170.25	170.25	164
45	182.06	189	174.29	174.18	168
46	186.10	193	178.33	178.33	172
47	190.14	197	182.37	182.27	176
48	194.18	201	186.41	186.41	180
49	198.22	205	190.45	190.35	184
50	202.26	209	194.49	194.49	188
51	206.30	214	198.53	198.43	192
52	210.34	218	202.57	202.57	196
53	214.38	222	206.61	206.52	201
54	218.42	226	210.65	210.65	205
55	222.46	230	214.69	214.60	209
56	226.50	234	218.73	218.73	213
57	230.54	238	222.77	222.68	217
58	234.58	242	226.81	226.81	221
59	238.62	246	230.85	230.77	225
60	242.66	250	234.89	234.89	229
61	246.70	254	238.93	238.85	233
62	250.74	258	242.97	242.97	237
63	254.78	262	247.01	246.94	241
64	258.83	266	251.06	251.06	245
65	262.87	270	255.10	255.02	249

잇수	피치원 지름	바깥지름	이뿌리원 지름	이뿌리 거리	최대보스 지름
N	DP	DO	DB	DC	DH
66	266.91	274	259.14	259.14	253
67	270.95	278	263.18	263.10	257
68	274.99	282	267.22	267.22	261
69	279.03	286	271.26	271.19	265
70	283.07	290	275.30	275.30	269
71	287.11	294	279.34	279.27	273
72	291.16	299	283.39	283.39	277
73	295.20	303	287.43	287.36	281
74	299.24	307	291.47	291.47	286
75	303.28	311	295.51	295.44	290
76	307.32	315	299.55	299.55	294
77	311.36	319	303.59	303.53	298
78	315.40	323	307.63	307.63	302
79	319.44	327	311.67	311.61	306
80	323.49	331	315.72	315.72	310
81	327.53	335	319.76	319.70	314
82	331.57	339	323.80	323.80	318
83	335.61	343	327.84	327.78	322
84	339.65	347	331.88	331.88	326
85	343.69	351	335.92	335.87	330
86	347.73	355	339.96	339.96	334
87	351.78	359	344.01	343.95	338
88	355.82	363	348.05	348.05	342
89	359.86	367	352.09	352.03	346
90	363.90	371	356.13	356.13	350
91	367.94	375	360.17	360.12	354
92	371.99	379	364.22	364.22	358
93	376.03	383	368.26	368.20	362
94	380.07	387	372.30	372.30	366
95	384.11	392	376.34	376.29	370
96	388.15	396	380.38	380.38	374
97	392.20	400	384.43	384.37	379
98	396.24	404	388.47	388.47	383
99	400.28	408	392.51	392.46	387
100	404.32	412	396.55	396.55	391
101	408.36	416	400.59	400.54	395
102	412.40	420	404.63	404.63	399
103	416.45	424	408.68	408.63	403
104	420.49	428	412.72	412.72	407
105	424.53	432	416.76	416.71	411
106	428.57	436	420.80	420.80	415
107	432.61	440	424.84	424.80	419
108	436.66	444	428.89	428.89	423
109	440.70	448	432.93	432.88	427
110	444.74	452	436.97	436.97	431
111	448.78	456	441.01	440.97	435
112	452.82	460	445.05	445.05	439
113	456.87	464	449.10	449.05	443
114	460.91	468	453.14	453.14	447
115	464.95	472	457.18	457.14	451
116	468.99	476	461.22	461.22	455
117	473.03	480	465.26	465.22	459
118	477.08	485	469.31	469.31	463
119	481.12	489	473.35	473.31	467
120	485.16	493	477.39	477.39	472

13-7 스프로킷의 기준 치수(호칭번호 40)

KS B 1408

단위 : mm

잇수	피치원 지름	바깥지름	이뿌리원 지름	이뿌리 거리	최대보스 지름
N	D_P	D_O	D_B	D_C	D_H
11	45.08	51	37.14	36.68	30
12	49.07	55	41.13	41.13	34
13	53.07	59	45.13	44.74	38
14	57.07	63	49.13	49.13	42
15	61.08	67	53.14	52.81	46
16	65.10	71	57.16	57.16	50
17	69.12	76	61.18	60.88	54
18	73.14	80	65.20	65.20	59
19	77.16	84	69.22	68.96	63
20	81.18	88	73.24	73.24	67
21	85.21	92	77.27	77.03	71
22	89.24	96	81.30	81.30	75
23	93.27	100	85.11	85.11	79
24	97.30	104	89.36	89.36	83
25	101.33	108	93.19	93.19	87
26	105.36	112	97.42	97.42	91
27	109.40	116	101.27	101.27	95
28	113.43	120	105.49	105.49	99
29	117.46	124	109.35	109.35	103
30	121.50	128	113.56	113.56	107
31	125.53	133	117.58	117.42	111
32	129.57	137	121.62	121.62	115
33	133.61	141	125.66	125.50	120
34	137.64	145	129.69	129.69	124
35	141.68	149	133.73	133.59	128
36	145.72	153	137.77	137.77	132
37	149.75	157	141.80	141.67	136
38	153.79	161	145.84	145.84	140
39	157.83	165	149.88	149.75	144
40	161.87	169	153.92	153.92	148
41	165.91	173	157.96	157.83	152
42	169.95	177	162.00	162.00	156
43	173.98	181	166.03	165.92	160
44	178.02	185	170.07	170.07	164
45	182.06	189	174.11	174.00	168
46	186.10	193	178.15	178.15	172
47	190.14	197	182.19	182.09	176
48	194.18	201	186.23	186.23	180
49	198.22	205	190.27	190.17	184
50	202.26	209	194.31	194.31	188
51	206.30	214	198.35	198.25	192
52	210.34	218	202.39	202.39	196
53	214.38	222	206.43	206.34	201
54	218.42	226	210.47	210.47	205
55	222.46	230	214.51	214.42	209
56	226.50	234	218.55	218.55	213
57	230.54	238	222.59	222.50	217
58	234.58	242	226.63	226.63	221
59	238.62	246	230.67	230.59	225
60	242.66	250	234.71	234.71	229
61	246.70	254	238.75	238.67	233
62	250.74	258	242.79	242.79	237
63	254.78	262	246.83	246.76	241
64	258.83	266	250.88	250.88	245
65	262.87	270	254.92	254.84	249

잇수	피치원 지름	바깥지름	이뿌리원 지름	이뿌리 거리	최대보스 지름
N	D_P	D_O	D_B	D_C	D_H
66	266.91	274	258.96	258.96	253
67	270.95	278	263.00	262.92	257
68	274.99	282	267.04	267.04	261
69	279.03	286	271.08	271.01	265
70	283.07	290	275.12	275.12	269
71	287.11	294	279.16	279.09	273
72	291.16	299	283.21	283.21	277
73	295.20	303	287.25	287.18	281
74	299.24	307	291.29	291.29	286
75	303.28	311	295.33	295.26	290
76	307.32	315	299.37	299.37	294
77	311.36	319	303.41	303.35	298
78	315.40	323	307.45	307.45	302
79	319.44	327	311.49	311.43	306
80	323.49	331	315.54	315.54	310
81	327.53	335	319.58	319.52	314
82	331.57	339	323.62	323.62	318
83	335.61	343	327.66	327.60	322
84	339.65	347	331.70	331.70	326
85	343.69	351	335.74	335.74	330
86	347.73	355	339.78	339.78	334
87	351.78	359	343.83	343.77	338
88	355.82	363	347.87	347.87	342
89	359.86	367	351.91	351.85	346
90	363.90	371	355.95	355.95	350
91	367.94	375	359.99	359.94	354
92	371.99	379	364.04	364.04	358
93	376.03	383	368.08	368.02	362
94	380.07	387	372.12	372.12	366
95	384.11	392	376.16	376.11	370
96	388.15	396	380.20	380.20	374
97	392.20	400	384.25	381.19	379
98	396.24	404	388.29	388.29	383
99	400.28	408	392.33	392.28	387
100	404.32	412	396.37	396.37	391
101	408.36	416	400.41	400.36	395
102	412.40	420	404.45	404.45	399
103	416.45	424	408.50	408.45	403
104	420.49	428	412.54	412.54	407
105	424.53	432	416.58	416.53	411
106	428.57	436	420.62	420.62	415
107	432.61	440	424.66	424.62	419
108	436.66	444	428.71	428.71	423
109	440.70	448	432.75	432.70	427
110	444.74	452	436.79	436.79	431
111	448.78	456	440.83	440.79	435
112	452.82	460	444.87	444.87	439
113	456.87	464	448.92	448.87	443
114	460.91	468	452.96	452.96	447
115	464.95	472	457.00	456.96	451
116	468.99	476	461.04	461.04	455
117	473.03	480	465.08	465.04	459
118	477.08	485	469.13	469.13	463
119	481.12	489	473.17	473.13	467
120	485.16	493	477.21	477.21	472

13-8 스프로킷의 기준 치수(호칭번호 50)

KS B 1408

단위 : mm

잇수	피치원 지름	바깥지름	이뿌리원 지름	이뿌리 거리	최대보스 지름
N	D_P	D_O	D_B	D_C	D_H
11	56.35	64	46.19	45.61	37
12	61.34	69	51.18	51.18	43
13	66.34	74	56.18	55.69	48
14	71.34	79	61.18	61.18	53
15	76.35	84	66.19	65.78	58
16	81.37	89	71.21	71.21	63
17	86.39	94	76.23	75.87	68
18	91.42	100	81.26	81.26	73
19	96.45	105	86.29	85.96	79
20	101.48	110	91.32	91.32	84
21	106.51	115	96.35	96.05	89
22	111.55	120	101.39	101.39	94
23	116.58	125	106.42	106.15	99
24	121.62	130	111.46	111.46	104
25	126.66	135	116.50	116.25	109
26	131.70	140	121.54	121.54	114
27	136.74	145	126.58	126.35	119
28	141.79	150	131.63	131.63	124
29	146.83	155	136.67	136.45	129
30	151.87	161	141.71	141.71	134
31	156.92	166	146.76	146.55	139
32	161.96	171	151.80	151.80	145
33	167.01	176	156.85	156.66	150
34	172.05	181	161.89	161.89	155
35	177.10	186	166.94	166.76	160
36	182.14	191	171.98	171.98	165
37	187.19	196	177.03	176.86	170
38	192.24	201	182.08	182.08	175
39	197.29	206	187.13	186.97	180
40	202.33	211	192.17	192.17	185
41	207.38	216	197.22	197.07	190
42	212.43	221	202.27	202.27	195
43	217.48	226	207.32	207.18	200
44	222.53	231	212.37	212.37	205
45	227.58	237	217.42	217.28	210
46	232.63	242	222.47	222.47	215
47	237.68	247	227.52	227.38	221
48	242.73	252	232.57	232.57	226
49	247.78	257	237.62	237.49	231
50	252.83	262	242.67	242.67	236
51	257.88	267	247.72	247.59	241
52	262.92	272	252.76	252.76	246
53	267.97	277	257.81	257.70	251
54	273.02	282	262.86	262.86	256
55	278.08	287	267.92	267.80	261
56	283.13	292	272.97	272.97	266
57	288.18	297	278.02	277.91	271
58	293.23	302	283.07	283.07	276
59	298.28	307	288.12	288.01	281
60	303.33	312	293.17	293.17	286
61	308.38	318	298.22	298.12	291
62	313.43	323	303.27	303.27	296
63	318.48	328	308.22	308.22	301
64	323.53	333	313.37	313.37	307
65	328.58	338	318.42	318.33	312
잇수	피치원 지름	바깥지름	이뿌리원 지름	이뿌리 거리	최대보스 지름
N	DP	DO	DB	DC	DH
66	333.64	343	323.48	323.48	317
67	338.69	348	328.53	328.43	322
68	343.74	353	333.58	333.58	327
69	348.79	358	338.63	338.54	332
70	353.84	363	343.68	343.68	337
71	358.89	368	348.73	348.64	342
72	363.94	373	353.78	353.78	347
73	369.00	378	358.84	358.75	352
74	374.05	383	363.89	363.89	357
75	379.10	388	368.94	368.86	362
76	384.15	393	373.99	373.99	367
77	389.20	398	379.04	378.96	372
78	394.25	403	384.09	384.09	377
79	399.31	409	389.15	389.07	382
80	404.36	414	394.20	394.20	387
81	409.41	419	399.25	399.17	392
82	414.46	424	404.30	404.30	398
83	419.51	429	409.35	409.28	403
84	424.57	434	414.41	414.41	408
85	429.62	439	419.46	419.39	413
86	434.67	444	424.51	424.51	418
87	439.72	449	429.56	429.49	423
88	444.77	454	434.61	434.61	428
89	449.83	459	439.67	439.59	433
90	454.88	464	444.72	444.72	438
91	459.93	469	449.77	449.70	443
92	464.98	474	454.82	454.82	448
93	470.03	479	459.87	459.81	453
94	475.09	484	464.93	464.93	458
95	480.14	489	469.98	469.91	463
96	485.19	494	475.03	475.03	468
97	490.24	500	480.08	480.02	473
98	495.30	505	485.14	485.14	478
99	500.35	510	490.19	490.12	483
100	505.40	515	495.24	495.24	489
101	510.45	520	500.29	500.23	494
102	515.50	525	505.34	505.34	499
103	520.56	530	510.40	510.34	504
104	525.61	535	515.45	515.45	509
105	530.66	540	520.50	520.44	514
106	535.71	545	525.55	525.55	519
107	540.77	550	530.61	530.55	524
108	545.82	555	535.66	535.66	529
109	550.87	560	540.71	540.65	534
110	555.92	565	545.76	545.76	539
111	560.98	570	550.82	550.76	544
112	566.03	575	555.87	555.87	549
113	571.08	580	560.92	560.87	554
114	576.13	585	565.97	565.97	559
115	581.19	591	571.03	570.97	564
116	586.24	596	576.08	576.08	569
117	591.29	601	581.13	581.08	574
118	596.34	606	586.18	586.18	580
119	601.40	611	591.24	591.18	585
120	606.45	616	596.29	596.29	590

13-9 스프로킷의 기준 치수(호칭번호 60)

KS B 1408

단위 : mm

잇수	피치원 지름	바깥지름	이뿌리원 지름	이뿌리 거리	최대보스 지름
N	D_P	D_O	D_B	D_C	D_H
11	67.62	76	55.71	55.02	45
12	73.60	83	61.69	61.69	51
13	79.60	89	67.69	67.11	57
14	85.61	95	73.70	73.70	56
15	91.62	101	79.21	79.21	70
16	97.65	107	85.74	85.74	76
17	103.67	113	91.76	91.32	82
18	109.71	119	97.80	97.80	88
19	115.74	126	103.83	103.43	94
20	121.78	132	109.87	109.87	100
21	127.82	138	115.91	115.55	107
22	133.86	144	121.95	121.95	113
23	139.90	150	127.99	127.67	119
24	145.95	156	134.04	134.04	125
25	151.99	162	140.08	139.79	131
26	158.04	168	146.13	146.13	137
27	164.09	174	152.18	151.90	143
28	170.14	180	158.23	158.23	149
29	176.20	187	164.29	164.29	155
30	182.25	193	170.34	170.37	161
31	188.30	199	176.39	176.15	168
32	194.35	205	182.44	182.44	174
33	200.41	211	188.50	188.27	180
34	206.46	217	194.55	194.55	186
35	212.52	223	200.61	200.39	192
36	218.57	229	206.66	206.66	198
37	224.63	235	212.72	212.52	204
38	230.69	241	218.78	218.78	210
39	236.74	247	224.83	224.64	216
40	242.80	253	230.89	230.89	222
41	248.86	260	236.95	236.77	228
42	254.92	266	243.01	243.01	234
43	260.98	272	249.07	248.89	240
44	267.03	278	255.12	255.12	247
45	273.09	284	261.18	261.02	253
46	279.15	290	267.24	267.24	259
47	285.21	296	273.30	273.14	265
48	291.27	302	279.36	279.36	271
49	297.33	308	285.42	285.27	277
50	303.39	314	291.48	291.48	283
51	309.45	320	297.54	297.39	289
52	315.51	326	303.60	303.60	295
53	321.57	332	309.66	309.52	301
54	327.63	338	315.72	315.72	307
55	333.69	345	321.78	321.64	313
56	339.75	351	327.84	327.84	319
57	345.81	357	333.90	333.77	325
58	351.87	363	339.96	339.96	332
59	357.93	369	346.02	345.90	338
60	363.99	375	352.08	352.08	344
61	370.06	381	358.15	358.02	350
62	376.12	387	364.21	364.21	356
63	382.18	393	370.27	370.15	362
64	388.24	399	376.33	376.33	368
65	394.30	405	382.39	382.28	374

잇수	피치원 지름	바깥지름	이뿌리원 지름	이뿌리 거리	최대보스 지름
N	D_P	D_O	D_B	D_C	D_H
66	400.36	411	388.45	388.45	380
67	406.42	417	394.51	394.40	386
68	412.49	423	400.58	400.58	392
69	418.55	430	406.64	406.53	398
70	424.61	436	412.70	412.70	404
71	430.67	442	418.76	418.65	410
72	436.73	448	424.82	424.82	417
73	442.79	454	430.88	430.78	423
74	448.86	460	436.95	436.95	429
75	454.92	466	443.01	442.91	435
76	460.98	472	449.07	449.07	441
77	467.04	478	455.13	455.04	447
78	473.10	484	461.19	461.19	453
79	479.17	490	467.26	467.16	459
80	485.23	496	473.32	473.32	465
81	491.29	502	479.38	479.29	471
82	497.35	508	485.44	485.44	477
83	503.42	514	491.51	491.42	483
84	509.48	521	497.57	497.57	489
85	515.54	527	503.63	503.54	495
86	521.60	533	509.69	509.69	501
87	527.67	539	515.76	515.67	508
88	533.73	545	521.82	521.82	514
89	539.79	551	527.88	527.80	520
90	545.85	557	533.94	533.94	526
91	551.92	563	540.01	539.92	532
92	557.98	569	546.07	546.07	538
93	564.04	575	552.13	552.05	544
94	570.10	581	558.19	558.19	550
95	576.17	587	564.26	564.18	556
96	582.23	593	570.32	570.32	562
97	588.29	599	576.38	576.30	568
98	594.35	605	582.44	582.44	574
99	600.42	612	588.51	588.43	580
100	606.48	618	594.57	594.57	586
101	612.54	624	600.63	600.56	592
102	618.60	630	606.69	606.69	598
103	624.67	636	612.76	612.69	605
104	630.73	642	618.82	618.82	611
105	636.79	648	624.88	624.81	617
106	642.86	654	630.95	630.95	623
107	648.92	660	637.01	636.94	629
108	654.98	666	643.07	643.07	635
109	661.05	672	649.14	649.07	641
110	667.11	678	655.20	655.20	647
111	673.17	684	661.26	661.20	653
112	679.24	690	667.33	667.33	659
113	685.30	696	673.39	673.32	665
114	691.36	703	679.45	679.45	671
115	697.42	709	685.51	685.45	677
116	703.49	715	691.58	691.58	683
117	709.55	721	697.64	697.58	689
118	715.61	727	703.70	703.70	696
119	721.68	733	709.77	709.70	702
120	727.74	739	715.83	715.83	708

13-10 스프로킷의 기준 치수(호칭번호 80)

KS B 1408

단위 : mm

잇수	피치원 지름	바깥지름	이뿌리원 지름	이뿌리 거리	최대보스 지름
N	D_P	D_O	D_B	D_C	D_H
11	90.16	102	74.28	73.36	60
12	98.14	110	82.26	82.26	69
13	106.14	118	90.26	89.48	77
14	114.15	127	98.27	98.27	85
15	122.17	135	106.29	105.62	93
16	130.20	143	114.32	114.32	102
17	138.23	151	122.35	121.76	110
18	146.27	159	130.39	130.39	118
19	154.32	167	138.44	137.91	126
20	162.37	176	146.49	146.49	134
21	170.42	184	154.54	154.06	142
22	178.48	192	162.60	162.60	150
23	186.54	200	170.66	170.22	159
24	194.60	208	178.72	178.72	167
25	202.66	216	186.78	186.38	175
26	210.72	224	194.84	194.84	183
27	218.79	233	202.91	202.54	191
28	226.86	241	210.98	210.98	199
29	234.93	249	219.05	218.70	207
30	243.00	257	227.12	227.12	215
31	251.07	265	235.19	234.86	224
32	259.14	273	243.26	243.26	232
33	267.21	281	251.33	251.03	240
34	275.29	289	259.41	259.41	248
35	283.36	297	267.48	267.19	256
36	291.43	306	275.55	275.55	264
37	299.51	314	283.63	283.36	272
38	307.58	322	291.70	291.70	280
39	315.66	330	299.78	299.52	288
40	323.74	338	307.86	307.86	297
41	331.81	346	315.43	315.69	305
42	339.89	354	324.01	324.01	313
43	347.97	362	332.09	331.86	321
44	356.04	370	340.16	340.16	329
45	364.12	378	348.24	348.02	337
46	372.20	387	356.32	356.32	345
47	380.28	395	364.40	364.19	353
48	388.36	403	372.48	372.48	361
49	396.44	411	380.56	380.36	369
50	404.52	419	388.64	388.64	378
51	412.60	427	396.72	396.52	386
52	420.68	435	404.80	404.80	394
53	428.76	443	412.88	412.69	402
54	436.84	451	420.96	420.96	410
55	444.92	459	429.04	428.86	418
56	453.00	468	437.12	437.12	426
57	461.08	476	445.20	445.03	434
58	469.16	484	453.28	453.28	442
59	477.25	492	461.37	461.20	450
60	485.33	500	469.45	469.45	458
61	493.41	508	477.53	477.36	467
62	501.49	516	485.61	485.61	475
63	509.57	524	493.69	493.53	483
64	517.65	532	501.77	501.77	491
65	525.73	540	509.85	509.70	499
66	533.82	548	517.94	517.94	507
67	541.90	557	526.02	525.87	515
68	549.98	565	534.10	534.10	523
69	558.06	573	542.18	542.04	531
70	566.15	581	550.27	550.27	539
71	574.23	589	558.35	558.21	547
72	582.31	597	566.43	566.43	556
73	590.39	605	574.51	574.88	564
74	598.47	613	582.59	582.59	572
75	606.56	621	590.68	590.54	580
76	614.64	629	598.76	598.76	588
77	622.72	637	606.84	606.71	596
78	630.81	646	614.93	614.93	604
79	638.89	654	623.01	622.88	612
80	646.97	662	631.09	631.09	620
81	655.06	670	639.18	639.05	628
82	663.14	678	647.26	647.26	637
83	671.22	686	655.34	655.22	645
84	679.31	694	663.43	663.43	653
85	687.39	702	671.51	671.39	661
86	695.47	710	679.59	679.59	669
87	703.55	718	687.67	687.56	677
88	711.64	726	695.76	695.76	685
89	717.72	735	703.84	703.73	693
90	727.80	743	711.92	711.92	701
91	735.89	751	720.01	719.90	709
92	743.97	759	728.09	728.09	717
93	752.06	767	736.18	736.07	725
94	760.14	775	744.26	744.26	734
95	768.22	783	752.34	752.24	742
96	776.31	791	760.43	760.43	750
97	784.39	799	768.51	768.41	758
98	792.47	807	776.59	776.59	766
99	800.56	815	784.68	784.58	774
100	808.64	823	792.76	792.76	782
101	816.72	832	800.84	800.75	790
102	824.81	840	808.93	808.93	798
103	832.89	848	817.01	816.91	806
104	840.98	856	825.10	825.10	814
105	849.06	864	833.18	833.08	823
106	857.14	872	841.26	841.26	831
107	865.23	880	849.35	849.25	839
108	873.31	888	857.43	857.43	847
109	881.40	896	865.52	865.42	855
110	889.48	904	873.60	873.60	863
111	897.56	912	881.68	881.59	871
112	905.65	921	889.77	889.77	879
113	913.73	929	897.85	897.76	887
114	921.81	937	905.93	905.93	895
115	929.90	945	914.02	913.93	903
116	937.98	953	922.10	922.10	911
117	946.07	961	930.19	930.10	920
118	954.15	969	938.27	938.27	928
119	962.24	977	946.36	946.27	936
120	970.32	985	954.44	954.44	944

13-11 스프로킷의 기준 치수(호칭번호 100)

KS B 1408

단위 : mm

잇수	피치원 지름	바깥지름	이뿌리원 지름	이뿌리 거리	최대보스 지름
N	D_P	D_O	D_B	D_C	D_H
11	112,70	127	93,65	92,50	76
12	122,67	138	103,62	103,62	86
13	132,67	148	113,62	112,65	96
14	142,68	158	123,63	123,63	107
15	152,71	168	133,66	13282	117
16	162,74	179	143,69	143,69	127
17	172,79	189	153,74	153,00	137
18	192,84	199	163,79	163,79	148
19	192,90	209	173,85	173,19	158
20	202,96	220	183,91	183,91	168
21	213,03	230	193,98	193,38	178
22	223,10	240	204,05	204,05	188
23	233,17	250	214,12	213,58	19
24	243,25	260	224,20	224,20	209
25	253,32	270	234,27	233,78	219
26	263,40	281	244,35	244,35	229
27	273,49	291	254,44	253,97	239
28	283,57	301	264,52	264,52	249
29	293,66	311	274,61	274,18	259
30	303,75	321	284,70	184,70	270
31	313,83	331	294,78	294,38	280
32	323,92	341	304,87	304,87	290
33	334,01	352	314,96	314,59	300
34	344,11	362	325,06	325,06	310
35	354,20	372	335,15	334,79	320
36	364,29	382	345,24	345,24	330
37	374,38	392	355,33	355,00	341
38	384,48	402	365,43	365,43	351
39	394,57	412	375,52	375,20	361
40	404,67	422	385,62	385,62	371
41	414,77	433	395,72	395,41	381
42	424,86	443	405,81	405,81	391
43	434,96	453	415,91	415,62	401
44	445,06	463	426,01	426,01	411
45	455,16	473	436,11	435,83	422
46	465,25	483	446,20	446,20	432
47	475,35	493	456,30	456,04	442
48	485,45	503	466,40	466,40	452
49	495,55	514	476,50	476,25	462
50	505,65	524	486,60	486,60	472
51	515,75	534	496,70	496,46	482
52	525,85	544	506,80	506,80	492
53	535,95	554	516,90	516,66	503
54	546,05	564	527,00	527,00	513
55	556,15	574	537,10	536,87	523
56	566,25	584	547,20	547,20	533
57	576,35	595	557,30	557,09	543
58	586,45	605	567,40	567,40	553
59	596,56	615	577,51	577,29	563
60	606,66	625	587,61	587,61	573
61	616,76	635	597,71	597,50	583
62	626,86	645	607,81	607,81	594
63	636,96	655	617,91	617,72	604
64	647,06	665	628,01	628,01	614
65	657,17	675	638,12	637,93	624

잇수	피치원 지름	바깥지름	이뿌리원 지름	이뿌리 거리	최대보스 지름
N	D_P	D_O	D_B	D_C	D_H
66	667,27	686	648,22	648,22	634
67	677,37	696	658,32	658,14	644
68	687,48	706	668,43	668,43	654
69	697,58	716	678,53	678,35	664
70	707,68	726	688,63	688,63	674
71	7170,78	736	698,73	698,56	685
72	727,89	746	708,84	708,84	695
73	737,99	756	718,94	718,77	705
74	748,09	766	729,04	729,04	715
75	758,20	777	739,15	738,98	725
76	768,30	787	749,25	749,25	735
77	778,41	/97	759,36	759,36	745
78	788,51	807	769,46	769,46	755
79	798,61	817	779,56	779,56	765
80	808,71	827	789,66	789,66	776
81	818,82	837	799,77	799,77	786
82	828,92	847	809,87	809,87	796
83	839,03	857	819,98	819,98	806
84	849,13	868	830,08	830,08	816
85	859,23	878	840,18	840,18	826
86	869,34	888	850,29	850,29	836
87	879,44	898	860,39	860,39	846
88	889,55	908	870,50	870,50	856
89	899,65	918	880,60	880,60	867
90	909,75	928	890,70	890,70	877
91	919,86	938	900,81	900,81	887
92	929,96	948	910,91	910,91	897
93	940,07	959	921,02	921,02	907
94	950,17	969	931,12	931,12	917
95	960,28	979	941,23	941,23	927
96	970,38	989	951,33	951,33	937
97	980,49	999	961,44	961,44	947
98	990,59	1009	971,54	971,54	958
99	1000,70	1019	981,65	981,65	968
100	1010,80	1029	991,75	991,75	978
101	1020,91	1039	1001,86	1001,73	988
102	1031,01	1050	1011,96	1011,96	998
103	1041,11	1060	1022,06	1021,94	1008
104	1051,22	1070	1032,17	1032,17	1018
105	1061,32	1080	1042,27	1042,16	1028
106	1071,43	1090	1052,38	1052,38	1038
107	1081,54	1100	1062,49	1062,37	1049
108	1091,64	1110	1072,59	1072,59	1059
109	1101,74	1120	1082,69	1082,58	1069
110	1111,85	1130	1092,80	1092,80	1079
111	1121,95	1141	1102,90	1102,79	1089
112	1132,06	1151	1113,01	1113,01	1099
113	1142,16	1161	1123,11	1123,00	1109
114	1152,27	1171	1133,22	1133,22	1119
115	1162,37	1181	1143,32	1143,22	1129
116	1172,48	1191	1153,43	1153,43	1140
117	1182,58	1201	1163,53	1163,43	1150
118	1192,69	1211	1173,64	1173,64	1160
119	1202,79	1221	1183,74	1183,64	1170
120	1212,90	1232	1193,85	1193,85	1180

13-12 스프로킷의 기준 치수(호칭번호 120)

KS B 1408

단위 : mm

잇수	피치원 지름	바깥지름	이뿌리원 지름	이뿌리 거리	최대보스 지름
N	D_P	D_O	D_B	D_C	D_H
11	135,24	153	113,01	111,63	91
12	147,21	165	124,98	124,98	103
13	159,20	177	136,97	135,81	116
14	171,22	190	148,99	148,99	128
15	183,25	202	161,02	160,02	140
16	195,29	214	173,06	173,06	153
17	207,35	227	185,12	184,23	165
18	219,41	239	197,18	197,18	177
19	231,48	251	209,25	208,46	189
20	243,55	263	221,32	221,32	202
21	255,63	276	233,40	232,69	214
22	267,72	288	245,49	245,49	226
23	279,80	300	257,57	256,92	238
24	291,90	312	269,67	269,67	251
25	303,99	324	281,76	281,16	263
26	316,09	337	293,86	293,86	275
27	328,19	349	305,96	305,40	287
28	340,29	361	318,06	318,06	299
29	352,39	373	330,16	329,64	311
30	364,50	385	342,27	342,27	324
31	376,60	398	354,37	353,89	336
32	388,71	410	366,48	366,48	348
33	400,82	422	378,59	378,13	360
34	412,93	434	390,70	390,70	372
35	425,04	446	402,81	402,38	384
36	437,15	458	414,92	414,92	397
37	449,26	470	427,03	426,63	409
38	461,38	483	439,15	439,15	421
39	473,49	495	451,26	450,87	433
40	485,60	507	463,37	463,37	445
41	497,72	519	475,49	475,12	457
42	509,84	531	487,61	487,61	470
43	521,95	543	499,72	499,37	482
44	534,07	556	511,84	511,84	494
45	546,19	568	523,96	523,62	506
46	558,30	580	536,07	536,07	518
47	570,42	592	548,19	547,88	530
48	582,54	604	560,31	560,31	542
49	594,66	616	572,43	572,13	555
50	606,78	628	584,55	584,55	567
51	618,90	641	596,67	596,38	579
52	631,02	653	608,79	608,79	591
53	643,14	665	620,91	620,63	603
54	655,26	677	633,03	633,03	615
55	667,38	689	645,15	644,88	627
56	679,50	701	657,27	657,27	640
57	691,63	713	669,40	669,13	652
58	703,75	726	681,52	681,52	664
59	715,87	738	693,64	693,38	676
60	727,99	750	705,76	705,76	688
61	740,11	762	717,88	717,63	700
62	752,23	774	730,00	730,00	712
63	764,35	786	742,12	741,89	725
64	776,48	798	754,25	754,25	737
65	788,60	811	766,37	766,14	749

잇수	피치원 지름	바깥지름	이뿌리원 지름	이뿌리 거리	최대보스 지름
N	D_P	D_O	D_B	D_C	D_H
66	800,72	823	778,49	778,49	761
67	812,85	835	790,62	790,39	773
68	824,97	847	802,74	802,74	785
69	837,10	859	814,87	814,65	797
70	849,22	871	826,99	826,99	810
71	861,34	883	839,11	838,90	822
72	873,47	896	851,24	851,24	834
73	885,59	908	863,36	863,15	846
74	897,71	920	875,48	875,48	858
75	909,84	932	887,61	887,41	870
76	921,96	944	899,73	899,73	882
77	934,09	956	911,86	911,66	894
78	946,21	968	923,98	923,98	907
79	958,33	980	936,10	935,91	919
80	970,46	993	948,23	948,23	931
81	982,58	1005	960,35	960,17	943
82	994,71	1017	972,48	972,48	955
83	1006,83	1029	984,60	984,42	967
84	1018,96	1041	996,73	996,73	979
85	1031,08	1053	1008,85	1008,68	992
86	1043,20	1065	1020,97	1020,97	1004
87	1055,33	1078	1033,10	1032,93	1016
88	1067,46	1090	1045,23	1045,23	1028
89	1079,58	1102	1057,35	1057,18	1040
90	1091,71	1114	1069,48	1069,48	1052
91	1103,83	1126	1081,60	1081,44	1064
92	1115,96	1138	1093,73	1093,73	1076
93	1128,08	1150	1105,85	1105,69	1089
94	1140,21	1162	1117,98	1117,98	1101
95	1152,33	1175	1130,10	1129,94	1113
96	1164,46	1187	1142,23	1142,23	1125
97	1176,59	1199	1154,36	1154,20	1137
98	1188,71	1211	1166,48	1166,48	1149
99	1200,84	1223	1178,61	1178,45	1161
100	1212,96	1235	1190,73	1190,73	1174
101	1225,09	1247	1202,86	1202,71	1186
102	1237,21	1259	1214,98	1214,98	1198
103	1249,34	1272	1227,11	1226,96	1210
104	1261,46	1284	1239,23	1239,23	1222
105	1273,59	1296	1251,36	1251,22	1234
106	1285,71	1308	1263,48	1263,48	1246
107	1297,84	1320	1275,61	1275,47	1258
108	1309,97	1332	1287,74	1287,74	1271
109	1322,09	1344	1299,86	1299,73	1283
110	1334,22	1357	1311,99	1311,99	1295
111	1346,34	1369	1324,11	1323,98	1307
112	1358,47	1381	1336,24	1336,24	1319
113	1370,60	1393	1348,37	1348,23	1331
114	1382,72	1405	1360,49	1360,49	1343
115	1394,85	1417	1372,62	1372,49	1355
116	1406,98	1429	1384,75	1384,75	1368
117	1419,10	1441	1396,87	1396,74	1380
118	1431,23	1454	1409,00	1409,00	1392
119	1443,35	1466	1421,12	1421,00	1404
120	1455,48	1478	1433,25	1433,25	1416

13-13 스프로킷의 기준 치수(호칭번호 140)

KS B 1408

단위 : mm

잇수	피치원 지름	바깥지름	이뿌리원 지름	이뿌리 거리	최대보스 지름
N	D_P	D_O	D_B	D_C	D_H
11	157,78	178	132,38	130,77	106
12	171,14	193	146,34	146,34	121
13	185,74	207	460,34	158,98	135
14	199,76	221	174,36	174,36	150
15	213,79	236	188,39	187,22	164
16	227,84	250	202,44	202,44	178
17	241,91	264	216,51	215,47	193
18	255,98	279	230,58	230,58	207
19	270,06	293	244,66	243,74	221
20	284,15	307	258,75	258,75	235
21	298,24	322	272,84	272,00	250
22	312,34	336	286,94	286,94	264
23	326,44	350	301,04	300,28	278
24	340,54	364	315,14	315,14	292
25	354,65	379	329,25	328,56	307
26	368,77	393	343,37	343,37	321
27	382,88	407	357,48	356,83	335
28	397,00	421	371,60	371,60	349
29	411,12	435	385,72	385,12	364
30	425,24	450	399,84	399,84	378
31	439,37	464	413,97	413,40	392
32	453,49	478	428,09	428,09	406
33	467,62	492	442,22	441,69	420
34	481,75	506	456,35	456,35	434
35	495,88	521	470,48	469,98	449
36	510,01	535	484,61	484,61	463
37	524,14	549	498,74	498,27	477
38	538,27	563	512,87	512,87	491
39	552,40	577	527,00	526,55	505
40	566,54	591	541,14	541,14	520
41	580,67	606	555,27	554,85	534
42	594,81	620	569,41	569,41	548
43	608,94	634	583,54	583,14	562
44	623,08	648	597,68	597,68	576
45	637,22	662	611,82	611,43	590
46	651,35	676	625,95	625,95	605
47	665,49	691	640,09	639,72	619
48	679,63	705	654,23	654,23	633
49	693,77	719	668,37	668,02	647
50	707,91	733	682,51	682,51	661
51	722,05	747	696,65	696,31	675
52	736,19	762	710,79	710,79	690
53	750,33	776	724,93	724,60	704
54	764,47	790	739,07	739,07	718
55	778,61	804	753,21	752,89	732
56	792,75	818	767,35	767,35	746
57	806,90	832	781,50	781,19	760
58	821,04	847	795,64	795,64	775
59	835,18	861	809,78	809,48	789
60	849,32	875	823,92	823,92	803
61	863,46	889	838,06	837,77	817
62	877,61	903	852,21	852,21	831
63	891,75	917	866,35	866,07	845
64	905,89	931	880,49	880,49	860
65	920,03	946	894,63	894,37	874
66	934,18	960	908,78	908,78	888
67	948,32	974	922,92	922,66	902
68	962,47	988	937,07	937,07	916
69	976,61	1002	951,21	950,96	930
70	990,75	1016	965,35	965,35	945
71	1004,90	1031	979,50	979,25	959
72	1019,04	1045	993,64	993,64	973
73	1033,19	1059	1007,79	1007,55	987
74	1047,33	1073	1021,93	1021,93	1001
75	1061,47	1087	1036,07	1035,84	1015
76	1075,62	1101	1050,22	1050,22	1030
77	1089,77	1116	1064,37	1064,14	1044
78	1103,91	1130	1078,51	1078,51	1058
79	1118,06	1144	1092,66	1092,43	1072
80	1132,20	1158	1106,80	1106,80	1086
81	1146,35	1172	1120,95	1120,73	1100
82	1160,49	1186	1135,09	1135,09	1114
83	1174,64	1200	1149,24	1149,03	1129
84	1188,78	1215	1163,38	1163,38	1143
85	1202,93	1229	1177,53	1177,33	1157
86	1217,07	1243	1191,67	1191,67	1171
87	1231,22	1257	1205,82	1205,62	1185
88	1245,36	1271	1219,96	1219,96	1199
89	1259,51	1285	1234,11	1233,91	1214
90	1273,66	1300	1248,26	1248,26	1228
91	1287,81	1314	1262,41	1262,21	1242
92	1301,95	1328	1276,55	1276,55	1256
93	1316,10	1342	1290,70	1290,51	1270
94	1330,24	1356	1304,84	1304,84	1284
95	1344,39	1370	1318,99	1318,80	1298
96	1358,53	1384	1333,13	1333,13	1313
97	1372,68	1399	1347,28	1347,10	1327
98	1386,83	1413	1361,43	1361,43	1341
99	1400,98	1427	1375,58	1375,40	1355
100	1415,12	1441	1389,72	1389,72	1369
101	1429,27	1455	1403,87	1403,69	1383
102	1443,41	1469	1418,01	1418,01	1398
103	1457,56	1484	1432,16	1431,99	1412
104	1471,71	1498	1446,31	1446,31	1426
105	1485,85	1512	1460,45	1460,29	1440
106	1500,00	1526	1474,60	1474,60	1454
107	1514,15	1540	1488,75	1488,58	1468
108	1528,29	1554	1502,89	1502,89	1482
109	1542,44	1568	1517,04	1516,88	1497
110	1556,59	1583	1531,19	1531,19	1511
111	1570,73	1597	1545,33	1545,18	1525
112	1584,88	1611	1559,48	1559,48	1539
113	1599,03	1625	1573,63	1573,48	1553
114	1613,17	1639	1587,77	1587,77	1567
115	1627,32	1653	1601,92	1601,77	1582
116	1641,47	1668	1616,07	1616,07	1596
117	1655,62	1682	1630,22	1630,07	1610
118	1669,76	1696	1644,36	1644,36	1624
119	1683,91	1710	1658,51	1658,37	1638
120	1698,06	1724	1672,66	1672,66	1652

13-14 스프로킷의 기준 치수(호칭번호 160)

KS B 1408

단위 : mm

잇수	피치원 지름	바깥지름	이뿌리원 지름	이뿌리 거리	최대보스 지름
N	D_P	D_O	D_B	D_C	D_H
11	180,31	204	151,73	149,90	121
12	196,28	220	167,70	167,70	138
13	212,27	237	183,69	182,14	155
14	228,30	253	199,72	199,72	171
15	244,33	269	215,75	214,42	187
16	260,39	286	231,81	231,81	204
17	276,46	302	247,88	246,71	220
18	292,55	319	263,97	263,97	237
19	308,64	335	280,06	279,00	253
20	324,74	351	296,16	296,16	269
21	340,84	368	312,26	311,31	285
22	356,76	384	328,38	328,38	302
23	373,07	400	344,49	343,62	318
24	389,19	416	360,61	360,61	334
25	405,32	433	376,74	375,94	351
26	421,45	449	392,87	392,87	367
27	437,58	465	409,00	408,26	383
28	453,72	481	425,14	425,14	399
29	469,85	498	441,27	440,58	416
30	485,99	514	457,41	457,41	432
31	502,13	530	473,55	472,91	448
32	518,28	546	489,70	489,70	464
33	534,42	562	505,84	505,24	480
34	550,57	579	521,99	521,99	497
35	566,71	595	538,13	537,57	513
36	582,86	611	554,28	554,28	529
37	599,01	627	570,43	569,89	545
38	615,17	644	586,59	586,59	561
39	631,32	660	602,74	602,22	578
40	647,47	676	618,89	618,89	594
41	663,63	692	635,05	634,56	610
42	679,78	708	651,20	651,20	626
43	695,93	725	667,35	666,89	643
44	712,09	741	683,51	683,51	659
45	728,25	757	699,67	699,23	675
46	744,40	773	715,82	715,82	691
47	760,56	789	731,93	731,56	707
48	776,72	806	748,14	748,14	723
49	792,88	822	764,30	763,89	740
50	809,04	838	780,46	780,46	756
51	825,20	854	796,62	796,23	772
52	841,36	870	812,78	812,78	788
53	857,52	887	828,94	828,56	804
54	873,68	903	845,10	845,10	821
55	889,84	919	861,26	860,90	837
56	906,00	935	877,42	877,42	853
57	922,17	951	893,59	893,24	869
58	938,33	967	909,75	909,75	885
59	954,49	984	925,91	925,57	902
60	970,65	1000	942,07	942,07	918
61	986,82	1016	958,241	957,91	934
62	1002,98	1032	974,40	974,40	950
63	1019,14	1048	990,56	990,24	966
64	1035,30	1065	1006,72	1006,72	982
65	1051,47	1081	1022,89	1022,58	999

잇수	피치원 지름	바깥지름	이뿌리원 지름	이뿌리 거리	최대보스 지름
N	D_P	D_O	D_B	D_C	D_H
66	1067,63	1097	1039,05	1039,05	1015
67	1083,80	1113	1055,22	1054,92	1031
68	1099,96	1129	1071,38	1071,38	1047
69	1116,13	1145	1087,55	1087,26	1063
70	1132,29	1162	1103,71	1103,71	1080
71	1148,46	1178	1119,88	1119,59	1096
72	1164,62	1194	1136,04	1136,04	1112
73	1180,79	1210	1152,21	1151,93	1128
74	1196,95	1226	1168,37	1168,37	1144
75	1213,11	1243	1184,53	1184,27	1160
76	1229,28	1259	1200,70	1200,70	1177
77	1245,45	1275	1216,87	1216,61	1193
78	1261,61	1291	1233,03	1233,03	1209
79	1277,78	1307	1249,20	1248,94	1225
80	1293,94	1323	1265,36	1265,36	1241
81	1310,11	1340	1281,53	1281,28	1258
82	1326,28	1356	1297,70	1297,70	1274
83	1342,45	1372	1313,87	1313,62	1290
84	1358,61	1388	1330,03	1330,03	1306
85	1374,78	1404	1346,20	1345,97	1322
86	1390,94	1420	1362,36	1362,36	1338
87	1407,11	1437	1378,53	1378,30	1355
88	1423,27	1453	1394,69	1394,69	1371
89	1439,44	1469	1410,86	1410,63	1387
90	1455,61	1485	1427,03	1427,03	1403
91	1471,78	1501	1443,20	1442,97	1419
92	1487,94	1518	1459,36	1459,36	1436
93	1504,11	1534	1475,53	1475,31	1452
94	1520,28	1550	1491,70	1491,70	1468
95	1536,44	1566	1507,86	1507,65	1484
96	1552,61	1582	1524,03	1524,03	1500
97	1568,78	1598	1540,20	1539,99	1516
98	1584,94	1615	1556,36	1556,36	1533
99	1601,11	1631	1572,53	1572,33	1549
100	1617,28	1647	1588,70	1588,70	1565
101	1633,45	1663	1604,87	1604,67	1581
102	1649,61	1679	1621,03	1621,03	1597
103	1665,78	1696	1637,20	1637,01	1613
104	1681,95	1712	1653,37	1653,37	1630
105	1698,12	1728	1669,54	1669,35	1646
106	1714,29	1744	1685,71	1685,71	1662
107	1730,46	1760	1701,88	1701,69	1678
108	1746,62	1776	1718,04	1718,04	1694
109	1762,79	1793	1734,21	1734,03	1710
110	1778,96	1809	1750,38	1750,38	1727
111	1795,12	1825	1766,54	1766,37	1743
112	1811,29	1841	1782,71	1782,71	1759
113	1827,46	1857	1798,88	1798,71	1775
114	1843,63	1873	1815,05	1815,05	1791
115	1859,80	1890	1831,22	1831,05	1808
116	1875,97	1906	1847,39	1847,39	1824
117	1892,13	1922	1863,55	1863,38	1840
118	1908,30	1938	1879,72	1879,72	1856
119	1924,47	1954	1895,89	1895,72	1872
120	1940,64	1970	1912,06	1912,06	1888

13-15 스프로킷의 기준 치수(호칭번호 200)

KS B 1408

단위 : mm

잇수	피치원 지름	바깥지름	이뿌리원 지름	이뿌리 거리	최대보스 지름
N	D_P	D_O	D_B	D_C	D_H
11	225.39	24	185.70	183.40	152
12	245.34	275	205.65	205.65	173
13	265.34	296	225.65	223.71	193
14	285.37	316	245.68	245.68	214
15	305.42	337	265.73	264.06	235
16	325.49	357	285.80	285.80	255
17	345.58	378	305.89	304.42	275
18	365.68	398	325.99	325.99	296
19	385.79	419	346.10	244.79	316
20	405.92	439	366.23	366.23	337
21	426.05	459	386.36	385.17	355
22	446.20	480	406.51	406.51	377
23	466.34	500	426.65	425.56	398
24	486.49	520	446.80	446.80	418
25	506.65	541	466.96	465.96	438
26	526.81	561	487.12	487.12	459
27	546.98	581	507.29	506.36	479
28	567.14	602	527.45	527.45	499
29	587.32	622	547.63	546.76	520
30	607.49	642	567.80	567.80	540
31	627.67	663	587.98	587.17	560
32	647.85	683	608.16	608.16	580
33	668.03	703	628.34	627.58	601
34	688.21	723	648.52	648.52	621
35	708.39	744	668.70	667.99	641
36	728.58	764	688.89	688.89	662
37	748.77	784	709.08	708.40	682
38	768.96	804	729.27	729.27	702
39	789.15	825	749.46	748.81	722
40	809.34	845	769.65	769.65	743
41	829.53	865	789.85	789.24	763
42	849.73	885	810.05	810.05	783
43	869.92	906	830.24	829.66	803
44	890.11	926	850.43	850.43	824
45	910.31	946	870.63	870.08	844
46	930.50	1966	890.82	890.82	864
47	950.70	1987	911.02	910.50	884
48	970.90	1007	931.22	931.22	905
49	991.10	1027	951.42	950.91	925
50	1011.30	1047	971.62	971.62	945
51	1031.50	1068	991.82	991.33	965
52	1051.70	1088	1012.02	1012.02	986
53	1071.90	1108	1032.22	1031.75	1006
54	1092.10	1128	1052.42	1052.42	1026
55	1112.30	1149	1072.62	1072.17	1046
56	1132.50	1169	1092.82	1092.82	1066
57	1152.71	1189	1113.03	1112.59	1087
58	1172.91	1209	1133.23	1133.23	1107
59	1193.11	1230	1153.43	1153.01	1127
60	1213.31	1250	1173.63	1173.63	1147
61	1233.52	1270	1193.88	1193.43	1168
62	1253.72	1290	1214.04	1214.04	1188
63	1273.92	1310	1234.24	1233.85	1208
64	1294.13	1331	1254.45	1254.45	1228
65	1314.34	1351	1274.66	1274.27	1249
66	1334.54	1371	1294.86	1294.86	1269
67	1354.75	1391	1315.07	1314.69	1289
68	1374.95	1412	1335.27	1335.27	1309
69	1395.16	1432	1355.48	1355.12	1329
70	1415.36	1452	1375.68	1375.68	1350
71	1435.57	1472	1395.89	1395.53	1370
72	1455.78	1493	1416.10	1416.10	1390
73	1475.98	1513	1436.30	1435.96	1410
74	1496.19	1533	1456.51	1456.51	1431
75	1516.39	1553	1476.71	1476.38	1451
76	1536.60	1573	1496.92	1496.92	1471
77	1556.81	1594	1517.13	1516.81	1491
78	1577.02	1614	1537.34	1537.34	1511
79	1597.22	1634	1557.54	1557.22	1532
80	1617.43	1654	1577.75	1577.75	1552
81	1637.64	1674	1597.96	1597.65	1572
82	1657.85	1695	1618.17	1618.17	1592
83	1678.06	1715	1638.38	1638.07	1613
84	1698.26	1735	1658.58	1658.58	1633
85	1718.47	1755	1678.79	1678.50	1653
86	1738.67	1776	1698.99	1698.99	1673
87	1758.89	1796	1719.21	1718.92	1693
88	1779.09	1816	1739.41	1739.41	1714
89	1799.30	1836	1759.62	1759.34	1734
90	1819.51	1856	1779.83	1779.83	1754
91	1839.72	1877	1800.04	1799.76	1774
92	1859.93	1897	1820.25	1820.25	1795
93	1880.14	1917	1840.46	1840.19	1815
94	1900.35	1937	1860.67	1860.67	1835
95	1920.55	1958	1880.87	1880.61	1855
96	1940.76	1978	1901.08	1901.08	1875
97	1960.98	1998	1921.30	1921.03	1896
98	1981.18	2018	1941.50	1941.50	1916
99	2001.39	2038	1961.71	1961.46	1936
100	2021.60	2059	1981.92	1981.92	1956
101	2041.81	2079	2002.13	2001.88	1977
102	2062.02	2099	2022.34	2022.34	1997
103	2082.23	2119	2042.55	2042.31	2017
104	2102.44	2140	2062.76	2062.76	2037
105	2122.65	2160	2082.97	2082.73	2057
106	2142.86	2180	2103.18	2103.18	2078
107	2163.07	2200	2123.39	2123.16	2098
108	2183.28	2220	2143.60	2143.60	2118
109	2203.49	2241	2163.81	2163.58	2138
110	2223.69	2261	2184.01	2184.01	2159
111	2243.91	2281	2204.23	2204.00	2179
112	2264.12	2301	2224.44	2224.44	2199
113	2284.33	2322	2244.65	2244.43	2219
114	2304.54	2342	2264.86	2264.86	2239
115	2324.75	2362	2285.07	2284.85	2260
116	2344.96	2382	2305.28	2305.28	2280
117	2365.17	2402	2325.49	2325.28	2300
118	2385.38	2423	2345.70	2345.70	2320
119	2405.59	2443	2365.91	2365.70	2340
120	2425.80	2463	2386.12	2386.12	2361

13-16 스프로킷의 기준 치수(호칭번호 240)

KS B 1408

단위 : mm

잇수	피치원 지름	바깥지름	이뿌리원 지름	이뿌리 거리	최대보스 지름
N	D_P	D_O	D_B	D_C	D_H
11	270.47	305	222.84	220.08	183
12	294.41	330	246.78	246.78	207
13	318.41	355	270.78	268.46	232
14	342.44	380	294.81	294.81	257
15	366.50	404	318.87	316.87	282
16	390.59	429	342.96	342.96	306
17	414.70	453	367.07	365.30	331
18	438.82	478	391.19	391.19	355
19	462.95	502	415.32	413.75	380
20	487.11	527	439.48	439.48	404
21	511.26	551	463.63	462.20	429
22	535.43	576	487.80	487.80	453
23	559.61	600	511.98	510.67	477
24	583.79	625	536.16	536.16	502
25	607.98	649	560.35	559.15	526
26	632.17	673	584.54	584.54	551
27	656.37	698	608.74	607.63	575
28	680.57	722	632.94	632.94	599
29	704.78	746	657.15	656.12	624
30	728.99	771	681.36	681.36	648
31	753.20	795	705.57	704.60	672
32	777.42	819	729.79	729.79	697
33	801.63	844	754.00	753.09	721
34	825.86	868	778.23	778.23	745
35	850.07	892	802.44	801.59	770
36	874.30	917	826.67	826.67	794
37	898.52	941	850.89	850.08	818
38	922.75	965	875.12	875.12	843
39	946.98	990	899.35	898.58	867
40	971.21	1014	923.58	923.58	891
41	995.44	1038	947.81	947.08	916
42	1019.67	1063	972.04	972.04	940
43	1043.90	1087	996.27	995.58	964
44	1068.13	1111	1020.50	1020.50	988
45	1092.37	1135	1044.74	1044.08	1013
46	1116.60	1160	1068.97	1068.97	1037
47	1140.84	1184	1093.21	1092.58	1061
48	1165.08	1208	1117.45	1117.45	1086
49	1189.32	1233	1141.69	1141.08	1110
50	1213.56	1257	1165.93	1165.93	1134
51	1237.80	1281	1190.17	1189.58	1158
52	1262.04	1305	1214.41	1214.41	1183
53	1286.28	1330	1238.65	1238.08	1207
54	1310.52	1354	1262.89	1262.89	1231
55	1334.76	1378	1287.13	1286.59	1256
56	1359.00	1403	1311.37	1311.37	1280
57	1383.25	1427	1335.10	1335.10	1304
58	1407.49	1451	1359.86	1359.86	1328
59	1431.74	1475	1384.11	1383.60	1353
60	1455.98	1500	1403.35	1408.35	1377
61	1480.22	1524	1432.59	1432.10	1401
62	1504.47	1548	1456.84	1456.84	1426
63	1528.71	1573	1481.08	1480.61	1450
64	1552.96	1597	1505.33	1505.33	1474
65	1577.20	1621	1529.57	1529.12	1498

잇수	피치원 지름	바깥지름	이뿌리원 지름	이뿌리 거리	최대보스 지름
N	D_P	D_O	D_B	D_C	D_H
66	1601.45	1645	1553.82	1553.82	1523
67	1625.70	1670	1578.07	1577.62	1542
68	1649.94	1694	1602.31	1602.31	1571
69	1674.19	1718	1626.56	1626.13	1595
70	1698.44	1742	1650.81	1650.81	1620
71	1722.68	1767	1675.05	1674.63	1644
72	1746.93	1791	1699.30	1699.30	1668
73	1771.18	1815	1723.55	1723.14	1693
74	1795.42	1840	1747.79	1747.79	1717
75	1819.67	1864	1772.04	1771.65	1741
76	1843.92	1888	1796.29	1796.29	1765
77	1868.17	1912	1820.54	1820.15	1790
78	1892.42	1937	1844.79	1844.79	1814
79	1916.67	1961	1869.04	1869.04	1838
80	1940.91	1985	1893.28	1893.28	1862
81	1965.17	2009	1917.54	1917.54	1887
82	1989.41	2034	1941.78	1941.78	1911
83	2103.67	2058	1966.04	1966.04	1935
84	2037.92	2082	1990.29	1990.29	1960
85	2062.16	2106	2014.53	2014.53	1984
86	2086.41	2131	2038.78	2038.78	2008
87	2110.66	2155	2063.03	2063.03	2032
88	2134.91	2179	2087.28	2087.28	2057
89	2159.17	2204	2111.54	2111.54	2081
90	2183.41	2228	2135.78	2135.78	2105
91	2207.67	2252	2160.04	2160.04	2129
92	2231.91	2276	2184.28	2184.28	2154
93	2256.17	2301	2208.54	2208.54	2178
94	2280.41	2325	2232.78	2232.78	2202
95	2304.66	2349	2257.03	2257.03	2226
96	2328.92	2373	2281.29	2281.29	2251
97	2353.17	2398	2305.54	2305.54	2275
98	2377.42	2422	2329.79	2329.79	2299
99	2401.67	2446	2354.04	2354.04	2323
100	2425.92	2470	2378.29	2378.29	2348
101	2450.17	2495	2402.54	2402.25	2372
102	2474.42	2519	2426.79	2426.79	2396
103	2498.67	2543	2451.04	2450.75	2421
104	2522.93	2567	2475.30	2475.30	2445
105	2547.18	2592	2499.55	2499.26	2469
106	2571.43	2616	2523.80	2523.80	2493
107	2595.68	2640	2548.05	2547.77	2518
108	2619.93	2665	2572.30	2572.30	2542
109	2644.19	2689	2596.56	2596.28	2566
110	2668.43	2713	2620.80	2620.80	2590
111	2692.69	2737	2645.06	2644.79	2615
112	2716.94	2762	2669.31	2669.31	2639
113	2741.20	2786	2693.57	2693.30	2663
114	2765.44	2810	2717.81	2717.81	2687
115	2789.70	2834	2742.07	2741.81	2712
116	2813.95	2859	2766.32	2766.32	2736
117	2838.20	2883	2790.57	2790.32	2760
118	2862.45	2907	2814.82	2814.82	2785
119	2886.71	2931	2839.08	2838.83	2809
120	2910.96	2956	2863.33	2863.33	2833

memo

Chapter 14

기계요소 제도와 요목표 작성법

14-1 스퍼기어 제도 및 요목표

01 스퍼기어 제도 및 요목표 작성법

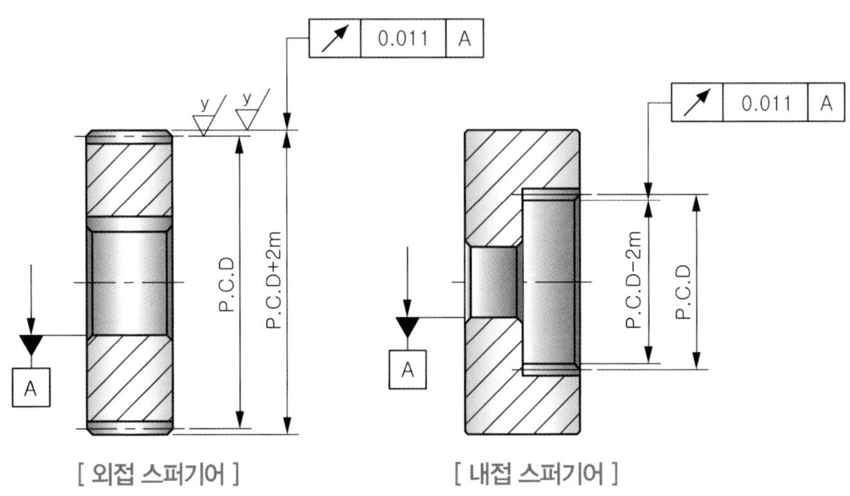

[외접 스퍼기어] [내접 스퍼기어]

스퍼기어 요목표		
기어 치형		표준
공 구	모듈	□
	치형	보통이
	압력각	20°
전체 이 높이		□
피치원 지름		□
잇 수		□
다듬질 방법		호브절삭
정밀도		KS B ISO 1328-1, 4급

10 8 40 80

■ 스퍼기어 제도법

① 기어의 이는 생략하며, 간략법에 의해 도시한다.
② 이끝원(이끝선)은 굵은 실선(초록색)으로 작도한다.
③ 피치원(피치선)은 가는 1점쇄선(빨간색/흰색)으로 작도한다.
④ 이뿌리원(이뿌리선)은 가는 실선(빨간색/흰색)으로 작도한다.
⑤ 정면도를 단면도로 도시하는 경우 이뿌리원(치저원)은 굵은 실선(초록색)으로 작도한다.

■ 요목표 도시법

① 요목표의 외곽 테두리선은 굵은 실선(초록색)으로 작도한다.
② 요목표의 안쪽 구분선은 가는 실선(빨간색/흰색)으로 작도한다.

02 스퍼기어 제도 및 요목표 작성 예시

국가기술자격시험 작업형 실기에서 보통 모듈과 잇수를 지정해주므로 필요한 계산식은 아래 예제 정도면 충분하다.

■ 모듈 : 1, 잇수 : 50인 경우

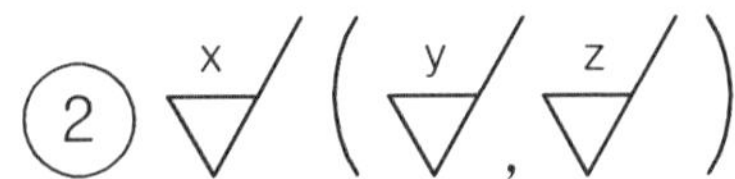

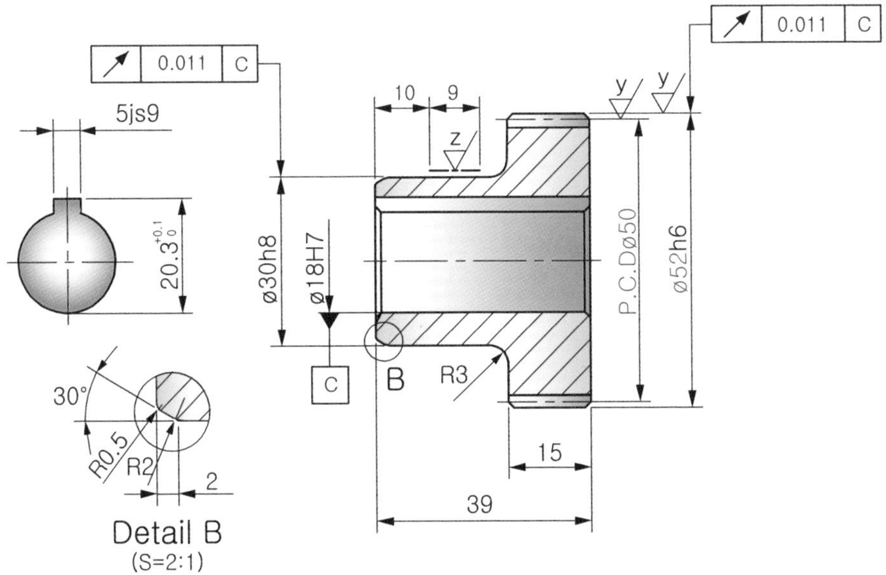

피치원 지름 = m × Z = 1 × 50 = 50

이끝원 지름 = PCD + 2m = 50 + (1 × 2) = 52

■ 모듈 : 2, 잇수 : 25인 경우

단위 : mm

스퍼기어 요목표		
기어 치형		표준
공 구	모듈	2
	치형	보통이
	압력각	20°
전체 이 높이		4.5
피치원 지름		50
잇 수		25
다듬질 방법		호브절삭
정밀도		KS B ISO 1328-1, 4급

스퍼기어 기호 및 계산공식	계산 예
모듈 : m, 잇수 : Z, 피치원 지름 : PCD	
1. 전체 이높이 h=2.25×모듈 h=2.25m 2. 피치원 지름 PCD=모듈×잇수 PCD=m×Z 3. 이끝원 지름 외접기어 : D=PCD+2m 내접기어 : D_2=PCD-2m 4. 모듈 $m=\frac{D}{Z}$	모듈(m) 2, 잇수(Z) 25인 경우 1. 전체 이높이 h=2.25m=2.25×2=4.5 2. 피치원 지름 PCD=2×25=50 3. 이끝원 지름 D=50+(2×2)=54 4. 모듈 $m=\frac{D}{Z}=\frac{50}{25}=2$

14-2 래크와 피니언 제도 및 요목표

01 래크와 피니언 제도 및 요목표 작성법

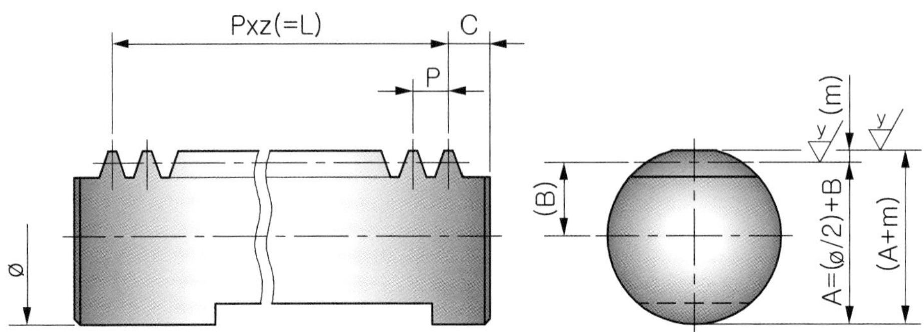

■ 래크와 피니언 제도법

① 이끝원(이끝선)은 굵은 실선(초록색)으로 작도한다.
② 피치원(피치선)은 가는 1점쇄선(빨간색/흰색)으로 작도한다.
③ 이뿌리원(이뿌리선)은 가는 실선(빨간색/흰색)으로 작도한다.
④ 정면도를 단면도로 도시하는 경우 이뿌리원은 굵은 실선(초록색)으로 작도한다.

■ 요목표 도시법

① 요목표의 외곽 테두리선은 굵은 실선(초록색)으로 작도한다.
② 요목표의 안쪽 구분선은 가는 실선(빨간색/흰색)으로 작도한다.

래크와 피니언 요목표			
구분 품번		② (래크)	③ (피니언)
기어 치형		표준	
공 구	모듈	□	
	치형	보통이	
	압력각	20°	
전체 이 높이		□	
피치원 지름		–	□
잇 수		□	□
다듬질 방법		호브절삭	
정밀도		KS B ISO 1328－1, 4급	

30 20 20

70

10 8

래크와 피니언 기어 기호 및 계산공식

1. 전체 이높이 h＝2.25×m
2. 피니언 피치원 지름 P.C.D＝m×z
3. 원주 피치(이와 이사이 거리) P＝m×π
4. 래크의 길이 L＝P×z
5. 피니언 바깥지름 D＝PCD＋2m
6. 축의 중심선에서 피치선까지 거리 B=조립도에서 실측
7. 축의 외경에서 피치선까지 거리 A＝(∅ ÷2)+B (축지름 : ∅)
8. 축의 끝단에서 기어 치형이 시작되는 부분 사이의 거리치수 C=P÷2
   일반적으로 C의 치수는 (래크축의 전체길이–래크기어길이)÷2를 하여 정수로 적용한다.

02 래크와 피니언 제도 및 요목표 작성 예시

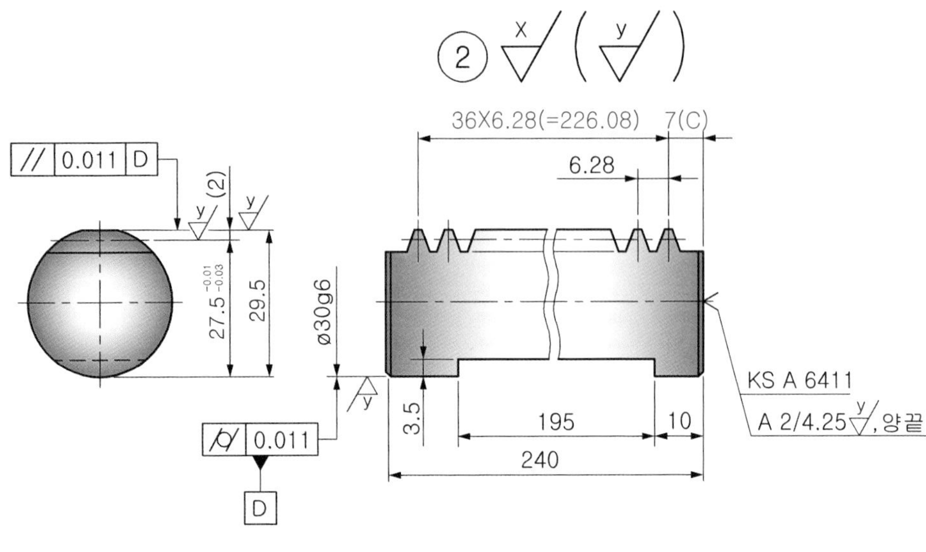

[래크 제도]

래크와 피니언 요목표			
구분 품번		② (래크)	③ (피니언)
기어 치형		표준	
공 구	모듈	2	
	치형	보통이	
	압력각	20°	
전체 이 높이		4.5	
피치원 지름		–	∅40
잇 수		37	20
다듬질 방법		호브절삭	
정밀도		KS B ISO 1328 – 1, 4급	

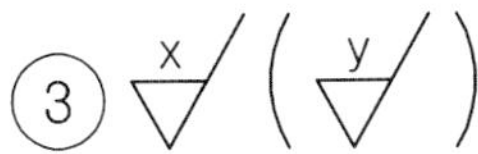

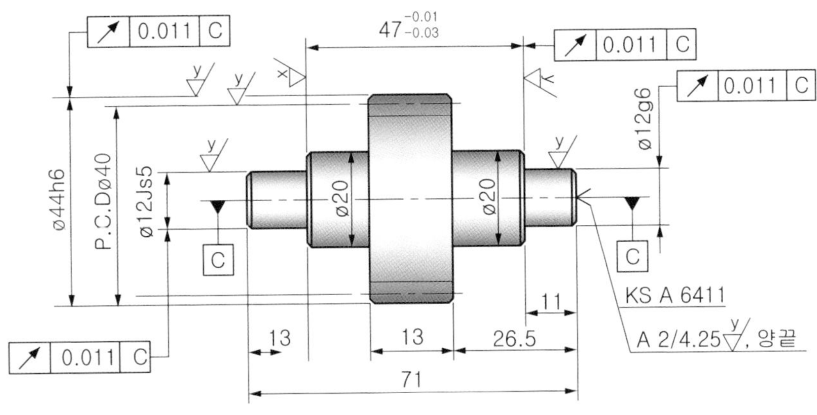

[피니언 제도]

래크와 피니언 기어 기호 및 계산공식
1. 전체 이높이 **h = 2.25 × m** = 2.25 × 2 = 4.5 2. 피니언 피치원 지름 **P.C.D = m × z** = 2 × 20 = 40 3. 원주 피치(이와 이사이 거리) **P = m × π** = 2 × π = 6.28 4. 래크의 길이 **L = P × z** = 6.28 × 36 = 226.08 5. 피니언 바깥지름 **D = PCD + 2m** = 40 + (2 × 2) = 44 6. 축의 중심선에서 피치선까지 거리 B = 조립도에서 실측 7. 축의 외경에서 피치선까지 거리 A = (∅ ÷ 2) + B (축지름 : ∅) = (30 ÷ 2) + 12.5 = 27.5 8. 축의 끝단에서 기어 치형이 시작되는 부분 사이의 거리치수 C = P ÷ 2 일반적으로 C의 치수는 (래크축의 전체길이 − 래크기어길이) ÷ 2를 하여 정수로 적용한다. 위 도면의 경우 **240 − 226.08 = 13.92 ÷ 2 = 6.96** 따라서 반올림하여 7로 적용한다.

14-3 웜과 웜휠 제도 및 요목표

01 웜과 웜휠 제도 및 요목표 작성법

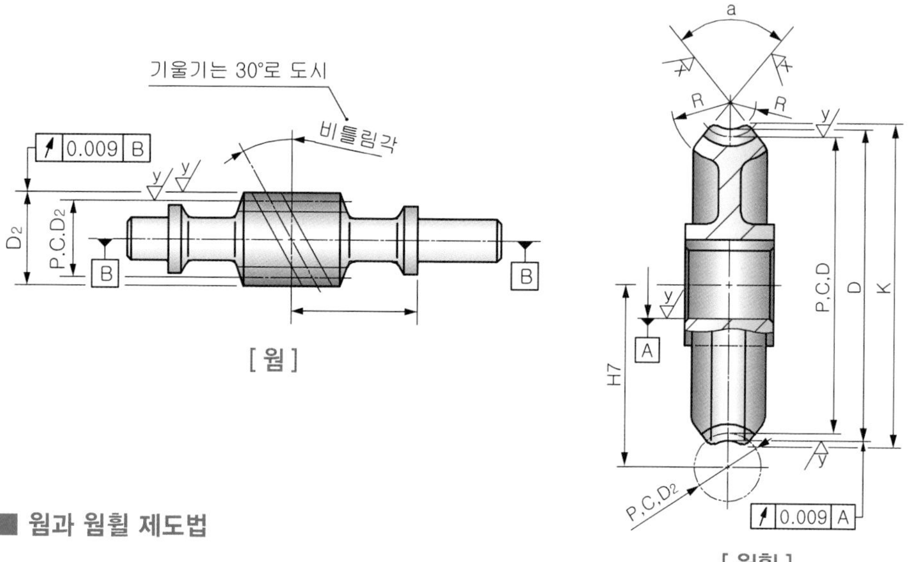

[웜]

[웜휠]

■ 웜과 웜휠 제도법

① 기어의 이는 생략하며, 간략법에 의해 도시한다.
② 이끝원(이끝선)은 굵은 실선(초록색)으로 작도한다.
③ 피치원(피치선)은 가는 1점쇄선(빨간색/흰색)으로 작도한다.
④ 이뿌리원(이뿌리선)은 가는 실선(빨간색/흰색)으로 작도한다.
⑤ 정면도를 단면도로 도시하는 경우 이뿌리원(치저원)은 굵은 실선(초록색)으로 작도한다.

■ 요목표 도시법

① 요목표의 외곽 테두리선은 굵은 실선(초록색)으로 작도한다.
② 요목표의 안쪽 구분선은 가는 실선(빨간색/흰색)으로 작도한다.

웜과 웜휠		
구분 품번	① (웜)	② (웜휠)
원주 피치	–	□
리 드	□	–
피치원경	□	□
잇 수	–	□
치형 기준 단면	축직각	
줄수, 방향	□	
압력각	20°	
진행각	□	
모 듈	□	
다듬질 방법	호브절삭	연삭

30 50 80 10 8

기계요소제도와 요목표작성법

02 웜과 웜휠 제도 예시

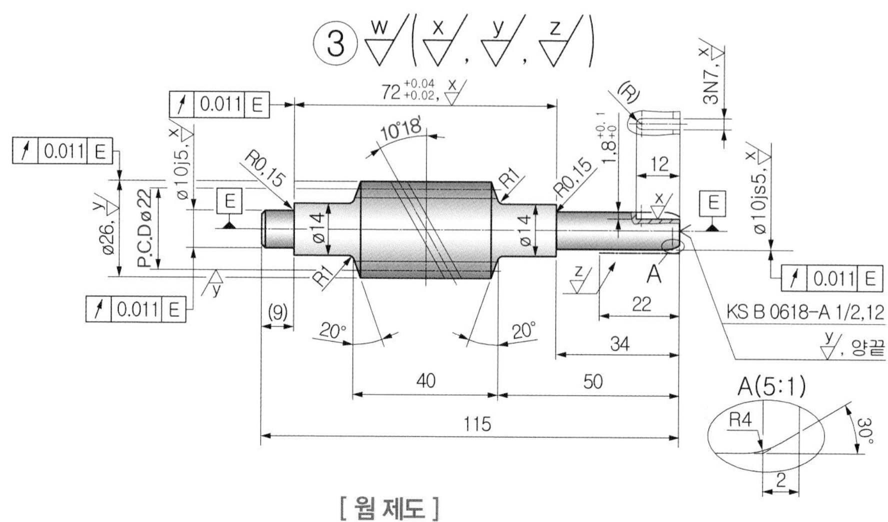

[웜 제도]

단위 : mm

웜과 웜휠		
구분 / 품번	③ (웜)	④ (웜휠)
원주 피치	–	6.28
리 드	12.56	–
피치원경	22	66
잇 수	–	33
치형 기준 단면	축직각	
줄수, 방향	2줄, 우	
압력각	20°	
진행각	10° 18′	
모 듈	2	
다듬질 방법	호브절삭	연삭

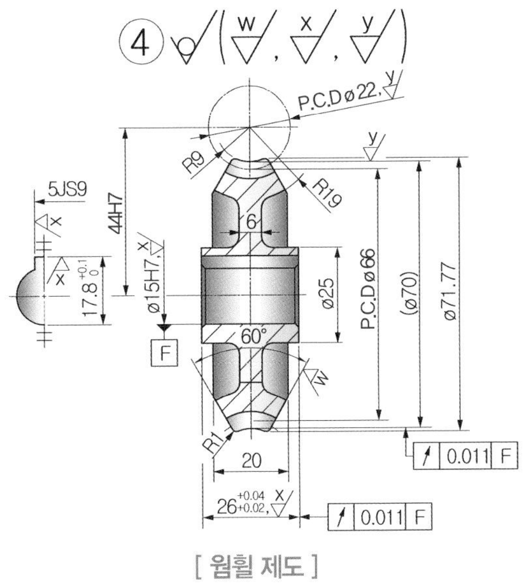

[웜휠 제도]

웜과 웜휠 계산공식		
항 목	웜(줄 수 Z_w)	웜휠(줄 수 Z_g)
리드	$l = p_a Z_w = 6.28 \times 2 = 12.56$	$l = i \cdot \pi D_g$ i : 각속도비
리드각 (진행각)	$\tan\gamma = \dfrac{l}{\pi \times D_w} = \dfrac{12.56}{\pi \times 22} = 0.18172$ $\tan^{-1}\dfrac{12.56}{\pi \times 22} = 10.29973 ≒ 10° 18'$	–
피치원 지름	$D_w = \dfrac{l}{\pi \tan\gamma} = \dfrac{12.56}{\pi \times 0.18172} = 22.0$	$D_g = m_s \cdot Z_g = 2 \times 33 = 66$
이뿌리원 지름	$D_{r1} = D_w - 2h_{f1}$	$D_{r2} = D_g - 2h_{f2}$
바깥지름 또는 이끝원 지름	$D_{o1} = D_w + 2h_{aq}$	목지름 : $D_t = D_g + 2h_{a2}$ 이끝지름 : $D_{o2} = D_t + 2h_i$
총 이높이	$h_1 = h_{a1} + h_{f1}$	$h_2 = h_{a2} + h_{f2} + h_i$
이끝 높이 증가량	–	$h_i = \left(\dfrac{D_w}{2} - h_{f1}\right)\left(1 - \cos\dfrac{\theta}{2}\right)$
유효 이너비	–	$b_e = \sqrt{D_{o1}^2 - D_w^2} = 2\sqrt{h_{a1}(D_w + h_{a1})}$
중심거리	$A = \dfrac{D_w + D_g}{2} = \dfrac{22 + 66}{2} = 44$	

14-4 헬리컬 기어 제도 및 요목표

01 헬리컬 기어 제도 및 요목표 작성법

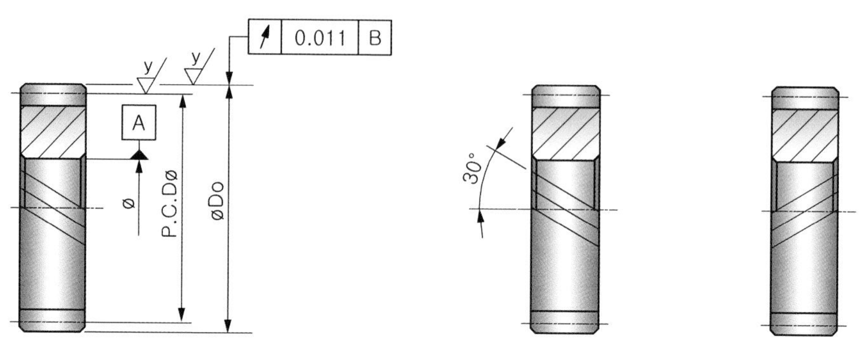

헬리컬 기어 요목표		
기어 치형		표준
공 구	모듈	□
	치형	보통이
	압력각	20°
전체 이 높이		□
치형 기준면		치직각
피치원 지름		□
잇 수		□
리 드		□
방 향		□
비틀림 각		15°
다듬질 방법		호브절삭
정밀도		KS B ISO 1328－1, 4급

■ 헬리컬 기어 제도법

① 이끝원(이끝선)은 굵은 실선(초록색)으로 작도한다.
② 피치원(피치선)은 가는 1점쇄선(빨간색/흰색)으로 작도한다.
③ 이뿌리원(이뿌리선)은 가는 실선(빨간색/흰색)으로 작도한다.
④ 정면도를 단면도로 도시하는 경우 이뿌리원은 굵은 실선(초록색)으로 작도한다.
⑤ 헬리컬 기어의 잇줄 방향은 3개의 가는 실선(빨간색/흰색)으로 도시한다.
⑥ 헬리컬 기어의 잇줄 방향은 단면을 한 경우는 가는 이점쇄선(빨간색/흰색)으로 도시한다.
⑦ 헬리컬 기어의 잇줄 방향은 단면을 하지 않는 경우는 가는 실선(빨간색/흰색)으로 도시한다.

■ 요목표 도시법

① 요목표의 외곽 테두리선은 굵은 실선(초록색)으로 작도한다.
② 요목표의 안쪽 구분선은 가는 실선(빨간색/흰색)으로 작도한다.

02 헬리컬 기어 제도 및 요목표 작성 예시

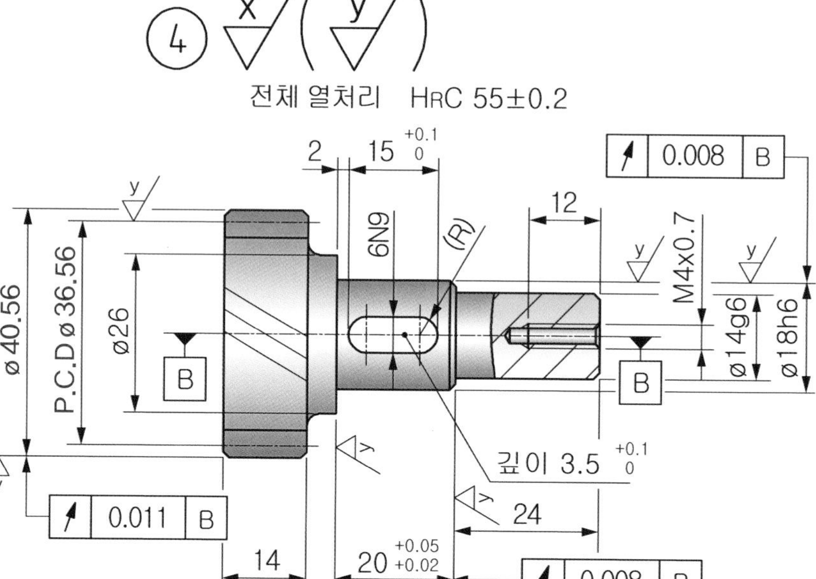

단위 : mm

헬리컬 기어 요목표		
기어 치형		표준
공 구	모듈	2
	치형	보통이
	압력각	20°
전체 이 높이		4.5
치형 기준면		치직각
피치원 지름		36.56
잇 수		18
리 드		725.18
방 향		우
비틀림 각		10°
다듬질 방법		호브절삭
정밀도		KS B ISO 1328－1, 4급

헬리컬 기어 계산 공식

• **치직각 모듈**

m_n : 치직각 모듈 = 2

• **피치원 지름**

$$D_s = Z_s m_s = Z\frac{m_n}{\cos\beta}$$

$$D_s = 18 \times 2.0311 \fallingdotseq 36.56$$

• **바깥 지름**

$$D_o = D_s + 2m_n = \left(\frac{Z_s}{\cos\beta} + 2\right)m_n$$

$$D_o = 36.56 + (2 \times 2) = 40.56$$

• **리드**

$$L = \frac{\pi \times D_s}{\tan\beta} = \frac{\pi \times 36.56}{\tan 10} = 725.18$$

• **비틀림각**

$$\beta = \tan^{-1}\frac{\pi \times D_s}{L} = \tan^{-1}\frac{\pi \times 36.56}{L} = 9.99 \fallingdotseq 10$$

• **전체 이높이**

$$2.25m_n = 2.25m_s \times \cos\beta$$

$$2.25 \times 2 = 4.5$$

기계요소제도와 요목표작성법

14-5 베벨 기어 제도 및 요목표

01 베벨 기어 제도 및 요목표 작성법

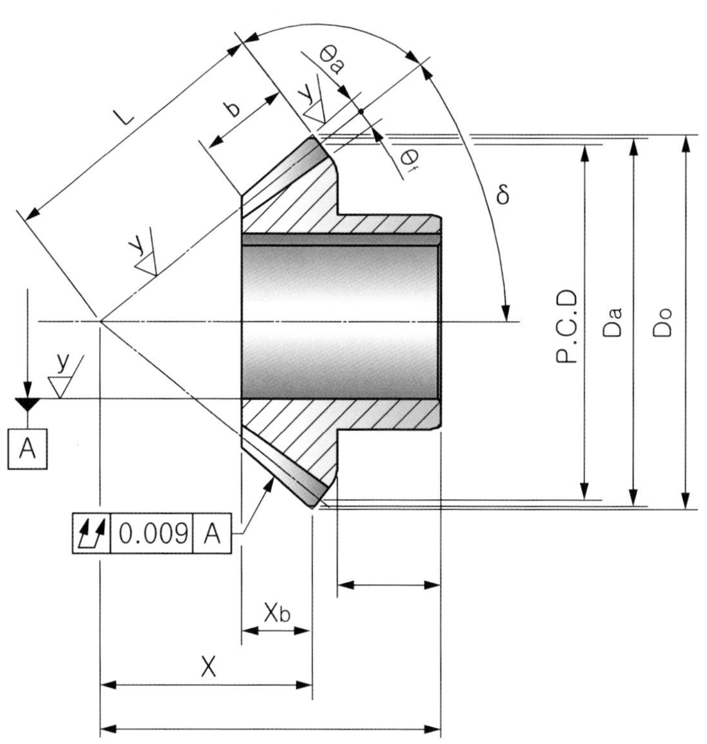

베벨 기어		
기어 치형		글리슨 식
공 구	모듈	□
	치형	보통이
	압력각	20°
축 각		90°
전체 이 높이		□
피치원 지름		□
피치 원추각		□
잇 수		□
다듬질 방법		절삭
정밀도		KS B 1412, 4급

10
8
40
80

■ 베벨 기어 제도법

① 이끝원(이끝선)은 굵은 실선(초록색)으로 작도한다.
② 피치원(피치선)은 가는 1점쇄선(빨간색/흰색)으로 작도한다.
③ 이뿌리원(이뿌리선)은 가는 실선(빨간색/흰색)으로 작도한다.
④ 정면도를 단면도로 도시하는 경우 이뿌리원은 굵은 실선(초록색)으로 작도한다.

■ 요목표 도시법

① 요목표의 외곽 테두리선은 굵은 실선(초록색)으로 작도한다.
② 요목표의 안쪽 구분선은 가는 실선(빨간색/흰색)으로 작도한다.

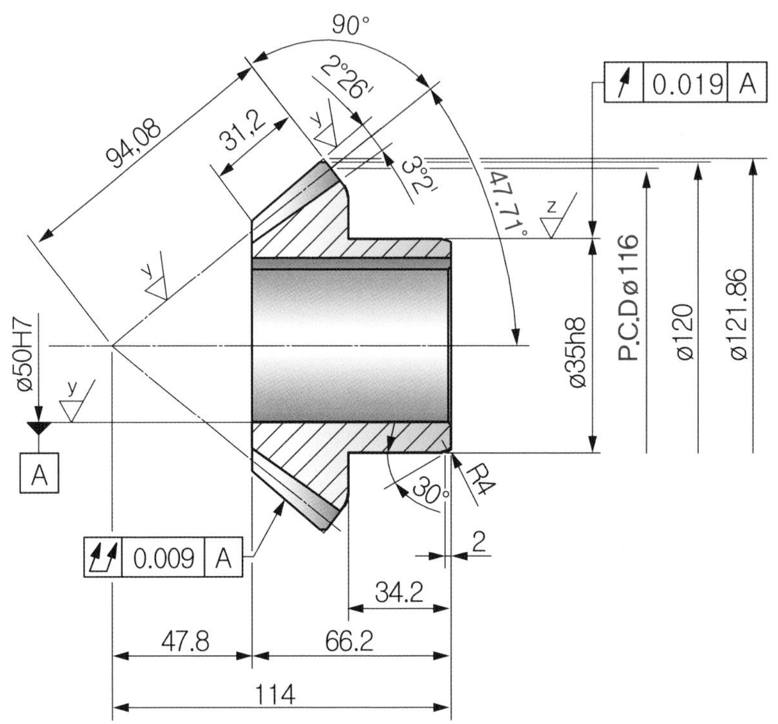
90°
2°26'
94,08
31,2
3°2'
47.71°
0.019 A
P.C.D ø116
ø120
ø121.86
ø35h8
ø50H7
A
30°
R4
0.009 A
2
34.2
47.8
66.2
114

단위 : mm

베벨 기어		
기어 치형		글리슨 식
공 구	모듈	4
	치형	보통이
	압력각	20°
축 각		90°
전체 이 높이		□
피치원 지름		116
피치 원추각		47.71°
잇 수		29
다듬질 방법		절삭
정밀도		KS B 1412, 4급

축각 : 베벨 기어짝의 피치각들의 합과 같은 각

베벨기어 기호 및 주요 계산공식

- **모듈** $m=4$, 압력각 : $\alpha=20°$, 잇수 : $Z_1=29$, $Z_2=37$ 축각 : $\Sigma=90°$
- **이뿌리높이** $h_f=1.25m=1.25\times4=5$
- **피치원지름** : $PCD=mZ=4\times29=116$
- **피치원추각** : $\delta_1=\tan^{-1}\left(\dfrac{\sin\Sigma}{\dfrac{z_2}{z_1}+\cos\Sigma}\right)=\tan^{-1}\left(\dfrac{\sin 90}{\dfrac{37}{29}+\cos 90}\right)=47.71°$

  $\delta_2=\Sigma-\delta_1=90-47.71=42.29$
- **원추거리** : $L=\dfrac{PCD}{2\sin\delta_2}=\dfrac{116}{2\sin 42.29}=94.08$
- **바깥지름(외단 치선원 직경)** $D_a=D+2h\cos\delta$

  $=116+2(4)\cos 47.71$

  $=121.86$

14-6 섹터 기어 제도 및 요목표

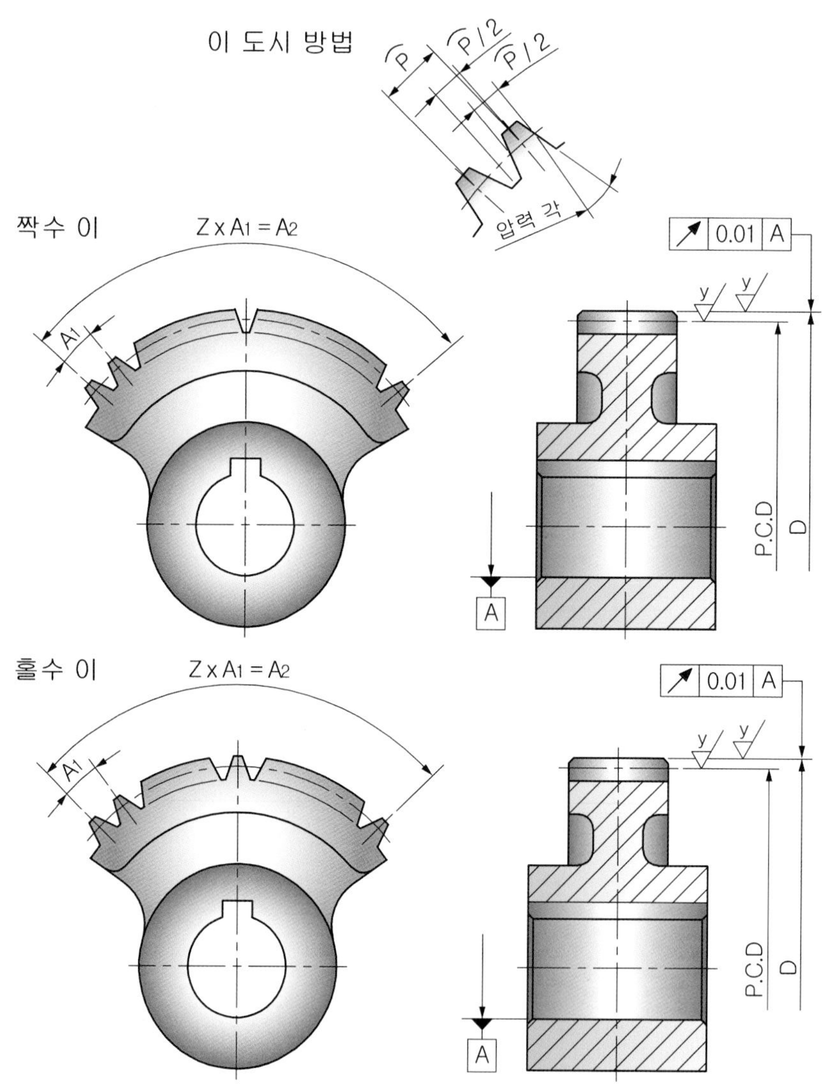

섹터기어 기호 및 계산공식
1. 이 사이 각도 A_1 $A_1 = \frac{360}{Z}$ **2. 전체 이의 각 A_2** $A_2 = Z \times A$

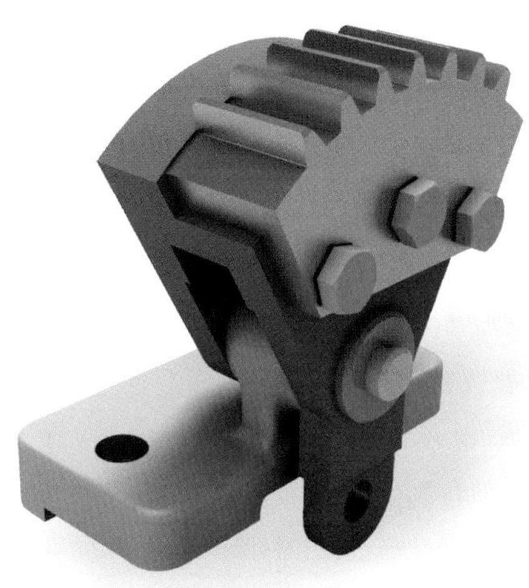

■ 섹터 기어 제도법

① 이끝원(이끝선)은 굵은 실선(초록색)으로 작도한다.
② 피치원(피치선)은 가는 1점쇄선(빨간색/흰색)으로 작도한다.
③ 이뿌리원(이뿌리선)은 가는 실선(빨간색/흰색)으로 작도한다.
④ 정면도를 단면도로 도시하는 경우 이뿌리원(치저원)은 굵은 실선(초록색)으로 작도한다.

14-7 체인 스프로킷 제도 및 요목표

01 체인 스프로킷 제도 및 요목표 작성법

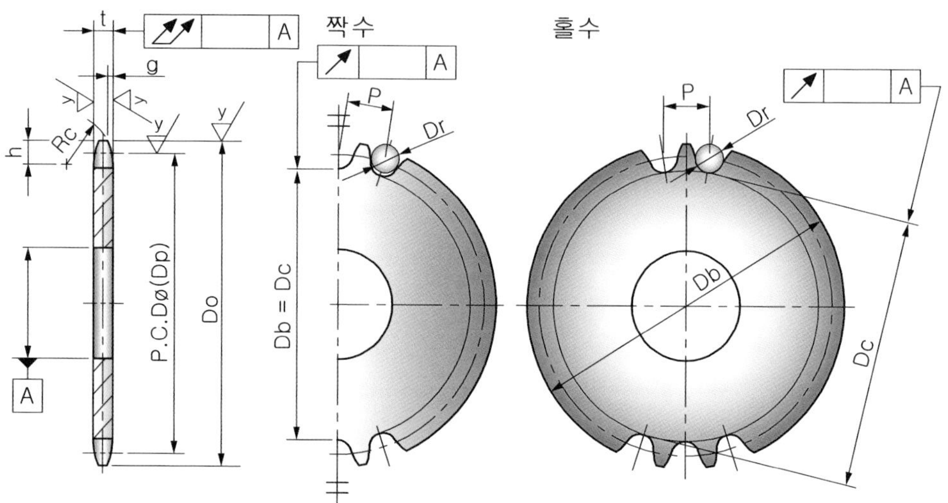

■ 체인 스프로킷 제도법

① 이끝원(이끝선)은 굵은 실선(초록색)으로 작도한다.
② 피치원(피치선)은 가는 1점쇄선(빨간색/흰색)으로 작도한다.
③ 이뿌리원(이뿌리선)은 가는 실선(빨간색/흰색)으로 작도한다.
④ 정면도를 단면도로 도시하는 경우 이뿌리원은 굵은 실선(초록색)으로 작도한다.

■ 요목표 도시법

① 요목표의 외곽 테두리선은 굵은 실선(초록색)으로 작도한다.
② 요목표의 안쪽 구분선은 가는 실선(빨간색/흰색)으로 작도한다.

체인 스프로킷		
종류	**구분 \ 품번**	
체인	호칭	
	원주피치	P
	롤러외경	D_r
스프로킷	잇수	Z
	치형	S
	피치원경	D_p

30 20 20
70

10
8

[2열형]

[보스분리형]

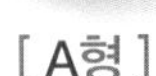
[A형]

[B형]

[C형]

02 스프로킷 제도 및 요목표 작성 예시

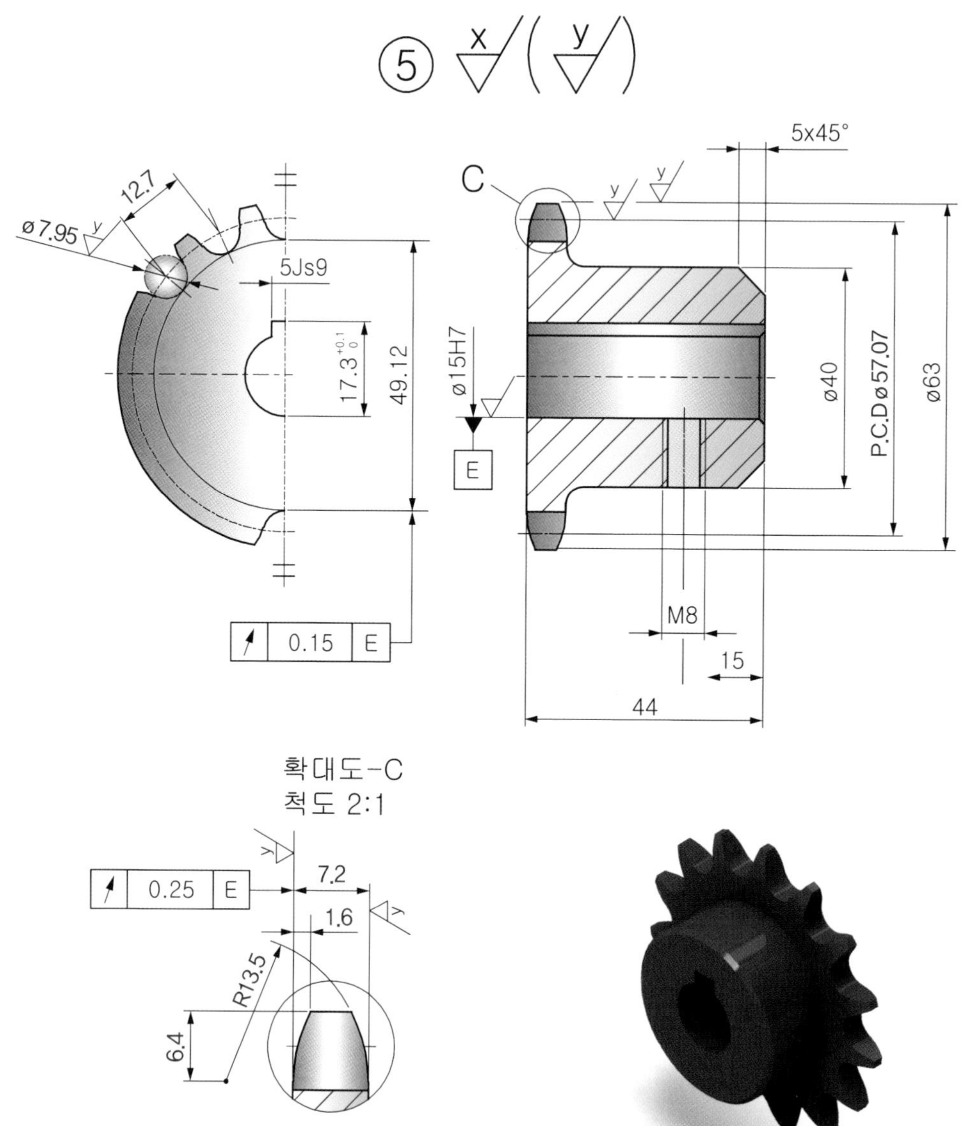

체인 스프로킷		
종류	구분 \ 품번	②
체인	호칭	40
	원주피치	12.70
	롤러외경	ϕ7.95
스프로킷	잇수	14
	치형	U형
	피치원경	ϕ57.07

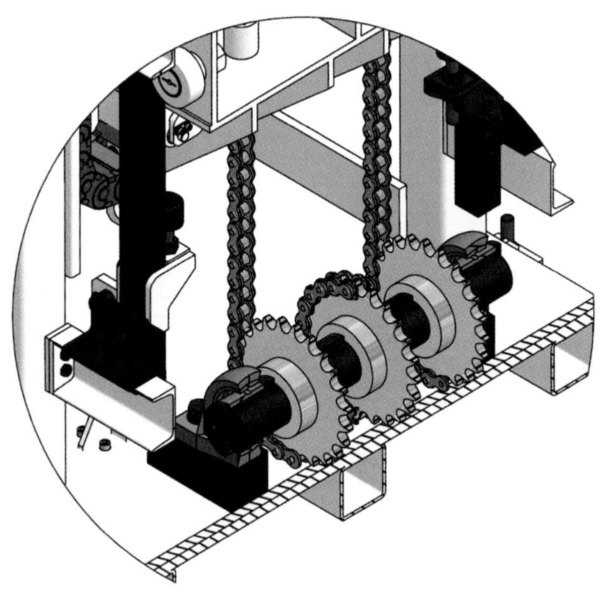

[스프로킷의 설계 예]

14-8 V-벨트 제도 및 요목표

01 주철재 V-벨트 풀리 홈 부분의 모양 및 치수

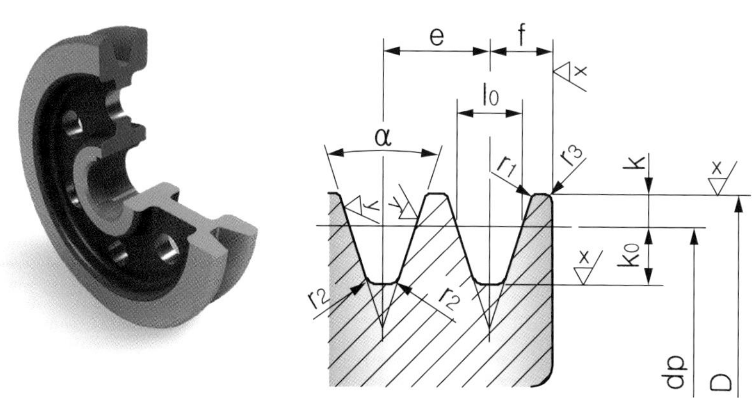

단위 : mm

V벨트 형 별	호칭 지름 (d_p)	α° (±0.5°)	ℓ_0	k	k_0	e	f	r_1	r_2	r_3	(참 고) V 벨트의 두께
M	50 이상 71 이하 71 초과 90 이하 90 초과	34 36 38	8.0	2.7	6.3	–	9.5 ±1	0.2~0.5	0.5~1.0	1~2	5.5
A	71 이상 100 이하 100 초과 125 이하 125 초과	34 36 38	9.2	4.5	8.0	15.0 ±0.4	10.0 ±1	0.2~0.5	0.5~1.0	1~2	9
B	125 이상 160 이하 160 초과 200 이하 200 초과	34 36 38	12.5	5.5	9.5	19.0 ±0.4	12.5 ±1	0.2~0.5	0.5~1.0	1~2	11
C	200 이상 250 이하 250 초과 315 이하 315 초과	34 36 38	16.9	7.0	12.0	25.5 ±0.5	17.0 ±1	0.2~0.5	1.0~1.6	2~3	14
D	355 이상 450 이하 450 초과	36 38	24.6	9.5	15.5	37.0 ±0.5	24.0	0.2~0.5	1.6~2.0	3~4	19
E	500 이상 630 이하 630 초과	36 38	28.7	12.7	19.3	44.5 ±0.5	29.0	0.2~0.5	1.6~2.0	4~5	25.5

[비고] 1. M형은 원칙적으로 한 줄만 걸친다.
2. V벨트 풀리에 사용하는 재료는 KS D 4301의 3종(GC 200) 또는 이와 동등 이상의 품질인 것으로 한다.
3. k의 허용차는 바깥지름 d_e를 기준으로 하여, 홈의 나비가 ℓ_0가 되는 d_p의 위치의 허용차를 나타낸다.

02 홈부 각 부분의 치수 허용차

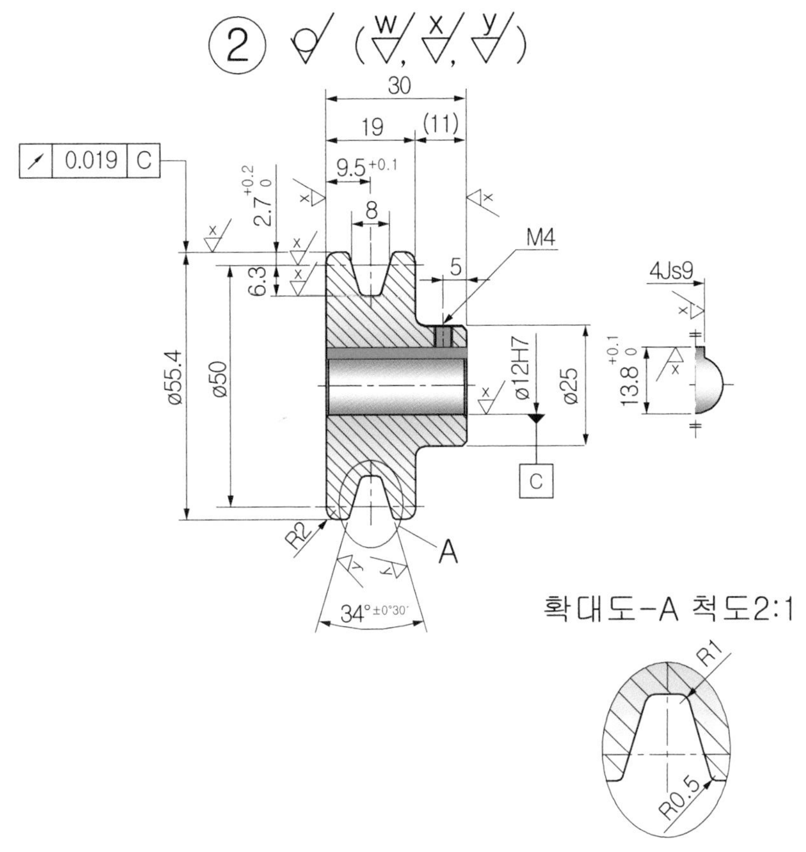

단위 : mm

<table>
<tr><th>V벨트의 형별</th><th>α의 허용차(°)</th><th>k의 허용차</th><th>e의 허용차</th><th>f의 허용차</th></tr>
<tr><td>M</td><td rowspan="6">± 0.5</td><td rowspan="3">+0.2
0</td><td>–</td><td rowspan="4">±1</td></tr>
<tr><td>A</td><td rowspan="2">± 0.4</td></tr>
<tr><td>B</td></tr>
<tr><td>C</td><td>+0.3
0</td><td rowspan="3">± 0.5</td></tr>
<tr><td>D</td><td>+0.4
0</td><td>+2
−1</td></tr>
<tr><td>E</td><td>+0.5
0</td><td>+3
−1</td></tr>
</table>

14-9 래칫 휠 제도 및 요목표

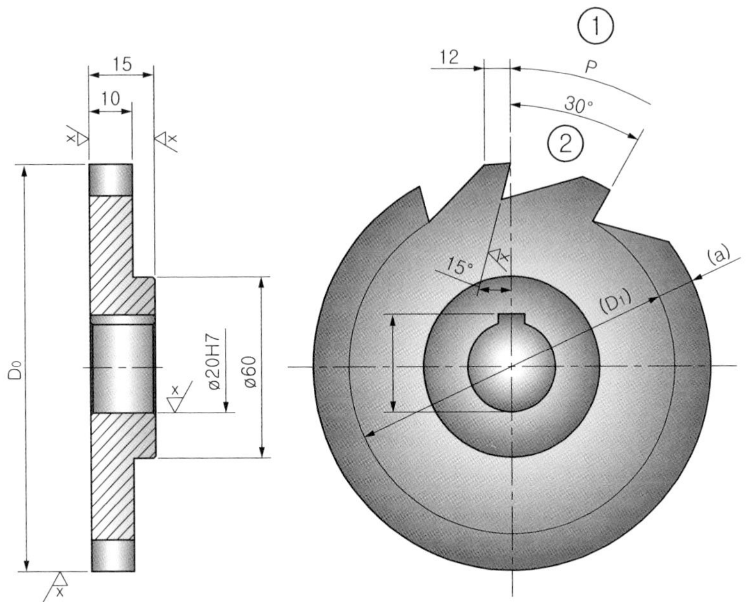

■ 래칫 휠 제도법

① 이끝원(이끝선)은 굵은 실선(초록색)으로 작도한다.
② 우측면도의 이뿌리원(이뿌리선)은 가는 실선(빨간색/흰색)으로 작도한다.
③ 정면도를 단면도로 도시하는 경우 이뿌리원은 굵은 실선(초록색)으로 작도한다.

■ 요목표 도시법

① 요목표의 외곽 테두리선은 굵은 실선(초록색)으로 작도한다.
② 요목표의 안쪽 구분선은 가는 실선(빨간색/흰색)으로 작도한다.

래칫 휠 요목표	
종류	구분 품번
잇 수	□
원주 피치	□
이 높이	□

(치수: 40, 40 / 10, 8)

래칫휠 계산공식
① 이의 크기는 원주피치(P) M(모듈)로 정한다. ② 잇수(Z) 6~8 : 체인블록 12~20 : 차동식 기어장치 16~25 : 기어정지장치의 고정블록 ③ 계산 공식 원주피치 $P=\frac{D_0}{Z}$ 이높이(a) = 0.35P (환산하여 기입) 예 47.12×0.35 = 16.49 도면상의 이높이 a = 16으로 기입한다. 이뿌리지름 = D_0(외경) − $2a$이높이

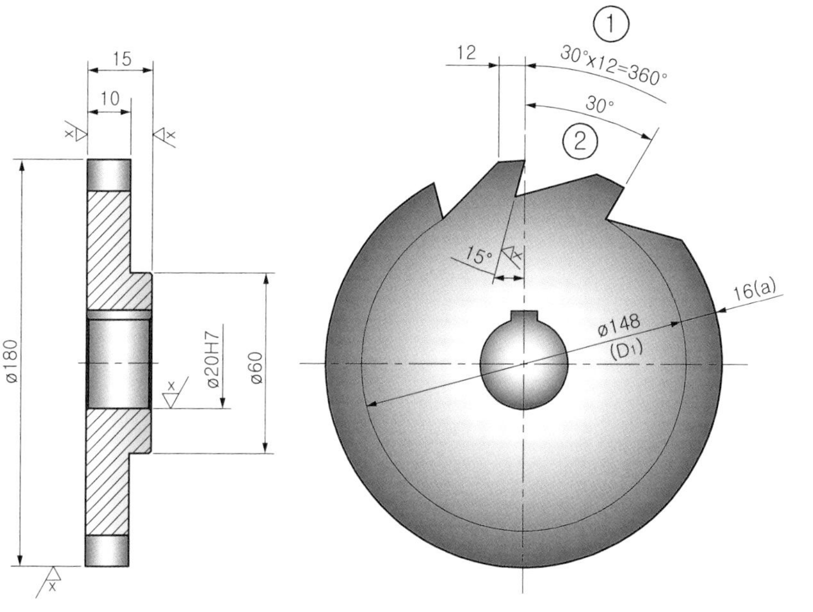

래칫 휠 요목표	
종류	품번 구분
잇 수	12
원주 피치	47.12
이 높이	16

①, ②의 치수는 래칫이 각도 분할 역할 및 다른 중요 기능으로 사용되는 경우
②의 각도에 치수공차 및 ①의 치수를 병기한다.
단, 중요도가 낮을 경우 ①의 기입은 생략해도 좋다.

14-10 문자 및 눈금 각인과 요목표

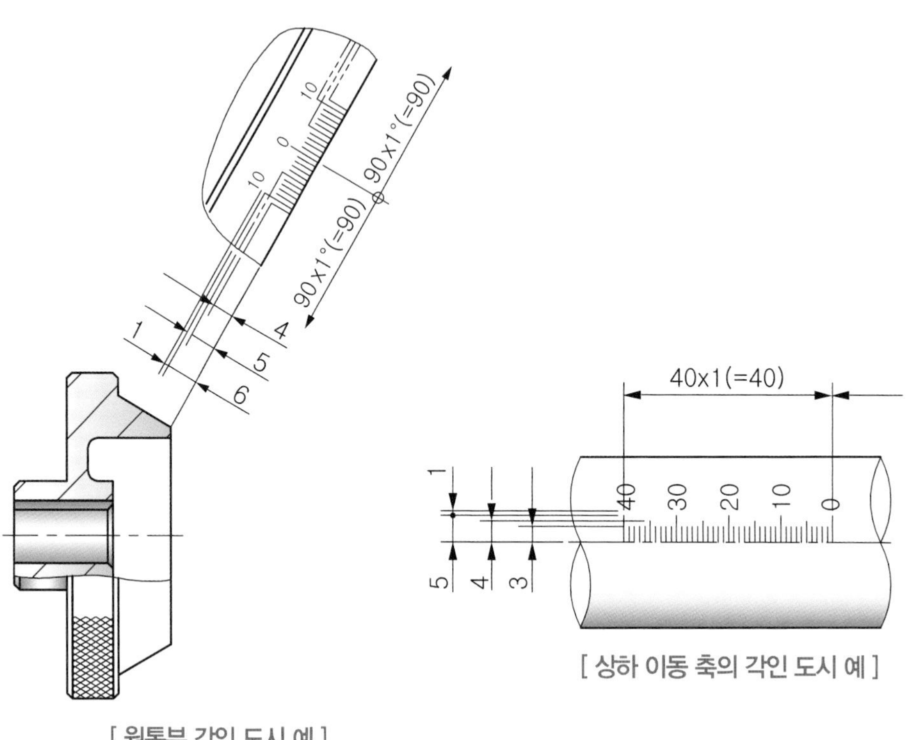

[원통부 각인 도시 예]

[상하 이동 축의 각인 도시 예]

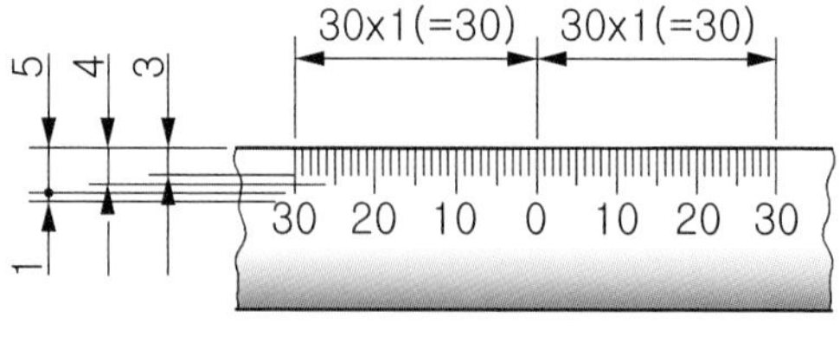

[면부의 각인 도시 예]

문자, 눈금 각인		
품번	④, ⑤	
구분	눈금	문자
문자높이	–	3
각인	음각	
선 폭	0.3	
선 깊이	0.2	
글자체	–	고딕
도장	흑색, 0은 적색	
공정	표면처리 후	

[주] 눈금은 1 마다 각인하고, 숫자는 10 마다 각인한다.
　　눈금은 1° 마다 각인하고, 숫자는 10° 마다 각인한다.

[1] 각인 : 각인은 눈금이나 글자를 새기는 것을 말하며, 음각은 오목하게 파는 것을 양각은 블록하게 만드는 것을 말한다.
[2] 도장 : 일종의 페인트 칠을 하는 것으로 문자나 눈금에 색을 입히는 것을 말한다.

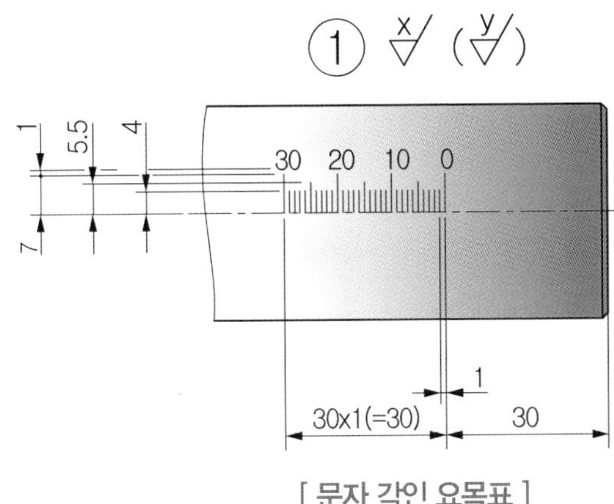

[문자 각인 요목표]

14-11 스플라인 축과 구멍 제도

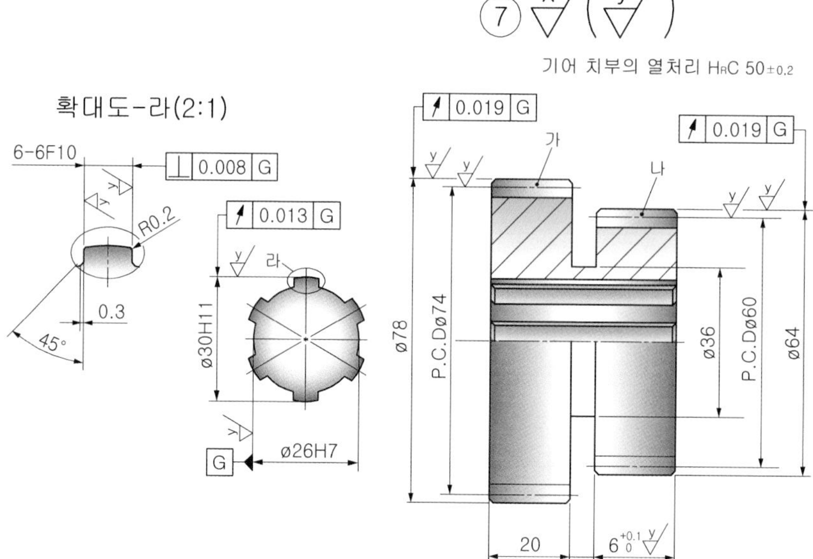

[기어 스플라인]

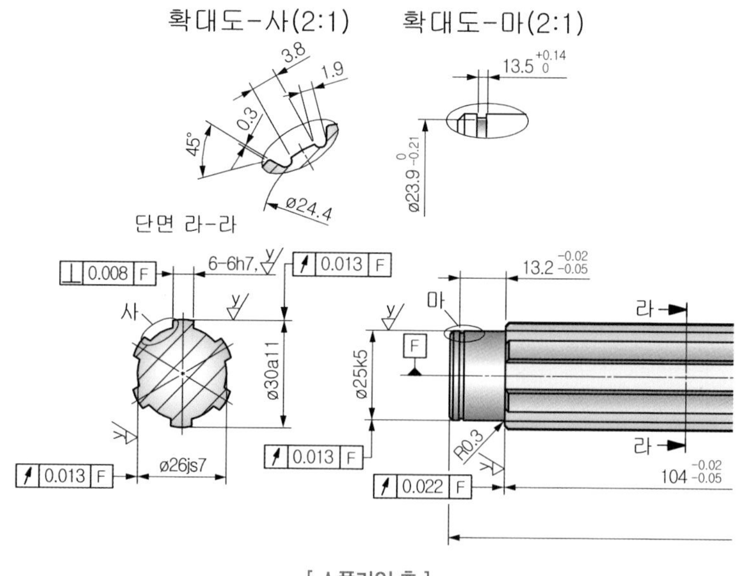

[스플라인 축]

14-12 정면 캠 및 선도 [1]

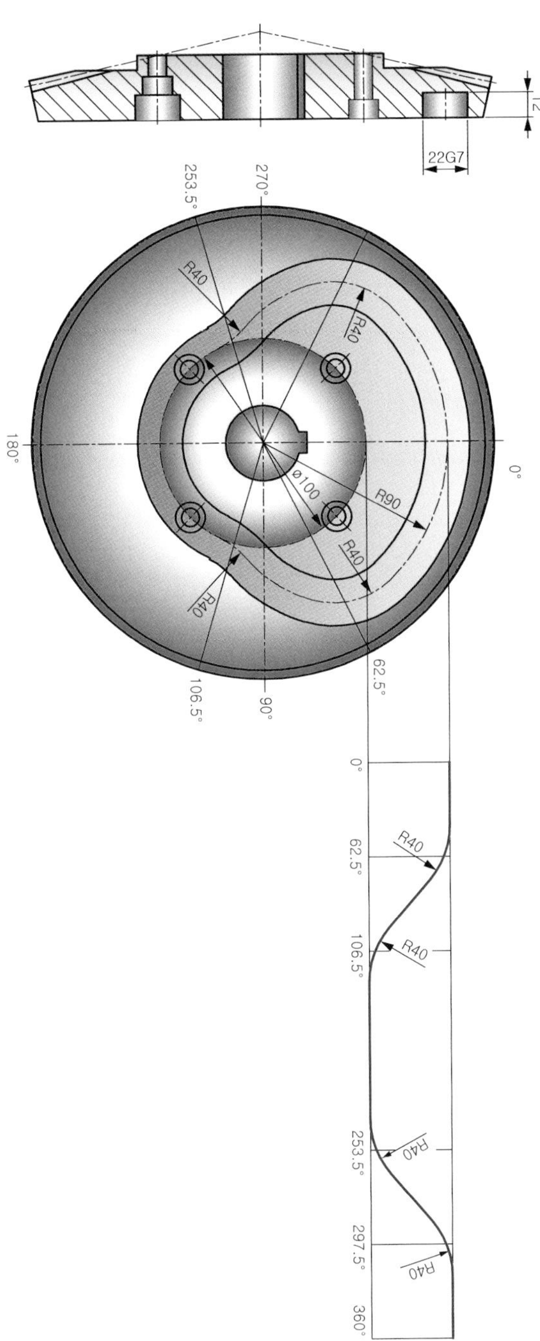

14-13 정면 캠 및 선도 [2]

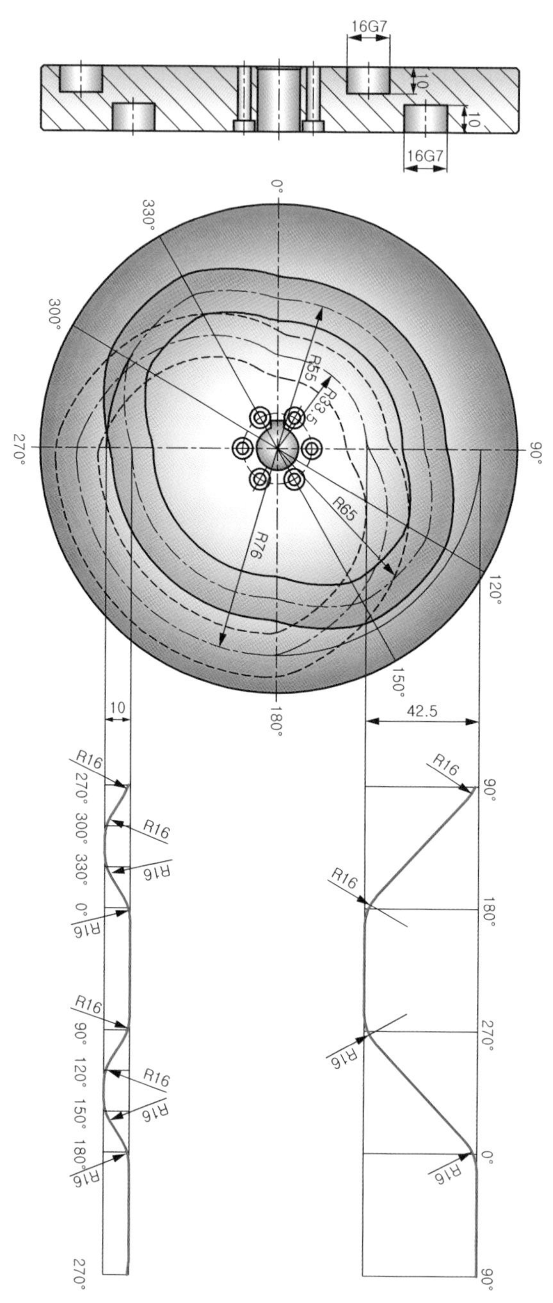

14-14 판 캠 및 선도

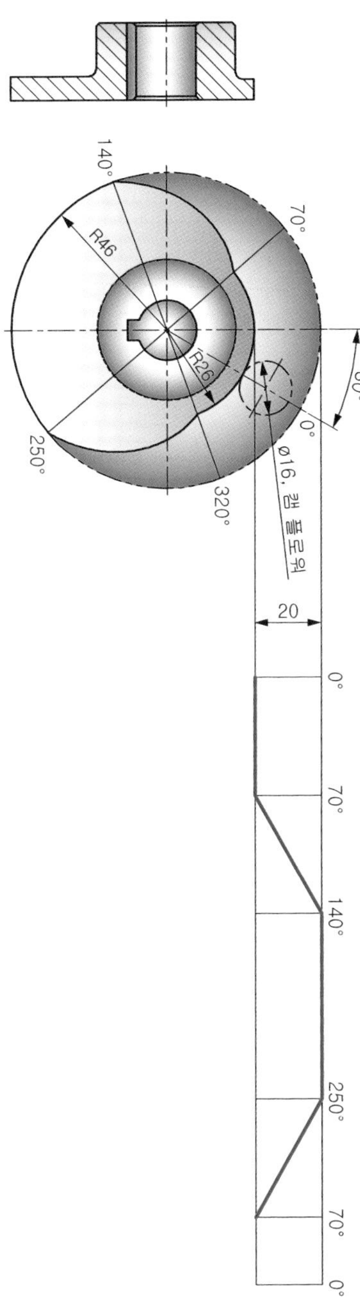

14-15 단면 캠 및 선도

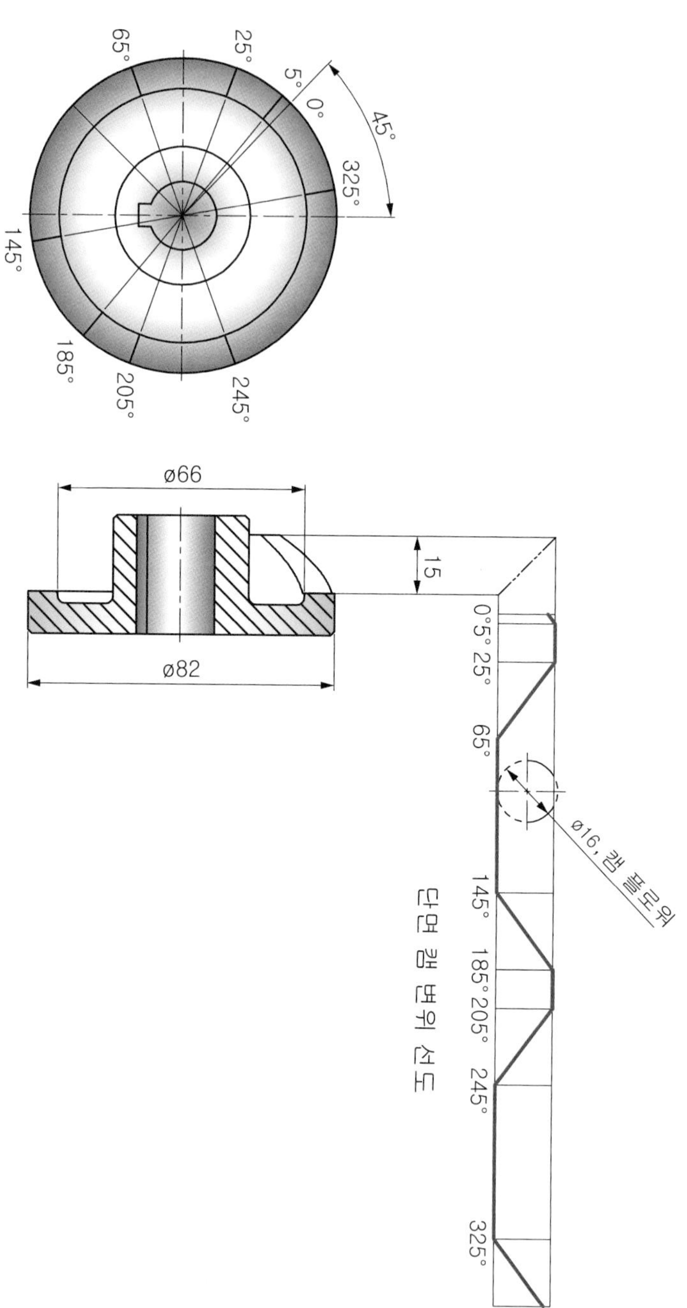
65°
25°
5°
0°
45°
325°
145°
185°
205°
245°
ø66
15
ø82
0°5° 25°
65°
ø16, 캠 플로워
145°
185° 205°
245°
325°
단면 캠 변위 선도

14-16 원형 캠 계산 및 종동부의 동작 변화

▼ 원형캠 계산, 종동부의 변환 동작

동작	위치 deg	고도 m	최소/최대 속도 m/s		최소/최대 가속도 m/s²		반전
5차 다항식	0-48	0-19.5	0	0.182812	-2.81458	2.81458	0.5
Dwell	48-120	19.5-19.5	0	0	0	0	-
5차 다항식	120-168	19.5-0	-0.182812	0	-2.81458	2.81458	0.5
미정의	168-360	19.5	0	0	0	0	-
캠에서의 최대값		19.5	-0.182812	0.182812	-2.81458	2.81458	-
최대 압력각 44.0846 deg ≦ 30 최소 곡률 반지름 16.7284 mm ≧ 17.8571							

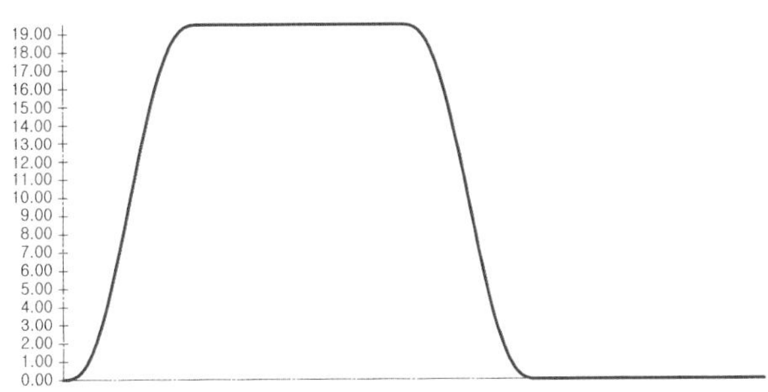

[변위(mm)]

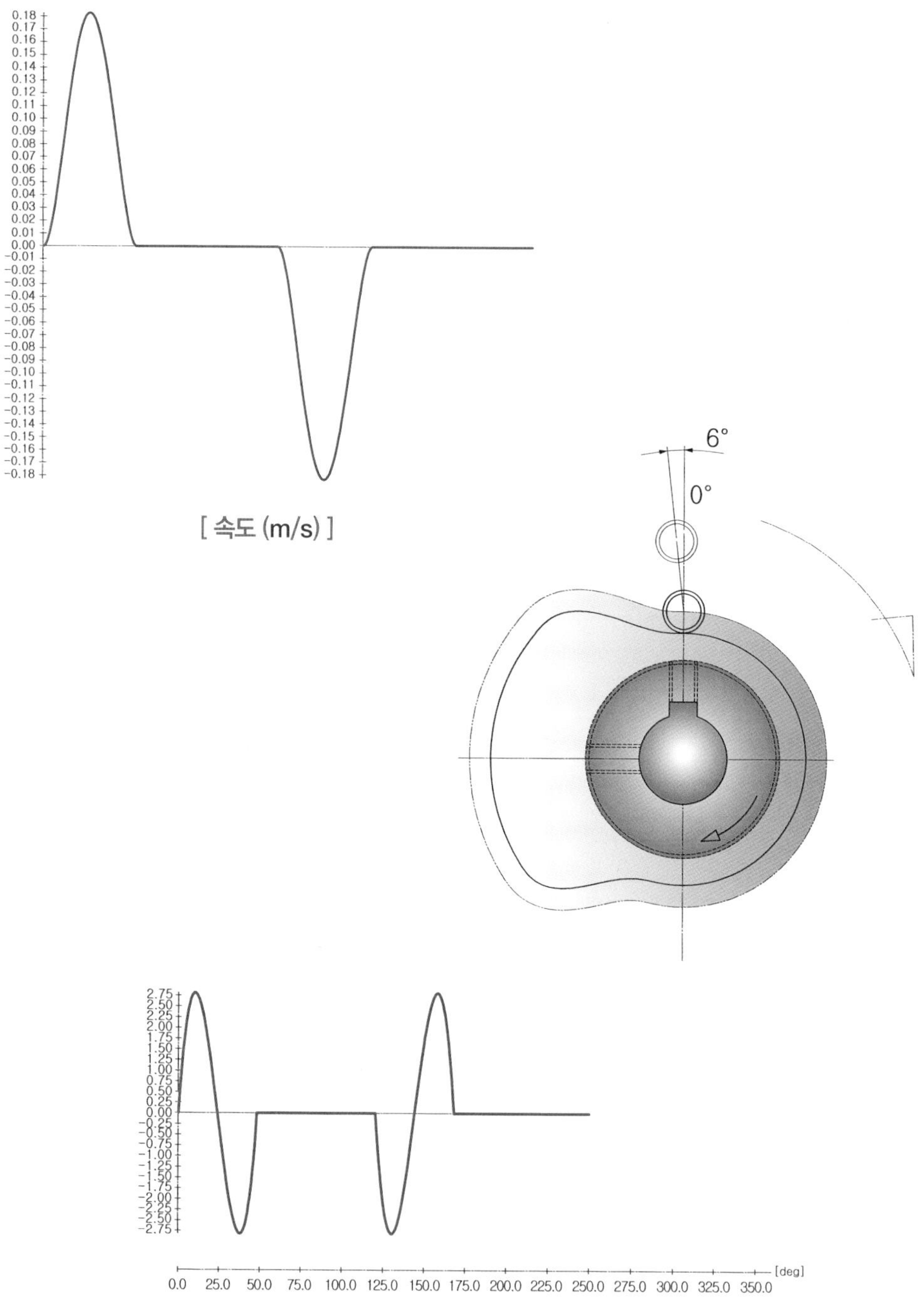
0.18
0.17
0.16
0.15
0.14
0.13
0.12
0.11
0.10
0.09
0.08
0.07
0.06
0.05
0.04
0.03
0.02
0.01
0.00
-0.01
-0.02
-0.03
-0.04
-0.05
-0.06
-0.07
-0.08
-0.09
-0.10
-0.11
-0.12
-0.13
-0.14
-0.15
-0.16
-0.17
-0.18
6°
0°
2.75
2.50
2.25
2.00
1.75
1.50
1.25
1.00
0.75
0.50
0.25
0.00
-0.25
-0.50
-0.75
-1.00
-1.25
-1.50
-1.75
-2.00
-2.25
-2.50
-2.75
[deg]
0.0
25.0
50.0
75.0
100.0
125.0
150.0
175.0
200.0
225.0
250.0
275.0
300.0
325.0
350.0

[속도 (m/s)]

[가속도 (m/s^2)]

14-17 판 캠 및 캠 곡선 [1]

CAM 명칭	판 CAM
CAM 곡선	변형 정현 곡선 (Modified sine)
종절 구성	SINE 형
회전 방향	CW
가공 시작점	“A”

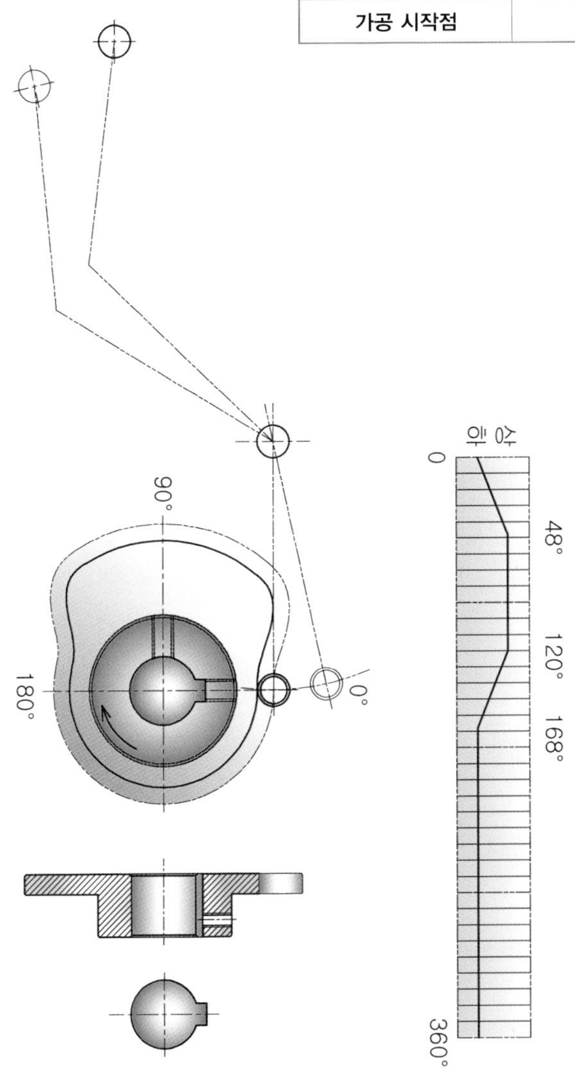

14-18 판 캠 및 캠 곡선 [2]

CAM 명칭	판 CAM
CAM 곡선	변형 정현 곡선 (Modified sine)
종절 구성	SINE 형
회전 방향	CW
가공 시작점	"A"

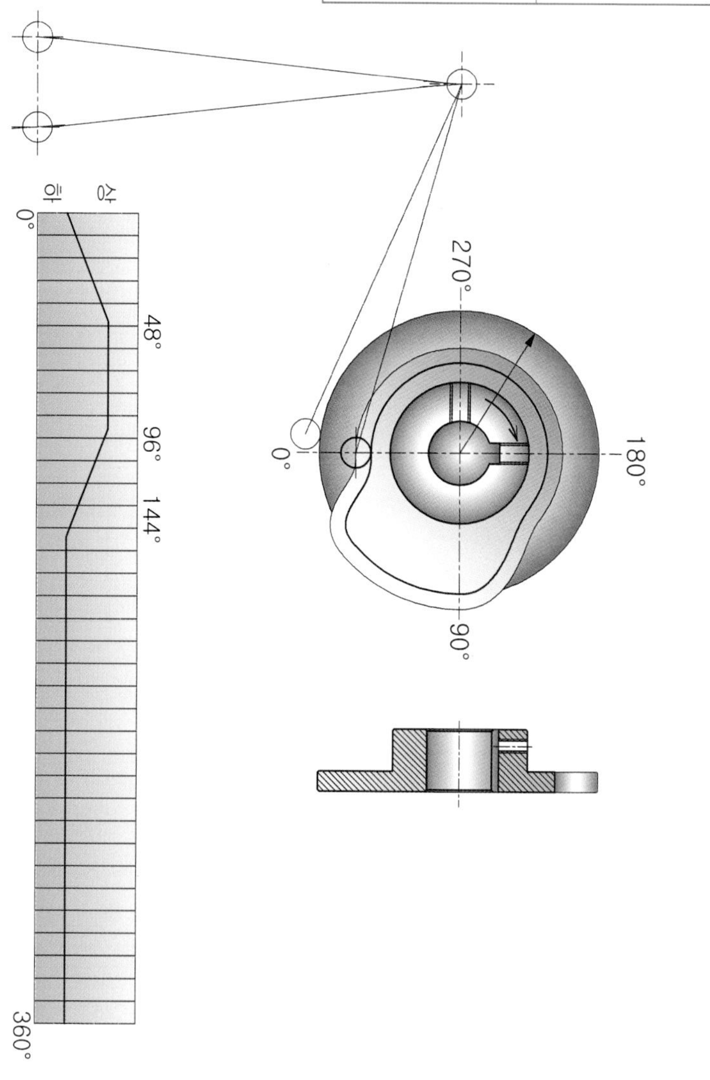

14-19 판 캠 및 캠 곡선 [3]

CAM 명칭	판 CAM
CAM 곡선	변형 정현 곡선 (Modified sine)
종절 구성	SINE 형
회전 방향	CW
가공 시작점	"A"

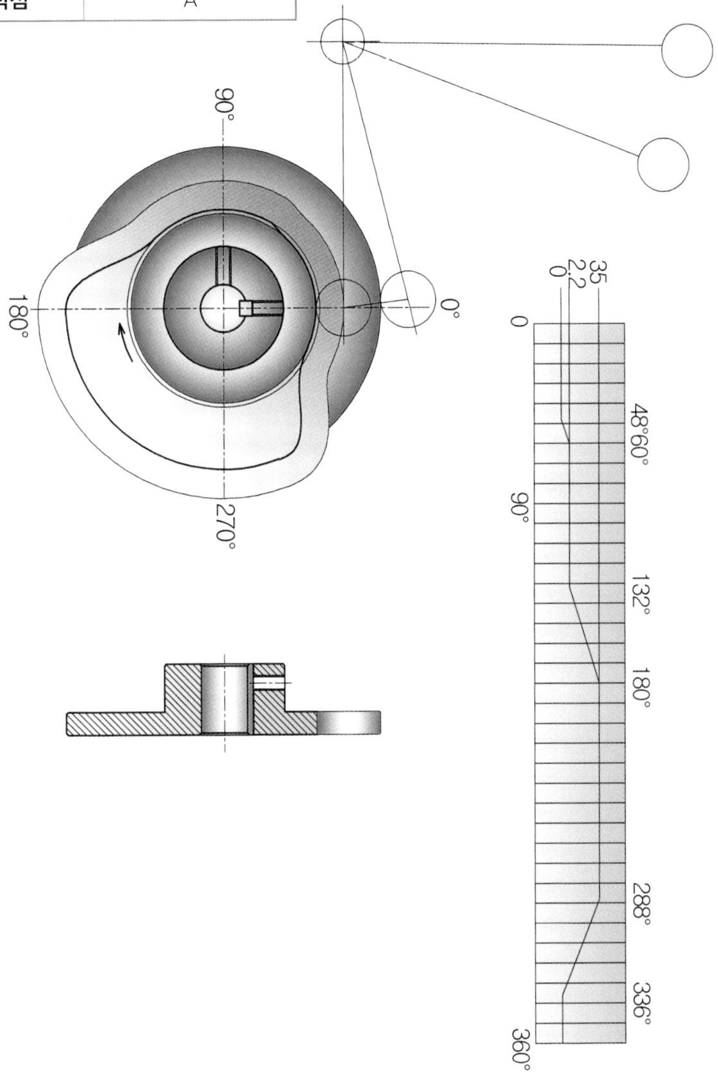

Chapter 15

오링 규격

15-1 오링 부착 홈 부의 모양 및 치수

KS B 2799

■ 적용 범위

이 표준은 KS B 2805에 규정하는 O링 중 사용 압력 25.0MPa(255kgf/mm²) 이하인 것에 부착하는 홈부의 모양 및 치수에 대하여 규정한다. 다만 진공 플랜지용 및 저마찰 홈부에는 적용하지 않는다.

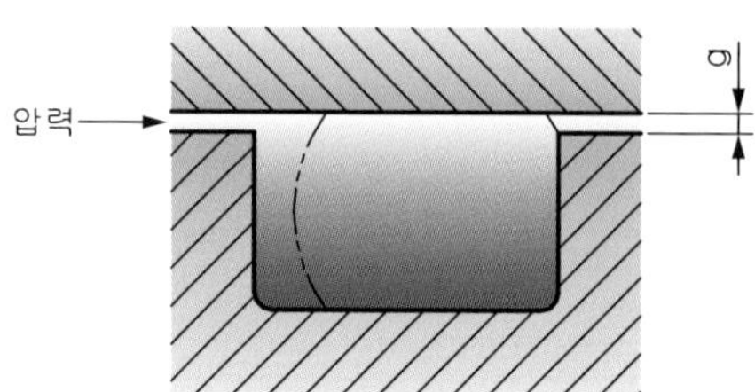

■ 백업링을 사용하지 않는 경우의 틈새(2g)의 최대값

단위 : mm

오링의 경도 (스프링의 경도 Hs)	틈 새 (2g)				
	사용 압력(MPa) [kgf/㎠]				
	4.0 [4.1] 이하	4.0 [4.1] 초과 6.3 [64] 이하	6.3 [64] 초과 10.0 [102] 이하	10.0 [102] 초과 15.0 [163] 이하	16.0 [163] 초과 25.0 [255] 이하
70	0.35	0.30	0.15	0.07	0.03
90	0.65	0.60	0.50	0.30	0.17

[주] 스프링 경도는 KS M 6518의 6.2.2의 A형에 따른다.

[비고] 사용 상태에서 틈새(2g)가 위 표의 값 이하인 경우는 백업 링을 사용하지 않아도 되지만 위 표의 값을 초과하는 경우에는 백업링을 병용한다.

■ 오링이 접촉하는 홈부의 표면 거칠기

단위 : mm

기기의 부분	용 도	압력이 걸리는 방법		표면 거칠기	
				Ra	Rmax (참고)
홈의 측면 및 바닥면	고정용	맥동 없음	평면	3.2	12.5
			원통면	1.6	6.3
		맥동 있음		1.6	6.3
	운동용	백업 링을 사용하는 경우		1.6	6.3
		백업 링을 사용하지 않는 경우		0.8	3.2
O링의 실부의 접촉면	고정용	맥동 없음		1.6	6.3
		맥동 있음		0.8	3.2
	운동용	–		0.4	1.6
O링의 장착용 모떼기부	–	–		3.2	12.5

15-2 운동용 및 고정용(원통면) O링 홈 치수 – P계열(1/3)

KS B 2799

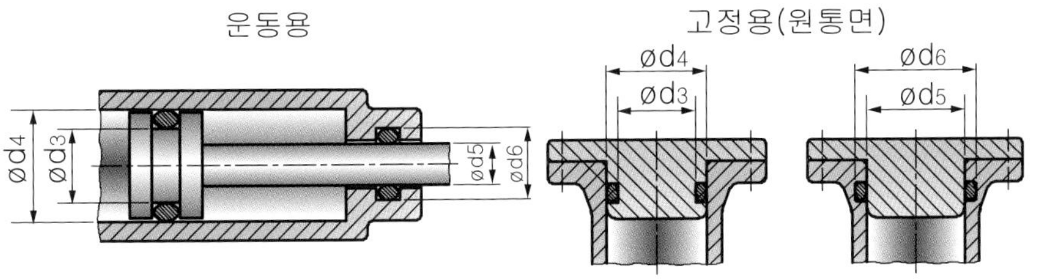

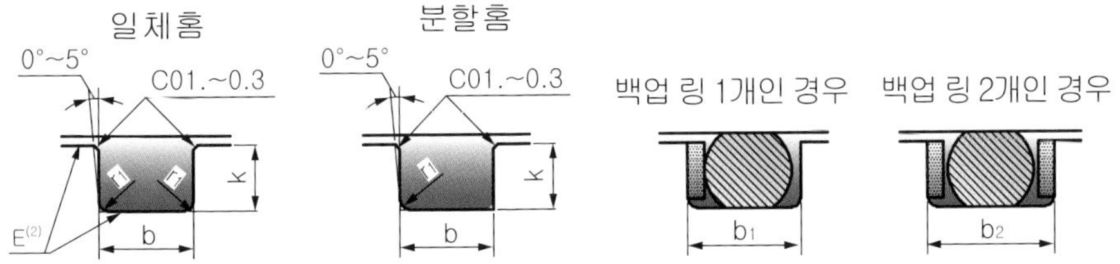

주(2) E는 치수 K의 최대값과 최소값의 차를 의미하며 동축도의 2배가 된다.

단위 : mm

O링의 호칭 번호	홈 부의 치수: d3, d5		참고: d3, d5의 허용차에 상당하는 끼워맞춤 기호			d4, d6		d4, d6의 허용차에 상당하는 끼워맞춤 6기호	b (+0.25 0) 백업 링 없음	b1 (+0.25 0) 백업 링 1개	b2 (+0.25 0) 백업 링 2개	R 최대	E 최대	참고: 백업 링의 두께 (폴리테트라플루오로 에틸렌 수지) 스파이럴	바이어스 컷	엔드리스	O링의 실치수 굵기	안지름		압착 압축량 mm 최대	mm 최소	% 최대	% 최소
P3	3	0 −0.05	h9	f8	e9	6	+0.05 0	H10	2.5	3.9	5.4	0.4	0.05	0.7 ±0.05	1.25 ±0.1	1.25 ±0.1	1.9 ±0.07	2.8	±0.14	0.47	0.28	23.8	15.3
P4	4					7		H9										3.8					
P5	5					8												4.8	±0.15				
P6	6					9												5.8					
P7	7				e8	10												6.8	±0.16				
P8	8					11												7.8					
P9	9					12												8.8	±0.17				
P10	10					13												9.8					
P10A	10	0 −0.06	h9	f8	e8	14	+0.06 0	H9	3.2	4.4	6.0	0.4	0.05	0.7 ±0.05	1.25 ±0.1	1.25 ±0.1	2.4 ±0.07	9.8		0.47	0.27	19.0	11.6
P11	11					15												10.8	±0.18				
P11.2	11.2					15.2												11.0					
P12	12					16												11.8	±0.19				
P12.5	12.5					16.5												12.3					
P14	14					18												13.8					
P15	15					19												14.8	±0.20				
P16	16					20												15.8					
P18	18					22												17.8	±0.21				
P20	20				e7	24												19.8	±0.22				
P21	21					25												20.8	±0.23				
P22	22					26												21.8	±0.24				

[비고] 1. KS B 2805의 P3~P400은 운동용, 고정용에 사용하지만 G25~G300은 고정용에만 사용하고 운동용에는 사용하지 않는다.
다만 P3~P400 이라도 4종 C와 같은 기계적 강도가 작은 재료는 운동요에 사용하지 않는 것이 바람직하다.

2. 참고에 나타내는 치수 공차는 KS B 0401에 따른다.

3. P20~P22의 e7 $\begin{pmatrix}-0.040\\-0.061\end{pmatrix}$ 은 d 및 d5의 허용차 $\begin{pmatrix}0\\-0.06\end{pmatrix}$ 를 초과하지만 e7을 사용하여도 좋다.

15-2 운동용 및 고정용(원통면) O링 홈 치수 – P계열(2/3)

KS B 2799

단위 : mm

O링의 호칭 번호	홈 부의 치수													참고									
	d_3, d_5		[참 고] d_3, d_5의 허용차에 상당하는 끼워맞춤 기호			d_4, d_6		d_4, d_6의 허용차에 상당하는 끼워맞춤 기호	$^{+0.25}_{0}$ b 백업 링 없음	$^{+0.25}_{0}$ b_1 백업 링 1개	$^{+0.25}_{0}$ b_2 백업 링 2개	R 최대	E 최대	백업 링의 두께 폴리테트라플루오로에틸렌 수지 스파이럴	바이어스컷	엔드리스	O링의 실치수 굵기	안지름		압착 압축량 mm 최대	mm 최소	% 최대	% 최소
P22A	22	$^{0}_{-0.08}$	h9	f8	e8	28	$^{+0.08}_{0}$	H9	4.7	6.0	7.8	0.7	0.08	0.7 ±0.05	1.25 ±0.1	1.25 ±0.1	3.5 ±0.10	21.7	±0.24	0.60	0.32	16.7	9.4
P22.4	22.4					28.4												22.1					
P24	24					30												23.7					
P25	25					31												24.7	±0.25				
P25.5	25.5					31.5												25.2					
P26	26					32												25.7	±0.26				
P28	28					34												27.7	±0.28				
P29	29					35												28.7	±0.29				
P29.5	29.5					35.5												29.2					
P30	30					36												29.7					
P31	31				e7	37												30.7	±0.30				
P31.5	31.5					37.5												31.2	±0.31				
P32	32					38												31.7					
P34	34					40												33.7	±0.33				
P35	35					41												34.7	±0.34				
P35.5	35.5					41.5												35.2					
P36	36					42												35.7					
P38	38					44												37.7	±0.37				
P39	39					45												38.7					
P40	40					46												39.7					
P41	41					47												40.7	±0.38				
P42	42					48												41.7	±0.39				
P44	44					50												43.7	±0.41				
P45	45					51												44.7					
P46	46					52												45.7	±0.42				
P48	48					54												47.7	±0.44				
P49	49					55												48.7	±0.45				
P50	50					56												49.7					
P48A	48	$^{0}_{-0.10}$	h9	f8	e8	58	$^{+0.10}_{0}$	H9	7.5	9.0	11.5	0.8	0.10	0.9 ±0.06	1.9 ±0.13	1.9 ±0.13	5.7 ±0.15	47.6	±0.44	0.85	0.45	14.5	8.1
P50A	50					60												49.6	±0.45				
P52	52				e7	62												51.6	±0.47				
P53	53					63												52.6	±0.48				
P55	55					65												54.6	±0.49				
P56	56					66												55.6	±0.50				
P58	58					68												57.6	±0.52				
P60	60					70												59.6	±0.53				
P62	62					72												61.6	±0.55				
P63	63					73												62.6	±0.56				
P65	65					75												64.6	±0.57				
P67	67					77												66.6	±0.59				
P70	70					80												69.6	±0.61				
P71	71					81												70.6	±0.62				
P75	75					85												74.6	±0.65				
P80	80					90												79.6	±0.69				

15-2 운동용 및 고정용(원통면) O링 홈 치수 – P계열(3/3)

KS B 2799

단위 : mm

O링의 호칭 번호	홈 부의 치수 d3, d5		[참고] d3, d5의 허용차에 상당하는 끼워맞춤 기호			d4, d6		d4, d6의 허용차에 상당하는 끼워맞춤 기호	b (+0.25 0) 백업 링 없음	b1 (+0.25 0) 백업 링 1개	b2 (+0.25 0) 백업 링 2개	R 최대	E 최대	참고 백업 링의 두께 폴리테트라플루오로에틸렌 수지 스파이럴	바이어스컷	엔드리스	O링의 실치수 굵기	안지름		압착 압축량 mm 최대	mm 최소	% 최대	% 최소
P85	85		h9	f8	c6	95												84.6	±0.73				
P90	90					100												89.6	±0.77				
P95	95					105												94.6	±0.81				
P100	100					110												99.6	±0.84				
P102	102					112												101.6	±0.85				
P105	105					115												104.6	±0.87				
P110	110					120												109.6	±0.91				
P112	112					122												111.6	±0.92				
P115	115	0 −0.10				125	+0.10 0	H9	7.5	9.0	11.5	0.8	0.10	0.9 ±0.06	1.9 ±0.13	1.9 ±0.13	5.7 ±0.15	114.6	±0.94	0.85	0.45	14.5	8.1
P120	120					130												119.6	±0.98				
P125	125			f7	–	135												124.6	±1.01				
P130	130					140												129.6	±1.05				
P132	132					142												131.6	±1.06				
P135	135					145												134.6	±1.09				
P140	140					150												139.6	±1.12				
P145	145					155												144.6	±1.16				
P150	150					160												149.6	±1.19				
P150A	150		h9	f7	–	165		H9										149.5	±1.19				
P155	155					170												154.5	±1.23				
P160	160					175												159.5	±1.26				
P165	165					180												164.5	±1.30				
P170	170					185		H8										169.5	±1.33				
P175	175					190												174.5	±1.37				
P180	180					195												179.5	±1.40				
P185	185		h8			200												184.5	±1.44				
P190	190					205												189.5	±1.48				
P195	195					210												194.5	±1.51				
P200	200					215												199.5	±1.55				
P205	205					220												204.5	±1.58				
P209	209					224												208.5	±1.61				
P210	210	0 −0.10				225	+0.10 0		11	13	17.0	0.8	0.12	1.4 ±0.08	2.75 ±0.15	2.75 ±0.15	8.4 ±0.15	209.5	±1.62	1.05	0.65	12.3	7.9
P215	215					230												214.5	±1.65				
P220	220					235												219.5	±1.68				
P225	225					240												224.5	±1.71				
P230	230					245												229.5	±1.75				
P235	235					250												234.5	±1.78				
P240	240					255												239.5	±1.81				
P245	245					260												244.5	±1.84				
P250	250					265												249.5	±1.88				
P255	255			f6		270												254.5	±1.91				
P260	260					275												259.5	±1.94				
P265	265					280												264.5	±1.97				
P270	270					285												269.5	±2.01				
P275	275					290												274.5	±2.04				
P280	280					295												279.5	±2.07				
P285	285					300												284.5	±2.10				
P290	290					305												289.5	±2.14				
P295	295					310												294.5	±2.17				
P300	300					315												299.5	±2.20				
P315	315					330												314.5	±2.30				
P320	320	0 −0.10	h8	f6	–	335	+0.10 0	H8	11	13	17.0	0.8	0.12	1.4 ±0.08	2.75 ±0.15	2.75 ±0.15	8.4 ±0.15	319.5	±2.33	1.05	0.65	12.3	7.9
P335	335					350												334.5	±2.42				
P340	340					355												339.5	±2.45				
P355	355					370												354.5	±2.54				
P360	360					375												359.5	±2.57				
P375	375					390												374.5	±2.67				
P385	385					400												384.5	±2.73				
P400	400					415												399.5	±2.82				

15-3 운동용 및 고정용(원통면) O링 홈 치수 – G계열

KS B 2799

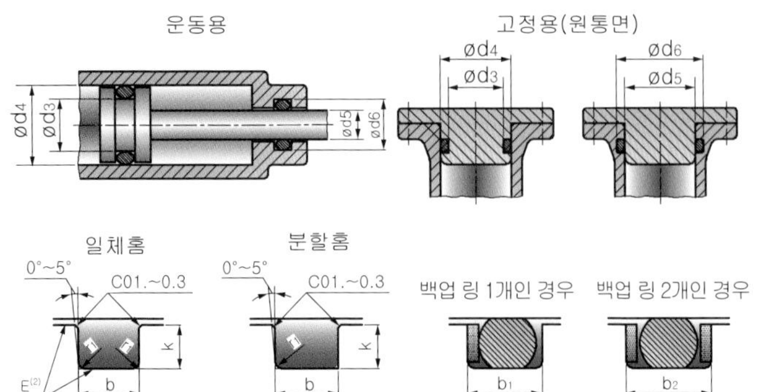

주(2) E는 치수 K의 최대값과 최소값의 차를 의미하며 동축도의 2배가 된다.

단위 : mm

O링의 호칭 번호	홈 부의 치수: d_3, d_5		[참 고] d_3, d_5의 허용차에 상당하는 끼워맞춤 기호			d_4, d_6		d_4, d_6의 허용차에 상당하는 끼워맞춤 기호	G+0.25 0: b 백업 링 없음	b_1 백업 링 1개	b_2 백업 링 2개	R 최대	E 최대	참고: 백업 링의 두께 (폴리테트라플루오로에틸렌 수지) 스파이럴	바이어스컷	엔드리스	O링의 실치수: 굵기	안지름		압착 압축량 mm 최대	mm 최소	% 최대	% 최소
G25	25	0 −0.10	h9	f8	e9	30	+0.10 0	H10	4.1	5.6	7.3	0.7	0.08	0.7 ±0.05	1.25 ±0.1	1.25 ±0.1	3.1 ±0.10	24.4	±0.25	0.70	0.40	21.85	13.3
G30	30					35												29.4	±0.29				
G35	35				e8	40												34.4	±0.33				
G40	40					45												39.4	±0.37				
G45	45					50												44.4	±0.41				
G50	50					55		H9										49.4	±0.45				
G55	55				e7	60												54.4	±0.49				
G60	60					65												59.4	±0.53				
G65	65					70												64.4	±0.57				
G70	70					75												69.4	±0.61				
G75	75					80												74.4	±0.65				
G80	80					85												79.4	±0.69				
G85	85				e6	90												84.4	±0.73				
G90	90					95												89.4	±0.77				
G95	95					100												94.4	±0.81				
G100	100					105												99.4	±0.85				
G105	105					110												104.4	±0.87				
G110	110					115												109.4	±0.91				
G115	115					120												114.4	±0.94				
G120	120					125												119.4	±0.98				
G125	125			f7	–	130												124.4	±1.01				
G130	130					135												129.4	±1.05				
G135	135					140												134.4	±1.08				
G140	140					145												139.4	±1.12				
G145	145					150												144.4	±1.16				
G150	150	0 −0.10	h9	f7	–	160	+0.10 0	H9	7.5	9.0	11.5	0.8	0.10	0.9 ±0.06	1.9 ±0.13	1.9 ±0.13	5.7 ±0.15	149.3	±1.19	0.85	0.45	14.5	8.1
G155	155					165												154.3	±1.23				
G160	160					170												159.3	±1.26				
G165	165					175												164.3	±1.30				
G170	170					180												169.3	±1.33				
G175	175	0 −0.10	h9	f7	–	185	+0.10 0	H8	7.5	9.0	11.5	0.8	0.10	0.9 ±0.06	1.9 ±0.13	1.9 ±0.13	5.7 ±0.15	174.3	±1.37	0.85	0.45	14.5	8.1
G180	180					190												179.3	±1.40				
G185	185		h8			195												184.3	±1.44				
G190	190					200												189.3	±1.47				
G195	195					205												194.3	±1.51				
G200	200					210												199.3	±1.55				
G210	210					220												209.3	±1.61				
G220	220					230												219.3	±1.68				
G230	230					240												229.3	±1.73				
G240	240					250												239.3	±1.81				
G250	250					260												249.3	±1.88				
G260	260			f6		270												259.3	±1.94				
G270	270					280												269.3	±2.01				
G280	280					290												279.3	±2.07				
G290	290					300												289.3	±2.14				
G300	300					310												299.3	±2.20				

[주] 허용차는 KS B 2805에서 1~3종의 허용차로서, 4종 C의 경우는 위의 허용차의 1.5배, 4종 D의 경우에는 의의 허용차의 1.2배이다.
[비고] KS B 2805의 P3~P400은 운동용, 고정용에 사용하지만 G 25~G300은 고정용에만 사용하고, 운동용에는 사용하지 않는다.
단, P3~P400이라도 4종 C와 같은 기계적 강도가 작은 재료는 운동용에는 사용하지 않는 것이 바람직하다.

15-4 고정용(평면)의 홈부의 모양 및 치수(1/2)

KS B 2799

외압용

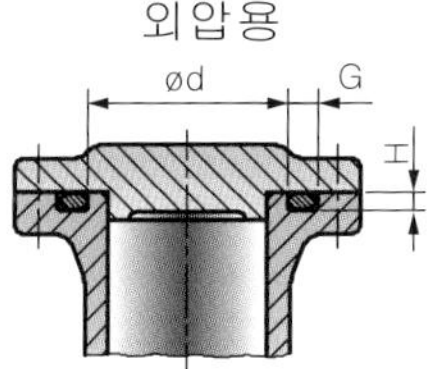

내압용

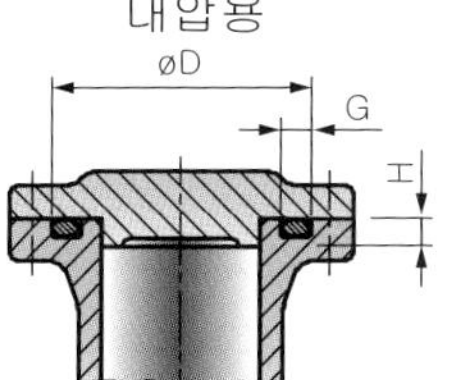

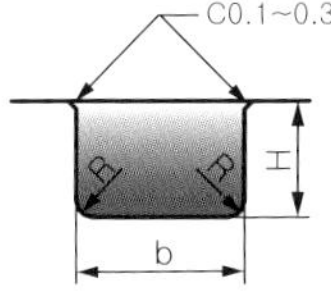

내압용

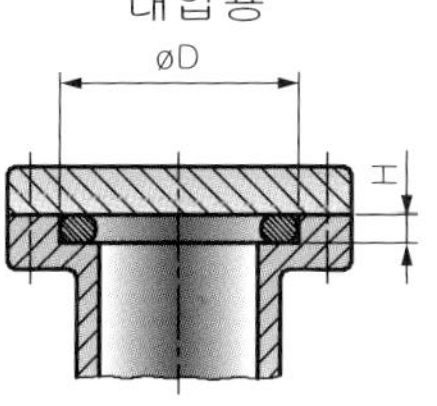

[주] 고정용(평면)에서 내압이 걸리는 경우에는 O링의 바깥 둘레가 홈의 외벽에 밀착하도록 설계하고, 외압이 걸리는 경우에는 반대로 O링의 안 둘레가 홈의 내벽에 밀착하도록 설계한다.

단위 : mm

O링의 호칭번호	홈 부의 치수					참 고						
	외압용	내압용	b	h	r1	O링의 실치수			압축 압축량			
	d8	d7	+0.25 0	±0.05	(최대)	d8	d7		mm 최대	mm 최소	% 최대	% 최소
P 3	3	6.2	2.5	1.4	0.4	1.9 ± 0.08	2.8	± 0.14	0.63	0.37	31.8	20.3
P 4	4	7.2					3.8	± 0.14				
P 5	5	8.2					4.8	± 0.15				
P 6	6	9.2					5.8	± 0.15				
P 7	7	10.2					6.8	± 0.16				
P 8	8	11.2					7.8	± 0.16				
P 9	9	12.2					8.8	± 0.17				
P 10	10	13.2					9.8	± 0.17				
P 10A	10	14	3.2	1.8	0.4	2.4 ± 0.09	9.8	± 0.17	0.74	0.46	29.7	19.9
P 11	11	15					10.8	± 0.18				
P 11.2	11.2	15.2					11.0	± 0.18				
P 12	12	16					11.8	± 0.19				
P 12.5	12.5	16.5					12.3	± 0.19				
P 14	14	18					13.8	± 0.19				
P 15	15	19					14.8	± 0.20				
P 16	16	20					15.8	± 0.20				
P 18	18	22					17.8	± 0.21				
P 20	20	24					19.8	± 0.22				
P 21	21	25					20.8	± 0.23				
P 22	22	26					21.8	± 0.24				
P 22A	22	28	4.7	2.7	0.8	3.5 ± 0.10	21.7	± 0.24	0.95	0.65	26.4	19.1
P 22.4	22.4	28.4					22.1	± 0.24				
P 24	24	30					23.7	± 0.24				
P 25	25	31					24.7	± 0.25				
P 25.5	25.5	31.5					25.2	± 0.25				
P 26	26	32					25.7	± 0.26				
P 28	28	34					27.7	± 0.28				
P 29	29	35					28.7	± 0.29				
P 29.5	29.5	35.5					29.2	± 0.29				
P 30	30	36					29.7	± 0.29				
P 31	31	37					30.7	± 0.30				
P 31.5	31.5	37.5					31.2	± 0.31				
P 32	32	38					31.7	± 0.31				
P 34	34	40					33.7	± 0.33				
P 35	35	41					34.7	± 0.34				
P 35.5	35.5	41.5					35.2	± 0.34				
P 36	36	42					35.7	± 0.34				
P 38	38	44					37.7	± 0.37				
P 39	39	45					38.7	± 0.37				
P 40	40	46					39.7	± 0.37				
P 41	41	47					40.7	± 0.38				
P 42	42	48					41.7	± 0.39				
P 44	44	50	4.7	2.7	0.8	3.5 ± 0.10	43.7	± 0.41	0.95	0.65	26.4	19.1
P 45	45	51					44.7	± 0.41				
P 46	46	52					45.7	± 0.42				
P 48	48	54					47.7	± 0.44				
P 49	49	55					48.7	± 0.45				
P 50	50	56					49.7	± 0.45				

15-4 고정용(평면)의 홈부의 모양 및 치수(2/2)

단위 : mm

O링의 호칭번호	홈 부의 치수					참 고					
	외압용	내압용	b	h	r1	O링의 실치수		압축 압축량			
			+0.25 0	±0.05	(최대)	d8	d7	mm		%	
	d8	d7						최대	최소	최대	최소
P 48A	48	58					47.6 ± 0.44				
P 50A	50	60					49.6 ± 0.45				
P 52	52	62					51.6 ± 0.47				
P 53	53	63					52.6 ± 0.48				
P 55	55	65					54.6 ± 0.49				
P 56	56	66					55.6 ± 0.50				
P 58	58	68					57.6 ± 0.52				
P 60	60	70					59.6 ± 0.53				
P 62	62	72					61.6 ± 0.55				
P 63	63	73					62.6 ± 0.56				
P 65	65	75					64.6 ± 0.57				
P 67	67	77					66.6 ± 0.59				
P 70	70	80					69.6 ± 0.61				
P 71	71	81					70.6 ± 0.62				
P 75	75	85					74.6 ± 0.65				
P 80	80	90					79.6 ± 0.69				
P 85	85	95	7.5	4.6	0.8	5.7± 0.13	84.6 ± 0.73	1.28	0.92	22.0	16.5
P 90	90	100					89.6 ± 0.77				
P 95	95	105					94.6 ± 0.81				
P 100	100	110					99.6 ± 0.84				
P 102	102	112					101.6 ± 0.85				
P 105	105	115					104.6 ± 0.87				
P 110	110	120					109.6 ± 0.91				
P 112	112	122					111.6 ± 0.92				
P 115	115	125					114.6 ± 0.94				
P 120	120	130					119.6 ± 0.98				
P 125	125	135					124.6 ± 1.01				
P 130	130	140					129.6 ± 1.05				
P 132	132	142					131.6 ± 1.06				
P 135	135	145					134.6 ± 1.09				
P 140	140	150					139.6 ± 1.12				
P 145	145	155					144.6 ± 1.16				
P 150	150	160					149.6 ± 1.19				
P 150A	150	165					149.5 ± 1.19				
P 155	155	170					154.5 ± 1.23				
P 160	160	175					159.5 ± 1.26				
P 165	165	180					164.5 ± 1.30				
P 170	170	185					169.5 ± 1.33				
P 175	175	190					174.5 ± 1.37				
P 180	180	195					179.5 ± 1.40				
P 185	185	200					184.5 ± 1.44				
P 190	190	205					189.5 ± 1.48				
P 195	195	210					194.5 ± 1.51				
P 200	200	215					199.5 ± 1.55				
P 205	205	220					204.5 ± 1.58				
P 209	209	224					208.5 ± 1.61				
P 210	210	225					209.5 ± 1.62				
P 215	215	230					214.5 ± 1.65				
P 220	220	235					219.5 ± 1.68				
P 225	225	240					224.5 ± 1.71				
P 230	230	245					229.5 ± 1.75				
P 235	235	250					234.5 ± 1.78				
P 240	240	255					239.5 ± 1.81				
P 245	245	260	11.0	6.9	1.2	8.4± 0.15	244.5 ± 1.84	1.7	1.3	19.9	15.8
P 250	250	265					249.5 ± 1.88				
P 255	255	270					254.5 ± 1.91				
P 260	260	275					259.5 ± 1.94				
P 265	265	280					264.5 ± 1.97				
P 270	270	285					269.5 ± 2.01				
P 275	275	290					274.5 ± 2.04				
P 280	280	295					279.5 ± 2.07				
P 285	285	300					284.5 ± 2.10				
P 290	290	305					289.5 ± 2.14				
P 295	295	310					294.5 ± 2.17				
P 300	300	315					299.5 ± 2.20				
P 315	315	330					314.5 ± 2.30				
P 320	320	335					319.5 ± 2.33				
P 335	335	350					334.5 ± 2.42				
P 340	340	355					339.5 ± 2.45				
P 355	355	370					354.5 ± 2.54				
P 360	360	375					359.5 ± 2.57				
P 375	375	390					374.5 ± 2.67				
P 385	385	400					384.5 ± 2.73				
P 400	400	415					399.5 ± 2.82				

15-5 고정(평면)의 O링 홈 치수

KS B 2799

외압용

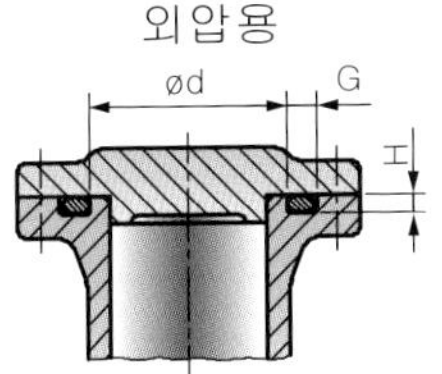

내압용

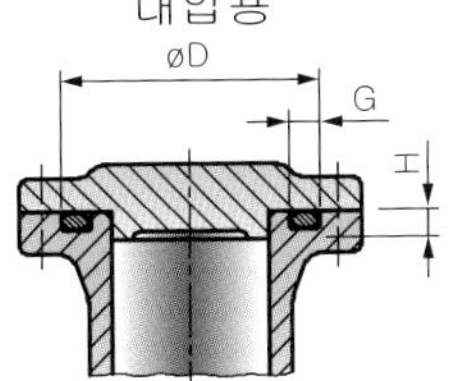

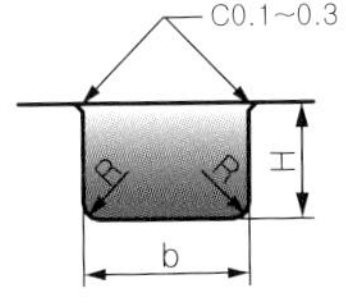

내압용

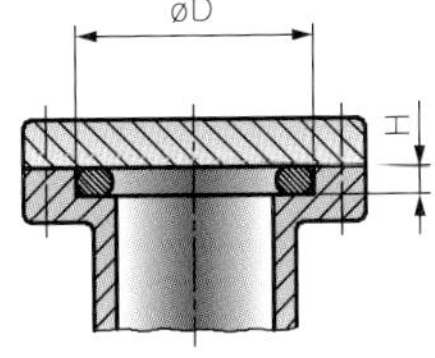

[주] 고정용(평면)에서 내압이 걸리는 경우에는 O링의 바깥 둘레가 홈의 외벽에 밀착하도록 설계하고, 외압이 걸리는 경우에는 반대로 O링의 안 둘레가 홈의 내벽에 밀착하도록 설계한다.

단위 : mm

O링의 호칭 번호	홈 부의 치수					참 고					
	외압용	내압용	b	h	r1	O링의 치수		압축 압축량			
								mm		%	
	d8	d7	+0.25 0	±0.05	(최대)	굵 기	안지름	최대	최소	최대	최소
G 25	25	30	4.1	2.4	0.7	3.1 ±0.10	24.4 ± 0.25	0.85	0.55	26.6	18.3
G 30	30	35					29.4 ± 0.29				
G 35	35	40					34.4 ± 0.33				
G 40	40	45					39.4 ± 0.37				
G 45	45	50					44.4 ± 0.41				
G 50	50	55					49.4 ± 0.45				
G 55	55	60					54.4 ± 0.49				
G 60	60	65					59.4 ± 0.53				
G 65	65	70					64.4 ± 0.57				
G 70	70	75					69.4 ± 0.61				
G 75	75	80					74.4 ± 0.65				
G 80	80	85					79.4 ± 0.69				
G 85	85	90					84.4 ± 0.73				
G 90	90	95					89.4 ± 0.77				
G 95	95	100					94.4 ± 0.81				
G 100	100	105					99.4 ± 0.85				
G 105	105	110					104.4 ± 0.87				
G 110	110	115					109.4 ± 0.91				
G 115	115	120					114.4 ± 0.94				
G 120	120	125					119.4 ± 0.98				
G 125	125	130					124.4 ± 1.01				
G 130	130	135					129.4 ± 1.05				
G 135	135	140					134.4 ± 1.08				
G 140	140	145					139.4 ± 1.12				
G 145	145	150					144.4 ± 1.16				
G 150	150	160	7.5	4.6	0.8	5.7 ±0.15	149.3 ± 1.19	1.28	0.92	22.0	16.5
G 155	155	165					154.3 ± 1.23				
G 160	160	170					159.3 ± 1.26				
G 165	165	175					164.3 ± 1.30				
G 170	170	180					169.3 ± 1.33				
G 175	175	185					174.3 ± 1.37				
G 180	180	190					179.3 ± 1.40				
G 185	185	195					184.3 ± 1.44				
G 190	190	200					189.3 ± 1.47				
G 195	195	205					194.3 ± 1.51				
G 200	200	210					199.3 ± 1.55				
G 210	210	220					209.3 ± 1.61				
G 220	220	230					219.3 ± 1.68				
G 230	230	240					229.3 ± 1.73				
G 240	240	250					239.3 ± 1.81				
G 250	250	260					249.3 ± 1.88				
G 260	260	270					259.3 ± 1.94				
G 270	270	280					269.3 ± 2.01				
G 280	280	290					279.3 ± 2.07				
G 290	290	300					289.3 ± 2.14				
G 300	300	310					299.3 ± 2.20				

[주] 허용차는 KS B 2805에서의 1~3종의 허용차로서, 4종 C의 경우는 위 허용차의 1.5배, 4종 D의 경우에는 위 허용차의 1.2배이다.
[비고] d8 및 d7 은 기준 치수를 나타내며, 허용차에 대해서는 특별히 규정하지 않는다.

15-6 O링의 부착에 관한 주의 사항

■ 부착부의 예리한 모서리를 제거하는 방법

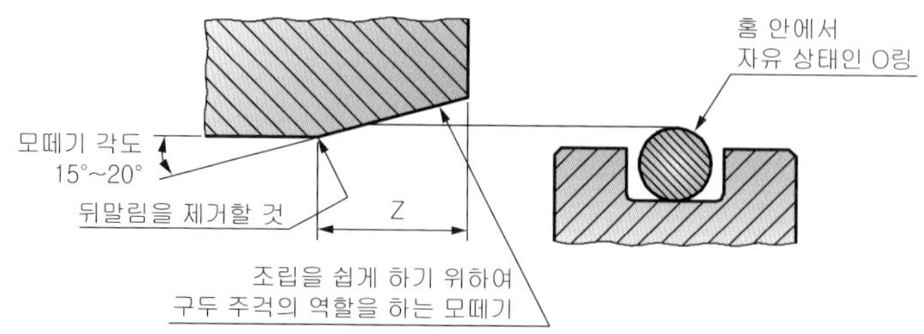

단위 : mm

O링의 호칭번호	O링의 굵기	Z(최소)
P 3~P 10	1.9±0.08	1.2
P 10A~P 22	2.4±0.09	1.4
P 22A~P 50	3.5±0.10	1.8
P 48A~P 150	5.7±0.13	3.0
P 150A~P 400	8.4±0.15	4.3
G 25~G 145	3.1±0.10	1.7
G 150~G 300	5.7±0.13	3.0
A 0018 G~A 0170 G	1.80±0.08	1.1
B 0140 G~B 0387 G	2.65±0.09	1.5
C 0180 G~C 2000 G	3.55±0.10	1.8
D 0400 G~D 4000 G	5.30±0.13	2.7
E 1090 G~E 6700 G	7.00±0.15	3.6

[주] 기기를 조립할 때, O링이 홈이 생기지 않도록 위 표에 따라 끝 부나 구멍에 모떼기를 한다.

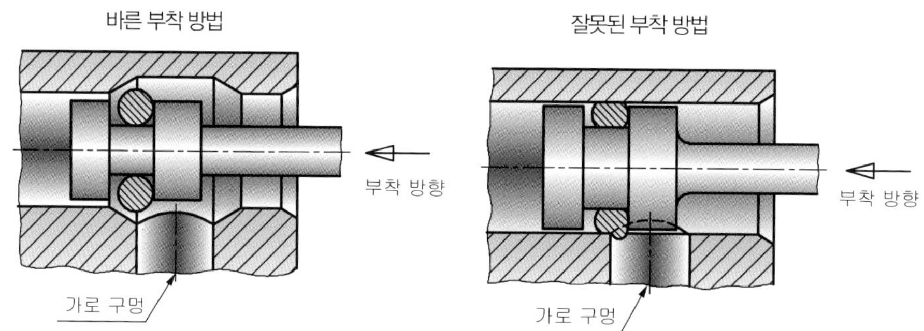

O링이 나사부 또는 그 밖의 예리한 모서리를 지나서 부착될 때는 O링을 손상하지 않는 기구로 설계하고 또한 부착할 때는 아래 그림과 같이 나사부에 캡을 삽입하여 부착한다.

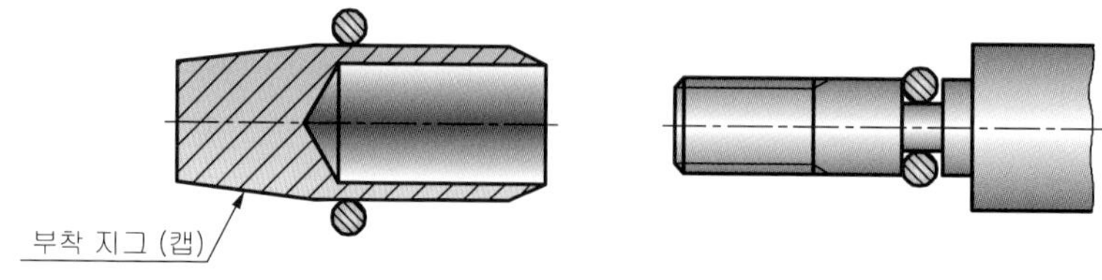

15-7 유공압용 O링 홈의 설계 기준 및 기본 계산(1/4)

1. 기호의 정의

기 호	정 의	기 호	정 의
d1	O링 안지름	b	O링 홈 나비
d2	O링 굵기	b1	백업링 1개인 경우의 O링 홈 나비
d3	O링 홈 - 피스톤용 홈 바닥 지름	b2	백업링 2개인 경우의 O링 홈 나비
d4	실린더 안지름	h	평면(플랜지)용 홈 깊이
d5	로드 지름	t	운동용 및 고정(원통면)용 홈 깊이
d6	O링 홈 - 로드용 홈 바닥 지름	z	O링 장착용 모떼기부의 길이
d7	평면(플랜지-내압)용 홈 지름	r1	홈 바닥의 R
d8	평면(플랜지-외압)용 홈 지름	r2	홈 모서리부의 모떼기
d9	피스톤 바깥 지름	2g	지름 틈새
d10	로드부 구멍 지름		

2. O링 및 백업링의 사용법

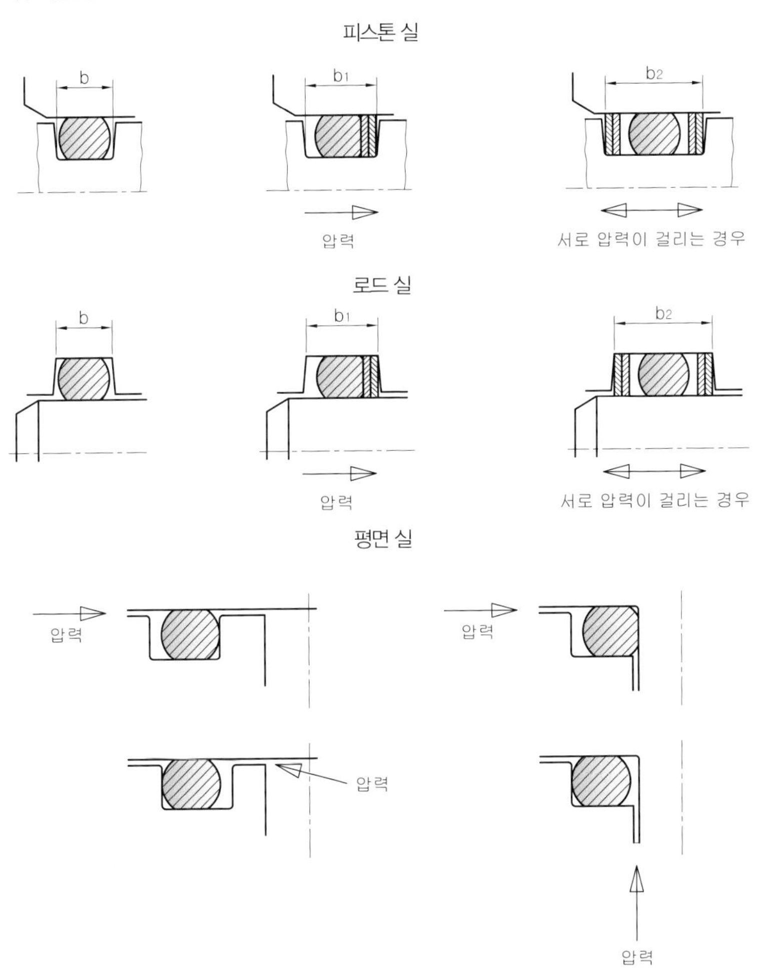

15-7 유공압용 O링 홈의 설계 기준 및 기본 계산(2/4)

3. 피스톤용 홈

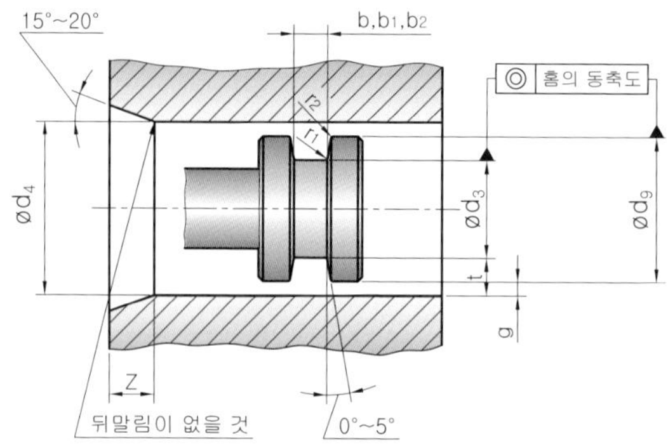

피스톤(실린더 내면)용 O링 홈

4. 로드용 홈

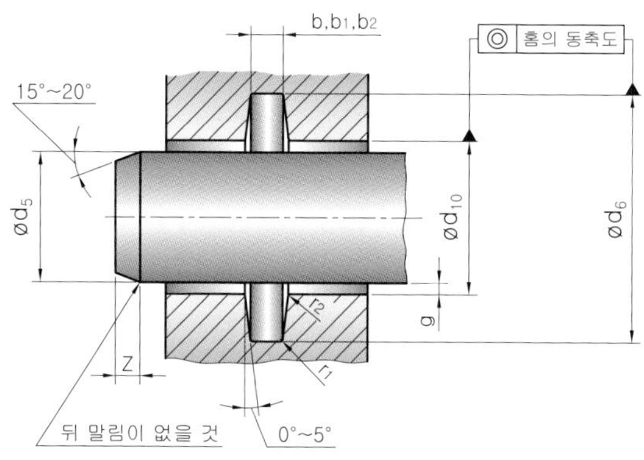

로드용 O링 홈

5. 평면(플랜지)용 홈

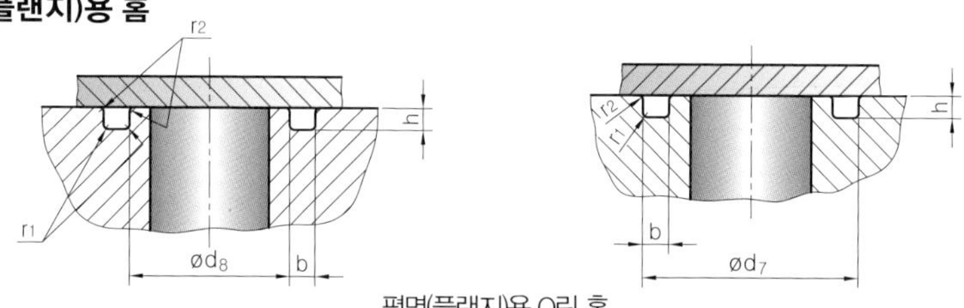

평면(플랜지)용 O링 홈

6. 표면 거칠기 Ra 및 Rmax(홈과 O링 실부의 접촉면)

단위 : mm

V	용 도	압력이 걸리는 방법	표면 거칠기	
			Ra	Rmax
홈의 측면 및 바닥면	고정용	맥동 없음	3.2	12.5
			(1.5)※	(6.3)※
		맥동 있음	1.6	6.3
	운동용	–	1.6	6.3
			(0.8)※	(3.2)※
O링의 실부의 접촉면	고정용	맥동 없음	1.6	6.3
			(0.8)※	(3.2)※
	운동용	맥동 있음	0.8	3.2
		–	0.4	1.6
O링의 장착용 모떼기부			3.2	12.5

[주] ( )※를 붙인 수치는 특수 용도에 적용한다.

15-7 유공압용 O링 홈의 설계 기준 및 기본 계산(3/4)

7. 홈 바닥의 둥글기 및 홈 모서리부의 모떼기

단위 : mm

d2	r1(홈 바닥)	r2(홈 모서리부)
1.80	0.2~0.4	0.1~0.3
2.65	0.2~0.4	0.1~0.3
3.55	0.4~0.8	0.1~0.3
5.30	0.4~0.8	0.1~0.3
7.00	0.8~1.2	0.1~0.3

[주] ISO 3286 Single point cutting tools-corner radii

8. O링 장착용 모떼기부의 길이

장착시에 로드 또는 실린더에 삽입하는 피스톤에의해 O링에 흠이 생기지 않도록 15~20의 모떼기 각도를 붙여야 한다.

단위 : mm

d2	1.80	2.65	3.55	5.30	7.00
Z 최소	1.1	1.5	1.8	2.7	3.5

9. 홈의 동축도의 치수 허용차

기계 가공된 홈의 지름 d10, d6, d9와 d3 사이의 동축도는 50mm, 지름까지는 0.025 이하, 50mm를 초과한 경우는 0.050 이하로 한다.

10. 홈의 각 지름의 치수 허용차

홈의 각부의 치수		d2				
		1.80	2.65	3.55	5.30	7.00
실린더 안지름	d_4	+0.06 0	+0.07 0	+0.08 0	+0.09 0	+0.11 0
피스톤용 홈바닥 지름	d_3	0 −0.04	0 −0.05	0 −0.06	0 −0.07	0 −0.09
합계 허용차	d_4+d_3	0.10	0.12	0.14	0.16	0.20
피스톤 바깥 지름	d_9	f7				
로드 지름	d_5	−0.01 −0.05	−0.02 −0.07	−0.03 −0.09	−0.03 −0.10	−0.04 −0.13
로드용 홈 바닥 지름	d_6	+0.06 0	+0.07 0	+0.08 0	+0.09 0	+0.11 0
합계 허용차	d_5+d_6	0.10	0.12	0.14	0.16	0.20
로드부 구멍 지름	d_{10}	H8				
평면(플랜지 내업)용 홈 지름	d_7	H11				
	d_8 ※	h11				
d3, d4, d5, d6의 허용차는 특수한 용도인 경우는 바꿔도 되지만 d3+d4 또는 d5+d6의 합계의 허용차를 초과하여서는 안된다.						

[주] ※ 평면(플랜지 외압)용 홈지름.

11. 고정용(원통면)및 운동용의 홈 치수

■ 홈 나비

단위 : mm

용 도		d2														
		1.80			2.65			3.55			5.30			7.00		
		b	b1	b2	b	b1	b2	b	b1	b2	b	b1	b2	b	b1	b2
고정용(원통면)		2.4	3.8	5.2	3.6	5.0	6.4	4.8	6.2	7.6	7.1	9.0	10.9	9.5	12.3	15.1
운동용	유압용															
	공기압용	2.2			3.4			4.6			6.9			9.3		

[주] 홈 나비의 허용차 $^{+0.25}_{0}$

15-7 유공압용 O링 홈의 설계 기준 및 기본 계산(4/4)

■ 홈 깊이 t

피스톤용 홈(실린더 안지름)

단위 : mm

용 도		d_2				
		1.80	2.65	3.55	5.30	7.00
고정용(원통면)		1.38	2.07	2.74	4.19	5.67
운동용	유압용	1.42	2.16	2.96	4.48	5.95
	공기압용	1.46	2.23	3.03	4.65	6.20

로드용 홈

단위 : mm

용 도		d_2				
		1.80	2.65	3.55	5.30	7.00
고정용(원통면)		1.42	2.15	2.85	4.36	5.89
운동용	유압용	1.47	2.24	3.07	4.66	6.16
	공기압용	1.57	2.37	3.24	4.86	6.43

홈 치수의 계산 방법
운동용과 고정용(원통면)의 용도v
피스톤용 홈 d3 최대=d4 최소−2t
로드용홈 d6 최대=d5 최대+2t

평면(플랜지)용 홈 치수 (허용차는 $^{+0.25}_{\ \ 0}$)

홈 나비 b

단위 : mm

d_2	1.80	2.65	3.55	5.30	7.00
b	2.6	3.8	5.0	7.3	9.7

홈 나비 b

단위 : mm

d_2	1.80	2.65	3.55	5.30	7.00
h	1.28	1.97	2.75	4.24	5.72

홈 치수의 계산 방법
호칭치수 d7=호칭 치수 d1+2호칭치수 d2(내압용)
호칭치수 d8=호칭 치수 d1(외압용)

12. O링의 치수 범위

단위 : mm

호칭 번호			용 도					
			피스톤용			로드용		
d2	시리즈 G의 d1	시리즈 A의 d1	고정용 (원통면)	운동용 공기압	운동용 유압	고정용 (원통면)	운동용 공기압	운동용 유압
A	0037~0045					G	G	G
	0048			G		G	G	G
	0050~0132	0018~0100	GA	G	GA	GA	G	G
	0140~0170	0106~1250	GA			GA	G	
B	0140~0224	0045~0200	GA	G	GA	GA	G	G
	0236~0387	0212~2500	GA			GA		
C	0180~0412	0140~0387	GA	G	GA	GA	G	G
	0425~2000	0400~3550	GA			GA		
D	0400~1150	0375~1150	GA	G	GA	GA	G	G
	1180~4000	1180~2000	GA			GA		
E	1090~2500	1090~4000	GA	G	GA	GA	G	G
	2580~6700		G			G		

[비고] G는 G시리즈, A는 A시리즈에 적용

운동용 및 고정용(원통면) 홈 부의 표면 거칠기

단위 : mm

기기의 부분	운동용	고정용 (원통면)	기기의 부분		운동용	고정용 (원통면)
실린더 내면, 또는 피스톤 로드 외면 등	1.6S	6.3S	홈의 측면	백업링을 사용 않는 경우	3.2S	6.3S
홈의 밑면	3.2S	6.3S		백업링을 사용할 경우	6.3S	6.3S

고정면(평면)의 표면 거칠기

단위 : mm

기기의 부분	압력 변화 큰 경우	압력 변화 작은 경우	기기의 부분	압력 변화 큰 경우	압력 변화 작은 경우
플랜지 면 등의 접촉면	6.3S	12.5S	홈의 밑면	6.3S	12.5S
홈의 측면	6.3S	12.5S	(주) 압력변화가 큰 경우는 압력변동이 크고 빈도가 심할 때를 말한다.		

15-8 O링 홈의 치수(1/4)

1. 플랜지 개스킷으로서의 사용 방법

일반적으로는 아래 그림에 도시한 것과 같은 사용 방법을 적용한다. 이 경우 유체의 압력이 O링의 안쪽에 가해지는 경우는 홈의 외경을 O링의 호칭 외경과 같게 하고, 외압이 가해지는 경우는 홈의 내경을 O링의 호칭 내경과 같게 한다. 홈의 깊이 및 너비는 KS B 2799에 규정되어 있지만 참고로 아래 표에 인치 사이즈 O링을 개스킷에 사용하는 경우의 홈의 치수를 나타냈다.

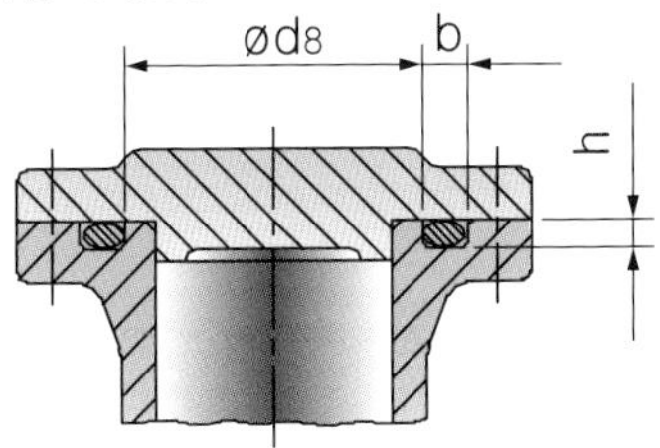

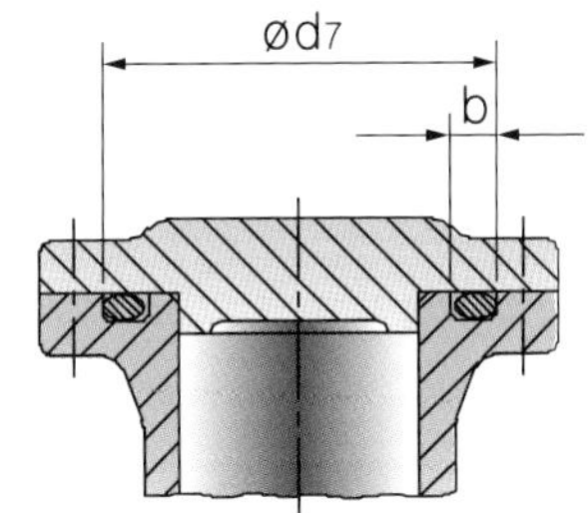

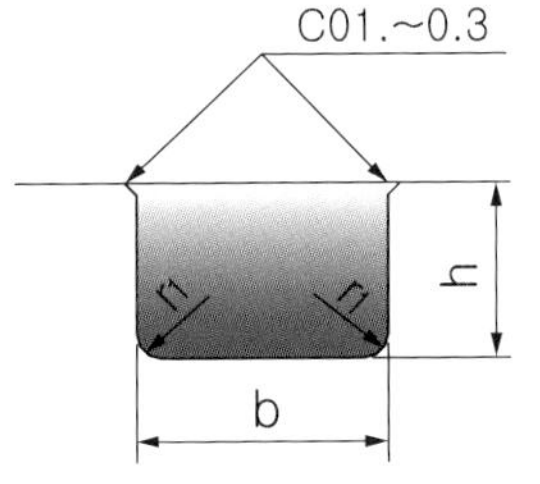

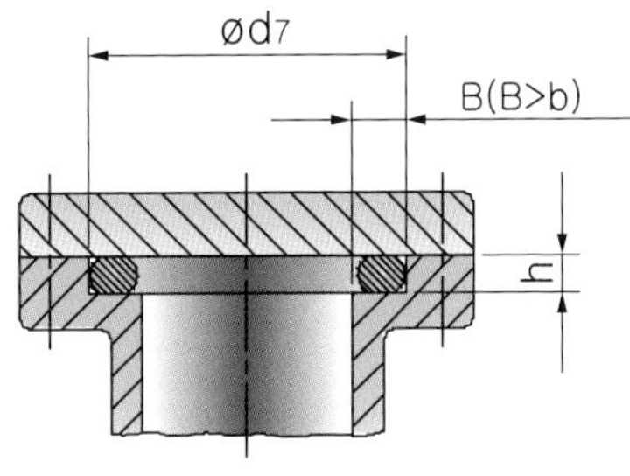

① mm 사이즈 O링을 개스킷에 사용하는 경우의 홈의 치수(KS B 2799/JIS B 2406)

단위 : mm

O링의 크기	홈의 깊이		홈의 너비		반지름
	h	허용차	b	허용차	r1
1.9 ±0.08	1.4	±0.05	2.5	+0.25 0	0.4
2.4 ±0.09	1.8		3.2		0.4
3.1 ±0.10	2.4		4.1		0.7
3.5 ±0.10	2.7		4.7		0.8
5.7 ±0.13	4.6		7.5		0.8
8.4 ±0.15	6.9		11.0		1.2

② in 사이즈 O링을 개스킷에 사용하는 경우의 홈의 치수

단위 : mm

O링의 크기	홈의 깊이		홈의 너비		반지름
	h	허용차	b	허용차	r1
1.78 ±0.07	1.27	±0.05	2.39	+0.25 0	0.4
2.62 ±0.07	2.06		3.58		0.6
3.53 ±0.10	2.82		4.78		0.7
5.33 ±0.12	4.32		7.14		0.7
6.98 ±0.15	5.74		9.53		0.7

③ 일반 공업용(ISO) O링을 개스킷에 사용하는 경우의 홈의 치수(참고)

단위 : mm

O링의 크기	홈의 깊이		홈의 너비		반지름
	h	허용차	b	허용차	r1
1.80 ±0.08	1.28	±0.05	2.6	+0.25 0	0.2~0.4
2.65 ±0.09	1.97		3.8		0.2~0.4
3.55 ±0.10	2.75		5.0		0.4~0.8
5.30 ±0.13	4.24		7.3		0.4~0.8
7.00 ±0.15	5.72		9.7		0.8~1.2

④ O링의 설치 홈부의 형상

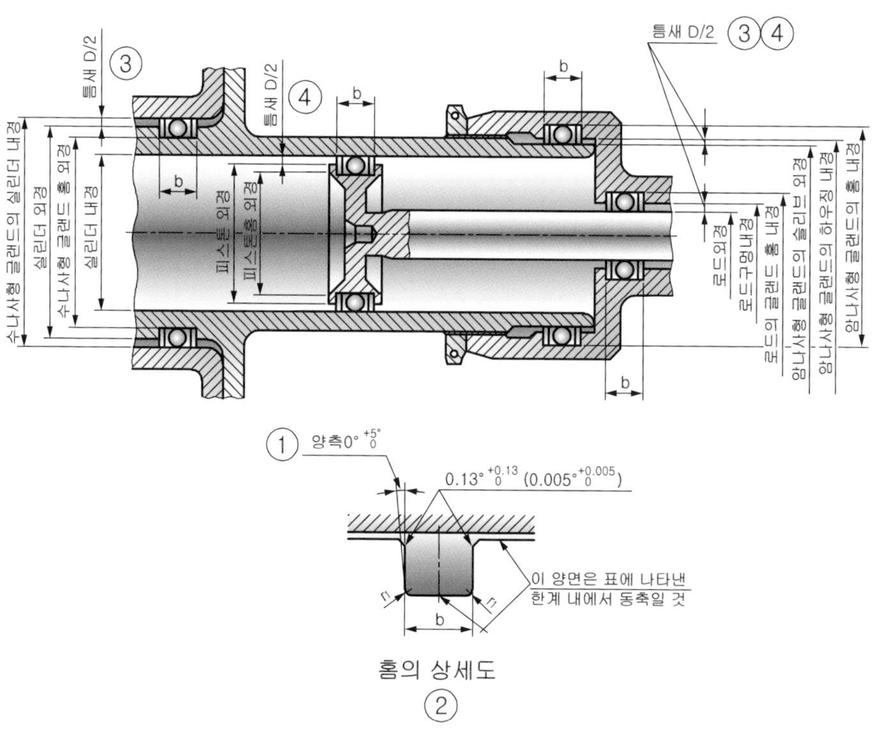

[IL-G-5514F 항공기용 O링의 설치 홈부의 형상]

[주] (1) 홈의 각도는 0° 일 때가 비교적 양호한 효과를 얻을 수 있다.
(2) 홈과 근접하는 지지면과의 사이의 최대 흔들림. 홈의 상세도를 참조할 것.
(3) 고정용 O링 SEAL을 사용하는 경우는 JIS W 2006 3.5.4를 참조할 것.
(4) 직경의 틈새는 실린더 내경에 꼭 맞는 부품 재료와의 전체 치수 차이이다.

15-8 O링 홈의 치수(3/4)

■ mm 사이즈 O링을 운동용 및 고정용 원통면에 사용하는 경우의 홈의 치수

작동압력 25MPa {255kgf/cm^2

단위 : mm

O링의 크기	홈의 깊이		홈의 너비		반지름
	h	허용차	b	허용차	r1
1.9 ±0.08	1.5	0 -0.05	2.5	+0.25 0	0.4
2.4 ±0.09	2.0		3.2		0.4
3.1 ±0.10	2.5		4.1		0.7
3.5 ±0.10	3.0		4.7		0.8
5.7 ±0.13	5.0		7.5		0.8
8.4 ±0.15	7.5		11.0		1.2

■ in 사이즈(AS568) O링을 운동용 및 고정용 원통면에 사용하는 경우의 홈의 치수

(MIL-G5515-F) 작동압력 10.3MPa {105kgf/cm^2} 이하

단위 : mm

O링의 크기	홈의 깊이		홈의 너비		반지름
	h	허용차	b	허용차	r1
1.78 ±0.07	1.425	+0.03 0	2.39	+0.25 0	0.4
2.62 ±0.07	2.265	+0.05 0	3.58		0.4
3.53 ±0.10	3.085	+0.05 0	4.78		0.6
5.33 ±0.12	4.725	+0.05 0	7.14		0.7
6.98 ±0.15	6.060	+0.08 0	9.52		0.7

■ mm 사이즈 O링을 고정용 및 원통면에 사용하는 경우의 홈의 치수 (MAKER 추천)

단위 : mm

O링의 크기	홈의 깊이		홈의 너비		반지름
	h	허용차	b	허용차	r1
1.9 ±0.08	1.43	0 -0.05	2.65	+0.13 0	0.4
2.4 ±0.09	1.88		3.11		0.4
3.1 ±0.10	2.54		3.76		0.8
3.5 ±0.10	2.91		4.16		0.8
5.7 ±0.13	4.88		6.51		0.8
8.4 ±0.15	7.11		9.70		1.0

■ in 사이즈 O링을 고정용 및 원통면에 사용하는 경우의 홈의 치수 (MAKER 추천)

단위 : mm

O링의 크기	홈의 깊이		홈의 너비		반지름
	h	허용차	b	허용차	r1
1.78 ±0.07	1.32	0 -0.05	2.54	+0.13 0	0.4
2.62 ±0.07	2.11		3.18		0.4
3.53 ±0.10	2.92		4.32		0.8
5.33 ±0.12	4.57		6.10		0.8
6.98 ±0.15	5.94		8.00		1.0

15-8 O링 홈의 치수(4/4)

■ 일반 공업용(ISO) O링을 운동용으로 사용하는 경우의 홈의 치수(참고)

단위 : mm

O링의 크기	홈의 깊이		홈의 너비		반지름
	h	허용차	b	허용차	r1
1.80 ±0.08	1.42/1.47 (1.46/1.57)	0 −0.05	2.4 (2.2)	+0.25 0	0.2~0.4
2.65 ±0.09	2.16/2.24 (2.23/2.37)		3.6 (3.4)		0.2~0.4
3.55 ±0.10	2.96/3.07 (3.03/3.24)		4.8 (4.6)		0.4~0.8
5.30 ±0.13	4.48/4.66 (4.65/4.86)		7.1 (6.9)		0.4~0.8
7.00 ±0.15	5.95/6.16 (6.20/6.43)		9.5 (9.3)		0.8~1.2

[주] 홈의 깊이 및 홈의 너비 중의 수치는 상단은 유압용, 하단 ( )안 수치는 공기압용을 나타낸다.
홈 깊이 h의 수치는 좌측은 피스톤용, 우측은 로드용을 나타낸다.

■ 일반 공업용(ISO) O링을 고정용 원통면에 사용하는 경우의 홈의 치수(참고)

단위 : mm

O링의 크기	홈의 깊이		홈의 너비		반지름
	h	허용차	b	허용차	r1
1.80 ±0.08	1.38 (1.42)	0 −0.05	2.4	+0.25 0	0.2~0.4
2.65 ±0.09	2.07 (2.15)		3.6		0.2~0.4
3.55 ±0.10	2.74 (2.85)		4.8		0.4~0.8
5.30 ±0.13	4.19 (4.36)		7.1		0.4~0.8
7.00 ±0.15	5.67 (5.89)		9.5		0.8~1.2

[주] 홈 깊이 h 상단은 피스톤용 홈, 하단 ( )안은 로드용 홈 치수를 나타낸다.

■ O링이 회전 운동하지 않는 운동용 홈의 치수(mm 사이즈용)

단위 : mm

O링의 크기	홈의 깊이		홈의 너비		반지름
	h	허용차	b	허용차	r1
1.9 ±0.08	1.57	0 −0.05	2.33	+0.13 0	0.4
2.4 ±0.09	2.07		2.69		0.4
3.5 ±0.10	3.11		3.79		0.8
5.7 ±0.13	5.09		6.14		0.8
8.4 ±0.15	7.31		9.28		1.0

■ O링이 회전 운동하지 않는 운동용 홈의 치수(in 사이즈용)

단위 : mm

O링의 크기	홈의 깊이		홈의 너비		반지름
	h	허용차	b	허용차	r1
1.78 ±0.07	1.45	0 −0.05	2.29	+0.13 0	0.4
2.62 ±0.07	2.29		2.92		0.4
3.53 ±0.10	3.12		3.94		0.8
5.33 ±0.12	4.78		5.84		0.8
6.98 ±0.15	6.10		7.75		1.0

15-9 특수 홈의 치수(1/4)

1. 진공 플랜지용 홈의 치수

진공 장치용 플랜지에 대해서 O링의 홈 치수는 KS B 2805 / JIS B 2290에 규정되어 있다.

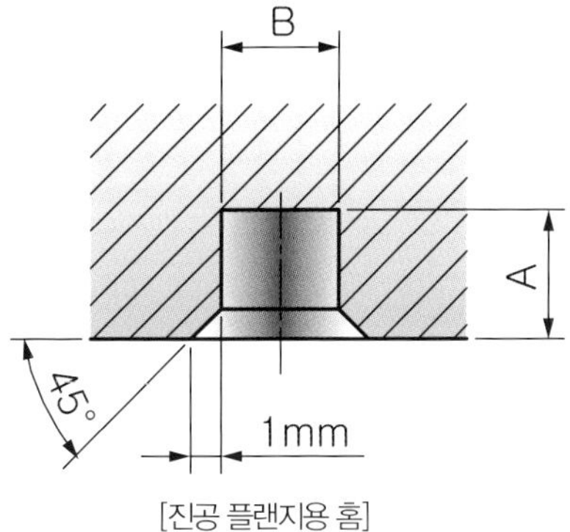

[진공 플랜지용 홈]

■ 진공 플랜지용 홈의 치수

단위 : mm

O링의 크기	홈의 깊이 A	허용차	홈의 너비 B	허용차
4 ±0.1	3	±0.1	5	+0.1 0
6 ±0.15	4.5		8	
10 ±0.3	7		12	

■ 더브테일(dovetail) 홈의 치수

주된 용도로서 밸브 및 압력솥 등의 고정 실에 사용되며 O링을 장착한 경우 O링이 탈착하는 것을 방지할 목적으로 사용된다. 고기능 고무 제품인 VALQUA ARMOR, ARCURY 및 FLUORITZ를 사용하는 경우에는 추천 홈 치수(고정실용)로 한다.

※1 동적 실(SEAL) 용도에는 적용하지 말 것

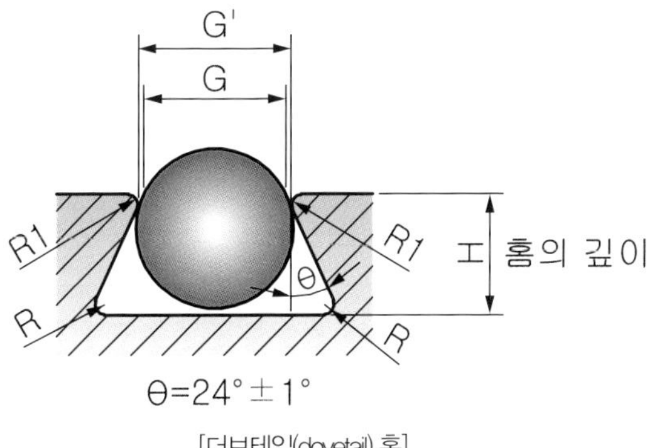

[더브테일(dovetail) 홈]

15-9 특수 홈의 치수(2/4)

■ 가압용

단위 : mm

O링			G ± 0.05	G'	H	허용차	R1	R Max
규 격	호칭 번호	크기	모떼기 전	모떼기 후				
JIS B 2401	P3~P10	1.9 ±0.08	1.55	1.71	1.4	0 −0.05	0.15	0.40
	P10A~P22	2.4 ±0.09	2.00	2.22	1.8		0.20	0.40
	P22A~P50	3.5 ±0.10	2.95	3.17	2.8		0.20	0.80
	P48A~P150	5.7 ±0.13	4.75	5.18	4.7		0.40	0.80
	P150A~P400	8.4 ±0.15	7.10	7.64	7.0		0.50	1.60
	G25~G145	3.1 ±0.10	2.60	2.82	2.4		0.20	0.80
	G150~G300	5.7 ±0.13	4.75	5.18	4.7		0.40	0.80
AS568	004~050	1.78 ±0.07	1.47	1.61	1.30		0.13	0.40
	102~178	2.62 ±0.07	2.16	2.43	2.01		0.25	0.40
	201~284	3.53 ±0.10	2.95	3.22	2.79		0.25	0.79
	309~395	5.33 ±0.12	4.45	4.86	4.34		0.38	0.79
	425~475	6.98 ±0.15	5.94	6.35	5.77		0.38	1.59

■ 진공용

단위 : mm

O링			G ± 0.05	G'	H	허용차	R1	R Max
규 격	호칭 번호	크기	모떼기 전	모떼기 후				
JIS B 2401	P22A~P50	3.5 ±0.10	3.05	3.27	2.5	0 −0.05	0.20	0.80
	P48A~P150	5.7 ±0.13	4.95	5.38	4.2		0.40	0.80
	P150A~P400	8.4 ±0.15	7.35	7.89	6.3		0.50	1.60
	V15~V175	4 ±0.10	3.45	3.77	2.9		0.30	0.80
	V225~V430	6 ±0.15	5.25	5.68	4.4		0.40	0.80
	V480~V1055	10 ±0.30	8.70	9.24	7.6		0.50	1.60
AS568A	201~284	3.53 ±0.10	3.07	3.34	2.51		0.25	0.79
	309~395	5.33 ±0.12	4.62	5.03	3.91		0.38	0.79
	425~475	6.98 ±0.15	6.12	6.53	5.21		0.38	1.59

■ 진공 고정 실(SEAL)용 추천 홈 (VALQUA ARMOR, ARCURY 및 FLUORITZ 등의 고기능 고무 제품) 사용 용도영역 : 0~200℃

단위 : mm

O링			G ± 0.05	G'	H	허용차	R1	R Max
규 격	호칭 번호	크기	모떼기 전	모떼기 후				
JIS B 2401	P22A~P50	3.5 ±0.10	2.98	3.30	2.8	0 −0.05	0.30	0.80
	P48A~P150	5.7 ±0.13	4.95	5.38	4.6		0.40	0.80
	P150A~P400	8.4 ±0.15	7.35	7.89	6.7		0.50	1.60
	V15~V175	4 ±0.10	3.45	3.77	3.2		0.30	0.80
	V225~V430	6 ±0.15	5.25	5.68	4.8		0.40	0.80
	V480~V1055	10 ±0.30	8.76	9.24	8		0.50	1.60
AS568A	102~178	2.62 ±0.07	2.28	2.50	2.05		0.20	0.50
	201~284	3.53 ±0.10	3.03	3.35	2.8		0.30	0.50
	309~395	5.33 ±0.12	4.59	5.00	4.3		0.38	0.79
	425~475	6.98 ±0.15	6.17	6.58	5.64		0.38	1.59

[주] 단, FLUORITZ-HR에 대해서는 사용온도가 0~300℃이기 때문에 FLUORITZ-HR를 200℃ 이상의 온도영역에서 사용하는 경우에는 제조사에 별도로 상담을 할 것.

15-9 특수 홈의 치수(3/4)

2. 삼각 홈 치수

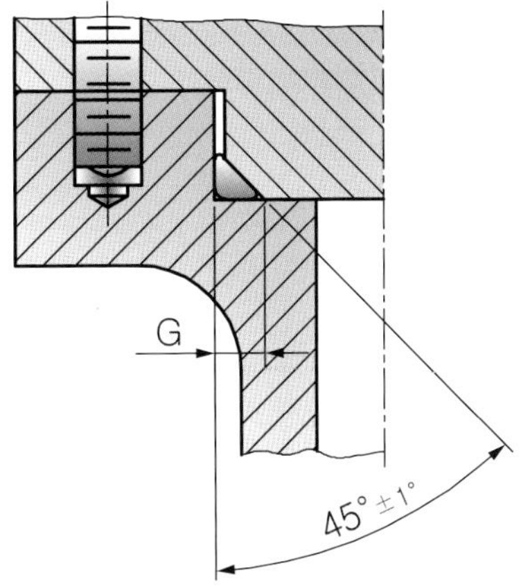

[삼각 홈]

단위 : mm

O 링의 규격 및 호칭 번호		O 링의 크기 d2 실제 치수	G	허용차
JIS B 2401	P3~P10	1.90 ±0.08	2.45	+0.10 0
	P10A~P22	2.40 ±0.09	3.15	+0.15 0
	P22A~P50	3.50 ±0.10	4.55	+0.20 0
	P48A~P150	5.70 ±0.13	7.40	+0.30 0
	P150A~P400	8.40 ±0.15	10.95	+0.40 0
	G25~G145	3.10 ±0.10	4.05	+0.15 0
AS568	G150~G300	5.70 ±0.13	7.40	+0.30 0
	004~050	1.78 ±0.07	2.31	+0.07 0
	102~178	2.62 ±0.07	3.40	+0.12 0
	201~284	3.53 ±0.10	4.60	+0.17 0
	309~395	5.33 ±0.12	6.96	+0.25 0
	425~475	6.98 ±0.15	9.09	+0.38 0

4. X링

X링은 대부분 각형에 가까운 X자 형상으로 비틀림을 일으키지 않고, 게다가 축에 대해서 실(SEAL)면이 균등하게 실링할 수 있도록 제작되어 회전용으로서 유효한 링 패킹이다.

■ 종류와 용도

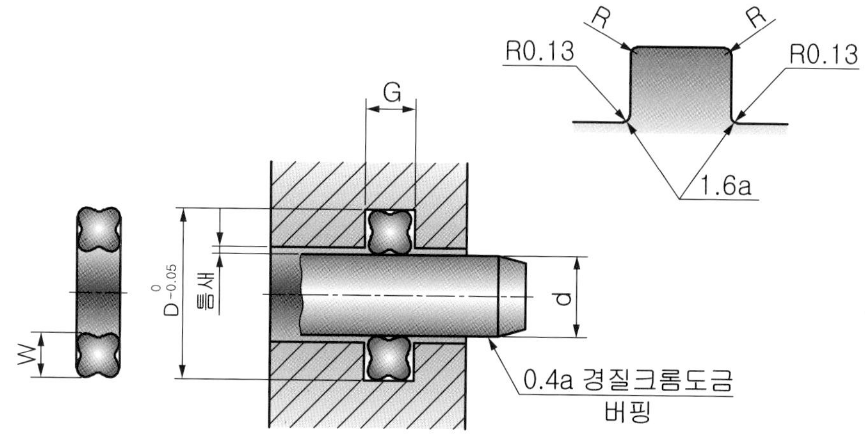

VALQUA No.	재 료	사용 한계
641	니트릴 고무 고무 경도 쇼어 A=80	압력 3.9 MPa {40kgf/cm2} 이하 속도 3m/s 이하 온도 80℃ 이하
4641	불소 고무 고무 경도 쇼어 A=80	압력 3.9 MPa {40kgf/cm2} 이하 속도 3m/s 이하 온도 150℃ 이하

[주] 위 표의 수치는 일반적인 조건하에서의 압력, 속도의 각각의 한계 참고값이다.

■ X링의 홈 치수

축 지름	패 킹		홈의 치수					직경의 틈새
d	호칭번호	W	D	허용차	G	허용차	R	
7 ~ 10	R7 ~ R10	2.1	d+3.7	0 −0.05	2.6	+0.13 0	0.4	0.18 이하
11 ~ 22	R11 ~ R22	2.7	d+4.9		3.2			
24 ~ 50	R24 ~ R50	4.3	d+7.9		5.1		0.8	0.22 이하
55 ~ 100	R55 ~ R100	5.7	d+10.6		6.5			0.25 이하

15-10 플러머 블록(펠트링)

KS B 2052 폐지

■ 플러머 블록 계열 SN5의 호칭번호 및 치수 [구규격 : KS B 2502, 신규격 : KS B ISO 113]

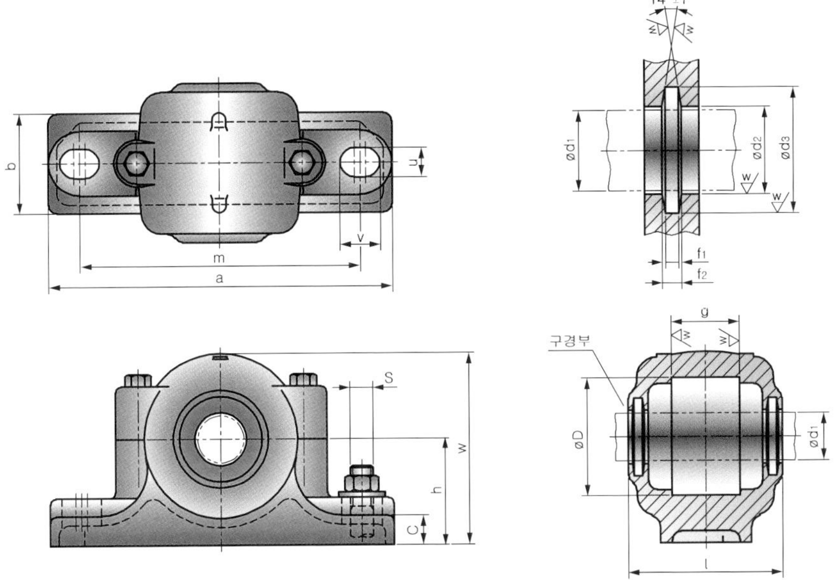

호칭번호	치수: 축지름(참고) d1	D (H8)	a	b	c	g (H13)	h (h13)	l	w	m	u	v	d2 (H12)	d3 (H12)	f1 (H13)	f2 (약)	[참고] 고정 볼트의 호칭 S	중량 (kg)	적용 베어링: 자동조심 볼 베어링	적용 베어링: 자동조심 롤러 베어링	적용 어댑터	위치 결정링: 호칭	위치 결정링: 개수
SN 504	17	47	150	45	19	24	35	66	70	115	12	20	18.5	28	3	4.2	M10	0.88	1204K	–	H 204	SR 47×5	2
SN 505	20	52	165	46	22	25	40	67	75	130	15	20	21.5	31	3	4.2	M12	1.1	1205K 2205K	– 22205K	H 205 H 305	SR 52×5 SR 52×7	2 1
SN 506	25	62	185	52	22	30	50	77	90	150	15	20	26.5	38	4	5.4	M12	1.6	1206K 2206K	– 22206K	H 206 H 306	SR 62×7 SR 62×10	2 1
SN 507	30	72	185	52	22	33	50	82	95	150	15	20	31.5	43	4	5.4	M12	1.9	1207K 2207K	– 22207K	H 207 H 307	SR 72×8 SR 70×10	2 1
SN 508	35	80	205	60	25	33	60	85	110	170	15	20	36.5	48	4	5.4	M12	2.6	1208K 2208K	– 22208K	H 208 H 308	SR 80×7.5 SR 80×10	2 1
SN 509	40	85	205	60	25	31	60	85	112	170	15	20	41.5	53	4	5.4	M12	2.8	1209K 2209K	– 22209K	H 209 H 309	SR 85×6 SR 85×8	2 1
SN 510	45	90	205	60	25	33	60	90	115	170	15	20	46.5	58	4	5.4	M12	3.0	1210K 2210K	– 22210K	H 210 H 310	SR 90×6.5 SR 90×10	2 1
SN 511	50	100	255	70	28	33	70	95	130	210	18	23	51.5	67	5	6.9	M16	4.0	1211K 2211K	– 22211K	H 211 H 311	SR 100X6 SR 100X8	2 1
SN 512	55	110	255	70	30	38	70	105	135	210	18	23	56.5	72	5	6.9	M16	4.6	1212K 2212K	– 22212K	H 212 H 312	SR 110X8 SR 110X10	2 1
SN 513	60	120	275	80	30	43	80	110	150	230	18	23	62	77	5	6.8	M16	5.4	1213K 2213K	– 22213K	H 213 H 313	SR 120X10 SR 120X12	2 1
SN 515	65	130	280	80	30	41	80	115	155	230	18	23	67	82	5	6.8	M16	6.7	1215K 2215K	– 22215K	H 215 H 315	SR 130X8 SR 130X10	2 1

플러머 블록은 휄트링이라고도 하며 KS B 2502에 규정되어 있었으나, 국제표준 부합화로 발생한 중복 규격의 사유로 폐지하였다. 기존 출제도면에 간혹 등장하는 경우가 있어 참고로 수록하였으며 지금은 펠트링 대신에 오일실을 많이 적용하고 있다. KS규격을 적용하는 방법은 아래에서 d_2 에 끼워지는 축이나 부시 등의 외경 d_1 이 기준치수가 되고, d_1 을 기준으로 d_2, d_3, f_1, f_2, 각도(°) 및 공차를 기입해주면 된다.

Chapter 16

오일실 규격

16-1 오일실(1/4)

KS B 2804

■ 적용 범위

이 규격은 지름 7mm에서 500mm까지의 회전축 주위에서 기름 또는 그리스 등의 누설을 방지하기 위한 오일실에 대하여 규정한다.

■ 오일실의 종류 및 기호

오일실의 종류	기 호	비 고	참고 그림
스프링 들이 바깥 둘레 고무	S	스프링을 사용한 단일 립과 금속 링으로 구성되어 있고,바깥 둘레 면이 고무로 씌워진 형식의 것.	
스프링 들이 바깥 둘레 금속	SM	스프링을 사용한 단일 립과 금속 링으로 구성되어 있고, 바깥 둘레 면이 금속 링으로 구성되어 있는 형식의 것.	
스프링 들이 조립	SA	스프링을 사용한 단일 립과 금속 링으로 구성되어 있고, 바깥 둘레 면이 금속 링으로 구성되어 있는 조립 형식의 것.	
스프링 없는 바깥 둘레 고무	G	스프링을 사용하지 않은 단일 립과 금속 링으로 구성되어 있고, 바깥 둘레 면이 고무로 씌워진 형식의 것.	
스프링 없는 바깥 둘레 금속	GM	스프링을 사용하지 않은 단일 립과 금속 링으로 구성되어 있고, 바깥 둘레 면이 금속 링으로 구성되어 있는 형식의 것.	
스프링 없는 조립	GA	스프링을 사용하지 않은 단일 립과 금속 링으로 구성되어 있고, 바깥 둘레 면이 금속 링으로 구성되어 있는 조립 형식의 것.	
스프링 들이 바깥 둘레 고무 먼지 막이 붙이	D	스프링을 사용한 단일 립과 금속 링 및 스프링을 사용하지 않은 먼지막이로 되어있고, 바깥 둘레 면이 고무로 씌워진 형식의 것.	
스프링 들이 바깥 둘레 금속 먼지 막이 붙이	DM	스프링을 사용한 단일 립과 금속 링 및 스프링을 사용하지 않은 먼지막이로 되어있고, 바깥 둘레 면이 금속 링으로 구성되어 있는 형식의 것.	
스프링 들이 조립 먼지 막이 붙이	DA	스프링을 사용한 단일 립과 금속 링 및 스프링을 사용하지 않은 먼지막이로 되어 있고, 바깥 둘레 면이 금속 링으로 구성되어 있는 조립 형식의 것.	

[비고] 1. 참고 그림 보기는 각 종류의 한 보기를 표시한 것이다.
2. 종류 이외는 각 단체 도면을 참조한다.

[참고] 오일실은 실용 신안의 특허와 관련이 있다.

■ 치수 진원도

단위 : mm

바깥지름	진원도	바깥지름	진원도
50 이하	0.25	120 초과 180 이하	0.65
50 초과 80 이하	0.35	180 초과 300 이하	0.8
80 초과 120 이하	0.5	300 초과 500 이하	1.0

■ 호칭 번호 보기

SM	종류 기호 스프링들이 바깥 둘레 금속
40	호칭 안지름 40mm
62	바깥지름 62mm
11	나비 11mm
A	고무 재료

16-1 오일실(2/4)

KS B 2804

■ 종류별 참고 치수표

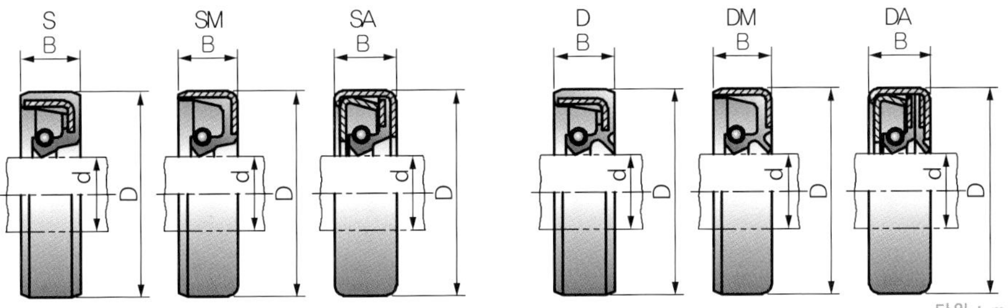

단위 : mm

호칭 안지름 d	바깥 지름 D	나비 B	호칭 안지름 d	바깥 지름 D	나비 B
7	18	7	20	32	8
	20			35	
8	18	7	22	35	8
	22			38	
9	20	7	24	38	8
	22			40	
10	20	7	25	38	8
	25			40	
11	22	7	*26	38	8
	25			42	
12	22	7	28	40	8
	25			45	
*13	25	7	30	42	8
	28			45	
14	25	7	32	52	11
	28		35	55	11
15	25	7	38	58	11
	30		40	62	11
16	28	7	42	65	12
	30		45	68	12
17	30	8	48	70	12
	32		50	72	12
18	30	8	*52	75	12
	35		55	78	12

호칭 안지름 d	바깥 지름 D	나 비 B	호칭 안지름 d	바깥 지름 D	나 비 B
56	78	12	180	210	15
※ 58	80	12	190	220	15
60	82	12	200	230	15
※ 62	85	12	※210	240	15
63	85	12	220	250	15
65	90	13	(224)	(250)	(15)
※ 68	95	13	※230	260	15
70	95	13	240	270	15
(71)	(95)	(13)	250	280	15
75	100	13	260	300	20
80	105	13	※270	310	20
85	110	13	280	320	20
90	115	13	※290	330	20
95	120	13	300	340	20
100	125	13	(315)	(360)	(20)
105	135	14	320	360	20
110	140	14	340	380	20
(112)	(140)	(14)	(355)	(400)	(20)
※115	145	14	360	400	20
120	150	14	380	420	20
125	155	14	400	440	20
130	160	14	420	470	25
※135	165	14	440	490	25
140	170	14	(450)	(510)	(25)
※145	175	14	460	510	25
150	180	14	480	530	25
160	190	14	500	550	25
170	200	15			

[비고] 1. SA 및 DA는 호칭 안지름이 160㎜ 이하에서는 권장하지 않는다.
2. ( )안의 것은 되도록 사용하지 않는다.
3. ※을 붙인 것은 KS B 0406에 없는 것을 표시한다.

16-1 오일실(3/4)

■ 종류별 참고 치수표

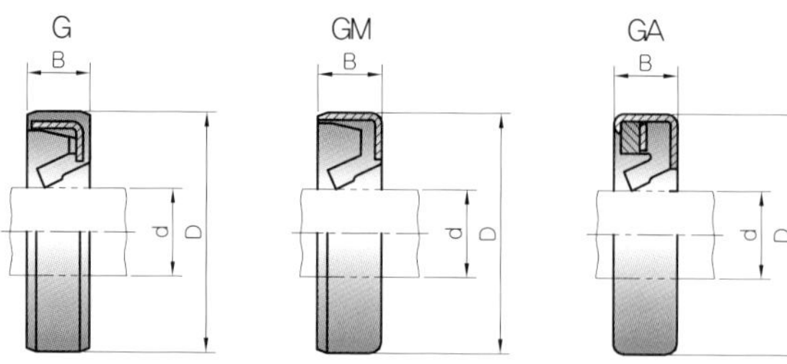

단위 : mm

호칭 안지름 d	바깥 지름 D	나 비 B	호칭 안지름 d	바깥 지름 D	나 비 B
7	18	4	24	38	5
	20	7		40	8
8	18	4	25	38	5
	22	7		40	8
9	20	4	※26	38	5
	22	7		42	8
10	20	4	28	40	5
	25	7		45	8
11	22	4	30	42	5
	25	7		45	8
12	22	4	32	45	5
	25	7		52	11
※13	25	4	35	48	5
	28	7		55	11
14	25	4	38	50	5
	28	7		58	11
15	25	4	40	52	5
	30	7		62	11
16	28	4	42	55	6
	30	7		65	12
17	30	5	45	60	6
	32	8		68	12
18	30	5	48	62	6
	35	8		70	12
20	32	5	50	65	6
	35	8		72	12
22	35	5	※52	65	6
	38	8		75	12

호칭 안지름 d	바깥 지름 D	나 비 B	호칭 안지름 d	바깥 지름 D	나 비 B
55	70	6	95	110	6
	78	12		120	13
56	70	6	100	115	6
	78	12		125	13
*58	72	6	105	120	7
	80	12		135	14
60	75	6	110	125	7
	82	12		140	14
*62	75	6	(112)	(125)	(7)
	85	12		(140)	(14)
63	75	6	*115	130	7
	85	12		145	14
65	80	6	120	135	7
	90	13		150	14
*68	82	6	125	140	7
	95	13		155	14
70	85	6	130	145	7
	95	13		160	14
(71)	(85)	(6)	*135	(150)	(7)
	(95)	(13)		165	14
75	90	6	140	(155)	(7)
	100	13		170	14
80	95	6	*145	(160)	(7)
	105	13		175	14
85	100	6	150	(165)	(7)
	110	13		180	14
90	105	6	160	(175)	(7)
	115	13		190	14

[비고] 1. GA는 되도록 사용하지 않는다. 2. ( )안의 것은 되도록 사용하지 않는다. 3. ※을 붙인 것은 KS B 0406에 없는 것을 표시한다.

16-1 오일실(4/4)

■ 바깥지름 및 나비의 허용차

① 바깥 둘레 고무(기호 S,D,G)의 바깥 지름 허용차

단위 : mm

바깥 지름 D	허용차
30 이하	+0.30 +0.10
30 초과 120 이하	+0.35 +0.10
120 초과 180 이하	+0.40 +0.15
180 초과 300 이하	+0.45 +0.15
300 초과 550 이하	+0.55 +0.20

③ 나비(기호 S, D, G, SM, DM, GM, SA, DA, GA)의 허용차

단위 : mm

나비 B	허용차
6 이하	± 0.2
6 초과 10 이하	± 0.3
10 초과 14 이하	± 0.4
14 초과 18 이하	± 0.5
18 초과 25 이하	± 0.6

② 바깥 둘레 금속(기호 SM, DM, GM, SA, DA, GA)의 바깥 지름의 허용차

단위 : mm

바깥 지름 D	허용차
30 이하	+0.09 +0.04
30 초과 50 이하	+0.11 +0.05
50 초과 80 이하	+0.14 +0.06
80 초과 120 이하	+0.17 +0.08
120 초과 180 이하	+0.21 +0.10
180 초과 300 이하	+0.25 +0.12
300 초과 550 이하	+0.30 +0.14

■ 오일실 설치부 관계 참고 치수

[축 끝의 모떼기]

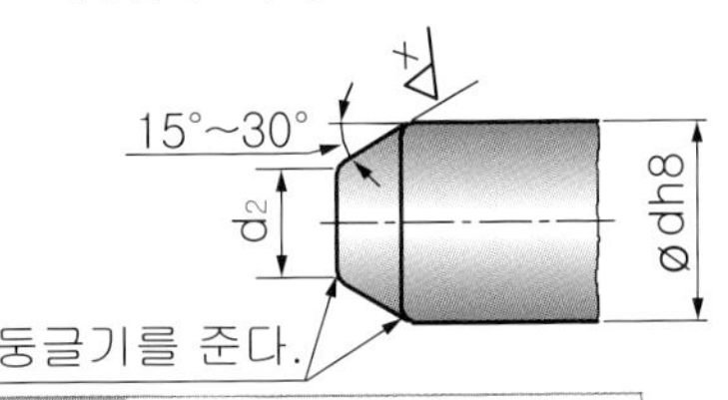

[하우징 구멍의 모떼기 및 구석의 둥글기]

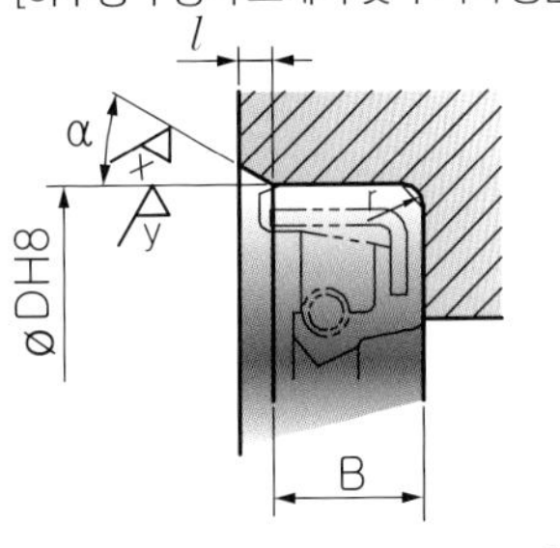

모떼기	$\alpha = 15° \sim 30°$ $l = 0.1B \sim 0.15B$
구석의 둥글기	$r \geq 0.5$mm

단위 : mm

d1	d2 (최대)	d1	d2 (최대)	d1	d2 (최대)	d1	d2 (최대)	d1	d2 (최대)	d1	d2 (최대)	d1	d2 (최대)
7	5.7	20	17.7	45	41.6	70	65.8	120	114.5	※210	203	320	309
8	6.6	22	19.6	48	44.5	(71)	(66.8)	125	119.4	220	213	340	329
9	7.5	24	21.5	50	46.4	75	70.7	130	124.3	(224)	(21.7)	(355)	(344)
10	8.4	25	22.5	※52	48.3	80	75.5	※135	129.2	*230	223	360	349
11	9.3	※26	23.4	55	51.3	85	80.4	140	133	240	233	380	369
12	10.2	28	25.3	56	52.3	90	85.3	※145	138	250	243	400	389
※13	11.2	30	27.3	※58	54.2	95	90.1	150	143	260	249	420	409
14	12.1	32	29.2	60	56.1	100	95	160	153	270	259	440	429
15	13.1	35	32	※62	58.1	105	99.9	170	163	※280	268	(450)	(439)
16	14	38	34.9	63	59.1	110	104.7	180	173	290	279	460	449
17	14.9	40	36.8	65	61	(112)	(106.7)	190	183	300	289	480	469
18	15.8	42	38.7	※68	63.9	※115	109.6	200	193	(315)	(304)	500	489

[비고] ※을 붙인 것은 KS B 0406에 없는 것이고, ( ) 안의 것은 되도록 사용하지 않는다.

■ 바깥지름 및 나비의 허용차 단위 : mm

오일실의 폭 B	하우징 구멍의 깊이 B'
6 이하	B + 0.2
6 초과 10 이하	B + 0.3
10 초과 14 이하	B + 0.4
14 초과 18 이하	B + 0.5
18 초과 25 이하	B + 0.6

■ 하우징 구멍의 치수 진원 단위 : mm

바깥지름	진원도
50 이하	0.25
50 초과 80 이하	0.35
80 초과 120 이하	0.5
120 초과 180 이하	0.65
180 초과 300 이하	0.8
300 초과 500 이하	1.0

Chapter 17

스프링 설계 규격

17-1 압축 및 인장 원통 코일 스프링 설계 기준

KS B 2400:2007

이 규격은 일반적으로 사용하는 압축 코일 스프링 및 인장 코일 스프링 중 원형 단면의 재료를 사용하여 열간 또는 냉간에서 성형하는 원통형 코일 스프링의 설계 기준에 대하여 규정한다.

[비고] 이 규격 중 { } 안의 단위 및 수치는 종래 단위에 따른 것으로 참고로 병기한 것이다. 그리고 1N/㎟=1MPa이다.

■ 스프링의 재료

스프링에 쓰이는 재료는 아래 표에 따른다. 다만 특수한 목적으로 사용하는 경우에는 이것 이외의 것을 사용할 수 있다.

재료의 종류	규격번호	기 호	용 도(참고)						비 고
			일반용	도전	비자기	내열	내식	내피로	
스프링 강재	KS D 3701	SPS 6 SPS 7 SPS 9 SPS 9A SPS 10 SPS 11A SPS 12 SPS 13	○						주로 열간 성형 스프링에 사용한다.
경강선 B종	KS D 3510	SW-B	○						주로 냉간 성형 스프링에 사용한다.
경강선 C종		SW-C							
피아노선 1종	KS D 3556	PW-1	○					○	
피아노선 2종		PW-2							
피아노선 3종		PW-3							
스프링용 탄소강 오일템퍼선	KS D 3579	SWO-A,B	○						
밸브 스프링용 탄소강 오일템퍼선	KS D 3580	SWO-V						○	
밸브 스프링용 크롬 바나듐강 오일템퍼선		SWOCV-V				○		○	
오일 스프링용 실리콘 크롬강 오일템퍼선		SWOSC-V				○		○	
스프링용 실리콘 망간강 오일템퍼선	KS D 3591	SWOSM-A,B,C	○						
스프링용 실리콘 크롬강 오일템퍼선	KS D 3579	SWOSC-B	○			○			
스프링용 스테인리스 강선	KS D 3535	STS 302 STS 304 STS 304N1 STS 316 STS 631 J1	○			○	○		
황동선	KS D 5103	C 2600 W C 2700 W C 2800 W		○	○		○		
양백선	KS D 5102	C 7521 W C 7541 W C 7701 W		○	○		○		
인청동선		C 5102 W C 5191 W C 5212 W		○	○		○		
베릴륨동선		C 1720 W		○	○		○		

■ 스프링 설계 계산에 사용하는 기호

기호	기호의 의미	단 위	기호	기호의 의미	단 위
d	재료의 지름	mm	P	스프링에 걸리는 하중	N, {kgf}
D_i	코일 내경	mm	δ	스프링의 처짐량	mm
D_o	코일 외경	mm	k	스프링 상수	N/mm, {kgf/mm}
D	코일 평균지름 $D=D_i+D_o/2$	mm	τ_0	비틀림 응력	N/mm², {kgf/mm²}
			τ	비틀림 수정 응력	N/mm², {kgf/mm²}
N_t	총감김수	–	τ_i	초기 장력에 의한 비틀림 응력	N/mm², {kgf/mm²}
N_a	유효 감김수	–	x	응력 수정 계수	–
H_f	자유 높이(길이, 자유장)	mm	f	진동수	Hz
H_s	밀착 높이	mm	U	스프링에 저장되는 에너지	N · m, {kgf/mm}
p	피치	mm	w	재료의 단위 체적당 중량	N/mm³, {kgf/mm³}
P_i	초기 장력	N, {kgf}	W	스프링의 운동 부분의 중량	N, {kgf}
c	스프링 지수 c=D/d	–	g	중력가속도	mm/s²
G	가로(횡)탄성계수	N/mm², {kgf/mm²}			

■ 스프링 설계에 사용하는 기본식

[주] 계량법에서는 중력의 가속도를 9806.65mm/s² 로 하고 있다.

	압축스프링 및 초기 장력이 없는 인장스프링의 경우		초기 장력이 있는 인장스프링의 경우(단 $P>P_i$)	
스프링의 처짐량	$\delta=\dfrac{8N_aD^3P}{Gd^4}$	(1)	$\delta=\dfrac{8N_ad^3(P-P_i)}{Gd^4}$	(1′)
스프링 상수	$k=\dfrac{P}{\delta}=\dfrac{Gd^4}{8N_aD^3}$	(2)	$k=\dfrac{P-P_i}{\delta}=\dfrac{Gd^4}{8N_aD^3}$	(2′)
비틀림 응력	$\tau_0=\dfrac{8DP}{\pi d^3},\ d^3=\dfrac{8DP}{\pi\tau_0}$	(3)	$\tau_0=\dfrac{8DP}{\pi d^3},\ d^3=\dfrac{8DP}{\pi\tau_0}$	(3)
비틀림 응력	$\tau_0=\dfrac{Gd\delta}{\pi N_aD^2}$	(4)	$\tau_0=\dfrac{Gd\delta}{\pi N_aD^2}+\tau_i$	(4′)
비틀림 수정응력	$\tau=x\tau_0$	(5)	$\tau=x\tau_0$	(5)
재료의 지름	$d=\sqrt[3]{\dfrac{8DP}{\pi\tau_0}}=\sqrt[3]{\dfrac{8kDP}{\pi\tau}}$	(6)	$d=\sqrt[3]{\dfrac{8DP}{\pi\tau_0}}=\sqrt[3]{\dfrac{8kDP}{\pi\tau}}$	(6)
유효 감김수	$N_a=\dfrac{Gd^4\delta}{8D^3P}=\dfrac{Gd^4}{8D^3k}$	(7)	$N_a=\dfrac{Gd^4}{8D^3k}=\dfrac{Gd^4\delta}{8D^3(P-P_i)}$	(7′)
스프링에 저장되는 에너지	$U=\dfrac{P\delta}{2}=\dfrac{k\delta^2}{2}$	(8)	$U=\dfrac{(P+P_i)\delta}{2}$	(8′)

■ 스프링 설계에 고려해야 할 사항

1) 가로(횡) 탄성 계수

재 료	G $N/mm^2\{kgf/mm^2\}$	재 료		G $N/mm^2\{kgf/mm^2\}$	재 료	G $N/mm^2\{kgf/mm^2\}$
스프링강재 경 강 선 피아노선 오일템퍼선	78x10³{8x10³} 78.5x10³{8x10³}	스프링용 스테인리스강선	STS 302 STS 304 STS 304N1 STS 316	69x10³{7x10³} 68.5x10³{7x10³}	황 동 선 양 백 선	39x10³{4x10³}
					인 청 동 선	42x10³{4.3x10³}
			STS 631 J1	74x10³{7.5x10³} 73.5x10³{7.5x10³}	베릴륨동선	44x10³{4.5x10³}

2) 유효 감김수

스프링 설계에 쓰이는 유효 감김수는 다음에 따른다.

(a) 압축 스프링의 경우

압축 스프링의 유효 감김수는 다음에 따른다.

$N_a=N_t-(X_1+X_2)$

여기서, X_1, X_2 는 코일 양 끝부 각각의 자리 감김수

① 코일 끝만이 다음 자유 코일에 접하고 있는 경우 [그림 3]의 a)~c)에 상당

$X_1=X_2=1$

따라서

$N_a=N_t-2$

② 코일 끝이 다음 코일에 접하지 않고 자리 감김부의 길이 3/4 만큼 감긴 경우 [그림 3]의 e)~g)에 상당

$X_1=X_2=0.75$

따라서 $N_a=N_t-1.5$

(b) 인장 스프링의 경우

인장 스프링의 유효 감김수는 다음에 따른다. 다만 고리부를 제외한다.

$N_a=N_t$

3) 응력 수정 계수

스프링 지수 c의 값에 대한 응력 수정 계수는 다음 식 또는 아래 그림 응력 수정 계수 : x 에 따른다.

$$x=\frac{4c-1}{4c-4}+\frac{0.615}{c}$$

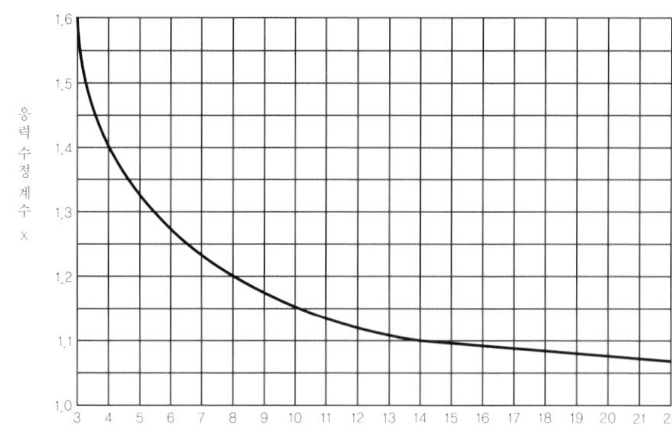

[그림 1. 응력 수정 계수 : x]

4) 밀착 높이

스프링의 밀착 높이는 일반적으로 다음 약산식에 따라 산출한다. 다만 밀착 높이는 일반적으로 발주자가 지정하지 않는다.

$$H_S = (N_t - 1)d + (t_1 + t_2)$$

여기서,

(t_1+t_2) : 코일 양 끝부 각각의 두께의 합

그리고 양 끝부가 [그림 3]의 b), c), e) 및 f)의 압축 스프링에서 특별히 밀착 높이의 지정을 필요로 할 때는 다음 식에서 구한 값을 밀착 높이의 최대값으로 지정하지만 스프링의 모양에 따라서는 이 값보다 커지는 경우가 있으므로 주의를 요한다.

$$H_S = N_t \times d_{max}$$

여기서,

d_{max} : d 허용차의 최대값을 취한 지름

5) 인장 스프링의 초기 장력

밀착 감김의 냉간 성형 인장 코일 스프링에는 초기 장력이 생긴다.
이 경우 초기 장력은 다음 식에 따라 산출한다.

$$P_i = \frac{\pi d^3}{8D}\tau_i$$

그리고 피아노선, 경강선 등의 강선에서 밀착 감기로 성형하여, 저온 소둔(Annealing, 풀림)을 하지 않은 경우의 초기 응력 τ_i 는 [그림 2]의 사선의 범위 내로 한다. 다만 강선 이외의 재질 및 저온 소둔의 실시에 따라서 [그림 2]의 사선의 범위 내에서 취한 초기 응력의 값은 다음과 같이 수정한다.

a) 스테인리스 강선인 경우에는 강선의 초기 응력의 15% 줄인다.
b) 인청동선, 황동선, 양백선 등의 경우는 강선의 초기 응력의 50% 줄인다.
c) 성형 후에 저온 소둔을 실시하는 경우는 위에서 구한 값에 대하여 피아노선, 경강선 등의 강선에서 20~35% 줄이고, 스테인리스 강선에서 15~25% 줄인다.

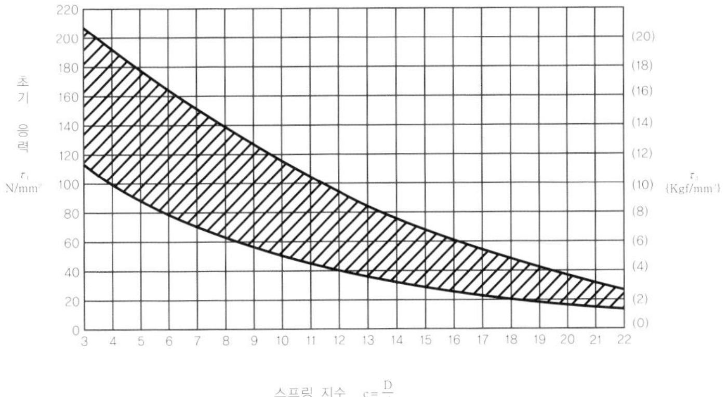

[그림 2. 초기 응력 : τ_i (강선에서 성형된 저온 소둔 전의 값)]

[참고] 저온 소둔 전의 초기 응력의 값을 [그림 2]에서 취하는 대신에 다음 경험식에 따라 산출해도 된다.

$$\tau_i = \frac{G}{100c}$$

그리고 이 식을 사용하여 초기 장력을 산출하는 계산식의 보기를 다음에 나타낸다.

(a) 피아노선 및 경강선의 경우 [G=78×10³ N/mm² {8×10³ kgf/mm² }]

$$\text{초기 응력 } \tau_i = \frac{G}{100c} \times 0.75 \text{ (0.75는 저온 소둔 실시에 의해 25\% 감소)}$$

$$\text{초기 장력 } P_i = \frac{\pi d^3}{8D}\tau_i = \frac{Gd^4}{255D^2} \times 0.75 = \frac{229d^4}{D^2}\left\{\frac{24d^4}{D^2}\right\}$$

(b) 스테인리스 강선의 경우 [G=69×10³ N/㎟{7×10³ kgf/㎟}]

$$\text{초기 응력 } \tau_i = \frac{G}{100c} \times 0.75 \text{ (0.75는 저온 소둔 실시에 의해 25\% 감소)}$$

$$\text{초기 장력 } P_i = \frac{\pi d^3}{8D}\tau_i = \frac{Gd^4}{255D^2} \times 0.75 = \frac{229d^4}{D^2}\left\{\frac{24d^4}{D^2}\right\}$$

6) 서징(surging)

서징을 피하기 위해서 스프링의 고유 진동수는 스프링에 사용하는 가진원의 모든 진동과 공진하는 것을 피하도록 선택하여야 한다.

그리고, 스프링의 고유 진동수는 다음 식에 의해 산출한다.

$$f = a\sqrt{\frac{kg}{W}} = a\frac{70d}{\pi N_a D^2}\sqrt{\frac{G}{\omega}}$$

여기서,

$a = i/2$: 양단자유 또는 고정인 경우

$a = 2i - 1/4$: 한 끝 고정이고 다른 끝 자유인 경우 $i = 1, 2, 3$

강의 , G=78×10³N/mm² (8×10³kgf/mm²) , w=76.93×10⁻⁶N/mm³(7.85×10⁻⁶N/mm²)으로 하고, 스프링 양끝이 자유 또는 고정인 경우, 스프링의 1차 고유 진동수는 다음 식에 따라 산출한다.

■ 그밖에 고려해야 할 사항

스프링의 설계 계산에서는 다음에 나타낸 사항에 대해서도 고려하여야 한다.

1) 스프링 지수

스프링 지수는 작아지면 국부 응력이 과대해지고, 또한 스프링 지수가 큰 경우 및 작은 경우에는 가공성이 문제가 된다. 따라서 스프링 지수는 열간에서 성형하는 경우는 4~15, 냉간에서 성형하는 경우에는 4~22의 범위에서 선택하는 것이 좋다.

2) 가로 세로비

압축 스프링의 가로 세로비(자유 높이와 코일 평균 지름의 비)는 유효 감김수의 확보를 위해 0.8 이상으로 하고 다시 좌굴을 고려해서 일반적으로는 0.8~4의 범위에서 선택하는 것이 좋다.

3) 유효 감김수

유효 감김수는 3 미만에서는 스프링 특성이 불안정하게 되므로 3 이상으로 하는 것이 좋다.

4) 피치

피치가 0.5D를 넘으면 일반적으로 처짐(하중)의 증가에 따라 코일 지름이 변화하기 때문에 기본식에서 구한 처짐 및 비틀림 응력의 수정이 필요하므로 0.5D 이하로 한다. 그리고 일반적으로 피치의 추정은 다음 개략식에 따른다.

$$p = \frac{H_f - H_s}{N_a} + d$$

■ 코일 끝부 및 고리의 모양

1) 압축 스프링의 코일 끝부의 모양

압축 스프링의 코일 끝부의 모양의 보기를 [그림 3]에 나타낸다.

a)맞댐끝 (무연삭) b)맞댐끝 (연삭) c)맞댐끝 (테이퍼)

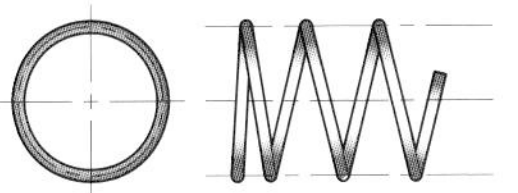
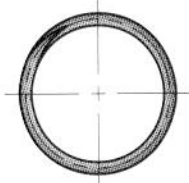

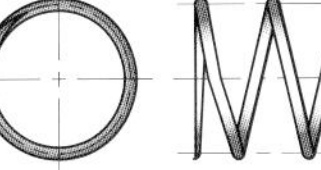

d)벌림끝 (무연삭) e)벌림끝 (무연삭) f)벌림끝 (테이퍼)

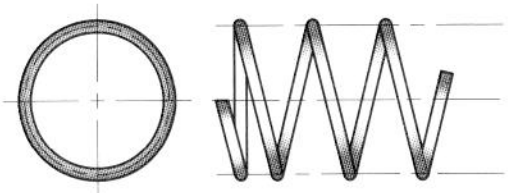
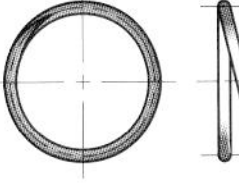
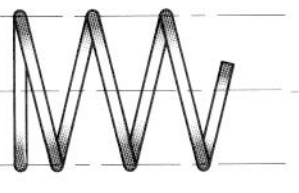
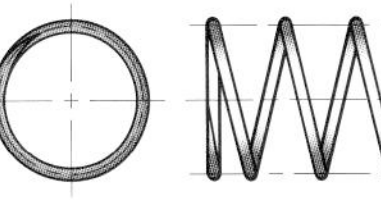

g)벌림끝 $\frac{3}{4}$ 자리감김(무연삭) h)접선 꼬리끝 (무연삭) i)돼지 꼬리끝 (무연삭)

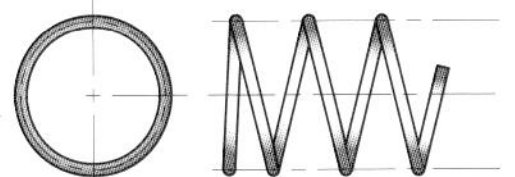
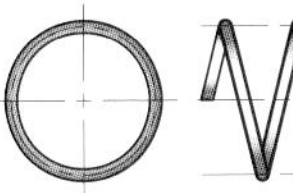
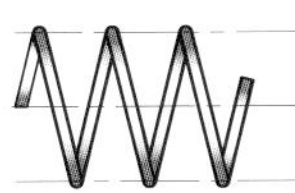
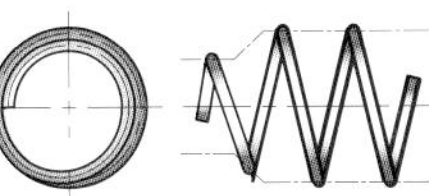

[그림 3. 코일 끝부의 모양]

2) 인장 스프링의 고리 및 고리 끝부의 모양

인장축 스프링의 고리 및 고리 끝부의 모양의 보기를 [그림 4]에 나타낸다.

a)반원고리 b)원형고리

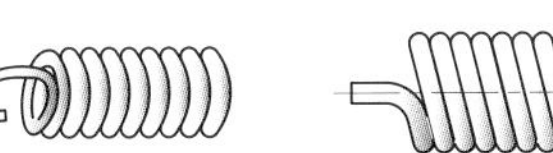
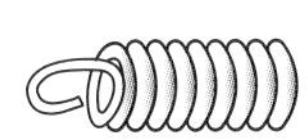

(코일 반감김을 세운 것) (코일식 한 번 감김을 세운 것)

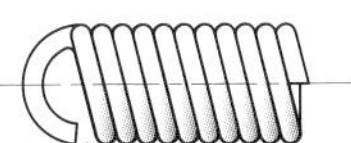
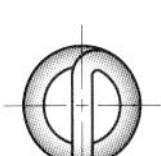
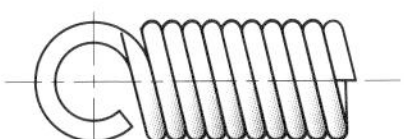

c)역원고리 d)측면 원형고리

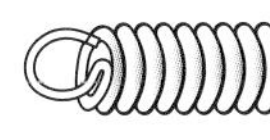
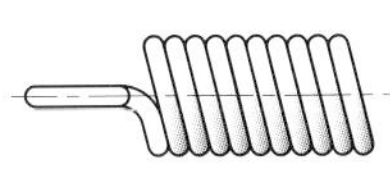
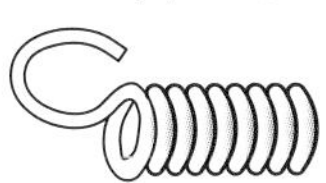
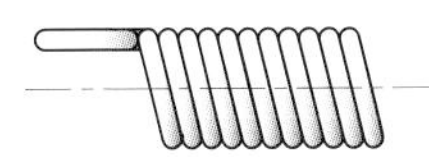

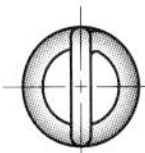
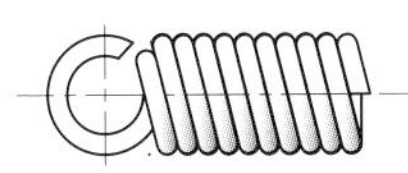
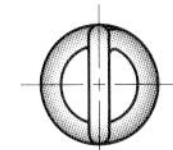
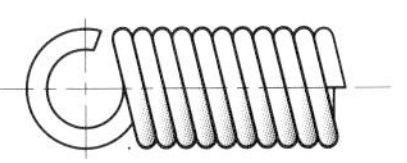

(코일의 한 번 감김을 비틀어 세운 것) (코일의 한 번 감김을 측면으로 세운 것)

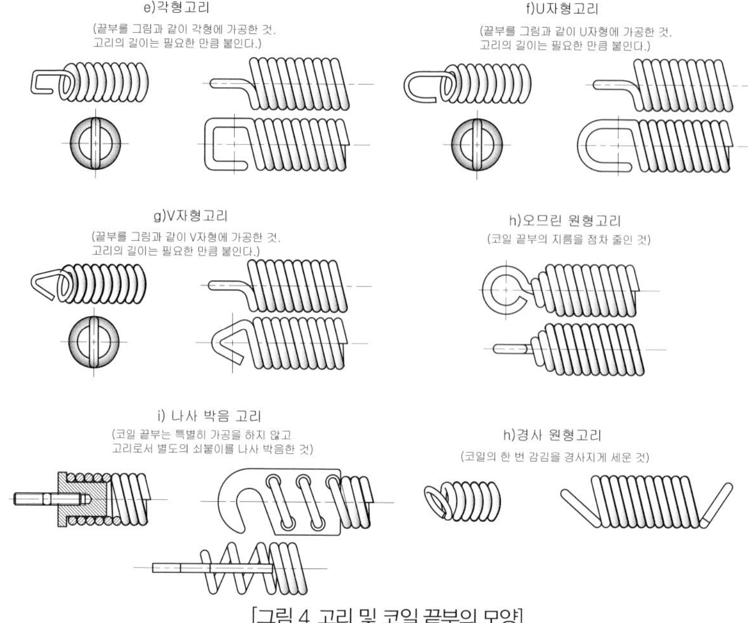

e)각형고리
(끝부를 그림과 같이 각형에 가공한 것.
고리의 길이는 필요한 만큼 붙인다.)
f)U자형고리
(끝부를 그림과 같이 U자형에 가공한 것.
고리의 길이는 필요한 만큼 붙인다.)
g)V자형고리
(끝부를 그림과 같이 V자형에 가공한 것.
고리의 길이는 필요한 만큼 붙인다.)
h)오므린 원형고리
(코일 끝부의 지름을 점차 줄인 것)
i) 나사 박음 고리
(코일 끝부는 특별히 가공을 하지 않고
고리로서 별도의 쇠붙이를 나사 박음한 것)
h)경사 원형고리
(코일의 한 번 감김을 경사지게 세운 것)

[그림 4. 고리 및 코일 끝부의 모양]

■ 스프링 특성

1) 압축 스프링

스프링 특성은 다음 a) 또는 b)를 발주자가 지정한다. 또한 스프링 상수를 지정할 필요가 있는 경우는 c)에 따른다.

(a) 지정 하중시의 높이

지정 하중시의 높이는 그 때의 처짐이 전체 처짐의 20~80%가 되도록 정한다. 다만 지정 하중은 최대 시험 하중의 80% 이하로 한다. (전체 처짐이란 자유 높이에서 밀착 높이까지의 계획 처짐을 말한다.)

(b) 지정 높이시의 하중

지정 높이시의 하중은 그 때의 처짐이 전체 처짐의 20~80%가 되도록 정한다. 다만 지정 높이시의 하중은 최대 시험 하중의 80% 이하로 한다.

(c) 스프링 상수

스프링 상수는 전체 처짐의 30~70%에 있는 두 개의 하중점에서의 하중 및 처짐의 차에 의해 정한다. 다만 두 개의 하중점은 모두 최대 시험 하중의 80% 이하로 한다.

2) 인장 스프링

인장 스프링의 스프링 특성은 다음 a) 또는 b)를 발주자가 지정한다. 또한 스프링 상수를 지정할 필요가 있는 경우는 c)에 따른다.

(a) 지정 하중시의 길이

지정 하중시의 길이는 그 때의 처짐이 최대 시험 하중시의 20~80%가 되도록 정한다.

(b) 지정 길이시의 하중

지정 길이시의 하중은 그 때의 처짐이 최대 시험 하중시의 20~80%가 되도록 정한다.

(c) 스프링 상수

스프링 상수는 최대 시험 하중시 처짐의 30~70%에 있는 두 개의 하중점에서의 하중 및 처짐의 차에 의해 정한다.

■ 설계 응력을 취하는 방법

1) 정하중을 받는 스프링

정하중을 받는 스프링의 비틀림 응력은 식 (3)에 따라 계산한다.

(a) 압축 스프링

압축 스프링의 허용 비틀림 응력은 [그림 5]에 따른다. 스프링의 밀착 응력은 이 값을 넘지 않는 것이 바람직하고, 최대 시험 하중시의 응력은 이 값과 같이 취한다. 또한 스프링의 사용상 최대 응력은 [그림 5]에 나타낸 값의 80% 이하로 하는 것이 좋다.

(b) 인장 스프링

인장 스프링의 허용 비틀림 응력은 냉간 성형 스프링은 [그림 5]에 나타낸 값의 80%, 열간 성형 스프링은 [그림 5]에 나타낸 값의 67%로 하고, 최대 시험 하중시의 응력은 이 값과 같이 취한다. 또한 스프링의 사용상 최대 응력은 각각의 최대 시험 하중 응력의 80% 이하로 하는 것이 좋다.

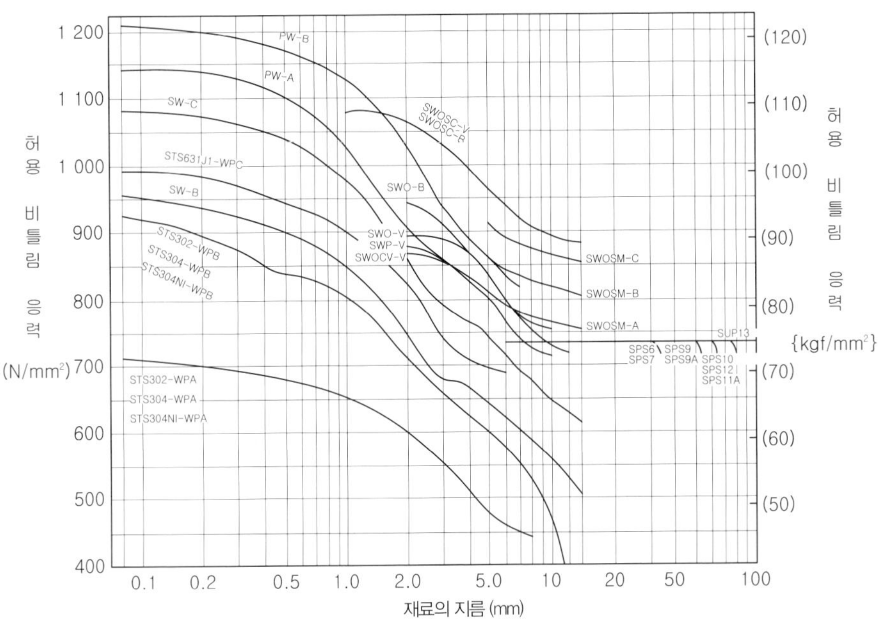

[그림 5. 압축 스프링의 허용 비틀림 응력]

2) 반복 하중을 받는 스프링

반복 하중을 받는 스프링의 응력은 식 (5)에 따라 계산한다. 계산 응력은 스프링 사용 시의 하한 응력과 상한 응력의 관계, 반복 횟수, 재료의 표면 상태 등 피로 강도에 미치는 여러 가지 인자 등을 고려하여 적절한 값을 선택하여야 한다.

[참고] 참고로 스프링의 수명을 예측하는 방법의 보기를 다음에 나타낸다.

피아노선, 밸브 스프링용 오일 템퍼선 등 내피로성이 우수한 선을 사용한 압축 스프링으로 쇼트 피닝을 하지 않은 경우 다음 피로 강도 선도를 사용하여 보통의 분위기에서의 반복하중을 받는 스프링의 수명을 추정할 수 있다.

보통 설계 초기에서 Pmin, Pmax 를 알고 있는 경우가 많으므로 [참고 그림 1] 중에 γ의 사선을 병기하였다.

$$\gamma = \frac{\tau_{\min}}{\tau_{\max}} = \frac{P_{\min}}{P_{\max}}$$

다만 위 식에서는 τ_{min}, τ_{max} 는 서징 등의 부가 응력이 없는 경우이며, 그 영향이 있는 경우에는 부가 응력을 고려한 τ_{min}, τ_{max} 에 의한 선도를 사용할 필요가 있다.

그리고 [참고 그림 1] 중에 상한 응력 계수의 0.45의 굵은 선은 스프링의 격차의 허용도에 따라 상하로 이동하는 것으로 근소한 격차를 허용하면 계수 τ_{max}/σ_B의 를 [그림 5]에 나타내는 허용 비틀림 응력까지 취하여 굵은 옆줄을 위쪽으로 이동하여도 좋다.

σ_B : 재료의 인장 강도

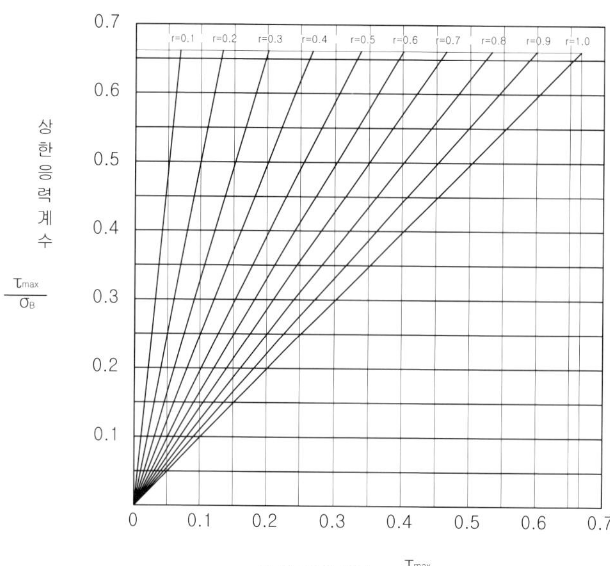

하한 응력 계수 $\frac{\tau_{max}}{\sigma_B}$

[참고 그림 1. 피로강도 선도의 사용 보기]

[피로강도 선도의 사용 보기]

재료 : PW-2

d : 1mm

D : 10mm

N_a : 8

N_t : 10

자유 높이 $H_f=32mm$

이 스프링의 사용 범위가 $H_1=24mm$, $P_1=9.8N\{1kgf\}$에서 $H_2=12mm$, $P_2=24.5N\{2.5kgf\}$이고, 매분 800회의 사인파 모양의 반복 하중을 받는 경우의 수명 횟수를 검토하면 다음과 같이 된다.

$$\tau_{max}=x\times\frac{8PD}{\pi d^3}=1.15\times\frac{8\times24.5\times10}{\pi\times1^3}=717 \text{ N/mm}^2\{73.2 \text{ kgf/mm}^2\}$$

상한 응력 계수는

$$\frac{\tau_{max}}{\sigma_B}=\frac{717}{2260}=0.317$$

이 경우 σ_B의 값은 재료의 규격 최소값에 따른다.(참고 표 1, 참고 표 2를 참조)

$$\tau=\frac{P_{min}}{P_{max}}=\frac{9.8}{24.5}=0.4$$

이상의 결과에 의하여 [참고 그림 1]에 나타낸 ×표의 점을 얻는다. 이 점은 그림에서 분명하듯이 10^7 회 이상의 수명을 기대할 수 있다.

■ 시방을 정하는 법

1. 시방서에 기재하는 사항

a) 재료
b) 재료의 지름
c) 코일 평균 지름
d) 코일 안지름 및 바깥지름
e) 총 감김수
f) 자리 감김수
g) 유효 감김수
h) 감김 방향(오른쪽 감김의 경우에는 생략할 수 있다.)
i) 자유 높이(길이)(필요한 경우에는 근사 치수를 지정한다.)
j) 스프링 상수
k) 초기 장력(필요한 경우에는 근사치를 지정한다.)
l) 지정 하중 또는 지정 높이(길이)
m) 지정 하중시의 높이(길이) 또는 지정 높이(길이)시의 하중
n) 지정 하중시의 응력 또는 지정 높이(길이)시의 응력
o) 시험 하중(필요한 경우는 지정한다.)
p) 밀착 높이
q) 코일 바깥면의 기울기(필요한 경우는 허용 한도를 지정한다.)
r) 코일 끝부 또는 고리의 모양
s) 표면 처리(쇼트 피닝, 도장 등의 유무)
t) 용도 또는 사용 조건

[비고] 위의 a)~t) 항목 이외에 특별히 필요한 항목이 있는 경우에는 기재한다.

2. 재료의 인장강도(SI)

단위 : N/mm^2

재료의 지름(mm)	재료													
	SW-B	SW-C	PW-1	PW-2	PW-3	SWO-A	SWO-B	SWO-V	SWOCV-V	SWOSM-A	SWOSM-B	SWOSM-C	SWOSC-B	SWOSC-V
0.08	2450	2790	2890	3190	–	–	–	–	–	–	–	–	–	–
0.09	2400	2750	2840	3140	–	–	–	–	–	–	–	–	–	–
0.10	2350	2700	2790	3090	–	–	–	–	–	–	–	–	–	–
0.12	2300	2650	2750	3040	–	–	–	–	–	–	–	–	–	–
0.14	2260	2600	2700	2990	–	–	–	–	–	–	–	–	–	–
0.16	2210	2550	2650	2940	–	–	–	–	–	–	–	–	–	–
0.18	2210	2500	2600	2890	–	–	–	–	–	–	–	–	–	–
0.20	2210	2500	2600	2840	–	–	–	–	–	–	–	–	–	–
0.23	2160	2450	2550	2790	–	–	–	–	–	–	–	–	–	–
0.26	2110	2400	2500	2750	–	–	–	–	–	–	–	–	–	–
0.29	2060	2350	2450	2700	–	–	–	–	–	–	–	–	–	–
0.32	2010	2300	2400	2650	–	–	–	–	–	–	–	–	–	–
0.35	2010	2300	2400	2650	–	–	–	–	–	–	–	–	–	–
0.40	1960	2260	2350	2600	–	–	–	–	–	–	–	–	–	–
0.45	1910	2210	2300	2550	–	–	–	–	–	–	–	–	–	–
0.50	1910	2210	2300	2550	–	–	–	–	–	–	–	–	–	–
0.55	1860	2160	2260	2500	–	–	–	–	–	–	–	–	–	–
0.60	1810	2110	2210	2450	–	–	–	–	–	–	–	–	–	–
0.65	1810	2110	2210	2450	–	–	–	–	–	–	–	–	–	–
0.70	1770	2060	2160	2400	–	–	–	–	–	–	–	–	–	–
0.80	1770	2010	2110	2350	–	–	–	–	–	–	–	–	–	–
0.90	1770	2010	2110	2300	–	–	–	–	–	–	–	–	–	–
1.00	1720	1960	2060	2260	2010	–	–	–	–	–	–	–	1960	–
1.20	1670	1910	2010	2210	1960	–	–	–	–	–	–	–	1960	–
1.40	1620	1860	1960	2160	1910	1570	1720	1620	1570	–	–	–	1960	–
1.60	1570	1810	1910	2110	1860	–	–	–	–	–	–	–	–	1960
1.80	1520	1770	1860	2060	1810	–	–	–	–	–	–	–	–	1960
2.00	1470	1720	1810	2010	1770	1570	1720	1620	1570	–	–	–	1910	
2.30	1420	1670	1770	1960	1720	–	–	–	–	–	–	–	–	1910–
2.60	1420	1670	1770	1960	1720	–	–	–	–	–	–	–	–	–
2.90	1370	1620	1720	1910	1720	1520	1670	1620	1570	–	–	–	1910	1910
3.20	–	1570	1670	1860	1670	1470	1620	1570	–	–	–	–	1860	1860
3.50	–	1570	1670	1810	1670	1470	1620	1570	–	–	–	–	1860	1860
4.00	1370	1570	1670	1810	1670	1420	1570	1520	1520	1470	1570	1670	1810	1810
4.50	1320	1520	1620	1770	1620	1370	1520	1520	1520	–	–	–	1810	1810
5.00	1320	1520	1620	1770	1620	1370	1520	1470	1470	–	–	–	1760	1760
5.50	1270	1470	1570	1710	1570	1320	1470	1470	1470	1570	1570	1670	1760	1760
6.00	1230	1420	1520	1670	1520	–	–	1470	1470	–	–	–	1710	1710
6.50	1230	1420	1520	1670	–	–	–	–	1420	–	–	–	1710	1710
7.00	1180	1370	1470	1620	–	1230	1370	–	1420	1420	1520	1620	1660	1660
7.50	–	–	–	–	–	–	–	–	–	–	–	–	–	–
8.00	1180	1370	1470	–	–	1230	1370	–	1370	–	–	–	–	1660
8.50	–	–		–	–	–	–	–	–	1420	1520	1620	1660	–
9.00	1130	1320	–1420	–	–	1230	1370	–	1370	1420	1520	1620	–	–
9.50	–	–	–	–	–	–	–	–	–	1370	1470	1570	–	–
10.0	1130	1320	1420	–	–	1180	1320	–	1370	1370	1470	1570	1660	–
10.5	–	–	–	–	–	–	–	–	–	–	–	–	–	–
11.0	1080	1270	–	–	–	1180	1320	–	–	–	–	–	–	–
11.5	–	–	–	–	–	–	–	–	–	1370	1470	1570	1660	–
12.0	1080	1270	–	–	–	1180	1320	–	–	–	–	1570	1610	–
13.0	1030	1230	–	–	–	–	–	–	–	–	–	–	1610	–
14.0	–	–	–	–	–	–	–	–	–	1370	1470	–	1610	–

[비고] 1. 이 표는 각각의 재료의 한국산업규격에서 규정하고 있는 인장 강도의 최소값에 따른 것이다.

2. 이 표는 국제 단위계(SI)에 따른 것으로 이것에 대한 종래 단위의 값은 [재료의 인장 강도(종래 단위)]에 따른다.

3. 재료의 인장강도(SI) (계속)

단위 : N/mm²

재료의 지름 (mm)	재료								
	STS302-WPA STS304-WPA STS304N1-WPA STS316-WPA	STS302-WPB STS304-WPB STS304N1-WPB	STS631J1-WPC*)	C2600W-H C2700W-H C2800W-H	C2600W-EH C2700W-EH	C7701W-H	C7521W-H	C5191W-H	C1720W-3/4-H**)
0.08	1650	2150	–	–	–	–	–	–	–
0.09			–	–	–	–	–	–	–
0.10			2200	–	–	–	–	–	–
0.12	1650	2150	2200	–	–	–	–	–	–
0.14				–	–	–	–	–	–
0.16				–	–	–	–	–	–
0.18	1650	2150	2200	–	–	–	–	–	–
0.20	1650	2150	2200	–	–	–	–	–	–
0.23	1650	2050	2180	–	–	–	–	–	–
0.26	1600	2050	2180	–	–	–	–	–	–
0.29				–	–	–	–	–	–
0.32				–	–	–	–	–	–
0.35	1600	2050	2180	–	–	–	–	–	–
0.40		2050	2180	–	–	–	–	–	–
0.45		1950	2100	–	–	–	–	–	–
0.50	1600	1950	2100	685	785	765	665	835	1300
0.55									
0.60									
0.65	1530	1850	2050	685	785	765	665	835	1300
0.70									
0.80									
0.90	1530	1850	2050	685	785	765	665	835	1300
1.00	1530	1850	2050						
1.20	1450	1750	1950						
1.40	1450	1750	1950	685	785	765	665	835	1300
1.60	1400	1650	1850						
1.80	1400	1650	1850						
2.00	1400	1650	1850	685	785	765	665	835	1300
2.30	1320	1550	1750						
2.50	–	–	–						
2.60	1320	1550	1750	–	–	765	665	835	1300
2.80	–	–	–	685	785	765	665	835	1300
2.90	1230	1450	1650	–	–	–	–	–	–
3.00	–	–	–	685	785	765	665	835	1300
3.20	1230	1450	1650						
3.50	1230	1450	1650						
3.80	–	–	–	685	785	–	–	–	–
4.00	1230	1450	1650			765	665	835	1300
4.20	–	–	–			–	–	–	–
4.30	–	–	–	685	785	–	–	–	–
4.50	1100	1350	1550			765	665	835	1300
5.00	1100	1350	1550			765	665	835	1300
5.50	1100	1350	1550	685	785	–	–	–	–
5.80	–	–	–			–	–	–	–
6.00	1100	1350	1550			–	–	–	–
6.50	1000	1270	–	685	785	–	–	–	–
6.80	–	–	–			–	–	–	–
7.00	1000	1270	–			–	–	–	–
8.00	1000	1270	–	685	785	–	–	–	–
9.00	–	1130	–			–	–	–	–
10.0	–	980	–			–	–	–	–
12.0	–	880	–	–	–	–	–	–	–

* STS631J1-WPC의 값은 석출 경화 열처리를 한 것의 값이다.

** C1720W-3/4H의 값은 시효경화처리를 한 것의 값이다.

4. 재료의 인장강도(종래 단위)

단위 :kgf/mm²

재료의 지름 (mm)	재료													
	SW-B	SW-C	PW-1	PW-2	PW-3	SWO-A	SWO-B	SWO-V	SWOCV-V	SWOSM-A	SWOSM-B	SWOSM-C	SWOSC-B	SWOSC-V
0.08	{250}	{285}	{295}	{325}	–	–	–	–	–	–	–	–	–	–
0.09	{245}	{280}	{290}	{320}	–	–	–	–	–	–	–	–	–	–
0.10	{240}	{275}	{285}	{315}	–	–	–	–	–	–	–	–	–	–
0.12	{235}	{270}	{280}	{310}	–	–	–	–	–	–	–	–	–	–
0.14	{230}	{265}	{275}	{305}	–	–	–	–	–	–	–	–	–	–
0.16	{225}	{260}	{270}	{300}	–	–	–	–	–	–	–	–	–	–
0.18	{225}	{255}	{265}	{295}	–	–	–	–	–	–	–	–	–	–
0.20	{220}	{255}	{265}	{290}	–	–	–	–	–	–	–	–	–	–
0.23	{220}	{250}	{260}	{285}	–	–	–	–	–	–	–	–	–	–
0.26	{215}	{245}	{255}	{280}	–	–	–	–	–	–	–	–	–	–
0.29	{210}	{240}	{250}	{275}	–	–	–	–	–	–	–	–	–	–
0.32	{205}	{235}	{245}	{270}	–	–	–	–	–	–	–	–	–	–
0.35	{205}	{235}	{245}	{270}	–	–	–	–	–	–	–	–	–	–
0.40	{200}	{230}	{240}	{265}		–	–	–	–	–	–	–	–	–
0.45	{195}	{225}	{235}	{260}	–	–	–	–	–	–	–	–	–	–
0.50	{195}	{225}	{235}	{260}	–	–	–	–	–	–	–	–	–	–
0.55	{190}	{220}	{230}	{255}	–	–	–	–	–	–	–	–	–	–
0.60	{185}	{215}	{225}	{250}	–	–	–	–	–	–	–	–	–	–
0.65	{185}	{215}	{225}	{250}	–	–	–	–	–	–	–	–	–	–
0.70	{180}	{210}	{220}	{245}	–	–	–	–	–	–	–	–	–	–
0.80	{180}	{205}	{215}	{240}	–	–	–	–	–	–	–	–	–	–
0.90	{180}	{205}	{215}	{235}	–	–	–	–	–	–	–	–	–	–
1.00	{175}	{200}	{210}	{230}	{205}	–	–	–	–	–	–	–	{200}	–
1.20	{170}	{195}	{205}	{225}	{200}	–	–	–	–	–	–	–	{200}	–
1.40	{165}	{190}	{200}	{220}	{195}	–	–	–	–	–	–	–	{200}	–
1.60	{160}	{185}	{195}	{215}	{190}	–	–	–	–	–	–	–		{200}
1.80	{155}	{180}	{190}	{210}	{185}	–	–	–	–	–	–	–		{200}
2.00	{150}	{175}	{185}	{205}	{180}	{160}	{175}	{165}	{160}	–	–	–	{195}	{195}
2.30	{145}	{170}	{180}	{200}	{175}					–	–	–		
2.60	{145}	{170}	{180}	{200}	{175}					–	–	–		
2.90	{140}	{165}	{175}	{195}	{175}	{155}	{170}	{165}	{160}	–	–	–	{195}	{195}
3.20		{160}	{170}	{190}	{170}	{150}	{165}	{160}		–	–	–	{190}	{190}
3.50		{160}	{170}	{185}	{170}	{150}	{165}	{160}		–	–	–	{190}	{190}
4.00	{140}	{160}	{170}	{185}	{170}	{145}	{160}	{160}	{155}	{150}	{160}	{170}	{185}	{185}
4.50	{135}	{155}	{165}	{180}	{165}	{140}	{155}	{155}	{155}				{185}	{185}
5.00	{135}	{155}	{165}	{180}	{165}	{140}	{155}	{155}	{150}				{179}	{179}
5.50	{130}	{150}	{160}	{174}	{160}	{135}	{150}	{150}	{150}	{150}	{160}	{170}	{179}	{179}
6.00	{125}	{145}	{155}	{170}	{155}			{150}	{150}				{174}	{174}
6.50	{125}	{145}	{155}	{170}					{145}				{174}	{174}
7.00	{120}	{140}	{150}	{165}	–	{125}	{140}	–	{145}	{145}	{155}	{165}	{169}	{169}
7.50	–	–	–	–	–	–	–	–	–					–
8.00	{120}	{140}	{150}	–	–	{125}	{140}	–	{140}					{169}
8.50	–	–	–	–	–	–	–	–	–	{145}	{155}	{165}	{169}	–
9.00	{115}	{135}	{145}	–	–	{125}	{140}	–	{140}	{145}	{155}	{165}		–
9.50	–	–	–	–	–	–	–	–	–	{140}	{150}	{160}		–
10.0	{115}	{135}	{145}	–	–	{120}	{135}	–	{140}	{140}	{150}	{160}	{169}	–
10.5	–	–	–	–	–	–	–	–	–				{164}	–
11.0	{110}	{130}	–	–	–	{120}	{135}	–	–				{164}	–
11.5	–	–	–	–	–	–	–	–	–	{140}	{150}	{160}	{164}	–
12.0	{110}	{130}	–	–	–	{120}	{135}	–	–			{160}		–
13.0	{105}	{125}	–	–	–	–	–	–	–			–		–
14.0	–	–	–	–	–	–	–	–	–	{140}	{150}	–	{164}	–

스프링 설계 규격

5. 재료의 인장강도(종래 단위)(계속)

단위 :kgf/mm^2

재료의 지름 (mm)	재료								
	STS302-WPA STS304-WPA STS304N1-WPA STS316-WPA	STS302-WPB STS304-WPB STS304N1-WPB	STS631J1-WPC*	C2600W-H C2700W-H C2800W-H	C2600W-EH C2700W-EH	C7701W-H	C7521W-H	C5191W-H	C1720W-3/4**
0.08	{168}	{219}		–	–	–	–	–	–
0.09				–	–	–	–	–	–
0.10			{224}	–	–	–	–	–	–
0.12	{168}	{219}	{224}	–	–	–	–	–	–
0.14				–	–	–	–	–	–
0.16				–	–	–	–	–	–
0.18	{168}	{219}	{224}	–	–	–	–	–	–
0.20	{168}	{219}	{224}	–	–	–	–	–	–
0.23	{163}	{209}	{222}	–	–	–	–	–	–
0.26	{163}	{209}	{222}	–	–	–	–	–	–
0.29				–	–	–	–	–	–
0.32				–	–	–	–	–	–
0.35	{163}	{209}	{222}	–	–	–	–	–	–
0.40		{209}	{222}	–	–	–	–	–	–
0.45		{199}	{214}	–	–	–	–	–	–
0.50	{163}	{199}	{214}	{70}	{80}	{78}	{68}	{85}	{133}
0.55									
0.60									
0.65	{156}	{189}	{209}	{70}	{80}	{78}	{68}	{85}	{133}
0.70									
0.80									
0.90	{156}	{189}	{209}	{70}	{80}	{78}	{68}	{85}	{133}
1.00	{156}	{189}	{209}						
1.20	{148}	{178}	{199}						
1.40	{148}	{178}	{199}	{70}	{80}	{78}	{68}	{85}	{133}
1.60	{143}	{168}	{189}						
1.80	{143}	{168}	{189}						
2.00	{143}	{168}	{189}	{70}	{80}	{78}	{68}	{85}	{133}
2.30	{135}	{158}	{178}						
2.50	–	–	–						
2.60	{135}	{158}	{178}	–	–	{78}	{68}	{85}	{133}
2.80	–	–	–	{70}	{80}	{78}	{68}	{85}	{133}
2.90	{125}	{148}	{168}	–	–	–	–	–	–
3.00	–	–	–	{70}	{80}	{78}	{68}	{85}	{133}
3.20	{125}	{148}	{168}						
3.50	{125}	{148}	{168}						
3.80	–	–	–	{70}	{80}	–	–	–	–
4.00	{125}	{148}	{168}			{78}	{68}	{85}	{133}
4.20	–	–	–			–	–	–	–
4.30	–	–	–	{70}	{80}	–	–	–	–
4.50	{112}	{138}	{158}			{78}	{68}	{85}	{133}
5.00	{112}	{138}	{158}			{78}	{68}	{85}	{133}
5.50	{112}	{138}	{158}	{70}	{80}	–	–	–	–
5.80	–	–	–			–	–	–	–
6.00	{112}	{138}	{158}			–	–	–	–
6.50	{102}	{130}	–	{70}	{80}	–	–	–	–
6.80	–	–	–			–	–	–	–
7.00	{102}	{130}	–			–	–	–	–
8.00	{102}	{130}	–	{70}	{80}	–	–	–	–
9.00	–	{115}	–			–	–	–	–
10.0	–	{100}	–			–	–	–	–
12.0	–	{90}	–	–	–	–	–	–	–

* STS631J1-WPC의 값은 석출 경화 열처리를 한 것의 값이다.

** C1720W-3/4H의 값은 시효경화처리를 한 것의 값이다.

17-2 스프링 설계 계산 예

■ 코일 스프링 계산

1. 코일 스프링 계산에 이용하는 기호 및 단위

기호	기호의 의미	단 위
d	재료의 지름	㎜
D_1	코일 내경	㎜
D_2	코일 외경	㎜
D	코일평균지름	㎜
N_t	총감김수(총권수)	-
N_a	유효 감김수(유효권수)	-
H_S	밀착 높이	㎜
H_f	자유 높이(길이, 자유장)	㎜
c	스프링 지수	-
G	가로(횡)탄성계수	N/mm^2
P	스프링에 걸리는 하중	N
δ	스프링의 처짐량	㎜
k	스프링 정수	N/mm
τ_0	비틀림 응력	N/mm^2
τ	비틀림 수정 응력	N/mm^2
κ	응력수정계수	-

2. 코일 스프링 설계에 이용되는 기본 계산식

■ 코일 스프링의 하중과 스프링 정수 · 휨(처짐)의 관계

선형 특성을 갖는 스프링의 하중은 휨(처짐)에 비례하므로

① $P = K\delta$ [N]

코일 스프링의 치수로부터 스프링 정수를 구한다.

압축 코일 스프링에 있어서 재료의 지름(소재선경)에 비틀림이 발생해 휨(처짐)이 생기므로 스프링 정수는,

② $k = Gd^4 / 8N_aD^3$ [N/mm]

코일 스프링의 비틀림 응력

③ $\tau_O = 8DP / \pi d^3$ [N/mm]

코일 스프링의 비틀림 수정 응력

④ $\tau = \kappa \tau O$ [N/mm^2]

⑤ $\kappa = (4c\text{-}1 / 4c\text{-}4) + 0.615/c$

⑥ $c = D/d$

코일 스프링의 밀착 높이(단면을 연삭한 경우)

⑦ $H_O = (N_1\text{-}1)d + (t_1+t_2)$ [mm]

여기서, (t_1+t_2) : 코일 양단부 각각의 두께의 합

스프링 설계 규격

3. 코일 스프링 고온 시의 재질별 기계적 특성

온도별 코일 스프링의 횡탄성 계수 [N/mm²]

재질	사용 환경	100℃	200℃	300℃	400℃	500℃	600℃
SUP10	일반	76500	74300	–	–	–	–
SUS304	내식 · 고온	68100	66200	–	–	–	–
SUS316	내식 · 고온	68100	66200	–	–	–	–
SKD4	고온	77000	74700	71600	69000	–	–
INCONEL X750	내식 · 고온	77700	76600	74700	72800	70900	–
INCONEL 718	내식 · 고온	74700	72400	70100	67800	65900	63600
C5191	내식	–	–	–	–	–	–

온도별 코일 스프링의 허용 응력 [N/mm²]

재질	응력 위치	100℃	200℃	300℃	400℃	500℃	600℃
SUP10	τ_0	490	410	–	–	–	–
SUS304	τ_0	0.7a	0.5a	–	–	–	–
SUS316	τ_0	0.8a	0.6a	–	–	–	–
SKD4	τ_0	550	490	430	350		–
INCONEL X750	τ	482	482	482	482	310	–
INCONEL 718	τ	519	519	519	519	445	343
C5191	τ_0	–	–	–	–	–	–

4. 코일 스프링 계산 예

예를 들어 다음의 조건이 주어졌을 때, 재료 직경, 유효권수, 스프링 정수, 응력은 아래와 같이 구한다.
스프링에 걸리는 하중 P=9000N일 때, 스프링 처짐량(δ)=30mm, 비틀림 응력(τ_0)=290MPa, 코일 평균지름(D)=100mm, 자유길이(N_f)=200mm의 압축코일 스프링을 설계한다. 단, 허용응력은 550MPa 이하로 한다.

① 재료 지름(직경)을 구한다. (위의 식 ③에 의해)

$$d^3 = \frac{8DP}{\pi\tau_0} = \frac{8 \times 100 \times 9000}{\pi \times 290} = 7906.87$$

$$d = 19.92\text{㎜}$$

② 여기서 KS(JIS)규격 치수로부터 d=20㎜로 하고 유효권수는 위의 식①, ②에 의해 구한다.
(여기서 G=78.5×10^3)

$$N_a = \frac{Gd^4\delta}{8D^3P} = \frac{78500 \times 20^4 \times 30}{8 \times 100^3 \times 9000} = 5.23 \text{ 권}$$

③ 스프링 정수는 위의 식 ②에 의해 구한다.

$$k = \frac{Gd^4}{8N_aD^3} = \frac{78500 \times 20^4}{8 \times 5.23 \times 100^3} = 300.19 \text{ N/㎜}$$

④ P=9000N일 때의 비틀림 응력은 위의 식 ③에 의해 구한다.

$$\tau_0 = \frac{8DP}{\pi d^3} = \frac{8 \times 100 \times 9000}{\pi \times 20^3} = 286.62 \text{ MPa}$$

따라서, 이 스프링은 9,000N일 때의 응력이 허용 응력 이하가 된다.

■ 인장 스프링 계산

1. 인장 스프링 계산에 이용하는 기호 및 단위

기호	기호의 의미	단 위
d	재료의 지름(직경)	㎜
D	코일 중심경	㎜
H_f	자유 높이	㎜
N_a	유효 감김수(권수)	-
P	스프링에 걸리는 하중	
δ	스프링의 처짐(변형)량	㎜
k	스프링 정수	N/mm
P_i	초기 장력	-
τ_i	초기 응력	㎜
M	비틀림 모멘트, 굽힘 모멘트	N/mm
σ	인장응력	N/㎟
τ_0	미수정 전단응력	N/㎟
τ	수정 전단응력	N/㎟
κ	응력수정계수	-
c	스프링 지수	-
G	횡탄성계수	N/㎟

2. 코일부의 휨(처짐) 및 응력 계산

코일부의 휨(처짐)의 기본식은 압축 코일 스프링의 식을 이용해서 계산한다.

① $k = \dfrac{Gd^4}{8N_aD^3}$ [N/mm]

단, 하중에 대해서 초기 장력을 고려할 필요가 있는 경우 이 초기 장력을 P_i로 하면 임의 하중 P는 다음과 같이 구한다.

② $P = \dfrac{Gd^4\delta}{8N_aD^3}P_i$ [N]

③ 변형(처짐)량 δ

$$\delta = \frac{8N_aD^3}{Gd^4}(P - P_i) \text{ [mm]}$$

④ $\tau_0 = \dfrac{8D}{\pi d^3}P$ [N/㎟]

⑤ $\tau = \tau_0 \times \kappa$ [N/㎟]

⑥ $\kappa = \dfrac{4c-1}{4c-4} + \dfrac{0.615}{c}$

3. 후크부의 응력

후크부에는 굽힘모멘트와 비틀림모멘트 인장응력 및 전단응력이 발생하게 되고, 정확한 계산은 복잡하다. 여기서는 많이 이용되고 있는 반원 후크, U-후크에 대해서 근사적인 계산을 기술한다.

1) 반원 후크의 경우

⑦ $\sigma = k_1\dfrac{32M}{\pi d^3} + \dfrac{4P}{\pi d^2}$

여기서 k_1은 곡률에 기초한 응력집중계수로 $c_1 = \dfrac{2r_1}{d}$로 하면 다음 식이 얻어진다.

⑧ $k_1 = \dfrac{4c_1^2 - c_1 - 1}{4c_1(c_1 - 1)}$

⑨ $\sigma = k^{'}_{1}\dfrac{16D}{\pi d^{3}}P$

$k^{'}_{1} = k_{1} + \dfrac{1}{4c}$

여기서 c는 코일부의 스프링지수이다. B부 내측의 최대전단응력은 비틀림 모멘트 M에 의한 것이다.

⑩ $k^{'}_{1} = k_{1} + \dfrac{1}{4c}$

여기서 k_2는 곡률에 기초한 응력집중계수로 $c_2 = \dfrac{2r_2}{d}$로 하면 다음 식이 얻어진다.

⑪ $\tau = k_{2}\dfrac{16M}{\pi d^{3}} = k_{2}\dfrac{8D}{\pi d^{3}}P$

⑫ $k_{2} = \dfrac{4c_{2} - 1}{4c_{2} - 4}$

2) U-후크의 경우

⑬ $\sigma = k_{3}\dfrac{32M}{\pi d^{3}} + \dfrac{4P}{\pi d^{2}}$

여기서 k_3는 곡률에 기초한 응력집중계수로 $c = \dfrac{D}{d}$로 하면 다음 식이 얻어진다.

⑭ $k_{3} = \dfrac{4c^{2} - c - 1}{4c(c-1)}$

위의 식 ⑬을 정리하면

⑮ $\sigma = k^{'}_{3}\dfrac{16D}{\pi d^{3}}P$ 로 된다. 단 $k^{'}_{3}$ 는

⑯ $k^{'}_{3} = k_{3} + \dfrac{1}{4c} = \dfrac{2c^{2} - 1}{2c(c-1)}$

B부의 최대 전단응력은 반원 후크와 동일한 식 ⑪이 얻어진다.

4. 인장 스프링 계산 예

다음의 조건이 주어졌을 경우 재료의 직경, 유효권수, 스프링정수, 응력은 각각 아래와 같이 구할 수 있다.
취부시 길이 160mm, 취부시 하중 176N, 최대시 길이 180mm, 최대시 하중 275N, 코일 외경은 36mm 이하, 후크는 U-후크로 하고 양측 모두 길이 20mm 이상 확보한다. 사용환경은 상온에서 1×10^{7}회 이상의 피로강도를 갖는 인장코일스프링을 설계하시오.
재료는 SWP-A를 사용하며, 초기 장력은 표준으로 한다. 처짐을 고려해서 최대 인장응력은 0.7 이하, 최대 전단응력은 0.45%이하를 목표로 설계한다.

이러한 조건을 만족하는 재료의 지름 및 기타 스프링 제원을 결정한다. 여기서는 재료 지름을 Ø4.0mm로 한다.
재료의 지름 Ø4.0mm의 SWP-A의 인장강도 는, 1670 N/㎟이다.
코일 외경을 36mm로 하면, 스프링 지수 $c = D/d = 32.0 / 4.0$으로 한다.
또, 주어진 조건에 의한 스프링 정수는,

$k = \dfrac{P_{2} - P_{1}}{H_{2} - H_{1}} = \dfrac{275 - 176}{180 - 160} = 4.95$ [N/mm]가 된다.

유효권수는 $N_a = \dfrac{Gd^4}{8kD^3} \fallingdotseq 15.5$ 가 된다.

다음으로 초기장력 τ_i 를 구한다.

$$\tau_i = \frac{G}{100c} = \frac{78500}{800} = 98.1 \text{ [N/㎟]}$$

다음으로 초기장력 P_i 를 구한다.

$$P_i = \frac{\pi d^3}{8D}\tau_i = 77.0 \text{ [N]}$$

따라서 자유시 길이 H_f는

$$H_f = H_1 - \frac{P_1 - P_I}{\kappa} = 140.0 \text{ [mm]}$$

편측 후크 길이는

$\dfrac{\{H_f - (N_a+1)d\}}{2} = 37.0$ [mm]으로 주어진 조건인 20mm 이상을 만족한다.

U-후크 부에 발생하는 최대인장응력의 하한응력σ_1, 상한응력σ_2를 구한다.

이 때 $k'_3 = k_3 + \dfrac{1}{4c} = \dfrac{2c^2-1}{2c(c-1)} = \dfrac{2\times8^2-1}{2\times8(8-1)} = 1.134$ 를 얻는다.

$$\sigma_1 = k'_3\frac{16D}{\pi d^3}P = 1.134\frac{16\times32.0}{\pi\times4.0^3}\times176 = 508 \text{ [N/mm}^2\text{]}$$

$$\sigma_2 = k'_3\frac{16D}{\pi d^3}P = 1.134\frac{16\times32.0}{\pi\times4.0^3}\times275 = 794 \text{ [N/mm}^2\text{]}$$

응력값에 의해 응력계수 $\left(\dfrac{\sigma}{\sigma_B}\right)$를 구한다.

$$\frac{\sigma_1}{\sigma_B} = \frac{508}{1670} \fallingdotseq 0.304, \quad \frac{\sigma_2}{\sigma_B} = \frac{794}{1670} \fallingdotseq 0.475$$

이들 계수를 그림 4에 플로트하면 1×10^7회 이상의 피로강도를 가지고 있는 것을 알 수 있다.

U-후크부에 발생하는 최대전단응력의 하한응력(τ_1), 상한응력(τ_2)을 구한다.

이 때 후크 모양 반지름(중심) r_2를 4.0으로 하면 $c_2 (= \dfrac{2r_2}{d})$은 2.0이 된다.

또 식 ⑫ 의 $k_2 = \dfrac{4c_2-1}{4c_2-4} = \dfrac{4\times2.0-1}{4\times2.0-4} = 1.75$ 를 구한다.

$$\tau_1 = k_2\frac{8D}{\pi d^3}P = 1.75\times\frac{8\times32.0}{\pi\times4.0^3}\times176 = 392 \text{ [N/mm}^2\text{]}$$

$$\tau_2 = k_2\frac{8D}{\pi d^3}P = 1.75\times\frac{8\times32.0}{\pi\times4.0^3}\times275 = 613 \text{ [N/mm}^2\text{]}$$

응력값으로부터 응력계수 수식을 구한다.

$$\frac{\tau_1}{\sigma_B} = \frac{392}{1670} \fallingdotseq 0.235, \quad \frac{\tau_2}{\sigma_B} = \frac{613}{1670} \fallingdotseq 0.367$$

17-3 냉간 성형 압축 코일 스프링

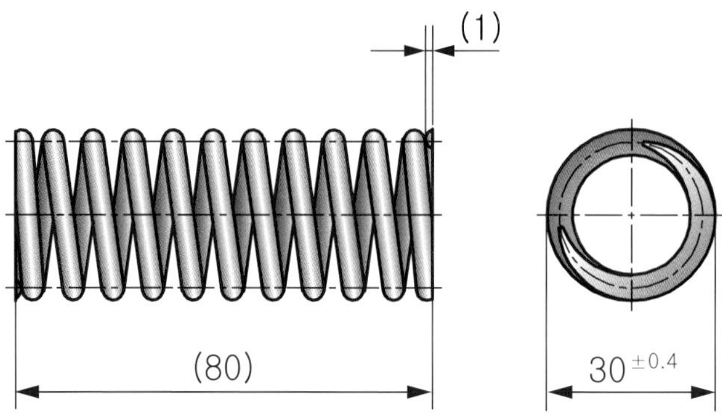

냉간 성형 압축 코일 스프링 요목표			
재료			SWOSC-V
재료의 지름		mm	4
코일 평균 지름		mm	26
코일 바깥 지름		mm	30±0.4
총 감김수			11.5
자리 감김수			각 1
유효 감김수			9.5
감김 방향			오른쪽
자유 길이		mm	(80)
스프링 상수		N/mm	15.3
지정	하중	N	–
	하중시의 길이	mm	–
	길이(1)	mm	70
	길이시의 하중	N	153±10%
	응력	N/mm²	190
최대 압축	하중	N	–
	하중시의 길이	mm	–
	길이(1)	mm	55
	길이시의 하중	N	382
	응력	N/mm²	476
밀착 길이		mm	(44)
코일 바깥쪽 면의 경사		mm	4이하
코일 끝부분의 모양			맞댐끝(연삭)
표면 처리	성형 후의 표면 가공		쇼트 피닝
	방청 처리		방청유 도포

[주] 1. 수치 보기는 길이를 기준으로 하였다.
[비고] 1. 기타 항목 : 세팅한다.
2. 용도 또는 사용 조건 : 상온, 반복하중
3. 1N/mm2 = 1MPa

17-4 열간 성형 압축 코일 스프링

KS B 0005

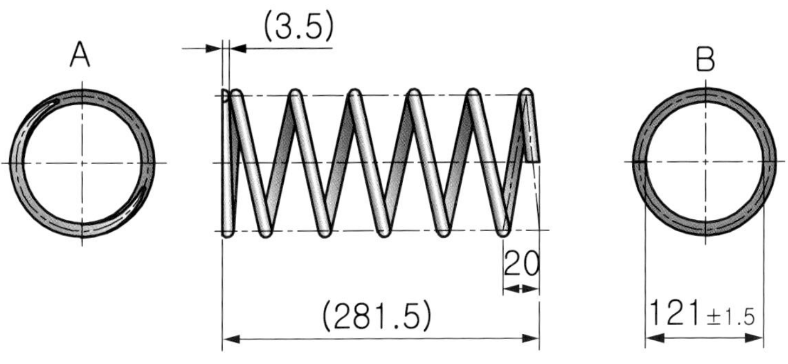

열간 성형 압축 코일 스프링 요목표			
재 료			SPS6
재료의 지름		mm	14
코일 평균 지름		mm	135
코일 안지름		mm	121±1.5
총 감김수			6.25
자리 감김수			A측 : 1, B측 : 0.75
유효 감김수			4.5
감김 방향			오른쪽
자유 길이		mm	(281.5)
스프링 상수		N/mm	34.0±10%
지정	하중	N	–
	하중시의 길이	mm	–
	길이[(1)]	mm	166
	길이시의 하중	N	3925±10%
	응력	N/mm²	566
최대 압축	하중	N	–
	하중시의 길이	mm	–
	길이[(1)]	mm	105
	길이시의 하중	N	6000
	응력	N/mm²	865
밀착 길이		mm	(95.5)
코일 바깥쪽 면의 경사		mm	15.6 이하
경 도		HBW	388~461
코일 끝부분의 모양			A측 : 맞댐끝(테이퍼) B측 : 벌림끝(무연삭)
표면 처리	재료의 표면 가공		연삭
	성형 후의 표면 가공		쇼트 피닝
	방청 처리		흑색 에나멜 도장

[주] 1. 수치 보기는 길이를 기준으로 하였다.
[비고] 1. 기타 항목 : 세팅한다.
2. 용도 또는 사용 조건 : 상온, 반복하중
3. 1N/mm2 = 1MPa

17-5 테이퍼 코일 스프링

KS B 0005

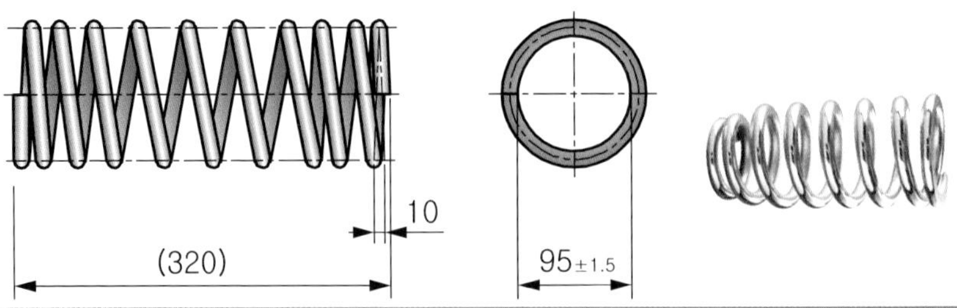

테이퍼 코일 스프링 요목표			
재료			SPS6
재료의 지름		mm	12.5[9.4]
코일 평균 지름		mm	107.5[104.4]
코일 안지름		mm	95±1.5
총 감김수			10
자리 감김수			각 0.75
유효 감김수			8.5
감김 방향			오른쪽
자유 길이		mm	(320)
같은 지름 부분의 피치		mm	43.4
테이퍼 부분의 피치		mm	27.1
제1스프링 상수(2)		N/mm	16.4±10%
제2스프링 상수		N/mm	48.2±10%
지정	하중	N	–
	하중시의 길이	mm	–
	길이(1)	mm	196
	길이시의 하중	N	2500±10%
	응력	N/mm²	459
최대 압축	하중	N	–
	하중시의 길이	mm	–
	길이(1)	mm	140
	길이시의 하중	N	5170
	응력	N/mm²	848
밀착 길이		mm	(124)
경 도		HBW	388~461
코일 끝부분의 모양			벌림끝(무연삭)
표면 처리	재료의 표면 가공		연삭
	성형 후의 표면 가공		쇼트 피닝
	방청 처리		흑색 에나멜 도장

[주] 1. 수치 보기는 길이를 기준으로 하였다.
2. 0~1190N

[비고] 1. 안지름 기준으로 한다.
2. [ ]안은 작은 지름쪽 치수를 나타낸다.
3. 기타 항목 : 세팅한다.
4. 용도 또는 사용 조건 : 상온, 반복하중
5. 1N/mm2 = 1MPa

17-6 각 스프링

KS B 0005

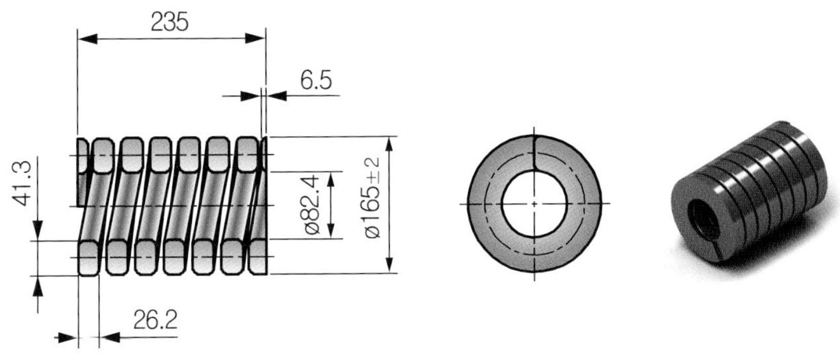

각 스프링 요목표				
재 료				SPS9
재료의 지름			mm	41.3×26.2
코일 평균 지름			mm	123.8
코일 바깥 지름			mm	165±2
총 감김수				7.25±0.25
자리 감김수				각 0.75
유효 감김수				5.75
감김 방향				오른쪽
자유 길이			mm	(235)
스프링 상수			N/mm	1570
지정	하중(3)		N	49000
	하중시의 길이		mm	203±3
	길이(1)		mm	-
	길이시의 하중		N	-
	응력		N/mm2	596
최대 압축	하중		N	73500
	하중시의 길이		mm	188
	길이(1)		mm	-
	길이시의 하중		N	-
	응력		N/mm2	894
밀착 길이			mm	(177)
경 도			HBW	388~461
코일 끝부분의 모양				맞댐끝(테이퍼 후 연삭)
표면 처리	재료의 표면 가공			연삭
	성형 후의 표면 가공			쇼트 피닝
	방청 처리			흑색 에나멜 도장

[주] 1. 수치 보기는 길이를 기준으로 하였다.
3. 수치 보기는 하중을 기준으로 하였다.

[비고] 1. 기타 항목 : 세팅한다.
2. 용도 또는 사용 조건 : 상온, 반복하중
3. 1N/mm2 = 1MPa

17-7 이중 코일 스프링

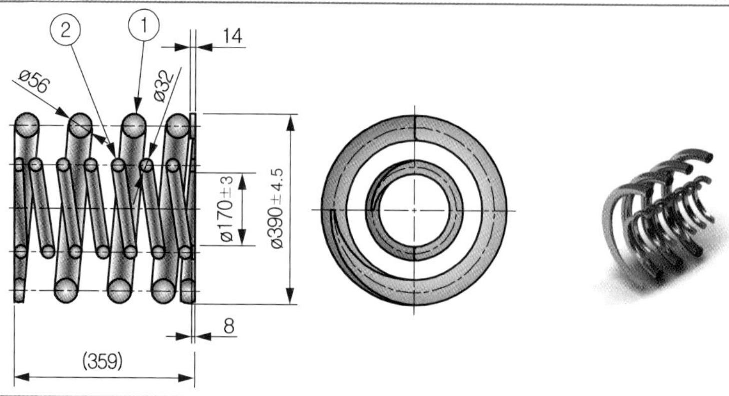

이중 코일 스프링 요목표

항목		단위	①	②
조합 No.			①	②
재료			SPS11A	SPS9A
재료의 지름		mm	56	32
코일 평균 지름		mm	334	202
코일 안지름		mm	278	170±3
코일 바깥 지름		mm	390±4.5	234
총 감김수			4.75	7.75
자리 감김수			각 1	각 1
유효 감김수			2.75	5.75
감김 방향			오른쪽	왼쪽
자유 길이		mm	(359)	(359)
스프링 상수		N/mm	1086	
			883	203
지정	하중(3)	N	88260	
			71760	16500
	하중시의 길이	mm	277.5±4.5	
			277.5	277.5
	길이(1)	mm	–	
	길이시의 하중	N	–	
	응력	N/mm2	435	321
최대 압축	하중(3)	N	131360	
			106800	24560
	하중시의 길이	mm	238	
			238	238
	길이(1)	mm	–	
	길이시의 하중	N	–	
	응력	N/mm2	648	478
밀착 길이		mm	(238)	(232)
코일 바깥쪽 면의 경사		mm	6.3	6.3
경 도		HBW	388~461	
코일 끝부분의 모양			맞댐끝(테이퍼 후 연삭)	
표면 처리	재료의 표면 가공		연삭	
	성형 후의 표면 가공		쇼트 피닝	
	방청 처리		흑색 에나멜 도장	

[주] 1. 수치 보기는 길이를 기준으로 하였다.
3. 수치 보기는 하중을 기준으로 하였다.

[비고] 1. 기타 항목 : 세팅한다.
2. 용도 또는 사용 조건 : 상온, 반복하중
3. 1N/mm2 = 1MPa

17-8 인장 코일 스프링

KS B 0005

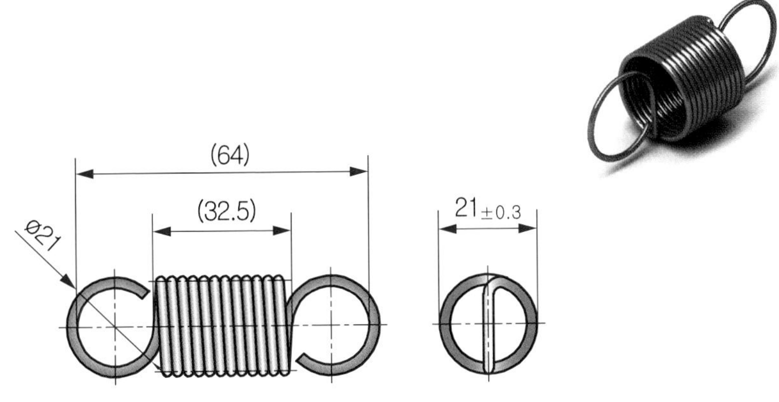

인장 코일 스프링 요목표			
재료			HSW-3
재료의 지름		mm	2.6
코일 평균 지름		mm	18.4
코일 바깥 지름		mm	21±0.3
총 감김수			11.5
감김 방향			오른쪽
자유 길이		mm	(64)
스프링 상수		N/mm	6.28
초 장 력		N	(26.8)
지정	하중	N	-
	하중시의 길이	mm	-
	길이(1)	mm	86
	길이시의 하중	N	165±10%
	응력	N/mm2	532
최대 허용 인장 길이		mm	92
고리의 모양			둥근 고리
표면 처리	성형 후의 표면 가공		-
	방청 처리		방청유 도포

[주] 1. 수치 보기는 길이를 기준으로 하였다.
[비고] 1. 기타 항목 : 세팅한다.
2. 용도 또는 사용 조건 : 상온, 반복하중
3. 1N/mm2 = 1MPa

17-9 비틀림 코일 스프링

KS B 0005

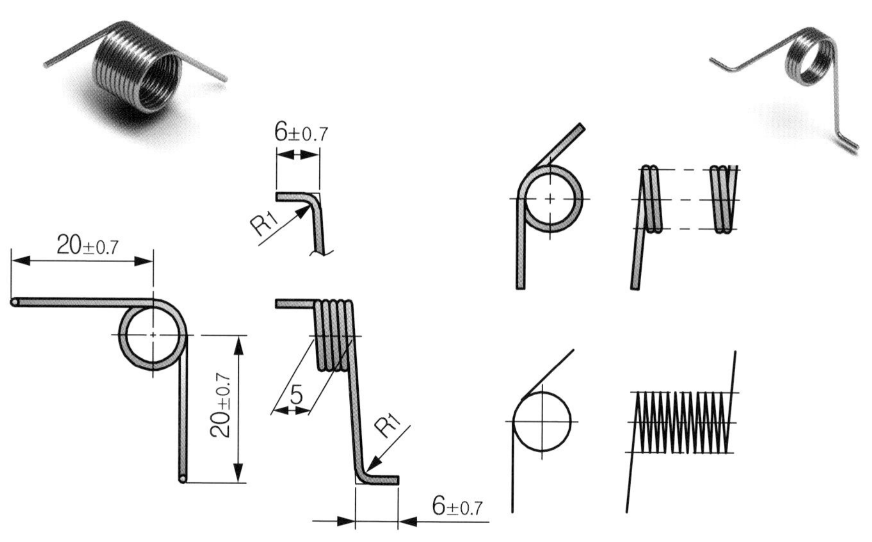

비틀림 코일 스프링 요목표			
재료			STS 304-WPB
재료의 지름		mm	1
코일 평균 지름		mm	9
코일 안지름		mm	8±0.3
총 감김수			4.25
감김 방향			오른쪽
자유 각도(4)		도	90±15
지정	나선각	도	–
	나선각시의 토크	N · mm	–
	(참고)계화 나선각	도	–
안내봉의 지름		mm	6.8
사용 최대 토크시의 응력		N/mm2	–
표면 처리			–

[주] 4. 수치 보기는 자유시 모양을 기준으로 하였다.
[비고] 1. 기타 항목 : 세팅한다.
2. 용도 또는 사용 조건 : 상온, 반복하중
3. 1N/mm^2 = 1MPa

17-10 지지, 받침 스프링

KS B 0005

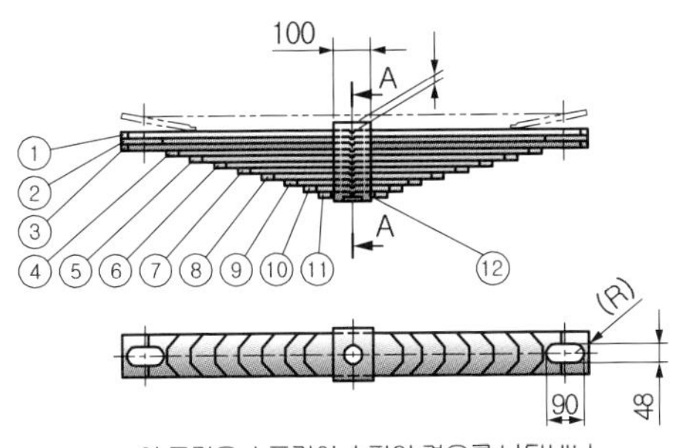

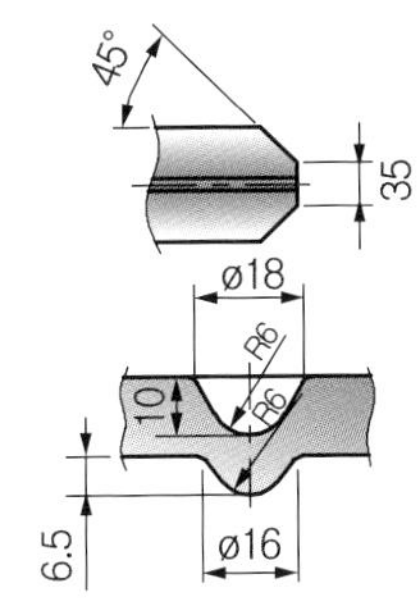

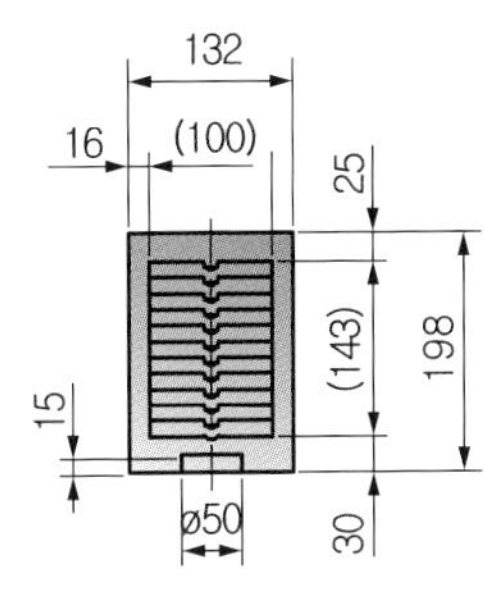

이 그림은 스프링이 수평인 경우를 나타낸다.

스프링 판					
재료		SPS3			
치수 · 모양	번호	길이 mm	판두께 mm	판나비 mm	단면 모양
	1	1190	13	100	KS D 3701의 A종
	2	1190			
	3	1190			
	4	1050			
	5	950			
	6	830			
	7	710			
	8	590			
	9	470			
	10	350			
	11	250			

부속 부품			
번 호	명 칭	재 료	개 수
12	허리죔 띠	SM 10C	1

하중 특성				
	하중 N	뒤말림 mm	스팬 mm	응력 N/mm2
무하중시	0	38	–	0
표준 하중시	45990	5	–	343
최대 하중시	52560	0±3	1070±3	392
시험 하중시	91990	–	–	686

[비고] 1. 기타 항목 a) 스프링 판의 경도 : 331~401HBW
b) 첫 번째 스프링 판의 텐션면 및 허리죔 띠에 방청 도장한다.
c) 완성 도장 : 흑색 도장
d) 스프링 판 사이에 도포한다.
2. 1N/mm^2 = 1MPa

17-11 테이퍼 판 스프링

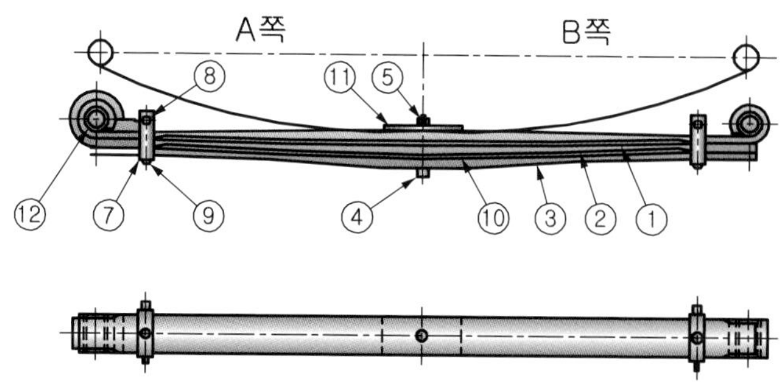

이 그림은 스프링이 수평인 경우를 나타낸다.

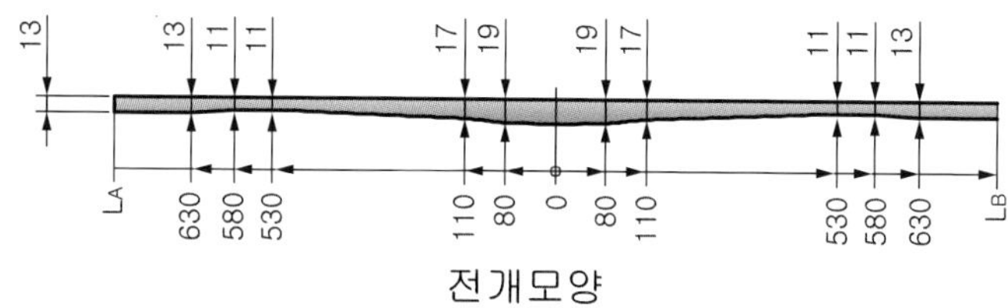

전개모양

번 호	전개 길이 mm			판나비 mm	재 료
	LA(A쪽)	LB(B쪽)	계		
1	916	916	1832	90	SPS11A
2	950	765	1715		
3	765	765	1530		

번 호	부품 번호	명 칭	개 수
4		센터 볼트	1
5		너트, 센터 볼트	1
6		부 시	2
7		클 립	2
8		클립 볼트	2
9		리 벳	2
10		인터리프	3
11		스페이서	1

스프링 상수 N/mm		250		
	하 중 N	높 이 mm	스 팬 mm	응 력 N/mm2
무하중시	0	180	–	0
지정 하중시	22000	92±6	1498	535
시험 하중시	37010	35	–	900

[비고] 1. 경도 : 388~461HBW
2. 쇼트 피닝 : No1~3리프
3. 완성 도장 : 흑색 도장
4. 1N/mm² = 1MPa

17-12 겹판 스프링

KS B 0005

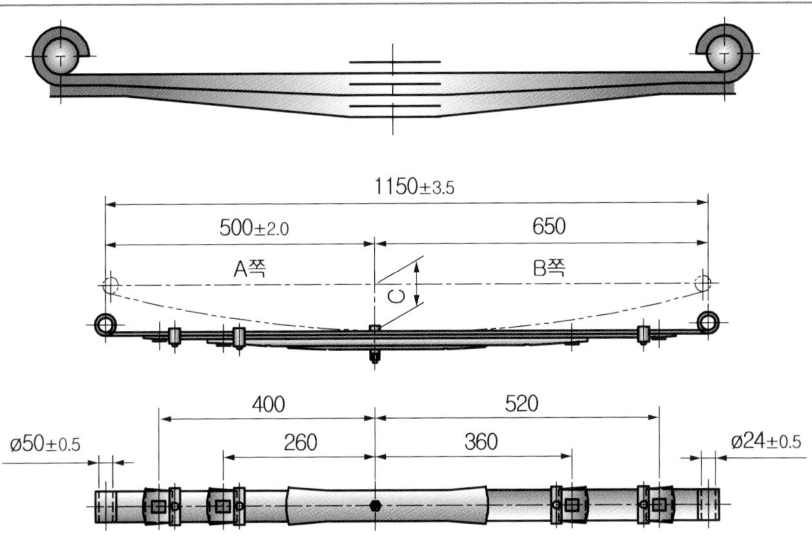

스프링 판(KS D 3701의 B종)						
번 호	전개 길이 mm			판두께 mm	판나비 mm	재 료
	A쪽	B쪽	계			
1	676	748	1424	6	60	SPS6
2	430	550	980			
3	310	390	700			
4	160	205	365			

번 호	부품 번호	명 칭	개 수
5		센터 볼트	1
6		너트, 센터 볼트	1
7		클 립	2
8		클 립	1
9		라이너	4
10		디스턴스 피스	1
11		리 벳	3

스프링 상수 N/mm		21.7		
	하 중 N	뒤말림 mm	스 팬 mm	응 력 N/mm2
무하중시	0	112	–	0
지정 하중시	2300	6±5	1152	451
시험 하중시	5100	–	–	1000

[비고] 1. 경도 : 388~461HBW
2. 쇼트 피닝 : No1~3리프
3. 완성 도장 : 흑색 도장
4. 1N/mm^2 = 1MPa

17-13 토션바

KS B 0005

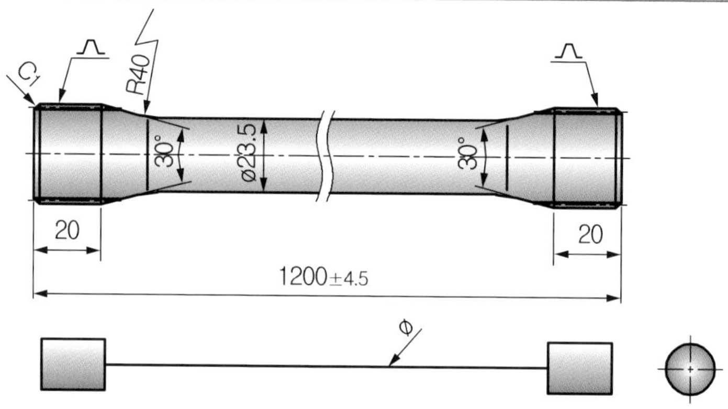

토션바 요목표			
재 료			SPS12
바의 지름		mm	23.5
바의 길이		mm	1200±4.5
손잡이 부분의 길이		mm	20
손잡이 부분의 모양·치수	모 양		인벌류트 세레이션
	모 듈		0.75
	압 력 각	도	45
	잇 수		40
	큰 지름	mm	30.75
스프링 상수		N/m/도	35.8±1.1
표 준	토 크	N·m	1270
	응 력	N/mm2	500
최 대	토 크	N·m	2190
	응 력	N/mm2	855
경 도		HBW	415~495
표면 처리	재료의 표면 가공		연 삭
	성형 후의 표면 가공		쇼트 피닝
	방청 처리		흑색 애나멜 도장

[비고] 1. 기타 항목 : 세팅한다. (세팅 방향을 지정하는 경우에는 방향을 명기한다.)
2. $1N/mm^2 = 1MPa$

17-14 벌류트 스프링

KS B 0005

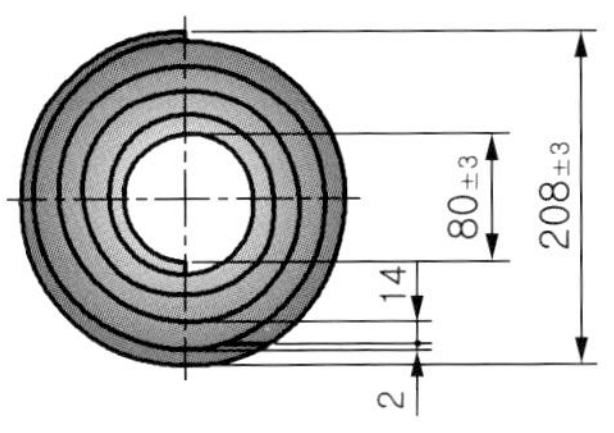

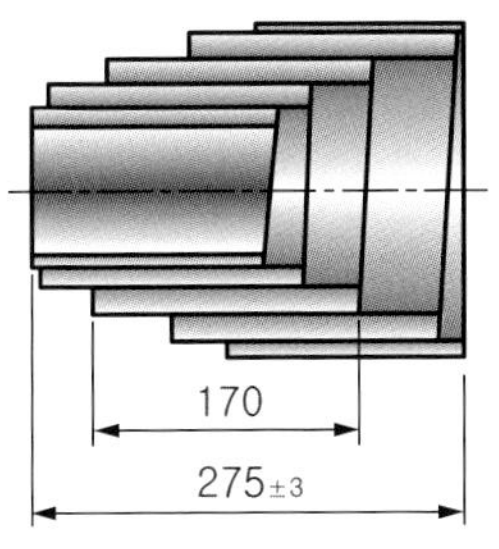

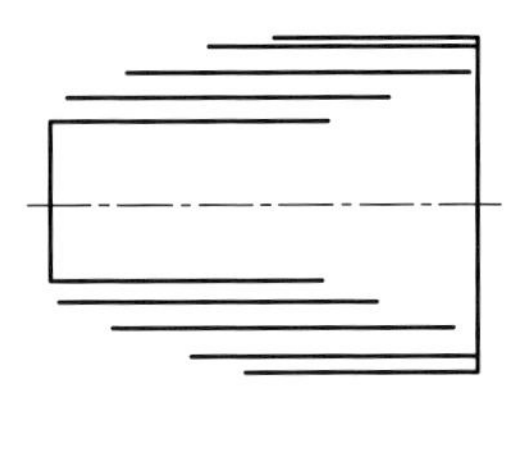

벌류트 스프링 요목표			
재 료			SPS9 또는 SPS 9A
재료 사이즈(판나비×판두께)		mm	170×14
안 지름		mm	80±3
바깥 지름		mm	208±3
총 감김수			4.5
자리 감김수			각 0.75
유효 감김수			3
감김 방향			오른쪽
자유 길이		mm	275±3
스프링 상수(처음 접착까지)		N/mm	1290
지정	하중	N	-
	하중시의 길이	mm	-
	길이(1)	mm	245
	길이시의 하중	N	39230±15%
	응력	N/mm2	390
최대 압축	하중	N	-
	하중시의 길이	mm	-
	길이(1)	mm	194
	길이시의 하중	N	111800
	응력	N/mm2	980
처음 접합 하중		N	85710
경 도		HBW	341~444
표면 처리	성형 후의 표면 가공		쇼트 피닝
	방청 처리		흑색 에나멜 도장

[비고] 1. 기타 항목 : 세팅한다.
2. 용도 또는 사용 조건 : 상온, 반복하중
3. 1N/mm^2 = 1MPa

17-15 스파이럴 스프링

KS B 0005

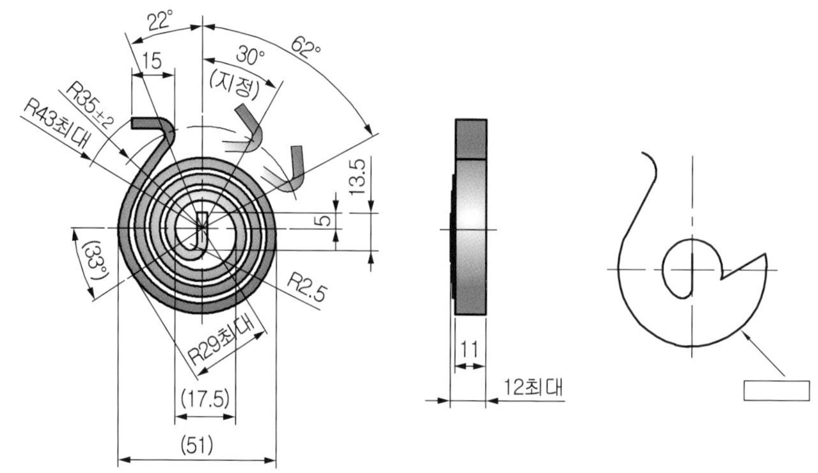

스파이럴 스프링 요목표			
재료			HSWR 62 A
판 두 께		mm	3.4
판 나 비		mm	11
감김 수			약 3.3
전체 길이		mm	410
축 지 름		mm	ø14
사용 범위		도	30~62
지 정	토 크	N·m	7.9±4.0
	응 력	N/mm2	764
경 도		HRC	35~43
표면 처리			인산염 피막

[비고] 1N/mm^2 = 1MPa

17-16 S자형 스파이럴 스프링

KS B 0005

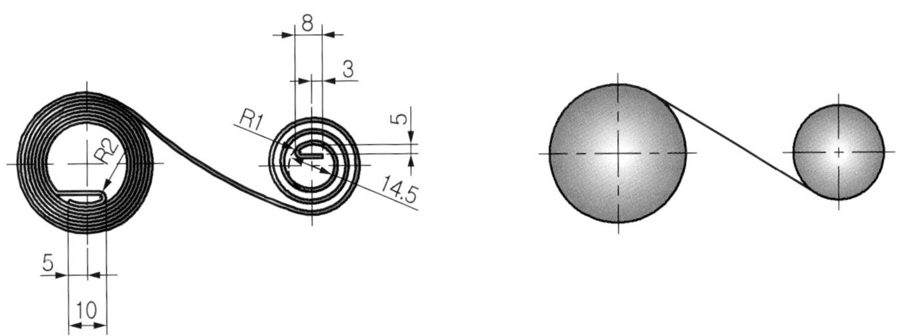

S자형 스파이럴 스프링 요목표		
재료		STS301-CSP
판 두 께	mm	0.2
판 나 비	mm	7.0
전체 길이	mm	4000
경 도	HV	490 이상
10회전시 되감기 토크	N · m	69.6
10회전시의 응력	N/mm2	1486
감김 축지름	mm	14
스프링 상자의 안지름	mm	50
표면 처리		–

[비고] $1N/mm^2 = 1MPa$

스프링 설계 규격

17-17 접시 스프링

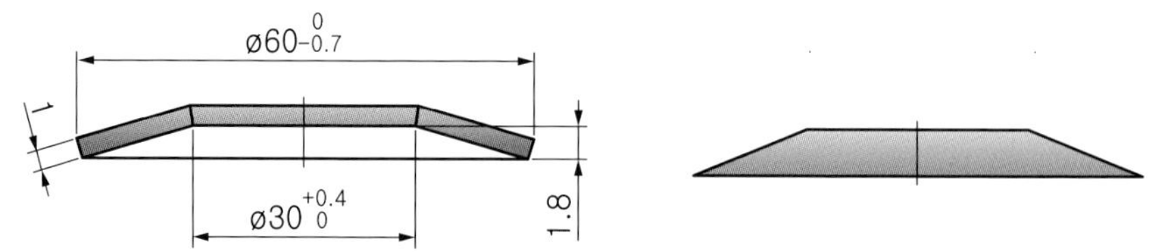

접시 스프링 요목표			
재료			STC5-CSP
안 지름		mm	$30^{+0.4}_{0}$
바깥 지름		mm	$60^{0}_{-0.7}$
판두께		mm	1
길이		mm	1.8
지정	휨	mm	1.0
	하중	N	766
	응력	N/mm²	1100
최대 압축	휨	mm	1.4
	하중	N	752
	응력	N/mm²	1410
경도		HV	400~480
표면 처리	성형 후의 표면 가공		쇼트 피닝
	방청 처리		방청유 도포

[비고] 1N/mm² = 1MPa

17-18 압축 스프링의 도시 예

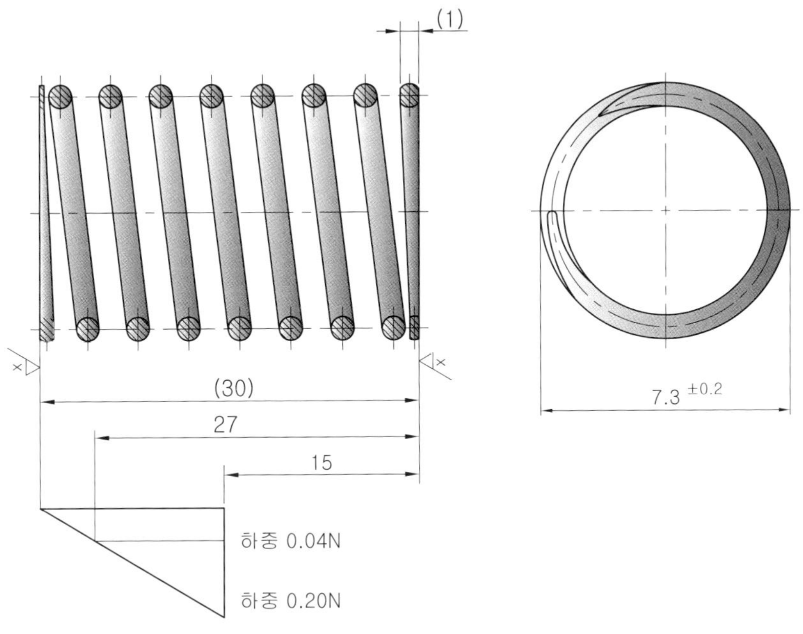

재료			SWPA
재료의 직경			0.23
코일 평균지름		mm	2.0
코일 바깥지름		mm	7.3±0.2
총 권수			16.5
좌(座)권수			각 1
유효 권수			14.5
감김 방향			오른쪽(우)
자유길이		mm	(30)
상용	하중 작용시의 길이	mm	27
	하중	N	0.04
동작	하중 작용시의 길이	mm	15
	하중	N	0.2
밀착 높이			–
코일 단면부의 형상			크로스 엔드(연삭)
표면처리			방청유 도포
열처리			풀림(어닐링, Annealing)

Chapter 18

베어링 끼워맞춤 및 설계 데이터

18-1 구름 베어링의 호칭 번호(1/2)

1. 호칭 번호의 구성

호칭 번호는 기본 번호 및 보조 기호로 이루어지며, 기본 번호의 구성은 다음과 같다. 보조 기호는 인수 · 인도 당사자 간의 협의에 따라 기본 번호의 전후에 붙일 수 있다.

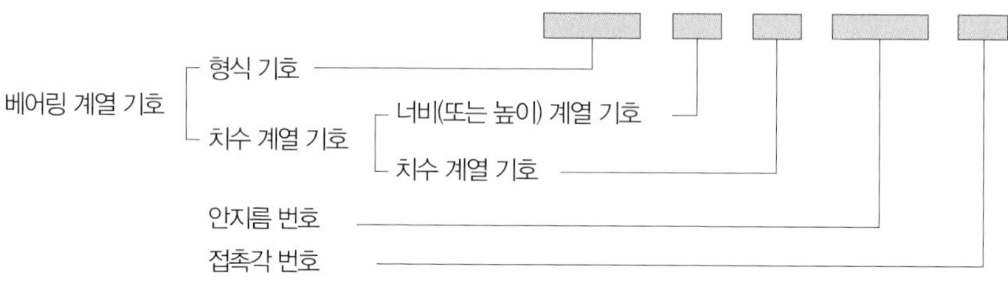

2. 기본 번호

① 베어링의 계열 기호

베어링 계열 기호는 형식 기호 및 치수 계열 기호로 이루어지며, 일반적으로 사용하는 베어링 기호는 아래 표들과 같다.

② 형식 기호

베어링의 형식을 나타내는 기호로 한 자리의 아라비아 숫자 또는 한 글자 이상의 라틴 문자로 이루어진다.
또한 치수 계열이 22 및 23의 자동 조심 볼 베어링에서는 형식 기호가 관례적으로 생략되고 있다.

③ 치수 계열 기호

치수 계열 기호는 너비 계열 기호 및 지름 계열 기호의 두 자리의 아라비아 숫자로 이루어진다. 또한, 너비 계열 0 또는 1의 깊은 홈 볼 베어링, 앵귤러 볼 베어링 및 원통 롤러 베어링에서는 너비 계열 기호가 관례적으로 생략되는 경우가 있다.

[비고] 테이퍼 롤러 베어링의 치수 계열 22C, 23C 또는 03D의 라틴 문자 C 또는 D는 호칭 번호의 구성상 접촉각 기호로 취급한다.

④ 안지름 번호

안지름 번호는 베어링의 계열 기호와 같다. 다만, 복식 평면 자리형 스러스트 볼 베어링의 안지름 번호는 같은 지름 계열에서 같은 호칭 바깥지름을 가진 단식 평면 자리형 스러스트 볼 베어링의 안지름 번호와 동일하게 한다.

18-1 구름 베어링의 호칭 번호(2/2)

■ 안지름 번호

호칭 베어링 안지름 mm	안지름 번 호	호칭 베어링 안지름 mm	안지름 번 호	호칭 베어링 안지름 mm	안지름 번 호	호칭 베어링 안지름 mm	안지름 번 호	호칭 베어링 안지름 mm	안지름 번 호
0.6	/0.6	25	05	105	21	360	72	950	/950
1	1	28	/28	110	22	380	76	1000	/1000
1.5	/1.5	30	06	120	24	400	80	1060	/1060
2	2	32	/32	130	26	420	84	1120	/1120
2.5	/2.5	35	07	140	28	440	88	1180	/1180
3	3	40	08	150	30	460	92	1250	/1250
4	4	45	09	160	32	480	96	1320	/1320
5	5	50	10	170	34	500	/500	1400	/1400
6	6	55	11	180	36	530	/530	1500	/1500
7	7	60	12	190	38	560	/560	1600	/1600
8	8	65	13	200	40	600	/600	1700	/1700
9	9	70	14	220	44	630	/630	1800	/1800
10	00	75	15	240	48	670	/670	1900	/1900
12	01	80	16	260	52	710	/710	2000	/2000
15	02	85	17	280	56	750	/750	2120	/2120
17	03	90	18	300	60	800	/800	2240	/2240
20	04	95	19	320	64	850	/850	2360	/2360
22	/22	100	20	340	68	900	/900	2500	/2500

[주] 안지름 번호 중 /0.6, /1.5, /2.5는 다른 기호를 사용할 수 있다.

⑤ 접촉각 기호

<table>
<tr><th>베어링의 형식</th><th>호칭 접촉각</th><th>접촉각 기호</th></tr>
<tr><td rowspan="3">단열 앵귤러 볼 베어링</td><td>10° 초과 22° 이하</td><td>C</td></tr>
<tr><td>22° 초과 32° 이하</td><td>A(생략 가능)</td></tr>
<tr><td>32° 초과 45° 이하</td><td>B</td></tr>
<tr><td rowspan="2">테이퍼 롤러 베어링</td><td>17° 초과 24° 이하</td><td>C</td></tr>
<tr><td>24° 초과 32° 이하</td><td>D</td></tr>
</table>

⑥ 보조 기호

<table>
<tr><th colspan="12">보조 기호</th></tr>
<tr><th colspan="2">내부 치수</th><th colspan="2">실 · 실드</th><th colspan="2">궤도륜 모양</th><th colspan="2">베어링의 조합</th><th colspan="2">레이디얼 내부 틈새</th><th colspan="2">정밀도 등급</th></tr>
<tr><th>내 용</th><th>보조기호</th><th>내 용</th><th>보조기호</th><th>내 용</th><th>보조기호</th><th>내 용</th><th>보조기호</th><th>내 용</th><th>보조기호</th><th>내 용</th><th>보조기호</th></tr>
<tr><td rowspan="6">주요치수 및 서브유닛의 치수가 ISO 355와 일치하는 것</td><td rowspan="6">J3</td><td rowspan="2">양쪽실 붙이</td><td rowspan="2">UU</td><td>내륜 원통 구멍</td><td>없음</td><td rowspan="2">뒷면 조합</td><td rowspan="2">DB</td><td>C2 틈새</td><td>C2</td><td>0 급</td><td>없음</td></tr>
<tr><td>플랜지붙이</td><td>F</td><td>CN 틈새</td><td>CN</td><td>6X급</td><td>P6X</td></tr>
<tr><td>한쪽 실 붙이</td><td>U</td><td>내륜 테이퍼 구멍 (기준 테이퍼비 1/12)</td><td>K</td><td rowspan="2">정면 조합</td><td rowspan="2">DF</td><td>C3 틈새</td><td>C3</td><td>6 급</td><td>P6</td></tr>
<tr><td>양쪽 실드 붙이</td><td>ZZ</td><td>내륜 테이퍼 구멍 (기준 테이퍼비 1/30)</td><td>K30</td><td>C4 틈새</td><td>C4</td><td>5 급</td><td>P5</td></tr>
<tr><td rowspan="2">한쪽 실드 붙이</td><td rowspan="2">Z</td><td>링 홈 붙이</td><td>N</td><td rowspan="2">병렬 조합</td><td rowspan="2">DT</td><td rowspan="2">C5</td><td rowspan="2">C5</td><td>4 급</td><td>P4</td></tr>
<tr><td>멈춤 링 붙이</td><td>NR</td><td>2 급</td><td>P2</td></tr>
</table>

[주] 1. 레이디얼 내부 틈새는 KS B 2102 참조
2. 정밀도 등급은 KS B 2014 참조

18-2 베어링의 계열 기호(볼 베어링)

1. 베어링의 계열 기호

베어링의 형식		단면도	형식 기호	치수 계열 기호	베어링 계열 기호
깊은 홈 볼 베어링	단열 홈 없음 비분리형		6	17 18 19 10 02 03 04	67 68 69 60 62 63 64
앵귤러 볼 베어링	단열 비분리형		7	19 10 02 03 04	79 70 72 73 74
자동 조심 볼 베어링	복렬 비분리형 외륜 궤도 구면		1	02 03 22 23	12 13 22 23
원통 롤러 베어링	단열 외륜 양쪽 턱붙이 내륜 턱 없음		NU	10 02 22 03 23 04	NU 10 NU 2 NU 22 NU 3 NU 23 NU 4
	단열 외륜 양쪽 턱붙이 내륜 한쪽 턱붙이		NJ	02 22 03 23 04	NJ 2 NJ 22 NJ 3 NJ 23 NJ 4
	단열 외륜 양쪽 턱붙이 내륜 한쪽 턱붙이 내륜 이완 리브붙이		NUP	02 22 03 23 04	NUP 2 NUP 22 NUP 3 NUP 23 NUP 4
	단열 외륜 양쪽 턱붙이 내륜 한쪽 턱붙이 L형 이완 리브붙이		NH	02 22 03 23 04	NH 2 NH 22 NH 3 NH 23 NH 4
	단열 외륜 턱없음 내륜 양쪽 턱붙이		N	10 02 22 03 23 04	N10 N2 N22 N3 N23 N4

18-3 베어링의 계열 기호(롤러 베어링)

KS B 2012

베어링의 형식		단면도	형식 기호	치수 계열 기호	베어링 계열 기호
원통 롤러 베어링	단열 외륜 한쪽 턱붙이 내륜 양쪽 턱붙이		NF	10 02 22 03 23 04	NF 10 NF 2 NF 22 NF 3 NF 23 NF 4
	복열 외륜 양쪽 턱붙이 내륜 턱 없음		NNU	49	NNU49
	복렬 외륜 덕 없음 내륜 양쪽 턱붙이		NN	30	NN 30
솔리드형 니들 롤러 베어링	내륜 붙이 외륜 양쪽 턱붙이		NA	48 49 59 69	NA 48 NA 49 NA 59 NA 69
	내륜 없음 외륜 양쪽 턱붙이		RNA	–	RNA 48([2]) RNA 49([2]) RNA 59([2]) RNA 69([2])
테이퍼 롤러 베어링	단열 분리형		3	29 20 30 31 02 22 22C 32 03 03D 13 23 23C	329 320 330 331 302 322 322C 332 303 303D 313 323 323C
자동 조심 롤러 베어링	복렬 비분리형 외륜 궤도 구면		2	39 30 40 41 31 22 32 03 23	239 230 240 241 231 222 232 213([3]) 223
단식 스러스트 볼 베어링	평면 자리형 분리형		5	11 12 13 14	511 512 513 514
복식 스러스트 볼 베어링	평면 자리형 분리형		5	22 23 24	522 523 524
스러스트 자동조심 롤러 베어링	평면 자리형 단식 분리형 하우징 궤도 반궤도 구면		2	92 93 94	292 293 294

[주] (2) 베어링 계열 NA48, NA49, NA59 및 NA69의 베어링에서 내륜을 뺀 서브 유닛의 계열기호이다.
(3) 치수 계열에서는 203이 되나 관례적으로 213으로 되어 있다.

18-4 베어링의 호칭 번호와 기호 설명

KS B 2012

보기	호칭 번호	기호 설명	
①	6204	62	04
		베어링 계열 기호 (너비 계열 0 지름 계열 2의 깊은 홈 볼 베어링)	안지름 번호 (호칭 베어링 안지름 20mm)

보기	호칭 번호	기호 설명				
②	F684C2P6	F	68	4	C2	P6
		궤도륜 모양 기호 (플랜지붙이)	베어링 계열 기호 (너비 계열 1 지름 계열 8의 깊은 홈 볼 베어링)	안지름 번호 (호칭 베어링 안지름 4mm)	레이디얼 내부 틈새 기호 (C2 틈새)	정밀도 등급 기호 (6급)

보기	호칭 번호	기호 설명		
③	6203ZZ	62	03	ZZ
		베어링 계열 기호 (너비 계열 0 지름 계열 2의 깊은 홈 볼 베어링)	안지름 번호 (호칭 베어링 안지름 17mm)	실드 기호 (양쪽 실드붙이)

보기	호칭 번호	기호 설명		
④	6306NR	63	06	NR
		베어링 계열 기호 (너비 계열 0 지름 계열 3의 깊은 홈 볼 베어링)	안지름 번호 (호칭 베어링 안지름 30mm)	궤도륜 모양 기호 (멈춤 링붙이)

보기	호칭 번호	기호 설명				
⑤	7210CDTP5	72	10	C	DT	P5
		베어링 계열 기호 (너비 계열 기호 0 지름 계열 2의 앵귤러 볼 베어링)	안지름 번호 (호칭 베어링 안지름 50mm)	접촉각 기호 (호칭 접촉 10° 초과 22° 이하)	조합 기호 (병렬 조합)	정밀도 등급 기호 (5급)

보기	호칭 번호	기호 설명			
⑥	NU318C3P6	NU3	18	C3	P6
		베어링 계열 기호 (너비 계열 기호 0 지름 계열 3의 원통 롤러 베어링)	안지름 번호 (호칭 베어링 안지름 90mm)	레이디얼 내부 틈새 기호 (C3 틈새)	정밀도 등급 기호 (6급)

보기	호칭 번호	기호 설명			
⑦	32007J3P6X	320	07	J3	P6X
		베어링 계열 기호 (너비 계열 기호 2 지름 계열 0의 테이퍼 롤러 베어링)	안지름 번호 (호칭 베어링 안지름 35mm)	주요 치수 및 서브유닛의 치수가 ISO 355의 표준과 일치함을 나타내는 기호	정밀도 등급 기호 (6X급)

보기	호칭 번호	기호 설명			
⑧	232/500KC4	232	/500	K	C4
		베어링 계열 기호 (너비 계열 3 지름 계열 2의 자동 조심 롤러 베어링)	안지름 번호 (호칭 베어링 안지름 500mm)	궤도륜 모양 기호 (기준 테이퍼 1/12의 테이퍼 구멍)	레이디얼 내부 틈새 기호 (C4 틈새)

보기	호칭 번호	기호 설명	
⑨	51215	512	15
		베어링 계열 기호 (높이 계열 1 지름 계열 2의 단식 평면 자리 스러스트 볼 베어링)	안지름 번호 (호칭 베어링 안지름 75mm)

18-5 레이디얼 베어링의 축 공차

운전상태 및 끼워맞춤 조건		볼베어링		원통롤러베어링 테이퍼롤러베어링		자동조심 롤러베어링		축의 공차등급	비고
		축 지름(mm)							
		초과	이하	초과	이하	초과	이하		
원통구멍 베어링(0급, 6X급, 6급)									
내륜회전하중 또는 방향부정하중	경하중(1) 또는 변동하중	–	18	–	–	–	–	h5	정밀도를 필요로 하는 경우 js6, k6, m6 대신에 js5, k5, m5를 사용한다.
		18	100	–	40	–	–	js6	
		100	200	40	140	–	–	k6	
		–	–	140	200	–	–	m6	
	보통하중(1)	–	18	–	–	–	–	js5	단열 앵귤러 볼 베어링 및 원뿔롤러베어링인 경우 끼워맞춤으로 인한 내부 틈새의 변화를 고려할 필요가 없으므로 k5, m5 대신에 k6, m6를 사용할 수 있다.
		18	100	–	40	–	40	k5	
		100	140	40	100	40	65	m5	
		140	200	100	140	65	100	m6	
		200	280	140	200	100	140	n6	
		–	–	200	400	140	280	p6	
		–	–	–	–	280	500	r6	
	중하중(1) 또는 충격하중	–	–	50	140	50	100	n6	보통 틈새의 베어링보다 큰 내부 틈새의 베어링이 필요하다.
		–	–	140	200	100	140	p6	
		–	–	200	–	140	200	r6	
내륜정지하중	내륜이 축 위를 쉽게 움직일 필요가 있다.	전체 축 지름						g6	정밀도를 필요로 하는 경우 g5를 사용한다. 큰 베어링에서는 쉽게 움직일 수 있도록 f6을 사용해도 된다.
	내륜이 축 위를 쉽게 움직일 필요가 없다.	전체 축 지름						h6	정밀도를 필요로 하는 경우 h5를 사용한다.
중심 축 하중		전체 축 지름						js6	–
테이퍼 구멍 베어링(0급) (어댑터 부착 또는 분리 슬리브 부착)									
전체 하중		전체 축 지름						h9/IT5	전도축 등에서는 h10/IT7(2)로 해도 좋다.

[비고] 이 표는 강제 중실축에 적용한다.

[주] (1) 경하중, 보통하중 및 중하중은 동등가 레이디얼 하중을 사용하는 베어링의 기본 동 레이디얼 정격 하중의 각각 6% 이하, 6%를 초과, 12% 이하 및 12%를 초과하는 하중을 말한다.
(2) IT5급 및 IT7급은 축의 진원도 공차, 원통도 공차 등의 값을 나타낸다.

18-6 레이디얼 베어링의 하우징 구멍 공차

<table>
<tr><th colspan="4">조건</th><th rowspan="2">하우징 구멍의 공차범위 등급</th><th rowspan="2">비고</th></tr>
<tr><th>하우징 (Housing)</th><th colspan="2">하중의 종류</th><th>외륜의 축 방향의 이동(3)</th></tr>
<tr><td rowspan="3">일체 하우징 또는 2분할 하우징</td><td rowspan="6">외륜정지 하중</td><td>모든 종류의 하중</td><td rowspan="3">쉽게 이동할 수 있다.</td><td>H7</td><td>대형베어링 또는 외륜과 하우징의 온도차가 큰 경우 G7을 사용해도 된다.</td></tr>
<tr><td>경하중(1) 또는 보통하중(1)</td><td>H8</td><td>–</td></tr>
<tr><td>축과 내륜이 고온으로 된다.</td><td>G7</td><td>대형베어링 또는 외륜과 하우징의 온도차가 큰 경우 F7을 사용해도 된다.</td></tr>
<tr><td rowspan="9">일체 하우징</td><td rowspan="2">경하중 또는 보통하중에서 정밀 회전을 요한다.</td><td>원칙적으로 이동할 수 없다.</td><td>K6</td><td>주로 롤러베어링에 적용된다.</td></tr>
<tr><td>이동할 수 있다.</td><td>JS6</td><td>주로 볼베어링에 적용된다.</td></tr>
<tr><td>조용한 운전을 요한다.</td><td>쉽게 이동할 수 있다.</td><td>H6</td><td>–</td></tr>
<tr><td rowspan="3">방향부정 하중</td><td>경하중 또는 보통하중</td><td>통상 이동할 수 있다.</td><td>JS7</td><td rowspan="2">정밀을 요하는 경우 JS7, K7 대신에 JS6, K6을 사용한다.</td></tr>
<tr><td>보통하중 또는 중하중(1)</td><td>이동할 수 없다.</td><td>K7</td></tr>
<tr><td>큰 충격하중</td><td>이동할 수 없다.</td><td>M7</td><td>–</td></tr>
<tr><td rowspan="3">외륜회전 하중</td><td>경하중 또는 변동하중</td><td>이동할 수 없다.</td><td>M7</td><td>–</td></tr>
<tr><td>보통하중 또는 중하중</td><td>이동할 수 없다.</td><td>N7</td><td>주로 볼베어링에 적용된다.</td></tr>
<tr><td>얇은 하우징에서 중하중 또는 큰 충격하중</td><td>이동할 수 없다.</td><td>P7</td><td>주로 롤러베어링에 적용된다.</td></tr>
</table>

[비고] 1. 위 표는 주철제 하우징 또는 강제 하우징에 적용한다.
2. 베어링에 중심 축 하중만 걸리는 경우 외륜에 레이디얼 방향의 틈새를 주는 공차범위 등급을 선정한다.

[주] (1) 경하중, 보통하중 및 중하중은 동등가 레이디얼 하중을 사용하는 베어링의 기본 동 레이디얼 정격 하중의 각각 6% 이하, 6%를 초과, 12% 이하 및 12%를 초과하는 하중을 말한다.
(2) 분리되지 않는 베어링에 대하여 외륜이 축 방향으로 이동할 수 있는지 없는지의 구별을 나타낸다.

18-7 스러스트 베어링의 축 및 하우징 구멍 공차

■ 스러스트 베어링(0급, 6급)에 대하여 일반적으로 사용하는 축의 공차 범위 등급

조건		축 지름(mm)		축의 공차 범위 등급	비고
		초과	이하		
중심 축 하중 (스러스트 베어링 전반)		전체 축 지름		js6	h6도 사용할 수 있다.
합성하중 (스러스트 자동조심 롤러베어링)	내륜정지하중	전체 축 지름		js6	-
	내륜회전하중 또는 방향부정하중	-	200	k6	k6, m6, n6 대신에 각각 js6, k6, m6도 사용할 수 있다.
		200	400	m6	
		400	-	n6	

■ 스러스트 베어링(0급, 6급)에 대하여 일반적으로 사용하는 하우징 구멍의 공차 범위 등급

조건		하우징 구멍의 공차범위 등급	비고
중심 축 하중 (스러스트 베어링 전반)		-	외륜에 레이디얼 방향의 틈새를 주도록 적절한 공차범위 등급을 선정한다.
		H8	스러스트 볼 베어링에서 정밀을 요하는 경우
합성하중 (스러스트 자동조심 롤러베어링)	외륜정지하중	H7	-
	방향부정하중 또는 외륜회전하중	K7	보통 사용 조건인 경우
		M7	비교적 레이디얼 하중이 큰 경우

[비고] 1. 위 표는 주철제 하우징 또는 강제 하우징에 적용한다.

[주] · 레이디얼하중과 액시얼하중
레이디얼 하중이라는 것은 베어링의 중심축에 대해서 직각(수직)으로 작용하는 하중을 말하고 액시얼하중이라는 것은 베어링의 중심축에 대해서 평행하게 작용하는 하중을 말한다.
덧붙여 말하면 스러스트하중과 액시얼하중은 동일한 것이다.

18-8 레이디얼 베어링에 대한 축 및 하우징 R과 어깨 높이

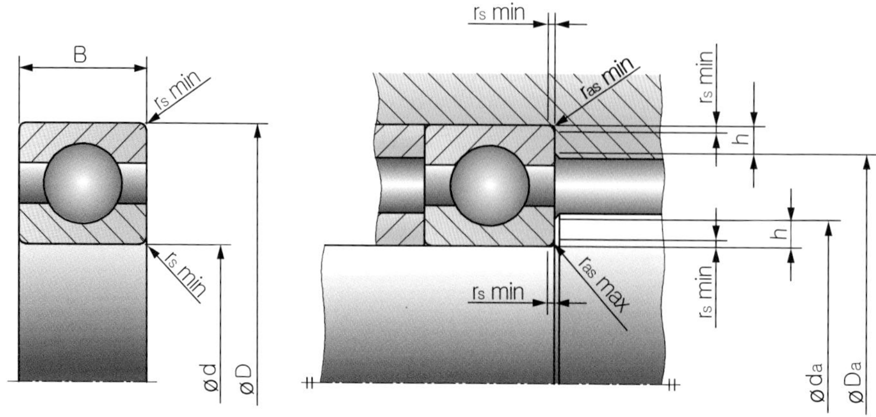

■ 축 및 하우징 모서리 둥근 부분의 반지름 및 레이디얼 베어링에 대한 축 및 하우징 어깨의 높이

호칭 치수	축과 하우징의 부착 관계의 치수		
$r_s$min	r_{as}max	일반적인 경우(3)	특별한 경우(4)
		어깨 높이 h(최소)	
0.1	0.1	0.4	
0.15	0.15	0.6	
0.2	0.2	0.8	
0.3	0.3	1.25	1
0.6	0.6	2.25	2
1	1	2.75	2.5
1.1	1	3.5	3.25
1.5	1.5	4.25	4
2	2	5	4.5
2.1	2	6	5.5
2.5	2	6	5.5
3	2.5	7	6.5
4	3	9	8
5	4	11	10
6	5	14	12
7.5	6	18	16
9.5	8	22	20

[주] (3) 큰 축 하중이 걸릴 때에는 이 값보다 큰 어깨높이가 필요하다.
(4) 축 하중이 작을 경우에 사용한다. 이러한 값은 원뿔 롤러 베어링, 앵귤러 볼 베어링 및 자동 조심 롤러베어링에는 적당하지 않다.

18-9 베어링 끼워맞춤의 설계 적용법(1/6)

1. 베어링의 끼워맞춤 관계와 공차의 적용

베어링을 축이나 하우징에 설치하여 축방향으로 위치결정하는 경우 베어링 측면이 접촉하는 축의 턱이나 하우징 구멍의 내경 턱은 축의 중심에 대해서 직각으로 가공되어야 한다. 또한 테이퍼 롤러 베어링 정면측의 하우징 구멍 내경은 케이지와 접촉을 방지하기 위하여 베어링 외경면과 평행하게 가공한다. 축이나 하우징의 모서리 반지름은 베어링의 내륜, 외륜의 모떼기 부분과 간섭이 발생하지 않도록 주의를 해야 한다. 따라서 베어링이 설치되는 축이나 하우징 구석의 모서리 반경은 **베어링의 모떼기 치수의 최소값을 초과하지 않는 값**으로 한다. 레이디얼 베어링에 대한 축의 어깨 및 하우징의 어깨의 높이는 궤도륜의 측면에 충분히 접촉시키고, 또한 수명이 다한 베어링의 교체시 분해 공구 등이 접촉될 수 있는 높이로 하며 그에 따른 최소값은 아래 표에 나타내었다. 베어링의 설치에 관계된 치수는 이 턱의 높이를 고려한 직경으로 베어링 치수표에 기재되어 있는 것이 보통이다. 특히 액시얼 하중을 부하하는 테이퍼 롤러 베어링이나 원통롤러 베어링에서는 턱 부위를 충분히 지지할 수 있는 턱의 치수와 강도가 요구된다.

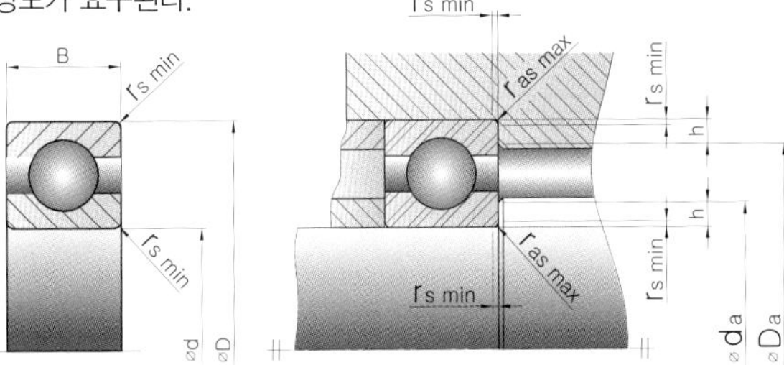

■ 레이디얼 베어링 끼워맞춤부 축과 하우징 R 및 어깨 높이 KS B 2051 : 1995(2005 확인)

단위 : mm

호칭 치수	축과 하우징의 부착 관계의 치수		
베어링 내륜 또는 외륜의 모떼기 치수	적용할 구멍, 축의 최대 모떼기 (모서리 반지름)치수	어깨 높이 h(최소)	
γ_{smin}	γ_{asmax}	일반적인 경우(1)	특별한 경우(2)
0.1	0.1	0.4	
0.15	0.15	0.6	
0.2	0.2	0.8	
0.3	0.3	1.25	1
0.6	**0.6**	**2.25**	2
1	1	2.75	2.5
1.1	1	3.5	3.25
1.5	1.5	4.25	4
2	2	5	4.5
2.1	2	6	5.5
2.5	2	6	5.5
3	2.5	7	6.5
4	3	9	8
5	4	11	10
6	5	14	12
7.5	6	18	16
9.5	8	22	20

[주] (1) 큰 축 하중(액시얼 하중)이 걸릴 때에는 이 값보다 큰 어깨높이가 필요하다.
(2) 축 하중(액시얼 하중)이 작을 경우에 사용한다. 이러한 값은 테이퍼 롤러 베어링, 앵귤러 볼베어링 및 자동 조심 롤러베어링에는 적당하지 않다.)

18-9 베어링 끼워맞춤의 설계 적용법(2/6)

2. 단열 깊은 홈 볼 베어링 6005 장착 관계 치수 적용 예

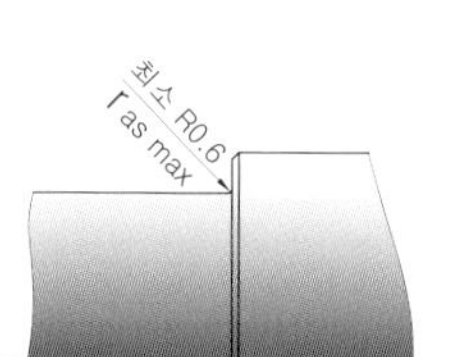

단위 :mm

단열 깊은 홈 볼 베어링 6005 적용 예				
d (축)	D (구멍)	B (폭)	γ_{smin} (베어링 내륜 및 외륜 모떼기 치수)	γ_{asmax} (적용할 축 및 구멍의 최대 모떼기 치수)
25	47	12	0.6	최소 0.6

■ 베어링 계열 60 베어링의 호칭 번호 및 치수 [KS B 2023]

단위 : mm

호칭 번호	치 수			
개방형	내경	외경	폭	내륜 및 외륜의 모떼기 치수
	d	D	B	$r_s$min
609	9	24	7	0.3
6000	10	26	8	0.3
6001	12	28	8	0.3
6002	15	32	9	0.3
6003	17	35	10	0.3
6004	20	42	12	0.6
6005	**25**	**47**	**12**	**0.6**
6006	30	55	13	1
6007	35	62	14	1

3. 베어링 끼워맞춤 공차의 선정 요령

① 조립도에 적용된 베어링의 규격이 있는 경우 호칭번호를 보고 KS규격을 찾아 조립에 관련된 치수를 찾고, 규격이 지정되지 않은 경우에는 자나 스케일로 직접 실측하여 안지름, 바깥 지름, 폭의 치수를 찾아 적용된 베어링의 호칭번호를 선정한다.

② 축이나 하우징 구멍의 끼워맞춤 선정은 축이 회전하는 경우 내륜 회전 하중, 축은 고정이고 회전체(기어, 풀리, 스프로킷 등)가 회전하는 경우 외륜 회전 하중을 선택하여 권장하는 끼워맞춤 공차등급을 적용한다.

③ 베어링의 끼워맞춤 선정에 있어 고려해야 할 사항으로 사용하는 베어링의 정밀도 등급, 작용하는 하중의 방향 및 하중의 조건, 베어링의 내륜 및 외륜의 회전, 정지상태를 파악하여 선정해야 한다.

④ 베어링의 등급은 [KS B 2016]에서 규정하는 바와 같이 그 정밀도에 따라 0급 〈 6X급 〈 6급 〈 5급 〈 4급 〈 2급으로 하는데 실기과제 도면에 적용된 베어링의 등급은 특별한 지정이 없는 한 0급과 6X급으로 하며 이들은 ISO 492 및 ISO199에 규정된 보통급에 상당하며 일반급이라고도 하는데 보통 기계에 사용하는 가장 일반적인 목적으로 사용하는 베어링이고 2급으로 갈수록 고정밀도로 엄격한 공차관리가 적용되는 정밀한 부위에 적용된다.

18-9 베어링 끼워맞춤의 설계 적용법(3/6)

4. 내륜 회전 하중, 외륜 정지 하중인 경우의 끼워맞춤 선정 예

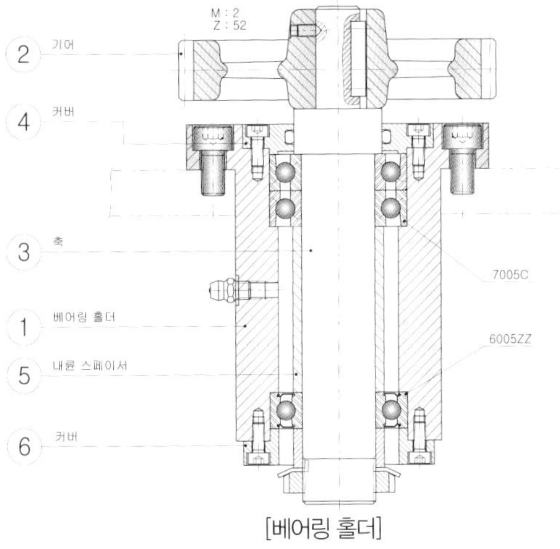

[베어링 홀더]

조립도를 분석해 보면 축에 조립된 기어가 회전하면서 축도 회전을 하게 되어 있는 구조이다. 베어링의 내륜이 회전하고 외륜은 정지하중을 받는 일반적인 사용 예이다. 이런 경우 베어링이 조립되는 축과 구멍의 끼워맞춤 관계를 알아보도록 하자. 먼저 운전상태 및 끼워맞춤 조건을 살펴보면 축은 내륜회전하중이며, 적용 베어링은 볼베어링으로 축 지름은 ∅25이다. 아래 KS 규격에서 권장하는 끼워맞춤에서 선정하면 볼베어링 란에서 축의 지름이 해당되는 18초과 100이하를 찾아보면 축의 공차등급을 js6로 권장하므로 ∅25js6(∅25±0.065)로 선정한다.

■ 레이디얼 베어링(0급, 6X급, 6급)에 대하여 일반적으로 사용하는 축의 공차 범위 등급 [KS B 2051]

운전상태 및 끼워맞춤 조건		볼베어링		원통롤러베어링 원뿔롤러베어링		자동조심 롤러베어링		축의 공차등급	비 고
		축 지름(mm)							
		초과	이하	초과	이하	초과	이하		
원통구멍 베어링(0급, 6X급, 6급)									
내륜 회전하중 또는 방향부정 하중	경하중 또는 변동하중	–	18	–	–	–	–	h5	정밀도를 필요로 하는 경우 js6, k6, m6 대신에 js5, k5, m5를 사용한다.
		18	**100**	–	40	–	–	**js6**	
		100	200	40	140	–	–	k6	
		–	–	140	200	–	–	m6	
	보통하중	–	18	–	–	–	–	js5	단열 앵귤러 볼 베어링 및 원뿔롤러 베어링인 경우 끼워맞춤으로 인한 내부 틈새의 변화를 고려할 필요가 없으므로 k5, m5 대신에 k6, m6를 사용할 수 있다.
		18	100	–	40	–	40	k5	
		100	140	40	100	40	65	m5	
		140	200	100	140	65	100	m6	
		200	280	140	200	100	140	n6	
		–	–	200	400	140	280	p6	
		–	–	–	–	280	500	r6	
	중하중 또는 충격하중	–	–	50	140	50	100	n6	보통 틈새의 베어링보다 큰 내부 틈새의 베어링이 필요하다.
		–	–	140	200	100	140	p6	
		–	–	200	–	140	200	r6	

18-9 베어링 끼워맞춤의 설계 적용법(4/6)

이번에는 하우징의 구멍에 끼워맞춤 공차를 선정해 보도록 하자. 하중의 조건은 외륜정지하중에 모든 종류의 하중을 선택하면 큰 무리가 없을 것이다. 따라서 아래 표에서 권장하는 끼워맞춤 공차는 H7이 된다. 적용 볼 베어링의 호칭번호가 6005와 7005로 외경은 ⌀47이며 하우징 구멍의 공차는 ⌀7H7(⌀47+0.025)으로 선택해 준다. 보통 **외륜 정지 하중**인 경우에는 하우징 구멍은 H7을 적용하면 큰 무리가 없을 것이다. (단, 적용 볼베어링은 일반급으로 하는 경우에 한한다.)

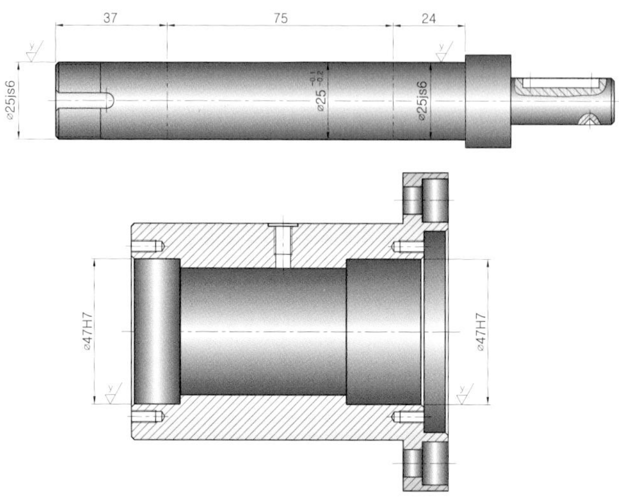

[축과 하우징 구멍의 끼워맞춤 공차의 적용 예]

■ 레이디얼 베어링(0급, 6X급, 6급)에 대하여 일반적으로 사용하는 구멍의 공차 범위 등급 [KS B 2051]

조 건				하우징 구멍의 공차범위 등급	비 고
하우징 (Housing)	하중의 종류		외륜의 축 방향의 이동		
일체 하우징 또는 2분할 하우징	**외륜정지 하중**	**모든 종류의 하중**	쉽게 이동할 수 있다.	**H7**	대형베어링 또는 외륜과 하우징의 온도차가 큰 경우 G7을 사용해도 된다.
		경하중 또는 보통하중		H8	–
		축과 내륜이 고온으로 된다.		G7	대형베어링 또는 외륜과 하우징의 온도차가 큰 경우 F7을 사용해도 된다.
		경하중 또는 보통하중에서 정밀 회전을 요한다.	원칙적으로 이동할 수 없다.	K6	주로 롤러베어링에 적용된다.
			이동할 수 있다.	JS6	주로 볼베어링에 적용된다.
		조용한 운전을 요한다.	쉽게 이동할 수 있다.	H6	–

18-9 베어링 끼워맞춤의 설계 적용법(5/6)

5. 내륜 정지 하중, 외륜 회전 하중인 경우의 끼워맞춤 선정 예

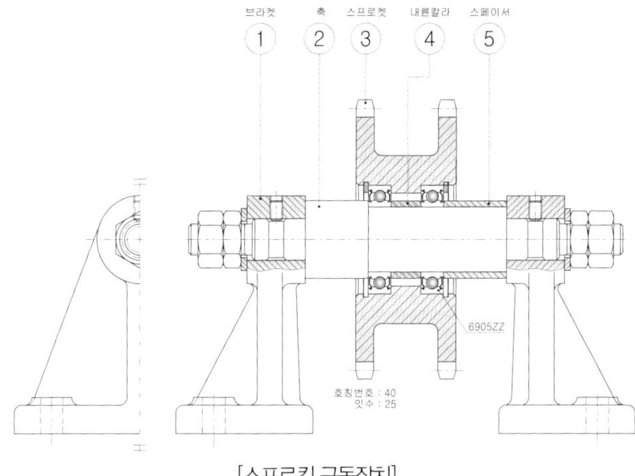

[스프로킷 구동장치]

조립도를 분석해 보면 축은 좌우의 브라켓에 고정되어 정지 상태이며 스프로킷이 회전하며 동력을 전달하는 구조이다. 이런 경우 베어링이 조립되는 축과 구멍의 끼워맞춤 관계를 알아보도록 하자. 먼저 운전상태 및 끼워맞춤 조건을 살펴보면 축은 내륜정지하중이며, 내륜이 축위를 쉽게 움직일 필요가 없으며 적용 베어링은 볼베어링으로 축 지름은 ∅25이다. 아래 KS규격에서 권장하는 끼워맞춤에서 선정하면 축 지름에 관계없이 축의 공차등급을 h6로 권장하므로 ∅25h6 가 된다.

■ 레이디얼 베어링(0급, 6X급, 6급)에 대하여 일반적으로 사용하는 축의 공차 범위 등급 [KS B 2051]

운전상태 및 끼워맞춤 조건		볼베어링		원통롤러베어링 원뿔롤러베어링		자동조심 롤러베어링		축의 공차등급	비 고
		축 지름(mm)							
		초과	이하	초과	이하	초과	이하		
원통구멍 베어링(0급, 6X급, 6급)									
내륜 정지하중	내륜이 축위를 쉽게 움직일 필요가 있다.	전체 축 지름						g6	정밀도를 필요로 하는 경우 g5를 사용한다. 큰 베어링에서는 쉽게 움직일 수 있도록 f6을 사용해도 된다.
	내륜이 축위를 쉽게 움직일 필요가 없다.	**전체 축 지름**						**h6**	정밀도를 필요로 하는 경우 h5를 사용한다.

18-9 베어링 끼워맞춤의 설계 적용법(6/6)

이번에는 스프로킷의 구멍에 끼워맞춤 공차를 선정해 보도록 하자. 하중의 조건은 외륜회전하중에 보통하중이며 외륜은 축 방향으로 이동하지 않는다. 따라서 아래 표에서 권장하는 끼워맞춤 공차는 N7이 된다. 적용 볼 베어링의 호칭번호가 6905로 외경은 ∅ 42이며 스프로킷 구멍의 공차는 ∅ 42N7으로 선택해 준다.

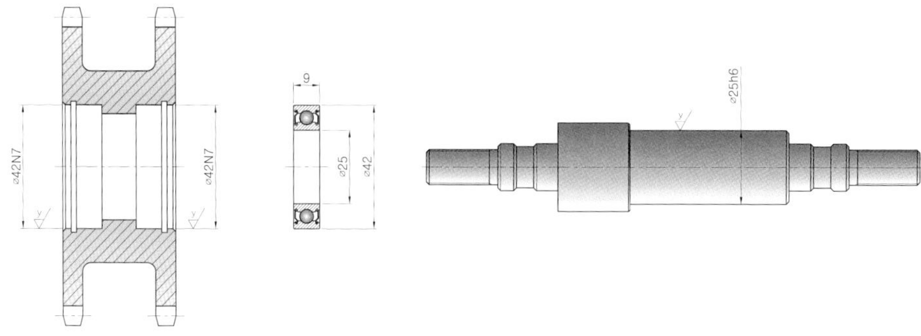

[축과 스프로킷 구멍의 끼워맞춤 공차의 적용 예]

■ 레이디얼 베어링(0급, 6X급, 6급)에 대하여 일반적으로 사용하는 구멍의 공차 범위 등급 [KS B 2051]

조 건				하우징 구멍의 공차범위 등급	비 고
하우징 (Housing)	하중의 종류		외륜의 축 방향의 이동		
일체 하우징 또는 2분할 하우징	외륜정지 하중	모든 종류의 하중	쉽게 이동할 수 있다.	H7	대형베어링 또는 외륜과 하우징의 온도차가 큰 경우 G7을 사용해도 된다.
		경하중 또는 보통하중		H8	–
		축과 내륜이 고온으로 된다.		G7	대형베어링 또는 외륜과 하우징의 온도차가 큰 경우 F7을 사용해도 된다.
일체 하우징		경하중 또는 보통하중에서 정밀 회전을 요한다.	원칙적으로 이동할 수 없다.	K6	주로 롤러베어링에 적용된다.
			이동할 수 있다.	JS6	주로 볼베어링에 적용된다.
		조용한 운전을 요한다.	쉽게 이동할 수 있다.	H6	–
	방향부정 하중	경하중 또는 보통하중	통상 이동할 수 있다.	JS7	정밀을 요하는 경우 JS7, K7 대신에 JS6, K6을 사용한다.
		보통하중 또는 중하중	이동할 수 없다.	K7	
		큰 충격하중	이동할 수 없다.	M7	–
	외륜회전 하중	경하중 또는 변동하중	이동할 수 없다.	M7	–
		보통하중 또는 중하중	**이동할 수 없다.**	**N7**	**주로 볼베어링에 적용된다.**
		얇은 하우징에서 중하중 또는 큰 충격하중	이동할 수 없다.	P7	주로 롤러베어링에 적용된다.

18-10 베어링의 회전 및 하중 조건에 따른 끼워맞춤 일반기준

회전의 구분에 의한 하중의 성질과 끼워맞춤의 종류는 다음과 같다.

1) 내륜 회전 · 외륜 정지 (하중의 종류 : 정지)
내륜과 축의 끼워맞춤에는 '억지 끼워맞춤' 이 외륜과 하우징의 끼워맞춤에는 '헐거운 끼워맞춤' 이 적합하다.
주요 사용 예 : 전동기 및 평 기어 등

2) 내륜 정지 · 외륜 회전 (하중의 종류 : 회전)
내륜과 축의 끼워맞춤에는 '억지 끼워맞춤' 이 외륜과 하우징의 끼워맞춤에는 '헐거운 끼워맞춤' 이 적합하다.
주요 사용 예 : 불균형의 큰 바퀴 등

3) 내륜 정지 · 외륜 회전 (하중의 종류 : 정지)
내륜과 축의 끼워맞춤에는 '헐거운 끼워맞춤' 이 외륜과 하우징의 끼워맞춤에는 '억지 끼워 맞춤' 이 적합하다.
주요 사용 예 : 정지 축이 있는 주행차와 도르래 등

4) 내륜 회전 · 외륜 정지 (하중의 종류 : 회전)
내륜과 축의 끼워맞춤에는 '헐거운 끼워맞춤' 이 외륜과 하우징의 끼워맞춤에는 '억지 끼워 맞춤' 이 적합하다.
주요 사용 예 : 불균형 진동의 특성을 가진 진동체 기계 등

5) 부정 (불균형 하중과 변동적인 하중이 있는 등 하중 방향이 일정하지 않은 경우)
내륜과 축, 외륜과 하우징 모두 '억지 끼워맞춤' 이 좋은 것으로 되어 있다.
주요 사용 예 : 크랭크 등

하중의 구분	베어링의 회전		하중의 조건	끼워맞춤	
	내륜	외륜		내륜	외륜
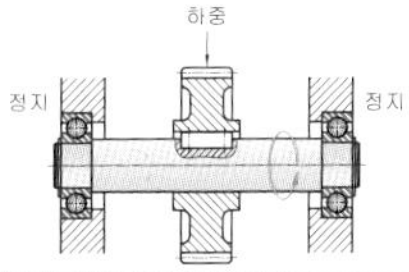 하중 / 정지 / 정지	회전	정지	내륜 회전 하중 외륜 정지 하중	억지 끼워 맞춤	헐거운 끼워 맞춤
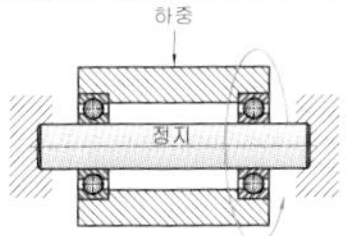 하중 / 정지	정지	회전	내륜 회전 하중 외륜 정지 하중	억지 끼워 맞춤	헐거운 끼워 맞춤
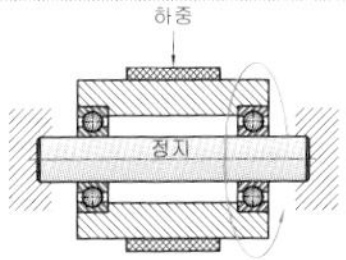 하중 / 정지	정지	회전	외륜 회전 하중 내륜 정지 하중	헐거운 끼워 맞춤	억지 끼워 맞춤
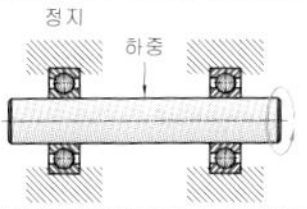 정지 / 하중	회전	정지	외륜 회전 하중 내륜 정지 하중	헐거운 끼워 맞춤	억지 끼워 맞춤
하중이 가해지는 방향이 일정하지 않은 경우	회전 또는 정지	회전 또는 정지	방향 부정 하중	억지 끼워 맞춤	억지 끼워 맞춤

Chapter

19

미끄럼 베어링 규격

19-1 소결 함유 베어링

KS B 2003

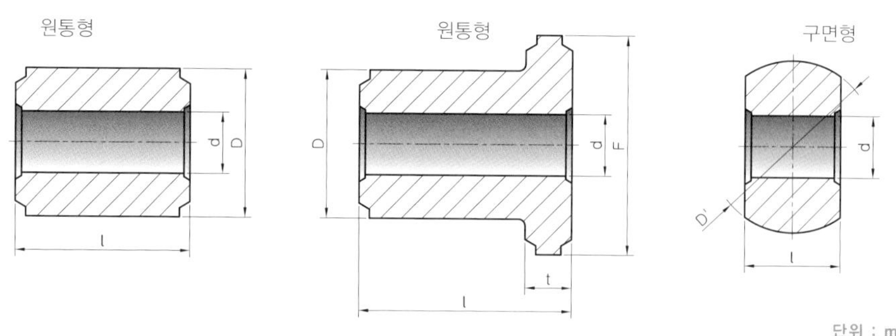

단위 : mm

바깥지름(D)의 허용차		
바깥지름 (D)	바깥지름 허용차	
6 이하	s7	+0.031 +0.019
6초과 10이하	s7	+0.038 +0.023
10초과 18이하	s7	+0.046 +0.028
18초과 24이하	s7	+0.056 +0.035
24초과 30이하	t7	+0.062 +0.041
30초과 40이하	t7	+0.073 +0.048
40초과 50이하	t7	+0.079 +0.054
50초과 60이하	t7	+0.096 +0.066

안지름(d)의 허용차		
안지름 (d)	안지름 허용차	
3이하	H7	+0.010 0
3초과 6이하	H7	+0.012 0
6초과 10이하	H7	+0.015 0
10초과 18이하	H7	+0.018 0
18초과 24이하	H7	+0.021 0
24초과 30이하	H8	+0.033 0
30초과 50이하	H8	+0.039 0

구면 지름(D')의 허용차	
구 면 지 름	구면 지름의 허용차
10이하	±0.06
10초과 18이하	±0.08
18초과 30이하	±0.10

구면의 흔들림 허용값	
안지름	구면의 흔들림 허용값(최대)
10이하	0.050
10초과 18이하	0.070

바깥지름면의 흔들림 허용치	
안지름	바깥지름의 흔들림 허용값(최대)
6이하	0.040
6초과 10이하	0.050
10초과 24이하	0.070
24초과 50이하	0.100

길이(l)의 허용차	
길 이	길이의 허용차
6이하	±0.10
6초과 24이하	±0.15
24초과 65이하	±0.20

플랜지 두께(t)의 허용차	
플랜지 두께	플랜지 두께의 허용차
10이하	±0.20

플랜지 바깥지름 (F)의 허용차	
플랜지 바깥지름	플랜지 바깥지름의 허용차
100이하	±0.10

[호칭 방법]
원통형 : 규격 번호, 종류 기호 및 안지름×바깥 지름×길이
플랜지붙이 원통형 : 규격 번호, 종류 기호 및 안지름×바깥 지름(플랜지 바깥지름×플랜지 두께)×길이
구면형 : 규격 번호, 종류 기호 및 안지름×구면 지름×길이(구면 지름 K 부기)

소결 함유 베어링의 종류 및 기호							
종류		종류 기호	합금계(참고)	종류		종류 기호	합금계(참고)
SBF 1종	1 호	SBF 1118	순철계	SBF 5종	1 호	SBF 5110	철-동-연계
SBF 2종	1 호	SBF 2118	철-동계	SBK 1종	1 호	SBK 1112	청동계
	2 호	SBF 2218			2 호	SBK 1218	
SBF 3종	1 호	SBF 3118	철-탄소계	SBK 2종	1 호	SBK 2118	연청동계
SBF 4종	1 호	SBF 4118	철-탄소-동계	[비고] SBF계의 탄소는 화합 탄소, SBK계의 탄소는 흑연			

19-2 미끄럼 베어링용 부시 – C형

KS B ISO 4379

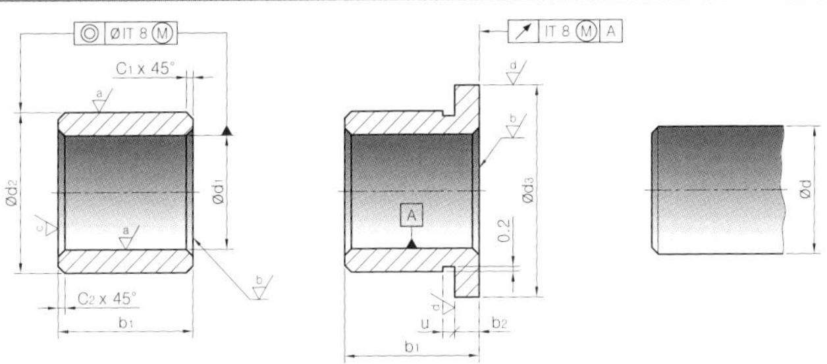

■ 미끄럼 베어링용 부시[C형]

단위 : mm

d1	d2			b1			모떼기 45° C1, C2 최대	모떼기 15° C2 최대
6	8	10	12	6	10	–	0.3	1
8	10	12	14	6	10	–	0.3	1
10	12	14	16	6	10	–	0.3	1
12	14	16	18	10	15	20	0.5	2
14	16	18	20	10	15	20	0.5	2
15	17	19	21	10	15	20	0.5	2
16	18	20	22	12	15	20	0.5	2
18	20	22	24	12	20	30	0.5	2
20	23	24	26	15	20	30	0.5	2
22	25	26	28	15	20	30	0.5	2
(24)	27	28	30	15	20	30	0.5	2
25	28	30	32	20	30	40	0.5	2
(27)	30	32	34	20	30	40	0.5	2
28	32	34	36	20	30	40	0.5	2
30	34	36	38	20	30	40	0.5	2
32	36	38	40	20	30	40	0.8	3
(33)	37	40	42	20	30	40	0.8	3
35	39	41	45	30	40	50	0.8	3
(36)	40	42	46	30	40	50	0.8	3
38	42	45	48	30	40	50	0.8	3
40	44	48	50	30	40	60	0.8	3
42	46	50	52	30	40	60	0.8	3
45	50	53	55	30	40	60	0.8	3
48	53	56	58	40	50	60	0.8	3
50	55	58	60	40	50	60	0.8	3
55	60	63	65	40	50	70	0.8	3
60	65	70	75	40	60	80	0.8	3
65	70	75	80	50	60	80	1	4
70	75	80	85	50	70	90	1	4
75	80	85	90	50	70	90	1	4
80	85	90	95	60	80	100	1	4
85	90	95	100	60	80	100	1	4
90	100	105	110	60	80	120	1	4
95	105	110	115	60	100	120	1	4
100	110	115	120	80	100	120	1	4
105	115	120	125	80	100	120	1	4
110	120	125	130	80	100	120	1	4
120	130	135	140	100	120	150	1	4
130	140	145	150	100	120	150	2	5
140	150	155	160	100	150	180	2	5
150	160	165	170	120	150	180	2	5
160	170	180	185	120	150	180	2	5
170	180	190	195	120	180	200	2	5
180	190	200	210	150	180	250	2	5
190	200	210	220	150	180	250	2	5
200	210	220	230	180	200	250	2	5

[비고] 괄호 안의 값은 특별한 응용 프로그램을 위한 것이다. 이 값은 가능한 한 피하는 것이 좋다.

19-3 미끄럼 베어링용 부시 - F형

KS B ISO 4379

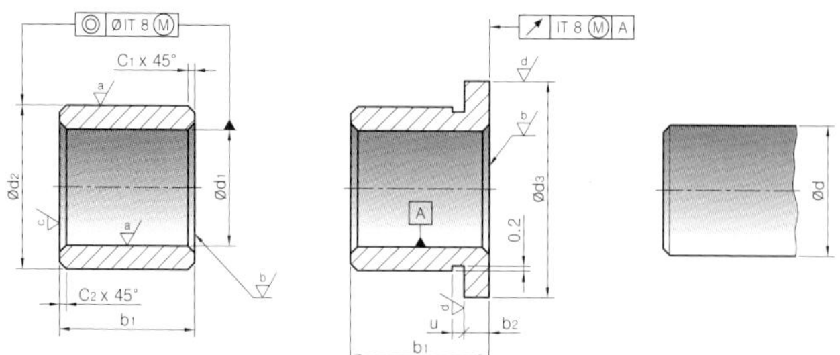

■ 미끄럼 베어링용 부시[F형]

단위 : mm

d1	시리즈 1			시리즈 2			b1			모떼기		U
	d2	d3	b2	d2	d3	b2				45° C1, C2 최대	15° C2 최대	
6	8	10	1	12	14	3	–	10	–	0.3	1	1
8	10	12	1	14	18	3	–	10	–	0.3	1	1
10	12	14	1	16	20	3	–	10	–	0.3	1	1
12	14	16	1	18	22	3	10	15	20	0.5	2	1
14	16	18	1	20	25	3	10	15	20	0.5	2	1
15	17	19	1	21	27	3	10	15	20	0.5	2	1
16	18	20	1	22	28	3	12	15	20	0.5	2	1.5
18	20	22	1	24	30	3	12	20	30	0.5	2	1.5
20	23	26	1.5	26	32	3	15	20	30	0.5	2	1.5
22	25	28	1.5	28	34	3	15	20	30	0.5	2	1.5
(24)	27	30	1.5	30	36	3	15	20	30	0.5	2	1.5
25	28	31	1.5	32	38	4	20	30	40	0.5	2	1.5
(27)	30	33	1.5	34	40	4	20	30	40	0.5	2	1.5
28	32	36	2	36	42	4	20	30	40	0.5	2	1.5
30	34	38	2	38	44	4	20	30	40	0.5	2	2
32	36	40	2	40	46	4	20	30	40	0.8	3	2
(33)	37	41	2	42	48	5	20	30	40	0.8	3	2
35	39	43	2	45	50	5	30	40	50	0.8	3	2
(36)	40	44	2	46	52	5	30	40	50	0.8	3	2
38	42	46	2	48	54	5	30	40	50	0.8	3	2
40	44	48	2	50	58	5	30	40	60	0.8	3	2
42	46	50	2	52	60	5	30	40	60	0.8	3	2
45	50	55	2.5	55	63	5	30	40	60	0.8	3	2
48	53	58	2.5	58	66	5	40	50	60	0.8	3	2
50	55	60	2.5	60	68	5	40	50	60	0.8	3	2
55	60	65	2.5	65	73	5	40	50	70	0.8	3	2
60	65	70	2.5	75	83	7.5	40	60	80	1	4	2
65	70	75	2.5	80	88	7.5	50	60	80	1	4	2
70	75	80	2.5	85	95	7.5	50	70	90	1	4	3
75	80	85	2.5	90	100	7.5	50	70	90	1	4	3
80	85	90	2.5	95	105	7.5	60	80	100	1	4	3
85	90	95	2.5	100	110	7.5	60	80	100	1	4	3
90	100	110	5	110	120	10	60	80	120	1	4	3
95	105	115	5	115	125	10	60	100	120	1	4	3
100	110	120	5	120	130	10	80	100	120	1	4	3
105	115	125	5	125	135	10	80	100	120	1	4	3
110	120	130	5	130	140	10	80	100	120	1	4	3
120	130	140	5	140	150	10	100	120	150	1	4	3
130	140	150	5	150	160	10	100	120	150	2	5	4
140	150	160	5	160	170	10	100	150	180	2	5	4
150	160	170	5	170	180	10	120	150	180	2	5	4
160	170	180	5	185	200	12.5	120	150	180	2	5	4
170	180	190	5	195	210	12.5	120	180	200	2	5	4
180	190	200	5	210	220	15	150	180	250	2	5	4
190	200	210	5	220	230	15	150	180	250	2	5	4
200	210	220	5	230	240	15	180	200	250	2	5	4

[비고] 괄호 안의 값은 특별한 응용 프로그램을 위한 것이다. 이 값은 가능한 한 피하는 것이 좋다.

■ 공차

d1	d2		d3	b1	하우징 구멍	축지름 d
E6(1)	≤120	s6	d11	h13	H7	e7 또는 g7(2)
	〉120	r6				

[비고] 부시가 공차 위치 H의 정밀 연마축과 연결되어 사용할 때, 안지름 d1 의 공차는 D6으로 하고 피팅 후 예상 공차는 F8이다.

1. 프레스 작업 후 공차 위치 H와 공차 등급 약 IT8을 준다.
2. 권장 공차

19-4 베어링 라이닝과 오일홈

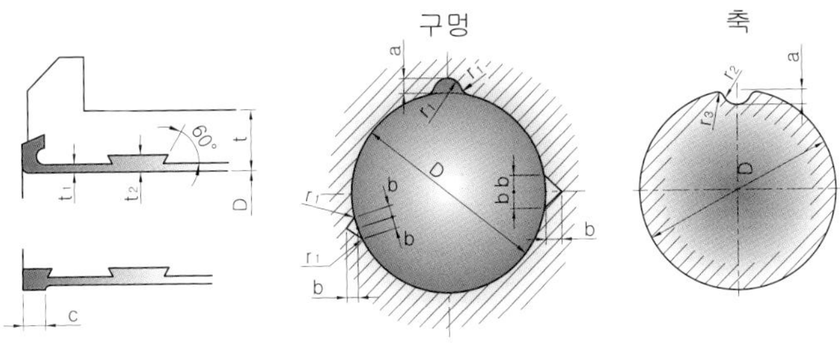

축의 호칭지름 (초과~이하)	t			t_1	t_2	메탈 측 오일홈 단면					축측 오일홈 단면		
	FC	SC	BC			C	a	b	r	r_1	a_1	r_2	r_3
20						3	1.5	2	1.5	1.5	0.5	0.5	1.5
20~40						4	1.5	3	1.5	1.5	0.6	0.6	2.5
40~75	20	15	13	3	5	5	2	4	5	1.5	0.8	0.8	3.5
75~100	22	18	15	3	5	6	2.5	5	2.5	2	1	1	4
100~120	25	21	18	4	6.5	7	2.5	6	2.5	2	1.2	1.2	4.5
130~170	30	23	20	4	6.5	8	3	8	3	2.5	1.4	1.4	5
170~210	35	28	24	4	6.5	8	3	8	3	2.5	1.6	1.6	6
210~260	40	30	28	5	7.5	10	4	10	4	3	1.6	1.6	6
260~320	45	35	32	5	7.5	10	4	10	4	3	1.8	1.8	8
320~400	55	45	40	5	7.5	12	4	12	4	3.5	2	2	9

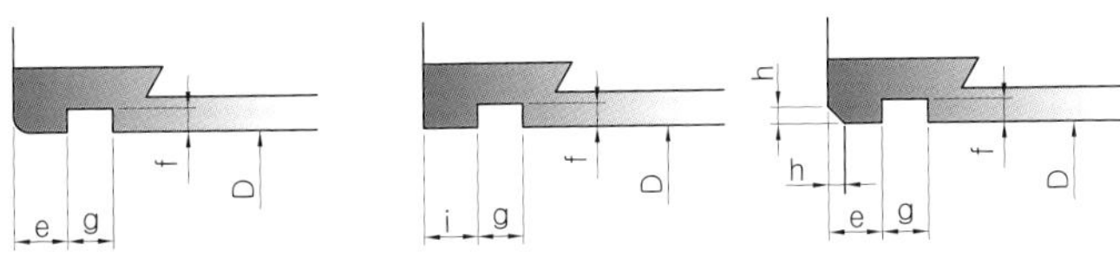

축의 호칭지름 (초과~이하)	e	f	g	h	i	r_4
20	2.5	1.5	3	1	2	0.6
20~40	4	1.5	5	1.5	3	1
40~75	7	2	6	2	4	2
75~100	9	2	8	2	5	3
100~130	10	3	9	3	6	3
130~170	12	3	10	3	7	4
170~210	14	3	12	4	8	5
210~260	18	4	14	5	10	6

Chapter 20

볼 베어링 규격

20-1 깊은 홈 볼 베어링 – 60 계열

KS B 2023

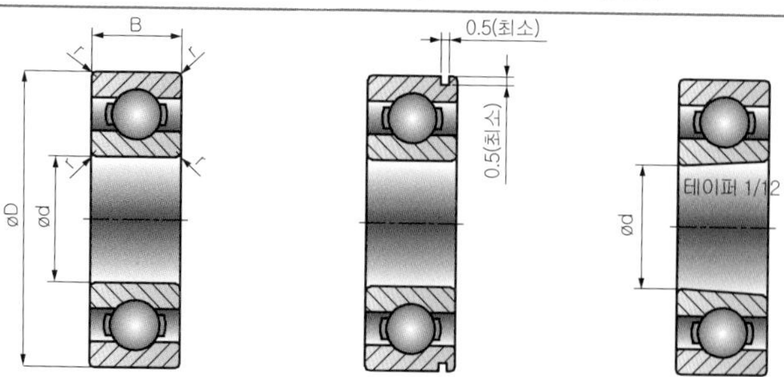

B: 베어링 너비
D: 바깥지름
d: 안지름
r : 모따기 치수
$r_s$min : 최소 허용 모따기 치수

단위 : mm

호칭 번호						치 수			
개방형	한쪽 실붙이 (U)	양쪽 실붙이 (UU)	한쪽 실드붙이 (Z)	양쪽 실드붙이 (ZZ)	개방형 스냅링 홈붙이(N)	안지름 d	바깥지름 D	폭 B	r_s min
603	–	–	–	–	–	3	9	3	0.15
604	–	–	604 Z	604 ZZ	–	4	12	4	0.2
605	–	–	605 Z	605 ZZ	–	5	14	5	0.2
606	–	–	606 Z	606 ZZ	–	6	17	6	0.3
607	607 U	607 UU	607 Z	607 ZZ	–	7	19	6	0.3
608	608 U	608 UU	608 Z	608 ZZ	–	8	22	7	0.3
609	609 U	609 UU	609 Z	609 ZZ	–	9	24	7	0.3
6000	6000 U	6000 UU	6000 Z	6000 ZZ	–	10	26	8	0.3
6001	6001 U	6001 UU	6001 Z	6001 ZZ	–	12	28	8	0.3
6002	6002 U	6002 UU	6002 Z	6002 ZZ	6002 N	15	32	9	0.3
6003	6003 U	6003 UU	6003 Z	6003 ZZ	6003 N	17	35	10	0.3
6004	6004 U	6004 UU	6004 Z	6004 ZZ	6004 N	20	42	12	0.6
6005	6005 U	6005 UU	6005 Z	6005 ZZ	6005 N	25	47	12	0.6
6006	6006 U	6006 UU	6006 Z	6006 ZZ	6006 N	30	55	13	1
6007	6007 U	6007 UU	6007 Z	6007 ZZ	6007 N	35	62	14	1
6008	6008 U	6008 UU	6008 Z	6008 ZZ	6008 N	40	68	15	1
6009	6009 U	6009 UU	6009 Z	6009 ZZ	6009 N	45	75	16	1
6010	6010 U	6010 UU	6010 Z	6010 ZZ	6010 N	50	80	16	1
6011	6011 U	6011 UU	6011 Z	6011 ZZ	6011 N	55	90	18	1.1
6012	6012 U	6012 UU	6012 Z	6012 ZZ	6012 N	60	95	18	1.1
6013	6013 U	6013 UU	6013 Z	6013 ZZ	6013 N	65	100	18	1.1
6014	6014 U	6014 UU	6014 Z	6014 ZZ	6014 N	70	110	20	1.1
6015	6015 U	6015 UU	6015 Z	6015 ZZ	6015 N	75	115	20	1.1
6016	6016 U	6016 UU	6016 Z	6016 ZZ	6016 N	80	125	22	1.1
6017	6017 U	6017 UU	6017 Z	6017 ZZ	6017 N	85	130	22	1.1
6018	6018 U	6018 UU	6018 Z	6018 ZZ	6018 N	90	140	24	1.5
6019	6019 U	6019 UU	6019 Z	6019 ZZ	6019 N	95	145	24	1.5
6020	6020 U	6020 UU	6020 Z	6020 ZZ	6020 N	100	150	24	1.5
6021	6021 U	6021 UU	6021 Z	6021 ZZ	6021 N	105	160	26	2
6022	6022 U	6022 UU	6022 Z	6022 ZZ	6022 N	110	170	28	2
6024	6024 U	6024 UU	6024 Z	6024 ZZ	6024 N	120	180	28	2
6026	–	–	–	–	6026 N	130	200	33	2
6028	–	–	–	–	–	140	210	33	2
6030	–	–	–	–	–	150	225	35	2.1
6032	–	–	–	–	–	160	240	38	2.1
6034	–	–	–	–	–	170	260	42	2.1
6036	–	–	–	–	–	180	280	46	2.1
6038	–	–	–	–	–	190	290	46	2.1
6040	–	–	–	–	–	200	310	51	2.1
6044	–	–	–	–	–	220	340	56	3
6048	–	–	–	–	–	240	360	56	3
6052	–	–	–	–	–	260	400	65	4
6056	–	–	–	–	–	280	420	65	4
6060	–	–	–	–	–	300	460	74	4
6064	–	–	–	–	–	320	480	74	4
6068	–	–	–	–	–	340	520	82	5
6072	–	–	–	–	–	360	540	82	5
6076	–	–	–	–	–	380	560	82	5
6080	–	–	–	–	–	400	600	90	5
6084	–	–	–	–	–	420	620	90	5
6088	–	–	–	–	–	440	650	94	6
6092	–	–	–	–	–	460	680	100	6
6096	–	–	–	–	–	480	700	100	6
60/500	–	–	–	–	–	500	720	100	6

[비고] (1) 스냅링 붙이 베어링의 호칭 번호는 스냅링 홈 붙이 베어링의 호칭 번호 N 뒤에 R을 붙인다.
(2) 베어링의 치수 계열 : 10, 지름 계열 : 0

[주] (1) $r_s$min은 내륜 및 외륜의 최소 허용 모떼기 치수이다.
(2) 외륜의 스냅링 홈 축의 최소 허용 모떼기 치수는 D=35mm 이하에 대하여는 0.3mm로 한다.

20-2 깊은 홈 볼 베어링 - 62 계열

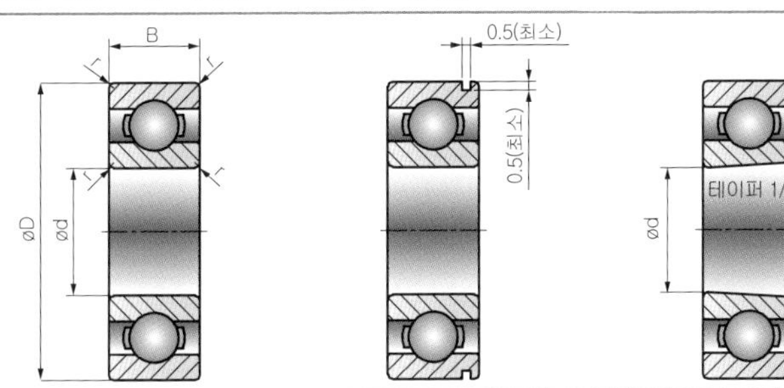

단위 : mm

호칭 번호							치 수			
원통 구멍					테이퍼 구멍	원통 구멍	안지름 d	바깥지름 D	폭 B	r_s min
개방형	한쪽 실 (U)	양쪽 실 (UU)	한쪽 실드 (Z)	양쪽 실드 (ZZ)	개방형	개방형 스냅링 홈 붙이(N)				
623	–	–	623 Z	623 ZZ	–	–	3	10	4	0.15
624	–	–	624 Z	624 ZZ	–	–	4	13	5	0.2
625	–	–	625 Z	625 ZZ	–	–	5	16	5	0.3
626	–	–	626 Z	626 ZZ	–	–	6	19	6	0.3
627	627 U	627 UU	627 Z	627 ZZ	–	–	7	22	7	0.3
628	628 U	628 UU	628 Z	628 ZZ	–	–	8	24	8	0.3
629	629 U	629 UU	629 Z	629 ZZ	–	–	9	26	8	0.3
6200	6200 U	6200 UU	6200 Z	6200 ZZ	–	6200 N	10	30	9	0.6
6201	6201 U	6201 UU	6201 Z	6201 ZZ	–	6201 N	12	32	10	0.6
6202	6202 U	6202 UU	6202 Z	6202 ZZ	–	6202 N	15	35	11	0.6
6203	6203 U	6203 UU	6203 Z	6203 ZZ	–	6203 N	17	40	12	0.6
6204	6204 U	6204 UU	6204 Z	6204 ZZ	–	6204 N	20	47	14	1
62/22	62/22 U	62/22 UU	62/22 Z	62/22 ZZ	–	62/22 N	22	50	14	1
6205	6205 U	6205 UU	6205 Z	6205 ZZ	–	6205 N	25	52	15	1
62/28	62/28 U	62/28 UU	62/28 Z	62/28 ZZ	–	62/28 N	28	58	16	1
6206	6206 U	6206 UU	6206 Z	6206 ZZ	–	6206 N	30	62	16	1
62/32	62/32 U	62/32 UU	62/32 Z	62/32 ZZ	–	62/32 N	32	65	17	1
6207	6207 U	6207 UU	6207 Z	6207 ZZ	–	6207 N	35	72	17	1.1
6208	6208 U	6208 UU	6208 Z	6208 ZZ	–	6208 N	40	80	18	1.1
6209	6209 U	6209 UU	6209 Z	6209 ZZ	–	6209 N	45	85	19	1.1
6210	6210 U	6210 UU	6210 Z	6210 ZZ	–	6210 N	50	90	20	1.1
6211	6211 U	6211 UU	6211 Z	6211 ZZ	6211 K	6211 N	55	100	21	1.5
6212	6212 U	6212 UU	6212 Z	6212 ZZ	6212 K	6212 N	60	110	22	1.5
6213	6213 U	6213 UU	6213 Z	6213 ZZ	6213 K	6213 N	65	120	23	1.5
6214	6214 U	6214 UU	6214 Z	6214 ZZ	6214 K	6214 N	70	125	24	1.5
6215	6215 U	6215 UU	6215 Z	6215 ZZ	6215 K	6215 N	75	130	25	1.5
6216	6216 U	6216 UU	6216 Z	6216 ZZ	6216 K	6216 N	80	140	26	2
6217	6217 U	6217 UU	6217 Z	6217 ZZ	6217 K	6217 N	85	150	28	2
6218	6218 U	6218 UU	6218 Z	6218 ZZ	6218 K	6218 N	90	160	30	2
6219	6219 U	6219 UU	6219 Z	6219 ZZ	6219 K	6219 N	95	170	32	2.1
6220	6220 U	6220 UU	6220 Z	6220 ZZ	6220 K	6220 N	100	180	34	2.1
6221	–	–	–	–	6221 K	6221 N	105	190	36	2.1
6222	–	–	–	–	6222 K	6222 N	110	200	38	2.1
6224	–	–	–	–	6224 K	–	120	215	40	2.1
6226	–	–	–	–	6226 K	–	130	230	40	3
6228	–	–	–	–	6228 K	–	140	250	42	3
6230	–	–	–	–	6230 K	–	150	270	45	3
6232	–	–	–	–	6232 K	–	160	290	48	3
6234	–	–	–	–	6234 K	–	170	310	52	4
6236	–	–	–	–	6236 K	–	180	320	52	4
6238	–	–	–	–	6238 K	–	190	340	55	4
6240	–	–	–	–	6240 K	–	200	360	58	4
6244	–	–	–	–	–	–	220	400	65	4
6248	–	–	–	–	–	–	240	440	72	4
6252	–	–	–	–	–	–	260	480	80	5
6256	–	–	–	–	–	–	280	500	80	5
6260	–	–	–	–	–	–	300	540	85	5
6264	–	–	–	–	–	–	320	580	92	5

[비고] (1) 스냅링 붙이 베어링의 호칭 번호는 스냅링 홈 붙이 베어링의 호칭 번호 N뒤에 R을 붙인다.
(2) 베어링의 치수 계열 : 02

[주] $r_s$min은 내륜 및 외륜의 최소 허용 모떼기 치수이다.

20-3 깊은 홈 볼 베어링 - 63 계열

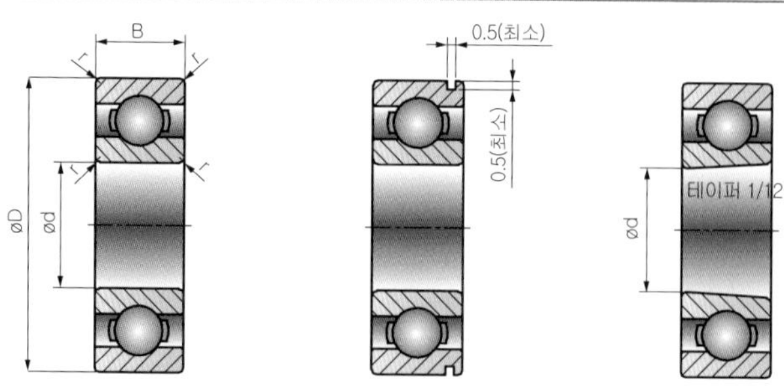

단위 : mm

호칭 번호							치 수			
원통 구멍					테이퍼 구멍	원통 구멍	안지름 d	바깥지름 D	폭 B	r_s min
개방형	한쪽 실붙이 (U)	양쪽 실붙이 (UU)	한쪽 실드붙이 (Z)	양쪽 실드붙이 (ZZ)	개방형	개방형 스냅링 홈 붙이(N)				
633	–	–	–	–	–	–	3	13	5	0.2
634	–	–	634 Z	634 ZZ	–	–	4	16	5	0.3
635	–	–	635 Z	635 ZZ	–	–	5	19	6	0.3
636	–	–	636 Z	636 ZZ	–	–	6	22	7	0.3
637	–	–	637 Z	637 ZZ	–	–	7	26	9	0.3
638	–	–	638 Z	638 ZZ	–	–	8	28	9	0.3
639	–	–	639 Z	639 ZZ	–	–	9	30	10	0.6
6300	6300 U	6300 UU	6300 Z	6300 ZZ	–	6300 N	10	35	11	0.6
6301	6301 U	6301 UU	6301 Z	6301 ZZ	–	6301 N	12	37	12	1
6302	6302 U	6302 UU	6302 Z	6302 ZZ	–	6302 N	15	42	13	1
6303	6303 U	6303 UU	6303 Z	6303 ZZ	–	6303 N	17	47	14	1
6304	6304 U	6304 UU	6304 Z	6304 ZZ	–	6304 N	20	52	15	1.1
63/22	63/22 U	63/22 UU	63/22 Z	63/22 ZZ	–	63/22 N	22	56	16	1.1
6305	6305 U	6305 UU	6305 Z	6305 ZZ	–	6305 N	25	62	17	1.1
63/28	63/28 U	63/28 UU	63/28 Z	63/28 ZZ	–	63/28 N	28	68	18	1.1
6306	6306 U	6306 UU	6306 Z	6306 ZZ	–	6306 N	30	72	19	1.1
63/32	63/32 U	63/32 UU	63/32 Z	63/32 ZZ	–	63/32 N	32	75	20	1.1
6307	6307 U	6307 UU	6307 Z	6307 ZZ	–	6307 N	35	80	21	1.5
6308	6308 U	6308 UU	6308 Z	6308 ZZ	–	6308 N	40	90	23	1.5
6309	6309 U	6309 UU	6309 Z	6309 ZZ	–	6309 N	45	100	25	1.5
6310	6310 U	6310 UU	6310 Z	6310 ZZ	–	6310 N	50	110	27	2
6311	6311 U	6311 UU	6311 Z	6311 ZZ	6311 K	6311 N	55	120	29	2
6312	6312 U	6312 UU	6312 Z	6312 ZZ	6312 K	6312 N	60	130	31	2.1
6313	6313 U	6313 UU	6313 Z	6313 ZZ	6313 K	6313 N	65	140	33	2.1
6314	6314 U	6314 UU	6314 Z	6314 ZZ	6314 K	6314 N	70	150	35	2.1
6315	6315 U	6315 UU	6315 Z	6315 ZZ	6315 K	6315 N	75	160	37	2.1
6316	6316 U	6316 UU	6316 Z	6316 ZZ	6316 K	6316 N	80	170	39	2.1

20-4 깊은 홈 볼 베어링 – 64, 67 계열

KS B 2023

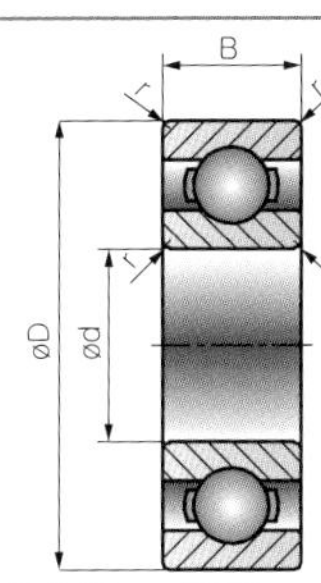

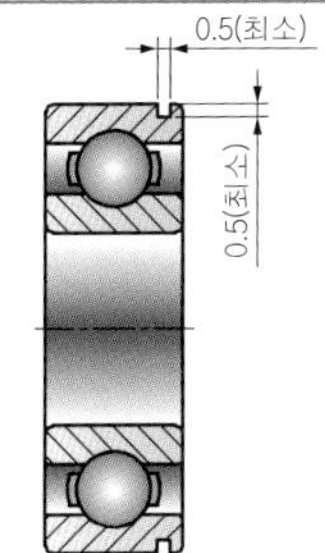

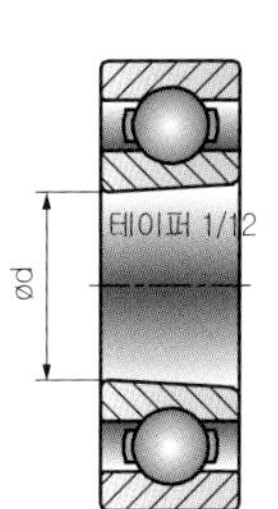

■ 깊은 홈 볼 베어링 (64 계열)

단위 : mm

호칭 번호	치 수				호칭 번호	치 수			
	안지름 d	바깥지름 D	폭 B	r_s min		안지름 d	바깥지름 D	폭 B	r_s min
648	8	30	10	0.6	6412	60	150	35	2.1
649	9	32	11	0.6	6413	65	160	37	2.1
6400	10	37	12	0.6	6414	70	180	42	3
6401	12	42	13	1					
6402	15	52	15	1.1	6415	75	190	45	3
6403	17	62	17	1.1	6416	80	200	48	3
6404	20	72	19	1.1	6417	85	210	52	4
6405	25	80	21	1.5					
6406	30	90	23	1.5	6418	90	225	54	4
6407	35	100	25	1.5	6419	95	240	55	4
6408	40	110	27	2	6420	100	250	58	4
6409	45	120	29	2	6422	110	280	65	4
6410	50	130	31	2.1	6424	120	310	72	5
6411	55	140	33	2.1	6426	130	340	78	5

■ 깊은 홈 볼 베어링 (67 계열)

단위 : mm

호칭 번호	치 수				호칭 번호	치 수			
	안지름 d	바깥지름 D	폭 B	rsmin		안지름 d	바깥지름 D	폭 B	r_s min
67/0.6	0.6	2	0.8	0.05	6710	50	62	6	0.3
671	1	2.5	1	0.05	6711	55	68	7	0.3
67/1.5	1.5	3	1	0.05	6712	60	75	7	0.3
672	2	4	1.2	0.05	6713	65	80	7	0.3
67/2.5	2.5	5	1.5	0.08	6714	70	85	7	0.3
673	3	6	2	0.08	6715	75	90	7	0.3
674	4	7	2	0.08	6716	80	95	7	0.3
675	5	8	2	0.08	6717	85	105	10	0.6
676	6	10	2.5	0.1	6718	90	110	10	0.6
677	7	11	2.5	0.1	6719	95	115	10	0.6
678	8	12	2.5	0.1	6720	100	120	10	0.6
679	9	14	3	0.1	6721	105	125	10	0.6
6700	10	15	3	0.1	6722	110	135	13	1
6701	12	18	4	0.2	6724	120	145	13	1
6702	15	21	4	0.2	6726	130	160	16	1
6703	17	23	4	0.2	6728	140	170	16	1
6704	20	27	4	0.2	6730	150	180	16	1
67/22	22	30	4	0.2	6732	160	190	16	1
6705	25	32	4	0.2	6734	170	200	16	1
67/28	28	35	4	0.2	6736	180	215	16	1.1
6706	30	37	4	0.2					
67/32	32	40	4	0.2	6738	190	230	20	1.1
6707	35	44	5	0.3	6740	200	240	20	1.1
6708	40	50	6	0.3					
6709	45	55	6	0.3					

[비고] $r_{s\ min}$은 내륜 및 외륜의 최소 허용 모떼기 치수
[주] $r_{s\ min}$은 내륜 및 외륜의 최소 허용 모떼기 치수이다.
[보조기호] 양쪽 실붙이 : UU, 한쪽 실붙이 : U, 양쪽 실드붙이 : ZZ

20-5 깊은 홈 볼 베어링 – 68 계열

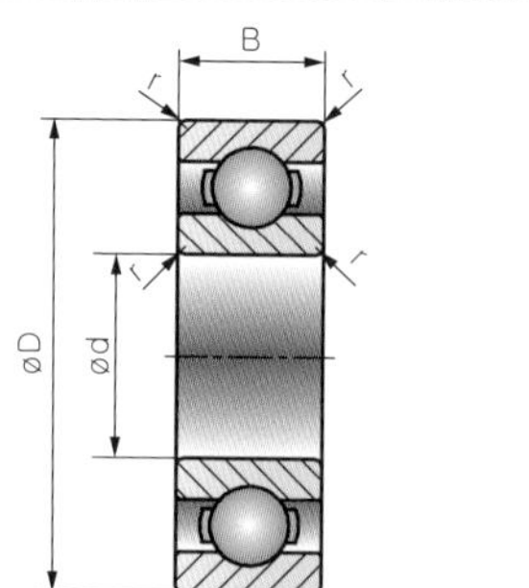

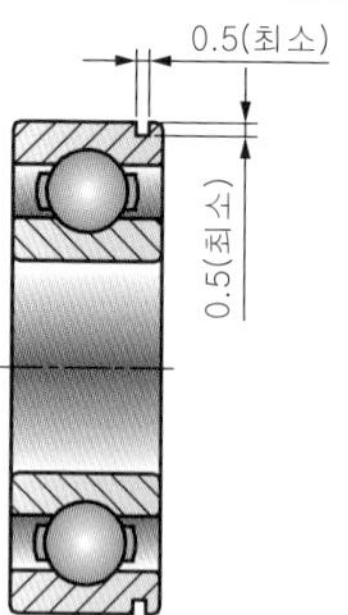

단위 : mm

호칭 번호	치 수				호칭 번호	치 수			
	안지름 d	바깥지름 D	폭 B	r_s min		안지름 d	바깥지름 D	폭 B	r_s min
68/0.6	0.6	2.5	1	0.05					
681	1	3	1	0.05	6814	70	90	10	0.6
68/1.5	1.5	4	1.2	0.05	6815	75	95	10	0.6
682	2	5	1.5	0.08	6816	80	100	10	0.6
68/2.5	2.5	6	1.8	0.08					
683	3	7	2	0.1	6817	85	110	13	1
684	4	9	2.5	0.1	6818	90	115	13	1
685	5	11	3	0.15	6819	95	120	13	1
686	6	13	3.5	0.15	6820	100	125	13	1
687	7	14	3.5	0.15	6821	105	130	13	1
688	8	16	4	0.2	6822	110	140	16	1
689	9	17	4	0.2	6824	120	150	16	1
6800	10	19	5	0.3	6826	130	165	18	1.1
6801	12	21	5	0.3	6828	140	175	18	1.1
6802	15	24	5	0.3	6830	150	190	20	1.1
6803	17	26	5	0.3	6832	160	200	20	1.1
6804	20	32	7	0.3	6834	170	215	22	1.1
6805	25	37	7	0.3	6836	180	225	22	1.1
6806	30	42	7	0.3	6838	190	240	24	1.5
6807	35	47	7	0.3	6840	200	250	24	1.5
6808	40	52	7	0.3	6844	220	270	24	1.5
6809	45	58	7	0.3	6848	240	300	28	2
6810	50	65	7	0.3	6852	260	320	28	2
6811	55	72	9	0.3	6856	280	350	33	2
6812	60	78	10	0.3	6860	300	380	38	2.1
6813	65	85	10	0.6	6864	320	400	38	2.1

[비고] 베어링 치수 계열 : 18, 지름 계열 : 8
[주] $r_{s\ min}$은 내륜 및 외륜의 최소 허용 모떼기 치수이다.
[보조기호] 양쪽 실붙이 : UU, 한쪽 실붙이 : U, 양쪽 실드붙이 : ZZ

20-6 깊은 홈 볼 베어링 - 69 계열

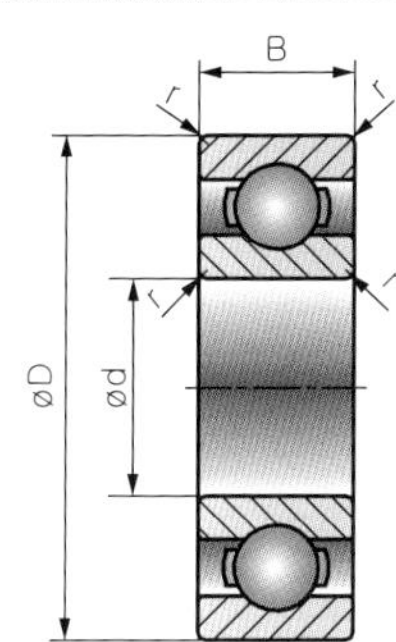

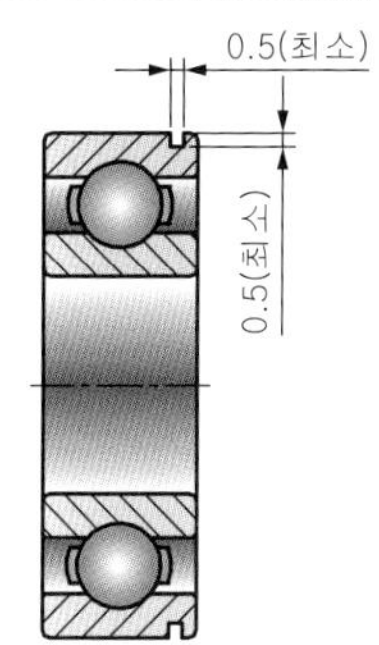

단위 : mm

호칭 번호						치 수			
개방형	한쪽 실 (U)	양쪽 실 (UU)	한쪽 실드 (Z)	양쪽 실드 (ZZ)	개방형 스냅링 홈붙이 (N)	안지름 d	바깥지름 D	폭 B	r_s min
693	-	-	-	-	-	3	8	3	0.15
694	-	-	694 Z	694 ZZ	-	4	11	4	0.15
695	-	-	695 Z	695 ZZ	-	5	13	4	0.2
696	-	-	696 Z	696 ZZ	-	6	15	5	0.2
697	697 U	697 UU	697 Z	697 ZZ	-	7	17	5	0.3
698	698 U	698 UU	698 Z	698 ZZ	-	8	19	6	0.3
699	699 U	699 UU	699 Z	699 ZZ	-	9	20	6	0.3
6900	6900 U	6900 UU	6900 Z	6900 ZZ	6900 N	10	22	6	0.3
6901	6901 U	6901 UU	6901 Z	6901 ZZ	6901 N	12	24	6	0.3
6902	6902 U	6902 UU	6902 Z	6902 ZZ	6902 N	15	28	7	0.3
6903	6903 U	6903 UU	6903 Z	6903 ZZ	6903 N	17	30	7	0.3
6904	6904 U	6904 UU	6904 Z	6904 ZZ	6904 N	20	37	9	0.3
6905	6905 U	6905 UU	6905 Z	6905 ZZ	6905 N	25	42	9	0.3
6906	6906 U	6906 UU	6906 Z	6906 ZZ	6906 N	30	47	9	0.3
6907	6907 U	6907 UU	6907 Z	6907 ZZ	6907 N	35	55	10	0.6
6908	6908 U	6908 UU	6908 Z	6908 ZZ	6908 N	40	62	12	0.6
6909	6909 U	6909 UU	6909 Z	6909 ZZ	6909 N	45	68	12	0.6
6910	6910 U	6910 UU	6910 Z	6910 ZZ	6910 N	50	72	12	0.6
6911	6911 U	6911 UU	6911 Z	6911 ZZ	6911 N	55	80	13	1
6912	6912 U	6912 UU	6912 Z	6912 ZZ	6912 N	60	85	13	1
6913	6913 U	6913 UU	6913 Z	6913 ZZ	6913 N	65	90	13	1
6914	6914 U	6914 UU	6914 Z	6914 ZZ	6914 N	70	100	16	1
6915	6915 U	6915 UU	6915 Z	6915 ZZ	6915 N	75	105	16	1
6916	6916 U	6916 UU	6916 Z	6916 ZZ	6916 N	80	110	16	1
6917	6917 U	6917 UU	6917 Z	6917 ZZ	6917 N	85	120	18	1.1
6918	6918 U	6918 UU	6918 Z	6918 ZZ	6918 N	90	125	18	1.1
6919	6919 U	6919 UU	6919 Z	6919 ZZ	6919 N	95	130	18	1.1
6920	6920 U	6920 UU	6920 Z	6920 ZZ	6920 N	100	140	20	1.1
6921	6921 U	6921 UU	6921 Z	6921 ZZ	6921 N	105	145	20	1.1
6922	6922 U	6922 UU	6922 Z	6922 ZZ	6922 N	110	150	20	1.1
6924	6924 U	6924 UU	6924 Z	6924 ZZ	6924 N	120	165	22	1.1
6926	6926 U	6926 UU	6926 Z	6926 ZZ	6926 N	130	180	24	1.5
6928	-	-	-	-	6928 N	140	190	24	1.5
6930	-	-	-	-	-	150	210	28	2
6932	-	-	-	-	-	160	220	28	2
6934	-	-	-	-	-	170	230	28	2
6936	-	-	-	-	-	180	250	33	2
6938	-	-	-	-	-	190	260	33	2
6940	-	-	-	-	-	200	280	38	2.1
6944	-	-	-	-	-	220	300	38	2.1
6948	-	-	-	-	-	240	320	38	2.1
6952	-	-	-	-	-	260	360	46	2.1
6956	-	-	-	-	-	280	380	46	2.1
6960	-	-	-	-	-	300	420	56	3
6964	-	-	-	-	-	320	440	56	3

[비고] 베어링의 치수 계열 :19, 지름 계열 : 9

20-7 앵귤러 볼 베어링 – 70 계열

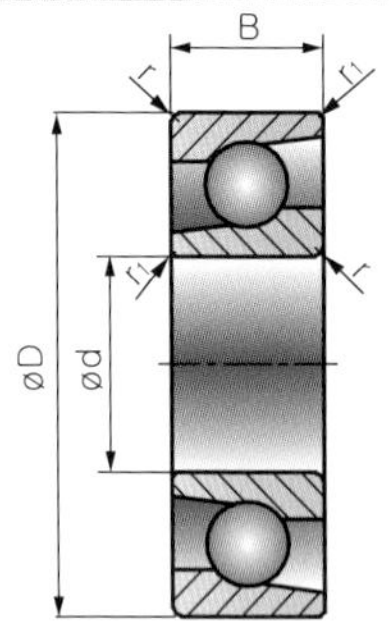

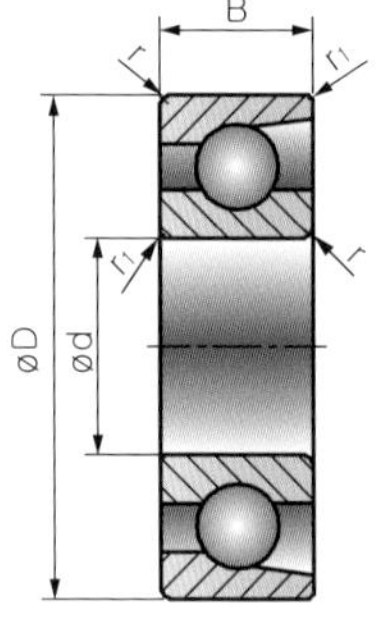

단위 : mm

호칭 번호[1]			치 수				
			안지름 d	바깥지름 D	폭 B	r_s min[2]	참 고 r_{1s} min[2]
7000A	7000B	7000C	10	26	8	0.3	0.15
7001A	7001B	7001C	12	28	8	0.3	0.15
7002A	7002B	7002C	15	32	9	0.3	0.15
7003A	7003B	7003C	17	35	10	0.3	0.15
7004A	7004B	7004C	20	42	12	0.6	0.3
7005A	7005B	7005C	25	47	12	0.6	0.3
7006A	7006B	7006C	30	55	13	1	0.6
7007A	7007B	7007C	35	62	14	1	0.6
7008A	7008B	7008C	40	68	15	1	0.6
7009A	7009B	7009C	45	75	16	1	0.6
7010A	7010B	7010C	50	80	16	1	0.6
7011A	7011B	7011C	55	90	18	1.1	0.6
7012A	7012B	7012C	60	95	18	1.1	0.6
7013A	7013B	7013C	65	100	18	1.1	0.6
7014A	7014B	7014C	70	110	20	1.1	0.6
7015A	7015B	7015C	75	115	20	1.1	0.6
7016A	7016B	7016C	80	125	22	1.1	0.6
7017A	7017B	7017C	80	130	22	1.1	0.6
7018A	7018B	7018C	90	140	24	1.5	1
7019A	7019B	7019C	95	145	24	1.5	1
7020A	7020B	7020C	100	150	24	1.5	1
7021A	7021B	7021C	105	160	26	2	1
7022A	7022B	7022C	110	170	28	2	1
7024A	7024B	7024C	120	180	28	2	1
7026A	7026B	7026C	130	200	33	2	1
7028A	7028B	7028C	140	210	33	2	1
7030A	7030B	7030C	150	225	35	2.1	1.1
7032A	7032B	7032C	160	240	38	2.1	1.1
7034A	7034B	7034C	170	260	42	2.1	1.1
7036A	7036B	7036C	180	280	46	2.1	1.1
7038A	7038B	7038C	190	290	46	2.1	1.1
7040A	7040B	7040C	200	310	51	2.1	1.1

[주] (1) 접촉각 기호 A는 생략할 수 있다.
(2) $r_s$min과 r_{1s}min은 내륜 및 외륜의 최소 허용 모떼기 치수이다.
(3) 베어링 차수 계열 : 01

■ 형식

단일, 비분리형	호칭 접촉각	10° 를 초과하고 20° 이하 [기호 C]
		20° 를 초과하고 32° 이하 [기호 A]
		32° 를 초과하고 45° 이하 [기호 B]

20-8 앵귤러 볼 베어링 – 72 계열

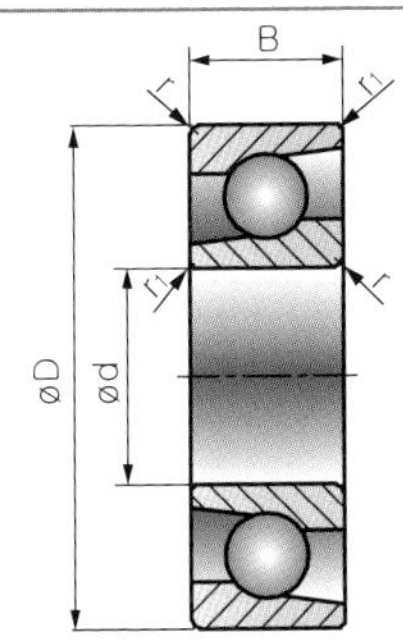

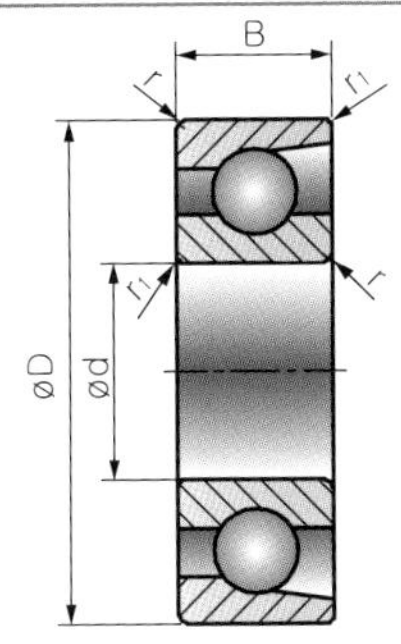

단위 : mm

호칭 번호			치 수				참 고
			안지름 d	바깥지름 D	베어링 너비 B	r_s min(2)	r_{1s} min(2)
7200A	7200B	7200C	10	30	9	0.6	0.3
7201A	7201B	7201C	12	32	10	0.6	0.3
7202A	7202B	7202C	15	35	11	0.6	0.3
7203A	7203B	7203C	17	40	12	0.6	0.3
7204A	7204B	7204C	20	47	14	1	0.6
7205A	7205B	7205C	25	52	15	1	0.6
7206A	7206B	7206C	30	62	16	1	0.6
7207A	7207B	7207C	35	72	17	1.1	0.6
7208A	7208B	7208C	40	80	18	1.1	0.6
7209A	7209B	7209C	45	85	19	1.1	0.6
7210A	7210B	7210C	50	90	20	1.1	0.6
7211A	7211B	7211C	55	100	21	1.5	1
7212A	7212B	7212C	60	110	22	1.5	1
7213A	7213B	7213C	65	120	23	1.5	1
7214A	7214B	7214C	70	125	24	1.5	1
7215A	7215B	7215C	75	130	25	1.5	1
7216A	7216B	7216C	80	140	26	2	1
7217A	7217B	7217C	85	150	28	2	1
7218A	7218B	7218C	90	160	30	2	1
7219A	7219B	7219C	95	170	32	2.1	1.1
7220A	7220B	7220C	100	180	34	2.1	1.1
7221A	7221B	7221C	105	190	36	2.1	1.1
7222A	7222B	7222C	110	200	38	2.1	1.1
7224A	7224B	7224C	120	215	40	2.1	1.1
7226A	7226B	7226C	130	230	40	3	1.1
7228A	7228B	7228C	140	250	42	3	1.1
7230A	7230B	7230C	150	270	45	3	1.1
7232A	7232B	7232C	160	290	48	3	1.1
7234A	7234B	7234C	170	310	52	4	1.5
7236A	7236B	7236C	180	320	52	4	1.5
7238A	7238B	7238C	190	340	55	4	1.5
7240A	7240B	7240C	200	360	58	4	1.5

[비고] 베어링 치수 계열 : 02

[주] (1) 접촉 각 기호 A는 생략할 수 있다.
(2) rsmin과 r1smin은 내륜 및 외륜의 허용 모떼기 치수이다.

20-9 앵귤러 볼 베어링 – 73 계열

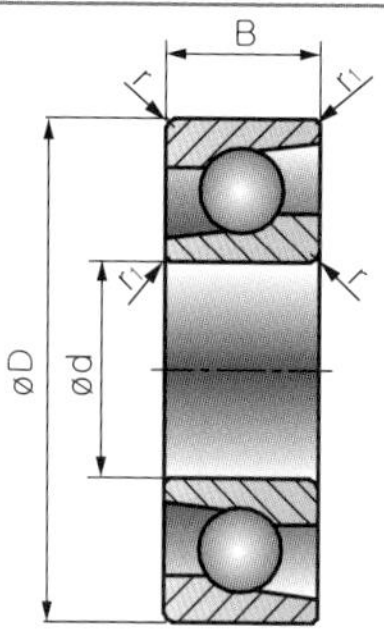

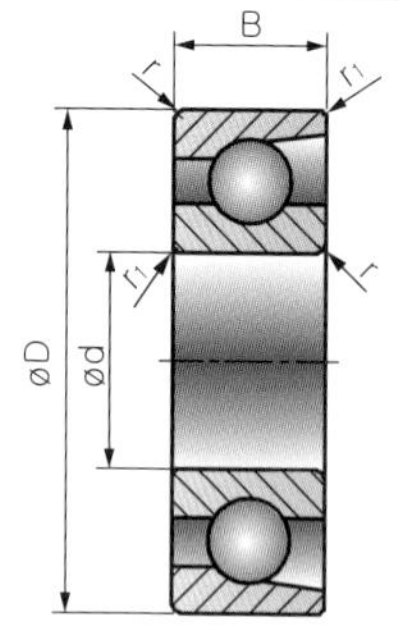

단위 : mm

호칭 번호			치 수				
			안지름 d	바깥지름 D	폭 B	r_s min(2)	참 고 r_{1s} min(2)
7300A	7300B	7300C	10	35	11	0.6	0.3
7301A	7301B	7301C	12	37	12	1	0.6
7302A	7302B	7302C	15	42	13	1	0.6
7303A	7303B	7303C	17	47	14	1	0.6
7304A	7304B	7304C	20	52	15	1.1	0.6
7305A	7305B	7305C	25	65	17	1.1	0.6
7306A	7306B	7306C	30	72	19	1.1	0.6
7307A	7307B	7307C	35	80	21	1.5	1
7308A	7308B	7308C	40	90	23	1.5	1
7309A	7309B	7309C	45	100	25	1.5	1
7310A	7310B	7310C	50	110	27	2	1
7311A	7311B	7311C	55	120	29	2	1
7312A	7312B	7312C	60	130	31	2.1	1.1
7313A	7313B	7313C	65	140	33	2.1	1.1
7314A	7314B	7314C	70	150	35	2.1	1.1
7315A	7315B	7315C	75	160	37	2.1	1.1
7316A	7316B	7316C	80	170	39	2.1	1.1
7317A	7317B	7317C	85	180	41	3	1.1
7318A	7318B	7318C	90	190	43	3	1.1
7319A	7319B	7319C	95	200	45	3	1.1
7320A	7320B	7320C	100	215	47	3	1.1
7321A	7321B	7321C	105	225	49	3	1.1
7322A	7322B	7322C	110	240	50	3	1.1
7324A	7324B	7324C	120	260	55	3	1.1
7326A	7326B	7326C	130	280	58	4	1.5
7328A	7328B	7328C	140	300	62	4	1.5
7330A	7330B	7330C	150	320	65	4	1.5
7332A	7332B	7332C	160	340	68	4	1.5
7334A	7334B	7334C	170	360	72	4	1.5
7336A	7336B	7336C	180	380	75	4	1.5
7338A	7338B	7338C	190	400	78	5	2
7340A	7340B	7340C	200	420	80	5	2

[비고] 베어링 치수 계열 : 03

[주] (1) 접촉 각 기호 A는 생략할 수 있다.
(2) $r_s$min과 r_{1s}min은 내륜 및 외륜의 허용 모떼기 치수이다.

20-10 앵귤러 볼 베어링 - 74 계열

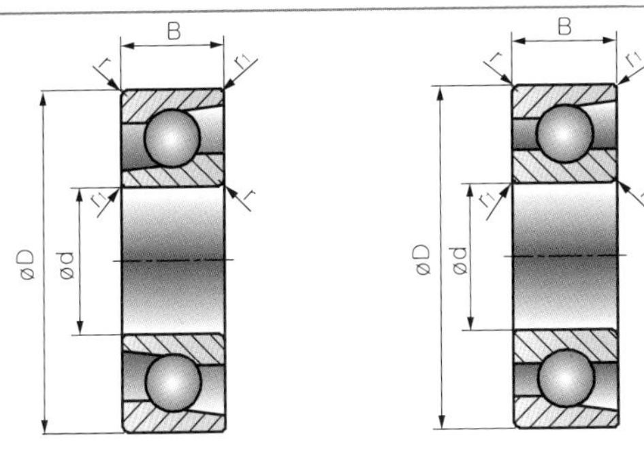

단위 : mm

호칭 번호	치 수				참 고
	안지름 d	바깥지름 D	베어링 너비 B	r_s min(2)	r_{1s} min(2)
7404A	20	72	19	1.1	0.6
7405A	25	80	21	1.5	1
7406A	30	90	23	1.5	1
7407A	35	100	25	1.5	1
7408A	40	110	27	2	1
7409A	45	120	29	2	1
7410A	50	130	31	2.1	1.1
7411A	55	140	33	2.1	1.1
7412A	60	150	35	2.1	1.1
7413A	65	160	37	2.1	1.1
7414A	70	180	42	3	1.1
7415A	75	190	45	3	1.1
7416A	80	200	48	3	1.1
7417A	85	210	52	4	1.5
7418A	90	225	54	4	1.5
7419A	95	240	55	4	1.5
7420A	100	250	58	4	1.5
7421A	105	260	60	4	1.5
7422A	110	280	65	4	1.5
7424A	120	310	72	5	2
7426A	130	340	78	5	2
7428A	140	360	82	5	2
7430A	150	380	85	5	2

[비고] 베어링 치수 계열 : 04

[주] (1) 접촉 각 기호 A는 생략할 수 있다.
(2) $r_s$min과 r_{1s}min은 내륜 및 외륜의 최소 허용 모떼기 치수이다.

20-11 자동 조심 볼 베어링 - 12, 22 계열

KS B 2025

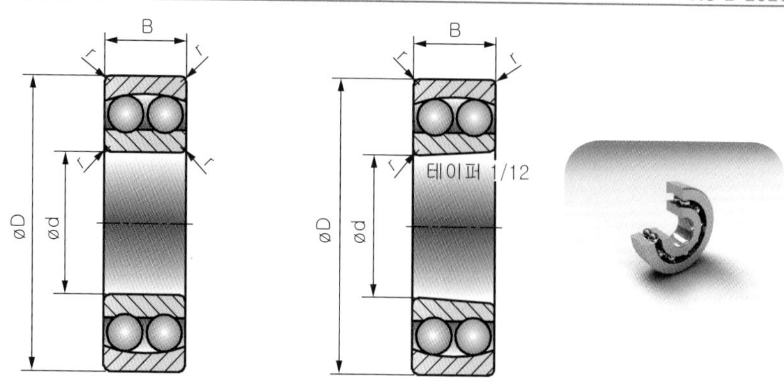

단위 : mm

베어링 계열 12						베어링 계열 22					
호칭 번호		치 수				호칭 번호		치 수			
원통구멍	테이퍼구멍	안지름 d	바깥지름 D	폭 B	r_s min	원통구멍	테이퍼구멍	안지름 d	바깥지름 D	폭 B	r_s min
1200	–	10	30	9	0.6	2200	–	10	30	14	0.6
1201	–	12	32	10	0.6	2201	–	12	32	14	0.6
1202	–	15	35	11	0.6	2202	–	15	35	14	0.6
1203	–	17	40	12	0.6	2203	–	17	40	16	0.6
1204	1204K	20	47	14	1	2204	2204K	20	47	18	1
1205	1205K	25	52	15	1	2205	2205K	25	52	18	1
1206	1206K	30	62	16	1	2206	2206K	30	62	20	1
1207	1207K	35	72	17	1.1	2207	2207K	35	72	23	1.1
1208	1208K	40	80	18	1.1	2208	2208K	40	80	23	1.1
1209	1209K	45	85	19	1.1	2209	2209K	45	85	23	1.1
1210	1210K	50	90	20	1.1	2210	2210K	50	90	23	1.1
1211	1211K	55	100	21	1.5	2211	2211K	55	100	25	1.5
1212	1212K	60	110	22	1.5	2212	2212K	60	110	28	1.5
1213	1213K	65	120	23	1.5	2213	2213K	65	120	31	1.5
1214	–	70	125	24	1.5	2214	–	70	125	31	1.5
1215	1215K	75	130	25	1.5	2215	2215K	75	130	31	1.5
1216	1216K	80	140	26	2	2216	2216K	80	140	33	2
1217	1217K	85	150	28	2	2217	2217K	85	150	36	2
1218	1218K	90	160	30	2	2218	2218K	90	160	40	2
1219	1219K	95	170	32	2.1	2219	2219K	95	170	43	2.1
1220	1220K	100	180	34	2.1	2220	2220K	100	180	46	2.1
1221	–	105	190	36	2.1	2221	–	105	190	50	2.1
1222	1222K	110	200	38	2.1	2222	2222K	110	200	53	2.1

[비고] 베어링 계열 12 및 22 인 베어링의 치수 계열은 각각 02 및 22이다.

[주] $r_s$min은 내륜 및 외륜의 최소 허용 모떼기 치수이다.

20-12 자동 조심 볼 베어링 - 13, 23 계열

KS B 2025

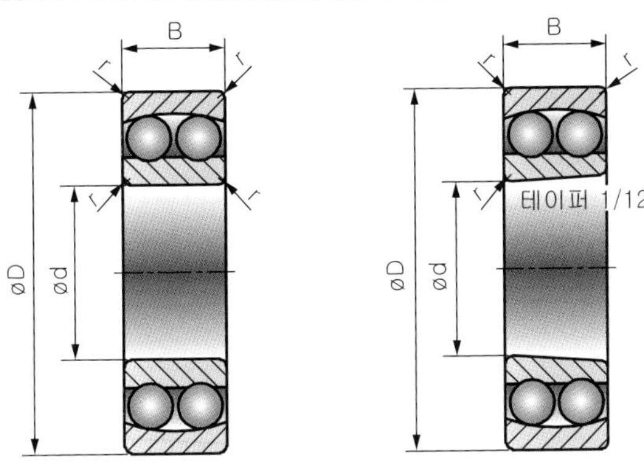

단위 : mm

베어링 계열 13						베어링 계열 23					
호칭 번호		치 수				호칭 번호		치 수			
원통구멍	테이퍼구멍	안지름 d	바깥지름 D	폭 B	r_s min	원통구멍	테이퍼구멍	안지름 d	바깥지름 D	폭 B	r_s min
1300	–	10	35	11	0.6	2300	–	10	35	17	0.6
1301	–	12	37	12	1	2301	–	12	37	17	1
1302	–	15	42	13	1	2302	–	15	42	17	1
1303	–	17	47	14	1	2303	–	17	47	19	1
1304	1304K	20	52	15	1.1	2304	2304K	20	52	21	1.1
1305	1305K	25	62	17	1.1	2305	2305K	25	62	24	1.1
1306	1306K	30	72	19	1.1	2306	2306K	30	72	27	1.1
1307	1307K	35	80	21	1.5	2307	2307K	35	80	31	1.5
1308	1308K	40	90	23	1.5	2308	2308K	40	90	33	1.5
1309	1309K	45	100	25	1.5	2309	2309K	45	100	36	1.5
1310	1310K	50	110	27	2	2310	2310K	50	110	40	2
1311	1311K	55	120	29	2	2311	2311K	55	120	43	2
1312	1312K	60	130	31	2.1	2312	2312K	60	130	46	2.1
1313	1313K	65	140	33	2.1	2313	2313K	65	140	48	2.1
1314	–	70	150	35	2.1	2314	–	70	150	51	2.1
1315	1315K	75	160	37	2.1	2315	2315K	75	160	55	2.1
1316	1316K	80	170	39	2.1	2316	2316K	80	170	58	2.1
1317	1317K	85	180	41	3	2317	2317K	85	180	60	3
1318	1318K	90	190	43	3	2318	2318K	90	190	64	3
1319	1319K	95	200	45	3	2319	2319K	95	200	67	3
1320	1320K	100	215	47	3	2320	2320K	100	215	73	3
1321	–	105	225	49	3	2321	–	105	225	77	3
1322	1322K	110	240	50	3	2322	2322K	110	240	80	3

[비고] (1) 호칭번호 1318, 1319, 1320, 1321, 1322, 1318K, 1319K, 1320K 및 1322 K의 베어링에서는 강구가 베어링의 측면보다 돌출된 것이 있다.
(2) 베어링 계열 13 및 23 인 베어링의 치수 계열은 각각 03 및 23이다.

[주] $r_s$min은 내륜 및 외륜의 최소 허용 모떼기 치수이다.

Chapter 21

롤러 베어링 규격

21-1 원통 롤러 베어링 - NU10 계열

KS B 2026

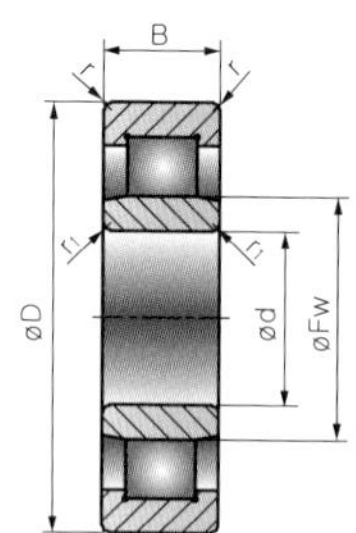

단위 : mm

호칭 번호	치 수					
	안지름 d	바깥지름 D	폭 B	r_s min(1)	Fw	(참 고) r_{1s} min(2)
NU 1005	25	47	12	0.6	30.5	0.3
NU 1006	30	55	13	1	36.5	0.6
NU 1007	35	62	14	1	42	0.6
NU 1008	40	68	15	1	47	0.6
NU 1009	45	75	16	1	52.5	0.6
NU 1010	50	80	16	1	57.5	0.6
NU 1011	55	90	18	1.1	64.5	1
NU 1012	60	95	18	1.1	69.5	1
NU 1013	65	100	18	1.1	74.5	1
NU 1014	70	110	20	1.1	80	1
NU 1015	75	115	20	1.1	85	1
NU 1016	80	125	22	1.1	91.5	1
NU 1017	85	130	22	1.1	96.5	1
NU 1018	90	140	24	1.5	103	1.1
NU 1019	95	145	24	1.5	108	1.1
NU 1020	100	150	24	1.5	113	1.1
NU 1021	105	160	26	2	119.5	1.1
NU 1022	110	170	28	2	125	1.1
NU 1024	120	180	28	2	135	1.1
NU 1026	130	200	33	2	148	1.1
NU 1028	140	210	33	2	158	1.1
NU 1030	150	225	35	2.1	169.5	1.5
NU 1032	160	240	38	2.1	180	1.5
NU 1034	170	260	42	2.1	193	2.1
NU 1036	180	280	46	2.1	205	2.1
NU 1038	190	290	46	2.1	215	2.1
NU 1040	200	310	51	2.1	229	2.1
NU 1044	220	340	56	3	250	3
NU 1048	240	360	56	3	270	3
NU 1052	260	400	65	4	296	4
NU 1056	280	420	65	4	316	4
NU 1060	300	460	74	4	340	4
NU 1064	320	480	74	4	360	4
NU 1068	340	520	82	5	385	5
NU 1072	360	540	82	5	405	5
NU 1076	380	560	82	5	425	5
NU 1080	400	600	90	5	450	5
NU 1084	420	620	90	5	470	5
NU 1088	440	650	94	6	493	6
NU 1092	460	680	100	6	516	6
NU 1096	480	700	100	6	536	6
NU 10/500	500	720	100	6	556	6

[주] (1) $r_s$min은 외륜의 최소 허용 모떼기 치수이다.
(2) r_{1s}min은 내륜의 최소 허용 모떼기 치수이다.
[비고] 베어링의 치수 계열 : 10

21-2 원통 롤러 베어링 – NU2, NJ2, NUP2, N2, NF2 계열

KS B 2026

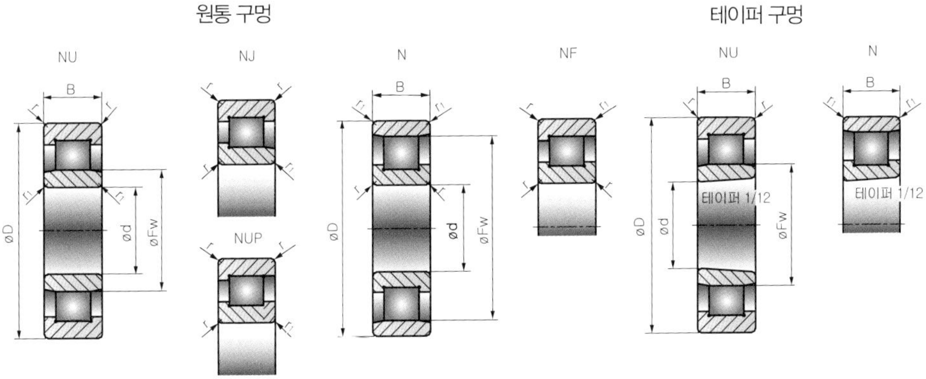

원통 구멍 / 테이퍼 구멍

NU / NJ / NUP / N / NF / NU / N

B, r, r1, øD, ød, øFw, 테이퍼 1/12

단위 : mm

호칭 번호							치 수						
원통 구멍					테이퍼 구멍		안지름 d	바깥지름 D	폭 B	r_s min	Fw	Ew	(참 고) r_{1s} min
–	–	–	N203	–	–	–	17	40	12	0.6	–	33.9	0.3
NU204	NJ204	NUP204	N204	NF204	NU204K	–	20	47	14	1	27	40	0.6
NU205	NJ205	NUP205	N205	NF205	NU205K	–	25	52	15	1	32	45	0.6
NU206	NJ206	NUP206	N206	NF206	NU206K	N206K	30	62	16	1	38.5	53.5	0.6
NU207	NJ207	NUP207	N207	NF207	NU207K	N207K	35	72	17	1.1	43.8	61.8	0.6
NU208	NJ208	NUP208	N208	NF208	NU208K	N208K	40	80	18	1.1	50	70	1.1
NU209	NJ209	NUP209	N209	NF209	NU209K	N209K	45	85	19	1.1	55	75	1.1
NU210	NJ210	NUP210	N210	NF210	NU210K	N210K	50	90	20	1.1	60.4	80.4	1.1
NU211	NJ211	NUP211	N211	NF211	NU211K	N211K	55	100	21	1.5	66.5	88.5	1.1
NU212	NJ212	NUP212	N212	NF212	NU212K	N212K	60	110	22	1.5	73.5	97.5	1.5
NU213	NJ213	NUP213	N213	NF213	NU213K	N213K	65	120	23	1.5	79.6	105.6	1.5
NU214	NJ214	NUP214	N214	NF214	NU214K	N214K	70	125	24	1.5	84.5	110.5	1.5
NU215	NJ215	NUP215	N215	NF215	NU215K	N215K	75	130	25	1.5	88.5	116.5	1.5
NU216	NJ216	NUP216	N216	NF216	NU216K	N216K	80	140	26	2	95.3	125.3	2
NU217	NJ217	NUP217	N217	NF217	NU217K	N217K	85	150	28	2	101.8	133.8	2
NU218	NJ218	NUP218	N218	NF218	NU218K	N218K	90	160	30	2	107	143	2
NU219	NJ219	NUP219	N219	NF219	NU219K	N219K	95	170	32	2.1	113.5	151.5	2.1
NU220	NJ220	NUP220	N220	NF220	NU220K	N220K	100	180	34	2.1	120	160	2.1
NU221	NJ221	NUP221	N221	NF221	NU221K	N221K	105	190	36	2.1	126.8	168.8	2.1
NU222	NJ222	NUP222	N222	NF222	NU222K	N222K	110	200	38	2.1	132.5	178.5	2.1
NU224	NJ224	NUP224	N224	NF224	NU224K	N224K	120	215	40	2.1	143.5	191.5	2.1
NU226	NJ226	NUP226	N226	NF226	NU226K	N226K	130	230	40	3	156	204	3
NU228	NJ228	NUP228	N228	NF228	NU228K	N228K	140	250	42	3	169	221	3
NU230	NJ230	NUP230	N230	NF230	NU230K	N230K	150	270	45	3	182	238	3
NU232	NJ232	NUP232	N232	NF232	NU232K	N232K	160	290	48	3	195	255	3
NU234	NJ234	NUP234	N234	NF234	NU234K	N234K	170	310	52	4	208	272	4
NU236	NJ236	NUP236	N236	NF236	NU236K	N236K	180	320	52	4	218	282	4
NU238	NJ238	NUP238	N238	NF238	NU238K	N238K	190	340	55	4	231	299	4
NU240	NJ240	NUP240	N240	NF240	NU240K	N240K	200	360	58	4	244	316	4
NU244	NJ244	NUP244	N244	NF244	NU244K	N244K	220	400	65	4	270	350	4
NU248	NJ248	NUP248	N248	NF248	NU248K	N248K	240	440	72	4	295	385	4
NU252	NJ252	NUP252	N252	NF252	NU252K	N252K	260	480	80	5	320	420	5
NU256	NJ256	NUP256	N256	NF256	NU256K	N256K	280	500	80	5	340	440	5
NU260	NJ260	NUP260	N260	NF260	NU260K	N260K	300	540	85	5	364	476	5
NU264	NJ264	NUP264	N264	NF264	NU264K	N264K	320	580	92	5	390	510	5

[주] $r_s$min과 r_{1s}min은 내륜 및 외륜의 최소 허용 모떼기 치수이다.
[비고] 베어링 치수계열 : 02

21-3 원통 롤러 베어링 - NU22, NJ22, NUP22 계열

KS B 2026

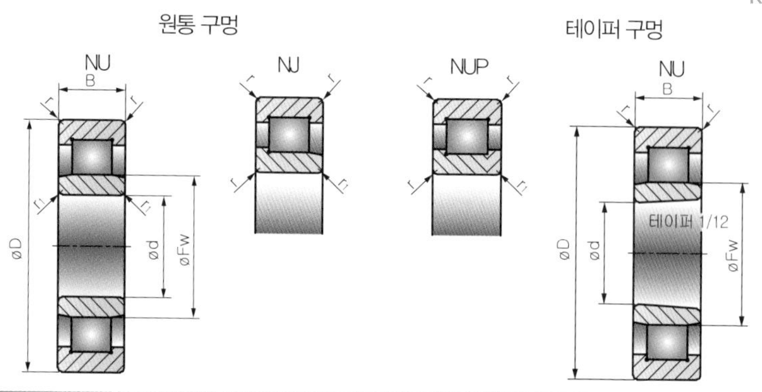

단위 : mm

호칭 번호				치 수					
원통 구멍			테이퍼 구멍	안지름 d	바깥지름 D	베어링 너비 B	rsmin	Fw	(참 고) r1smin
NU 2204	NJ 2204	NUP 2204	-	20	47	18	1	27	0.6
NU 2205	NJ 2205	NUP 2205	NU 2205K	25	52	18	1	32	0.6
NU 2206	NJ 2206	NUP 2206	NU 2206K	30	62	20	1	38.5	0.6
NU 2207	NJ 2207	NUP 2207	NU 2207K	35	72	23	1.1	43.8	0.6
NU 2208	NJ 2208	NUP 2208	NU 2208K	40	80	23	1.1	50	1.1
NU 2209	NJ 2209	NUP 2209	NU 2209K	45	85	23	1.1	55	1.1
NU 2210	NJ 2210	NUP 2210	NU 2210K	50	90	23	1.1	60.4	1.1
NU 2211	NJ 2211	NUP 2211	NU 2211K	55	100	25	1.5	66.5	1.1
NU 2212	NJ 2212	NUP 2212	NU 2212K	60	110	28	1.5	73.5	1.5
NU 2213	NJ 2213	NUP 2213	NU 2213K	65	120	31	1.5	79.6	1.5
NU 2214	NJ 2214	NUP 2214	NU 2214K	70	125	31	1.5	84.5	1.5
NU 2215	NJ 2215	NUP 2215	NU 2215K	75	130	31	1.5	88.5	1.5
NU 2216	NJ 2216	NUP 2216	NU 2216K	80	140	33	2	95.3	2
NU 2217	NJ 2217	NUP 2217	NU 2217K	85	150	36	2	101.8	2
NU 2218	NJ 2218	NUP 2218	NU 2218K	90	160	40	2	107	2
NU 2219	NJ 2219	NUP 2219	NU 2219K	95	170	43	2.1	113.5	2.1
NU 2220	NJ 2220	NUP 2220	NU 2220K	100	180	46	2.1	120	2.1
NU 2222	NJ 2222	NUP 2222	NU 2222K	110	200	53	2.1	132.5	2.1
NU 2224	NJ 2224	NUP 2224	NU 2224K	120	215	58	2.1	143.5	2.1
NU 2226	NJ 2226	NUP 2226	NU 2226K	130	230	64	3	156	3
NU 2228	NJ 2228	NUP 2228	NU 2228K	140	250	68	3	169	3
NU 2230	NJ 2230	NUP 2230	NU 2230K	150	270	73	3	182	3
NU 2232	NJ 2232	NUP 2232	NU 2232K	160	290	80	3	195	3
NU 2234	NJ 2234	NUP 2234	NU 2234K	170	310	86	4	208	4
NU 2236	NJ 2236	NUP 2236	NU 2236K	180	320	86	4	218	4
NU 2238	NJ 2238	NUP 2238	NU 2238K	190	340	92	4	231	4
NU 2240	NJ 2240	NUP 2240	NU 2240K	200	360	98	4	244	4
NU 2244	NJ 2244	NUP 2244	NU 2244K	220	400	108	4	270	4
NU 2248	NJ 2248	NUP 2248	NU 2248K	240	440	120	4	295	4
NU 2252	NJ 2252	NUP 2252	NU 2252K	260	480	130	5	320	5
NU 2256	NJ 2256	NUP 2256	NU 2256K	280	500	130	5	340	5
NU 2260	NJ 2260	NUP 2260	NU 2260K	300	540	140	5	364	5
NU 2264	NJ 2264	NUP 2264	NU 2264K	320	580	150	5	390	5

[주] $r_s$min과 r_{1s}min은 내륜 및 외륜의 최소 허용 모떼기 치수이다.
[비고] 베어링 치수계열 : 22

21-4 원통 롤러 베어링 - NU3, NJ3, NUP3, N3, NF3 계열

KS B 2026

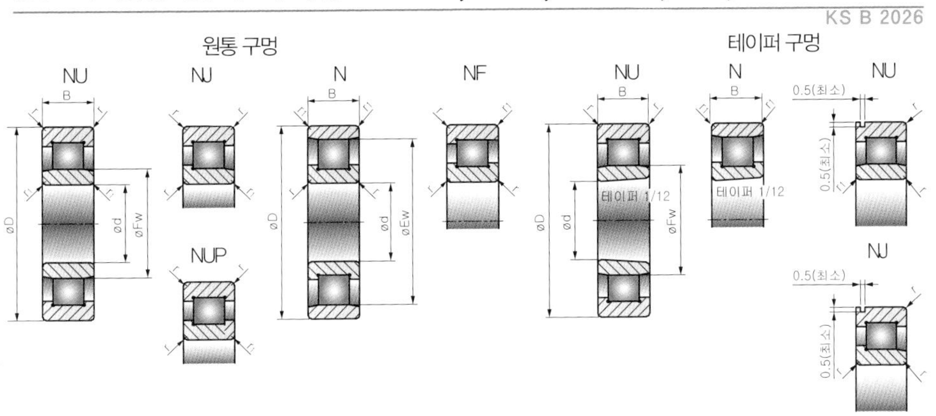

단위 : mm

호칭 번호									치 수						
원통 구멍					테이퍼 구멍		스냅링 홈 붙이		안지름 d	바깥지름 D	폭 B	r_s min	Fw	Ew	(참고) r_{1s} min
NU304	NJ304	NUP304	N304	NF304	NU304K	–	NU304N	NJ304N	20	52	15	1.1	28.5	44.5	0.6
NU305	NJ305	NUP305	N305	NF305	NU305K	–	NU305N	NJ305N	25	62	17	1.1	35	53	1.1
NU306	NJ306	NUP306	N306	NF306	NU306K	N306K	NU306N	NJ306N	30	72	19	1.1	42	62	1.1
NU307	NJ307	NUP307	N307	NF307	NU307K	N307K	NU307N	NJ307N	35	80	21	1.5	46.2	68.2	1.1
NU308	NJ308	NUP308	N308	NF308	NU308K	N308K	NU308N	NJ308N	40	90	23	1.5	53.5	77.5	1.5
NU309	NJ309	NUP309	N309	NF309	NU309K	N309K	NU309N	NJ309N	45	100	25	1.5	58.5	86.5	1.5
NU310	NJ310	NUP310	N310	NF310	NU310K	N310K	NU310N	NJ310N	50	110	27	2	65	95	2
NU311	NJ311	NUP311	N311	NF311	NU311K	N311K	NU311N	NJ311N	55	120	29	2	70.5	104.5	2
NU312	NJ312	NUP312	N312	NF312	NU312K	N312K	NU312N	NJ312N	60	130	31	2.1	77	113	2.1
NU313	NJ313	NUP313	N313	NF313	NU313K	N313K	NU313N	NJ313N	65	140	33	2.1	83.5	121.5	2.1
NU314	NJ314	NUP314	N314	NF314	NU314K	N314K	NU314N	NJ314N	70	150	35	2.1	90	130	2.1
NU315	NJ315	NUP315	N315	NF315	NU315K	N315K	NU315N	NJ315N	75	160	37	2.1	95.5	139.5	2.1
	NJ316	NUP316	N316	NF316	NU316K	N316K	NU316N	NJ316N	80	170	39	2.1	103	147	2.1
	NJ317	NUP317	N317	NF317	NU317K	N317K	NU317N	NJ317N	85	180	41	3	108	156	3
	NJ318	NUP318	N318	NF318	NU318K	N318K	NU318N	NJ318N	90	190	43	3	115	165	3
NU319	NJ319	NUP319	N319	NF319	NU319K	N319K	NU319N	NJ319N	95	200	45	3	121.5	173.5	3
NU320	NJ320	NUP320	N320	NF320	NU320K	N320K	–	–	100	215	47	3	129.5	185.5	3
NU321	NJ321	NUP321	N321	NF321	NU321K	N321K	–	–	105	225	49	3	135	195	3
NU322	NJ322	NUP322	N322	NF322	NU322K	N322K	–	–	110	240	50	3	143	207	3
NU324	NJ324	NUP324	N324	NF324	NU324K	N324K	–	–	120	260	55	3	154	226	3
NU326	NJ326	NUP326	N326	NF326	NU326K	N326K	–	–	130	280	58	4	167	243	4
NU328	NJ328	NUP328	N328	NF328	NU328K	N328K	–	–	140	300	62	4	180	260	4
NU330	NJ330	NUP330	N330	NF330	NU330K	N330K	–	–	150	320	65	4	193	277	4
NU332	NJ332	NUP332	N332	NF332	NU332K	N332K	–	–	160	340	68	4	208	292	4
NU334	NJ334	NUP334	N334	NF334	NU334K	N334K	–	–	170	360	72	4	220	310	4
NU336	NJ336	NUP336	N336	NF336	NU336K	N336K	–	–	180	380	75	4	232	328	4
NU338	NJ338	NUP338	N338	NF338	NU338K	N338K	–	–	190	400	78	5	245	345	5
NU340	NJ340	NUP340	N340	NF340	NU340K	N340K	–	–	200	420	80	5	260	260	5
NU344	NJ344	NUP344	N344	NF344	NU344K	N344K	–	–	220	460	88	5	284	396	5
NU348	NJ348	NUP348	N348	NF348	NU348K	N348K	–	–	240	500	95	5	310	430	5
NU352	NJ352	NUP352	N352	NF352	NU352K	N352K	–	–	260	540	102	6	336	464	6
NU356	NJ356	NUP356	N356	NF356	NU356K	N356K	–	–	280	580	108	6	362	498	6

[주] $r_s$min과 r_{1s}min은 내륜 및 외륜의 최소 허용 모떼기 치수이다.

[비고] 1. 스냅링붙이 베어링의 호칭 번호는 스냅링붙이 베어링 호칭 번호의 N 뒤에 R을 붙인다.
2. 스냅링 홈의 치수는 KS B 2013에 따른다.
3. 치수 계열 : 03

21-5 원통 롤러 베어링 - NU23, NJ23, NUP23 계열

KS B 2026

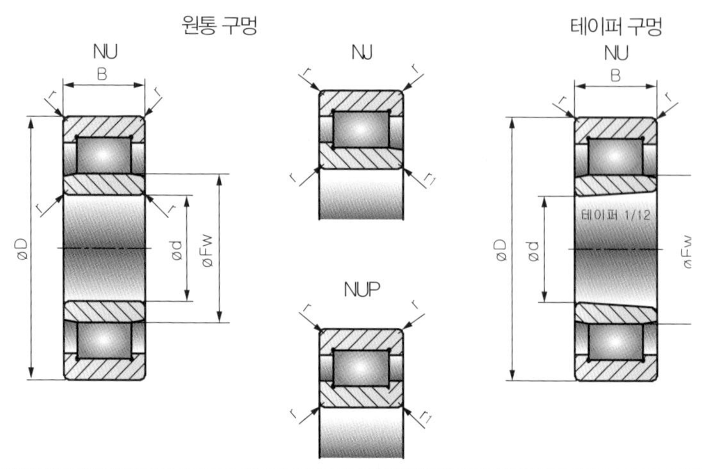

단위 : mm

호칭 번호				치 수					
원통 구멍			테이퍼 구멍	안지름 d	바깥 지름 D	베어링 너비 B	rsmin	Fw	(참 고) r1smin
NU 2305	NJ 2305	NUP 2305	NU 2305 K	25	62	24	1.1	35	1.1
NU 2306	NJ 2306	NUP 2306	NU 2306 K	30	72	27	1.1	42	1.1
NU 2307	NJ 2307	NUP 2307	NU 2307 K	35	80	31	1.5	46.2	1.1
NU 2308	NJ 2308	NUP 2308	NU 2308 K	40	90	33	1.5	53.5	1.5
NU 2309	NJ 2309	NUP 2309	NU 2309 K	45	100	36	1.5	58.5	1.5
NU 2310	NJ 2310	NUP 2310	NU 2310 K	50	110	40	2	65	2
NU 2311	NJ 2311	NUP 2311	NU 2311 K	55	120	43	2	70.5	2
NU 2312	NJ 2312	NUP 2312	NU 2312 K	60	130	46	2.1	77	2.1
NU 2313	NJ 2313	NUP 2313	NU 2313 K	65	140	48	2.1	83.5	2.1
NU 2314	NJ 2314	NUP 2314	NU 2314 K	70	150	51	2.1	90	2.1
NU 2315	NJ 2315	NUP 2315	NU 2315 K	75	160	55	2.1	95.5	2.1
NU 2316	NJ 2316	NUP 2316	NU 2316 K	80	170	58	2.1	103	2.1
NU 2317	NJ 2317	NUP 2317	NU 2317 K	85	180	60	3	108	3
NU 2318	NJ 2318	NUP 2318	NU 2318 K	90	190	64	3	115	3
NU 2319	NJ 2319	NUP 2319	NU 2319 K	95	200	67	3	121.5	3
NU 2320	NJ 2320	NUP 2320	NU 2320 K	100	215	73	3	129.5	3
NU 2322	NJ 2322	NUP 2322	NU 2322 K	110	240	80	3	143	3
NU 2324	NJ 2324	NUP 2324	NU 2324 K	120	260	86	3	154	3
NU 2326	NJ 2326	NUP 2326	NU 2326 K	130	280	93	4	167	4
NU 2328	NJ 2328	NUP 2328	NU 2328 K	140	300	102	4	180	4
NU 2330	NJ 2330	NUP 2330	NU 2330 K	150	320	108	4	193	4
NU 2332	NJ 2332	NUP 2332	NU 2332 K	160	340	114	4	208	4
NU 2334	NJ 2334	NUP 2334	NU 2334 K	170	360	120	4	220	4
NU 2336	NJ 2336	NUP 2336	NU 2336 K	180	380	126	4	232	4
NU 2338	NJ 2338	NUP 2338	NU 2338 K	190	400	132	5	245	5
NU 2340	NJ 2340	NUP 2340	NU 2340 K	200	420	138	5	260	5
NU 2344	NJ 2344	NUP 2344	NU 2344 K	220	460	145	5	284	5
NU 2348	NJ 2348	NUP 2348	NU 2348 K	240	500	155	5	310	5
NU 2352	NJ 2352	NUP 2352	NU 2352 K	260	540	165	6	336	6
NU 2356	NJ 2356	NUP 2356	NU 2356 K	280	580	175	6	362	6

[주] (1) r_{1s}min은 내륜의 최소 허용 모떼기 치수이다.
(2) $r_s$min은 내륜 및 외륜의 최소 허용 모떼기 치수이다.

[비고] 베어링 치수 계열 : 23

21-6 원통 롤러 베어링 – NU4, NJ4, NUP4, N4, NF4 계열

KS B 2026

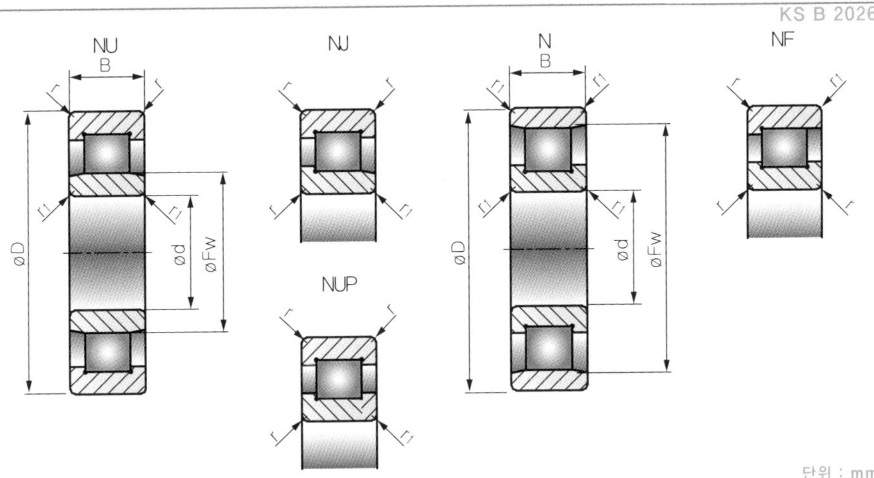

단위 : mm

호칭 번호					치수						
					안지름 d	바깥지름 D	폭 B	r_s min	Fw	Ew	(참 고) r_{1s} min
NU 406	NJ 406	NUP 406	N 406	NF 406	30	90	23	1.5	45	73	1.5
NU 407	NJ 407	NUP 407	N 407	NF 407	35	100	25	1.5	53	83	1.5
NU 408	NJ 408	NUP 408	N 408	NF 408	40	110	27	2	58	92	2
NU 409	NJ 409	NUP 409	N 409	NF 409	45	120	29	2	64.5	100.5	2
NU 410	NJ 410	NUP 410	N 410	NF 410	50	130	31	2.1	70.8	110.8	2.1
NU 411	NJ 411	NUP 411	N 411	NF 411	55	140	33	2.1	77.2	117.2	2.1
NU 412	NJ 412	NUP 412	N 412	NF 412	60	150	35	2.1	83	127	2.1
NU 413	NJ 413	NUP 413	N 413	NF 413	65	160	37	2.1	89.3	135.3	2.1
NU 414	NJ 414	NUP 414	N 414	NF 414	70	180	42	3	100	152	3
NU 415	NJ 415	NUP 415	N 415	NF 415	75	190	45	3	104.5	160.5	3
NU 416	NJ 416	NUP 416	N 416	NF 416	80	200	48	3	110	170	3
NU 417	NJ 417	NUP 417	N 417	NF 417	85	210	52	4	113	177	4
NU 418	NJ 418	NUP 418	N 418	NF 418	90	225	54	4	123.5	191.5	4
NU 419	NJ 419	NUP 419	N 419	NF 419	95	240	55	4	133.5	201.5	4
NU 420	NJ 420	NUP 420	N 420	NF 420	100	250	58	4	139	211	4
NU 421	NJ 421	NUP 421	N 421	NF 421	105	260	60	4	144.5	220.5	4
NU 422	NJ 422	NUP 422	N 422	NF 422	110	280	65	4	155	235	4
NU 424	NJ 424	NUP 424	N 424	NF 424	120	310	72	5	170	260	5
NU 426	NJ 426	NUP 426	N 426	NF 426	130	340	78	5	185	285	5
NU 428	NJ 428	NUP 428	N 428	NF 428	140	360	82	5	198	302	5
NU 430	NJ 430	NUP 430	N 430	NF 430	150	380	85	5	213	317	5
NU 432	NJ 432	NUP 432	N 432	NF 432	160	400	88	5	226	334	5
NU 434	NJ 434	NUP 434	N 434	NF 434	170	420	92	5	239	351	5
NU 436	NJ 436	NUP 436	N 436	NF 436	180	440	95	6	250	370	6
NU 438	NJ 438	NUP 438	N 438	NF 438	190	460	98	6	265	385	6
NU 440	NJ 440	NUP 440	N 440	NF 440	200	480	102	6	276	404	6
NU 444	NJ 444	NUP 444	N 444	NF 444	220	540	115	6	305	455	6
NU 448	NJ 448	NUP 448	N 448	NF 448	240	580	122	6	330	490	6

[주] $r_s$min과 r_{1s}min은 내륜 및 외륜의 최소 허용 모떼기 치수이다.
[비고] 베어링의 치수 계열은 04이다.

21-7 원통 롤러 베어링 - NN30 계열

KS B 2026

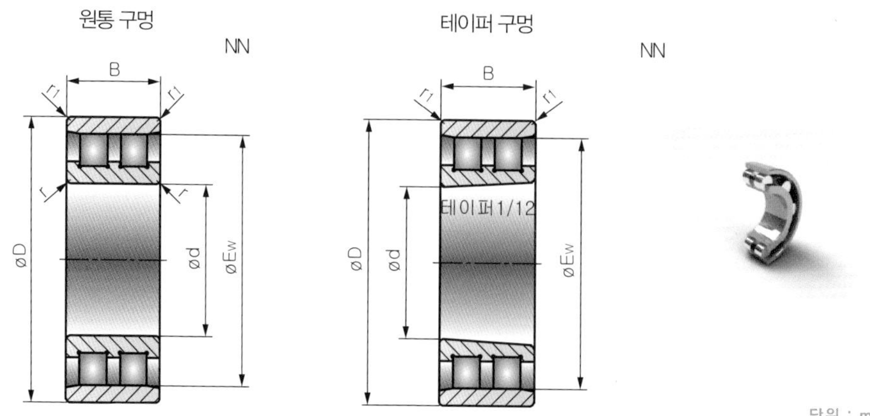

단위 : mm

호칭 번호		치 수					
원통 구멍	테이퍼 구멍	안지름 d	바깥지름 D	폭 B	r_s min	Ew	(참 고) r_{1s} min
NN 3005	NN 3005 K	25	47	16	0.6	41.3	0.6
NN 3006	NN 3006 K	30	55	19	1	48.5	1
NN 3007	NN 3007 K	35	62	20	1	55	1
NN 3008	NN 3008 K	40	68	21	1	61	1
NN 3009	NN 3009 K	45	75	23	1	67.5	1
NN 3010	NN 3010 K	50	80	23	1	72.5	1
NN 3011	NN 3011 K	55	90	26	1.1	81	1.1
NN 3012	NN 3012 K	60	95	26	1.1	86.1	1.1
NN 3013	NN 3013 K	65	100	26	1.1	91	1.1
NN 3014	NN 3014 K	70	110	30	1.1	100	1.1
NN 3015	NN 3015 K	75	115	30	1.1	105	1.1
NN 3016	NN 3016 K	80	125	34	1.1	113	1.1
NN 3017	NN 3017 K	85	130	34	1.1	118	1.1
NN 3018	NN 3018 K	90	140	37	1.5	127	1.5
NN 3019	NN 3019 K	95	145	37	1.5	132	1.5
NN 3020	NN 3020 K	100	150	37	1.5	137	1.5
NN 3021	NN 3021 K	105	160	41	2	146	2
NN 3022	NN 3022 K	110	170	45	2	155	2
NN 3024	NN 3024 K	120	180	46	2	165	2
NN 3026	NN 3026 K	130	200	52	2	182	2
NN 3028	NN 3028 K	140	210	53	2	192	2
NN 3030	NN 3030 K	150	225	56	2.1	206	2.1
NN 3032	NN 3032 K	160	240	60	2.1	219	2.1
NN 3034	NN 3034 K	170	260	67	2.1	236	2.1
NN 3036	NN 3036 K	180	280	74	2.1	255	2.1
NN 3038	NN 3038 K	190	290	75	2.1	265	2.1
NN 3040	NN 3040 K	200	310	82	2.1	282	2.1
NN 3044	NN 3044 K	220	340	90	3	310	3
NN 3048	NN 3048 K	240	360	92	3	330	3
NN 3052	NN 3052 K	260	400	104	4	364	4
NN 3056	NN 3056 K	280	420	106	4	384	4
NN 3060	NN 3060 K	300	460	118	4	418	4
NN 3064	NN 3064 K	320	480	121	4	438	4

[주] (1) r_{1s}min은 외륜의 최소 허용 모떼기 치수이다.
(2) $r_s$min은 내륜 및 외륜의 최소 허용 모떼기 치수이다.
[비고] 베어링 치수 계열 : 30

21-8 테이퍼 롤러 베어링 - 320 계열

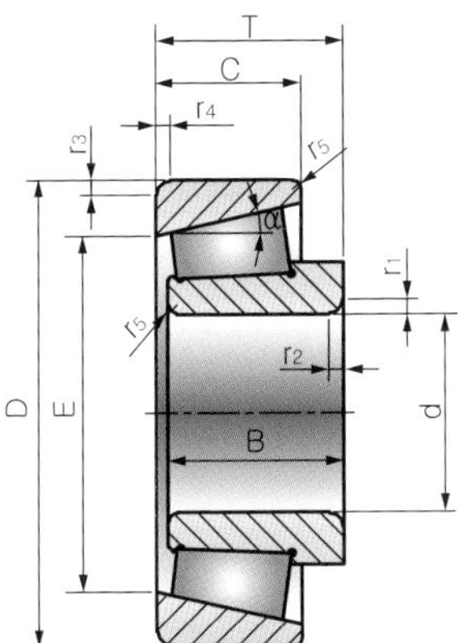

기 호	
d	베어링 호칭 안지름
d_o	베어링 호칭 바깥지름
T	호칭 베어링 나비
B	호칭 내륜 나비
C	호칭 컵(외륜) 나비
E	호칭 외륜의 작은 안지름
a	호칭 베어링 접촉각
r_1	내륜의 배면 모떼기 높이
$r_{1s\,min}$	최소 실측 r_1
r_2	내륜 배면 모떼기 나비
$r_{2s\,min}$	최소 실측 r_2
r_3	외륜 배면 모떼기 높이
$r_{3s\,min}$	최소 실측 r_3
r_4	외륜 배면 모떼기 나비
$r_{4s\,min}$	최소 실측 r_4
r_5	내륜과 외륜 정면 모떼기 높이와 나비

단위 : mm

호칭 번호	치 수									(참 고)	
	d	D	T	B	C	내륜	외륜	E	α	r_{1s} min	치수계열
						r_s min					
32004 K	20	42	15	15	12	0.6	0.6	32.781	14°	0.15	3 CC
320/22 K	22	44	15	15	11.5	0.6	0.6	34.708	14° 50′	0.15	3 CC
32005 K	25	47	15	15	11.5	0.6	0.6	37.393	16°	0.15	4 CC
320/28 K	28	52	16	16	12	1	1	41.991	16°	0.3	4 CC
32006 K	30	55	17	17	13	1	1	44.438	16°	0.3	4 CC
320/32 K	32	58	17	17	13	1	1	46.708	16° 50′	0.3	4 CC
32007 K	35	62	18	18	14	1	1	50.510	16° 50′	0.3	4 CC
32008 K	40	68	19	19	14.5	1	1	56.897	14° 10′	0.3	3 CD
32009 K	45	75	20	20	15.5	1	1	63.248	14° 40′	0.3	3 CC
32010 K	50	80	20	20	15.5	1	1	67.841	15° 45′	0.3	3 CC
32011 K	55	90	23	23	17.5	1.5	1.5	76.505	15° 10′	0.6	3 CC
32012 K	60	95	23	23	17.5	1.5	1.5	80.634	16°	0.6	4 CC
32013 K	65	100	23	23	17.5	1.5	1.5	85.567	17°	0.6	4 CC
32014 K	70	110	25	25	19	1.5	1.5	93.633	16° 10′	0.6	4 CC
32015 K	75	115	25	25	19	1.5	1.5	98.358	17°	0.6	4 CC
32016 K	80	125	29	29	22	1.5	1.5	107.334	15° 45′	0.6	3 CC
32017 K	85	130	29	29	22	1.5	1.5	111.788	16° 25′	0.6	4 CC
32018 K	90	140	32	32	24	2	1.5	119.948	15° 45′	0.6	3 CC
32019 K	95	145	32	32	24	2	1.5	124.927	16° 25′	0.6	4 CC
32020 K	100	150	32	32	24	2	1.5	129.269	17°	0.6	4 CC
32021 K	105	160	35	35	26	2.5	2	137.685	16° 30′	0.6	4 DC
32022 K	110	170	38	38	29	2.5	2	146.290	16°	0.6	4 DC
32024 K	120	180	38	38	29	2.5	2	155.239	17°	0.6	4 DC
32026 K	130	200	45	45	34	2.5	2	172.043	16° 10′	0.6	4 EC
32028 K	140	210	45	45	34	2.5	2	180.720	17°	0.6	4 DC
32030 K	150	225	48	48	36	3	2.5	193.674	17°	1	4 EC
32032 K	160	240	51	51	38	3	2.5	207.209	17°	1	4 EC
32034 K	170	260	57	57	43	3	2.5	223.031	16° 30′	1	4 EC
32036 K	180	280	64	64	48	3	2.5	239.898	15° 45′	1	3 FD
32038 K	190	290	64	64	48	3	2.5	249.853	16° 25′	1	4 FD
32040 K	200	310	70	70	53	3	2.5	266.039	16°	1	4 FD
32044 K	220	340	76	76	57	4	3	292.464	16°	1	4 FD
32048 K	240	360	76	76	57	4	3	310.356	17°	1	4 FD
32052 K	260	400	87	87	65	5	4	344.432	16° 10′	1.5	4 FC
32056 K	280	420	87	87	65	5	4	361.811	17°	1.5	4 FC
32060 K	300	460	100	100	74	5	4	395.676	16° 10′	1.5	4 GD
32064 K	320	480	100	100	74	5	4	415.640	17°	1.5	4 GD

[주] (1) $r_s$min은 내륜 및 외륜의 최소 허용 모떼기 치수이다.
(2) 치수 계열은 KS B 2013의 부표 2-1~2-5의 치수 계열 1란의 것(ISO 355의 치수계열)이다.

[비고] 베어링의 치수 계열은 KS B 2013의 부표 2-1~2-5의 치수 계열 2란에 표시하는 20이다.

21-9 테이퍼 롤러 베어링 - 302 계열

KS B 2027

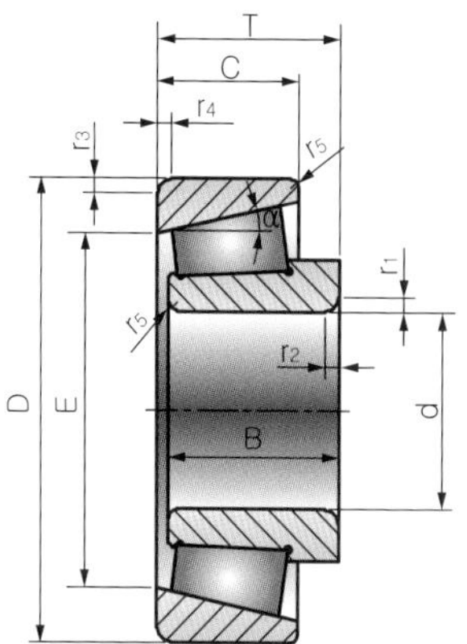

기 호	
d	베어링 호칭 안지름
D	베어링 호칭 바깥지름
T	호칭 베어링 나비
B	호칭 내륜 나비
C	호칭 컵(외륜) 나비
E	호칭 외륜의 작은 안지름
α	호칭 베어링 접촉각
r_1	내륜의 배면 모떼기 높이
$r_{1s\,min}$	최소 실측 r_1
r_2	내륜 배면 모떼기 나비
$r_{2s\,min}$	최소 실측 r_2
r_3	외륜 배면 모떼기 높이
$r_{3s\,min}$	최소 실측 r_3
r_4	외륜 배면 모떼기 나비
$r_{4s\,min}$	최소 실측 r_4
r_5	내륜과 외륜 정면 모떼기 높이와 나비

단위 : mm

호칭 번호	치 수									(참 고)	
	d	D	T	B	C	내륜	외륜	E	α	r_{1s} min	치수계열
						r_s min					
30203 K	17	40	13.25	12	11	1	1	31.408	12° 57′ 10″	0.3	2 DB
30204 K	20	47	15.25	14	12	1	1	37.304	12° 57′ 10″	0.3	2 DB
30205 K	25	52	16.25	15	13	1	1	41.135	14° 02′ 10″	0.3	3 CC
30206 K	30	62	17.25	16	14	1	1	49.990	14° 02′ 10″	0.3	3 DB
302/32 K	32	65	18.25	17	15	1	1	52.500	14°	0.3	3 DB
30207 K	35	72	18.25	17	15	1.5	1.5	58.844	14° 02′ 10″	0.6	3 DB
30208 K	40	80	19.75	18	16	1.5	1.5	65.730	14° 02′ 10″	0.6	3 DB
30209 K	45	85	20.75	19	16	1.5	1.5	70.440	15° 06′ 34″	0.6	3 DB
30210 K	50	90	21.75	20	17	1.5	1.5	75.078	15° 38′ 32″	0.6	3 DB
30211 K	55	100	22.75	21	18	2	1.5	84.197	15° 06′ 34″	0.6	3 DB
30212 K	60	110	23.75	22	19	2	1.5	91.876	15° 06′ 34″	0.6	3 EB
30213 K	65	120	24.75	23	20	2	1.5	101.934	15° 06′ 34″	0.6	3 EB
30214 K	70	125	26.25	24	21	2	1.5	105.748	15° 38′ 32″	0.6	3 EB
30215 K	75	130	27.25	25	22	2	1.5	110.408	16° 10′ 20″	0.6	4 DB
30216 K	80	140	28.25	26	22	2.5	2	119.169	15° 38′ 32″	0.6	3 EB
30217 K	85	150	30.5	28	24	2.5	2	126.685	15° 38′ 32″	0.6	3 EB
30218 K	90	160	32.5	30	26	2.5	2	134.901	15° 38′ 32″	0.6	3 FB
30219 K	95	170	34.5	32	27	3	2.5	143.385	15° 38′ 32″	1	3 FB
30220 K	100	180	37	34	29	3	2.5	151.310	15° 38′ 32″	1	3 FB
30221 K	105	190	39	36	30	3	2.5	159.795	15° 38′ 32″	1	3 FB
30222 K	110	200	41	38	32	3	2.5	168.548	15° 38′ 32″	1	3 FB
30224 K	120	215	43.5	40	34	3	2.5	181.257	16° 10′ 20″	1	4 FB
30226 K	130	230	43.75	40	34	4	3	196.420	16° 10′ 20″	1	4 FB
30228 K	140	250	45.75	42	36	4	3	212.270	16° 10′ 20″	1	4 FB
30230 K	150	270	49	45	38	4	3	227.408	16° 10′ 20″	1	4 GB
30232 K	160	290	52	48	40	4	3	244.958	16° 10′ 20″	1	4 GB
30234 K	170	310	57	52	43	5	4	262.483	16° 10′ 20″	1.5	4 GB
30236 K	180	320	57	52	43	5	4	270.928	16° 41′ 57″	1.5	4 GB
30238 K	190	340	60	55	46	5	4	291.083	16° 10′ 20″	1.5	4 GB
30240 K	200	360	64	58	48	5	4	307.196	16° 10′ 20″	1.5	4 GB

[주] (1) $r_s$min, r_{1s}min은 내륜 및 외륜의 최소 허용 모떼기 치수이다.
(2) 참고란의 치수 계열은 KS B 2013의 부표 2-1~2-5의 치수계열 1란의 것(ISO 355의 치수계열)이다.
[비고] 베어링의 치수 계열은 KS B 2013의 부표 2-1~2-5의 치수 계열 2란에 표시하는 02이다.

21-10 테이퍼 롤러 베어링 – 322 계열

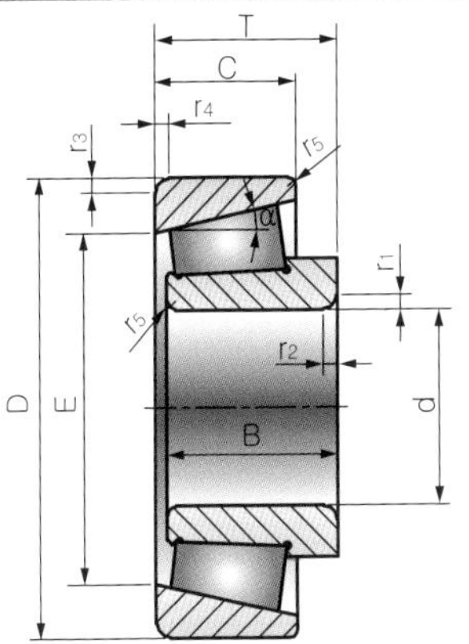

기 호	
d	베어링 호칭 안지름
D	베어링 호칭 바깥지름
T	호칭 베어링 나비
B	호칭 내륜 나비
C	호칭 컵(외륜) 나비
E	호칭 외륜의 작은 안지름
α	호칭 베어링 접촉각
r_1	내륜의 배면 모떼기 높이
$r_{1s\,min}$	최소 실측 r_1
r_2	내륜 배면 모떼기 나비
$r_{2s\,min}$	최소 실측 r_2
r_3	외륜 배면 모떼기 높이
$r_{3s\,min}$	최소 실측 r_3
r_4	외륜 배면 모떼기 나비
$r_{4s\,min}$	최소 실측 r_4
r_5	내륜과 외륜 정면 모떼기 높이와 나비

단위 : mm

호칭 번호	치 수									(참 고)	
	d	D	T	B	C	내륜 r_s min	외륜 r_s min	E	α	r_{1s} min	치수계열
32203 K	17	40	17.25	16	14	1	1	31.170	11° 45′	0.3	2 DD
32204 K	20	47	19.25	18	15	1	1	35.810	12° 28′	0.3	2 DD
32205 K	25	52	19.25	18	16	1	1	41.331	13° 30′	0.3	2 CD
32206 K	30	62	21.25	20	17	1	1	48.982	14° 02′ 10″	0.3	3 DC
32207 K	35	72	24.25	23	19	1.5	1.5	57.087	14° 02′ 10″	0.6	3 DC
32208 K	40	80	25.75	23	19	1.5	1.5	64.715	14° 02′ 10″	0.6	3 DC
32209 K	45	85	24.75	23	19	1.5	1.5	69.610	15° 06′ 34″	0.6	3 DC
32210 K	50	90	24.75	23	19	1.5	1.5	74.226	15° 38′ 32″	0.6	3 DC
32211 K	55	100	26.75	25	21	2	1.5	82.837	15° 06′ 34″	0.6	3 DC
32212 K	60	110	29.75	28	24	2	1.5	90.236	15° 06′ 34″	0.6	3 EC
32213 K	65	120	32.75	31	27	2	1.5	99.484	15 06 34	0.6	3 EC
32214 K	70	125	33.25	31	27	2	1.5	103.763	15 38 32	0.6	3 EC
32215 K	75	130	33.25	31	27	2	1.5	108.932	16° 10′ 20″	0.6	4 DC
32216 K	80	140	35.25	33	28	2.5	2	117.466	15° 38′ 32″	0.6	3 EC
32217 K	85	150	38.5	36	30	2.5	2	124.970	15° 38′ 32″	0.6	3 EC
32218 K	90	160	42.5	40	34	2.5	2	132.615	15° 38′ 32″	0.6	3 FC
32219 K	95	170	45.5	43	37	3	2.5	140.259	15° 38′ 32″	1	3 FC
32220 K	100	180	49	46	39	3	2.5	148.184	15° 38′ 32″	1	3 FC
32221 K	105	190	53	50	43	3	2.5	155.269	15° 38′ 32″	1	3 FC
32222 K	110	200	56	53	46	3	2.5	164.022	15° 38′ 32″	1	3 FC
32224 K	120	215	61.5	58	50	3	2.5	174.825	16° 10′ 20″	1	4 FD
32226 K	130	230	67.75	64	54	4	3	187.088	16° 10′ 20″	1	4 FD
32228 K	140	250	71.75	68	58	4	3	204.046	16° 10′ 20″	1	4 FD
32230 K	150	270	77	73	60	4	3	219.157	16° 10′ 20″	1	4 GD
32232 K	160	290	84	80	67	4	3	234.942	16° 10′ 20″	1	4 GD
32234 K	170	310	91	86	71	5	4	251.873	16° 10′ 20″	1.5	4 GD
32236 K	180	320	91	86	71	5	4	259.938	16° 41′ 57″	1.5	4 GD
32238 K	190	340	97	92	75	5	4	279.024	16° 10′ 20″	1.5	4 GD
32240 K	200	360	104	98	82	5	4	294.880	15° 10′	1.5	3 GD

[주] (1) $r_s$min, r_{1s}min은 내륜 및 외륜의 최소 허용 모떼기 치수이다.
(2) KS B 2013의 부표 2-1~2-5의 치수계열 1란의 것(ISO 355의 치수계열)이다.

[비고] 베어링의 치수 계열은 KS B 2013의 부표 2-1~2-5의 치수 계열 2란에 표시하는 220이다.

21-11 테이퍼 롤러 베어링 - 303 계열

KS B 2027

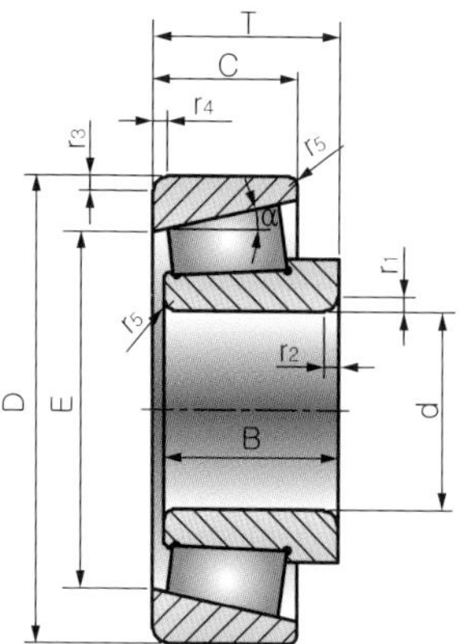

기 호	
d	베어링 호칭 안지름
d_o	베어링 호칭 바깥지름
T	호칭 베어링 나비
B	호칭 내륜 나비
C	호칭 컵(외륜) 나비
E	호칭 외륜의 작은 안지름
a	호칭 베어링 접촉각
r_1	내륜의 배면 모떼기 높이
$r_{1s\,min}$	최소 실측 r_1
r_2	내륜 배면 모떼기 나비
$r_{2s\,min}$	최소 실측 r_2
r_3	외륜 배면 모떼기 높이
$r_{3s\,min}$	최소 실측 r_3
r_4	외륜 배면 모떼기 나비
$r_{4s\,min}$	최소 실측 r_4
r_5	내륜과 외륜 정면 모떼기 높이와 나비

단위 : mm

호칭 번호	치 수									(참 고)	
	d	D	T	B	C	내륜	외륜	E	α	r_{1s} min	치수계열
						r_s min					
30302 K	15	42	14.25	13	11	1	1	33.272	10° 45′ 29″	0.3	2 FB
30303 K	17	47	15.25	14	12	1	1	37.420	10° 45′ 29″	0.3	2 FB
30304 K	20	52	16.25	15	13	1.5	1.5	41.318	11° 18′ 36″	0.6	2 FB
30305 K	25	62	18.25	17	15	1.5	1.5	50.637	11° 18′ 36″	0.6	2 FB
30306 K	30	72	20.75	19	16	1.5	1.5	58.287	11° 51′ 35″	0.6	2 FB
30307 K	35	80	22.75	21	18	2	1.5	65.769	11° 51′ 36″	0.6	2 FB
30308 K	40	90	25.25	23	20	2	1.5	72.703	12° 57′ 10″	0.6	2 FB
30309 K	45	100	27.25	25	22	2	1.5	81.780	12° 57′ 10″	0.6	2 FB
30310 K	50	110	29.25	27	23	2.5	2	90.633	12° 57′ 10″	0.6	2 FB
30311 K	55	120	31.5	29	25	2.5	2	99.146	12° 57′ 10″	0.6	2 FB
30312 K	60	130	33.5	31	26	3	2.5	107.769	12° 57′ 10″	1	2 FB
30313 K	65	140	36	33	28	3	2.5	116.846	12° 57′ 10″	1	2 GB
30314 K	70	150	38	35	30	3	2.5	125.244	12° 57′ 10″	1	2 GB
30315 K	75	160	40	37	31	3	2.5	134.097	12° 57′ 10″	1	2 GB
30316 K	80	170	42.5	39	33	3	2.5	143.174	12° 57′ 10″	1	2 GB
30317 K	85	180	44.5	41	34	4	3	150.433	12° 57′ 10″	1	2 GB
30318 K	90	190	46.5	43	36	4	3	159.061	12° 57′ 10″	1	2 GB
30319 K	95	200	49.5	45	38	4	3	165.861	12° 57′ 10″	1	2 GB
30320 K	100	215	51.5	47	39	4	3	178.578	12° 57′ 10″	1	2 GB
30321 K	105	225	53.5	49	41	4	3	186.752	12° 57′ 10″	1	2 GB
30322 K	110	240	54.5	50	42	4	3	199.925	12° 57′ 10″	1	2 GB
30324 K	120	260	59.5	55	46	4	3	214.892	12° 57′ 10″	1	2GB
30326 K	130	280	63.75	58	49	5	4	232.028	12° 57′ 10″	1.5	2GB
30328 K	140	300	67.75	62	53	5	4	247.910	12° 57′ 10″	1.5	2GB
30330 K	150	320	72	65	55	5	4	265.955	12° 57′ 10″	1.5	2GB
30332 K	160	340	75	68	58	5	4	282.751	12° 57′ 10″	1.5	2GB
30334 K	170	360	80	72	62	5	4	299.991	12° 57′ 10″	1.5	2GB

21-12 테이퍼 롤러 베어링 – 303D 계열

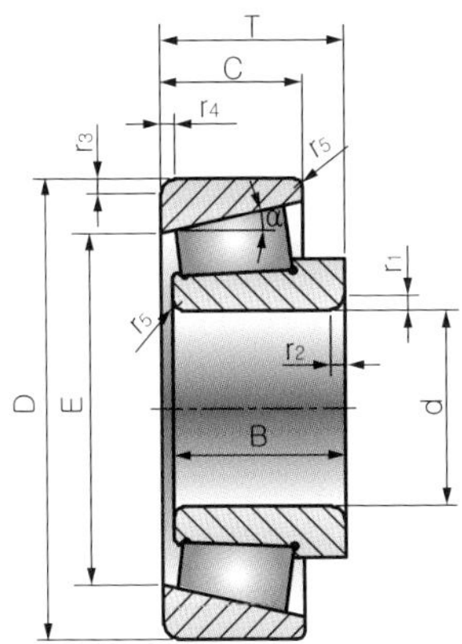

기 호	
d	베어링 호칭 안지름
d_o	베어링 호칭 바깥지름
T	호칭 베어링 나비
B	호칭 내륜 나비
C	호칭 컵(외륜) 나비
E	호칭 외륜의 작은 안지름
α	호칭 베어링 접촉각
r_1	내륜의 배면 모떼기 높이
$r_{1s\,min}$	최소 실측 r_1
r_2	내륜 배면 모떼기 나비
$r_{2s\,min}$	최소 실측 r_2
r_3	외륜 배면 모떼기 높이
$r_{3s\,min}$	최소 실측 r_3
r_4	외륜 배면 모떼기 나비
$r_{4s\,min}$	최소 실측 r_4
r_5	내륜과 외륜 정면 모떼기 높이와 나비

단위 : mm

호칭번호	치 수									(참 고)	
	d	D	T	B	C	내륜 r_s min	외륜 r_s min	E	α	r_{1s} min	치수계열
30305D K	25	62	18.25	17	13	1.5	1.5	44.130	28° 48′ 39″	0.6	7 FB
30306D K	30	72	20.75	19	14	1.5	1.5	51.771	28° 48′ 39″	0.6	7 FB
30307D K	35	80	22.75	21	15	2	1.5	58.861	28° 48′ 39″	0.6	7 FB
30308D K	40	90	25.25	23	17	2	1.5	66.984	28° 48′ 39″	0.6	7 FB
30309D K	45	100	27.25	25	18	2	1.5	75.107	28° 48′ 39″	0.6	7 FB
30310D K	50	110	29.25	27	19	2.5	2	82.747	28° 48′ 39″	0.6	7 FB
30311D K	55	120	31.5	29	21	2.5	2.5	89.563	28° 48′ 39″	0.6	7 FB
30312D K	60	130	33.5	31	22	3	2.5	98.236	28° 48′ 39″	1	7 FB
30313D K	65	140	36	33	23	3	2.5	106.359	28° 48′ 39″	1	7 GB
30314D K	70	150	38	35	25	3	2.5	113.449	28° 48′ 39″	1	7 GB
30315D K	75	160	40	37	26	3	2.5	122.122	28° 48′ 39″	1	7 GB
30316D K	80	170	42.5	39	27	3	2.5	129.213	28° 48′ 39″	1	7 GB
30317D K	85	180	44.5	41	28	4	3	137.403	28° 48′ 39″	1	7 GB
30318D K	90	190	46.5	43	30	4	3	145.527	28° 48′ 39″	1	7 GB
30319D K	95	200	49.5	45	32	4	3	151.584	28° 48′ 39″	1	7 GB

[주] (1) $r_s$min, r_{1s}min은 내륜 및 외륜의 최소 허용 모떼기 치수이다.
(2) KS B 2013의 부표 2-1~2-5의 치수계열 1란의 것(ISO 355의 치수계열)이다.
[비고] 베어링의 치수 계열은 KS B 2013의 부표 2-1~2-5의 치수 계열 2란에 표시하는 03이다.

21-13 테이퍼 롤러 베어링 – 323 계열

KS B 2027

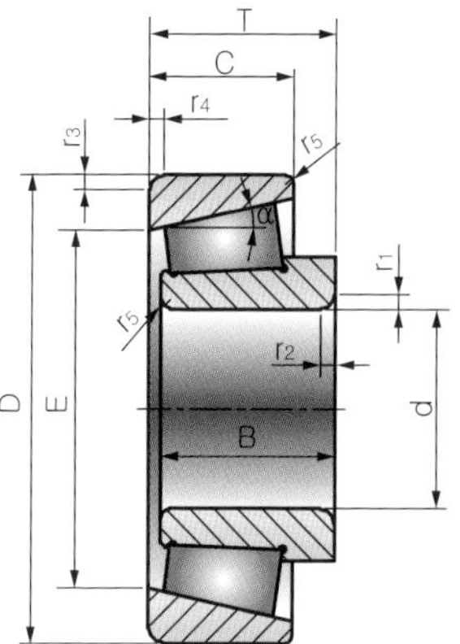

기 호	
d	베어링 호칭 안지름
d_o	베어링 호칭 바깥지름
T	호칭 베어링 나비
B	호칭 내륜 나비
C	호칭 컵(외륜) 나비
E	호칭 외륜의 작은 안지름
a	호칭 베어링 접촉각
r_1	내륜의 배면 모떼기 높이
$r_{1s\,min}$	최소 실측 r_1
r_2	내륜 배면 모떼기 나비
$r_{2s\,min}$	최소 실측 r_2
r_3	외륜 배면 모떼기 높이
$r_{3s\,min}$	최소 실측 r_3
r_4	외륜 배면 모떼기 나비
$r_{4s\,min}$	최소 실측 r_4
r_5	내륜과 외륜 정면 모떼기 높이와 나비

단위 : mm

호칭번호	치 수									(참 고)	
	d	D	T	B	C	내륜 r_s min	외륜 r_s min	E	α	r_{1s} min	치수계열
32303 K	17	47	20.25	19	16	1	1	36.090	10° 45′ 29″	0.3	2
32304 K	20	52	22.25	21	18	1.5	1.5	39.518	11° 18′ 36″	0.6	2
32305 K	25	62	25.25	24	20	1.5	1.5	48.637	11° 18′ 36″	0.6	2
32306 K	30	72	28.75	27	23	1.5	1.5	55.767	11° 51′ 35″	0.6	2 FD
32307 K	35	80	32.75	31	25	2	1.5	62.829	11° 51′ 35″	0.6	2 FE
32308 K	40	90	35.25	33	27	2	1.5	69.253	12° 57′ 10″	0.6	2 FD
32309 K	45	100	38.25	36	30	2	1.5	78.330	12° 57′ 10″	0.6	2 FD
32310 K	50	110	42.25	40	33	2.5	2	86.263	12° 57′ 10″	0.6	2 FD
32311 K	55	120	45.5	43	35	2.5	2	94.316	12° 57′ 10″	0.6	2 FD
32312 K	60	130	48.5	46	37	3	2.5	102.939	12° 57′ 10″	1	2 FD
32313 K	65	140	51	48	39	3	2.5	111.789	12° 57′ 10″	1	2 GD
32314 K	70	150	54	51	42	3	2.5	119.724	12° 57′ 10″	1	2 GD
32315 K	75	160	58	55	45	3	2.5	127.887	12° 57′ 10″	1	2 GD
32316 K	80	170	61.5	58	48	3	2.5	136.504	12° 57′ 10″	1	2 GD
32317 K	85	180	63.5	60	49	4	3	144.223	12° 57′ 10″	1	2 GD
32318 K	90	190	67.5	64	53	4	3	151.701	12° 57′ 10″	1	2 GD
32319 K	95	200	71.5	67	55	4	3	160.318	12° 57′ 10″	1	2 GD
32320 K	100	215	77.5	73	60	4	3	171.650	12° 57′ 10″	1	2 GD
32321 K	105	225	81.5	77	63	4	3	179.359	12° 57′ 10″	1	2 GD
32322 K	110	240	74.5	80	65	4	3	192.071	12° 57′ 10″	1	2 GD
32324 K	120	260	90.5	86	69	4	3	207.039	12° 57′ 10″	1	2 GD

[주] (1) $r_s$min, r_{1s}min은 내륜 및 외륜의 최소 허용 모떼기 치수이다.
(2) KS B 2013의 부표 2-1~2-5의 치수계열 1란의 것(ISO 355의 치수계열)이다.

[비고] 베어링의 치수 계열은 KS B 2013의 부표 2-1~2-5의 치수 계열 2란에 표시하는 23이다.

21-14 자동 조심 롤러 베어링 – 230, 231 계열

KS B 2028

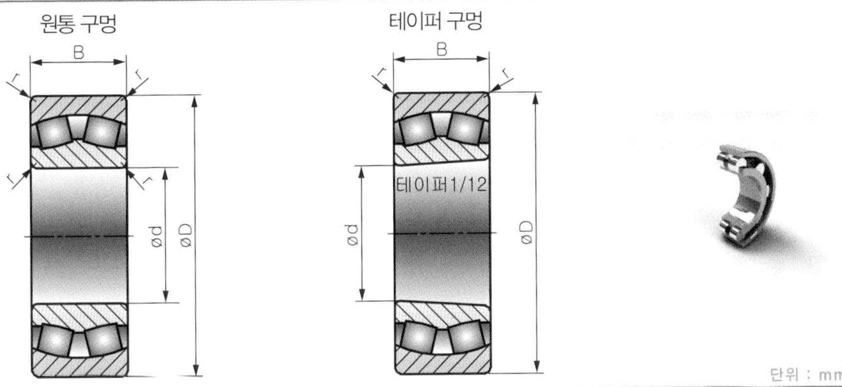

단위 : mm

베어링 계열 230						베어링 계열 231					
호칭 번호		치 수				호칭 번호		치 수			
원통 구멍	테이퍼 구멍	d	D	B	r_s min	원통 구멍	테이퍼 구멍	d	D	B	r_s min
23022	–	110	170	45	2	23122	23122 K	110	180	56	2
23024	23024 K	120	180	46	2	23124	23124 K	120	200	62	2
23026	23026 K	130	200	52	2	23126	23126 K	130	210	64	2
23028	23028 K	140	210	53	2	23128	23128 K	140	225	68	2.1
23030	23030 K	150	225	56	2.1	23130	23130 K	150	250	80	2.1
23032	23032 K	160	240	60	2.1	23132	23132 K	160	270	86	2.1
23034	23034 K	170	260	67	2.1	23134	23134 K	170	280	83	2.1
23036	23036 K	180	280	74	2.1	23136	23136 K	180	300	96	3
23038	23038 K	190	290	75	2.1	23138	23138 K	190	320	104	3
23040	23040 K	200	310	82	2.1	23140	23140 K	200	340	112	3
23044	23044 K	220	340	90	3	23144	23144 K	220	370	120	4
23048	23048 K	240	360	92	3	23148	23148 K	240	400	128	4
23052	23052 K	260	400	104	4	23152	23152 K	260	440	144	4
23056	23056 K	280	420	106	4	23156	23156 K	280	460	146	5
23060	23060 K	300	460	118	4	23160	23160 K	300	500	160	5
23064	23064 K	320	480	121	4	23164	23164 K	320	540	176	5
23068	23068 K	340	520	133	5	23168	23168 K	340	580	190	5
23072	23072 K	360	540	134	5	23172	23172 K	360	600	192	5
23076	23076 K	380	560	135	5	23176	23176 K	380	620	194	5
23080	23080 K	400	600	148	5	23180	23180 K	400	650	200	6
23084	23084 K	420	620	150	5	23184	23184 K	420	700	224	6
23088	23088 K	440	650	157	6	23188	23188 K	440	720	226	6
23092	23092 K	460	680	163	6	23192	23192 K	460	760	240	7.5
23096	23096 K	480	700	165	6	23196	23196 K	480	790	248	7.5
230/500	230/500 K	500	720	167	6	231/500	231/500 K	500	830	264	7.5

[주] $r_s$min, r_{1s}min은 내륜 및 외륜의 최소 허용 모떼기 치수이다.
[비고] 1. 베어링 계열 230 및 231 베어링의 치수 계열은 각각 30 및 31이다.
2. 내륜에 턱이 없는 구조 등이 있다.

21-15 자동 조심 롤러 베어링 – 222, 232 계열

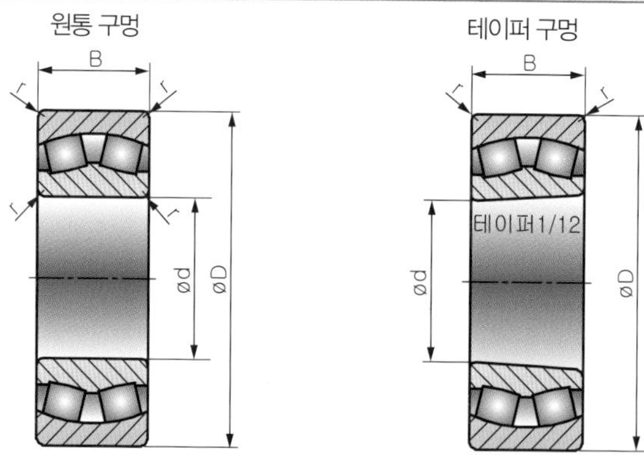

단위 : mm

베어링 계열 222						베어링 계열 232					
호칭 번호		치 수				호칭 번호		치 수			
원통 구멍	테이퍼 구멍	d	D	B	r_s min	원통 구멍	테이퍼 구멍	d	D	B	r_s min
22205	22205 K	25	52	18	1	–	–	–	–	–	–
22206	22206 K	30	62	20	1	–	–	–	–	–	–
22207	22207 K	35	72	23	1.1	–	–	–	–	–	–
22208	22208 K	40	80	23	1.1	–	–	–	–	–	–
22209	22209 K	45	85	23	1.1	–	–	–	–	–	–
22210	22210 K	50	90	23	1.1	–	–	–	–	–	–
22211	22211 K	55	100	25	1.5	–	–	–	–	–	–
22212	22212 K	60	110	28	1.5	–	–	–	–	–	–
22213	22213 K	65	120	31	1.5	–	–	–	–	–	–
22214	22214 K	70	125	31	1.5	–	–	–	–	–	–
22215	22215 K	75	130	31	1.5	–	–	–	–	–	–
22216	22216 K	80	140	33	2	–	–	–	–	–	–
22217	22217 K	85	150	36	2	–	–	–	–	–	–
22218	22218 K	90	160	40	2	23218	23218 K	90	160	52.4	2
22219	22219 K	95	170	43	2.1	–	–	–	–	–	–
22220	22220 K	100	180	46	2.1	23220	23220 K	100	180	60.3	2.1
22222	22222 K	110	200	53	2.1	23222	23222 K	110	200	69.8	2.1
22224	22224 K	120	215	58	2.1	23224	23224 K	120	215	76	2.1
22226	22226 K	130	230	64	3	23226	23226 K	130	230	80	3
22228	22228 K	140	250	68	3	23228	23228 K	140	250	88	3
22230	22230 K	150	270	73	3	23230	23230 K	150	270	96	3
22232	22232 K	160	290	80	3	23232	23232 K	160	290	104	3
22234	22234 K	170	310	86	4	23234	23234 K	170	310	110	4
22236	22236 K	180	320	86	4	23236	23236 K	180	320	112	4
22238	22238 K	190	340	92	4	23238	23238 K	190	340	120	4
22240	22240 K	200	360	98	4	23240	23240 K	200	360	128	4
22244	22244 K	220	400	108	4	23244	23244 K	220	400	144	4
22248	22248 K	240	440	120	4	23248	23248 K	240	440	160	4
22252	22252 K	260	480	130	5	23252	23252 K	260	480	174	5
22256	22256 K	280	500	130	5	23256	23256 K	280	500	176	5
22260	22260 K	300	540	140	5	23260	23260 K	300	540	192	5
22264	22264 K	320	580	150	5	23264	23264 K	320	580	208	5
–	–	–	–	–	–	23268	23268 K	340	620	224	6
–	–	–	–	–	–	23272	23272 K	360	650	232	6
–	–	–	–	–	–	23276	23276 K	380	680	240	6
–	–	–	–	–	–	23280	23280 K	400	720	256	6

[주] $r_s$min, r_{1s}min은 내륜 및 외륜의 최소 허용 모떼기 치수이다.
[비고] 베어링 계열 222 및 232 베어링의 치수계열은 각각 22, 32이며, 내륜에 턱이 없는 구조 등이 있다.

21-16 자동 조심 롤러 베어링 - 213, 223 계열

KS B 2028

원통 구멍

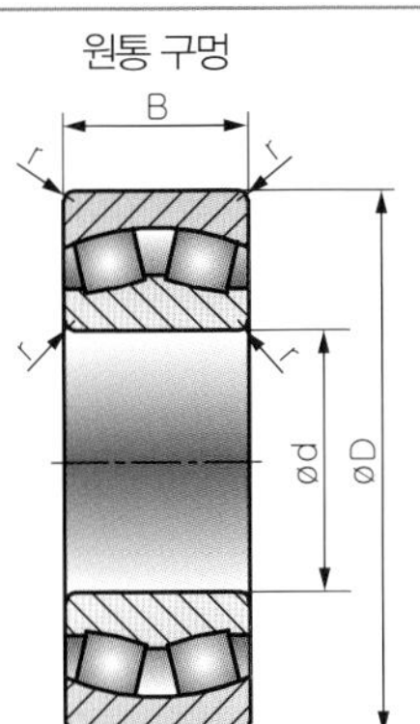

테이퍼 구멍

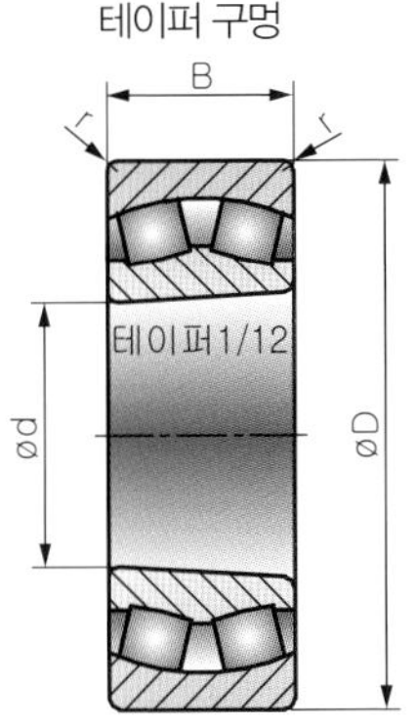

단위 : mm

베어링 계열 213						베어링 계열 223					
호칭 번호		치 수				호칭 번호		치 수			
원통 구멍	테이퍼 구멍	d	D	B	r_s min	원통 구멍	테이퍼 구멍	d	D	B	r_s min
21304	21304 K	20	52	15	1.1	–	–	–	–	–	–
21305	21305 K	25	62	17	1.1	–	–	–	–	–	–
21306	21306 K	30	72	19	1.1	–	–	–	–	–	–
21307	21307 K	35	80	21	1.5	–	–	–	–	–	–
21308	21308 K	40	90	23	1.5	22308	22308 K	40	90	33	1.5
21309	21309 K	45	100	25	1.5	22309	22309 K	45	100	36	1.5
21310	21310 K	50	110	27	2	22310	22310 K	50	110	40	2
21311	21311 K	55	120	29	2	22311	22311 K	55	120	43	2
21312	21312 K	60	130	31	2.1	22312	22312 K	60	130	46	2.1
21313	21313 K	65	140	33	2.1	22313	22313 K	65	140	48	2.1
21314	21314 K	70	150	35	2.1	22314	22314 K	70	150	51	2.1
21315	21315 K	75	160	37	2.1	22315	22315 K	75	160	55	2.1
21316	21316 K	80	170	39	2.1	22316	22316 K	80	170	58	2.1
21317	21317 K	85	180	41	3	22317	22317 K	85	180	60	3
21318	21318 K	90	190	43	3	22318	22318 K	90	190	64	3
21319	21319 K	95	200	45	3	22319	22319 K	95	200	67	3
21320	21320 K	100	215	47	3	22320	22320 K	100	215	73	3
21322	21322 K	110	240	50	3	22322	22322 K	110	240	80	3
–	–	–	–	–	–	22324	22324 K	120	260	86	3
–	–	–	–	–	–	22326	22326 K	130	280	93	4
–	–	–	–	–	–	22328	22328 K	140	300	102	4
–	–	–	–	–	–	22330	22330 K	150	320	108	4
–	–	–	–	–	–	22332	22332 K	160	340	114	4
–	–	–	–	–	–	22334	22334 K	170	360	120	4
–	–	–	–	–	–	22336	22336 K	180	380	126	4
–	–	–	–	–	–	22338	22338 K	190	400	132	5
–	–	–	–	–	–	22340	22340 K	200	420	138	5
–	–	–	–	–	–	22344	22344 K	220	460	145	5
–	–	–	–	–	–	22348	22348 K	240	500	155	5
–	–	–	–	–	–	22352	22352 K	260	540	165	6
–	–	–	–	–	–	22356	22356 K	280	580	175	6

[주] $r_s$min, r_{1s}min은 내륜 및 외륜의 최소 허용 모떼기 치수이다.

[비고] 1. 베어링 계열 213 및 223 베어링의 치수 계열은 각각 03 및 23이다.
2. 내륜에 턱이 없는 구조 등이 있다.

21-17 니들 롤러 베어링 - NA48, RNA48 계열

KS B 2029

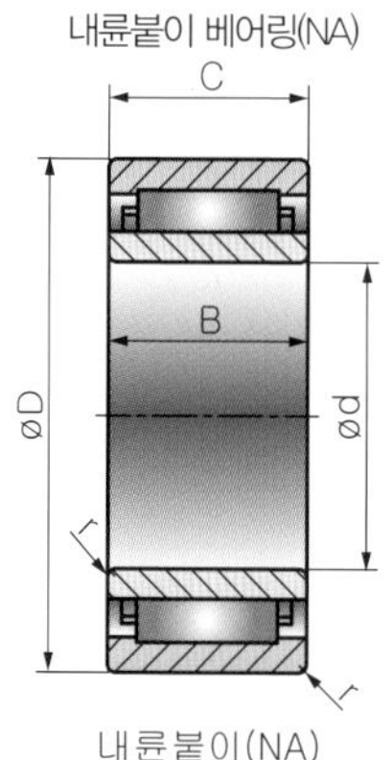

내륜붙이(NA)

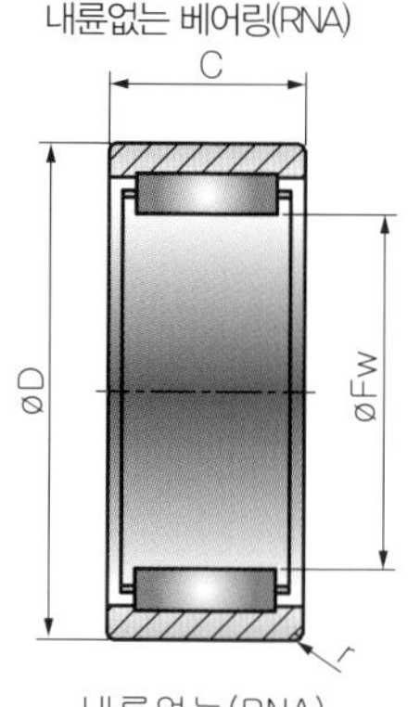

내륜없는(RNA)

단위 : mm

내륜붙이 베어링 NA 48XX						매륜이 없는 베어링 RNA 48XX				
호칭 번호	치 수					호칭 번호	치 수			
	d	D	B 및 C	r_s min	FW		FW	D	C	r_s min
NA 4822	110	140	30	1	120	RNA 4822	120	140	30	1
NA 4824	120	150	30	1	130	RNA 4824	130	150	30	1
NA 4826	130	165	35	1.1	145	RNA 4826	145	165	35	1.1
NA 4828	140	175	35	1.1	155	RNA 4828	155	175	35	1.1
NA 4830	150	190	40	1.1	165	RNA 4830	165	190	40	1.1
NA 4832	160	200	40	1.1	175	RNA 4832	175	200	40	1.1
NA 4834	170	215	45	1.1	185	RNA 4834	185	215	45	1.1
NA 4836	180	225	45	1.1	195	RNA 4836	195	225	45	1.1
NA 4838	190	240	50	1.5	210	RNA 4838	210	240	50	1.5
NA 4840	200	250	50	1.5	220	RNA 4840	220	250	50	1.5
NA 4844	220	270	50	1.5	240	RNA 4844	240	270	50	1.5
NA 4848	240	300	60	2	265	RNA 4848	265	300	60	2
NA 4852	260	320	60	2	285	RNA 4852	285	320	60	2
NA 4856	280	350	69	2	305	RNA 4856	305	350	69	2
NA 4860	300	380	80	2.1	330	RNA 4860	330	380	80	2.1
NA 4864	320	400	80	2.1	350	RNA 4864	350	400	80	2.1
NA 4868	340	420	80	2.1	370	RNA 4868	370	420	80	2.1
NA 4872	360	440	80	2.1	390	RNA 4872	390	440	80	2.1

[주] $r_s$min은 모서리 치수 r의 최소 허용 치수이다.
[비고] 케이지가 없는 베어링의 경우에는 호칭 번호 앞에 기호 V를 붙인다.

21-18 니들 롤러 베어링 - NA49, RNA49 계열

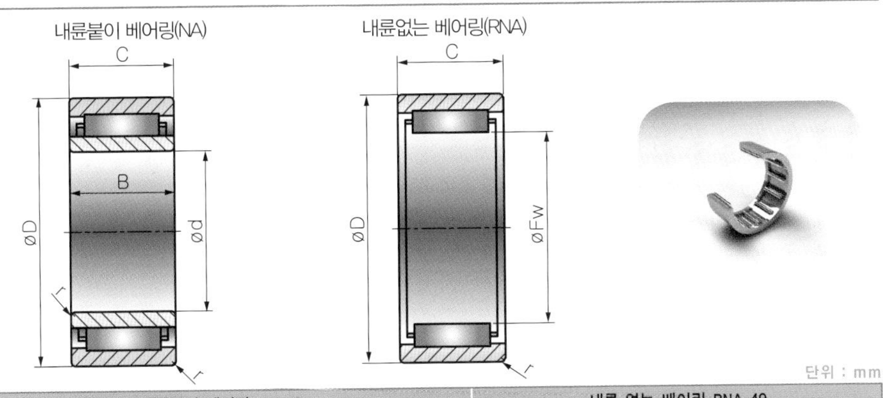

단위 : mm

내륜붙이 베어링 NA 49						내륜 없는 베어링 RNA 49				
호칭 번호	치 수					호칭 번호	치 수			
	d	D	B 및 C	r_s min	FW		FW	D	C	r_s min
-	-	-	-	-	-	RNA 493	5	11	10	0.15
-	-	-	-	-	-	RNA 494	6	12	10	0.15
NA 495	5	13	10	0.15	7	RNA 495	7	13	10	0.15
NA 496	6	15	10	0.15	8	RNA 496	8	15	10	0.15
NA 497	7	17	10	0.15	9	RNA 497	9	17	10	0.15
NA 498	8	19	11	0.2	10	RNA 498	10	19	11	0.2
NA 499	9	20	11	0.3	12	RNA 499	12	20	11	0.2
NA 4900	10	22	13	0.3	14	RNA 4900	14	22	13	0.3
NA 4901	12	24	13	0.3	16	RNA 4901	16	24	13	0.3
-	-	-	-	-	-	RNA 49/14	18	26	13	0.3
NA 4902	15	28	13	0.3	20	RNA 4902	20	28	13	0.3
NA 4903	17	30	13	0.3	22	RNA 4903	22	30	13	0.3
NA 4904	20	37	17	0.3	25	RNA 4904	25	37	17	0.3
NA 49/22	22	39	17	0.3	28	RNA 49/22	28	39	17	0.3
NA 4905	25	42	17	0.3	30	RNA 4905	30	42	17	0.3
NA 49/28	28	45	17	0.3	32	RNA 49/28	32	45	17	0.3
NA 4906	30	47	17	0.3	35	RNA 4906	35	47	17	0.3
NA 49/32	32	52	20	0.6	40	RNA 49/32	40	52	20	0.6
NA 4907	35	55	20	0.6	42	RNA 4907	42	55	20	0.6
-	-	-	-	-	-	RNA 49/38	45	58	20	0.6
NA 4908	40	62	22	0.6	48	RNA 4908	48	62	22	0.6
-	-	-	-	-	-	RNA 49/42	50	65	22	0.6
NA 4909	45	68	22	0.6	52	RNA 4909	52	68	22	0.6
-	-	-	-	-	-	RNA 49/48	55	70	22	0.6
NA 4910	50	72	22	0.6	58	RNA 4910	58	72	22	0.6
-	-	-	-	-	-	RNA 49/52	60	75	22	0.6
NA 4911	55	80	25	1	63	RNA 4911	63	80	25	1
-	-	-	-	-	-	RNA 49/58	65	82	25	1
NA 4912	60	85	25	1	68	RNA 4912	68	85	25	1
-	-	-	-	-	-	RNA 49/62	70	88	25	1
NA 4913	65	90	25	1	72	RNA 4913	72	90	25	1
-	-	-	-	-	-	RNA 49/68	75	95	30	1
NA 4914	70	100	30	1	80	RNA 4914	80	100	30	1
NA 4915	75	105	30	1	85	RNA 4915	85	105	30	1
NA 4916	80	110	30	1	90	RNA 4916	90	110	30	1
-	-	-	-	-	-	RNA 49/82	95	115	30	1
NA 4917	85	120	35	1.1	100	RNA 4917	100	120	35	1.1
NA 4918	90	125	35	1.1	105	RNA 4918	105	125	35	1.1
NA 4919	95	130	35	1.1	110	RNA 4919	110	130	35	1.1
NA 4920	100	140	40	1.1	115	RNA 4920	115	140	40	1.1
NA 4922	110	150	40	1.1	125	RNA 4922	125	150	40	1.1
NA 4924	120	165	45	1.1	135	RNA 4924	135	165	45	1.1
NA 4926	130	180	50	1.5	150	RNA 4926	150	180	50	1.5
NA 4928	140	190	50	1.5	160	RNA 4928	160	190	50	1.5

[비고] 케이지가 없는 베어링의 경우에는 호칭 번호 앞에 기호 V를 붙인다.

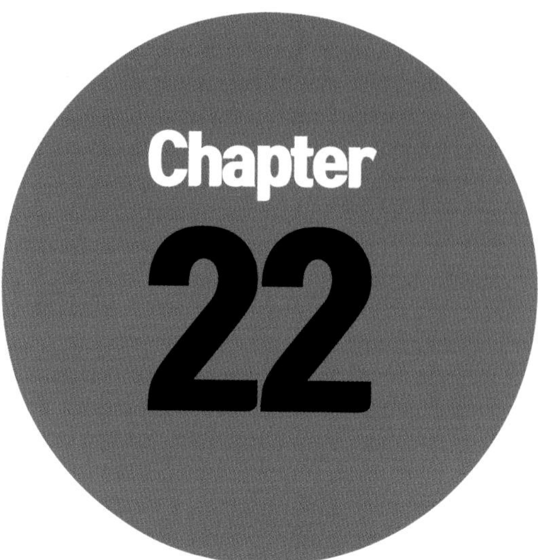

Chapter 22

스러스트 베어링 규격

22-1 평면자리 스러스트 베어링 - 단식 계열 511, 512

KS B 2022

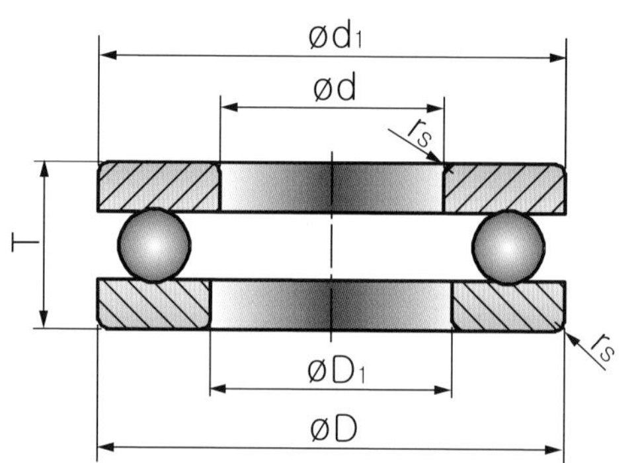

단위 : mm

베어링 계열 511 치수 계열 11					
호칭번호	치 수				
	d	D1smin	d1smax	T	rsmin
511 00	10	11	24	9	0.3
511 01	12	13	26	9	0.3
511 02	15	16	28	9	0.3
511 03	17	18	30	9	0.3
511 04	20	21	35	10	0.3
511 05	25	26	42	11	0.6
511 06	30	32	47	11	0.6
511 07	35	37	52	12	0.6
511 08	40	42	60	13	0.6
511 09	45	47	65	14	0.6
511 10	50	52	70	14	0.6
511 11	55	57	78	16	0.6
511 12	60	62	85	17	1
511 13	65	67	90	18	1
511 14	70	72	95	18	1
511 15	75	77	100	19	1
511 16	80	82	105	19	1
511 17	85	87	110	19	1
511 18	90	92	120	22	1
511 20	100	102	135	25	1
511 22	110	112	145	25	1
511 24	120	122	155	25	1
511 26	130	132	170	30	1
511 28	140	142	180	31	1
511 30	150	152	190	31	1
511 32	160	162	200	31	1
511 34	170	172	215	34	1.1
511 36	180	183	225	34	1.1
511 38	190	193	240	37	1.1
511 40	200	203	250	37	1.1
511 44	220	223	270	37	1.1
511 48	240	243	300	45	1.5
511 52	260	263	320	45	1.5
511 56	280	283	350	53	1.5
511 60	300	304	380	62	2
511 64	320	324	400	63	2
511 68	340	344	420	64	2
511 72	360	364	440	65	2

베어링 계열 512 치수 계열 12					
호칭번호	치 수				
	d	D1smin	d1smax	T	rsmin
512 00	10	12	26	11	0.6
512 01	12	14	28	11	0.6
512 02	15	17	32	12	0.6
512 03	17	19	35	12	0.6
512 04	20	22	40	14	0.6
512 05	25	27	47	15	0.6
512 06	30	32	52	16	0.6
512 07	35	37	62	18	1
512 08	40	42	68	19	1
512 09	45	47	73	20	1
512 10	50	52	78	22	1
512 11	55	57	90	25	1
512 12	60	62	95	26	1
512 13	65	67	100	27	1
512 14	70	72	105	27	1
512 15	75	77	110	27	1
512 16	80	82	115	28	1
512 17	85	88	125	31	1
512 18	90	93	135	35	1.1
512 20	100	103	150	38	1.1
512 22	110	113	160	38	1.1
512 24	120	123	170	39	1.1
512 26	130	133	190	45	1.5
512 28	140	143	200	46	1.5
512 30	150	153	215	50	1.5
512 32	160	163	225	51	1.5
512 34	170	173	240	55	1.5
512 36	180	183	250	56	1.5
512 38	190	194	270	62	2
512 40	200	204	280	62	2
512 44	220	224	300	63	2
512 48	240	244	340	78	2.1
512 52	260	264	360	79	2.1
512 56	280	284	380	80	2.1
512 60	300	304	420	95	3
512 64	320	325	440	95	3
512 68	340	345	460	96	3
512 72	360	365	500	110	4

22-2 평면자리 스러스트 베어링 - 단식 계열 513, 514

KS B 2022

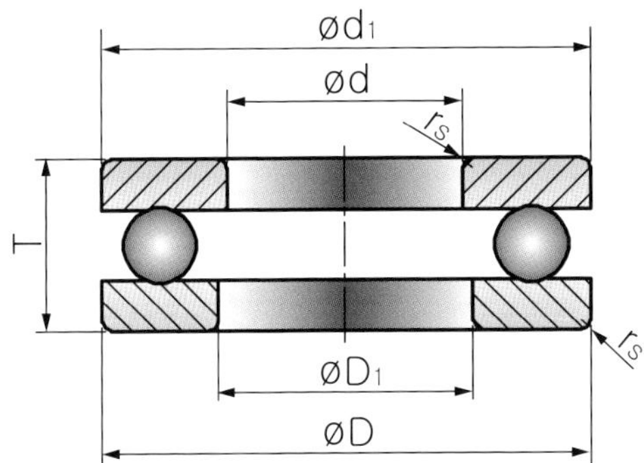

단위 : mm

베어링 계열 513 치수 계열 13						베어링 계열 514 치수 계열 14					
호칭번호	치 수					호칭번호	치 수				
	d	D1smin	d1smax	T	rsmin		d	D1smin	d1smax	T	rsmin
513 05	25	27	52	18	1	514 05	25	27	60	24	1
513 06	30	32	60	21	1	514 06	30	32	70	28	1
513 07	35	37	68	24	1	514 07	35	37	80	32	1.1
513 08	40	42	78	26	1	514 08	40	42	90	36	1.1
513 09	45	47	85	28	1	514 09	45	47	100	39	1.1
513 10	50	52	95	31	1.1	514 10	50	52	110	43	1.5
513 11	55	57	105	35	1.1	514 11	55	57	120	48	1.5
513 12	60	62	110	35	1.1	514 12	60	62	130	51	1.5
513 13	65	67	115	36	1.1	514 13	65	68	140	56	2
513 14	70	72	125	40	1.1	514 14	70	73	150	60	2
513 15	75	77	135	44	1.5	514 15	75	78	160	65	2
513 16	80	82	140	44	1.5	514 16	80	83	170	68	2.1
513 17	85	88	150	49	1.5	514 17	85	88	180	72	2.1
513 18	90	93	155	50	1.5	514 18	90	93	190	77	2.1
513 20	100	103	170	55	1.5	514 20	100	103	210	85	3
513 22	110	113	190	63	2	514 22	110	113	230	95	3
513 24	120	123	210	70	2.1	514 24	120	123	250	102	4
513 26	130	134	225	75	2.1	514 26	130	134	270	110	4
513 28	140	144	240	80	2.1	514 28	140	144	280	112	4
513 30	150	154	250	80	2.1	514 30	150	154	300	120	4
513 32	160	164	270	87	3	514 32	160	164	320	130	5
513 34	170	174	280	87	3	514 34	170	174	340	135	5
513 36	180	184	300	95	3	514 36	180	184	360	140	5
513 38	190	195	320	105	4	514 38	190	195	380	150	5
513 40	200	205	340	110	4	514 40	200	205	400	155	5
-	-	-	-	-	-	514 44	220	225	420	160	6
-	-	-	-	-	-	514 48	240	245	440	160	6
-	-	-	-	-	-	514 52	260	265	480	175	6
-	-	-	-	-	-	514 56	280	285	520	190	6
-	-	-	-	-	-	514 60	300	305	540	190	6
-	-	-	-	-	-	514 64	320	325	580	205	7.5
-	-	-	-	-	-	514 68	340	345	620	220	7.5
-	-	-	-	-	-	514 72	360	365	640	220	7.5

22-3 평면자리 스러스트 베어링 – 복식 계열 522

KS B 2022

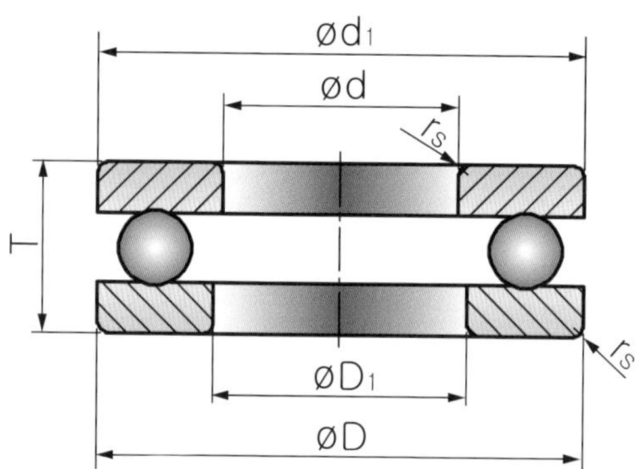

단위 : mm

호칭 번호	베어링 계열 522 치수 계열 22								
	치 수								
	d	d2	D	D1smin	d3smax	T1	B	rsmin	r1smin
522 02	15	10	32	17	32	22	5	0.6	0.3
522 04	20	15	40	22	40	26	6	0.6	0.3
522 05	25	20	47	27	47	28	7	0.6	0.3
522 06	30	25	52	32	52	29	7	0.6	0.3
522 07	35	30	62	37	62	34	8	1	0.3
522 08	40	30	68	42	68	36	9	1	0.6
522 09	45	35	73	47	73	37	9	1	0.6
522 10	50	40	78	52	78	39	9	1	0.6
522 11	55	45	90	57	90	45	10	1	0.6
522 12	60	50	95	62	95	46	10	1	0.6
522 13	65	55	100	67	100	47	10	1	0.6
522 14	70	55	105	72	105	47	10	1	1
522 15	75	60	110	77	110	47	10	1	1
522 16	80	65	115	82	115	48	10	1	1
522 17	85	70	125	88	125	55	12	1	1
522 18	90	75	135	93	135	62	14	1.1	1
522 20	100	85	150	103	150	67	15	1.1	1
522 22	110	95	160	113	160	67	15	1.1	1
522 24	120	100	170	123	170	68	15	1.1	1.1
522 26	130	110	190	133	189.5	80	18	1.5	1.1
522 28	140	120	200	143	199.5	81	18	1.5	1.1
522 30	150	130	215	153	214.5	89	20	1.5	1.1
522 32	160	140	225	163	224.5	90	20	1.5	1.1
522 34	170	150	240	173	239.5	97	21	1.5	1.1
522 36	180	150	250	183	249	98	21	1.5	2
522 38	190	160	270	194	269	109	24	2	2
522 40	200	170	280	204	279	109	24	2	2
522 44	220	190	300	224	299	110	24	2	2

[주] d는 단식 베어링 지름 계열 2에 관계되는 내륜의 안지름이다.

22-4 평면자리 스러스트 베어링 - 복식 계열 523

KS B 2022

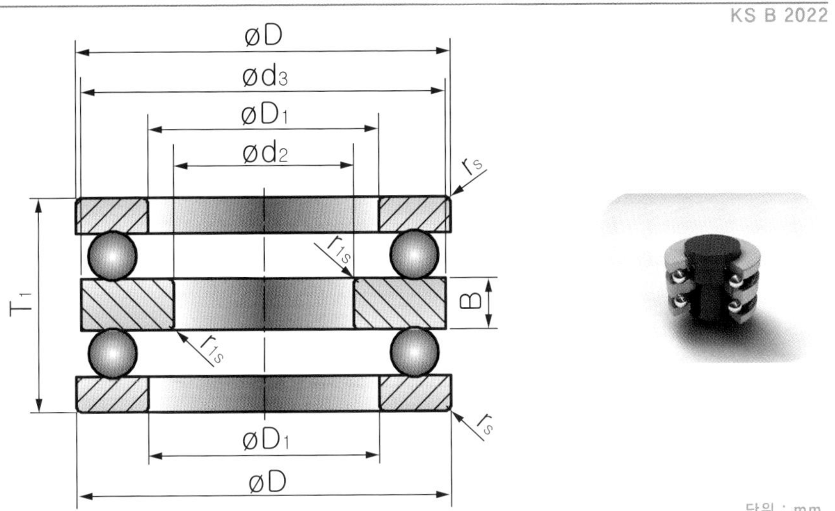

단위 : mm

호칭 번호	d	d2	D	D1smin	d3smax	T1	B	rsmin	r1smin
베어링 계열 523 지름 계열 3 치수 계열 23									
	치 수								
523 05	25	20	52	27	52	34	8	1	0.3
523 06	30	25	60	32	60	38	9	1	0.3
523 07	35	30	68	37	68	44	10	1	0.3
523 08	40	30	78	42	78	49	12	1	0.6
523 09	45	35	85	47	85	52	12	1	0.6
523 10	50	40	95	52	95	58	14	1.1	0.6
523 11	55	45	105	57	105	64	15	1.1	0.6
523 12	60	50	110	62	110	64	15	1.1	0.6
523 13	65	55	115	67	115	65	15	1.1	0.6
523 14	70	55	125	72	125	72	16	1.1	1
523 15	75	60	135	77	135	79	18	1.5	1
523 16	80	65	140	82	140	79	18	1.5	1
523 17	85	70	150	88	150	87	19	1.5	1
523 18	90	75	155	93	155	88	19	1.5	1
523 20	100	85	170	103	170	97	21	1.5	1
523 22	110	95	190	113	189.5	110	24	2	1
523 24	120	100	210	123	209.5	123	27	2.1	1.1
523 26	130	110	225	134	224	130	30	2.1	1.1
523 28	140	120	240	144	239	140	31	2.1	1.1
523 30	150	130	250	154	249	140	31	2.1	1.1
523 32	160	140	270	164	269	153	33	3	1.1
523 34	170	150	280	174	279	153	33	3	1.1
523 36	180	150	300	184	299	165	37	3	2
523 38	190	160	320	195	319	183	40	4	2
523 40	200	170	340	205	339	192	42	4	2

[주] d는 단식 베어링 지름 계열 3에 관계되는 내륜의 안지름이다.

스러스트 베어링 규격

22-5 평면자리 스러스트 베어링 - 복식 계열 524

KS B 2022

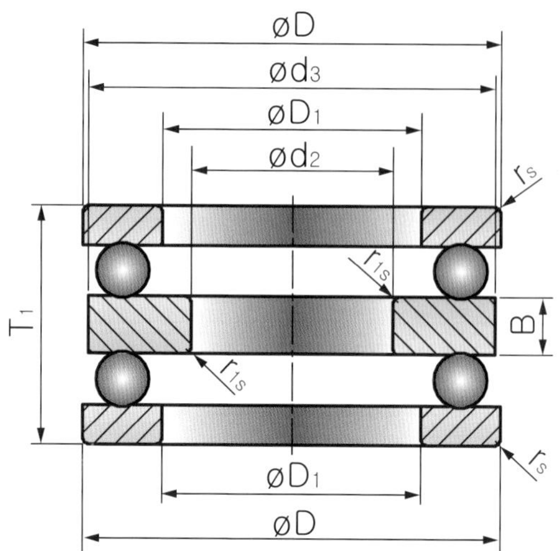

단위 : mm

호칭번호	베어링 계열 524 지름 계열 4 치수 계열 24								
	치 수								
	d	d2	D	D1smin	d3smax	T1	B	rsmin	r1smin
524 05	25	15	60	27	60	45	11	1	0.6
524 06	30	20	70	32	70	52	12	1	0.6
524 07	35	25	80	37	80	59	14	1.1	0.6
524 08	40	30	90	42	90	65	15	1.1	0.6
524 09	45	35	100	47	100	72	17	1.1	0.6
524 10	50	40	110	52	110	78	18	1.5	0.6
524 11	55	45	120	57	120	87	20	1.5	0.6
524 12	60	50	130	62	130	93	21	1.5	0.6
524 13	65	50	140	68	140	101	23	2	1
524 14	70	55	150	73	150	107	24	2	1
524 15	75	60	160	78	160	115	26	2	1
524 16	80	65	170	83	170	120	27	2.1	1
524 17	85	65	180	88	179.5	128	29	2.1	1.1
524 18	90	70	190	93	189.5	135	30	2.1	1.1
524 20	100	80	210	103	209.5	150	33	3	1.1
524 22	110	90	230	113	229	166	37	3	1.1
524 24	120	95	250	123	249	177	40	4	1.5
524 26	130	100	270	134	269	192	42	4	2
524 28	140	110	280	144	279	196	44	4	2
524 30	150	120	300	154	299	209	46	4	2
524 32	160	130	320	164	319	226	50	5	2
524 34	170	135	340	174	339	236	50	5	2.1
524 36	180	140	360	184	359	245	52	5	3

[주] d는 단식 베어링 지름 계열 4에 관계되는 내륜의 안지름이다.

22-6 자동 조심 스러스트 롤러 베어링 – 292 계열

KS B 2042

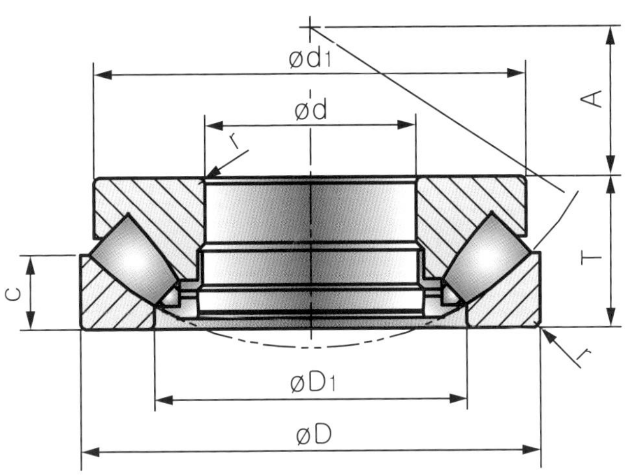

단위 : mm

호칭번호	베어링 계열 292 치수 계열 92								
	치 수								
	d	D	T	rmin	(참 고)				
					d1	D1	B1	C	A
292 40	200	280	48	2	271	236	15	24	108
292 44	220	300	48	2	292	254	15	24	117
292 48	240	340	60	2.1	330	283	19	30	130
292 52	260	360	60	2.1	350	302	19	30	139
292 56	280	380	60	2.1	370	323	19	30	150
292 60	300	420	73	3	405	353	21	38	162
292 64	320	440	73	3	430	372	21	38	172
292 68	340	460	73	3	445	395	21	37	183
292 72	360	500	85	4	485	423	25	44	194
292 76	380	520	85	4	505	441	27	42	202
292 80	400	540	85	4	526	460	27	42	212
292 84	420	580	95	5	564	489	30	46	225
292 88	440	600	95	5	585	508	30	49	235
292 92	460	620	95	5	605	530	30	46	245
292 96	480	650	103	5	635	556	33	55	259
292/500	500	670	103	5	654	574	33	55	268

22-7 자동 조심 스러스트 롤러 베어링 - 293 계열

KS B 2042

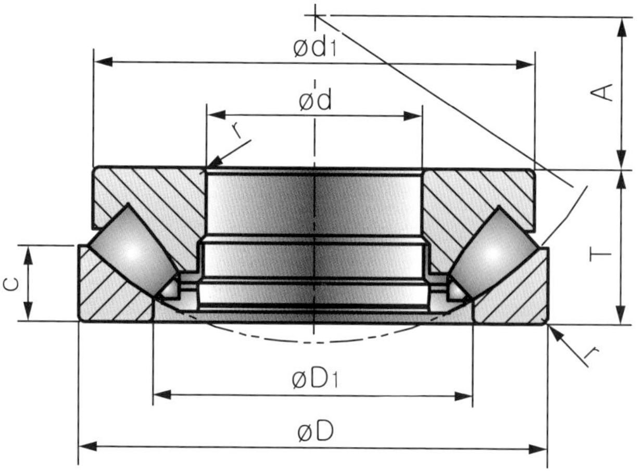

단위 : mm

호칭 번호	베어링 계열 293 치수 계열 93								
	치 수								
	d	D	T	rmin	(참 고)				
					d1	D1	B1	C	A
293 17	85	150	39	2.5	143.5	114	13	19	50
293 18	90	155	39	2.5	148.5	117	13	19	52
293 20	100	170	42	2.5	163	129	14	20.8	58
293 22	110	190	48	3	182	143	16	23	64
293 24	120	210	54	3.5	200	159	18	26	70
293 26	130	225	58	3.5	215	171	19	28	76
293 28	140	240	60	3.5	230	183	20	29	82
293 30	150	250	60	3.5	240	194	20	29	87
293 32	160	270	67	4	260	208	23	32	92
293 34	170	280	67	4	270	216	23	32	96
293 36	180	300	73	4	290	232	25	35	103
293 38	190	320	78	5	308	246	27	38	110
293 40	200	340	85	5	325	261	29	41	116
293 44	220	360	85	5	345	280	29	41	125
293 48	240	380	85	5	365	300	29	41	135
293 52	260	420	95	5	405	329	32	45	148
293 56	280	440	95	5	423	348	32	46	158
293 60	300	480	109	5	460	379	37	50	168
293 64	320	500	109	5	482	399	37	53	180
293 68	340	540	122	5	520	428	41	59	192
293 72	360	560	122	5	540	448	41	59	202
293 76	380	600	132	6	580	477	44	63	216
293 80	400	620	132	6	596	494	44	64	225
293 84	420	650	140	6	626	520	48	68	235
293 88	440	680	145	6	655	548	49	70	245
293 92	460	710	150	6	685	567	51	72	257
293 96	480	730	150	6	705	590	51	72	270
293/500	500	750	150	6	725	611	51	74	280

22-8 자동 조심 스러스트 롤러 베어링 – 294 계열

KS B 2042

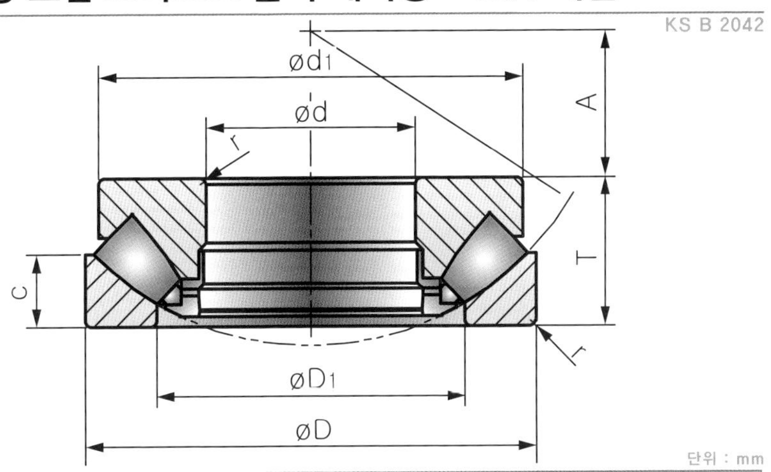

단위 : mm

베어링 계열 294 치수 계열 94									
호칭 번호	치 수								
	d	D	T	rmin	(참 고)				
					d1	D1	B1	C	A
294 12	60	130	42	1.5	123	89	15	20	38
294 13	65	140	45	2	133	96	16	21	42
294 14	70	150	48	2	142	103	17	23	44
294 15	75	160	51	2	152	109	18	24	47
294 16	80	170	54	2.1	162	117	19	26	50
294 17	85	180	58	2.1	170	125	21	28	54
294 18	90	190	60	2.1	180	132	22	29	56
294 20	100	210	67	3	200	146	24	32	62
294 22	110	230	73	3	220	162	26	35	69
294 24	120	250	78	4	236	174	29	37	74
294 26	130	270	85	4	255	189	31	41	81
294 28	140	280	85	4	268	199	31	41	86
294 30	150	300	90	4	285	214	32	44	92
294 32	160	320	95	5	306	229	34	45	99
294 34	170	340	103	5	324	243	37	50	104
294 36	180	360	109	5	342	255	39	52	110
294 38	190	380	115	5	360	271	41	55	117
294 40	200	400	122	5	380	286	43	59	122
294 44	220	420	122	6	400	308	43	58	132
294 48	240	440	122	6	420	326	43	59	142
294 52	260	480	132	6	460	357	48	64	154
294 56	280	520	145	6	495	387	52	68	166
294 60	300	540	145	6	515	402	52	70	175
294 64	320	580	155	7.5	555	435	55	75	191
294 68	340	620	170	7.5	590	462	61	82	201
294 72	360	640	170	7.5	610	480	61	82	210
294 76	380	670	175	7.5	640	504	63	85	230
294 80	400	710	185	7.5	680	534	67	89	236
294 84	420	730	185	7.5	700	556	67	89	244
294 88	440	780	206	9.5	745	588	74	100	260
294 92	460	800	206	9.5	765	608	74	100	272
294 96	480	850	224	9.5	810	638	81	108	280
294/500	500	870	224	9.5	830	661	81	107	290

Chapter 23

축 설계 규격

23-1 센터 구멍(1/4)

KS B 0410

1. 제 1종 (60° 센터 구멍)

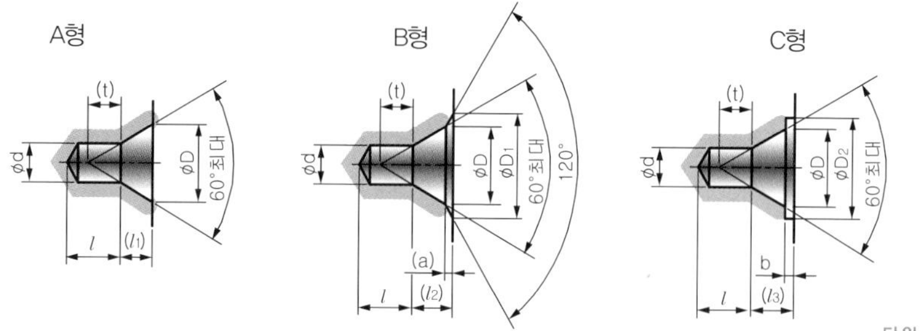

단위 : mm

호칭지름 d	D	D_1	D_2 (최소)	l (최대)	b (약)	참고 l_1	l_2	l_3	t	a
(0.5)	1.06	1.6	1.6	1	0.2	0.48	0.64	0.68	0.5	0.16
(0.63)	1.32	2	2	1.2	0.3	0.6	0.8	0.9	0.6	0.2
(0.8)	1.7	2.5	2.5	1.5	0.3	0.78	1.01	1.08	0.7	0.23
1	2.12	3.15	3.15	1.9	0.4	0.97	1.27	1.37	0.9	0.3
(1.25)	2.65	4	4	2.2	0.6	1.21	1.6	1.81	1.1	0.39
1.6	3.35	5	5	2.8	0.6	1.52	1.99	2.12	1.4	0.47
2	4.25	6.3	6.3	3.3	0.8	1.95	2.54	2.75	1.8	0.59
2.5	5.3	8	8	4.1	0.9	2.42	3.2	3.32	2.2	0.78
3.15	6.7	10	10	4.9	1	3.07	4.03	4.07	2.8	0.96
4	8.5	12.5	12.5	6.2	1.3	3.9	5.05	5.2	3.5	1.15
(5)	10.6	16	16	7.5	1.6	4.85	6.41	6.45	4.4	1.56
6.3	13.2	18	18	9.2	1.8	5.98	7.36	7.78	5.5	1.38
(8)	17	22.4	22.4	11.5	2	7.79	9.35	9.79	7	1.56
10	21.2	28	28	14.2	2.2	9.7	11.66	11.9	8.7	1.96

[주] l 은 t 보다 작은 값이 되면 안 된다.
[비고] · ( )를 붙인 호칭의 것은 되도록 사용하지 않는다.
· KS B ISO 866에서는 A형, ISO 2540에서는 B형에 대하여 규정하고 있다.

2. R형 (60° 센터 구멍)

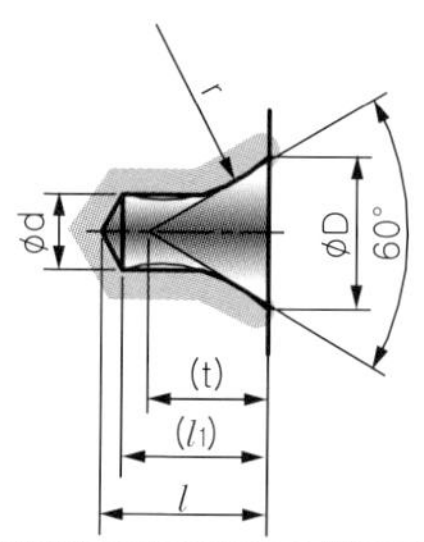

단위 : mm

호칭지름 d	D	r 최대	r 최소	l (최대)	참고 l_1 r이 최대일 때	l_1 r이 최소일 때	t r이 최대일 때	t r이 최소일 때
1	2.12	3.15	2.5	2.6	2.14	2.27	1.9	1.8
(1.25)	2.65	4	3.15	3.1	2.67	2.73	2.3	2.2
1.6	3.35	5	4	4	3.37	3.45	2.9	2.8
2	4.25	6.3	5	5	4.24	4.34	3.7	3.5
2.5	5.3	8	6.3	6.2	5.33	5.46	4.6	4.4
3.15	6.7	10	8	7.9	6.77	6.92	5.8	5.6
4	8.5	12.5	10	9.9	8.49	8.68	7.3	7
(5)	10.6	16	12.5	12.3	10.52	10.78	9.1	8.8
6.3	13.2	20	16	15.6	13.39	13.73	11.3	11
(8)	17	25	20	19.7	16.98	17.35	14.5	14
10	21.2	31.5	25	24.6	21.18	21.66	18.2	17.5

[주] l 은 t 보다 작은 값이 되면 안 된다.
[비고] · ( )를 붙인 호칭의 것은 되도록 사용하지 않는다.

23-1 센터 구멍(2/4)

3. 제 2종 (75° 센터 구멍)

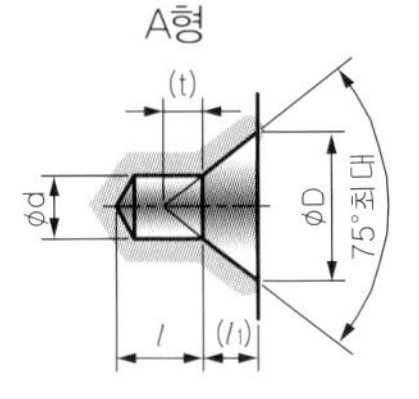

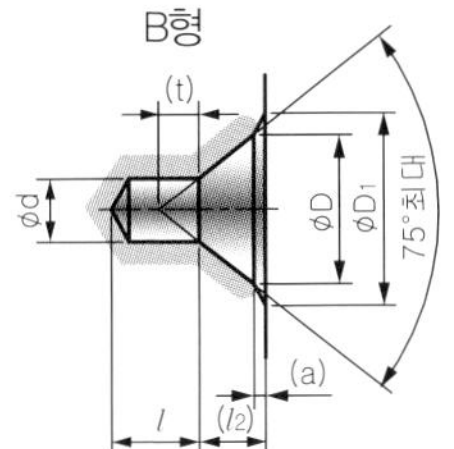

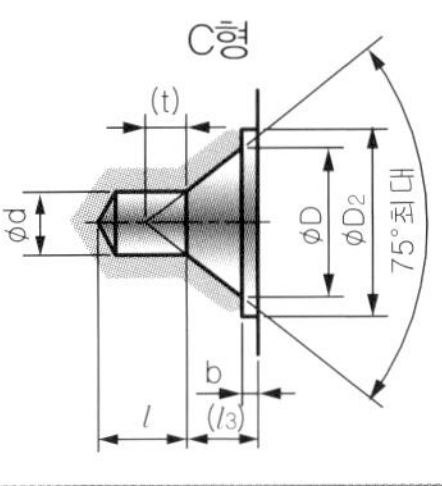

단위 : mm

호칭지름 d	D	D_1	D_2 (최소)	l (최대)	b (약)	참 고				
						l	l_2	l_3	t	a
1	2.5	4	4	1.2	0.4	0.98	1.41	1.38	0.7	0.43
1.6	4	6.3	6.3	2	0.6	1.56	2.23	2.16	1.1	0.67
2	5	8	8	2.5	0.8	1.95	2.82	2.75	1.4	0.87
2.5	6.3	10	10	3.2	0.9	2.48	3.54	3.38	1.7	1.06
3.15	8	12.5	12.5	4	1	3.16	4.46	4.16	2.1	1.3
4	10	14	14	5	1.2	3.91	5.06	5.11	2.7	1.15
6.3	16	22.4	22.4	8	1.8	6.32	8.17	8.12	4.2	1.85
10	25	33.5	35.5	12.5	2.2	9.77	12.23	11.97	6.6	2.46
12.5	31.5	40	45	16	2.5	12.38	14.83	14.88	8.2	2.45

[주] l 은 t보다 작은 값이 되면 안 된다.
[비고] · ISO에서는 제2종에 대하여 규정하지 않고 있다.

4. 제 3종 (90° 센터 구멍)

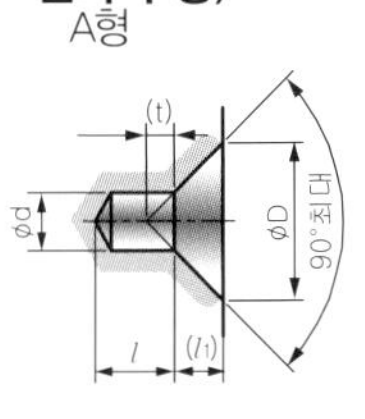

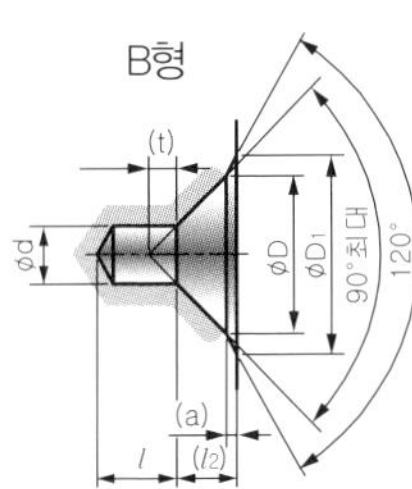

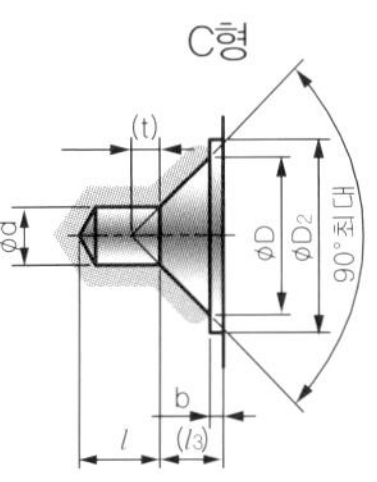

단위 : mm

호칭지름 d	D	D_1	D_2 (최소)	l (최대)	b (약)	참 고				
						l	l_2	l_3	t	a
1	2.8	4	5	1.1	0.4	0.9	1.25	1.3	0.5	0.35
(1.25)	3.55	5	6.3	1.4	0.5	1.15	1.57	1.65	0.7	0.42
1.6	4.5	6.3	8	1.8	0.6	1.45	1.97	2.05	0.8	0.52
2	5.6	8	10	2.2	0.8	1.8	2.49	2.6	1	0.69
2.5	7.1	10	12.5	2.8	1	2.3	3.14	3.3	1.3	0.84
3.15	9	12.5	16	3.6	1.2	2.92	3.94	4.12	1.6	1.02
4	11.2	16	18	4.5	1.4	3.6	4.99	5	2	1.39
(5)	14	20	22.4	5.6	1.6	4.5	6.23	6.1	2.5	1.73
6.3	18	22.4	25	7.1	1.8	5.85	7.12	7.65	3.2	1.27
8	22.4	28	31.5	9	2	7.2	8.82	9.2	4	1.62
10	28	35.5	40	11.2	2.2	9	11.17	11.2	5	2.17
12.5	31.5	42.5	45	14	2.5	9.5	12.68	12	6.3	3.18

[주] (2) l 은 t 보다 작은 값이 되면 안 된다.
[비고] · ( )를 붙인 호칭의 것은 되도록 사용하지 않는다.

5. 센터 구멍의 종류

종 류	센터 각도	형식	비 고
제 1 종	60°	A형, B형, C형, R형	A형 : 모떼기부가 없다.
제 2 종	75°	A형, B형, C형	B, C형 : 모떼기부가 있다.
제 3 종	90°	A형, B형, C형	R형 : 곡선 부분에 곡률 반지름 r이 표시된다.

[주] 제2종 75° 센터 구멍은 되도록 사용하지 않는다.
[비고] KS B ISO 866은 제1종 A형, KS B ISO 2540은 제1종 B형, KS B ISO 2541은 제1종 R형에 대해 규정하고 있다.

23-1 센터 구멍(3/4)

6. 센터 구멍의 간략 도시 방법 – KS A ISO 6411-1 : 2002 (2007 확인)

① 센터 구멍의 기호 및 호칭 방법의 간략 도시 방법

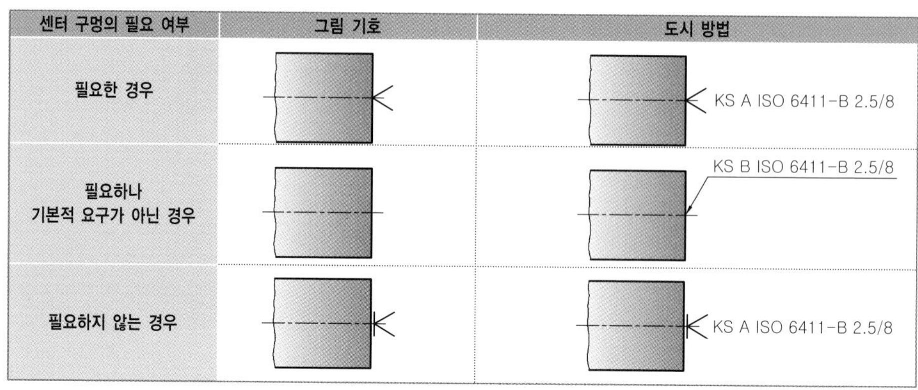

센터 구멍의 필요 여부	그림 기호	도시 방법
필요한 경우		KS A ISO 6411-B 2.5/8
필요하나 기본적 요구가 아닌 경우		KS B ISO 6411-B 2.5/8
필요하지 않는 경우		KS A ISO 6411-B 2.5/8

② 센터 구멍의 호칭 방법

센터 구멍의 호칭 방법은 센터 구멍을 가공하는 드릴을 기준으로 하고, 센터 구멍 드릴에 대해서 한국산업표준에 의해 지시하는 것도 좋다.

a) 이 표준의 표준 번호　b) 센터 구멍의 종류 기호(R 또는 B)

c) 기준 구멍의 지름(d)　d) 카운터싱크 구멍 지름(D) 두 개의 치수를 사선으로 구분한다.

[주] 센터 구멍의 기계 가공은 드릴 지름 d=2.5와 d_1=10으로서 KS B ISO 2540을 사용한다.
[보기] 센터 구멍 B형은 d=2.5mm, D_3=8mm인 경우의 호칭 표시 방법은 KS A ISO 6411-B2.5/8

③ 호칭 방법 설명

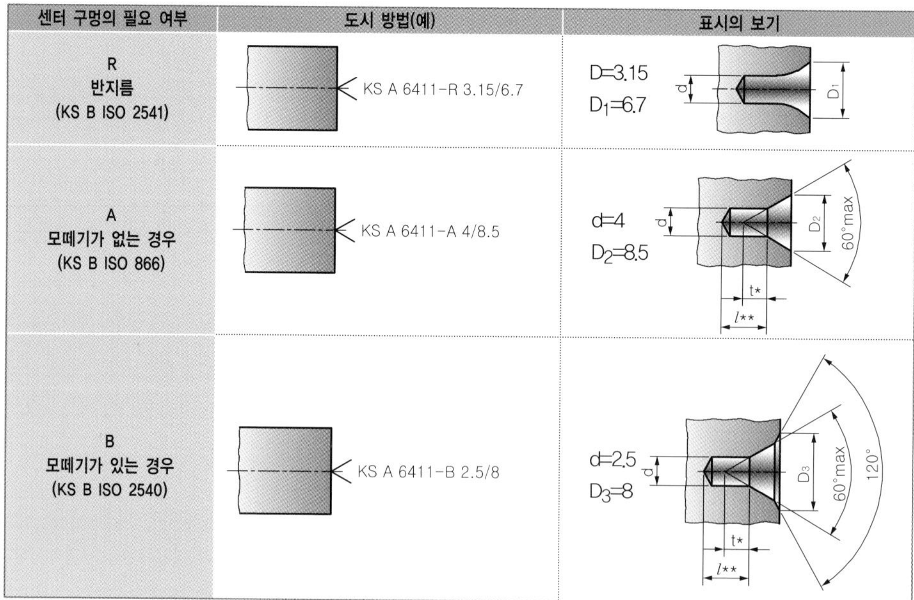

센터 구멍의 필요 여부	도시 방법(예)	표시의 보기
R 반지름 (KS B ISO 2541)	KS A 6411-R 3.15/6.7	D=3.15 D_1=6.7
A 모떼기가 없는 경우 (KS B ISO 866)	KS A 6411-A 4/8.5	d=4 D_2=8.5
B 모떼기가 있는 경우 (KS B ISO 2540)	KS A 6411-B 2.5/8	d=2.5 D_3=8

[주] (★)　치수 t에 대해서는 부속서 A를 참조한다.
(★★) 치수 l은 센터 구멍 드릴의 길이에 근거하지만 t보다 짧으면 안 된다.
부속서 A의 R형, A형 및 B형의 센터 구멍 치수

23-1 센터 구멍(4/4)

④ 센터 구멍의 R형, A형 및 B형의 치수(부속서 A)

[추천되는 센터 구멍의 치수]

단위 : mm

d 호칭	종 류				
	R형 ISO 2541에 따름	A형 ISO 866에 따름		B형 ISO 2540에 따름	
	D_1	D_2	t	D_3	t
(0.5)	–	1.06	0.5	–	–
(0.63)	–	1.32	0.6	–	–
(0.8)	–	1.70	0.7	–	–
1.0	2.12	2.12	0.9	3.15	0.9
(1.25)	2.65	2.65	1.1	4	1.1
1.6	3.35	3.35	1.4	5	1.4
2.0	4.25	4.25	1.8	6.3	1.8
2.5	5.3	5.30	2.2	8	2.2
3.15	6.7	6.70	2.8	10	2.8
4.0	8.5	8.50	3.5	12.5	3.5
(5.0)	10.6	10.60	4.4	16	4.4
6.3	13.2	13.20	5.5	18	5.5
(8.0)	17.0	17.00	7.0	22.4	7.0
10.0	21.2	21.20	8.7	28	8.7

[비고] 괄호를 붙여서 나타낸 치수의 것은 가능한 한 사용하지 않는다.

⑤ 기호의 형태 및 치수

[크기]

단위 : mm

투상도의 외형선의 굵기 (b)	0.5	0.7	1	1.4	2	2.8
숫자 및 로마자의 대문자 높이 (h)	3.5	5	7	10	14	20
기호의 선 두께 (d')	0.35	0.5	0.7	1	1.4	2
문자선의 두께 (d)	아래 그림 참조					
높이 (H1)	5	7	10	14	20	28

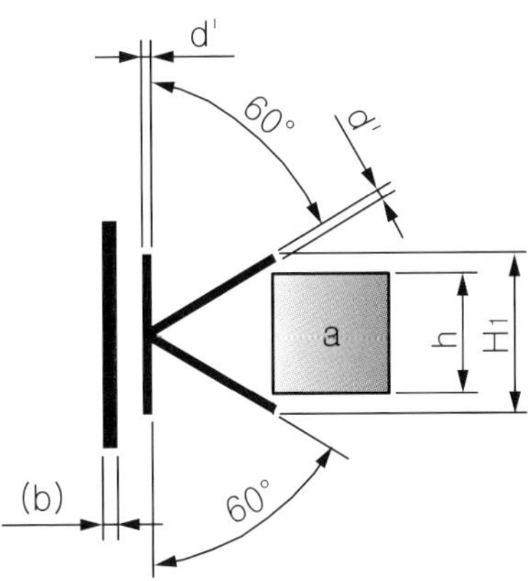

23-2 널링

KS B 0901

1. 종류

종류는 바른 줄 및 빗줄의 2종류로 한다.

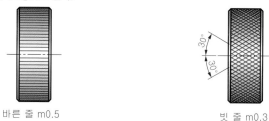

바른 줄 m0.5　　　빗 줄 m0.3

2. 모양 및 치수

① 모양 : 널링의 홈 모양은 가공물의 지름이 무한대로 되어 있다고 가정한 경우의 홈 직각 단면에 대하여 아래 그림과 같이 규정한다.

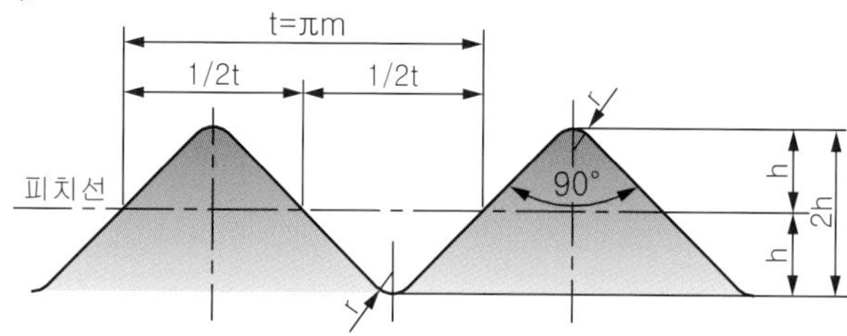

② 치수 : 널링의 치수는 다음 표에 따른다.　　$h = 0.785m - 0.414r$

■ 널링의 치수표

단위 : mm

모듈 m	피치 t	r	h
0.2	0.628	0.06	0.15
0.3	0.942	0.09	0.22
0.5	1.571	0.16	0.37

3. 호칭 방법

널링의 호칭 방법은 종류 및 모듈에 따른다.

보기 : 바른 줄 m = 0.5

빗줄 m = 0.3

[참 고] 소재의 지름을 구하는 데는 다음 식을 따르는 것이 좋다.

① 바른 줄인 경우

$D=nm$ 여기에서 D : 지름, n : 정수, m : 모듈

② 빗줄인 경우

$$D = \frac{nm}{\cos 30°}$$

$\frac{m}{\cos 30°}$ 의 값을 다음 표에 표시한다.

모듈 m	0.5	0.3	0.2
$m/\cos 30°$	0.577	0.346	0.230

23-3 축의 지름

KS B 0406

1. 적용 범위

이 규격은 일반적으로 사용되는 원통 축의 끼워맞춤 부분의 지름에 있어서 4mm 이상 630mm 이하의 것(이하 축지름이라 한다)에 대하여 규정한다.

2. 축 지름

단위 : mm

축지름	(참고) 축지름 수치의 근거					축지름	(참고) 축지름 수치의 근거					축지름	(참고) 축지름 수치의 근거					축지름	(참고) 축지름 수치의 근거				
	표준수(1)			(2) 원통축끝	(3) 구름베어링		표준수(1)			(2) 원통축끝	(3) 구름베어링		표준수(1)			(2) 원통축끝	(3) 구름베어링		표준수(1)			(2) 원통축끝	(3) 구름베어링
	R 5	R 10	R 20				R 5	R 10	R 20				R 5	R 10	R 20				R 5	R 10	R 20		
4	○	○	○		○	14			○	○		55				○	○	180			○	○	○
						15					○	56			○	○		190				○	○
						16	○	○	○	○								200		○	○	○	○
						17					○	60				○	○	220				○	○
4.5			○			18			○	○								224			○		
						19				○		63	○	○	○	○							
						20		○	○	○	○							240				○	○
5		○	○		○	22				○	○							250	○	○	○	○	
						22.4			○			65				○	○	260				○	○
												70				○	○	280			○	○	○
5.6			○			24				○		71			○	○		300				○	○
						25	○	○	○	○	○	75				○	○	315		○	○		
6				○	○							80		○	○	○	○	320				○	○
						28			○	○	○	85				○	○	340				○	○
6.3	○	○	○			30				○	○	90			○	○	○						
						31.5		○	○			95				○	○	355			○		
						32				○	○	100	○	○	○	○	○	360				○	○
7				○	○							105					○	380				○	○
7.1			○			35				○	○	110				○	○	400	○	○	○	○	○
						35.5			○			112			○								
8		○	○	○	○													420				○	○
						38				○		120				○	○	440				○	○
9			○	○	○	40	○	○	○	○	○	125		○	○	○		450			○	○	
10	○	○	○	○	○													460				○	○
						42				○		130				○	○	480				○	○
11				○														500		○	○	○	○
11.2			○			45			○	○	○	140			○	○	○	530				○	○
												150				○	○						
12				○	○	48				○		160	○	○	○	○	○	560			○	○	○
12.5		○	○			50		○	○	○	○	170				○	○	600				○	○

[주] (1) KS A 0401 (표준수)에 따른다.
(2) KS B 0701 (원통축 끝)의 축 끝의 지름에 따른다.
(3) KS B 2013 (구름 베어링의 주요 치수)의 베어링 안지름에 따른다.

[참고] 표에서 ○표는 축지름 수치의 근거를 뜻하며, 보기를 들어 축의 지름 4.5는 표준수 R20에 따른 것임을 나타낸다.

23-4 원통 축끝(1/3)

KS B 0701

1. 적용 범위

이 규격은 일반적으로 사용되는 회전축의 전동용 축끝(이하 축끝이라 한다)중 끼워맞춤부가 원통형이고, 그 지름이 6mm에서 630mm까지인 것의 주요 치수에 대하여 규정한다.

2. 종류

축 끝은 단축 끝 및 장축 끝의 2종류로 한다.

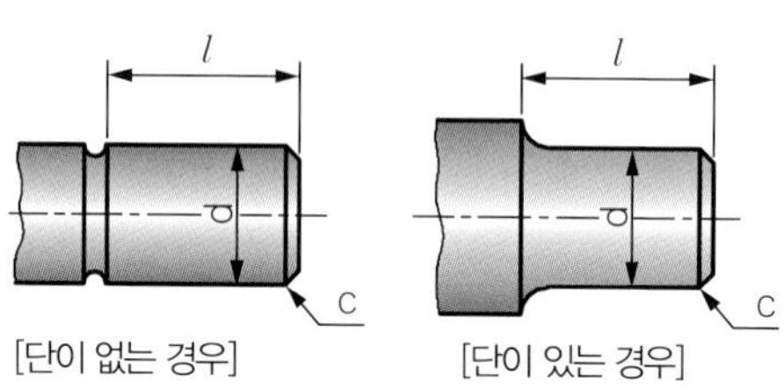

[단이 없는 경우] [단이 있는 경우]

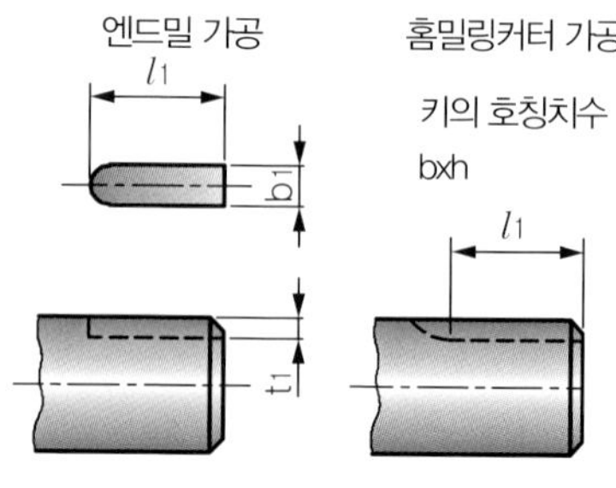

[묻힘 키를 사용하는 경우의 보기]

3. 치수

단위 : mm

축끝의 지름 d	축끝의 길이 l★		지름 d의 허용차		(참고) 끝부분의 모떼기 c	묻힘 키를 사용하는 경우				
						키 홈				키의 호칭치수
								l_1 (참고)		
	단축끝	장축끝				b_1	t_1	단축끝용	장축끝용	b x h
6	–	16	+0.006 −0.002		0.5	–	–	–	–	–
7	–	16	+0.007 −0.002	(j6)	0.5	–	–	–	–	–
8	–	20	+0.007 −0.002		0.5	–	–	–	–	–
9	–	20	+0.007 −0.002		0.5	–	–	–	–	–
10	20	23	+0.007 −0.002	(j6)	0.5	3	1.8	–	20	3x3
11	20	23	+0.008 −0.003		0.5	4	2.5	–	20	4x4
12	25	30	+0.008 −0.003		0.5	4	2.5	–	20	4x4
14	25	30	+0.008 −0.003	(j6)	0.5	5	3.0	–	25	5x5
16	28	40	+0.008 −0.003		0.5	5	3.0	25	36	5x5
18	28	40	+0.008 −0.003		0.5	6	3.5	25	36	6x6
19	28	40	+0.009 −0.004	(j6)	0.5	6	3.5	25	36	6x6
20	36	50	+0.009 −0.004		0.5	6	3.5	32	45	6x6
22	36	50	+0.009 −0.004		0.5	6	3.5	32	45	6x6
24	36	50	+0.009 −0.004	(j6)	0.5	8	4.0	32	45	8x7
25	42	60	+0.009 −0.004		0.5	8	4.0	36	50	8x7
28	42	60	+0.009 −0.004	(j6)	1	8	4.0	36	50	8x7
30	58	80	+0.009 −0.004		1	8	4.0	50	70	8x7
32	58	80	+0.018 +0.002	(k6)	1	10	5.0	50	70	10x8
35	58	80	+0.018 +0.002		1	10	5.0	50	70	10x8
38	58	80	+0.018 +0.002	(k6)	1	10	5.0	50	70	10x8
40	82	110	+0.018 +0.002		1	12	5.0	70	90	12x8

23-4 원통 축끝(2/3)

■ 치수표 (계속)

단위 : mm

축끝의 지름 d	축끝의 길이 l★		지름 d의 허용차		(참고) 끝부분의 모떼기 c	묻힘 키를 사용하는 경우				
						키 홈				키의 호칭치수
						b_1	t_1	l_1		
	단축끝	장축끝						단축끝용	장축끝용	b x h
42	82	110	+0.018 +0.002		1	12	5.0	70	90	12x8
45	82	110	+0.018 +0.002	(k6)	1	14	5.5	70	90	14x9
48	82	110	+0.018 +0.002		1	14	5.5	70	90	14x9
50	82	110	+0.018 +0.002	(k6)	1	14	5.5	70	90	14x9
55	82	110	+0.030 +0.011	(m6)	1	16	6.0	70	90	16x10
56	82	110	+0.030 +0.011		1	16	6.0	70	90	16x10
60	105	140	+0.030 +0.011		1	18	7.0	90	110	18x11
63	105	140	+0.030 +0.011	(m6)	1	18	7.0	90	110	18x11
65	105	140	+0.030 +0.011		1	18	7.0	90	110	18x11
70	105	140	+0.030 +0.011		1	20	7.5	90	110	20x12
71	105	140	+0.030 +0.011	(m6)	1	20	7.5	90	110	20x12
75	105	140	+0.030 +0.011		1	20	7.5	90	110	20x12
80	130	170	+0.030 +0.011		1	22	9.0	110	140	22x14
85	130	170	+0.035 +0.013	(m6)	1	22	9.0	110	140	22x14
90	130	170	+0.035 +0.013		1	25	9.0	110	140	25x14
95	130	170	+0.035 +0.013		1	25	9.0	110	140	25x14
100	165	210	+0.035 +0.013	(m6)	1	28	10.0	140	180	28x16
110	165	210	+0.035 +0.013		2	28	10.0	140	180	28x16
120	165	210	+0.035 +0.013		2	32	11.0	140	180	32x18
125	165	210	+0.040 +0.015	(m6)	2	32	11.0	140	180	32x18
130	200	250	+0.040 +0.015		2	32	11.0	180	220	32x18
140	200	250	+0.040 +0.015		2	36	12.0	180	220	36x20
150	200	250	+0.040 +0.015	(m6)	2	36	12.0	180	220	36x20
160	240	300	+0.040 +0.015		2	40	13.0	220	250	40x22
170	240	300	+0.040 +0.015	(m6)	2	40	13.0	220	250	40x22
180	240	300	+0.040 +0.015		2	45	15.0	220	250	45x25
190	280	350	+0.046 +0.017		2	45	15.0	250	280	45x25
200	280	350	+0.046 +0.017	(m6)	2	45	15.0	250	280	45x25
220	280	350	+0.046 +0.017		2	50	17.0	250	280	50x28
240	330	410	+0.046 +0.017		2	56	20.0	280	360	56x32
250	330	410	+0.046 +0.017		2	56	20.0	280	360	56x32
260	330	410	+0.052 +0.020	(m6)	3	56	20.0	280	360	56x32
280	380	470	+0.052 +0.020		3	63	20.0	320	400	63x32

23-4 원통 축끝(3/3)

KS B 0701

■ 치수표 (계속)

단위 : mm

축끝의 지름 d	축끝의 길이 l★		지름 d의 허용차		(참고) 끝부분의 모떼기 c	묻힘 키를 사용하는 경우				
						키 홈				키의 호칭치수
						b_1	t_1	l_1		
	단축끝	장축끝						단축끝용	장축끝용	b x h
300	380	470	+0.052 +0.020		3	70	22.0	320	400	70x36
320	380	470	+0.057 +0.021	(m6)	3	70	22.0	320	400	70x36
340	450	550	+0.057 +0.021		3	80	25.0	400	–	80x40
360	450	550	+0.057 +0.021		3	80	25.0	400	–	80x40
380	450	550	+0.057 +0.021	(m6)	3	80	25.0	400	–	80x40
400	540	650	+0.057 +0.021		3	90	28.0	–	–	90x45
420	540	650	+0.063 +0.023		3	90	28.0	–	–	90x45
440	540	650	+0.063 +0.023	(m6)	3	90	28.0	–	–	90x45
450	540	650	+0.063 +0.023		3	100	31.0	–	–	100x50
460	540	650	+0.063 +0.023		3	100	31.0	–	–	100x50
480	540	650	+0.063 +0.023	(m6)	3	100	31.0	–	–	100x50
500	540	650	+0.063 +0.023		3	100	31.0	–	–	100x50
530	680	800	+0.070 +0.026		3	–	–	–	–	–
560	680	800	+0.070 +0.026	(m6)	3	–	–	–	–	–
600	680	800	+0.070 +0.026		3	–	–	–	–	–
630	680	800	+0.070 +0.026	(m6)	3	–	–	–	–	–

[주] ★는 비고 3 참조

[비고]

1. 단이 있는 경우에는 필릿의 둥글기 값은 r = (0.3~0.5) h 사이의 것이 좋으며 그 값은 KS B 0403(절삭 가공품 둥글기 및 모떼기) 에 따라 정한다.

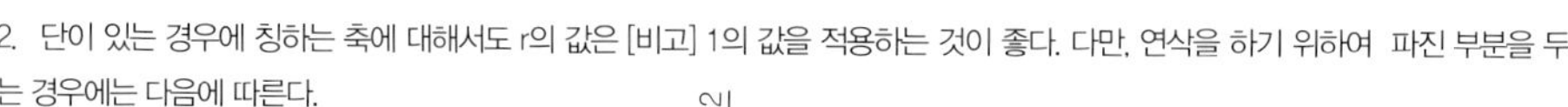

2. 단이 있는 경우에 칭하는 축에 대해서도 r의 값은 [비고] 1의 값을 적용하는 것이 좋다. 다만, 연삭을 하기 위하여 파진 부분을 두는 경우에는 다음에 따른다.

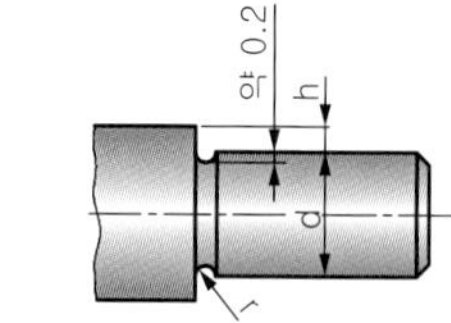

3. 축끝의 길이 l의 치수 허용차는 KS B ISO 2768-1의 보통급으로 한다.
4. b1, t1, b, h의 치수 허용차는 KS B 1311(키 및 키 홈)에 따른다. 또, 참고에 표시한 l1의 치수 허용차는 KS B ISO 2768-1의 보통급으로 한다.

23-5 공구의 생크 4각부(1/2)

■ 생크 4각부의 모양 및 치수

생크 지름이 작은 경우, 돌출 센터
부착도 상관없다.

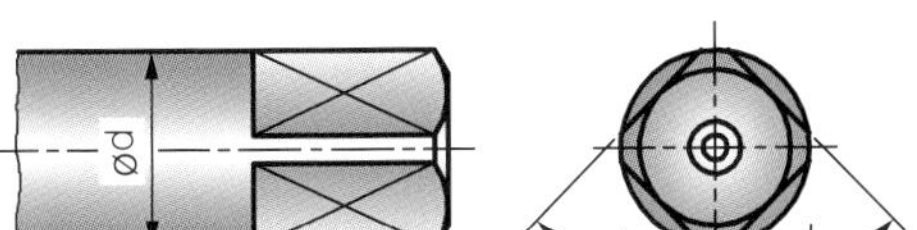

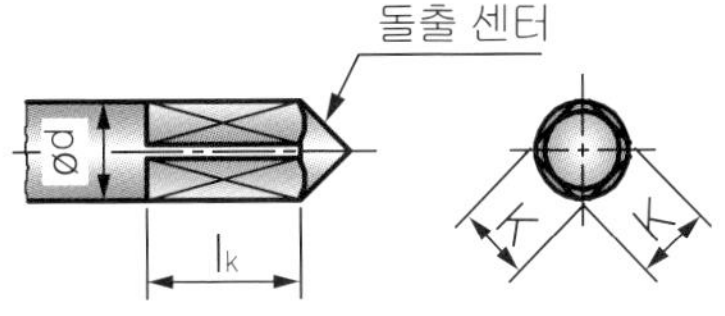

단위 : mm

생크지름 d(h9)			4각부의 나비 K		4각부의 길이 Lk	생크지름 d(h9)			4각부의 나비 K		4각부의 길이 Lk
장려치수	초과	이하	기준치수	허용차 h12	기준치수	장려치수	초과	이하	기준치수	허용차 h12	기준치수
1.12	1.06	1.18	0.9	0 −0.10	4	**11.2**	10.6	11.8	9	0 −0.15	12
1.25	1.18	1.32	1			**12.5**	11.8	13.2	10		13
1.4	1.32	1.5	1.2			**14**	13.2	15	11.2	0 −0.18	14
1.6	1.5	1.7	1.25			**16**	15	17	12.5		16
1.8	1.7	1.9	1.4			**18**	17	19	14		18
2.	1.9	2.12	1.6			**20**	19	21.2	16		20
2.24	2.12	2.36	1.8			**22.4**	21.2	23.6	18		22
2.5	2.36	2.65	2			**25**	23.6	26.5	20	0 −0.21	24
2.8	2.65	3	2.24		5	**28**	26.5	30	22.4		26
3.15	3	3.35	2.5			**31.5**	30	33.5	25		28
3.55	3.35	3.75	2.8			**35.5**	33.5	37.5	28		31
4	3.75	4.25	3.15	0 −0.12	6	**40**	37.5	42.5	31.5	0 −0.25	34
4.5	4.25	4.75	3.55			**45**	42.5	47.5	35.5		38
5	4.75	5.3	4		7	**50**	47.5	53	40		42
5.6	5.3	6	4.5			**56**	53	60	45		46
6.3	6	6.7	5		8	**63**	60	67	50		51
7.1	6.7	7.5	5.6			**71**	67	75	56		56
8	7.5	8.5	6.3	0 −0.15	9	**80**	75	85	63	0 −0.30	62
9	8.5	9.5	7.1		10	**90**	85	95	71		68
10	9.5	10.6	8		11	**100**	95	106	80		75

[비고] 1. K의 허용차는 KS B 0401에 따른다. 다만 K의 허용차에는 모양 및 위치(중심이동)의 편차를 포함한다.
2. 장려 생크 지름의 경우에는 K와 d의 비는 0.80mm이고, 모두 지름 구분에서도 K/d=0.75~0.85mm이다.
3. d의 허용차는 고정밀도의 공구에서는 KS B 0401의 h9, 그 밖의 공구에서는 h11에 따른다.
4. 원형의 축을 가공하여 평면으로 나타나는 부분은 가는 실선을 사용하여 대각선으로 교차 표시한다.

23-5 공구의 생크 4각부(2/2)

■ 종래형 생크 4각부의 모양 및 치수

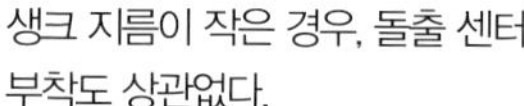

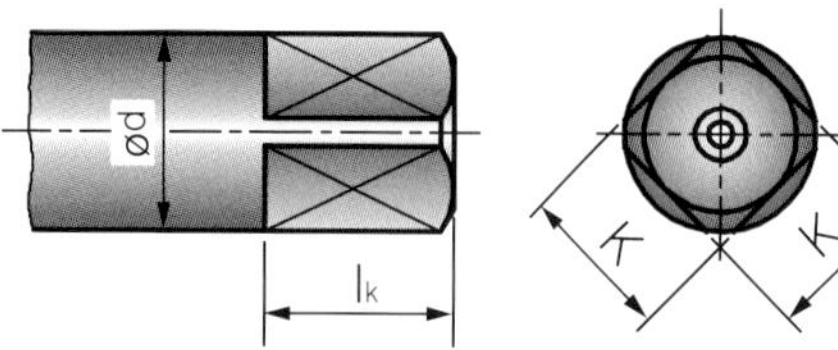

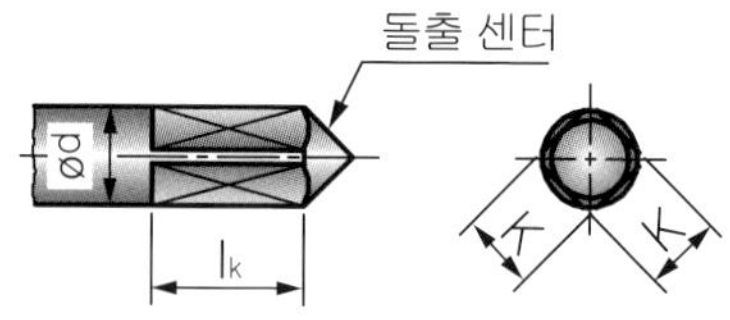

단위 : mm

생크 지름 d		4각부의 나비 K		4각부의 길이 Lk	생크 지름 d		4각부의 나비 K		4각부의 길이 Lk
초과	이하	기준 치수	허용차	기준치수	초과	이하	기준 치수	허용차	기준치수
2	2.15	1.6	0 −0.10	5	17.2	18.7	14	0 −0.15	17
2.15	2.4	1.8			18.7	20.2	15		18
2.4	2.7	2			20.2	23	17		20
2.7	2.95	2.2			23	25.5	19		22
2.95	3.35	2.5			25.5	28	21	0 −0.20	24
3.35	3.78	2.8		6	28	31	23		26
3.78	4.3	3.2			31	35	26		30
4.3	4.7	3.5			35	39	29		32
4.7	5.4	4		7	39	43	32		35
5.4	6	4.5			43	47	35		38
6	6.7	5		8	47	51	38		42
6.7	7.3	5.5			51	55	41		44
7.3	8	6		9	55	61	46		50
8	8.6	6.5			61	67	50		52
8.6	9.5	7		10	67	72	54		58
9.5	10.7	8		11	72	77	58		62
10.7	12	9		12	77	84	63		66
12	13.5	10	0 −0.15	13	84	89	67		70
13.5	14.7	11		14	89	95	71		75
14.7	16	12		15	95	100	77		80
16	17.2	13		16	–	–	–	–	–

[적용 예] 1. K축의 지름(D)이 Ø15인 경우 4각부의 나비 K값은 12이며, 4각부의 길이 Lk값은 15이다(이동하는 경우).
2. 원형의 축을 가공하여 평면으로 나타나는 부분은 가는 실선을 사용하여 대각선으로 교차 표시한다.

23-6 상용하는 축의 재료 및 용도

축의 재료	용도	KS 규격
일반구조용 압연강재 (SS계열)	강도를 필요로 하지 않거나 축과 하우징을 용접하는 경우 종류 및 기호 : SS330, SS400, SS490, SS540, SS590	KS D 3503
기계구조용 탄소강재 (SM10C~SM25C)	열처리하지 않은 채 그대로 사용하는 경우 인장강도 [32~45kgf/mm^2]	KS D 3752
기계구조용 탄소강재 (SM30C~SM40C)	약간의 강도를 필요로 하는 소형 축 인장강도 [52~62kgf/mm^2]	
기계구조용 탄소강재 (SM45C~SM55C)	열처리 효과가 크며 조질처리해서 용도에 맞추어 사용 인장강도 [58~70kgf/mm^2]	
크롬강 강재 (Scr계열)	기계구조용 탄소강재보다 좀 비싸지만 구조용 합금강 중에서 가장 싸다. 탄소강에 비해 담금질성과 인성이 양호하며, 자경성이 있고, 열처리로 인한 경화 균열이 적어 비교적 굵은 축에 사용한다. 인장강도 [75~110kgf/mm^2]	KS D 3707
니켈크롬강 강재 (SNC계열)	값이 비싸지만 담금질이 용이하고 강인하다. SNC236은 소형축에 SNC631은 크랭크 축, 프로펠러 축 등에 사용 인장강도 [75~95kgf/mm^2]	KS D 3708
니켈크롬몰리브덴 강재 (SNCM계열)	구조용 합금강 중 강인성과 담금질성이 가장 우수하다. SNCM431은 크랭크 축, SNCM625는 대형 축, SNCM630은 강도와 정밀도를 필요로 하는 긴 축, SNCM240, 439, 447은 주로 중소형 축에 사용 인장강도 [85~110kgf/mm^2]	KS D 3709
크롬몰리브덴 강재 (SCM계열)	인성이 높고 니켈크롬강에 가까운 성질을 갖으며 가격은 니켈크롬강에 비해 싸서 널리 사용된다. SCM435, 440은 SM45C보다 큰 인장강도 및 충격값을 필요로 하는 경우나 조직 내부까지 완전한 담금질조직을 얻고자 하는 경우에 사용한다. SCM415는 침탄 담금질이 필요하고 SM15CK보다 강한 재료를 사용하고자 하는 경우 적용하며 SCM420은 SCM415보다 높은 인장강도, 인성, 열처리 효과를 얻고자 할 때 사용한다. 인장강도 [85~105kgf/mm^2]	KS D 3711

Chapter 24

용접 기호

24-1 기본 기호 및 보조 기호(1/4)

KS B 0052

■ 기본 기호 및 보조 기호

기본 기호			
번호	명칭	그림	기호
1	돌출된 모서리를 가진 평판 사이의 맞대기 용접. 에지 플랜지형 용접(미국)/돌출된 모서리는 완전 용해	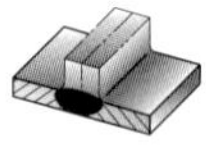	
2	평행(I형) 맞대기 용접	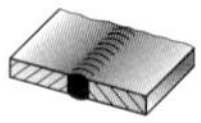	
3	V형 맞대기 용접	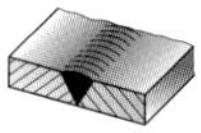	
4	일면 개선형 맞대기 용접	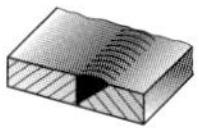	
5	넓은 루트면이 있는 V형 맞대기 용접	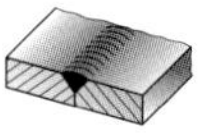	
6	넓은 루트면이 있는 한 면 개선형 맞대기 용접	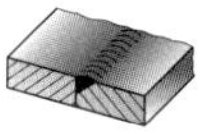	
7	U형 맞대기 용접(평행 또는 경사면)	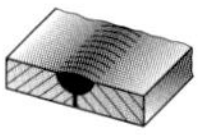	
8	J형 맞대기 용접	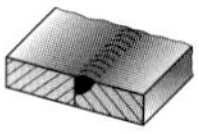	
9	이면 용접	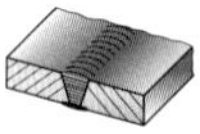	
10	필릿 용접	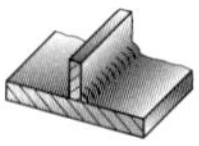	
11	플러그 용접 : 플로그 또는 슬롯 용접(미국)		

24-1 기본 기호 및 보조 기호(2/4)

■ 기본 기호 및 보조 기호 (계속)

기본 기호			
번호	명칭	그림	기호
12	점 용접	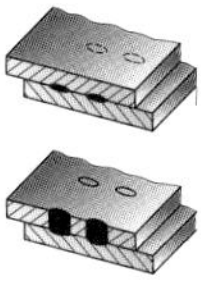	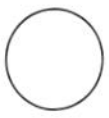
13	심(seam) 용접	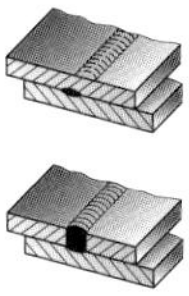	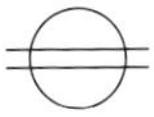
14	개선 각이 급격한 V형 맞대기 용접	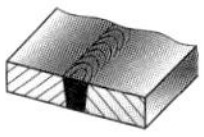	
15	개선 각이 급격한 일면 개선형 맞대기 용접	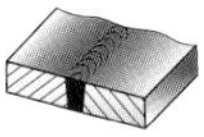	
16	가장자리(edge) 용접	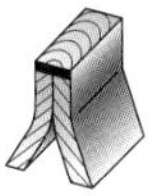	
17	표면 육성	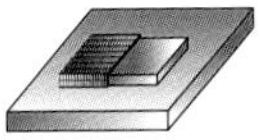	
18	표면(surface) 접합부	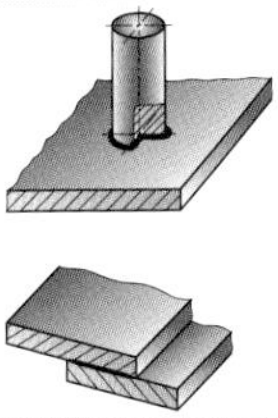	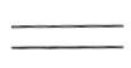
19	경사 접합부	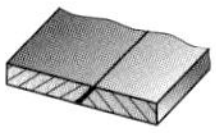	
20	겹침 접합부		

24-1 기본 기호 및 보조 기호(3/4)

KS B 0052

■ 기본 기호 및 보조 기호 (계속)

양면 용접부 조합 기호(보기)			
번호	명칭	그림	기호
1	양면 V형 맞대기 용접(X용접)	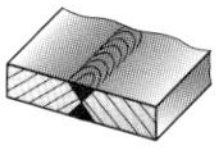	
2	K형 맞대기 용접	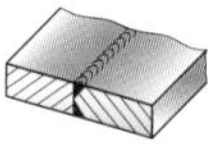	
3	넓은 루트면이 있는 양면 V형 용접	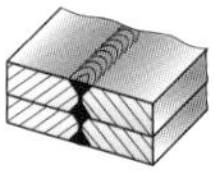	
4	넓은 루트면이 있는 양면 K형 용접	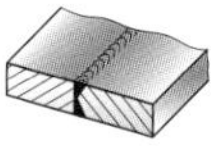	
5	양면 U형 맞대기 용접	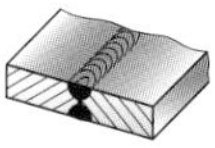	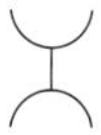

보조 기호		
번호	용접부 표면 또는 용접부 형상	기호
1	평면(동일한 면으로 마감 처리)	
2	볼록형	
3	오목형	
4	토우를 매끄럽게 함	
5	영구적인 이면 판재(backing strip) 사용	 M
6	제거 가능한 이면 판재 사용	 MR

24-1 기본 기호 및 보조 기호(4/4)

KS B 0052

■ 기본 기호 및 보조 기호 (계속)

보조 기호의 적용 보기			
번호	명칭	그림	기호
1	평면 마감 처리한 V형 맞대기 용접		
2	볼록 양면 V형 용접		
3	오목 필릿 용접	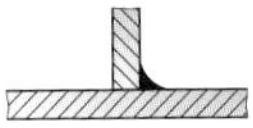	
4	이면 용접이 있으며 표면 모두 평면 마감 처리한 V형 맞대기 용접		
5	넓은 루트면이 있고 이면 용접된 V형 맞대기 용접		
6	평면 마감 처리한 V형 맞대기 용접		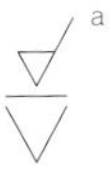 a
7	매끄럽게 처리한 필릿 용접	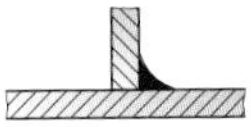	

24-2 도면에서의 기호 위치

■ 도면에서의 기호의 위치

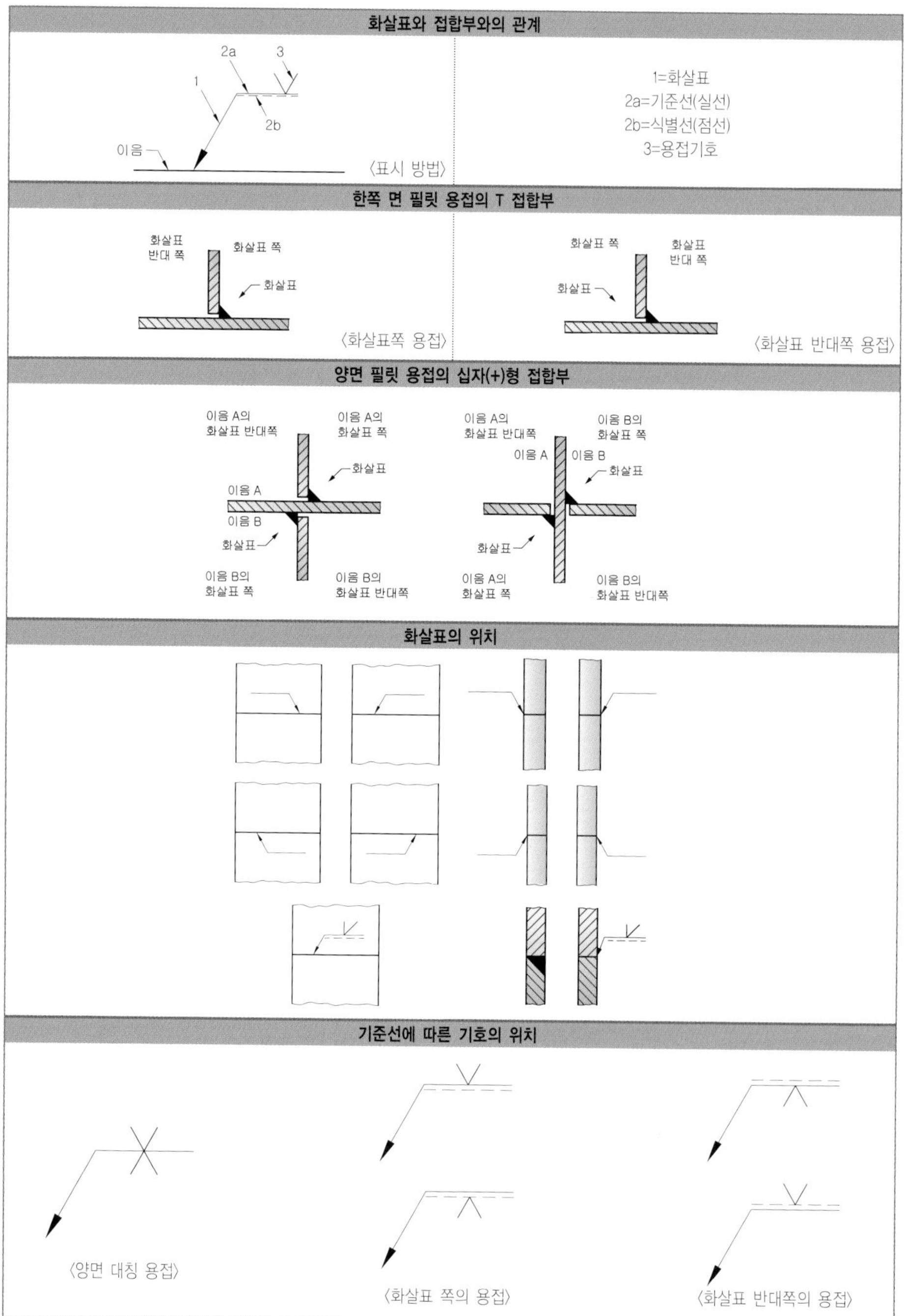

24-3 용접부 치수 표시(1/2)

■ 용접부 치수 표시

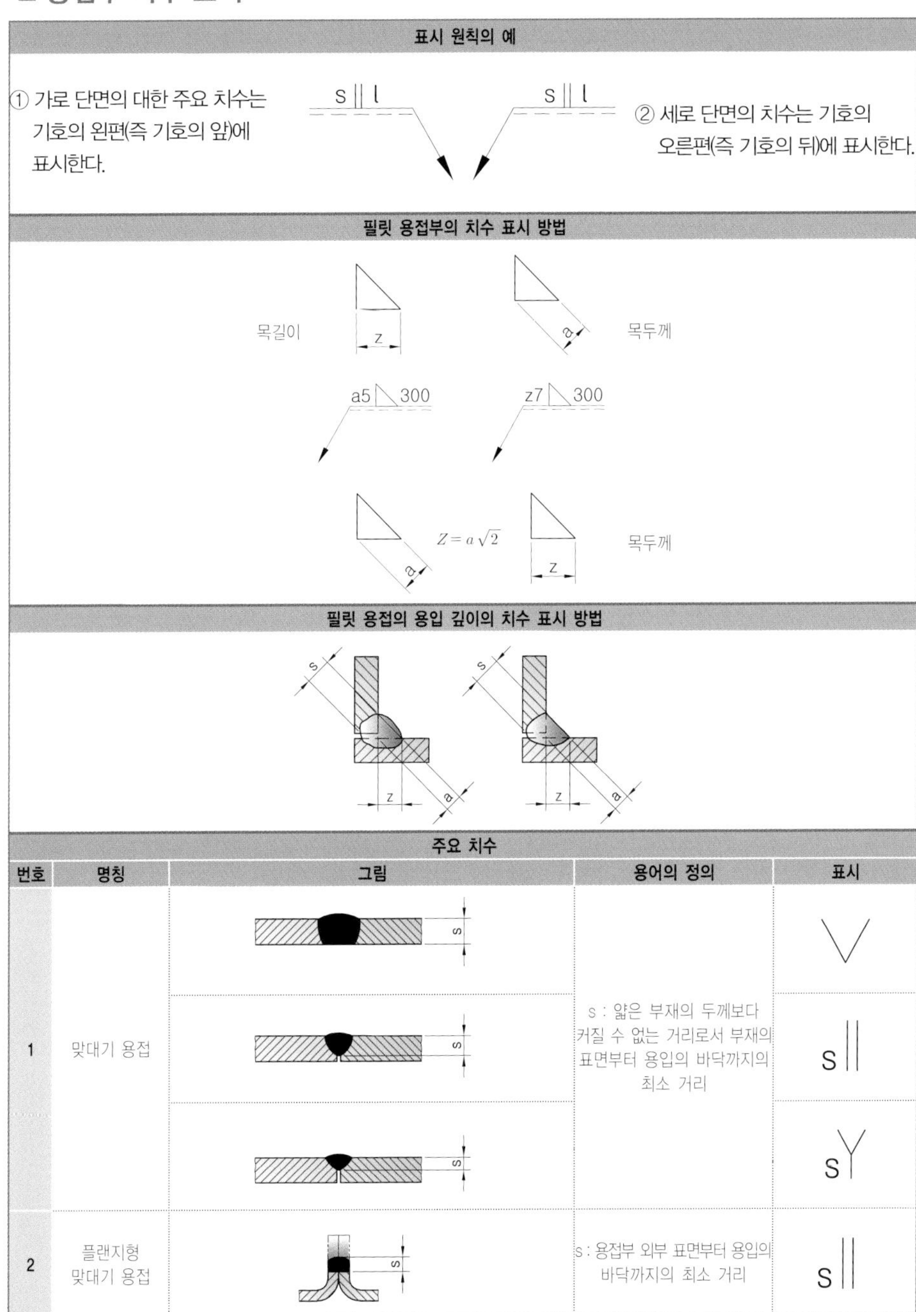

표시 원칙의 예

① 가로 단면의 대한 주요 치수는 기호의 왼편(즉 기호의 앞)에 표시한다.

② 세로 단면의 치수는 기호의 오른편(즉 기호의 뒤)에 표시한다.

필릿 용접부의 치수 표시 방법

필릿 용접의 용입 깊이의 치수 표시 방법

주요 치수

번호	명칭	그림	용어의 정의	표시
1	맞대기 용접	s	s : 얇은 부재의 두께보다 커질 수 없는 거리로서 부재의 표면부터 용입의 바닥까지의 최소 거리	(V)
		s		s‖
		s		sY
2	플랜지형 맞대기 용접	s	s : 용접부 외부 표면부터 용입의 바닥까지의 최소 거리	s‖

24-3 용접부 치수 표시(2/2)

■ 용접부 치수 표시 (계속)

주요 치수				
번호	명칭	그림	용어의 정의	표시
3	연속 필릿 용접	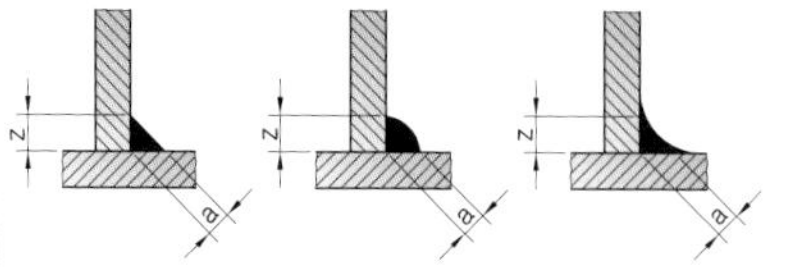 z, a	a : 단면에서 표시될 수 있는 최대 이등변삼각형의 높이 z : 단면에서 표시될 수 있는 최대 이등변삼각형의 변	a◺ z◺
4	단속 필릿 용접	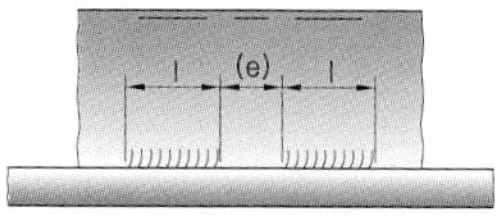 l (e) l	l : 용접길이(크레이터 제외) (e) : 인접한 용접부 간격 n : 용접부 수 a : 3번 참조 z : 3번 참조	a◺ nxl(e) z◺ nxl(e)
5	지그재그 단속 필릿 용접	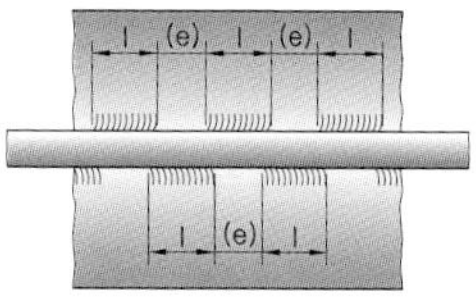 l (e) l (e) l l (e) l	l : 4번 참조 (e) : 4번 참조 n : 4번 참조 a : 3번 참조 z : 3번 참조	a nxl (e) a nxl (e) z nxl (e) z nxl (e)
6	플러그 또는 슬롯 용접	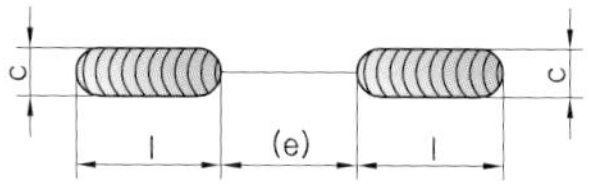 c, l, (e), l, c	l : 4번 참조 (e) : 4번 참조 n : 4번 참조 c : 슬롯의 너비	c⊓ nxl (e)
7	심 용접	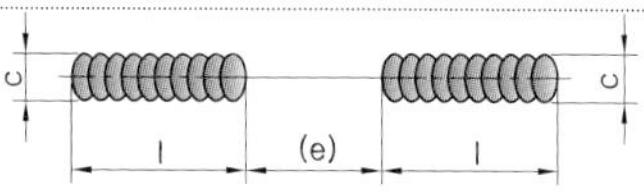 c, l, (e), l, c	l : 4번 참조 (e) : 4번 참조 n : 4번 참조 c : 용접부 너비	c ⊖ nxl (e)
8	플러그 용접	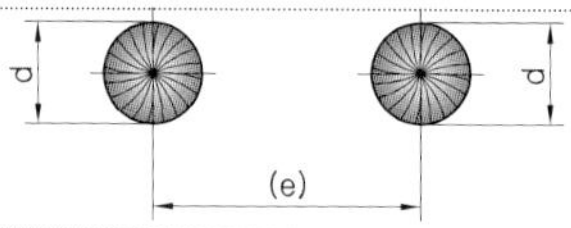 d, d, (e)	n : 4번 참조 (e) : 간격 d : 구멍의 지름	d⊓n(e)
9	점 용접	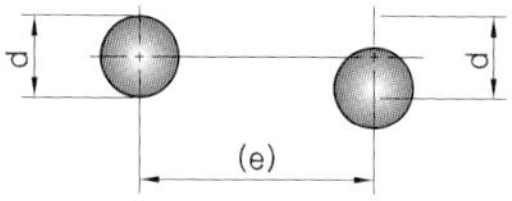 d, d, (e)	n:4번 참조 (e):간격 d:점(용접부)의 지름	d○n(e)

24-4 보조 표시 예

■ 보조 표시 예

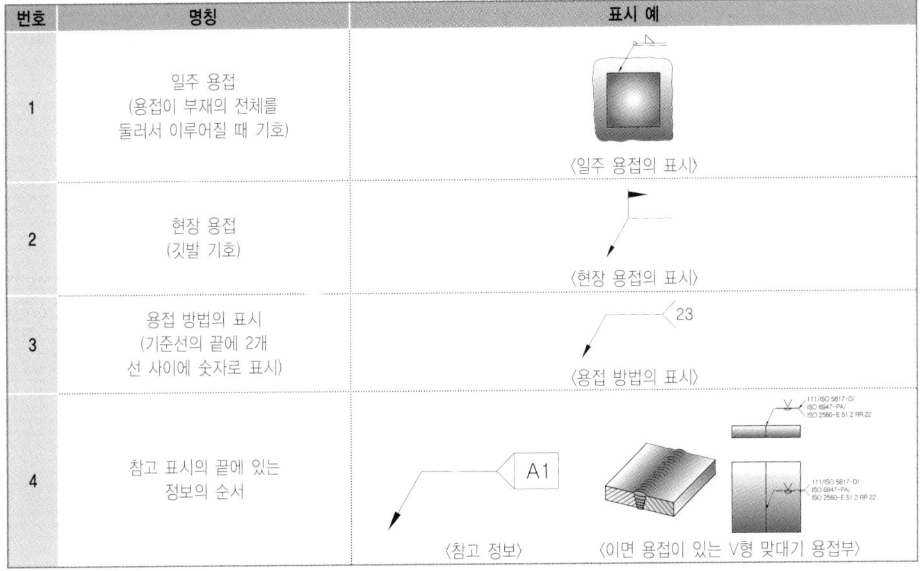

번호	명칭	표시 예
1	일주 용접 (용접이 부재의 전체를 둘러서 이루어질 때 기호)	〈일주 용접의 표시〉
2	현장 용접 (깃발 기호)	〈현장 용접의 표시〉
3	용접 방법의 표시 (기준선의 끝에 2개 선 사이에 숫자로 표시)	23 〈용접 방법의 표시〉
4	참고 표시의 끝에 있는 정보의 순서	A1 〈참고 정보〉 111/ISO 5817-D/ ISO 6947-PA/ ISO 2560-E 51 2 RR 22 〈이면 용접이 있는 V형 맞대기 용접부〉

24-5 점 및 심 용접부에 대한 적용의 예(1/8)

KS B 0052

■ 점 및 심 용접부에 대한 적용의 예

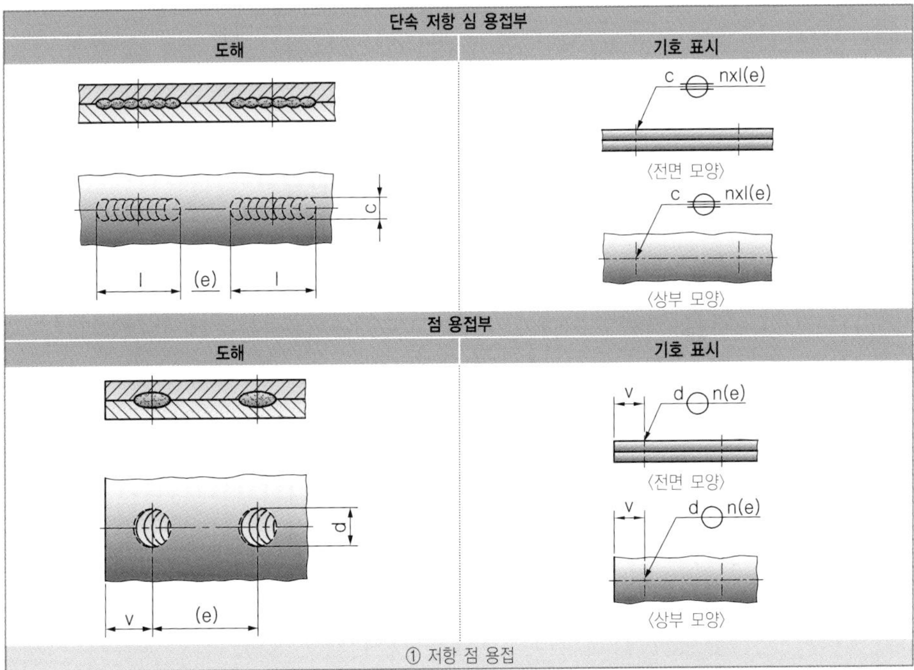

① 저항 점 용접

24-5 점 및 심 용접부에 대한 적용의 예(2/8)

KS B 0052

■ 점 및 심 용접부에 대한 적용의 예 (계속)

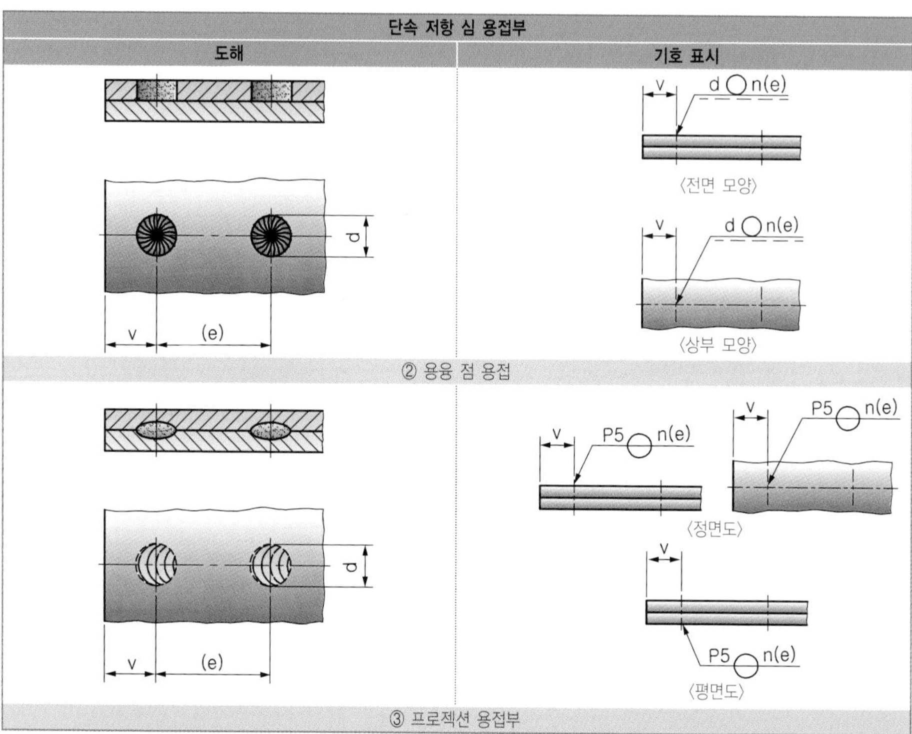

■ 기호의 사용 예

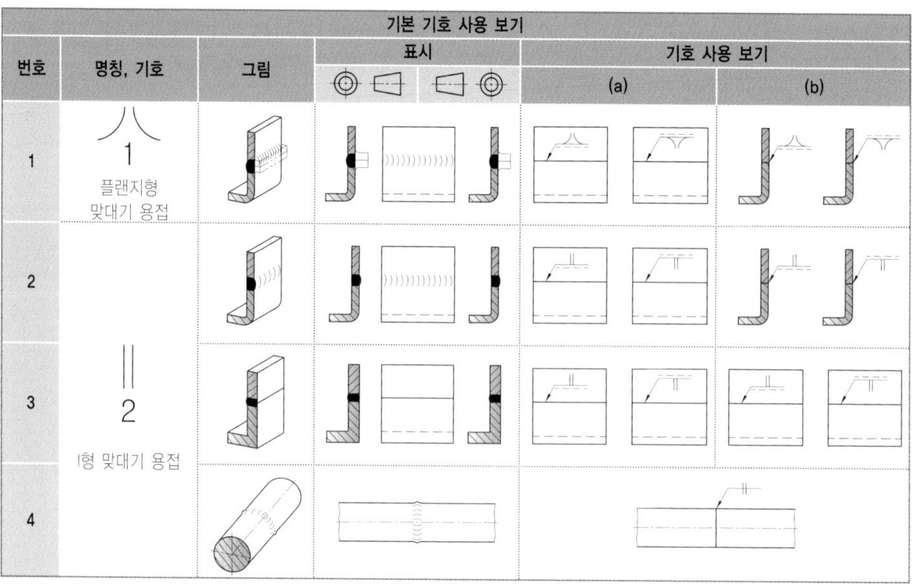

기본 기호 사용 보기
번호
명칭, 기호
그림
표시
기호 사용 보기
(a)
(b)
1
플랜지형 맞대기 용접
2
3
I형 맞대기 용접
4

24-5 점 및 심 용접부에 대한 적용의 예(3/8)

KS B 0052

■ 기호의 사용 예 (계속)

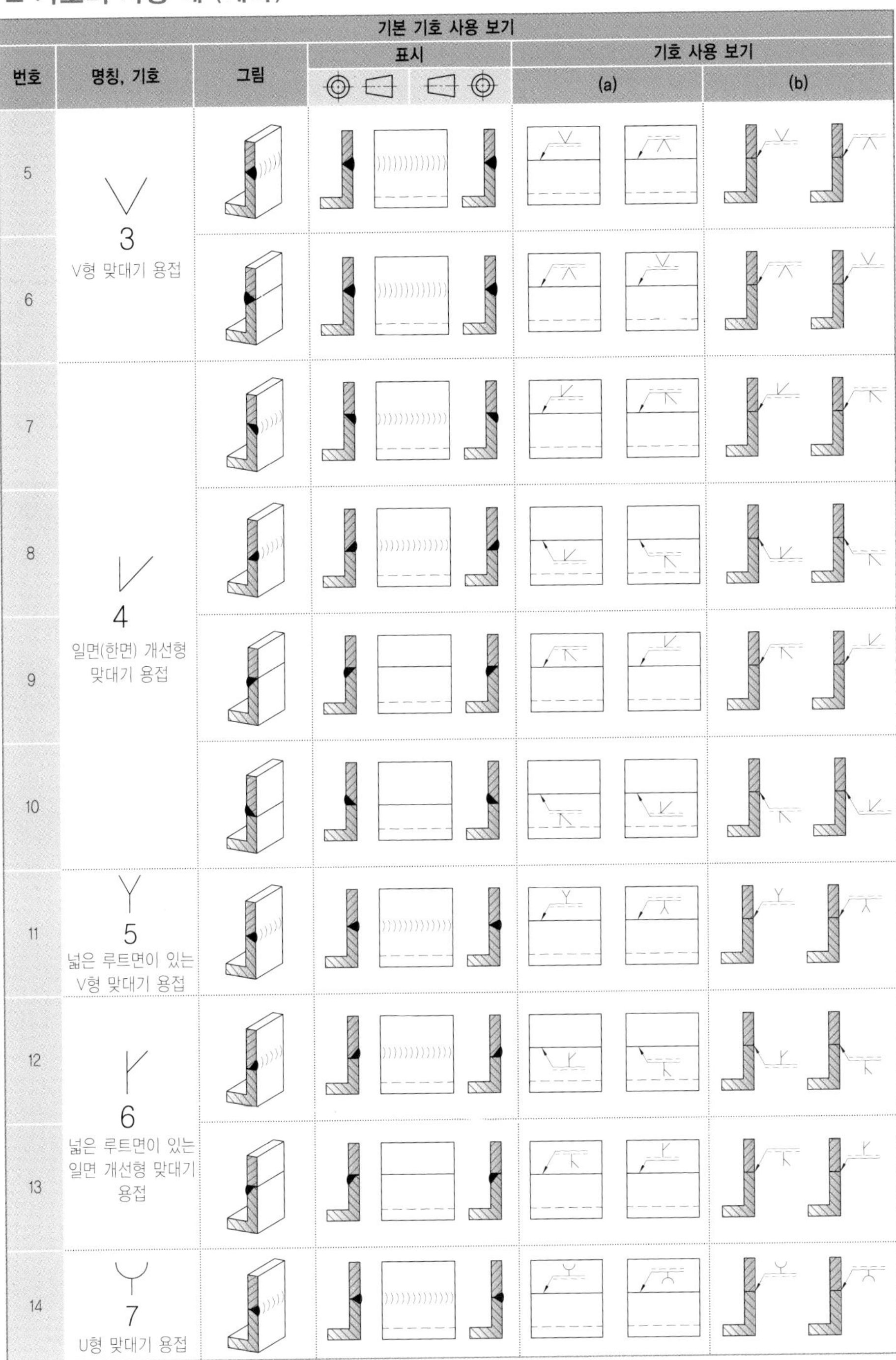

번호	명칭, 기호	그림	표시		기호 사용 보기 (a)	기호 사용 보기 (b)
5	3 V형 맞대기 용접					
6						
7	4 일면(한면) 개선형 맞대기 용접					
8						
9						
10						
11	5 넓은 루트면이 있는 V형 맞대기 용접					
12	6 넓은 루트면이 있는 일면 개선형 맞대기 용접					
13						
14	7 U형 맞대기 용접					

24-5 점 및 심 용접부에 대한 적용의 예(4/8)

KS B 0052

■ 기호의 사용 예 (계속)

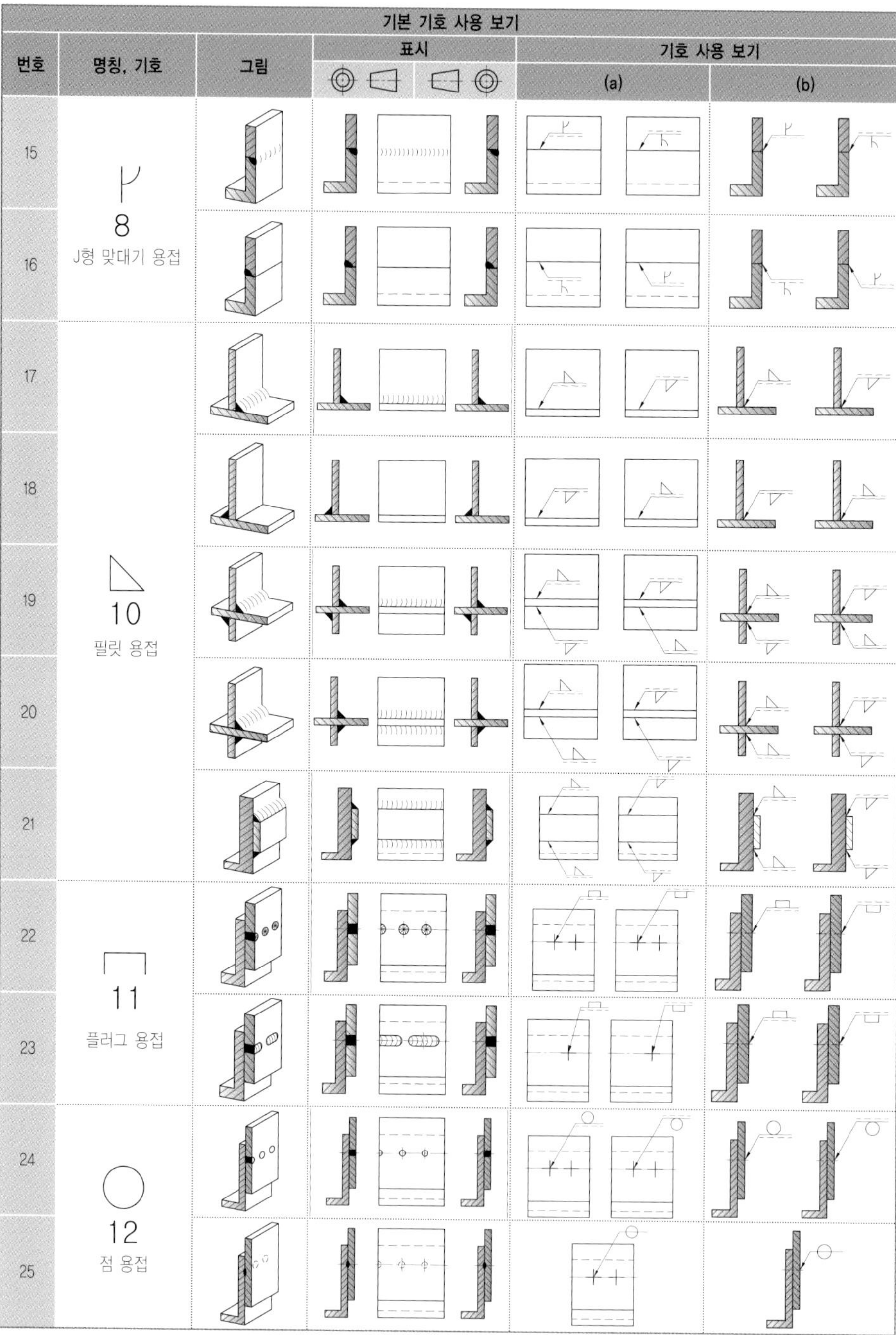

기본 기호 사용 보기					
번호	명칭, 기호	그림	표시	기호 사용 보기 (a)	기호 사용 보기 (b)
15	8 J형 맞대기 용접				
16					
17	10 필릿 용접				
18					
19					
20					
21					
22	11 플러그 용접				
23					
24	12 점 용접				
25					

24-5 점 및 심 용접부에 대한 적용의 예(5/8)

KS B 0052

■ 기호의 사용 예 (계속)

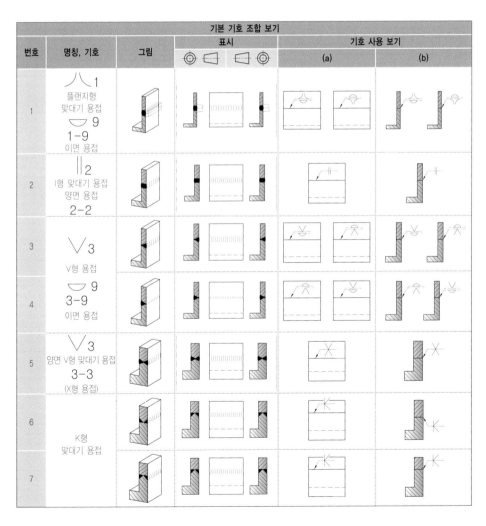

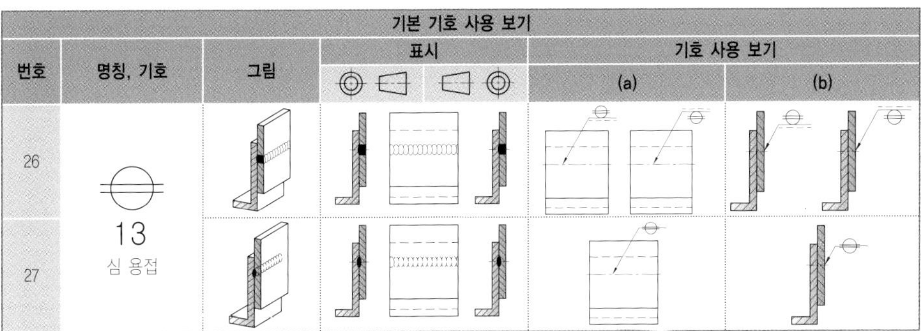

기본 기호 사용 보기						
번호	명칭, 기호	그림	표시		기호 사용 보기	
					(a)	(b)
26	13 심 용접					
27						

기본 기호 조합 보기						
번호	명칭, 기호	그림	표시		기호 사용 보기	
					(a)	(b)
1	1 플랜지형 맞대기 용접 9 1-9 이면 용접	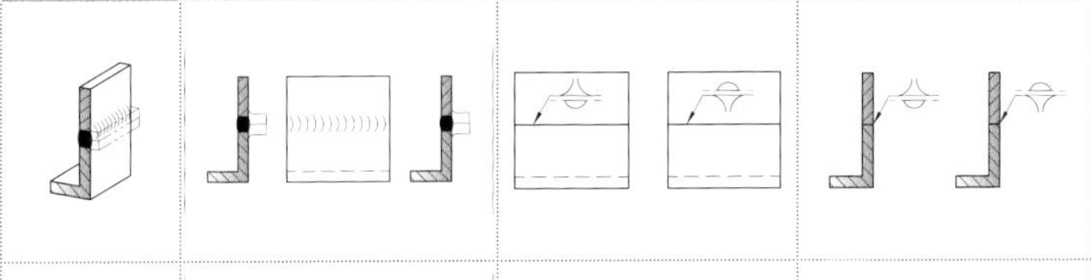				
2	2 I형 맞대기 용접 양면 용접 2-2	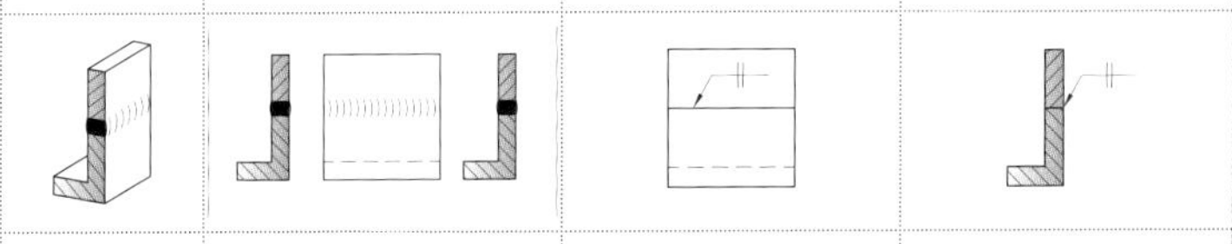				
3	3 V형 용접	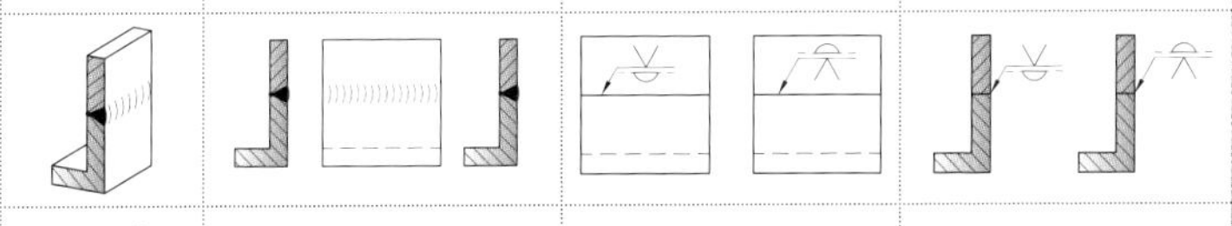				
4	9 3-9 이면 용접	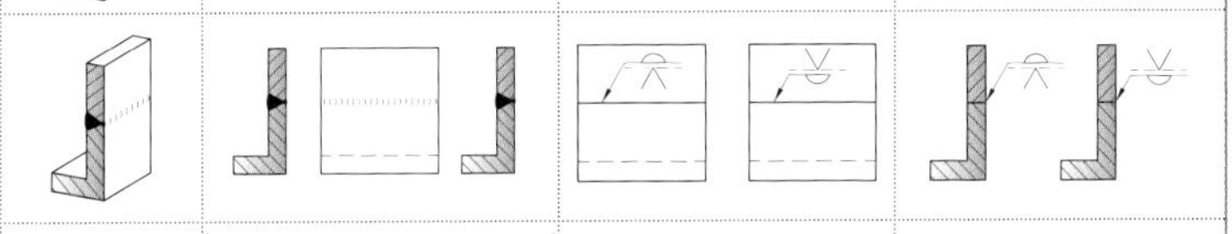				
5	3 양면 V형 맞대기 용접 3-3 (X형 용접)	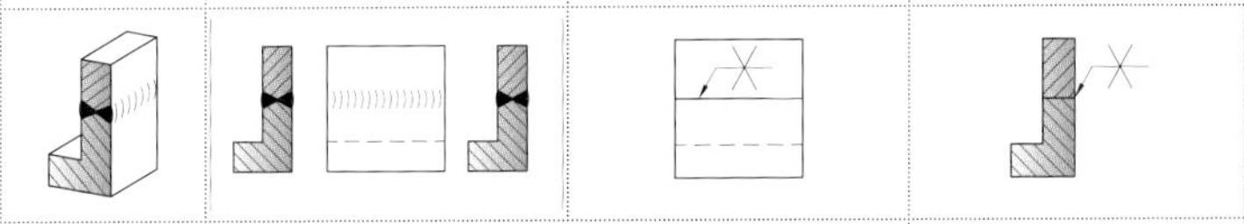				
6	K형 맞대기 용접	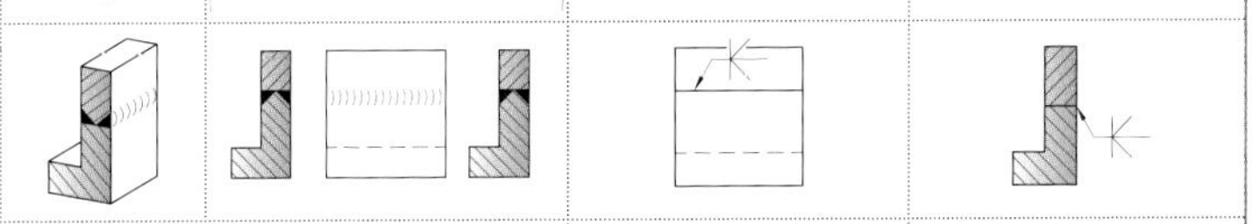				
7		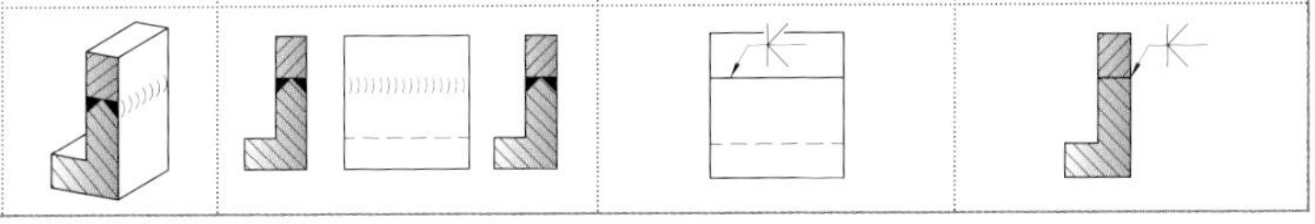				

용접 기호

24-5 점 및 심 용접부에 대한 적용의 예(6/8)

KS B 0052

■ 기호의 사용 예 (계속)

기본 기호 조합 보기							
번호	명칭, 기호	그림	표시			기호 사용 보기	
						(a)	(b)
8	5 5-5 넓은 루트면이 있는 양면 V형 맞대기 용접						
9	6 6-6 넓은 루트면이 있는 K형 맞대기 용접						
10	7 7-7 양면 U형 맞대기 용접						
11	8 8-8 양면 J형 맞대기 용접						
12	3 일면 V형 맞대기 용접 7 3-7 일면 U형 맞대기 용접						
13	필릿 용접						
14							

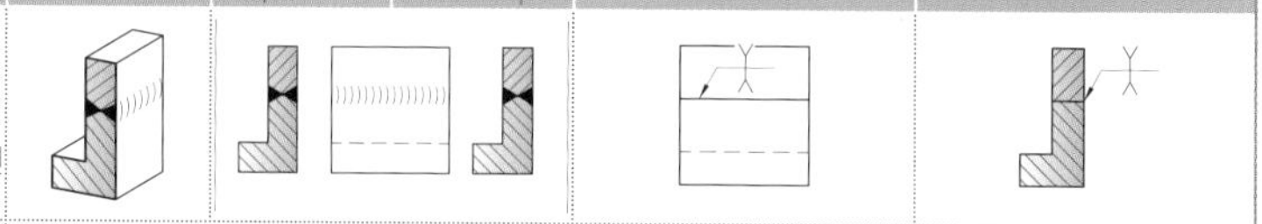

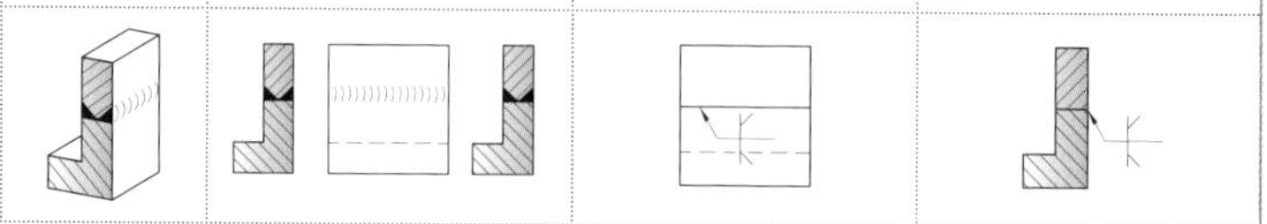

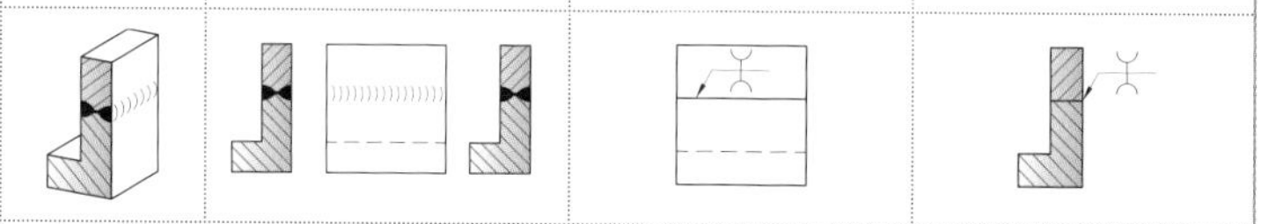

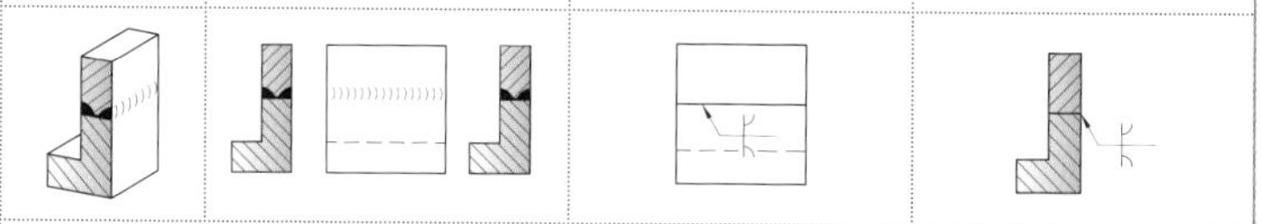

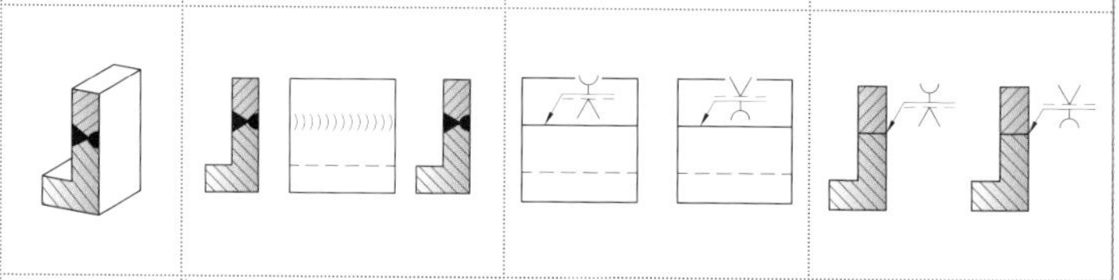

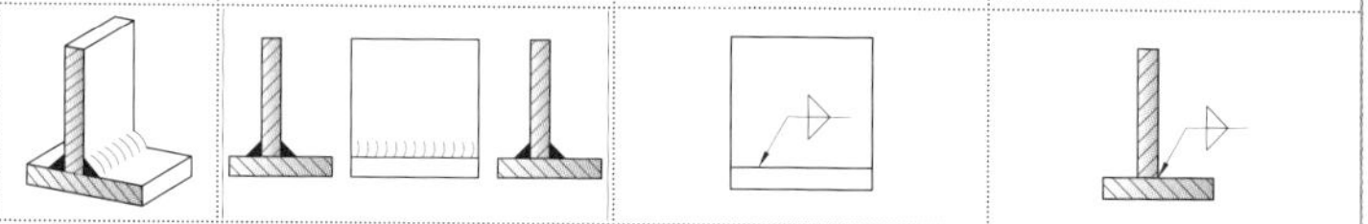

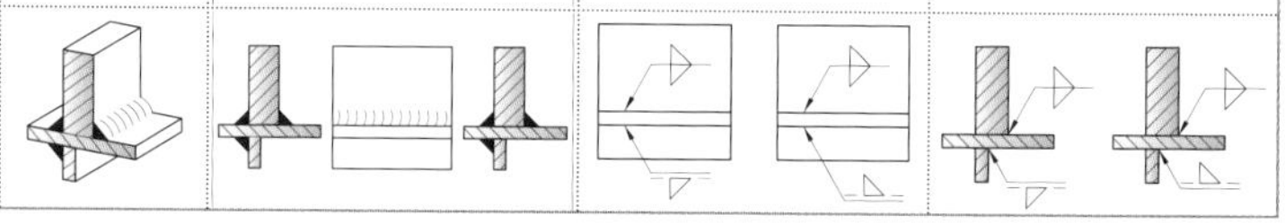

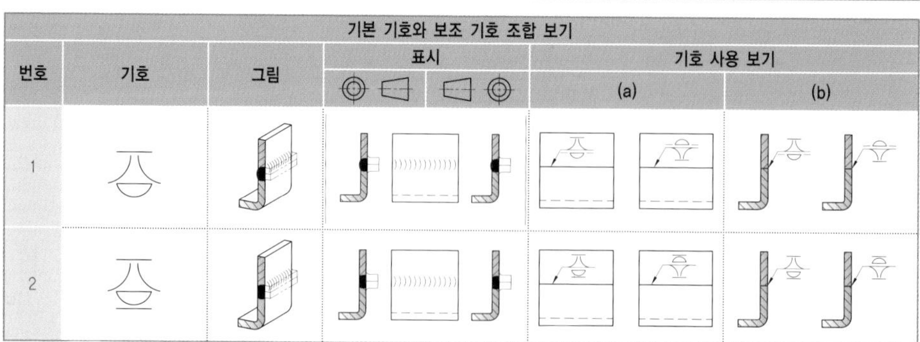

기본 기호와 보조 기호 조합 보기							
번호	기호	그림	표시			기호 사용 보기	
						(a)	(b)
1							
2							

24-5 점 및 심 용접부에 대한 적용의 예(7/8)

KS B 0052

■ 기호의 사용 예 (계속)

기본 기호와 보조 기호 조합 보기						
번호	기호	그림	표시		기호 사용 보기	
					(a)	(b)
3						
4						
5						
6						
7						
8	MR				 MR MR	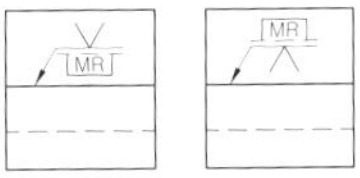 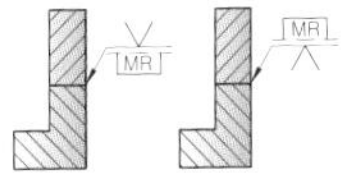 MR MR

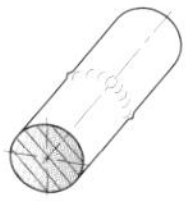

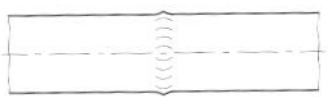

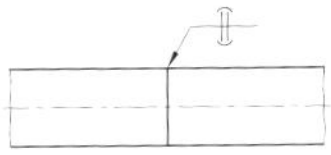

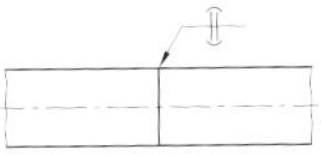

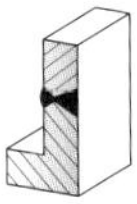

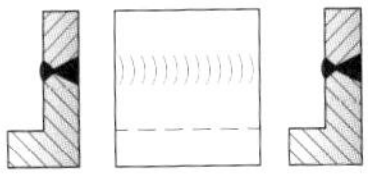

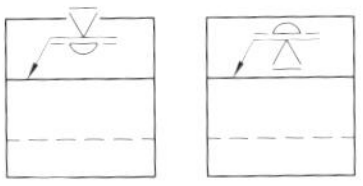

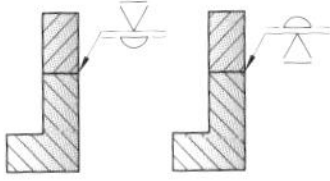

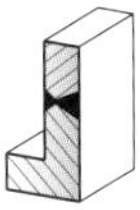

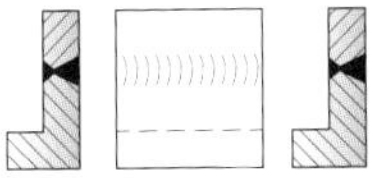

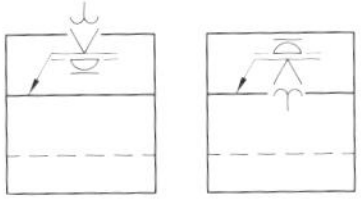

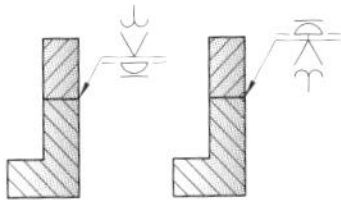

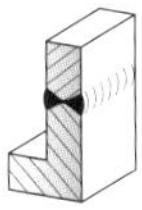

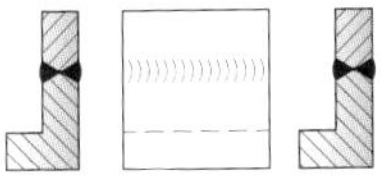

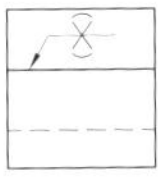

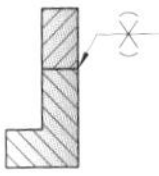

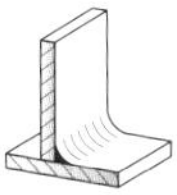

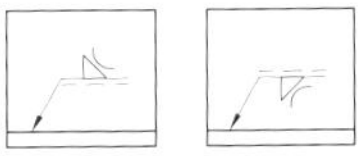

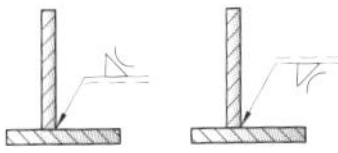

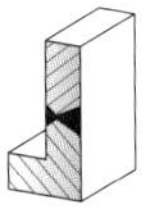

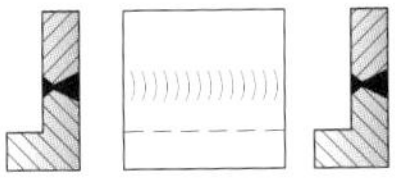

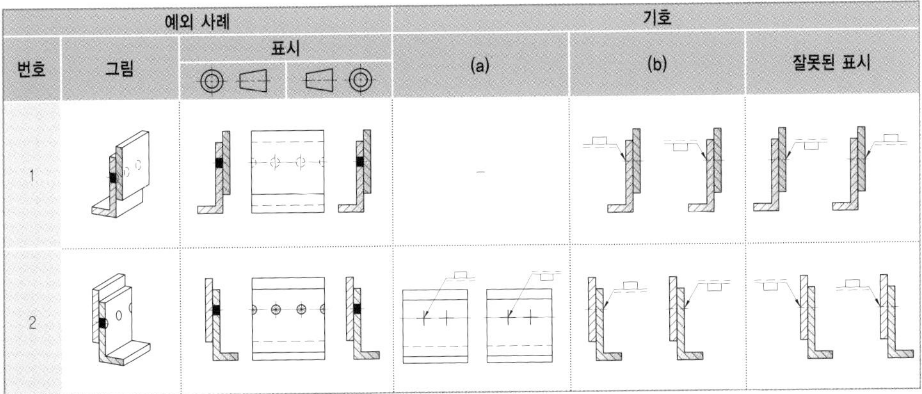

예외 사례				기호		
번호	그림	표시		(a)	(b)	잘못된 표시
1				–		
2						

24-5 점 및 심 용접부에 대한 적용의 예(8/8)

KS B 0052

■ 기호의 사용 예 (계속)

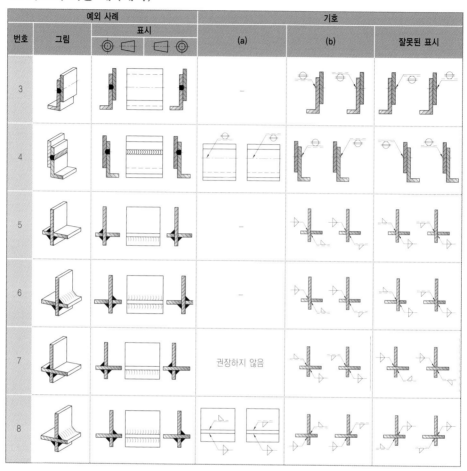

예외 사례				기호		
번호	그림	표시		(a)	(b)	잘못된 표시
3				–		
4						
5				–		
6				–		
7				권장하지 않음	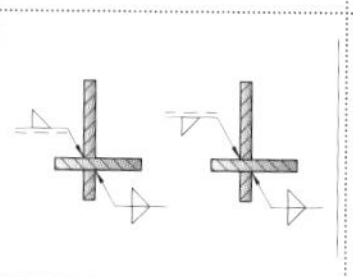	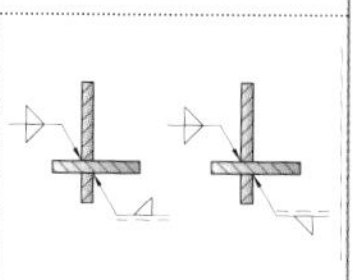
8						

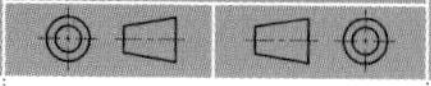

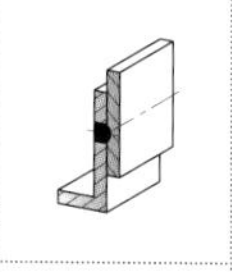

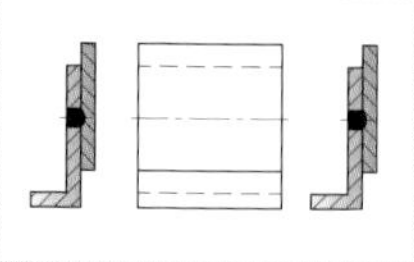

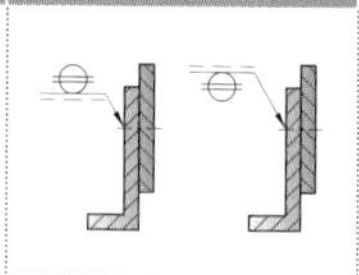

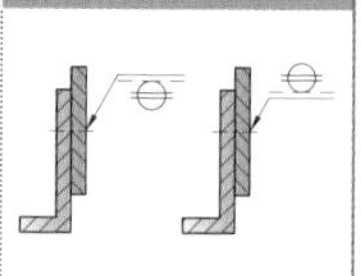

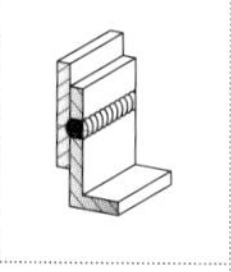

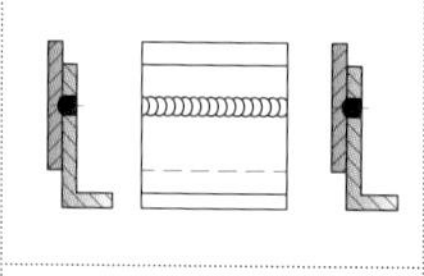

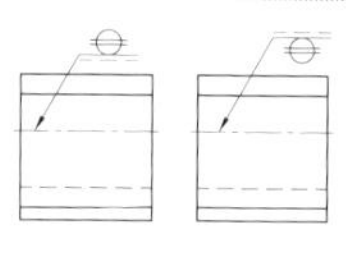

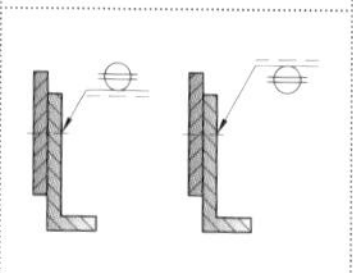

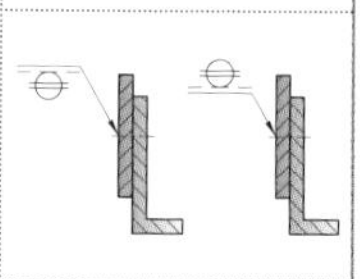

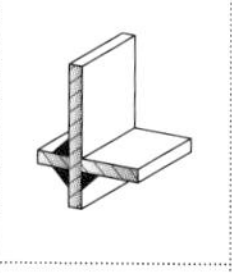

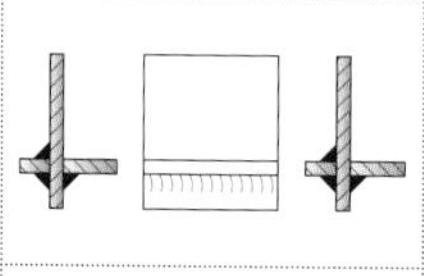

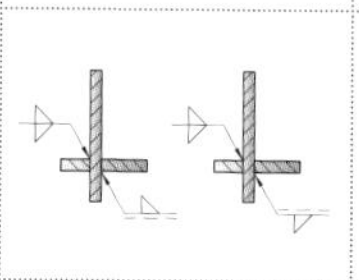

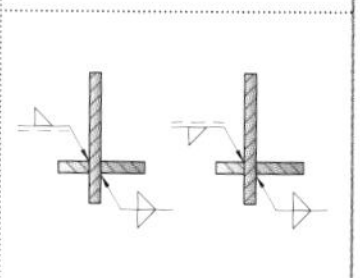

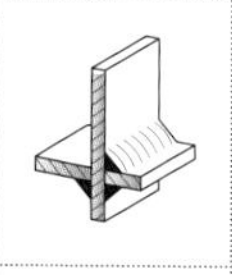

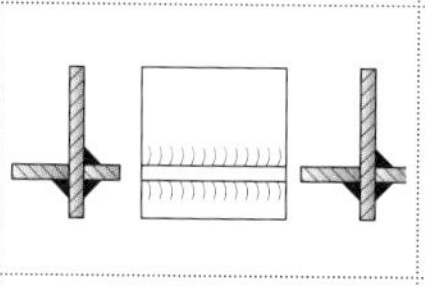

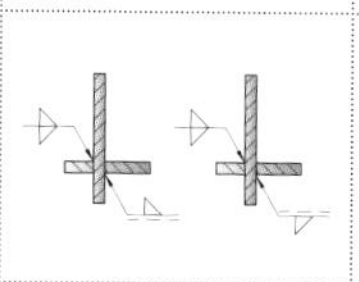

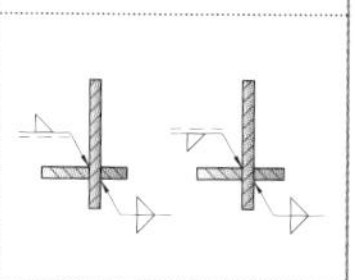

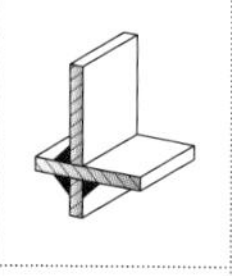

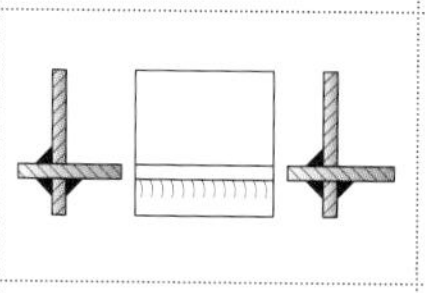

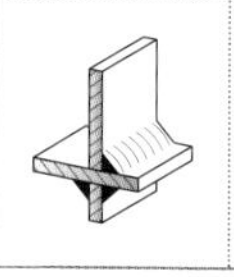

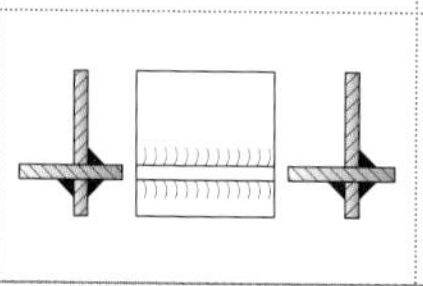

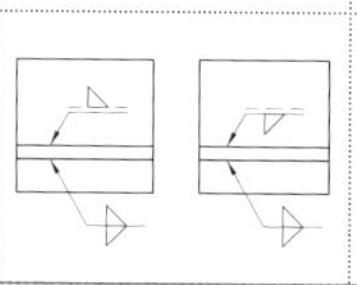

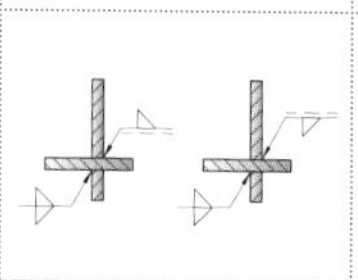

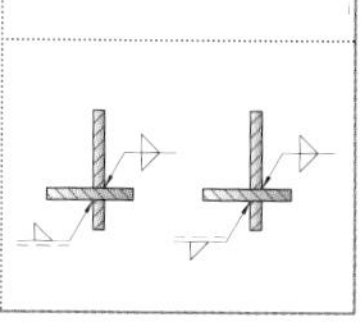

[참고] (부속서 B)

· ISO 2553 : 1974에 따라 작성된 도면을 ISO 2553 : 1992에 따른 새로운 체계로 변환하기 위한 지침

· ISO 2553 : 1974(용접부–도면에 기호 표시)에 의거 작성된 구도면을 변환하기 위한 임시방편으로서, 다음과 같은 허용 가능한 방법이 있다. 그러나 이것은 규격 개정 기간 동안 잠정적인 조치가 된다. 새로운 도면에는 언제나 2중 기준선 ═ ─ ─ ─ ─ ─ 을 사용하게 된다.

화살표 쪽 용접　　　　화살표 반대쪽 용접

[비고] · ISO 2553 : 1974의 E 또는 A 방법 중 하나로 작성된 도면을 새로운 체계로 변환할 때는 필릿 용접부에 있어서 각장(z) 또는 목 두께(a) 치수는 기준선의 용접 기호에 연결되어 사용되는데, 그 치수 앞에 문자 a 또는 z를 첨가하는 것이 특별히 중요하다.

24-6 용접 이음 계산 공식

맞대기 용접 이음에서는 모재의 판두께를 계산의 기준으로 한다. (두께가 서로 다른 판에서는 얇은 쪽의 판두께를 기준으로 한다.)
용접 이음은 맞대기 용접 이음과 필릿 용접 이음으로 크게 구분하고, 용접부는 판면으로부터 솟아오르는(살돋음, 덧붙임) 단면적은 크게 되지만 솟아오르는 부분은 강도상의 안전을 고려하여 계산에는 넣지 않는다.
측면 필릿 용접부에서는 목두께 단면에 전단응력이 발생하는 것으로 하여 계산한다.

■ 맞대기 용접 이음에 의한 인장응력

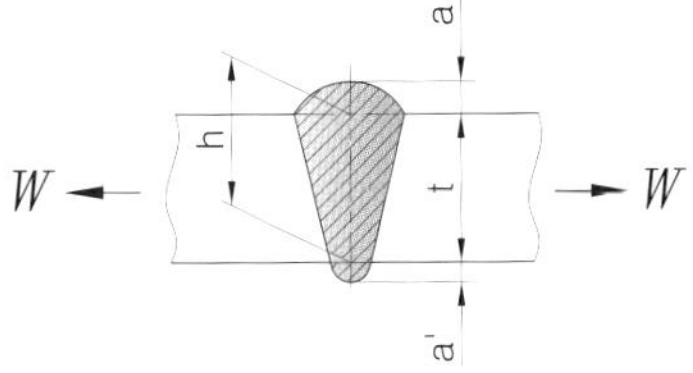

$\sigma = \dfrac{W}{hl}$ [MPa]

(단, $h = t$)

h : 목 두께 ($h = t$)

a , a' : 살돋음, 덧붙임

■ 전면 필릿 용접 이음에 의한 인장응력

전면 필릿 용접 : 용접선의 방향이 전달하는 응력의 방향과 거의 직각

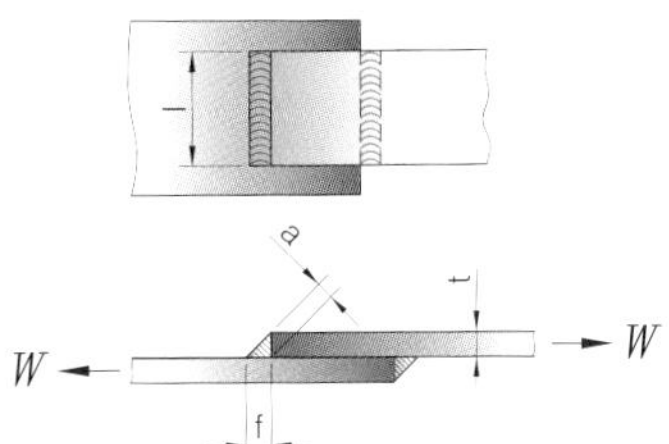

필릿 용접에서는 a=0.7t 로 하여 계산한다.
우측의 그림과 같이 필릿부는 2개소이므로,

$\sigma = \dfrac{W}{2\sigma l}$ [MPa]

a : 이론상의 목두께

f : 다리 길이(일반적으로 다리 길이=판 두께) $f = t$

l : 용접부 길이

■ 측면 필릿 용접 이음에 의한 전단응력

측면 필릿 용접 : 용접선의 방향이 전달하는 응력의 방향과 거의 평행

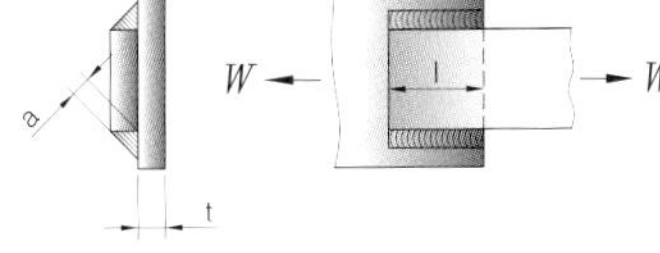

우측의 그림과 같이 필릿부는 2개소이므로,

$\tau = \dfrac{W}{2atl}$ [MPa]

W : 하중 (N)

h : 목 두께 (mm)

l : 용접 길이 (mm)

t : 판 두께 (mm)

a : 이론 목 두께 (mm)

[Tip]
강도상 가능하면 맞대기 용접이음을 추천한다. 전면 필릿 용접이음에서는 목 두께의 단면에 인장응력이, 측면 필릿 용접이음에서는 전단응력이 발생하는 것으로 하여 계산한다.
용접부의 강도계산에서는 접합 부분의 강도는 모재와 일체로 되어 있는 것으로 한다.

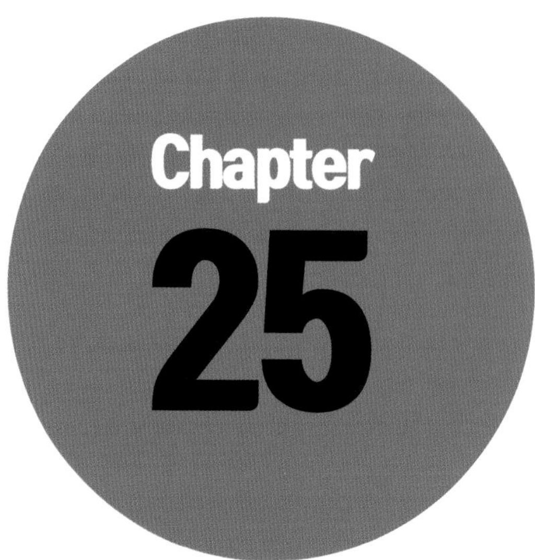

유압·공기압 요소 기호

25-1 기호 요소(1/2)

■ 기호 요소

번호	명칭	기호	용도	비고
1-1	**선**			
1-1.1	실선	———————	(1) 주관로 (2) 파일럿 밸브에의 공급관로 (3) 전기 신호선	· 귀환 관로를 포함 · 2-3.1을 부기하여 관로와의 구별을 명확히 한다.
1-1.2	파선	- - - - - - - -	(1) 파일럿 조작관로 (2) 드레인 관로 (3) 필터 (4) 밸브의 과도위치	· 내부 파일럿 · 외부 파일럿
1-1.3	1점 쇄선	—·—·—·—	포위선	· 2개 이상의 기능을 갖는 유닛을 나타내는 포위선
1-1.4	복선	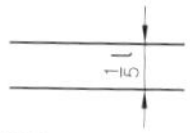 $\frac{1}{5}l$	기계적 결합	· 회전축, 레버, 피스톤 로드 등
1-2	**원**			
1-2.1	대원	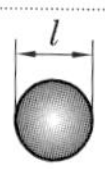 l	에너지 변환기기	· 펌프, 압축기, 전동기 등
1-2.2	중간원	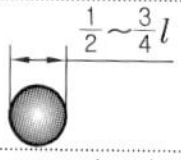 $\frac{1}{2}\sim\frac{3}{4}l$	(1) 계측기 (2) 회전 이음	
1-2.3	소원	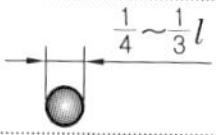 $\frac{1}{4}\sim\frac{1}{3}l$	(1) 체크 밸브 (2) 링크 (3) 롤러	· 롤러 : 중앙에 ⊙점을 찍는다.
1-2.4	점	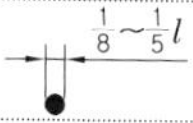 $\frac{1}{8}\sim\frac{1}{5}l$	(1) 관로의 접속 (2) 롤러의 축	
1-3	반원	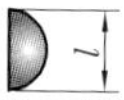 l	회전각도가 제한을 받는 펌프 또는 액추에이터	
1-4	**정사각형**			
1-4.1		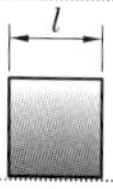 l	(1) 제어기기 (2) 전동기 이외의 원동기	· 접속구가 변과 수직으로 교차한다.
1-4.2		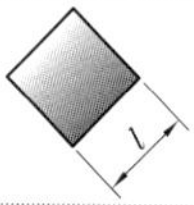 l	유체 조정기기	· 접속구가 각을 두고 변과 교차한다. · 필터, 드레인 분리기, 주유기, 열 교환기 등
1-4.3		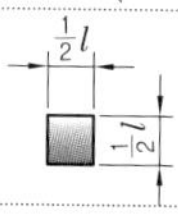 $\frac{1}{2}l$, $\frac{1}{2}l$	(1) 실린더내의 쿠션 (2) 어큐뮬레이터(축압기) 내의 추	
1-5	**직사각형**			
1-5.1		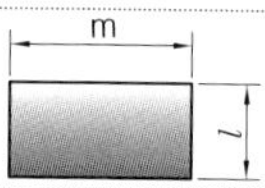 m, l	(1) 실린더 (2) 밸브	· m 〉 l
1-5.2		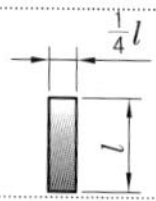 $\frac{1}{4}l$, l	피스톤	
1-5.3		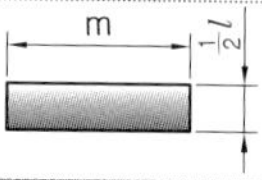 m, $\frac{1}{2}l$	특정의 조작방법	· l≤m≤2l · 표6 참조

25-1 기호 요소(2/2)

KS B 0054

■ 기호 요소 (계속)

번호	명칭	기호	용도	비고
1-6	기타			· m 〉 l
1-6.1	요형 (대)	$\frac{1}{2}l$, m	· 유압유 탱크 (통기식)	
1-6.2	요형 (소)	$\frac{1}{4}l$, $\frac{1}{2}l$	· 유압유 탱크(통기식)의 국소 표시	
1-6.3	캡슐형	l, $2l$	(1) 유압유 탱크(밀폐식) (2) 공기압 탱크 (3) 어큐뮬레이터 (4) 보조가스용기	

[비고] · 치수 l은 공통의 기준치수로 그 크기는 임의로 정하여도 좋다. 또 필요상 부득이할 경우에는 기준치수를 대상에 따라 변경하여도 좋다.

25-2 기능 요소

KS B 0054

■ 기능 요소

번호	명칭	기호	용도	비고
2-1	정삼각형			· 유체 에너지의 방향 · 유체의 종류 · 에너지원의 표시
2-1.1	흑	▶	유압	
2-1.2	백	▷	· 공기압 또는 기타의 기체압	· 대기 중의 배출을 포함
2-2	화살표 표시			
2-2.1	직선 또는 사선		(1) 직선 운동 (2) 밸브내의 유체의 경로와 방향 (3) 열류의 방향	
2-2.2	곡 선	90°	회전운동	· 화살표는 축의 자유단에서 본 회전방향을 표시
2-2.3	사 선		가변조작 또는 조정수단	· 적당한 길이로 비스듬히 그린다. · 펌프, 스프링, 가변식전자 액추에이터
2-3	기 타			
2-3.1			전기	
2-3.2			폐로 또는 폐쇄 접속구	폐 로 접속구
2-3.3			전자 액추에이터	
2-3.4			온도지시 또는 온도 조정	
2-3.5			원동기	
2-3.6			스프링	· 산의수는 자유
2-3.7			교축	
2-3.8		90°	체크밸브의 간략기호의 밸브시트	

25-3 관로

KS B 0054

■ 관로

번호	명칭	기호	비고
3-1.1	접속		
3-1.2	교차		· 접속하고 있지 않음
3-1.3	처짐 관로		· 호스(통상 가동부분에 접속된다)

25-4 접속구

KS B 0054

■ 접속구

번호	명칭	기호	비고
4-1	공기 구멍		
4-1.1			· 연속적으로 공기를 빼는 경우
4-1.2			· 어느 시기에 공기를 빼고 나머지 시간은 닫아놓는 경우
4-1.3			· 필요에 따라 체크 기구를 조작하여 공기를 빼는 경우
4-2			· 공기압 전용
4-2.1			· 접속구가 없는 것
4-2.2			· 접속구가 있는 것
4-3	급속이음		
4-3.1			· 체크밸브 없음
4-3.2		〈접속상태〉 〈떨어진 상태〉	· 체크밸브 붙이(셀프실 이음)
4-4	회전이음		· 스위블 조인트 및 로터리 조인트
4-4.1	1관로		· 1방향 회전
4-4.2	3관로		· 2방향 회전

25-5 기계식 구성 부품

KS B 0054

■ 기계식 구성 부품

번호	명칭	기호	비고
5-1	로드	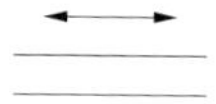	· 2방향 조작 · 화살표의 기입은 임의
5-2	회전축	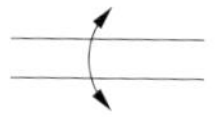	· 2방향 조작 · 화살표의 기입은 임의
5-3	멈춤쇠		· 2방향 조작 · 고정용 그루브 위에 그린 세로선은 고정구를 나타낸다.
5-4	래치	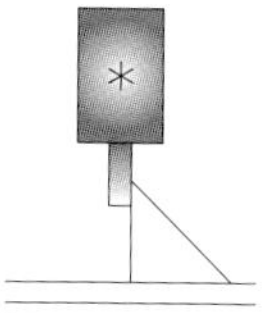 *	· 1방향 조작 · *해제의 방법을 표시하는 기호
5-5	오버센터 기구	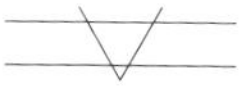	· 2방향 조작

25-6 조작 방식(1/3)

KS B 0054

■ 조작 방식

번호	명칭	기호	비고
6-1	인력 조작		· 조작방법을 지시하지 않은 경우, 또는 조작 방향의 수를 특별히 지정하지 않은 경우의 일반기호
6-1.1	누름 버튼		· 1방향 조작
6-1.2	당김 버튼		· 1방향 조작
6-1.3	누름-당김버튼	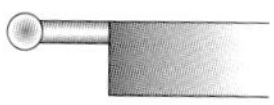	· 2방향 조작
6-1.4	레버		· 2방향 조작(회전운동을 포함)
6-1.5	페달		· 1방향 조작(회전운동을 포함)
6-1.6	2방향 페달	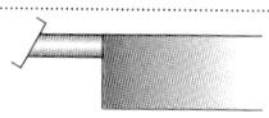	· 2방향 조작(회전운동을 포함)
6-2	기계 조작		
6-2.1	플런저	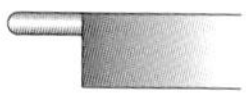	· 1방향 조작
6-2.2	가변행정제한 기구	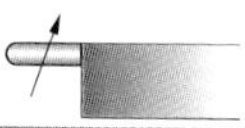	· 2방향 조작

25-6 조작 방식(2/3)

■ 조작 방식 (계속)

번호	명칭	기호	비고
6-2.3	스프링		· 1방향 조작
6-2.4	롤러	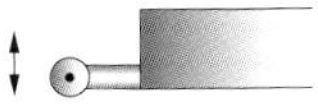	· 2방향 조작
6-2.5	편측작동롤러		· 화살표는 유효조작 방향을 나타낸다. · 기입을 생략하여도 좋다. · 1방향 조작
6-3	전기 조작		
6-3.1	직선형 전기 액추에이터		· 솔레노이드, 토크모터 등
6-3.1.1	단동 솔레노이드		· 1방향 조작 · 사선은 우측으로 비스듬히 그려도 좋다.
6-3.1.2	복동 솔레노이드		· 2방향 조작 · 사선은 위로 넓어져도 좋다.
6-3.1.3	단동 가변식 전자 액추에이터		· 1방향 조작 · 비례식 솔레노이드, 포스모터 등
6-3.1.4	복동 가변식 전자 액추에이터		· 2방향 조작 · 토크모터
6-3.2	회전형 전기 액추에이터	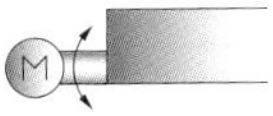 M	· 2방향 조작 · 전동기
6-4	파일럿 조작		
6-4.1	직접 파일럿 조작		
6-4.1.1			
6-4.1.2		 2 1	· 수압면적이 상이한 경우, 필요에 따라, 면적비를 나타내는 숫자를 직사각형 속에 기입한다.
6-4.1.3	내부 파일럿	45°	· 조작유로는 기기의 내부에 있음
6-4.1.4	외부 파일럿		· 조작유로는 기기의 외부에 있음

25-6 조작 방식(3/3)

■ 조작 방식 (계속)

번호	명칭	기호	비고
6-4.2	간접 파일럿 조작		
6-4.2.1	압력을 가하여 조작하는 방식		
(1)	공기압 파일럿		· 내부 파일럿 · 1차 조작 없음
(2)	유압 파일럿	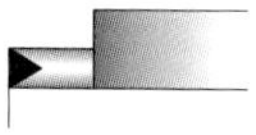	· 외부 파일럿 · 1차 조작 없음
(3)	유압 2단 파일럿	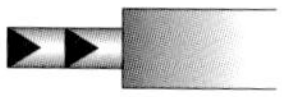	· 내부 파일럿, 내부 드레인 · 1차 조작 없음
(4)	공기압 · 유압 파일럿	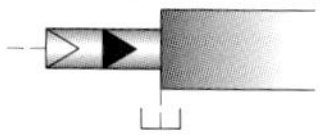	· 외부 공기압 파일럿, 내부 유압 파일럿, 외부 드레인 · 1차 조작 없음
(5)	전자 · 공기압 파일럿	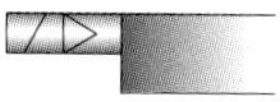	· 단동 솔레노이드에 의한 1차 조작 붙이 · 내부 파일럿
(6)	전자 · 유압 파일럿	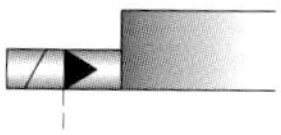	· 단동 솔레노이드에 의한 1차 조작 붙이 · 외부 파일럿, 내부 드레인
6-4.2.2	압력을 빼내어 조작하는 방식		
(1)	유압 파일럿	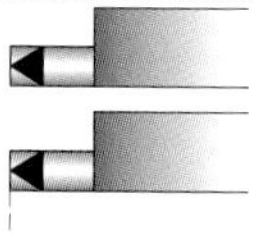	· 내부 파일럿 · 내부 드레인 · 1차 조작 없음 · 내부 파일럿 · 원격조작용 벤트포트 붙이
(2)	전자 · 유압 파일럿	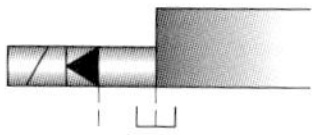	· 단동 솔레노이드에 의한 1차 조작 붙이 · 외부 파일럿, 외부 드레인
(3)	파일럿 작동형 압력제어 밸브	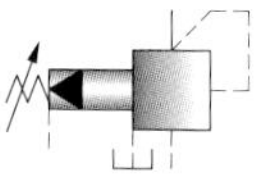	· 압력조정용 스프링 붙이 · 외부 드레인 · 원격조작용 벤트포트 붙이
(4)	파일럿 작동형 비례전자식 압력제어 밸브	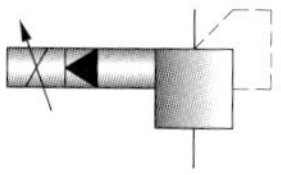	· 단동 비례식 액추에이터 · 내부 드레인
6-5	피드백		
6-5.1	전기식 피드백	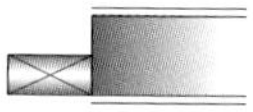	· 일반 기호 · 전위차계, 차동변압기 등의 위치검출기
6-5.2	기계식 피드백	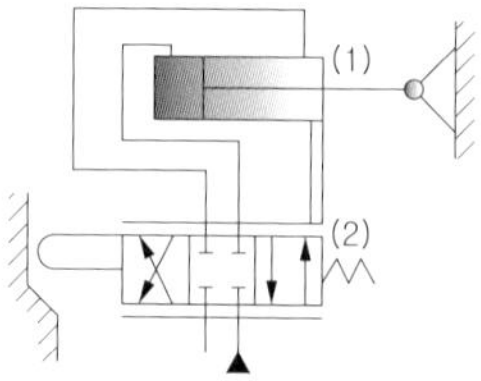 (1) (2)	· 제어대상과 제어요소의 가동부분간의 기계적 접속은 1-1.4 및 8.1.(8)에 표시 (1) 제어 대상 (2) 제어 요소

25-7 펌프 및 모터

KS B 0054

■ 펌프 및 모터

번호	명칭	기호	비고
7-1	펌프 및 모터	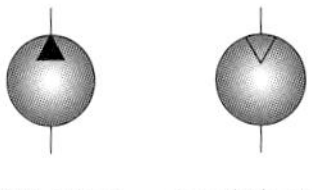 〈유압 펌프〉 〈공기압모터〉	· 일반기호
7-2	유압 펌프	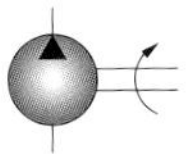	· 1방향 유동 · 정용량형 · 1방향 회전형
7-3	유압 모터	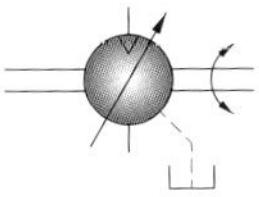	· 1방향 유동 · 가변용량형 · 조작 기구를 특별히 지정하지 않는 경우 · 외부 드레인 · 1방향 회전형 · 양축형
7-4	공기압 모터	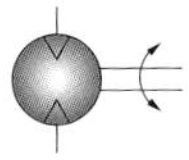	· 2방향 유동 · 정용량형 · 2방향 회전형
7-5	정용량형 펌프 · 모터	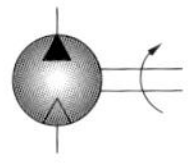	· 1방향 유동 · 정용량형 · 1방향 회전형
7-6	가변용량형 펌프 · 모터 (인력조작)	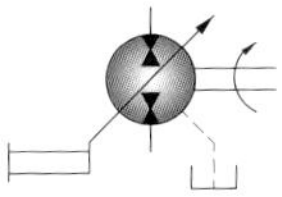	· 2방향 유동 · 가변용량형 · 외부드레인 · 2방향 회전형
7-7	요동형 액추에이터	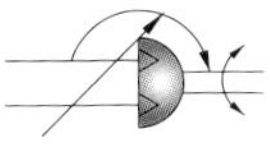	· 공기압 · 정각도 · 2방향 요동형 · 축의 회전방향과 유동방향과의 관계를 나타내는 화살표의 기입은 임의(부속서 참조)
7-8	유압 전도장치	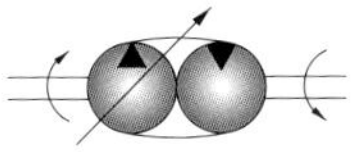	· 1방향 회전형 · 가변용량형 펌프 · 일체형
7-9	가변용량형 펌프 (압력보상제어)	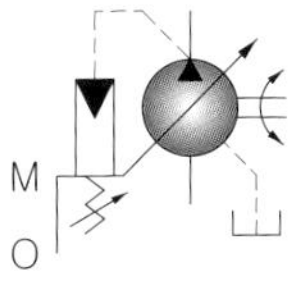 M O	· 1방향 유동 · 압력조정 가능 · 외부 드레인 (부속서 참조)
7-10	가변용량형 펌프 · 모터 (파일럿조작)	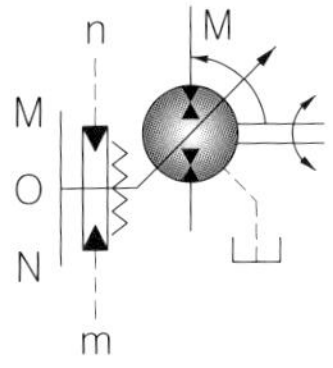 n M M O N m	· 2방향 유동 · 2방향 회전형 · 스프링 힘에 의하여 중앙위치 (배제용적 0)로 되돌아오는 방식 · 파일럿 조작 · 외부 드레인 · 신호 m은 M방향으로 변위를 발생시킴 (부속서 참조)

유압 · 공기압 요소기호

25-8 실린더

■ 실린더

번호	명칭	기호	비고
8-1	단동 실린더	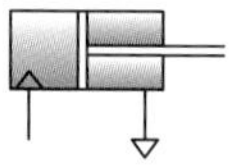 〈상세 기호〉 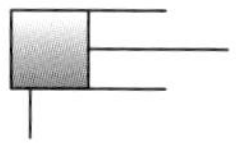 〈간략 기호〉	· 공기압 · 압출형 · 편로드형 · 대기중의 배기(유압의 경우는 드레인)
8-2	단동 실린더 (스프링붙이)	① 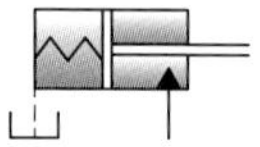 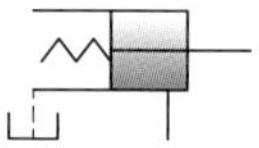 ② 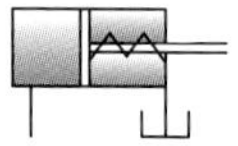 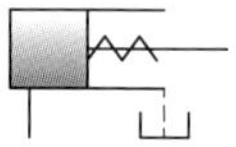	· 유압 · 편로드형 · 드레인축은 유압유 탱크에 개방 ① 스프링 힘으로 로드 압출 ② 스프링 힘으로 로드 흡인
8-3	복동 실린더	① 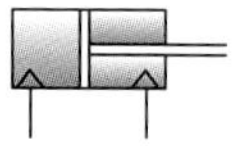 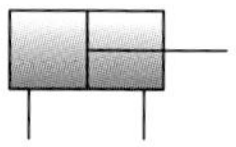 ② 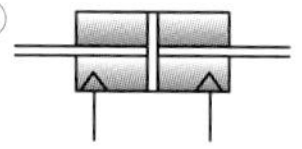 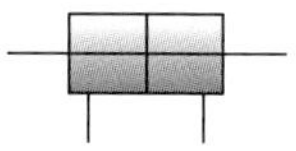	① · 편로드 · 공기압 ② · 양로드 · 공기압
8-4	복동 실린더 (쿠션붙이)	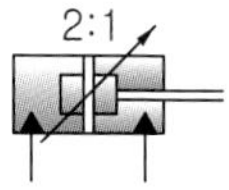 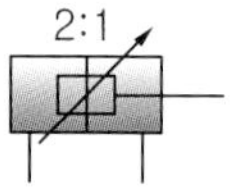 2:1 2:1	· 유압 · 편로드형 · 양 쿠션, 조정형 · 피스톤 면적비 2:1
8-5	단동 텔레스코프형 실린더	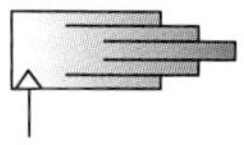	· 공기압
8-6	복동 텔레스코프형 실린더	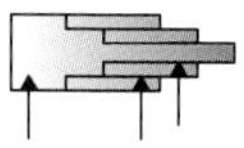	· 유압

25-9 특수 에너지(변환기기)

KS B 0054

■ 특수 에너지(변환기기)

번호	명칭	기호	비고
9-1	공기유압 변환기	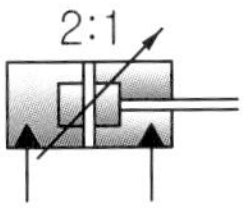 2:1 〈단동형〉 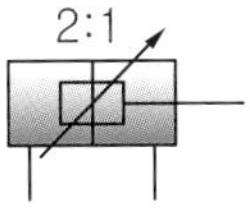 2:1 〈연속형〉	
9-2	증압기	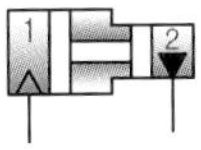 〈단동형〉 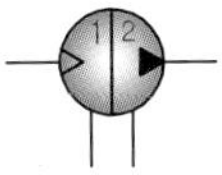 〈연속형〉	· 압력비 1:2 · 2종 유체용

25-10 에너지(용기)

KS B 0054

■ 에너지(용기)

번호	명칭	기호	비고
10-1	어큐뮬레이터	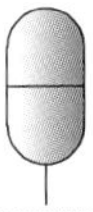	· 일반기호 · 항상 세로형으로 표시 · 부하의 종류를 지시하지 않는 경우
10-2	어큐뮬레이터	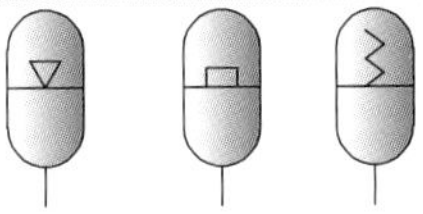 기체식 중량식 스프링식	· 부하의 종류를 지시하는 경우
10-3	보조 가스용기		· 항상 세로형으로 표시 · 어큐뮬레이터와 조합하여 사용하는 보급용 가스용기
10-4	공기 탱크	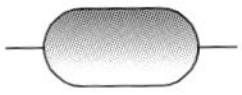	

유압 · 공기압 요소기호

25-11 동력원

KS B 0054

■ 동력원

번호	명칭	기호	비고
11-1	유압(동력)원		· 일반기호
11-2	공기압(동력)원		· 일반기호
11-3	전동기	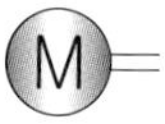 M	
11-4	원동기	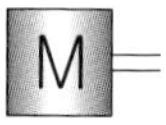 M	(전동기를 제외)

25-12 전환 밸브(1/2)

KS B 0054

■ 전환 밸브

번호	명칭	기호	비고
12-1	2포트 수동 전환밸브	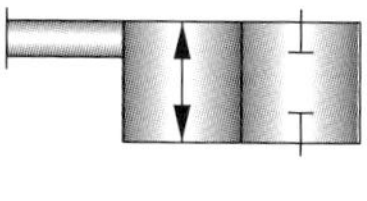	· 2위치 · 폐지밸브
12-2	3포트 전자 전환밸브	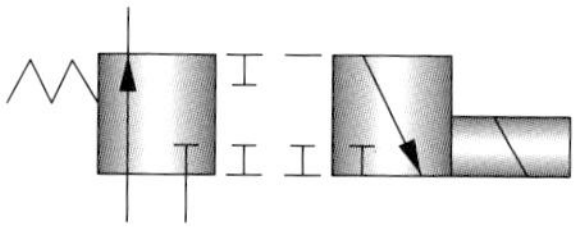	· 2위치 · 1과도 위치 · 전자조작 스프링 리턴
12-3	5포트 파일럿 전환밸브	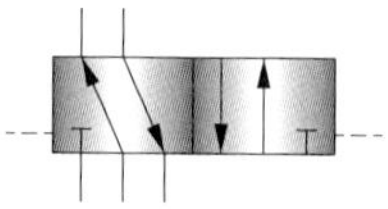	· 2위치 · 2방향 파일럿 조작

25-12 전환 밸브(2/2)

■ 전환 밸브 (계속)

번호	명칭	기호	비고
12-4	4포트 전자파일럿 전환밸브	〈상세 기호〉 〈간략 기호〉	· 주밸브 -3위치 -스프링센터 -내부 파일럿 · 파일럿 밸브 -4포트 -3위치 -스프링센터 -전자조작 (단동 솔레노이드) -수동 오버라이드 조작 붙이 -외부 드레인
12-5	4포트 전자파일럿 전환밸브	〈상세 기호〉 〈간략 기호〉	· 주밸브 -3위치 -프레셔센터(스프링센터 겸용) -파일럿 압을 제거할 때 작동 위치로 전환된다. · 파일럿 밸브 -4포트 -3위치 -스프링센터 -전자조작 (복동 솔레노이드) -수동 오버라이드 조작 붙이 -외부 파일럿 -내부 드레인
12-6	4포트 교축 전환밸브	〈중앙위치 언더랩〉 〈중앙위치 오버랩〉	· 3위치 · 스프링센터 · 무단계 중간위치
12-7	서보 밸브		· 대표 보기

유압·공기압 요소기호

25-13 체크 밸브 · 셔틀 밸브 · 배기 밸브

KS B 0054

■ 체크 밸브, 셔틀 밸브, 배기 밸브

번호	명칭	기호	비고
13-1	체크 밸브	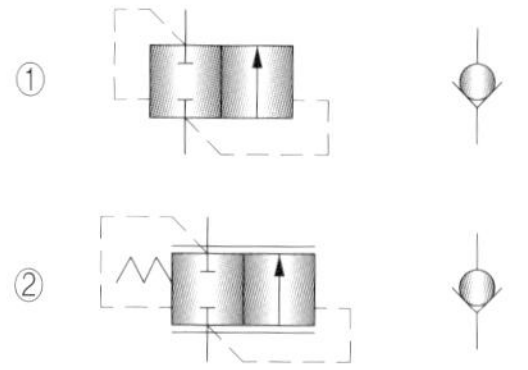 ① ② 〈상세기호〉 〈간략기호〉	①스프링 없음 ②스프링 붙이
13-2	파일럿 조작 체크밸브	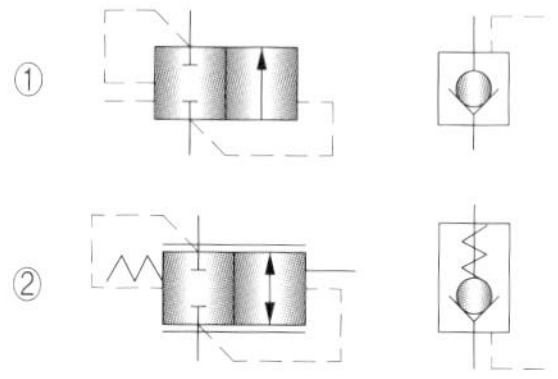 ① ② 〈상세기호〉 〈간략기호〉	① · 파일럿 조작에 의하여 밸브 폐쇄 · 스프링 없음 ② · 파일럿 조작에 의하여 밸브 열림 · 스프링 붙이
13-3	고압우선형 셔틀밸브	 〈상세기호〉 〈간략기호〉	· 고압쪽측의 입구가 출구에 접속되고, 저압쪽측의 입구가 폐쇄된다.
13-4	저압우선형 셔틀밸브	 〈상세기호〉 〈간략기호〉	· 저압쪽측의 입구가 저압우선 출구에 접속되고, 고압쪽측의 입구가 폐쇄된다.
13-5	급속 배기밸브	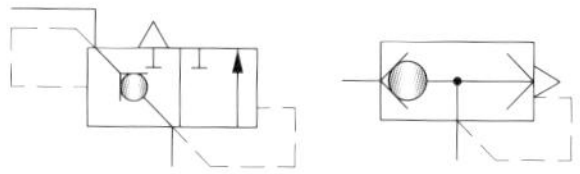 〈상세기호〉 〈간략기호〉	

25-14 압력 제어 밸브(1/2)

KS B 0054

■ 압력 제어 밸브

번호	명칭	기호	비고
14-1	릴리프 밸브	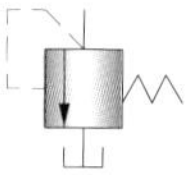	· 직동형 또는 일반기호
14-2	파일럿 작동형 릴리프 밸브	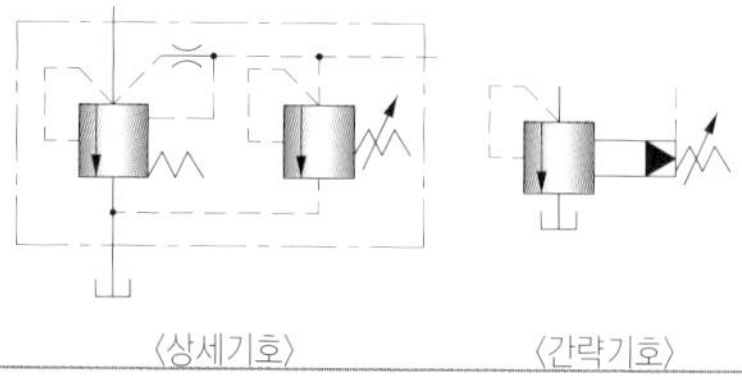 〈상세기호〉 〈간략기호〉	· 원격조작용 벤트포트 붙이

25-14 압력 제어 밸브(2/2)

■ 압력 제어 밸브 (계속)

번호	명칭	기호	비고
14-3	전자밸브 장착 (파일럿 작동형) 릴리프 밸브	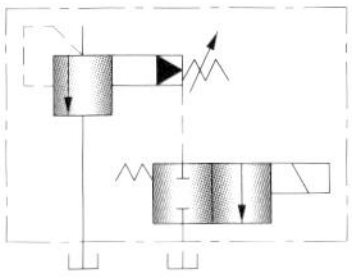	· 전자밸브의 조작에 의하여 벤트포트가 열려 무부하로 된다.
14-4	비례전자식 릴리프 밸브 (파일럿 작동형)	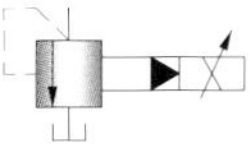	· 대표 보기
14-5	감압 밸브	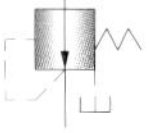	· 직동형 또는 일반기호
14-6	파일럿 작동형 감압밸브	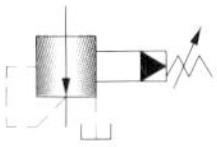	· 외부 드레인
14-7	릴리프 붙이 감압밸브	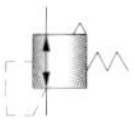	· 공기압용
14-8	비례전자식 릴리프 감압밸브 (파일럿 작동형)	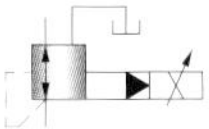	· 유압용 · 대표 보기
14-9	일정비율 감압밸브	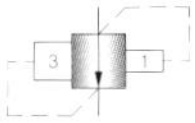 3 1	· 감압비 : $\frac{1}{3}$
14-10	시퀀스 밸브	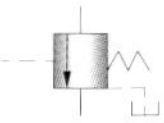	· 직동형 또는 일반 기호 · 외부 파일럿 · 외부 드레인
14-11	시퀀스 밸브 (보조조작 장착)	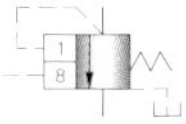 1 8	· 직동형 · 내부 파일럿 또는 외부 파일럿 조작에 의하여 밸브가 작동됨. · 파일럿압의 수압 면적비가 1:8인 경우 · 외부 드레인
14-12	파일럿 작동형 시퀀스 밸브	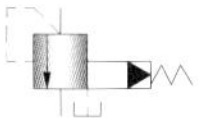	· 내부 파일럿 · 외부 드레인
14-13	무부하 밸브	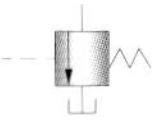	· 직동형 또는 일반기호 · 내부 드레인
14-14	카운터 밸런스 밸브	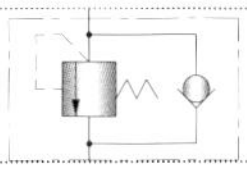	
14-15	무부하 릴리프 밸브	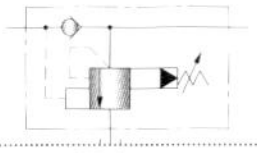	
14-16	양방향 릴리프 밸브	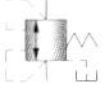	· 직동형 · 외부 드레인
14-17	브레이크 밸브	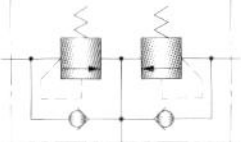	· 대표 보기

25-15 유량 제어 밸브

KS B 0054

■ 유량 제어 밸브

번호	명칭	기호	비고
15-1	교축 밸브		
15-1.1	가변 교축밸브	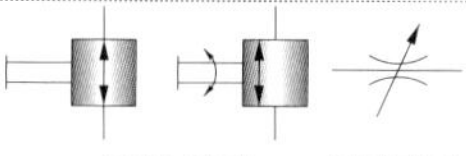 〈상세 기호〉 〈간략기호〉	· 간략기호에서는 조작방3법 및 밸브의 상태가 표시되어 있지 않음 · 통상, 완전히 닫쳐진 상태는 없음
15-1.2	스톱 밸브		
15-1.3	감압밸브 (기계조작 가변 교축밸브)	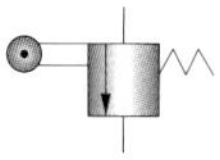	· 롤러에 의한 기계조작 · 스프링 부하
15-1.4	1방향 교축밸브 속도제어 밸브(공기압)	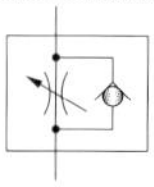	· 가변교축 장착 · 1방향으로 자유유동, 반대방향으로는 제어 유동
15-2	유량조정 밸브		
15-2.1	직렬형 유량조정 밸브	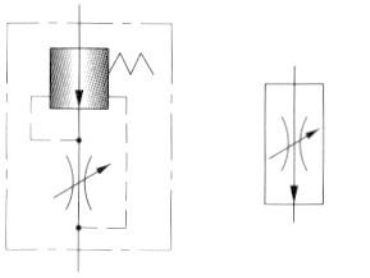 〈상세기호〉 〈간략기호〉	· 간략기호에서 유로의 화살표는 압력의 보상을 나타낸다.
15-2.2	직렬형 유량조정 밸브 (온도보상 붙이)	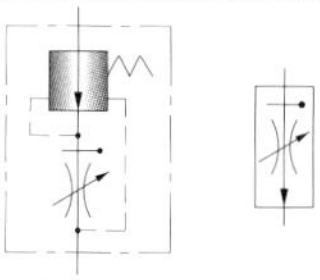 〈상세기호〉 〈간략기호〉	· 온도보상은 2-3.4에 표시한다. · 간략기호에서 유로의 화살표는 압력의 보상을 나타낸다.
15-2.3	바이패스형 유량조정 밸브	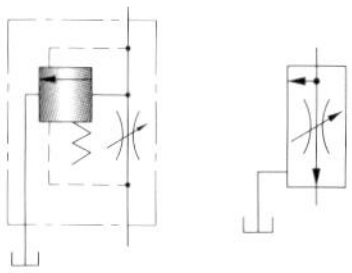 〈상세 기호〉 〈간략기호〉	· 간략기호에서 유로의 화살표는 압력의 보상을 나타낸다.
15-2.4	체크밸브 붙이 유량조정 밸브(직렬형)	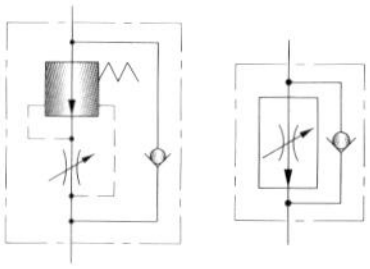 〈상세 기호〉 〈간략기호〉	· 간략기호에서 유로의 화살표는 압력의 보상을 나타낸다.
15-2.5	분류 밸브	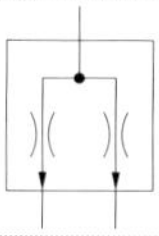	· 화살표는 압력보상을 나타낸다.
15-2.6	집류 밸브	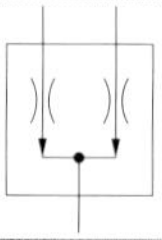	· 화살표는 압력보상을 나타낸다.

25-16 기름 탱크

KS B 0054

■ 기름 탱크

번호	명칭	기호	비고
16-1	기름 탱크(통기식))	① 	① 관 끝을 액체 속에 넣지 않는 경우
		② 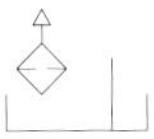	② · 관 끝을 액체 속에 넣는 경우 · 통기용 필터(17-1)가 있는 경우
		③ 	③ 관 끝을 밑바닥에 접속하는 경우
		④	④ 국소 표시기호
16-2	기름 탱크(밀폐식)	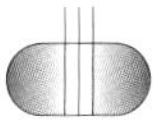	· 3관로의 경우 · 가압 또는 밀폐된 것 · 각관 끝을 액체 속에 집어넣는다. · 관로는 탱크의 긴 벽에 수직

25-17 유체 조정 기기(1/2)

KS B 0054

■ 유체 조정 기기

번호	명칭	기호	비고
17-1	필터	① 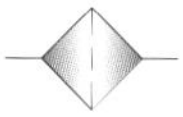	① 일반기호
		② 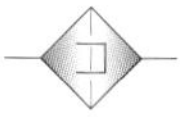	② 자석붙이
		③ 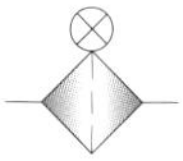	③ 눈막힘 표시기 붙이
17-2	드레인 배출기	① 	① 수동배출
		② 	② 자동배출
17-3	드레인 배출기 붙이 필터	① 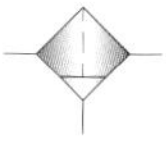	① 수동배출
		② 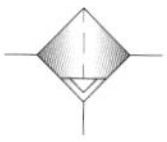	② 자동배출
17-4	기름분무 분리기	① 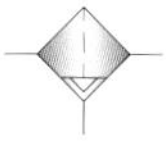	① 수동배출
		② 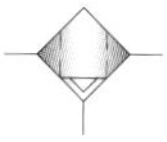	② 자동배출
17-5	에어드라이어	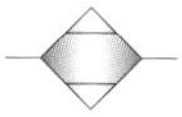	
17-6	루브리케이터	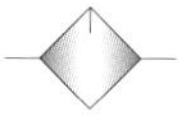	

25-17 유체 조정 기기(2/2)

■ 유체 조정 기기 (계속)

번호	명칭	기호	비고
17-7	공기압 조정유닛	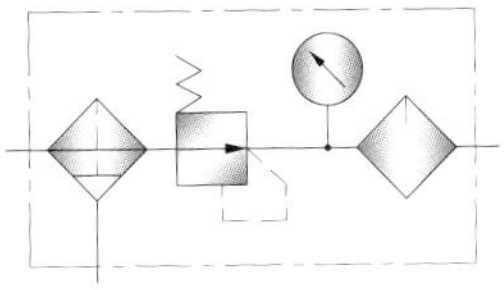 〈상세 기호〉	
		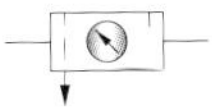 〈간략기호〉	· 수직 화살표는 배출기를 나타낸다.v
17-8	열교환기		
17-8.1	냉각기	① 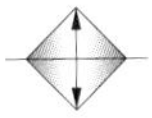 ② 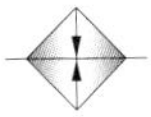	① 냉각액용 관로를 표시하지 않는 경우 ② 냉각액용 관로를 표시하는 경우
17-8.2	가열기	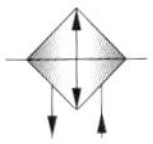	
17-8.3	온도 조절기	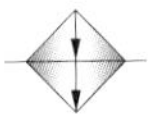	· 가열 및 냉각

25-18 보조 기기

■ 보조 기기

번호	명칭	기호	비고
18-1	압력 계측기		
18-1.1	압력 표시기		· 계측은 되지 않고 단지 지시만 하는 표시기
18-1.2	압력계		
18-1.3	차압계	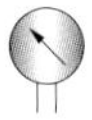	
18-2	유면계		· 평행선은 수평으로 표시
18-3	온도계	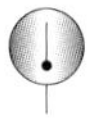	
18-4	유량 계측기		
18-4.1	검류기		
18-4.2	유량계	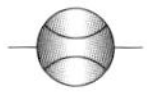	
18-4.3	적산 유량계	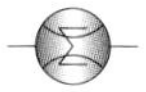	
18-5	회전 속도계	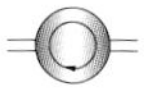	
18-6	토크계	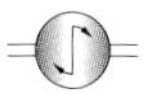	

25-19 기타의 기기

■ 기타의 기기

번호	명칭	기호	비고
19-1	압력 스위치	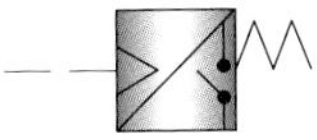	· 오해의 염려가 없는 경우에는, 다음과 같이 표시하여도 좋다.
19-2	리밋 스위치	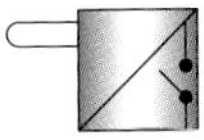	· 오해의 염려가 없는 경우에는, 다음과 같이 표시하여도 좋다.
19-3	아날로그 변환기	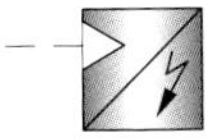	· 공기압
19-4	소음기	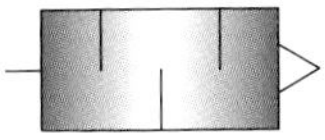	· 공기압
19-5	경음기	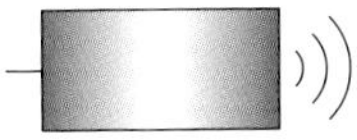	· 공기압용
19-6	마그넷 세퍼레이터		

25-20 부속서(1/2)

■ 부속서 (회전용 에너지 변환기기의 회전방향, 유동방향 및 조립내장된 조작요소의 상호관계 그림기호)

번호	명칭	기호	비고
A-1	정용량형 유압모터	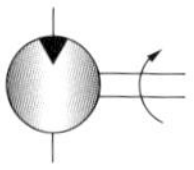	① 1방향 회전형 ② 입구 포트가 고정되어 있으므로 유동 방향과의 관계를 나타내는 회전방향 화살표는 필요없음
A-2	정용량형 유압펌프 또는 유압모터 ① 가역회전형 펌프 ② 가역회전형 모터	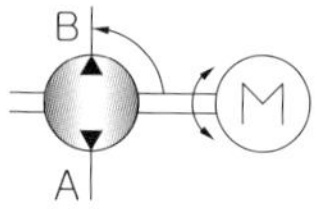 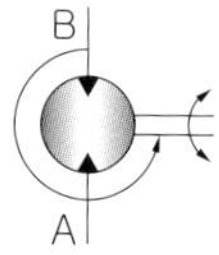	· 2방향 회전, 양축형 · 입력축이 좌회전할 때 B포트가 송출구로 된다. · B포트가 유입구일 때 출력축은 좌회전이 된다.
A-3	가변용량형 유압 펌프	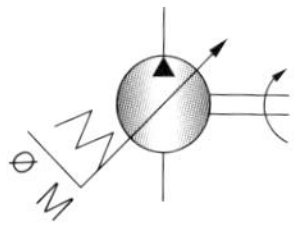	① 1방향 회전형 ② 유동방향과의 관계를 나타내는 회전방향 화살표는 필요없음 ③ 조작요소의 위치표시는 기능을 명시하기 위한 것으로서 생략하여도 좋다.
A-4	가변용량형 유압 모터	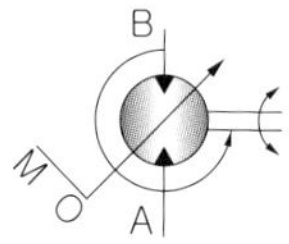	· 2방향 회전형 · B포트가 유입구일 때 출력축은 좌회전이 된다.
A-5	가변용량형 유압 오버센터 펌프	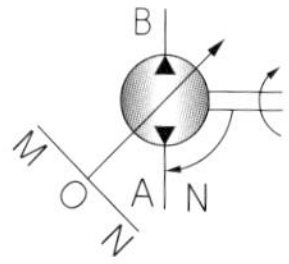	· 1방향 회전형 · 조작 요소의 위치를 N의 방향으로 조작하였을 때 A포트가 송출구가 된다.
A-6	가변용량형 유압 펌프 또는 유압모터 ① 가역회전형 펌프	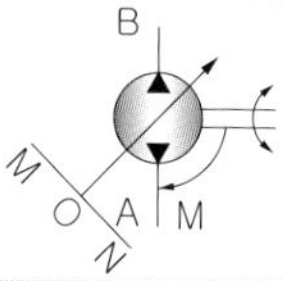	· 2방향 회전형 · 입력축이 우회전할 때 A포트가 송출구로 되고 이때의 가변 조작은 조작요소의 위치 M의 방향으로 됩니다.
	② 가역회전형 모터	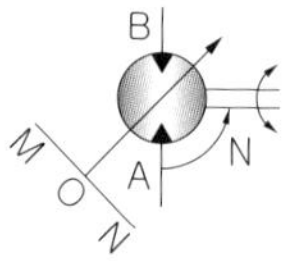	· A포트가 유입구일 때 출력축은 좌회전이 되고 이 때의 가변 조작은 조작요소의 위치 N의 방향으로 된다.
A-7	정용량형 유압 펌프 또는 유압모터	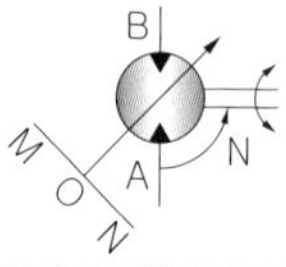	· 2방향 회전형 · 펌프로서의 기능을 하는 경우 입력축이 우회전할 때 A포트가 송출구로 된다.

25-20 부속서(2/2)

KS B 0054

■ 부속서(회전용 에너지 변환기기의 회전방향, 유동방향 및 조립내장된 조작요소의 상호관계 그림기호)(계속)

번호	명칭	기호	비고
A-8	가변용량형 유압 펌프 또는 유압모터	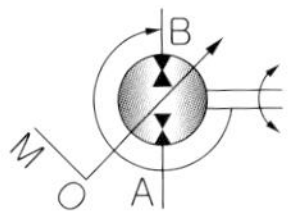 B, A, M, O	· 2방향 회전형 · 펌프로서의 기능을 하는 경우 입력축이 우회전할 때 B포트가 송출구로 된다.
A-9	가변용량형 유압 펌프 또는 유압모터	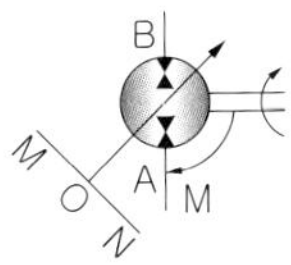 B, A, M, M, O, N	· 1방향 회전형 · 펌프 기능을 하고 있는 경우 입력축이 우회전할 때 A포트가 송출구로 되고 이때의 가변조작은 조작요소의 위치 M의 방향이 된다.
A-10	가변용량형 가역회전형 펌프 또는 유압모터	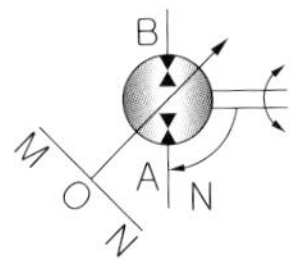 B, A, N, M, O, N	· 2방향 회전형 · 펌프 기능을 하고 있는 경우 입력축이 우회전할 때 A포트가 송출구로 되고 이때의 가변조작은 조작요소의 위치 N의 방향이 된다.
A-11	정용량형 가변용량 변환식 가역회전형 펌프	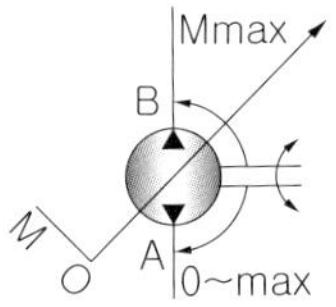 Mmax, B, A, 0~max, M, O	· 2방향 회전형 · 입력축이 우회전일 때는 A포트를 송출구로 하는 가변용량펌프가 되고, 좌회전인 경우에는 최대 배제용적의 적용량 펌프가 된다.

금속 및 비금속 재료 규격

26-1 기계 구조용 탄소강 및 합금강(1/2)

■ 기계 구조용 탄소강 및 합금강

KS 규격	명 칭	분류 및 종별		기 호	인장강도 N/㎟		주요 용도 및 특징	
D 3723	특수용도 합금강 볼트용 봉강	1종	1호	SNB 21-1	세부 규격 참조		원자로, 그 밖의 특수 용도에 사용하는 볼트, 스터드 볼트, 와셔, 너트 등을 만드는 압연 또는 단조한 합금강 봉강	
			2호	SNB 21-2				
			3호	SNB 21-3				
			4호	SNB 21-4				
			5호	SNB 21-5				
		2종	1호	SNB 22-1				
			2호	SNB 22-2				
			3호	SNB 22-3				
			4호	SNB 22-4				
			5호	SNB 22-5				
		3종	1호	SNB 23-1				
			2호	SNB 23-2				
			3호	SNB 23-3				
			4호	SNB 23-4				
			5호	SNB 23-5				
		4종	1호	SNB 24-1				
			2호	SNB 24-2				
			3호	SNB 24-3				
			4호	SNB 24-4				
			5호	SNB 24-5				
D 3752	기계 구조용 탄소 강재	1종		SM 10C	314 이상	N	열간 압연, 열간 단조 등 열간가공에 의해 제조한 것으로, 보통 다시 단조, 절삭 등의 가공 및 열처리를 하여 사용되는 기계 구조용 탄소 강재 ● 열처리 구분 N : 노멀라이징 H : 칭, 템퍼링 A : 어닐링	
		2종		SM 12C	373 이상	N		
		3종		SM 15C				
		4종		SM 17C	402 이상	N		
		5종		SM 20C				
		6종		SM 22C	441 이상	N		
		7종		SM 25C				
		8종		SM 28C	471 이상	N		
		9종		SM 30C	539 이상	H		
		10종		SM 33C	510 이상	N		
		11종		SM 35C	569 이상	H		
		12종		SM 38C	539 이상	N		
		13종		SM 40C	608 이상	H		
		14종		SM 43C	569 이상	N		
		15종		SM 45C	686 이상	H		
		16종		SM 48C	608 이상	N		
		17종		SM 50C	735 이상	H		
		18종		SM 53C	647 이상	N		
		19종		SM 55C				
		20종		SM 58C	785 이상	H		
		21종		SM 9CK	392 이상	H	침탄용	
		22종		SM 15CK	490 이상	H		
		23종		SM 20CK	539 이상	H		
D 3754	경화능 보증 구조용 강재 (H강)	망간 강재		SMn 420 H	–		구 기호	SMn 21 H
				SMn 433 H	–			SMn 1 H
				SMn 438 H	–			SMn 2 H
				SMn 443 H	–			SMn 3 H
		망간 크롬 강재		SMnC 420 H	–			SMnC 21 H
				SMnC 433 H	–			SMnC 3 H
		크롬 강재		SCr 415 H	–			SCr 21 H
				SCr 420 H	–			SCr 22 H
				SCr 430 H	–			SCr 2 H
				SCr 435 H	–			SCr 3H
				SCr 440 H	–			SCr 4H
		크롬 몰리브덴 강재		SCM 415 H	–			SCM 21 H
				SCM 418 H	–			–
				SCM 420 H	–			SCM 22 H
				SCM 435 H	–			SCM 3 H
				SCM 440 H	–			SCM 4 H
				SCM 445 H	–			SCM 5 H
				SCM 822 H	–			SCM 24 H
		니켈 크롬 강재		SNC 415 H	–			SNC 21 H
				SNC 631 H	–			SNC 2 H
				SNC 815 H	–			SNC 22 H
		니켈 크롬 몰리브덴 강재		SNCM 220 H	–			SNCM 21 H
				SNCM 420 H	–			SNCM 23 H

26-1 기계 구조용 탄소강 및 합금강(2/2)

■ 기계 구조용 탄소강 및 합금강 (계속)

KS 규격	명 칭	분류 및 종별	기 호	인장강도 N/mm²	주요 용도 및 특징
D 3755	고온용 합금강 볼트재	1종	SNB 5	690 이상	압력용기, 밸브, 플랜지 및 이음쇠에 사용
		2종	SNB 7	690~860 이상	
		3종	SNB 16	690~860 이상	
D 3756	알루미늄 크롬 몰리브덴 강재	1종	S Al Cr Mo 1	–	표면 질화용, 기계 구조용
D 3867	기계 구조용 합금강 강재	망가니즈강 D 3724	SMn 420	–	표면 담금질용
			SMn 433	–	–
			SMn 438	–	–
			SMn 443	–	–
		망가니즈크로뮴강 D 3724	SMnC 420	–	표면 담금질용
			SMnC 443	–	–
		크로뮴강	SCr 415	–	표면 담금질용
			SCr 420	–	
			SCr 430	–	–
		D 3707	SCr 435	–	–
			SCr 440	–	–
			SCr 445	–	–
		크로뮴몰리브데넘강 D 3711	SCM 415	–	표면 담금질용
			SCM 418	–	
			SCM 420	–	
			SCM 421	–	
			SCM 425	–	–
			SCM 430	–	–
			SCM 432	–	–
			SCM 435	–	–
			SCM 440	–	–
			SCM 445	–	
			SCM 822	–	표면 담금질용
		니켈크로뮴강 D 3708	SNC 236	–	–
			SNC 415	–	표면 담금질용
			SNC 631	–	–
			SNC 815	–	표면 담금질용
			SNC 836	–	–
		니켈크로뮴몰리브데넘강 D 3709	SNCM 220	–	표면 담금질용
			SNCM 240	–	–
			SNCM 415	–	표면 담금질용
			SNCM 420	–	
			SNCM 431	–	–
			SNCM 439	–	–
			SNCM 447	–	–
			SNCM 616	–	표면 담금질용
			SNCM 625	–	–
			SNCM 630	–	–
			SNCM 815	–	표면 담금질용

26-2 공구강, 중공강, 베어링강(1/2)

■ 공구강, 중공강, 베어링강

KS 규격	명 칭	분류 및 종별	기 호	인장강도 N/mm2	주요 용도 및 특징
D 3522	고속도 공구강 강재	텅스텐계	SKH 2	HRC 63 이상	일반 절삭용 기타 각종 공구
			SKH 3	HRC 64 이상	고속 중절삭용 기타 각종 공구
			SKH 4		난삭재 절삭용 기타 각종 공구
			SKH 10		고난삭재 절삭용 기타 각종 공구
		분말야금 제조 몰리브덴계	SKH 40	HRC 65 이상	경도, 인성, 내마모성을 필요로 하는 일반절삭용, 기타 각종 공구
		몰리브덴계	SKH 50	HRC 63 이상	연성을 필요로 하는 일반 절삭용, 기타 각종 공구
			SKH 51	HRC 64 이상	
			SKH 52		비교적 인성을 필요로 하는 고경도재 절삭용, 기타 각종 공구
			SKH 53		
			SKH 54		고난삭재 절삭용 기타 각종 공구
			SKH 55		비교적 인성을 필요로 하는 고속 중절삭용 기타 각종 공구
			SKH 56		
			SKH 57		고난삭재 절삭용 기타 각종 공구
			SKH 58		인성을 필요로 하는 일반 절삭용, 기타 각종 공구
			SKH 59	HRC 66 이상	비교적 인성을 필요로 하는 고속 중절삭용 기타 각종 공구
D 3523	중공강 강재	3종	SKC 3	HB 229 ~ 302	로드용
		11종	SKC 11	HB 285 ~ 375	로드 또는 인서트 비트 등
		24종	SKC 24	HB 269 ~ 352	
		31종	SKC 31	–	
D 3751	탄소 공구강 강재	1종	STC 140 (STC 1)	HRC 63 이상	칼줄, 벌줄
		2종	STC 120 (STC 2)	HRC 62 이상	드릴, 철공용 줄, 소형 펀치, 면도날, 태엽, 쇠톱
		3종	STC 105 (STC 3)	HRC 61 이상	나사 가공 다이스, 쇠톱, 프레스 형틀, 게이지, 태엽, 끌, 치공구
		4종	STC 95 (STC 4)	HRC 61 이상	태엽, 목공용 드릴, 도끼, 끌, ,셔츠 바늘, 면도칼, 목공용 띠톱, 펜촉, 프레스 형틀, 게이지
		5종	STC 90	HRC 60 이상	프레스 형틀, 태엽, 게이지, 침
		6종	STC 85 (STC 5)	HRC 59 이상	각인, 프레스 형틀, 태엽, 띠톱, 치공구, 원형톱, 펜촉, 등사판 줄, 게이지 등
		7종	STC 80	HRC 58 이상	각인, 프레스 형틀, 태엽
		8종	STC 75 (STC 6)	HRC 57 이상	각인, 스냅, 원형톱, 태엽, 프레스 형틀, 등사판 줄 등
		9종	STC 70	HRC 57 이상	각인, 스냅, 프레스 형틀, 태엽
		10종	STC 65 (STC 7)	HRC 56 이상	각인, 스냅, 프레스 형틀, 나이프 등
		11종	STC 60	HRC 55 이상	각인, 스냅, 프레스 형틀

26-2 공구강, 중공강, 베어링강(2/2)

■ 공구강, 중공강, 베어링강 (계속)

KS 규격	명 칭	분류 및 종별	기 호	인장강도 N/mm^2	주요 용도 및 특징
D 3753	합금 공구강 강재	1종	STS 11	HRC 62 이상	주로 절삭 공구강용 HRC 경도는 시험편의 칭. 템퍼링 경도
		2종	STS 2	HRC 61 이상	
		3종	STS 21	HRC 61 이상	
		4종	STS 5	HRC 45 이상	
		5종	STS 51	HRC 45 이상	
		6종	STS 7	HRC 62 이상	
		7종	STS 81	HRC 63 이상	
		8종	STS 8	HRC 63 이상	
		1종	STS 4	HRC 56 이상	주로 내충격 공구강용 HRC 경도는 시험편의 칭. 템퍼링 경도
		2종	STS 41	HRC 53 이상	
		3종	STS 43	HRC 63 이상	
		4종	STS 44	HRC 60 이상	
		1종	STS 3	HRC 60 이상	주로 냉간 금형용 HRC 경도는 시험편의 칭. 템퍼링 경도
		2종	STS 31	HRC 61 이상	
		3종	STS 93	HRC 63 이상	
		4종	STS 94	HRC 61 이상	
		5종	STS 95	HRC 59 이상	
		6종	STD 1	HRC 62 이상	
		7종	STD 2	HRC 62 이상	
		8종	STD 10	HRC 61 이상	
		9종	STD 11	HRC 58 이상	
		10종	STD 12	HRC 60 이상	
		1종	STD 4	HRC 42 이상	주로 열간 금형용 HRC 경도는 시험편의 칭. 템퍼링 경도
		2종	STD 5	HRC 48 이상	
		3종	STD 6	HRC 48 이상	
		4종	STD 61	HRC 50 이상	
		5종	STD 62	HRC 48 이상	
		6종	STD 7	HRC 46 이상	
		7종	STD 8	HRC 48 이상	
		8종	STF 3	HRC 42 이상	
		9종	STF 4	HRC 42 이상	
		10종	STF 6	HRC 52 이상	
D 3525	고탄소 크로뮴 베어링 강재	1종	STB 1	-	주로 구름베어링에 사용 (열간 압연 원형강 표준지름은 15~130mm)
		2종	STB 2	-	
		3종	STB 3	-	
		4종	STB 4	-	
		5종	STB 5	-	

26-3 스프링강, 쾌삭강, 클래드강(1/2)

■ 스프링강, 쾌삭강, 클래드강

KS 규격	명 칭	분류 및 종별	기 호	인장강도 N/mm²	주요 용도 및 특징
D 3597	스프링용 냉간 압연 강대	1종	S50C-CSP	경도 HV 180 이하	[조질 구분 및 기호] A : 어닐링을 한 것 R : 냉간압연한 그대로의 것 H : 칭, 템퍼링을 한 것 B : 오스템퍼링을 한 것
		2종	S55C-CSP	경도 HV 180 이하	
		3종	S60C-CSP	경도 HV 190 이하	
		4종	S65C-CSP	경도 HV 190 이하	
		5종	S70C-CSP	경도 HV 190 이하	
		6종	SK85-CSP (SK5-CSP)	경도 HV 190 이하	
		7종	SK95-CSP (SK4-CSP)	경도 HV 200 이하	
		8종	SUP10-CSP	경도 HV 190 이하	
D 3701	스프링 강재	1종	SPS 6	실리콘 망가니즈 강재	주로 겹판 스프링, 코일 스프링 및 비틀림 막대 스프링용에 사용한다
		2종	SPS 7		
		3종	SPS 9	망가니즈 크로뮴 강재	
		4종	SPS 9A		
		5종	SPS 10	크로뮴 바나듐 강재	주로 코일 스프링 및 비틀림 막대 스프링용에 사용한다
		6종	SPS 11A	망가니즈 크로뮴 보론 강재	주로 대형 겹판 스프링, 코일 스프링 및 비틀림 막대 스프링에 사용한다
		7종	SPS 12	실리콘 크로뮴 강재	주로 코일 스프링에 사용한다
		8종	SPS 13	크로뮴 몰리브데넘 강재	주로 대형 겹판 스프링, 코일 스프링에 사용한다
D 3567	황 및 황 복합 쾌삭 강재	1종	SUM 11		특히 피절삭성을 향상시키기 위하여 탄소강에 황을 첨가하여 제조한 쾌삭강 강재 및 인 또는 납을 황에 복합하여 첨가한 강재도 포함
		2종	SUM 12		
		3종	SUM 21		
		4종	SUM 22		
		5종	SUM 22 L		
		6종	SUM 23		
		7종	SUM 23 L		
		8종	SUM 24 L		
		9종	SUM 25		
		10종	SUM 31		
		11종	SUM 31 L		
		12종	SUM 32		
		13종	SUM 41		
		14종	SUM 42		
		15종	SUM 43		
D 7202	쾌삭용 스테인리스	1종	STS XM1	오스테나이트계	
		2종	STS 303		
		3종	STS XM5		
		4종	STS 303Se		
		5종	STS XM2		
		6종	STS 416	마르텐사이트계	
		7종	STS XM6		
		8종	STS 416Se		
	강선 및 선재	9종	STS XM34	페라이트계	
		10종	STS 18235		
		11종	STS 41603		
		12종	STS 430F		
		13종	STS 430F Se		

26-3 스프링강, 쾌삭강, 클래드강(2/2)

■ 스프링강, 쾌삭강, 클래드강 (계속)

KS 규격	명 칭	분류 및 종별	기 호	인장강도 N/mm²	주요 용도 및 특징
D 3603	구리 및 구리합금 클래드강	1종	R1	압연 클래드강	압력용기, 저장조 및 수처리 장치 등에 사용하는 구리 및 구리합금을 접합재로 한 클래드강 1종 : 접합재를 포함하여 강도 부재로 설계한 것, 구조물을 제작할 때 가혹한 가공을 하는 경우 등을 대상으로 한 것 2종 : 1종 이외의 클래드강에 대하여 적용하는 것. 보기를 들면 접합재를 부식 여유(corrosion allowance)를 두어 사용한 것, 라이닝 대신으로 사용한 것
		2종	R2		
		1종	BR1	폭참 압연 클래드강	
		2종	BR2		
		1종	DR1	확산 압연 클래드강	
		2종	DR2		
		1종	WR1	덧살붙임 압연 클래드강	
		2종	WR2		
		1종	ER1	주입 압연 클래드강	
		2종	ER2		
		1종	B1	폭착 클래드강	
		2종	B2		
		1종	D1	확산 클래드강	
		2종	D2		
		1종	W1	덧살붙임 클래드강	
		2종	W2		
D 3604	타이타늄 클래드강	1종	R1	압연 클래드강	압력용기, 보일러, 원자로, 저장조 등에 사용하는 접합재를 타이타늄으로 한 클래드강 1종 : 접합재를 포함하여 강도 부재로 설계한 것 및 특별한 용도의 것, 특별한 용도란 구조물을 제작할 때 가혹한 가공을 하는 경우 등을 대상으로 한 것 2종 : 1종 이외의 클래드강에 대하여 적용하는 것. 예를 들면 접합재를 부식 여유(corrosion allowance)로 설계한 것 또는 라이닝 대신에 사용하는 것 등
		2종	R2		
		1종	BR1	폭참 압연 클래드강	
		2종	BR2		
		1종	B1	폭착 클래드강	
		2종	B2		
D 3605	니켈 및 니켈합금 클래드강	1종	R1	압연 클래드강	압력용기, 원자로, 저장조 등에 사용하는 니켈 및 니켈합금을 접합재로 한 클래드강 1종 : 접합재를 포함하여 강도 부재로 설계한 것 및 특별한 용도의 것, 특별한 용도의 보기로는 고온 등에서 사용하는 경우, 구조물을 제작할 때 가혹한 가공을 하는 경우 등을 대상으로 한 것 2종 : 1종 이외의 클래드강에 대하여 적용하는 것. 보기를 들면 접합재를 부식 여유(corrosion allowance)로 하여 사용한 것 또는 라이닝 대신에 사용하는 것 등
		2종	R2		
		1종	BR1	폭착 압연 클래드강	
		2종	BR2		
		1종	DR1	확산 압연 클래드강	
		2종	DR2		
		1종	WR1	덧살붙임 압연 클래드강	
		2종	WR2		
		1종	ER1	주입 압연 클래드강	
		2종	ER2		
		1종	B1	폭착 클래드강	
		2종	B2		
		1종	D1	확산 클래드강	
		2종	D2		
		1종	W1	덧살붙임 클래드강	
		2종	W2		
D 3605	스테인리스 클래드강	1종	R1	압연 클래드강	압력용기, 보일러, 원자로 및 저장탱크 등에 사용하는 접합재를 스테인리스로 만든 전체 두께 8mm 이상의 클래드강 1종 : 접합재를 보강재로서 설계한 것 및 특별한 용도의 것, 특별한 용도로서는 고온 등에서 사용할 경우 또는 구조물을 제작할 때에 엄밀한 가공을 실시하는 경우 등을 대상으로 한 것 2종 : 1종 이외의 클래드강에 대하여 적용하는 것으로 예를 들면 접합재를 부식 여유(corrosion allowance)로서 설계한 것 또는 라이닝 대신에 사용하는 것 등
		2종	R2		
		1종	BR1	폭착 압연 클래드강	
		2종	BR2		
		1종	DR1	확산 압연 클래드강	
		2종	DR2		
		1종	WR1	덧살붙임 압연 클래드강	
		2종	WR2		
		1종	ER1	주입 압연 클래드강	
		2종	ER2		
		1종	B1	폭착 클래드강	
		2종	B2		
		1종	D1	확산 클래드강	
		2종	D2		
		1종	W1	덧살붙임 클래드강	
		2종	W2		

26-4 단강품(1/2)

■ 단강품

KS 규격	명 칭	분류 및 종별	기 호	인장강도 N/mm²	주요 용도 및 특징
D 3710	탄소강 단강품	1종	SF 340 A(SF 34)	340 ~ 440	일반용으로 사용하는 탄소강 단강품 [열처리 기호 의미] A : 어닐링, 노멀라이징 또는 노멀라이징 템퍼링 B : 칭 템퍼링
		2종	SF 390 A(SF 40)	390 ~ 490	
		3종	SF 440 A(SF 45)	440 ~ 540	
		4종	SF 490 A(SF 50)	490 ~ 590	
		5종	SF 540 A(SF 55)	540 ~ 640	
		6종	SF 590 A(SF 60)	590 ~ 690	
		7종	SF 540 B(SF 55)	540 ~ 690	
		8종	SF 590 B(SF 60)	590 ~ 740	
		9종	SF 640 B(SF 65)	640 ~ 780	
D 4114	크롬 몰리브덴 단강품	축상단강품 1종	SFCM 590 S	590 ~ 740	축, 크랭크, 피니언, 기어, 플랜지, 링, 휠, 디스크 등 일반용으로 사용하는 축상, 원통상, 링상 및 디스크상으로 성형한 크롬몰리브덴 단강품 [링상 단강품의 기호 보기] SFCM 590 R [디스크상 단강품의 기호 보기] SFCM 590 D
		2종	SFCM 640 S	640 ~ 780	
		3종	SFCM 690 S	690 ~ 830	
		4종	SFCM 740 S	740 ~ 880	
		5종	SFCM 780 S	780 ~ 930	
		6종	SFCM 830 S	830 ~ 980	
		7종	SFCM 880 S	880 ~ 1030	
		8종	SFCM 930 S	930 ~ 1080	
		9종	SFCM 980 S	980 ~ 1130	
D 4115	압력 용기용 스테인리스 단강품	오스테나이트계	STS F 304	세부 규격 참조	주로 부식용 및 고온용 압력 용기 및 그 부품에 사용되는 스테인리스 단강품. 다만 오스테나이트계 스테인리스 단강품에 대해서는 저온용 압력 용기 및 그 부품에도 적용 가능
			STS F 304 H		
			STS F 304 L		
			STS F 304 N		
			STS F 304 LN		
			STS F 310		
			STS F 316		
			STS F 316 H		
			STS F 316 L		
			STS F 316 N		
			STS F 316 LN		
			STS F 317		
			STS F 317 L		
			STS F 321		
			STS F 321 H		
			STS F 347		
			STS F 347 H		
			STS F 350		
		마르텐사이트계	STS F 410-A	480 이상	
			STS F 410-B	590 이상	
			STS F 410-C	760 이상	
			STS F 410-D	900 이상	
			STS F 6B	760~930	
			STS F 6NM	790 이상	
		석출 경화계	STS F 630	세부 규격 참조	
D 4116	탄소강 단강품용 강편	1종	SFB 1	-	탄소강 단강품의 제조에 사용
		2종	SFB 2	-	
		3종	SFB 3	-	
		4종	SFB 4	-	
		5종	SFB 5	-	
		6종	SFB 6	-	
		7종	SFB 7	-	

26-4 단강품(2/2)

■ 단강품 (계속)

KS 규격	명 칭	분류 및 종별	기 호	인장강도 N/mm^2	주요 용도 및 특징
D 4117	니켈-크롬 몰리브덴강 단강품	축상 단강품 1종	SFNCM 690 S	690 ~ 830	봉, 축, 크랭크, 피니언, 기어, 플랜지, 링, 휠, 디스크 등 일반용으로 사용하는 축상, 환상 및 원판상으로 성형한 니켈 크롬 몰리브덴 단강품 [환상 단강품의 기호 보기] SFNCM 690 R [원판상 단강품의 기호 보기] SFNCM 690 D
		2종	SFNCM 740 S	740 ~ 880	
		3종	SFNCM 780 S	780 ~ 930	
		4종	SFNCM 830 S	830 ~ 980	
		5종	SFNCM 880 S	880 ~ 1030	
		6종	SFNCM 930 S	930 ~ 1080	
		7종	SFNCM 980 S	980 ~ 1130	
		8종	SFNCM 1030 S	1030 ~ 1180	
		9종	SFNCM 1080 S	1080 ~ 1230	
D 4122	압력 용기용 탄소강 단강품	1종	SFVC 1	410 ~ 560	주로 중온 내지 상온에서 사용하는 압력 용기 및 그 부품에 사용하는 용접성을 고려한 탄소강 단강품
		2종	SFVC 2A	490 ~ 640	
		3종	SFVC 2B		
D 4123	압력 용기용 합금강 단강품	고온용	SFVA F1	480 ~ 660	주로 고온에서 사용하는 압력 용기 및 그 부품에 사용하는 용접성을 고려한 조질형(칭, 템퍼링) 합금강 단강품
			SFVA F2		
			SFVA F12		
			SFVA F11A		
			SFVA F11B	520 ~ 690	
			SFVA F22A	410 ~ 590	
			SFVA F22B	520 ~ 690	
			SFVA F21A	410 ~ 590	
			SFVA F21B	520 ~ 590	
			SFVA F5A	410 ~ 590	
			SFVA F5B	480 ~ 660	
			SFVA F5C	550 ~ 730	
			SFVA F5D	620 ~ 780	
			SFVA F9	590 ~ 760	
		조질형	SFVQ 1A	550 ~ 730	
			SFVQ 1B	620 ~ 790	
			SFVQ 2A	550 ~ 730	
			SFVQ 2B	620 ~ 790	
			SFVQ 3		
D 4125	저온 압력 용기용 단강품	1종	SFL 1	440 ~ 590	주로 저온에서 사용하는 압력 용기 및 그 부품에 사용하는 용접성을 고려한 탄소강 및 합금강 단강품
		2종	SFL 2	490 ~ 640	
		3종	SFL 3		
D 4129	고온 압력 용기용 고강도 크롬몰리브덴강 단강품	1종	SFVCM F22B	580 ~ 760	주로 고온에서 사용하는 압력 용기용 고강도 크롬몰리브덴강 단강품
		2종	SFVCM F22V	580 ~ 760	
		3종	SFVCM F3V	580 ~ 760	
D 4320	철탑 플랜지용 고장력강 단강품	1종	SFT 590	440 이상	주로 송전 철탑용 플랜지에 쓰이는 고장력강 단강품

26-5 주강품(1/2)

■ 주강품

KS 규격	명 칭	분류 및 종별	기 호	인장강도 N/㎟	주요 용도 및 특징	
D 4101	탄소강 주강품	1종	SC 360	360 이상	일반 구조용, 전동기 부품용	
		2종	SC 410	410 이상	일반 구조용	
		3종	SC 450	450 이상	[원심력 주강관의 경우 표시 예]	
		4종	SC 480	480 이상	SC 410-CF	
D 4102	구조용 고장력 탄소강 및 저합금강 주강품	구조용	SCC 3	세부 규격 참조	구조용 고장력 탄소강 및 저합금강 주강품 [원심력 주강관의 경우 표시 예] SCC 3-CF	
		구조용, 내마모용	SCC5			
		구조용	SCMn 1			
			SCMn 2			
			SCMn 3			
		구조용, 내마모용	SCMn 5			
		구조용 (주로 앵커 체인용)	SCSiMn 2			
		구조용	SCMnCr 2			
			SCMnCr 3			
		구조용, 내마모용	SCMnCr 4			
		구조용, 강인재용	SCMnM 3			
			SCCrM 1			
			SCCrM 3			
			SCMnCrM 2			
			SCMnCrM 3			
			SCNCrM 2			
D 4103	스테인레스강 주강품	CA 15	SSC 1	세부 규격 참조	대응 ISO 강종	–
		CA 15	SSC 1X			GX 12 Cr 12
		CA 40	SSC 2			–
		CA 40	SSC 2A			–
		CA 15M	SSC 3			–
		CA 15M	SSC 3X			GX 8 CrNiMo 12 1
		–	SSC 4			–
		–	SSC 5			–
		CA 6NM	SSC 6			–
		CA 6NM	SSC 6X			GX 4 CrNi 12 4 (QT1) (QT2)
		–	SSC 10			–
		–	SSC 11			–
		CF 20	SSC 12			–
		–	SSC 13			–
		CF 8	SSC 13A			–
		–	SSC 13X			GX 5 CrNi 19 9
		–	SSC 14			–
		CF 8M	SSC 14A			–
		–	SSC 14X			GX 5 CrNiMo 19 11 2
		–	SSC 14Nb			GX 6 CrNiMoNb 19 11 2
		–	SSC 15			–
		–	SSC 16			–
		CF 3M	SSC 16A			–
		CF 3M	SSC 16AX			GX 2 CrNiMo 19 11 2
		CF 3MN	SSC 16AXN			GX 2 CrNiMoN 19 11 2
		CH 10, CH 20	SSC 17			–
		CK 20	SSC 18			–
		–	SSC 19			–
		CF 3	SSC 19A			–
		–	SSC 20			–
		CF 8C	SSC 21			–
		CF 8C	SSC 21X			GX 6 CrNiNb 19 10
		–	SSC 22			–
		CN 7M	SSC 23			–
		CB 7 Cu-1	SSC 24			–
		–	SSC 31			GX 4 CrNiMo 16 5 1
		A890M 1B	SSC 32			GX 2 CrNiCuMoN 26 5 3 3
		–	SSC 33			GX 2 CrNiMoN 26 5 3
		CG 8M	SSC 34			GX 5 CrNiMo 19 11 3
		CK-35MN	SSC 35			–
		–	SSC 40			–

26-5 주강품(2/2)

■ 주강품 (계속)

KS 규격	명 칭	분류 및 종별	기 호	인장강도 N/㎟	주요 용도 및 특징
D 4104	고망간강 주강품	1종	SCMnH 1	-	일반용(보통품)
		2종	SCMnH 2	740 이상	일반용(고급품, 비자성품)
		3종	SCMnH 3		주로 레일 크로싱용
		4종	SCMnH 11		고내력, 고마모용(해머, 조 플레이트 등)
		5종	SCMnH 21		주로 무한궤도용
D 4105	내열강 주강품	1종	HRSC 1	490 이상	유사강종(참고): -
		2종	HRSC 2	340 이상	ASTM HC, ACI HC
		3종	HRSC 3	490 이상	-
		4종	HRSC 11	590 이상	ASTM HD, ACI HD
		5종	HRSC 12	490 이상	ASTM HF, ACI HF
		6종	HRSC 13	490 이상	ASTM HH, ACI HH
		7종	HRSC 13 A	490 이상	ASTM HH Type II
		8종	HRSC 15	440 이상	ASTM HT, ACI HT
		9종	HRSC 16	440 이상	ASTM HT30
		10종	HRSC 17	540 이상	ASTM HE, ACI HE
		11종	HRSC 18	490 이상	ASTM HI, ACI HI
		12종	HRSC 19	390 이상	ASTM HN, ACI HN
		13종	HRSC 20	390 이상	ASTM HU, ACI HU
		14종	HRSC 21	440 이상	ASTM HK30, ACI HK30
		15종	HRSC 22	440 이상	ASTM HK40, ACI HK40
		16종	HRSC 23	450 이상	ASTM HL, ACI HL
		17종	HRSC 24	440 이상	ASTM HP, ACI HP
D 4106	용접 구조용 주강품	1종	SCW 410 (SCW 42)	410 이상	압연강재, 주강품 또는 다른 주강품의 용접 구조에 사용하는 것으로 특히 용접성이 우수한 주강품
		2종	SCW 450	450 이상	
		3종	SCW 480 (SCW 49)	480 이상	
		4종	SCW 550 (SCW 56)	550 이상	
		5종	SCW 620 (SCW 63)	620 이상	
D 4107	고온 고압용 주강품	탄소강	SCPH 1	410 이상	고온에서 사용하는 밸브, 플랜지, 케이싱 및 기타 고압 부품용 주강품
			SCPH 2	480 이상	
		0.5% 몰리브덴강	SCPH 11	450 이상	
		1% 크롬-0.5% 몰리브덴강	SCPH 21	480 이상	
		1% 크롬-1% 몰리브덴강	SCPH 22	550 이상	
		1% 크롬-1% 몰리브덴강 -0.2% 바나듐강	SCPH 23		
		2.5% 크롬-1% 몰리브덴강	SCPH 32	480 이상	
		5% 크롬-0.5% 몰리브덴강	SCPH 61	620 이상	
D 4108	용접 구조용 원심력 주강관	1종	SCW 410-CF	410 이상	압연강재, 단강품 또는 다른 주강품과의 용접 구조에 사용하는 특히 용접성이 우수한 관 두께 8mm 이상 150mm 이하의 용접 구조용 원심력 주강관
		2종	SCW 480-CF	480 이상	
		3종	SCW 490-CF	490 이상	
		4종	SCW 520-CF	520 이상	
		5종	SCW 570-CF	570 이상	
D 4111	저온 고압용 주강품	탄소강(보통품)	SCPL 1	450 이상	저온에서 사용되는 밸브, 플랜지, 실린더, 그 밖의 고압 부품용
		0.5% 몰리브덴강	SCPL 11		
		2.5% 니켈강	SCPL 21	480 이상	
		3.5% 니켈강	SCPL 31		
D 4112	고온 고압용 원심력 주강관	탄소강	SCPH 1-CF	410 이상	주로 고온에서 사용하는 원심력 주강관
			SCPH 2-CF	480 이상	
		0.5% 몰리브덴강	SCPH 11-CF	380 이상	
		1% 크롬-0.5% 몰리브덴강	SCPH 21-CF	410 이상	
		2.5% 크롬-1% 몰리브덴강	SCPH 32-CF		
D 4118	도로 교량용 주강품	1종	SCHB 1	491 이상	도로 교량용 부품으로 사용하는 주강품
		2종	SCHB 2	628 이상	
		3종	SCHB 3	834 이상	
D ISO 13521	오스테나이트계 망가니즈 주강품	강 등급	GX120MnMo7-1	-	
			GX110MnMo7-13-1	-	
			GX100Mn13	-	때때로 비자성체에 이용된다
			GX120Mn13	-	때때로 비자성체에 이용된다
			GX129MnCr13-2	-	
			GX129MnNi13-3	-	
			GX120Mn17	-	때때로 비자성체에 이용된다
			GX90MnMo14	-	
			GX120MnCr17-2	-	

26-6 주철품(1/2)

■ 주철품

KS 규격	명 칭	분류 및 종별		기 호	인장강도 N/㎟	주요 용도 및 특징
D 4301	회 주철품	1종		GC 100	100 이상	편상 흑연을 함유한 주철품 (주철품의 두께에 따라 인장강도 다름)
		2종		GC 150	150 이상	
		3종		GC 200	200 이상	
		4종		GC 250	250 이상	
		5종		GC 300	300 이상	
		6종		GC 350	350 이상	
D 4302	구상 흑연 주철품	별도 주입 공시재	1종	GCD 350-22	350 이상	구상(球狀) 흑연 주철품 기호 L : 저온 충격값이 규정된 것
			2종	GCD 350-22L		
			3종	GCD 400-18	400 이상	
			4종	GCD 400-18L		
			5종	GCD 400-15		
			6종	GCD 450-10	450 이상	
			7종	GCD 500-7	500 이상	
			8종	GCD 600-3	600 이상	
			9종	GCD 700-2	700 이상	
			10종	GCD 800-2	800 이상	
		본체 부착 공시재	1종	GCD 400-18A	세부 규격 참조	
			2종	GCD 400-18AL		
			3종	GCD 400-15A		
			4종	GCD 500-7A		
			5종	GCD 600-3A		
D 4318	오스템퍼 구상 흑연 주철품	1종		GCAD 900-4	900 이상	오스템퍼 처리한 구상 흑연 주철품
		2종		GCAD 900-8		
		3종		GCAD 1000-5	1000 이상	
		4종		GCAD 1200-2	1200 이상	
		5종		GCAD 1400-1	1400 이상	
D 4319	오스테나이트 주철품	편상 흑연계		GCA-NiMn 13 7	140 이상	비자성 주물로 터빈 발전기용 압력 커버, 차단기 상자, 절연 플랜지, 터미널, 덕트
				GCA-NiCuCr 15 6 2	170 이상	펌프, 밸브, 노부품, 부싱, 경합금 피스톤용 내마모관, 탁수용 펌프, 펌프용 케이싱 비자성 주물
				GCA-NiCuCr 15 6 3	190 이상	펌프, 밸브, 노부품, 부싱, 경합금 피스톤용 내마모관
				GCA-NiCr 20 2	170 이상	GCA-NiCuCr 15 6 2와 동등. 다만, 알카리 처리 펌프, 수산화나트륨 보일러에 적당. 비누, 식품 제조, 인견 및 플라스틱 공업에 사용되며, 일반적으로 구리를 함유하지 않는 재료가 요구되는 곳에 사용
				GCA-NiCr 20 3	190 이상	GCA-NiCr 20 2와 동등. 다만, 고압에서 사용하는 경우에 좋다.
				GCA-NiSiCr 20 5 3		펌프 부품, 공업로용 밸브 주물
				GCA-NiCr 30 3		펌프, 압력 용기 밸브, 필터 부품, 이그조스트 매니폴드, 터보 차저 하우징
				GCA-NiSiCr 30 5 5	170 이상	펌프 부품, 공업로용 밸브 주물
				GCA-Ni 35	120 이상	열적인 치수 변동을 기피하는 부품 (예 : 공작기계, 이과학기기, 유리용 금형 등)

26-6 주철품(2/2)

■ 주철품 (계속)

KS 규격	명 칭	분류 및 종별	기 호	인장강도 N/㎟	주요 용도 및 특징
D 4319	오스테나이트 주철품	구상 흑연계	GCDA-NiMn 13 17	390 이상	비자성 주물 보기 : 터빈 발동기용 압력 커버, 차단기 상자, 절연 플랜지, 터미널, 덕트
			GCDA-NiCr 20 2	370 이상	펌프, 밸브, 컴프레서, 부싱, 터보차저 하우징, 이그조스트 매니폴드, 캐빙 머신용 로터리 테이블, 엔진용 터빈 하우징, 밸브용 요크슬리브, 비자성 주물
			GCDA-NiCrNb 20 2		GCDA-NiCr 20 2와 동등
			GCDA-NiCr 20 3	390 이상	펌프, 펌프용 케이싱, 밸브, 컴프레서, 부싱, 터보 차저 하우징, 이그조스트 매니폴드
			GCDA-NiSiCr 20 5 2	370 이상	펌프 부품, 밸브, 높은 기계적 응력을 받는 공업로용 주물
			GCDA-Ni 22		펌프, 밸브, 컴프레서, 부싱, 터보 차저 하우징, 이그조스트 매니폴드, 비자성 주물
			GCDA-NiMn 23 4	440 이상	-196° C까지 사용되는 경우의 냉동기 기류 주물
			GCDA-NiCr 30 1	370 이상	펌프, 보일러 필터 부품, 이그조스트 매니폴드, 밸브, 터보 차저 하우징
			GCDA-NiCr 30 3		펌프, 보일러, 밸브, 필터 부품, 이그조스트 매니폴드, 터보 차저 하우징
			GCDA-NiSiCr 30 5 2	380 이상	펌프 부품, 이그조스트 매니폴드, 터보 차저 하우징, 공업로용 주물
			GCDA-NiSiCr 30 5 5	390 이상	펌프 부품, 밸브, 공업로용 주물 중 높은 기계적 응력을 받는 부품
			GCDA-Ni 35	370 이상	온도에 따른 치수변화를 기피하는 부품 적용(예 : 공작기계, 이과학기기, 유리용 금형)
			GCDA-NiCr 35 3		가스 터빈 하우징 부품, 유리용 금형, 엔진용 터보 차저 하우징
			GCDA-NiSiCr 35 5 2		가스 터빈 하우징 부품, 이그조스트 매니폴드, 터보 차저 하우징
D 4321	철(합금)계 저열팽창 주조품	주강계	SCLE 1	370 이상	50~100° C 사이의 평균 선팽창계수 7.0×10^{-6}/° C 이하인 철합금 저열팽창 주조품
			SCLE 2		
			SCLE 3		
			SCLE 4		
		회 주철계	GCLE 1	120 이상	
			GCLE 2		
			GCLE 3		
			GCLE 4		
		구상 흑연 주철계	GCDLE 1	370 이상	
			GCDLE 2		
			GCDLE 3		
			GCDLE 4		
D 4321	저온용 두꺼운 페라이트 구상 흑연 주철품	1종	GCD 300LT	300 이상	-40° C 이상의 온도에서 사용되는 주물 두께 550mm 이하의 페라이트 기지의 두꺼운 구상 흑연 주철품
D 4323	하수도용 덕타일 주철관	직관 두께에 따른 구분	1종관	-	가정의 생활폐수 및 산업폐수, 지표수, 우수 등을 운송하는 배수 및 하수 배관용으로 압력 또는 무압력 상태에서 사용하는 덕타일 주철관
			2종관	-	
			3종관	-	
D ISO 5922	가단 주철품	백심가단주철	GCMW 35-04	세부 규격 참조	가단 주철품 열처리한 철-탄소합금으로서 주조 상태에서 흑연을 함유하지 않은 백선 조직을 가지는 주철품, 즉, 탄소 성분은 전부 시멘타이트(Fe3C)로 결합된 형태로 존재한다. [종류의 기호] GCMW : 백심 가단 주철 GCMB : 흑심 가단 주철 GCMP : 펄라이트 가단 주철
			GCMW 38-12		
			GCMW 40-05		
			GCMW 45-07		
		A	GCMB 30-06	300 이상	
			GCMB 35-10	350 이상	
			GCMB 45-06	450 이상	
			GCMB 55-04	550 이상	
			GCMB 65-02	650 이상	
			GCMB 70-02	700 이상	
		B	GCMB 32-12	320 이상	
			GCMP 50-05	500 이상	
			GCMB 60-03	600 이상	
			GCMB 80-01	800 이상	

■ 신동품

KS 규격	명칭	분류 및 종별	기호	인장강도 N/mm²	주요 용도 및 특징
D 5101	구리 및 구리 합금 봉	무산소동 C1020	C 1020 BE	–	전기 및 열 전도성 우수 용접성, 내식성, 내후성 양호
			C 1020 BD	–	
			C 1020 BF	–	
		타프피치동 C1100	C 1100 BE	–	전기 및 열 전도성 우수 전연성, 내식성, 내후성 양호
			C 1100 BD	–	
			C 1100 BF	–	
		인탈산동 C1201	C 1201 BE	–	전연성, 용접성, 내식성, 내후성 및 열 전도성 양호
			C 1201 BD	–	
		인탈산동 C1220	C 1220 BE	–	
			C 1220 BD	–	
		황동 C2620	C 2600 BE	–	냉간 단조성, 전조성 양호 기계 및 전기 부품
			C 2600 BD	–	
		황동 C2700	C 2700 BE	–	
			C 2700 BD	–	
		황동 C2745	C 2745 BE	–	열간 가공성 양호 기계 및 전기 부품
			C 2745 BD	–	
		황동 C2800	C 2800 BE	–	
			C 2800 BD	–	
		내식 황동 C3533	C 3533 BE	–	수도꼭지, 밸브 등
			C 3533 BD	–	
		쾌삭 황동 C3601	C 3601 BD	–	절삭성 우수, 전연성 양호 볼트, 너트, 작은 나사, 스핀들, 기어, 밸브, 라이터, 시계, 카메라 부품 등
		쾌삭 황동 C3602	C 3602 BE	–	
			C 3602 BD	–	
			C 3602 BF	–	
		쾌삭황동 C3604	C 3604 BE	–	
			C 3604 BD	–	
			C 3604 BF	–	
		쾌삭 황동 C3605	C 3605 BE	–	
			C 3605 BD	–	
		단조 황동 C3712	C 3712 BE	–	열간 단조성 양호, 정밀 단조 적합 기계 부품 등
			C 3712 BD	–	
			C 3712 BF	–	
		단조 황동 C3771	C 3771 BE	–	열간 단조성 및 피절삭성 양호 밸브 및 기계 부품 등
			C 3771 BD	–	
			C 3771 BF	–	
		네이벌 황동 C4622	C 4622 BE	–	내식성 및 내해수성 양호 선박용 부품, 샤프트 등
			C 4622 BD	–	
			C 4622 BF	–	
		네이벌 황동 C4641	C 4641 BE	–	
			C 4641 BD	–	
			C 4641 BF	–	

26-7 신동품(2/4)

■ 신동품 (계속)

KS 규격	명칭	분류 및 종별		기호	인장강도 N/mm²	주요 용도 및 특징
D 5101	구리 및 구리 합금 봉	내식 황동 C4860		C 4860 BE	–	수도꼭지, 밸브, 선박용 부품 등
				C 4860 BD	–	
		무연 황동 C4926		C 4926 BE	–	내식성 우수, 환경 소재(납 없음) 전기전자, 자동차 부품 및 정밀 가공용
				C 4926 BD	–	
		무연 내식 황동 C4934		C 4934 BE	–	내식성 우수, 환경 소재(납 없음) 수도꼭지, 밸브 등
				C 4934 BD	–	
		알루미늄 청동 C6161		C 6161 BE	–	강도 높고, 내마모성, 내식성 양호 차량 기계용, 화학 공업용, 선박용 피니언 기어, 샤프트, 부시 등
				C 6161 BD	–	
		알루미늄 청동 C6191		C 6191 BE	–	
				C 6191 BD	–	
		알루미늄 청동 C6241		C 6241 BE	–	
				C 6241 BD	–	
		고강도 황동 C6782		C 6782 BE	–	강도 높고 열간 단조성, 내식성 양호 선박용 프로펠러 축, 펌프 축 등
				C 6782 BD	–	
				C 6782 BF	–	
		고강도 황동 C6783		C 6783 BE	–	
				C 6783 BD	–	
D 5102	베릴륨 동, 인청동 및 양백의 봉 및 선	베릴륨 동	봉	C 1720 B	–	항공기 엔진 부품, 프로펠러, 볼트, 캠, 기어, 베어링, 점용접용 전극 등
			선	C 1720 W	–	코일 스프링, 스파이럴 스프링, 브러쉬 등
		인청동	봉	C 5111 B	–	내피로성, 내식성, 내마모성 양호 봉 : 기어, 캠, 이음쇠, 축, 베어링, 작은 나사, 볼트, 너트, 섭동 부품, 커넥터, 트롤리선용 행어 등 선 : 코일 스프링, 스파이럴 스프링, 스냅 버튼, 전기 바인드용 선, 철망, 헤더재, 와셔 등
			선	C 5111 W	–	
			봉	C 5102 B	–	
			선	C 5102 W	–	
			봉	C 5191 B	–	
			선	C 5191 W	–	
			봉	C 5212 B	–	
			선	C 5212 W	–	
		쾌삭 인청동	봉	C 5341 B	–	절삭성 양호 작은 나사, 부싱, 베어링, 볼트, 너트, 볼펜 부품 등
			선	C 5441 B	–	
		양백	선	C 7451 W	–	광택 미려, 내피로성, 내식성 양호 봉 : 작은 나사, 볼트, 너트, 전기기기 부품, 악기, 의료기기, 시계부품 등 선 : 특수 스프링 재료 적합
			봉	C 7521 B	–	
			선	C 7521 W	–	
			봉	C 7541 B	–	
			선	C 7541 W	–	
			봉	C 7701 B	–	
			선	C 7701 W	–	
		쾌삭 양백	봉	C 7941 B	–	절삭성 양호 작은 나사, 베어링, 볼펜 부품, 안경 부품 등

■ 신동품 (계속)

KS 규격	명칭	분류 및 종별		기호	인장강도 N/mm²	주요 용도 및 특징
D 5103	구리 및 구리 합금 선	무산소동	선	C 1020 W	세부 규격 참조	전기, 열전도성, 전연성 우수 용접성, 내식성, 내환경성 양호
		타프피치동		C 1100 W		전기, 열전도성 우수 전연성, 내식성, 내환경성 양호 (전기용, 화학공업용, 작은 나사, 못, 철망 등)
		인탈산동		C 1201 W		전연성, 용접성, 내식성, 내환경성 양호
				C 1220 W		
		단동		C 2100 W		색과 광택이 아름답고, 전연성, 내식성 양호(장식품, 장신구, 패스너, 철망 등)
				C 2200 W		
				C 2300 W		
				C 2400 W		
		황동		C 2600 W		전연성, 냉간 단조성, 전조성 양호 리벳, 작은 나사, 핀, 코바늘, 스프링, 철망 등
				C 2700 W		
				C 2720 W		
				C 2800 W		용접봉, 리벳 등
		니플용 황동		C 3501 W		피삭성, 냉간 단조성 양호 자동차의 니플 등
		쾌삭황동		C 3601 W		피삭성 우수 볼트, 너트, 작은 나사, 전자 부품, 가메라 부품 등
				C 3602 W		
				C 3603 W		
				C 3604 W		
D 5401	전자 부품용 무산소 동의 판, 띠, 이음매 없는 관, 봉 및 선	판	–	C 1011 P	세부 규격 참조	전신가공한 전자 부품용 무산소 동의 판, 띠, 이음매 없는 관, 봉, 선
		띠	–	C 1011 R		
		관	보통급	C 1011 T		
			특수급	C 1011 TS		
		봉	압출	C 1011 BE		
			인발	C 1011 BD		
		선	–	C 1011 W		
D 5506	인청동 및 양백의 판 및 띠	판	인청동	C 5111 P	세부 규격 참조	전연성, 내피로성, 내식성 양호 전자, 전기 기기용 스프링, 스위치, 리드 프레임, 커넥터, 다이어프램, 베로, 퓨즈 클립, 섭동편, 볼베어링, 부시, 타악기 등
		띠		C 5111 R		
		판		C 5102 P		
		띠		C 5102 R		
		판		C 5191 P		
		띠		C 5191 R		
		판		C 5212 P		
		띠		C 5212 R		
		판	양백	C 7351 P		광택이 아름답고, 전연성, 내피로성, 내식성 양호 수정 발진자 케이스, 트랜지스터캡, 볼륨용 섭동편, 시계 문자판, 장식품, 양식기, 의료기기, 건축용, 관악기 등
		띠		C 7351 R		
		판		C 7451 P		
		띠		C 7451 R		
		판		C 7521 P		
		띠		C 7521 R		
		판		C 7541 P		
		띠		C 7541 R		

26-7 신동품(4/4)

■ 신동품 (계속)

KS 규격	명칭	분류 및 종별		기호	인장강도 N/mm²	주요 용도 및 특징
D 5530	구리 버스 바	C 1020		C 1020 BB	Cu 99.96% 이상	전기 전도성 우수 각종 도체, 스위치, 바 등
		C 1100		C 1100 BB	Cu 99.90% 이상	
D 5545	구리 및 구리 합금 용접관	용접관	보통급	C 1220 TW	인탈산동	압광성, 굽힘성, 수축성, 용접성, 내식성, 열전도성 양호 열교환기용, 화학 공업용, 급수.급탕용, 가스관용 등
			특수급	C 1220 TWS		
			보통급	C 2600 TW	황동	압광성, 굽힘성, 수축성, 도금성 양호 열교환기, 커튼레일, 위생관, 모든 기기 부품용, 안테나용 등
			특수급	C 2600 TWS		
			보통급	C 2680 TW		
			특수급	C 2680 TWS		
			보통급	C 4430 TW	어드미럴티 황동	내식성 양호 가스관용, 열교환기용 등
			특수급	C 4430 TWS		
			보통급	C 4450 TW	인 첨가 어드미럴티 황동	내식성 양호 가스관용 등
			특수급	C 4450 TWS		
			보통급	C 7060 TW	백동	내식성, 특히 내해수성 양호 비교적 고온 사용 적합 악기용, 건재용, 장식용, 열교환기용 등
			특수급	C 7060 TWS		
			보통급	C 7150 TW		
			특수급	C 7150 TWS		
D 6706	고순도 알루미늄 박	1N99	O	A1N99H-O	–	전해 커패시터용 리드선용
			H18	A1N99H -H18	–	
		1N90	O	A1N90H-O	–	
			H18	A1N90H-H18	–	
D 7028	알루미늄 및 알루미늄합금 용접봉과 와이어	BY : 봉 WY : 와이어		A1070-BY	54	알루미늄 및 알루미늄 합금의 수동 티그 용접 또는 산소 아세틸렌 가스에 사용하는 용접봉 인장강도는 용접 이음의 인장강도임
				A1070-WY		
				A1100-BY	74	
				A1100-WY		
				A1200-BY		
				A1200-WY		
				A2319-BY	245	
				A2319-WY		
				A4043-BY	167	
				A4043-WY		
				A4047-BY		
				A4047-WY		
				A5554-BY	216	
				A5554-WY		
				A5564-BY	206	
				A5564-WY		
				A5356-BY	265	
				A5356-WY		
				A5556-BY	275	
				A5556-WY		
				A5183-BY		
				A5183-WY		

금속 및 비금속 재료규격

26-8 마그네슘 합금, 납 및 납합금의 전신재(1/2)

■ 마그네슘 합금, 납 및 납합금의 전신재

KS 규격	명칭	분류 및 종별	기호	인장강도 N/mm^2	주요 용도 및 특징
D 5573	이음매 없는 마그네슘 합금 관	1종B	MT1B	세부 규격 참조	ISO-MgA13Zn1(A)
		1종C	MT1C		ISO-MgA13Zn1(B)
		2종	MT2		ISO-MgA16Zn1
		5종	MT5		ISO-MgZn3Zr
		6종	MT6		ISO-MgZn6Zr
		8종	MT8		ISO-MgMn2
		9종	MT9		ISO-MgZnMn1
D 6710	마그네슘 합금 판, 대 및 코일판	1종B	MP1B	세부 규격 참조	ISO-MgA13Zn1(A)
		1종C	MP1C		ISO-MgA13Zn1(B)
		7종	MP7		–
		9종	MP9		ISO-MgMn2Mn1
D 6723	마그네슘 합금 압출 형재	1종B	MS1B	세부 규격 참조	ISO-MgA13Zn1(A)
		1종C	MS1C		ISO-MgA13Zn1(B)
		2종	MS2		ISO-MgA16Zn1
		3종	MS3		ISO-MgA18Zn
		5종	MS5		ISO-MgZn3Zr
		6종	MS6		ISO-MgZn6Zr
		8종	MS8		ISO-MgMn2
		9종	MS9		ISO-MgMn2Mn1
		10종	MS10		ISO-MgMn7Cul
		11종	MS11		ISO-MgY5RE4Zr
		12종	MS12		ISO-MgY4RE3Zr
D 6724	마그네슘 합금 봉	1B종	MB1B	세부 규격 참조	ISO-MgA13Zn1(A)
		1C종	MB1C		ISO-MgA13Zn1(B)
		2종	MB2		ISO-MgA16Zn1
		3종	MB3		ISO-MgA18Zn
		5종	MB5		ISO-MgZn3Zr
		6종	MB6		ISO-MgZn6Zr
		8종	MB8		ISO-MgMn2
		9종	MB9		ISO-MgZn2Mn1
		10종	MB10		ISO-MgZn7Cul
		11종	MB11		ISO-MgY5RE4Zr
		12종	MB12		ISO-MgY4RE3Zr

26-8 마그네슘 합금, 납 및 납합금의 전신재(2/2)

■ 마그네슘 합금, 납 및 납합금의 전신재 (계속)

KS 규격	명칭	분류 및 종별	기호	인장강도 N/mm^2	주요 용도 및 특징
D 6702	납 및 납합금 판	납판	PbP-1	-	두께 1.0mm 이상 6.0mm 이하의 순납판으로 가공성이 풍부하고 내식성이 우수하며 건축, 화학, 원자력 공업용 등 광범위의 사용에 적합하고, 인장강도 10.5N/mm2, 연신율 60% 정도이다.
		얇은 납판	PbP-2	-	두께 0.3mm 이상 1.0mm 미만의 순납판으로 유연성이 우수하고 주로 건축용(지붕, 벽)에 적합하며, 인장강도 10.5N/mm2, 연신율 60% 정도이다.
		텔루르 납판	PPbP	-	텔루르를 미량 첨가한 입자분산강화 합금 납판으로 내크리프성이 우수하고 고온(100~150℃)에서의 사용이 가능하고, 화학공업용에 적합하며, 인장강도 20.5N/mm2, 연신율 50% 정도이다.
D 6702	납 및 납합금 판	경납판 4종	HPbP4	-	안티몬을 4% 첨가한 합금 납판으로 상온에서 120℃의 사용영역에서는 납합금으로서 고강도·고경도를 나타내며, 화학공업용 장치류 및 일반용의 경도를 필요로 하는 분야에 대한 적용이 가능하며, 인장강도 25.5N/mm2, 연신율 50% 정도이다.
		경납판 6종	HPbP6	-	안티몬을 6% 첨가한 합금 납판으로 상온에서 120℃의 사용영역에서는 납합금으로서 고강도,고경도를 나타내며, 화학공업용 장치류 및 일반용의 경도를 필요로 하는 분야에 대한 적용이 가능하며, 인장강도 28.5N/mm2, 연신율 50% 정도이다.
	일반 공업용 납 및 납합금 관	공업용 납관 1종	PbT-1	-	납이 99.9%이상인 납관으로 살두께가 두껍고, 화학공업용에 적합하고 인장 강도 10.5N/mm2, 연신율 60% 정도이다.
		공업용 납관 2종	PbT-2	-	납이 99.60%이상인 납관으로 내식성이 좋고, 가공성이 우수하고 살두께가 얇고 일반 배수용에 적합하며 인장 강도 11.7N/mm2, 연신율 55% 정도이다.
		텔루르 납관	TPbT	-	텔루르를 미량 첨가한 입자 분산 강화 합금 납관으로 살두께는 공업용 납관 1종과 같은 납관. 내크리프성이 우수하고 고온(100~150℃)에서의 사용이 가능하고, 화학공업용에 적합하며, 인장강도 20.5N/mm2, 연신율 50% 정도이다.
		경연관 4종	HPbT4	-	안티몬을 4% 첨가한 합금 납관으로 상온에서 120℃의 사용영역에서는 납합금으로서 고강도,고경도를 나타내며, 화학공업용 장치류 및 일반용의 경도를 필요로 하는 분야로의 적용이 가능하고, 인장강도 25.5N/mm2, 연신율 50% 정도이다.
		경연관 6종	HPbT6	-	안티몬을 6% 첨가한 합금 납관으로 상온에서 120℃의 사용영역에서는 납합금으로서 고강도,고경도를 나타내며, 화학공업용 장치류 및 일반용의 경도를 필요로 하는 분야로의 적용이 가능하고, 인장강도 28.5N/mm2, 연신율 50% 정도이다.

26-9 니켈 및 니켈 합금의 전신재

■ 니켈 및 니켈 합금의 전신재

KS 규격	명칭	분류 및 종별	기호	인장강도 N/mm^2	주요 용도 및 특징
D 5539	이음매 없는 니켈 동합금 관	NW4400	NiCu30	세부 규격 참조	내식성, 내산성 양호 강도 높고 고온 사용 적합 급수 가열기, 화학 공업용 등
		NW4402	NiCu30.LC		
D 5546	니켈 및 니켈합금 판 및 조	탄소 니켈 관	NNCP	세부 규격 참조	수산화나트륨 제조 장치, 전기 전자 부품 등
		저탄소 니켈 관	NLCP		
		니켈-동합금 판	NCuP		해수 담수화 장치, 제염 장치, 원유 증류탑 등
		니켈-동합금 조	NCuR		
		니켈-동-알루미늄-티탄합금 판	NCuATP		해수 담수화 장치, 제염 장치, 원유 증류탑 등에서 고강도를 필요로 하는 기기재 등
		니켈-몰리브덴합금 1종 관	NM1P		염산 제조 장치, 요소 제조 장치, 에틸렌글리콜 이나 크로로프렌 단량체 제조 장치 등
		니켈-몰리브덴합금 2종 관	NM2P		
		니켈-몰리브덴-크롬합금 판	NMCrP		산 세척 장치, 공해 방지 장치, 석유화학 산업 장치, 합성 섬유 산업 장치 등
		니켈-크롬-철-몰리브덴-동합금 1종 판	NCrFMCu1P		인산 제조 장치, 플루오르산 제조 장치, 공해 방지 장치 등
		니켈-크롬-철-몰리브덴-동합금 2종 판	NCrFMCu2P		
		니켈-크롬-몰리브덴-철합금 판	NCrMFP		공업용로, 가스터빈 등
D 5603	듀멧선	선1종 1	DW1-1	640 이상	전자관, 전구, 방전 램프 등의 관구류
		선1종 2	DW1-2		
		선2종	DW2		다이오드, 서미스터 등의 반도체 장비류
D 6023	니켈 및 니켈합금 주물	니켈 주물	NC	345 이상	수산화나트륨, 탄산나트륨 및 염화암모늄을 취급하는 제조장치의 밸브·펌프 등
		니켈-구리합금 주물	NCuC	450 이상	해수 및 염수, 중성염, 알칼리염 및 플루오르산을 취급하는 화학 제조 장치의 밸브·펌프 등
		니켈-몰리브덴합금 주물	NMC	525 이상	염소, 황산 인산, 아세트산 및 염화수소가스를 취급하는 제조 장치의 밸브·펌프 등
		니켈-몰리브덴-크롬합금 주물	NMCrC	495 이상	산화성산, 플루오르산, 포름산 무수아세트산, 해수 및 염수를 취급하는 제조 장치의 밸브 등
		니켈-크롬-철합금 주물	NCrFC	485 이상	질산, 지방산, 암모늄수 및 염화성 약품을 취급하는 화학 및 식품 제조 장치의 밸브 등
D 6719	이음매 없는 니켈 및 니켈합금 관	상탄소 니켈관	NNCT	세부 규격 참조	수산화나트륨 제조 장치, 식품, 약품 제조 장치, 전기, 전자 부품 등
		저탄소 니켈관	NLCT		
		니켈-동합금 관	NCuT		급수 가열기, 해수 담수화 장치, 제염 장치, 원유 증류탑 등
		니켈-몰리브덴-크롬합금 관	NMCrT		산세척 장치, 공해방지 장치, 석유화학, 합성 섬유산업 장치 등
		니켈-크롬-몰리브덴-철합금 관	NCrMFT		공업용 노, 가스 터빈 등

26-10 티탄 및 티탄 합금 기타의 전신재(1/2)

■ 티탄 및 티탄 합금 기타의 전신재

KS 규격	명칭	분류 및 종별	기호	인장강도 N/mm²	주요 용도 및 특징
D 3579	스프링용 오일 템퍼선	스프링용 탄소강 오일 템퍼선 A종	SWO-A	세부 규격 참조	주로 정하중을 받는 스프링용
		스프링용 탄소강 오일 템퍼선 B종	SWO-B		주로 동하중을 받는 스프링용
		스프링용 실리콘 크롬강 오일 템퍼선	SWOSC-B		
		스프링용 실리콘 망간강 오일 템퍼선 A종	SWOSM-A		
		스프링용 실리콘 망간강 오일 템퍼선 B종	SWOSM-B		
		스프링용 실리콘 망간강 오일 템퍼선 C종	SWOSM-C		
D 3580	밸브 스프링용 오일 템퍼선	밸브 스프링용 탄소강 오일 템퍼선	SWO-V	세부 규격 참조	내연 기관의 밸브 스프링 또는 이에 준하는 스프링
		밸브 스프링용 크롬바나듐강 오일 템퍼선	SWOCV-V		
		밸브 스프링용 실리콘크롬강 오일 템퍼선	SWOSC-V		
D 3585	스테인리스강 위생관	1종	STS304TBS	520 이상	낙농, 식품 공업 등에 사용
		2종	STS304LTBS	480 이상	
		3종	STS316TBS	520 이상	
		4종	STS316LTBS	480 이상	
D 3591	스프링용 실리콘 망간강 오일 템퍼선	스프링용 실리콘 망간강 오일 템퍼선 A종	SWOSM-A	세부 규격 참조	일반 스프링용
		스프링용 실리콘 망간강 오일 템퍼선 B종	SWOSM-B		일반 스프링용 및 자동차 현가 코일 스프링
		스프링용 실리콘 망간강 오일 템퍼선 C종	SWOSM-C		주로 자동차 현가 코일 스프링
D 3624	냉간 압조용 붕소강-선재	1종	SWRCHB 223	-	냉간 압조용 붕소강선의 제조에 사용
		2종	SWRCHB 237	-	
		3종	SWRCHB 320	-	
		4종	SWRCHB 323	-	
		5종	SWRCHB 331	-	
		6종	SWRCHB 334	-	
		7종	SWRCHB 420	-	
		8종	SWRCHB 526	-	
		9종	SWRCHB 620	-	
		10종	SWRCHB 623	-	
		11종	SWRCHB 726	-	
		12종	SWRCHB 734	-	
D 3624	티탄 팔라듐합금 선	11종	TW 270 Pd	270 ~ 410	내식성, 특히 틈새 내식성 양호 화학장치, 석유정제 장치, 펄프제지 공업장치 등
		12종	TW 340 Pd	340 ~ 510	
		13종	TW 480 Pd	480 ~ 620	

26-10 티탄 및 티탄 합금 기타의 전신재(2/2)

■ 티탄 및 티탄 합금 기타의 전신재 (계속)

KS 규격	명칭	분류 및 종별		기호	인장강도 N/mm²	주요 용도 및 특징
D 5577	탄탈럼 전신재	판		TaP	세부 규격 참조	탄탈럼으로 된 판, 띠, 박, 봉 및 선
		띠		TaR		
D 5577	탄탈럼 전신재	박		TaH	세부 규격 참조	탄탈럼으로 된 판, 띠, 박, 봉 및 선
		봉		TaB		
		선		TaW		
D 6026	티타늄 및 티타늄합금 주물	2종		TC340	340 이상	내식성, 특히 내해수성 양호 화학 장치, 석유 정제 장치, 펄프 제지 공업 장치 등
		3종		TC480	480 이상	
		12종		TC340Pd	340 이상	내식성, 특히 내틈새 부식성 양호 화학 장치, 석유 정제 장치, 펄프 제지 공업 장치 등
		13종		TC480Pd	480 이상	
		60종		TAC6400	895 이상	고강도로 내식성 양호 화학 공업, 기계 공업, 수송 기기 등의 구조재, 예를 들면 고압 반응조 장치, 고압 수송 장치, 레저용품 등
D 6726	배관용 티탄 팔라듐합금 관	1종	이음매 없는 관	TTP 28 Pd E	275 ~ 412	내식성, 특히 틈새 내식성 양호 화학장치, 석유정제장치, 펄프제지 공업장치 등
				TTP 28 Pd D		
			용접관	TTP 28 Pd W		
				TTP 28 Pd WD		
		2종	이음매 없는 관	TTP 35 Pd E	343 ~ 510	
				TTP 35 Pd D		
			용접관	TTP 35 Pd W		
				TTP 35 Pd WD		
		3종	이음매 없는 관	TTP 49 Pd E	481 ~ 618	
				TTP 49 Pd D		
			용접관	TTP 49 Pd W		
				TTP 49 Pd WD		
D 7203	냉간 압조용 붕소강-선	1종		SWCHB 223	610 이하	볼트, 너트, 리벳, 작은 나사, 태핑 나사 등의 나사류 및 각종 부품(인장도는 DA 공정에 의한 선의 기계적 성질)
		2종		SWCHB 237	670 이하	
		3종		SWCHB 320	600 이하	
		4종		SWCHB 323	610 이하	
		5종		SWCHB 331	630 이하	
		6종		SWCHB 334	650 이하	
		7종		SWCHB 420	600 이하	
		8종		SWCHB 526	650 이하	
		9종		SWCHB 620	630 이하	
		10종		SWCHB 623	640 이하	
		11종		SWCHB 726	650 이하	
		12종		SWCHB 734	680 이하	

26-11 주물(1/4)

■ 주물

KS 규격	명칭	분류 및 종별	기호	인장강도 N/mm²	주요 용도 및 특징
D 6003	화이트 메탈	1종	WM1	세부 규격 참조	각종 베어링 활동부 또는 패킹 등에 사용(주괴)
		2종	WM2		
		2종B	WM2B		
		3종	WM3		
		4종	WM4		
		5종	WM5		
		6종	WM6		
		7종	WM7		
		8종	WM8		
		9종	WM9		
		10종	WM10		
		11종	WM11(L13910)		
		12종	WM2(SnSb8Cu4)		
		13종	WM13(SnSb12CuPb)		
		14종	WM14(PbSb15Sn10)		
D 6005	아연 합금 다이캐스팅	1종	ZDC1	325	자동차 브레이크 피스톤, 시트 밸브 감김쇠, 캔버스 플라이어
		2종	ZDC2	285	자동차 라디에이터 그릴, 몰, 카뷰레터, VTR 드럼 베이스, 테이프 헤드, CP 커넥터
D 6006	다이캐스팅용 알루미늄 합금	1종	ALDC 1	–	내식성, 주조성은 좋다. 항복 강도는 어느 정도 낮다.
		3종	ALDC 3	–	충격값과 항복 강도가 좋고 내식성도 1종과 거의 동등하지만, 주조성은 좋지 않다.
		5종	ALDC 5	–	내식성이 가장 양호하고 연신율, 충격값이 높지만 주조성은 좋지 않다.
		6종	ALDC 6	–	내식성은 5종 다음으로 좋고, 주조성은 5종보다 약간 좋다.
		10종	ALDC 10	–	기계적 성질, 피삭성 및 주조성이 좋다.
		10종 Z	ALDC 10 Z	–	10종보다 주조 갈라짐성과 내식성은 약간 좋지 않다.
		12종	ALDC 12	–	기계적 성질, 피삭성, 주조성이 좋다.
		12종 Z	ALDC 12 Z	–	12종보다 주조 갈라짐성 및 내식성이 떨어진다.
		14종	ALDC 14	–	내마모성, 유동성은 우수하고 항복 강도는 높으나, 연신율이 떨어진다.
		Si9종	Al Si9	–	내식성이 좋고, 연신율, 충격치도 어느 정도 좋지만, 항복 강도가 어느 정도 낮고 유동성이 좋지 않다.
		Si12Fe종	Al Si12(Fe)	–	내식성, 주조성이 좋고, 항복 강도가 어느 정도 낮다.
		Si10MgFe종	Al Si10Mg(Fe)	–	충격치와 항복 강도가 높고, 내식성도 1종과 거의 동등하며, 주조성은 1종보다 약간 좋지 않다.
		Si8Cu3종	Al Si8Cu3	–	10종보다 주조 갈라짐 및 내식성이 나쁘다.
		Si9Cu3Fe종	Al Si9Cu3(Fe)	–	
		Si9Cu3FeZn종	Al Si9Cu3(Fe)(Zn)	–	
		Si11Cu2Fe종	Al Si11Cu2(Fe)	–	기계적 성질, 피삭성, 주조성이 좋다.
		Si11Cu3Fe종	Al Si11Cu3(Fe)	–	
		Si11Cu1Fe종	Al Si12Cu1(Fe)	–	12종보다 연신율이 어느 정도 높지만, 항복 강도는 다소 낮다.
		Si117Cu4Mg종	Al Si17Cu4Mg	–	내마모성, 유동성이 좋고, 항복 강도가 높지만, 연신율은 낮다.
		Mg9종	Al Mg9	–	5종과 같이 내식성이 좋지만, 주조성이 나쁘고, 응력부식균열 및 경시변화에 주의가 필요하다.

금속 및 비금속 재료 규격

26-11 주물(2/4)

■ 주물 (계속)

KS 규격	명칭	분류 및 종별	기호	인장강도 N/mm²	주요 용도 및 특징
D 6008	알루미늄 합금 주물	주물 1종A	AC1A	세부 규격 참조	가선용 부품, 자전거 부품, 항공기용 유압 부품, 전송품 등
		주물 1종B	AC1B		가선용 부품, 중전기 부품, 자전거 부품, 항공기 부품 등
		주물 2종A	AC2A		매니폴드, 디프캐리어, 펌프 보디, 실린더 헤드, 자동차용 하체 부품 등
		주물 2종B	AC2B		실린더 헤드, 밸브 보디, 크랭크 케이스, 클러치 하우징 등
		주물 3종A	AC3A		케이스류, 커버류, 하우징류의 얇은 것, 복잡한 모양의 것, 장막벽 등
		주물 4종A	AC4A		매니폴드, 브레이크 드럼, 미션 케이스, 크랭크 케이스, 기어 박스, 선박용 · 차량용 엔진 부품 등
		주물 4종B	AC4B		크랭크 케이스, 실린더 매니폴드, 항공기용 전장품 등
		주물 4종C	AC4C		유압 부품, 미션 케이스, 플라이 휠 하우징, 항공기 부품, 소형용 엔진 부품, 전장품 등
		주물 4종CH	AC4CH		자동차용 바퀴, 가선용 쇠붙이, 항공기용 엔진 부품, 전장품 등
		주물 4종D	AC4D		수랭 실린더 헤드, 크랭크 케이스, 실린더 블록, 연료 펌프보디, 블로어 하우징, 항공기용 유압 부품 및 전장품 등
		주물 5종A	AC5A		공랭 실린더 헤드 디젤 기관용 피스톤, 항공기용 엔진 부품 등
		주물 7종A	AC7A		가선용 쇠붙이, 선박용 부품, 조각 소재 건축용 쇠붙이, 사무기기, 의자, 항공기용 전장품 등
		주물 8종A	AC8A		자동차 · 디젤 기관용 피스톤, 선방용 피스톤, 도르래, 베어링 등
		주물 8종B	AC8B		자동차용 피스톤, 도르래, 베어링 등
		주물 8종C	AC8C		자동차용 피스톤, 도르래, 베어링 등
		주물 9종A	AC9A		피스톤(공랭 2 사이클용)등
		주물 9종B	AC9B		피스톤(디젤 기관용, 수랭 2사이클용), 공랭 실린더 등
D 6016	마그네슘 합금 주물	1종	MgC1	세부 규격 참조	일반용 주물, 3륜차용 하부 휠, 텔레비전 카메라용 부품 등
		2종	MgC2		일반용 주물, 크랭크 케이스, 트랜스미션, 기어박스, 텔레비전 카메라용 부품, 레이더용 부품, 공구용 지그 등
		3종	MgC3		일반용 주물, 엔진용 부품, 인쇄용 새들 등
		5종	MgC5		일반용 주물, 엔진용 부품 등
		6종	MgC6		고력 주물, 경기용 차륜 산소통 브래킷 등
		7종	MgC7		고력 주물, 인렛 하우징 등
		8종	MgC8		내열용 주물, 엔진용 부품 기어 케이스, 컴프레서 케이스 등
D 6018	경연 주물	8종	HPbC 8	49 이상	주로 화학 공업에 사용
		10종	HPbC 10	50 이상	
D 6024	구리 주물	1종	CAC101 (CuC1)	175 이상	송풍구, 대송풍구, 냉각판, 열풍 밸브, 전극 홀더, 일반 기계 부품 등
		2종	CAC102 (CuC2)	155 이상	송풍구, 전기용 터미널,분기 슬리브, 콘택트, 도체, 일반 전기 부품 등
		3종	CAC103 (CuC3)	135 이상	전로용 랜스 노즐, 전기용 터미널, 분기 슬리브, 통전 서포트, 도체, 일반전기 부품 등
	황동 주물	1종	CAC201 (YBsC1)	145 이상	플랜지류, 전기 부품, 장식용품 등
		2종	CAC202 (YBsC2)	195 이상	전기 부품, 제기 부품,일반 기계 부품 등
		3종	CAC203 (YBsC3)	245 이상	급배수 쇠붙이, 전기 부품, 건축용 쇠붙이, 일반기계 부품, 일용품, 잡화품 등
		4종	CAC204 (C85200)	241 이상	일반 기계 부품, 일용품, 잡화품 등

■ 주물 (계속)

KS 규격	명칭	분류 및 종별	기호	인장강도 N/mm^2	주요 용도 및 특징
D 6024	고력 황동 주물	1종	CAC301 (HBsC1)	430 이상	선박용 프로펠러, 프로펠러 보닛, 배어링, 밸브 시트, 밸브봉, 베어링 유지기, 레버 암, 기어, 선박용 의장품 등
		2종	CAC302 (HBsC2)	490 이상	선박용 프로펠러, 베어링, 베어링 유지기, 슬리퍼, 엔드 플레이트, 밸브시트, 밸브봉, 특수 실린더, 일반 기계 부품 등
		3종	CAC303 (HBsC3)	635 이상	저속 고하중의 미끄럼 부품, 대형 밸브, 스템, 부시, 웜 기어, 슬리퍼,캠, 수압 실린더 부품 등
		4종	CAC304 (HBsC4)	735 이상	저속 고하중의 미끄럼 부품, 교량용 지지판, 베어링, 부시, 너트, 웜 기어, 내마모판 등
	청동 주물	1종	CAC401 (BC1)	165 이상	베어링, 명판, 일반 기계 부품 등
		2종	CAC402 (BC2)	245 이상	베어링, 슬리브, 부시, 펌프 몸체, 임펠러, 밸브, 기어, 선박용 둥근 창, 전동 기기 부품 등
		3종	CAC403 (BC3)	245 이상	베어링, 슬리브, 부싱, 펌프, 몸체 임펠러, 밸브, 기어, 성박용 둥근 창, 전동 기기 부품, 일반 기계 부품 등
		6종	CAC406 (BC6)	195 이상	밸브, 펌프 몸체, 임펠러, 급수 밸브, 베어링, 슬리브, 부싱, 일반 기계 부품, 경관 주물, 미술 주물 등
		7종	CAC407 (BC7)	215 이상	베어링, 소형 펌프 부품,밸브, 연료 펌프, 일반 기계 부품 등
		8종 (함연 단동)	CAC408 (C83800)	207 이상	저압 밸브, 파이프 연결구, 일반 기계 부품 등
		9종	CAC409 (C92300)	248 이상	포금용, 베어링 등
	인청동 주물	2종A	CAC502A (PBC2)	195 이상	기어, 웜 기어, 베어링, 부싱, 슬리브, 임펠러, 일반 기계 부품 등
		2종B	CAC502B (PBC2B)	295 이상	
		3종A	CAC503A	195 이상	미끄럼 부품, 유압 실린더, 슬리브, 기어, 제지용 각종 롤러 등
		3종B	CAC503B (PBC3B)	265 이상	미끄럼 부품, 유압 실린더, 슬리브, 기어, 제지용 각종 롤러 등
	납청동 주물	2종	CAC602 (LBC2)	195 이상	중고속 · 고하중용 베어링, 실린더, 밸브 등
		3종	CAC603 (LBC3)	175 이상	중고속 · 고하중용 베어링, 대형 엔진용 베어링
		4종	CAC604 (LBC4)	165 이상	중고속 · 중하중용 베어링, 차량용 베어링, 화이트 메탈의 뒤판 등
		5종	CAC605 (LBC5)	145 이상	중고속 · 저하중용 베어링, 엔진용 베어링 등
		6종	CAC606 (LBC6)	165 이상	경하중 고속용 부싱, 베어링, 철도용 차량, 파쇄기, 콘베어링 등
		7종	CAC607 (C94300)	207 이상	일반 베어링, 병기용 부싱 및 연결구, 중하중용 정밀 베어링, 조립식 베어링 등
		8종	CAC608 (C93200)	193 이상	경하중 고속용 베어링, 일반 기계 부품 등
	알루미늄 청동	1종	CAC701 (AlBC1)	440 이상	내산 펌프, 베어링, 부싱, 기어, 밸브 시트, 플런저, 제지용 롤러 등
		2종	CAC702 (AlBC2)	490 이상	선박용 소형 프로펠러, 베어링, 기어, 부싱, 밸브시트, 임펠러, 볼트 너트, 안전 공구, 스테인리스강용 베어링 등
		3종	CAC703 (AlBC3)	590 이상	선박용 프로펠러, 임펠러, 밸브, 기어, 펌프 부품, 화학 공업용 기기 부품, 스테인리스강용 베어링, 식품 가공용 기계 부품 등

■ 주물 (계속)

KS 규격	명칭	분류 및 종별	기호	인장강도 N/mm²	주요 용도 및 특징
D 6024	알루미늄 청동	4종	CAC704 (AlBC4)	590 이상	선박용 프로펠러, 슬리브, 기어, 화학용 기기 부품 등
		5종	CAC705 (C95500)	620 이상	중하중을 받는 총포 슬라이드 및 지지부, 기어, 부싱, 베어링, 프로펠러 날개 및 허브, 라이너 베어링 플레이트용 등
		–	CAC705HT (C95500)	760 이상	
		6종	CAC706 (C95300)	450 이상	중하중을 받는 총포 슬라이드 및 지지부, 기어, 부싱, 베어링, 프로펠러 날개 및 허브, 라이너 베어링 플레이트용 등
		–	CAC706HT (C95300)	550 이상	
	실리콘 청동	1종	CAC801 (SzBC1)	345 이상	선박용 의장품, 베어링, 기어 등
		2종	CAC802 (SzBC2)	440 이상	선박용 의장품, 베어링, 기어, 보트용 프로펠러 등
		3종	CAC803 (SzBS3)	390 이상	선박용 의장품, 베어링, 기어 등
		4종	CAC804 (C87610)	310 이상	선박용 의장품, 베어링, 기어 등
		5종	CAC805	300 이상	급수장치 기구류(수도미터, 밸브류, 이음류, 수전 밸브 등)
	니켈 주석 청동 주물	1종	CAC901 (C94700)	310 이상	팽창부 연결품, 관 이음쇠, 기어볼트, 너트, 펌프 피스톤, 부싱, 베어링 등
		–	CAC901HT (C94700)	517 이상	
		2종	CAC902 (C94800)	276 이상	팽창부 연결품, 관 이음쇠, 기어볼트, 너트, 펌프 피스톤, 부싱, 베어링 등
	베릴륨 동 주물	3종	CAC903 (C82000)	311 이상	스위치 및 스위치 기어, 단로기, 전도 장치 등
		–	CAC903HT (C82000)	621 이상	
		4종	CAC904 (C82500)	518 이상	부싱, 캠, 베어링, 기어, 안전 공구 등
		–	CAC904HT (C82500)	1035 이상	
		5종	CAC905 (C82600)	552 이상	높은 경도와 최대의 강도가 요구되는 부품 등
		–	CAC905HT (C82600)	1139 이상	
		6종	CAC906	1139 이상	높은 인장 강도 및 내력과 함께 최대의 경도가 요구되는 부품 등
		–	CAC906HT (C82800)		

memo

Chapter 27

기계요소설계 주요 계산 공식

27-1 결합용 기계의 주요 계산 공식

1. 나사 및 볼트

항 목	공 식	비 고
리드	$l = n \cdot p$	나사의 줄수 : n 피치 : p
수나사의 유효지름	삼각나사 $d_2 ≒ \frac{d+d_1}{2}$ 사각나사 $d_2 = \frac{d+d_1}{2}$	
나사의 유효단면적	$A = \frac{\pi}{4}\left(\frac{\text{유효지름} + \text{수나사의 골지름}}{2}\right)^2$	
사각 나사의 효율 (자리면 마찰 무시하는 경우)	$\eta = \frac{\tan\alpha}{\tan(\rho+\alpha)}$	리드각 : α 마찰각 : σ
나사를 죌 때의 회전력	$P = Q\frac{\mu\pi d_2 + p}{\pi d_2 - \mu p}$	축방향하중 : Q 리드각 : α 마찰각 : σ
축방향으로 인장하중만 작용하는 경우의 지름	$d ≒ \sqrt{\frac{2Q}{\sigma_a}}$	축방향하중 : Q 인장응력 : σ_α
축방향의 하중과 회전력을 동시에 받는 경우 나사의 지름	$d = \sqrt{2\times\frac{4}{3}Q/\sigma_a} = \sqrt{\frac{8Q}{3\sigma_a}}$	축방향하중 : Q 인장응력 : σ_α
전단하중 작용시 지름	$d = \sqrt{\frac{4Q}{\pi}}$	
너트와 산수	$Z = \frac{Q}{\frac{\pi}{4}(d^2 - d_1^2)q} = \frac{Q}{\pi d_2 h q}$	허용 면압력 : α 나사의 유효지름 : d_2 나사산의 높이 : h
너트의 높이	$H = Z \cdot P = \frac{Q \cdot p}{\pi d_2 h q}$, $Z = \frac{H}{p}$	나사산 수 : Z 피치 : p
세트 스크류의 지름	$d = \frac{D}{8} + 0.8[cm]$	

■ 나사의 종류별 분류

구 분	종 류
나사산의 모양에 따른 구분	삼각나사, 사각나사, 사다리꼴나사, 둥근 나사
나사의 용도에 따른 구분	체결용 나사, 운동용 나사, 위치조정용 나사
피치와 나사지름 비율에 따른 구분	보통 나사, 가는 나사
사용 단위계에 따른 구분	미터계 나사, 인치계 나사
접촉 상태에 따른 구분	미끄럼 나사, 구름 나사
사용 목적에 따른 구분	결합용 나사, 운동용 나사
적용되는 장치에 따른 구분	일반 나사, 작은 나사, 관용 나사, 태핑 나사

■ 나사의 종류별 설명

구 분	종 류	설 명
결합용 나사	미터 나사	나사산의 각이 60° 인 미터계 나사로 가장 널리 사용된다. mm단위 나사의 지름과 피치의 크기를 호칭의 기준으로 정하며, 미터 보통 나사는 [M 호칭지름]으로 미터 가는 나사는 [M 호칭지름 x 피치]로 표기한다.
	유니파이 나사	ABC나사라고도 하며, 나사산의 각이 60° 인 인치계 삼각나사이다. 유니파이 보통나사(UNC)와 유니파이 가는나사(UNF)로 분류된다.
	관용 나사	파이프를 연결하는 나사로 사용되며 관용 테이퍼 나사(PT)와 관용 평행 나사(PF)의 두 종류가 있으며 기밀을 요구하는 곳에는 테이퍼형이 좋다.

■ 나사의 종류별 설명(계속)

구 분	종 류	설 명
운동용 나사	사각 나사	아르멘고드가 고안한 운동용 나사로 나사잭, 나사 프레스, 선반의 이송 나사 등으로 사용되며 나사의 효율은 높지만 제작이 어렵다.
	사다리꼴 나사	애크미(acme)나사라고도 하며 추력을 전달하는 운동용 나사의 효율면에서는 사각나사가 기구학적으로 이상적이지만 제작의 어려움으로 사다리꼴 나사로 대체하여 사용한다.
	톱니나사	바이스, 압착기 등과 같이 하중의 방향이 일정하게 작용하는 경우 사용되는 나사로 하중을 받는 쪽을 사각 나사의 형태로 만들고 반대쪽은 삼각 나사의 형태로 만들어 각각의 장점을 지닌 나사이다.
	둥근나사	너클 나사라고도 하며 나사산의 모양이 반원형이며 원형나사라고도 한다. 먼지나 모래, 이물질 등이 나사산으로 들어가는 염려가 있는 경우 또는 전구용 나사로 사용된다.

2. 키, 핀, 코터

항 목	공 식	비 고
키의 전단응력	$\tau_k = \frac{P}{A_s} = \frac{P}{bl}$	키에 작용하는 힘 : P 키의 폭 : b 키의 길이 : l
키가 전달하는 비틀림 모멘트	$T = \frac{d}{2}P$	키에 작용하는 힘 : P 축의 지름 : d 축의 원주상 발생 토크 : T
키에 발생하는 허용전단응력	$\tau_k = \frac{2T}{bld}$, $T = \frac{\tau_k bdl}{2}$	회전 토크 : T 키의 폭 : b 키의 길이 : l
키의 폭	$b = \frac{\pi}{12}d ≒ \frac{1}{4}d$	키의 길이 : 보통 1.5 d 이상
키의 길이	$l = \frac{2T}{bd\tau}$	키의 전단면적 $(b \times l)$ mm $bl = \frac{2T}{\tau d}$
키의 압축응력	$\sigma_c = \frac{P}{\left(\frac{h}{2}\right) \cdot l} = \frac{4T}{h \cdot l \cdot d}$	$T = \frac{\sigma_c \cdot h \cdot d \cdot l}{4}$
스플라인의 전달 토크 스플라인의 전달 동력	$T = \eta \cdot Z(h-2c)\sigma_a l \frac{(d_1+d_2)}{4}$ $H_{PS} = \frac{TN}{716200} [N \cdot mm]$	허용면압력 : σ_a 보스의 길이 : l 잇수(홈수) : Z 이면의 모떼기 : c 이너비 : b 접촉효율 : $\eta ≒ 0.75$ 스플라인 작은 지름, 내경 : d_1 스플라인의 큰 지름, 외경 : d_2 전달동력[PS] : H_{PS}
핀의 접촉면압	$Q = q(d_1 a)$	축하중 : Q 핀의 허용면압 : q $1.4 \sim 2/1 \, [kgf/mm^2]$ 핀의 지름 : d_1 구멍의 접촉길이 : a
핀의 지름	$d_1 = \sqrt{\frac{Q}{mq}}$	$a = md_1 \, (m = 1 \sim 1.5d)$
핀의 축하중	$Q = 2\left(\frac{\pi d_1^2}{4}\right) \cdot \tau$	축하중 : Q 전단응력 : τ 핀의 지름 : d_1
핀의 전단응력	$\tau = \frac{2Q}{\pi d_1^2}$	축하중 : Q 전단응력 : τ 핀의 지름 : d_1

기계요소설계 주요계산공식

2. 키, 핀, 코터(계속)

항 목	공 식	비 고
코터의 압축압력	$\sigma_c = \dfrac{P}{bd}$, $d = \dfrac{D}{2}$	축하중 : 코터의 두께 : 로드 끝의 지름 : 소켓 플랜지의 지름 :
코터의 두께	$b = \left(\dfrac{1}{4} \sim \dfrac{1}{3}\right)d$	
코터의 전단응력 (로드 끝)	$\tau_s = \dfrac{P}{2dh_1}$	로드 끝의 길이 $h_1 = \dfrac{P}{2d\tau_s} = \dfrac{2}{3}h$
코터의 폭	$h = \sqrt{\dfrac{3Pd}{4b\sigma_b}}$	$h_1 = h_2 = \left(\dfrac{2}{3} \sim \dfrac{3}{2}\right)d$

3. 리벳 및 리벳이음의 강도 계산

항 목	공 식	비 고
리벳의 전단	$W = \dfrac{\pi d^2}{4}\tau$	하중 : $W[N]$ 리벳의 지름 : $d[mm]$ 리벳의 전단응력 : τ $[MPa]$
리벳 구멍 사이의 판의 절단	$W = (p-d)t\sigma_t$	판의 두께 : $t[mm]$ 리벳의 피치 : $p[mm]$ 판의 인장응력 : $\sigma_t[MPa]$
강판 가장자리 판의 전단	$W = 2et\tau'$	리벳 중심에서 강판 가장자리까지의 거리 : $e[mm]$ 판의 전단응력 : τ' $[MPa]$ 하중 : $W[N]$
리벳의 지름 또는 강판의 압축응력	$W = dt\sigma_c$	리벳 또는 강판의 압축응력 : σ_c $[MPa]$
강판 끝의 절개 경우	$M = \dfrac{1}{8}Wd = \sigma_b Z = \sigma_b \cdot \dfrac{1}{6}\left(e - \dfrac{d}{2}\right)^2 t$	굽힘 모멘트 : M 단면계수 : $Z = \dfrac{1}{6}\left(e - \dfrac{d}{2}\right)^2 t$
리벳의 효율	$\eta_s = \dfrac{n\dfrac{\pi}{4}d^2\tau}{pt\sigma_t} = \dfrac{n\pi d^2\tau}{4pt\sigma_t}$	1피치 내에 있는 리벳의 전단면의 수 : n
보일러 동체 강판의 두께	$t = \dfrac{pD}{2\sigma_t}$	보일러 동체 내경 : $D[mm]$ 강판의 두께 : $t[mm]$
보일러 동체 강판의 인장강도	$\sigma_t = \dfrac{pDl}{2tl} = \dfrac{pD}{2t}$	증기의 사용압력 : $p[MPa]$ 강판의 인장강도 : $\sigma_t[MPa]$ 보일러 동체의 길이 : $l[mm]$
보일러 판의 두께	$t = \dfrac{pDS}{2\sigma\eta} + C$	안전계수 : S 부식을 고려한 값 : C
보일러 동체 원주 이음 강도	$\sigma'_t = \dfrac{\dfrac{\pi}{4}D^2 p}{\pi Dt} = \dfrac{Dp}{4t}$	동판의 가로 단면적 : πDt 작용하는 힘 : $\dfrac{\pi}{4}d^2 p$ 판의 인장응력 : σ_t'

4. 용접의 이음 설계 강도

재닝(Jenning)의 응력계산도표

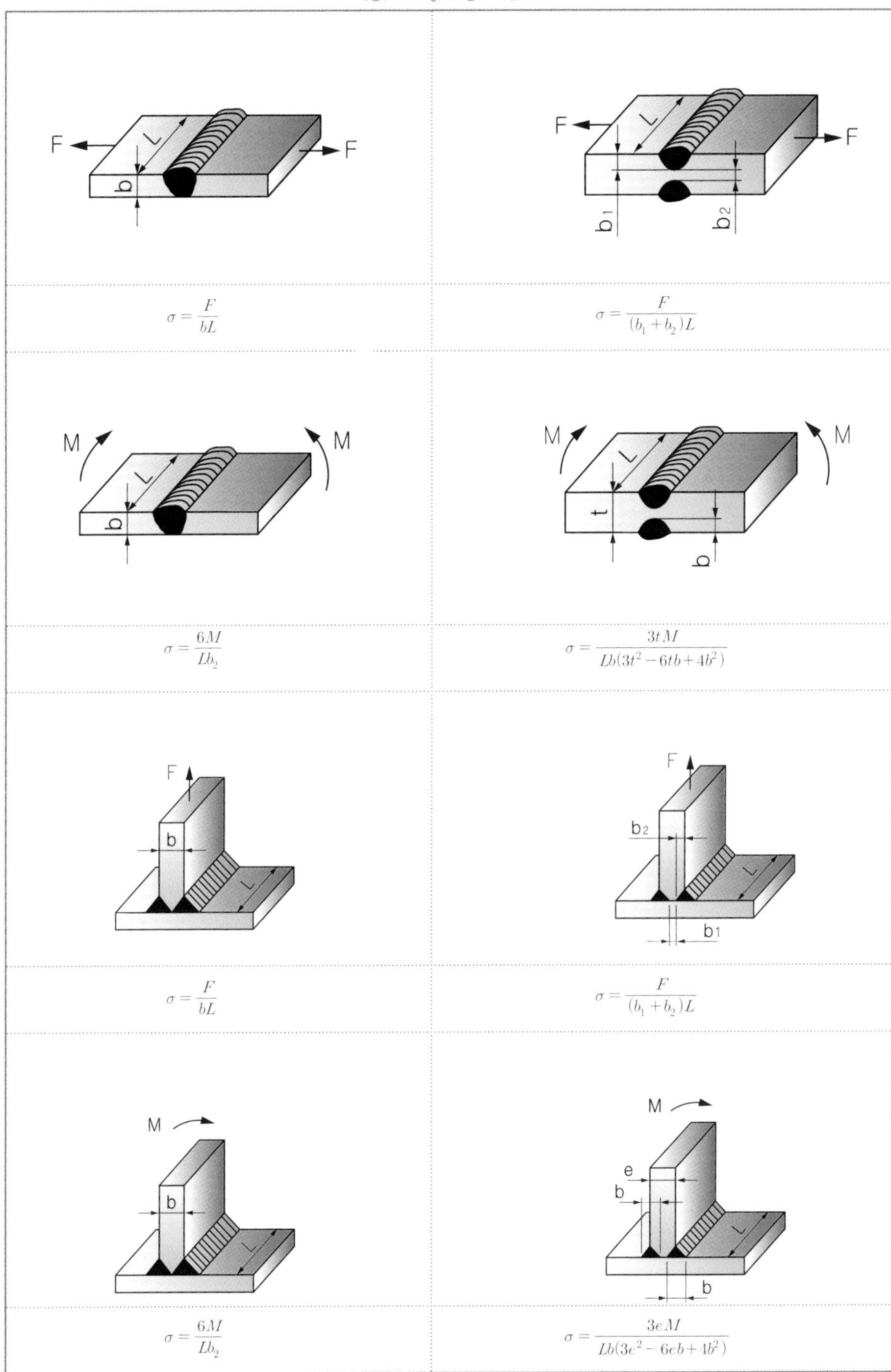

4. 용접의 이음 설계 강도(계속)

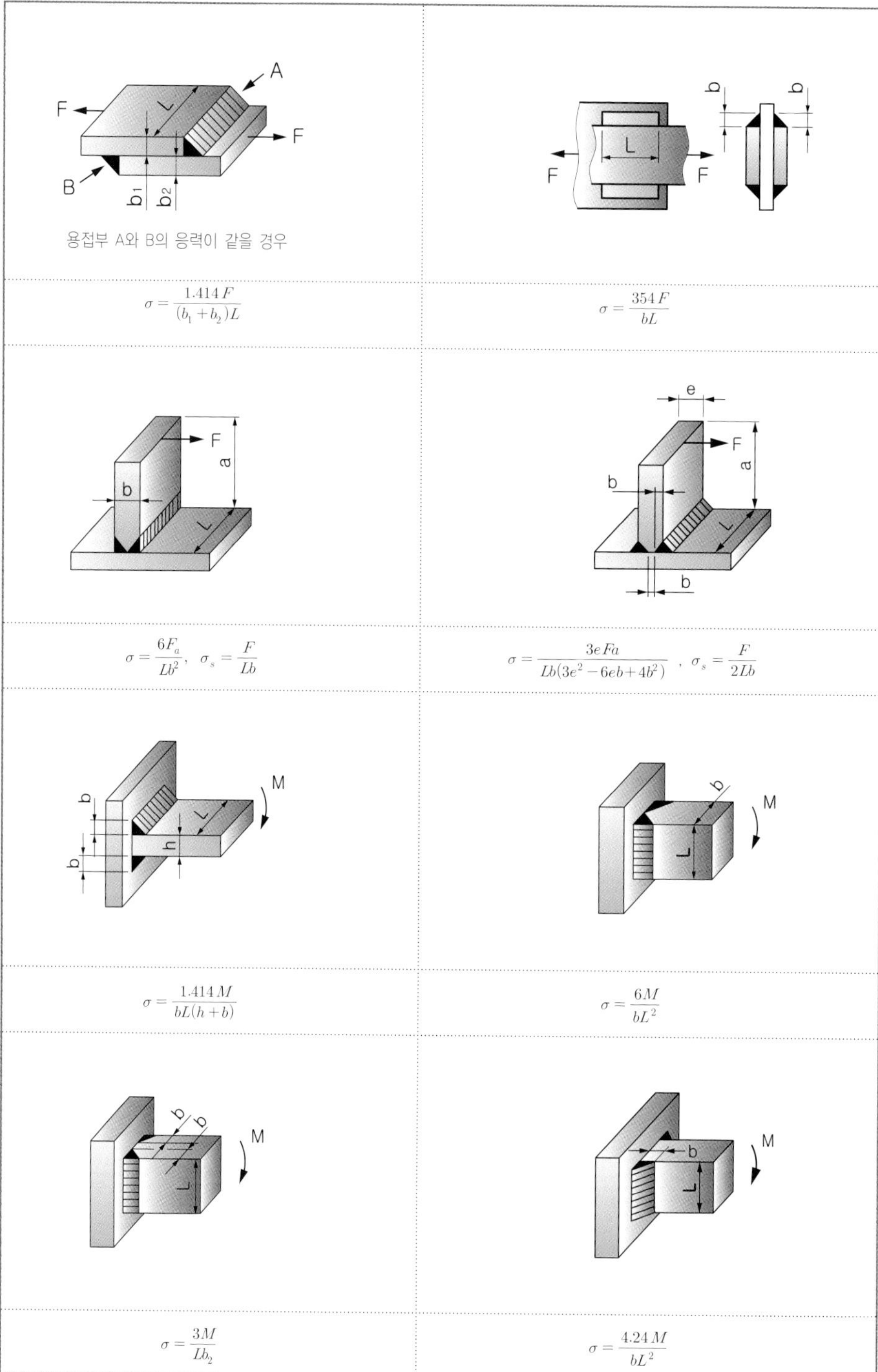

27-2 축계 기계요소

1. 강도에 의한 축지름의 설계

[정하중을 받는 직선축의 강도]

T : 축에 작용하는 비틀림 모멘트[$N \cdot mm$]
M : 축에 작용하는 굽힘 모멘트[$N \cdot mm$]
N : 분당 회전 속도[rpm]
$H=H_{PS}$: 전달 마력[PS]
$H'=H_{kW}$: 전달 마력[kW]
d : 중실축(실체 원형축)의 지름[mm]
d_1 : 중공축(속이 빈 원형축)의 내경[mm]
d_2 : 중공축(속이 빈 원형축)의 외경[mm]
l : 축의 길이[mm]
σ : 축의 허용굽힘응력[MPa]
τ : 축의 허용전단응력[MPa]
η : 좌굴효과를 표시하는 계수
l : 베어링 사이의 거리
k : 축의 단면 2차반지름(회전반지름)
λ : 세장비, $\lambda = l/k$
σ_Y : 압축항복점
n : 축의 받침계수(단말계수)

1 차축과 같이 굽힘 모멘트만을 받는 축

항 목	공 식	비 고
실체원형축의 경우	$d=\sqrt[3]{\frac{32}{\pi\sigma_a}M} \fallingdotseq 2.17\sqrt[3]{\frac{M}{\sigma_a}}$	● 위험단면의 최대굽힘응력 $\sigma=\frac{M}{Z}$ ● 단면계수 $Z=\frac{\pi}{32}d^3$ $\therefore M=\sigma Z=\sigma\frac{\pi}{32}d^3$
속빈원형축의 경우	$d_2=\sqrt[3]{\frac{10.2M}{(1-x^4)\sigma_a}} \fallingdotseq 2.17\sqrt[3]{\frac{M}{(1-x^4)\sigma_a}}$	● 단면계수 $Z=\frac{\pi}{32}\left(\frac{d_2^4-d_1^4}{d_2}\right)$

2 비틀림 모멘트만을 받는 축

항 목	공 식	비 고
실체원형축의 경우	$d=\sqrt[3]{\frac{5.1}{\tau_a}T}=1.72\sqrt[3]{\frac{T}{Ta}}$	
축이 전달하는 동력을 마력 H_{PS}로 표시	$T=\frac{716200\,H_{PS}}{N}\,[kgf\cdot mm]$ $=\frac{7018760\cdot H_{PS}}{N}\,[N\cdot mm]$	$1\,PS=75\,[kg_f\cdot m/s]$ $\omega=\frac{2\pi N}{60}$
축이 전달하는 동력을 H_{kW}로 표시	$T=\frac{974000\,H_{kW}}{N}\,[kgf\cdot mm]$ $=\frac{9545200\cdot H_{kW}}{N}\,[N\cdot mm]$	$1\,kW=102\,[kg_f\cdot m/s]$
마력을 $N[rpm]$으로 전달시키는 축의 지름	$d=\sqrt[3]{\frac{3.575\times10^7 H_{PS}}{\tau_a\cdot N}}=329.4\sqrt[3]{\frac{H_{PS}}{\tau_a\cdot N}}\,[mm]$	$\frac{\pi}{16}d^3\tau_a=\frac{7018760\cdot H_{PS}}{N}$, $\tau\,[MPa]$, $N\,[rpm]$
kW의 동력을 전달시키는 축의 지름	$d=365.0\sqrt[3]{\frac{H_{kW}}{\tau_a N}}\,[mm]$	$\tau\,[MPa]$ $N\,[rpm]$
속빈 형축의 경우	$d_2=\sqrt[3]{\frac{5.1\,T}{(1-x^4)\tau_a}}=1.72\sqrt[3]{\frac{T}{(1-x^4)\tau_a}}$ $[mm]$	
마력을 $N[rpm]$으로 전달시키는 축의 지름	$d=329.4\sqrt[3]{\frac{H_{PS}}{(1-x^4)\tau_a N}}\,[mm]$	
kW의 동력을 전달시키는 축의 지름	$d=365.0\sqrt[3]{\frac{H_{kW}}{(1-x^4)\tau_a N}}\,[mm]$	

1. 강도에 의한 축지름의 설계(계속)

3 굽힘 모멘트와 비틀림 모멘트를 동시에 받는 축

항 목	공 식	비 고
실체 원형축의 경우	$d=\sqrt[3]{\frac{5.1}{\tau}\sqrt{M^2+M^2}}$	연성재료의 경우
	$d=\sqrt[3]{\frac{5.1}{\sigma}(M+\sqrt{M^2+M^2})}$	취성재료의 경우
속빈 원형축의 경우	$d_2=\sqrt[3]{\frac{5.1}{(1-x^4)\tau}\sqrt{M^2+T^2}}$	연성재료의 경우
	$d_2=\sqrt[3]{\frac{5.1}{(1-x^4)\sigma}(M+\sqrt{M^2+T^2})}$	취성재료의 경우

4 굽힘 모멘트와 비틀림 모멘트 및 축방향의 하중이 동시에 작용하는 축

항 목	공 식	비 고
단축(짧은 축)의 경우	$d_3=\frac{16}{\pi\tau_a}\sqrt{\left\{\frac{P(1+x^2)d}{8}+M\right\}^2+T^2}$	연성재료의 경우
	$d_3=\frac{16}{\pi\sigma_a}\left\{\frac{P(1+x^2)d}{8}+M\right\}+\sqrt{\left\{\frac{P(1+x^2)d}{8}\right\}^2+T^2}$	취성재료의 경우
장축(긴 축)의 경우	$d_3=\frac{16}{\pi\tau_a}\sqrt{\left\{\frac{\eta P(1+x^2)d}{8}+M\right\}^2+T^2}$	연성재료의 경우
	$d_3=\frac{16}{\pi\sigma_a}\left\{\frac{\eta P(1+x^2)d}{8}+M\right\}+\sqrt{\left\{\frac{\eta P(1+x^2)d}{8}+M\right\}^2+T^2}$	취성재료의 경우

[동하중을 받는 직선축의 강도]

T : 축에 작용하는 비틀림 모멘트[$N{\cdot}mm$]
M : 축에 작용하는 굽힘 모멘트[$N{\cdot}mm$]
N : 분당 회전 속도[rpm]
$H=H_{PS}$: 전달 마력[PS]
$H'=H_{kW}$: 전달 마력[kW]
d : 중실축(실체 원형축)의 지름[mm]
d_1 : 중공축(속이 빈 원형축)의 내경[mm]
d_2 : 중공축(속이 빈 원형축)의 외경[mm]
l : 축의 길이[mm]
σ : 축의 허용굽힘응력[MPa]
τ : 축의 허용전단응력[MPa]
k_t : 동적효과계수
k_m : 동적효과계수

1 비틀림 모멘트와 굽힘 모멘트가 동시에 작용하는 축

항 목	공 식	비 고			
		동적효과계수 값			
		회전축		정지축	
		k_t	k_m	k_t	k_m
연성재료의 경우	$d=\sqrt[3]{\frac{16}{\pi(1-x^4)\tau_a}\sqrt{(k_m M)^2+(k_t T)^2}}$	1.0	1.5	1.0	1.0
취성재료의 경우	$d=\sqrt[3]{\frac{16}{\pi(1-x^4)\sigma_a}(k_m M)+\sqrt{(k_m M)^2+(k_t T)^2}}$	1.0~1.5	1.5~2.0	1.5~2.0	1.5~2.0
		1.5~3.0	2.0~3.0	-	-

2 비틀림 모멘트와 굽힘 모멘트 및 축방향하중이 동시에 작용하는 축

항 목	공 식	비 고
연성재료의 경우	$d_2=\left[\frac{16}{\pi(1-x^4)\tau_a}\sqrt{\left\{kM+\eta d\frac{(1+x^2)}{8}P\right\}^2+(k_t T)^2}\right]^{\frac{1}{3}}$	속빈 원형축의 바깥지름 : d_2
취성재료의 경우	$d_2=\left[\frac{16}{\pi(1-x^4)\sigma_a}\left\{k_m M+\eta d_2\frac{(1+x^2)}{8}P\right\}+\sqrt{\left\{k_M M+\eta d_2\frac{(1+x^2)}{8}P\right\}^2+(k_t T)}\right]^{\frac{1}{3}}$	

2. 강성도에 의한 축지름의 설계

[직선축의 비틀림 강성도]

T : 축에 작용하는 비틀림 모멘트[$N \cdot mm$]
M : 축에 작용하는 굽힘 모멘트[$N \cdot mm$]
N : 분당 회전 속도[rpm]
$H=H_{PS}$: 전달 마력[PS]
$H'=H_{kW}$: 전달 마력[kW]
d : 중실축(실체 원형축)의 지름[mm]
d_1 : 중공축(속이 빈 원형축)의 내경[mm]
d_2 : 중공축(속이 빈 원형축)의 외경[mm]
l : 축의 길이[mm]
σ : 축의 허용굽힘응력[MPa]
τ : 축의 허용전단응력[MPa]
η : 좌굴효과를 표시하는 계수
l : 베어링 사이의 거리
k : 축의 단면 2차반지름(회전반지름)
λ : 세장비, $\lambda = l/k$
σ_Y : 압축항복점
n : 축의 받침계수(단말계수)
θ : 축의 비틀림
$\theta°$: 축의 비틀림각
G : 재료의 횡탄성계수

1 비틀림 모멘트만 작용하는 축

항 목	공 식	비 고
실체원형축의 비틀림	$\theta = \frac{32}{\pi} \cdot \frac{7018760}{G} \cdot \frac{l \cdot H_{PS}}{Nd^4}[rad]$ $\fallingdotseq 7.149 \times 10^7 \frac{l \cdot H_{PS}}{GNd^4}[rad]$	횡탄성계수 G의 값 연강 : 78~83[GPa] 황동 : 41[GPa] 인청동 : 42[GPa] Ni, Ni-Cr, Cr-V : 59~82[GPa]
실체원형축의 비틀림각	$\theta° \fallingdotseq 4.096 \times 10^9 \frac{l \cdot H_{PS}}{GNd^4}[°]$	
속빈원형축의 비틀림각	$\theta° = \frac{583.6\,Tl}{(d_2^4 - d_1^4)G}[°]$	
Bach의 축공식	$\theta° = \frac{1}{4} = \frac{(4.096 \times 10^9) \times 1000 \times H_{PS}}{(81 \times 10^3) N \times d^4}$ $d \fallingdotseq 120 \sqrt[4]{\frac{H_{PS}}{N}}[mm]$	여기서, 연강 G=81[GPa]
Bach의 축공식로 환산	$T = \frac{9745200 \cdot H_{kW}}{N}[N \cdot mm]$ $d \fallingdotseq 130 \sqrt[4]{\frac{H_{kW}}{(1-x^4)N}}[mm]$	
단붙이 축의 비틀림각	$\theta = \frac{32\,Tl}{\pi d_1^4 G}$	

3. 베어링(Bearing)

N : 축의 회전수 [rpm]
P : 하중 [kg_f]
σ_a : 축의 허용 굽힘응력 [kg_f/mm^2]
l : 저널의 길이 [mm]
d : 저널의 지름 [mm]
p : 베어링 내의 평균압력 [kg_f/mm^2]

❶ 저널의 길이 : $l=\frac{\pi PN}{6000pv}$ [mm]

❷ 저널의 지름 : $d=\sqrt[3]{\frac{\pi\times P\times l}{\pi\sigma_a}}$

❸ 베어링 내의 평균 압력 : $p=\frac{P}{dl}$

– 압력속도계수 값의 허용설계 자료 [$N/mm^2\ m/s$]

❹ 주요 설계 공식

p : 베어링 내의 평균 압력
σ_a : 축의 허용굽힘응력
P : 베어링 중앙지점에 작용하는 집중하중
l : 베어링의 폭

항 목	공 식	비 고
엔드 저널의 지름	$d=\sqrt[3]{\frac{16Pl}{\pi\sigma_a}}$ [mm]	$\sigma=\frac{16Pl}{\pi d^3}$
엔드 저널의 폭	$\frac{l}{d}=\sqrt{\frac{\pi}{16}\frac{\sigma_a}{p}}$	$P=pdl$
중간저널의 지름	$d=\sqrt[3]{\frac{4PL}{\pi\sigma_a}}$ [mm]	$L=l+2l$
중간 저널의 폭	$\frac{l}{d}=\sqrt{\frac{\pi}{4e}\frac{\sigma_a}{p}}$	$P=pdl$ e : 보통 1.5
베어링내의 평균 압력	$P=\frac{P}{dl}$ [kg_f/mm^2]	
레이디얼 저널의 길이	$l=\frac{\pi PN}{60000Pv}$ [mm]	
베어링 마찰력	$F=\mu P$	P : 베어링에 가해지는 반경방향하중
마찰로 인한 동력손실	$H'=[kW]=\frac{\mu P[N]\cdot v[m/s]}{1000}$ $H'=[kW]=\frac{\mu P[kg_f]\cdot v[m/s]}{102}$	
마찰로 인한 동력손실	$H=[PS]=\frac{\mu P[kg_f]\cdot v[m/s]}{75}$ $H=[PS]=\frac{\mu P[N]\cdot v[m/s]}{735.5}$	v : 축의 원주속도
볼 베어링의 수명시간	$L_h=\left(\frac{C}{P}\right)^3\times\frac{10^6}{60N}$	N : 분당 회전수 P : 동등가하중 또는 C : 기본 동정격하중 또는 레이디얼 베어링에서는 C, P가 반경 방향하중을 나타내고, 스러스트 베어링에서는 축방향 하중을 나타낸다.
롤러 베어링의 수명시간	$L_h=\left(\frac{C}{P}\right)^{\frac{3}{10}}\times\frac{10^6}{60N}$	
베어링 속도계수	$f_n=\left(\frac{33\,1/3}{N}\right)^{1/r}$	볼 베어링의 경우 $r=3$ 롤러 베어링의 경우 $r=10/3$
베어링 수명계수	$f_h=\left(\frac{L_h}{500}\right)^{1/r}$	
베어링 수명식	$f_h=\frac{C}{P}f_n$	P : 동등가하중 또는 C : 기본 동정격하중 또는 볼 베어링의 경우 $r=3$ 롤러 베어링의 경우 $r=10/3$ 레이디얼 베어링에서는 C, P가 반경 방향하중을 나타내고, 스러스트 베어링에서는 축방향 하중을 나타낸다.

4. 축이음

[원통 커플링]

T : 전달토크
Q : 마찰면에 작용하는 수직력의 총합
L : 축과 원통의 접촉부 길이
P : 커플링 원통을 조이는 힘
q : 접촉면 압력
d : 축지름
$\pi\ dL$: 접촉면적
μ : 마찰계수
σ_t: 볼트의 인장응력

항 목		공 식	비 고
일체형 원통 커플링의 전달토크		$T=\mu Q\frac{d}{2}=\mu\cdot q(\pi dL)\left(\frac{d}{2}\right)=\mu\pi P\cdot\left(\frac{d}{2}\right)$	$Q=q(\pi dL)=\pi P$
분할형 원통 커플링	전달토크	$T=\mu\cdot q(\pi dL)\left(\frac{d}{2}\right)=\mu\pi P\cdot\left(\frac{d}{2}\right)$	$P=q(dL)$ $Q=q(\pi dL)=\pi P$
	볼트 인장력	$P=\left(\frac{Z}{2}\right)F$	Z : 볼트의 총 개수(짝수)
	볼트 1개에 작용하는 인장력	$F=\sigma_t\left(\frac{\pi}{4}\delta^2\right)$	σ_t : 볼트의 인장응력 δ : 볼트의 안지름
	볼트의 수	$Z=\frac{\tau_s d^2}{\mu\pi\sigma_t\delta^2}$	τ_s : 축의 비틀림응력 σ_t : 볼트의 인장응력 δ : 볼트의 안지름 d : 축 지름
플랜지 커플링	전달 토크	$T\fallingdotseq\left(\frac{\pi}{4}\delta^2\right)\tau_b\cdot Z\cdot\left(\frac{D_B}{2}\right)$	$\frac{D_B}{2}$: 축 중심에서 볼트 중심까지 거리 τ_b : 볼트의 허용전단응력
	볼트의 안지름	$\delta=0.5\sqrt{\frac{d^3}{Z\cdot\left(\frac{D_B}{2}\right)}}$	d : 축 지름 Z : 볼트의 수 $\frac{D_B}{2}$: 축 중심에서 볼트 중심까지 거리
	플랜지 뿌리부의 응력	$\tau_f=\frac{2T''}{\pi D_f^2 t}$	T'' : 플랜지 뿌리부의 허용전단응력 t : 플랜지 뿌리부의 두께 D_f : 플랜지 뿌리부의 지름 $\pi D_f t$: 플랜지 뿌리부의 전단면적

[맞물림 클러치]

T : 전달토크
A_2 : 클로 한 개의 접촉면 단면적
D_1 : 안지름
Dm : 평균 반지름
q : 접촉면 압력
D_2 : 바깥지름
Z : 클로(claw)의 개수
h : 접촉면의 높이

맞물림 클러치	접촉면압력	$q=\frac{8T}{(D_2^2-D_1^2)h\cdot Z}$	T : 전달토크 D_1 : 안지름 D_2 : 바깥지름
	클로(claw) 뿌리에서 전단응력	$\tau_f=\frac{32T}{\pi(D_1+D_2)(D_2^2-D_1^2)}$	
원판클러치	단판 클러치 전달토크	$T=\left(\frac{D_m}{2}\right)F$	F : 정지 마찰에 의한 회전력 $\frac{D_m}{2}$: 원판의 평균 반지름
	단판 클러치 최대전달토크	$T=\left(\frac{D_m}{2}\right)\mu Q$	Q : 축방향으로 미는 힘 $\frac{D_m}{2}$: 원판의 평균 반지름 : 마찰계수
	다판 클러치 최대전달토크	$T=Z\left(\frac{D_m}{2}\right)\cdot\mu Q_1=\frac{D_m}{2}\cdot\mu Q$	μ Q : 축방향으로 미는 힘 Q_1 : 각 클러치면 1개당 축방향으로 미는 힘
	재료가 받는 평균면압력	$q=\frac{2T}{\mu\pi D_m^2\ b\cdot Z}$	

27-3 전동용 기계요소

1. 마찰전동

■ 마찰계수와 단위폭당 수직힘

표면 재료	단위폭당 수직힘	마찰계수
주철 대 주철 주철 대 종이 주철 대 가죽 주철 대 목재	2.0~3.0 0.5~0.7 0.7~1.5 1.0~2.5	0.1~0.15 0.15~0.2 0.2~0.3 0.2~0.3

■ 주요 공식

항 목		공 식	비 고
원통 마찰차	원동차의 원주속도	$v_1 = \dfrac{D_1/1000}{2} \cdot \left(\dfrac{2\pi}{60} N_1\right)$	D_1, D_2 : 지름 $[mm]$ N_1, N_2 : 회전각속도 $[rpm]$
	종동차의 원주속도	$v_2 = \dfrac{D_2/1000}{2} \cdot \left(\dfrac{2\pi}{60} N_2\right)$	
	원동차에 대한 종동차의 회전 각속도비	$i = \dfrac{N_2}{N_1} = \dfrac{D_1}{D_2}$	
	마찰차의 두 축간의 중심거리(외접)	$C = (D_1 + D_2)/2$	
	마찰차의 두 축간의 중심거리(내접)	$C = (D_2 - D_1)/2$	※ $D_2 > D_1$ 일 때
	마찰차의 전달동력	$H'[kW] = \dfrac{F[kg_f] \cdot v[m/s]}{102}$ $H'[PS] = \dfrac{F[kg_f] \cdot v[m/s]}{75}$	$v[m/s]$: 원주속도 $F[kg_f]$: 회전력
	마찰차의 너비	$b \geq \dfrac{Q}{p_0}$	p_0 : 단위길이당 허용 수직힘
홈붙이 마찰차	전달동력	$H'[kW] = \dfrac{F[kg_f] \cdot v[m/s]}{102}$ $H'[PS] = \dfrac{F[kg_f] \cdot v[m/s]}{75}$	
	홈의 각도	$2\alpha = 30^\circ \sim 40^\circ$	각도 α가 작을수록 상당마찰계수 μ' 값이 커진다.
	홈의 깊이	$h = 0.94\sqrt{\mu' P}$	$h[mm]$ $p[kg_f]$
	홈의 수	$Z \geq \dfrac{Q}{2h \cdot p_0}$	홈의 수는 5~6개 권장
원추 마찰차	회전속도비	$i = \dfrac{N_2}{N_1} = \dfrac{w_2}{w_1} = \dfrac{D_1}{D_2} = \dfrac{\sin\alpha}{\sin\beta}$	D_1, D_2 : 지름 $[mm]$ N_1, N_2 : 회전각속도 $[rpm]$
	원추각	$\tan\delta_1 = \dfrac{\sin\Sigma}{\cos\Sigma + \dfrac{N_1}{N_2}}$ $\tan\delta_2 = \dfrac{\sin\Sigma}{\cos\Sigma + \dfrac{N_2}{N_1}}$	
	두 축이 이루는 축각이 90° 인 경우 각속도비	$i = \dfrac{N_2}{N_1} = \tan\delta_1 = \dfrac{1}{\tan\delta_2}$	$\Sigma = \delta_1 + \delta_2 = 90^\circ$
	전달 동력	$H'[kW] = \dfrac{F[kg_f] \cdot v[m/s]}{102}$ $H'[PS] = \dfrac{F[kg_f] \cdot v[m/s]}{75}$	
	접촉면 너비	$b \geq \dfrac{Q}{p_0}$	p_0 : 단위길이당 허용 수직힘

2. 기어전동

■ 기어를 돌리는 힘

$$F = \frac{102p}{v} [kg] \qquad F = \sigma_b \cdot b \cdot my \qquad \sigma_b = f_v \cdot f_w \cdot \sigma_0$$

■ 스퍼 기어의 치형 계수 y의 값

잇수(Z)	표준기어				스퍼 표준기어	
	압력각 α=14.5°		압력각 α=20°		압력각 α=20°	
	y	(y)	y	(y)	y	(y)
12	0.237	0.355	0.277	0.415	0.338	0.496
13	0.249	0.377	0.292	0.443	0.350	0.515
14	0.261	0.399	0.308	0.468	0.365	0.540
15	0.270	0.415	0.319	0.490	0.374	0.556
16	0.279	0.430	0.325	0.503	0.386	0.578
17	0.288	0.446	0.330	0.512	0.391	0.587
18	0.293	0.459	0.335	0.522	0.399	0.603
19	0.299	0.471	0.340	0.534	0.409	0.616
20	0.305	0.481	0.346	0.543	0.415	0.628
21	0.311	0.490	0.352	0.553	0.420	0.638
22	0.313	0.496	0.354	0.559	0.426	0.647
24	0.318	0.509	0.359	0.572	0.434	0.663
26	0.327	0.522	0.367	0.587	0.443	0.679
28	0.332	0.534	0.372	0.597	0.448	0.688
30	0.334	0.540	0.377	0.606	0.453	0.697
34	0.342	0.553	0.388	0.628	0.461	0.713
38	0.347	0.565	0.400	0.650	0.469	0.729
43	0.352	0.575	0.411	0.672	0.474	0.738
50	0.357	0.587	0.422	0.694	0.486	0.757
60	0.365	0.603	0.433	0.713	0.493	0.773
75	0.369	0.613	0.443	0.735	0.504	0.792
100	0.374	0.622	0.454	0.757	0.512	0.807
150	0.378	0.635	0.464	0.779	0.523	0.829
300	0.385	0.650	0.474	0.801	0.536	0.855
래크	0.390	0.660	0.484	0.823	0.550	0.880

■ 기어재료의 허용 휨 응력 δ_0 의 값

종 류	기 호	인장강도 σ [kg/mm]	경 도 (HB)	허용 응력 δ_0 [kg/mm^2]
주철	GC150 GC200 GC250 GC300	〉15 〉20 〉25 〉30	140~160 160~180 180~240 190~240	7 9 11 13
주강	SC410 SC450 SC480	〉42 〉46 〉49	140 160 190	12 19 20
기계구조용 탄소강	SM25C SM35C SM45C	〉45 〉52 〉58	123~183 149~207 167~229	21 26 30
표면경화강	SM15CK SNC815 SNC836	〉50 〉80 〉100	유냉400 수냉600	30 35~40 40~55
니켈크로뮴강	SNC236 SNC415 SNC631	〉75 〉85 〉95	212~255 248~302 269~321	35~40 40~60 40~60
청동 델타메탈 인청동(주물) 니켈-청동(단조)	-	〉18 35~60 19~30 64~90	85 - 70~100 180~260	〉5 10~20 5~7 20~30

■ 속도계수 f_v 의 식

의식	용 도
$\frac{3.05}{3.05+v}$	기계가공하지 않은 기어, 거친 기계가공한 기어, 크레인, 윈치, 시멘트 밀 등의 기어 저속도용
$\frac{6.1}{6.1+v}$	기계가공한 기어, 전동기, 전기기관차, 일반기계용 기어 중속도용
$\frac{5.55}{5.55+\sqrt{v}}$	정밀가공한 기어, 형삭, 연삭, 랩 가공한 기어, 증기터빈 송풍기, 고속 기계 등의 기어 고속도용
$\frac{0.75}{1+v}+0.25$	비금속 기어 전동기의 작은 기어, 그 밖의 제조용 기계 등의 기어

■ 하중계수 f_w 의 값

부하 상태	f_w
정하중이 걸리는 경우 변동하중이 걸리는 경우 충격하중이 걸리는 경우	0.8 0.74 0.67

3. 벨트 전동

■ 주요 계산 공식

항 목	공 식	비 고
벨트의 속도	$V=\frac{\pi D_1 N_1}{1000\times 60}\ (m/s)$	
벨트의 속도비	$i=\frac{N_2}{N_1}=\frac{D_1}{D_2}$	N_1 : 원동축 회전각속도[rpm] N_2 : 종동축 회전각속도[rpm]
평행걸기(바로걸기)의 경우 벨트의 길이	$L=2C+\frac{\pi}{2}(D_1+D_2)+\frac{(D_2-D_1)^2}{4C}$	L : 벨트의 길이 D_1 : 원동 풀리의 지름 D_2 : 종동 풀리의 지름
십자걸기(엇걸기)의 경우 벨트의 길이	$L=2C+\frac{\pi}{2}(D_1+D_2)+\frac{(D_2+D_1)^2}{4C}$	
평행길기(바로걸기)의 경우 축간 중심거리	$C\fallingdotseq\frac{H+\sqrt{H^2-2(D_2-D_1)^2}}{4}$	$C\geq 0.7(D_1+D_2)$ $C\leq 2(D_1+D_2)$
십자걸기(엇걸기)의 경우 축간 중심거리	$C\fallingdotseq\frac{H+\sqrt{H^2-2(D_2+D_1)^2}}{4}$	$H=L-\frac{\pi}{2}(D_2+D_1)$
벨트의 초장력	$T_0=C\cdot\left(\frac{T_t+T_s}{2}\right)$	C : 0.9 ~1
벨트의 유효장력	$T_e=(T_t-mv^2)\frac{e^{\mu\theta}-1}{e\mu\theta}$	
벨트의 전달토크	$T=\frac{D}{2}\cdot T_e$	T_e : 유효장력 D : 풀리의 지름
벨트의 최대 전달동력	① $H'=\frac{T_e{}'v}{1000}=\frac{v}{1000}(T_t-mv^2)\frac{e^{\mu\theta}-1}{e^{\mu\theta}}$ ② $H'=\frac{T_e v}{102}=\frac{v}{102}(T_t-mv^2)\frac{e^{\mu\theta}-1}{e^{\mu\theta}}$ ③ $H=\frac{T_e v}{75}=\frac{v}{75}(T_t-mv^2)\frac{e^{\mu\theta}-1}{e^{\mu\theta}}$ ④ $H=\frac{T_e{}'v}{735.5}=\frac{v}{735.5}(T_t-mv^2)\frac{e^{\mu\theta}-1}{e^{\mu\theta}}$	아이텔바인 식 H' : 동력 H : 동력 T_e : 유효장력 T_t : 긴장측 인장력 v : 원주속도 m : 단위 길이당 질량

■ 장력비 $\frac{e^{\mu\theta}-1}{e^{\mu\theta}}$ 의 값 μ : 마찰계수, θ : 작은 접촉각

90	0.145	0.270	0.376	0.467	0.544
100	0.160	0.295	0.408	0.502	0.582
110	0.175	0.319	0.438	0.536	0.617
120	0.189	0.342	0.467	0.567	0.649
130	0.203	0.365	0.494	0.596	0.678
140	0.217	0.386	0.520	0.624	0.705
150	0.230	0.408	0.544	0.679	0.730
160	0.244	0.428	0.567	0.673	0.752
170	0.257	0.448	0.589	0.695	0.773
180	0.270	0.467	0.610	0.715	0.792

■ 마찰계수(μ)

재 질		마찰계수(μ)
벨 트	풀 리	
가죽	주철	0.2~0.3
고무	주철	0.2~0.25
무명	주철	0.2~0.3
가죽	목재	0.4

■ V-벨트 1개당 전달동력(kW)

V벨트 모양별	V벨트의 속도(m/sec)			
	5	10	15	20
M	0.25	0.45	0.6	0.7
A	0.45	0.8	1.2	1.3
B	0.75	1.4	2.0	2.2
C	1.25	2.4	3.3	3.8
D	2.5	5.0	6.5	7.5
E	4.0	7.5	10.0	12.0

4. 체인 전동

항 목	공 식	비 고
피치원 지름	$D_p = \frac{p}{\sin(180°/Z)}$	p : 체인의 피치 Z : 스프로킷 휠의 잇수
이끝원 지름	$D_0 = p[0.6 + \cot(180°/Z)]$	
이뿌리원 지름	$D_B = D_p - d_r$	Dp : 피치원 지름 dr : 롤러체인에서 롤러의 외경
이뿌리거리	짝수이인 경우 $D_C = D_B$ 홀수이인 경우 $D_C = D_p \cdot \cos\left(\frac{90°}{Z}\right) - d_r$	Dp : 피치원 지름 D_B : 이뿌리원 지름 dr : 롤러체인에서 롤러의 외경
보스의 최대 지름	$D_H = p\left(\cot\frac{180°}{Z} - 1\right) - 0.76$	p : 체인의 피치 Z : 스프로킷 휠의 잇수
체인의 링크 수	$L \fallingdotseq 2C + \frac{(Z_1+Z_2)p}{2} + \frac{(Z_2-Z_1)^2p^2}{4C\pi^2}$ $L \fallingdotseq 2C + \frac{\pi(D_1+D_2)}{2} + \frac{(D_2-D_1)^2}{4C}$	Z_1, Z_2 : 스프로킷의 잇수 p : 체인의 피치 C : 스프로킷 휠 중심간 거리 D : 스프로킷 휠의 피치원지름
스프로킷 휠의 각속도비	$i = \frac{N_2}{N_1} = \frac{Z_1}{Z_2} = \frac{D_1}{D_2}$	N : 각속도 Z : 스프로킷 휠의 잇수 D : 스프로킷 휠의 피치원지름
체인의 평균속도	$v_m = \frac{\pi DN}{1000 \cdot 60} = \frac{N \cdot p \cdot Z}{60000}$ $[m/s]$	
체인의 전동마력	$H_{PS} = \frac{T_a \cdot v}{735.5}$ $[PS]$ $H_{kW} = \frac{T_a \cdot v}{1000}$ $[kW]$	v : 체인의 평균속도 Ta : 스프로킷 휠의 피치원에 있어서 회전력

27-4 브레이크 · 래치 장치

1. 브레이크

[원주 브레이크]

T : 브레이크 토크 [$N \cdot mm$]
Q : 브레이크의 회전력 [$=(2T/D)\times N$]
F : 브레이크 바퀴와 블록 사이의 마찰계수
D : 브레이크 바퀴의 지름 [mm]
P : 브레이크 바퀴와 블록 사이의 압력 [N]
a, b, c : 브레이크 막대의 치수 [mm]

항 목	공 식	비 고
브레이크 토크	$T=\frac{QD}{2}=\frac{\mu PD}{2}$	단식 블록 브레이크
브레이크 제동력	$Q=\mu' P$	
브레이크 제동력	$Q=2\mu P=2\mu Y\frac{ae}{bd}$	복식 블록 브레이크

[브레이크 블록]

P : 블록을 브레이크 바퀴에 밀어붙이는 힘 [N]
e : 브레이크 블록의 길이 [mm]
A : 브레이크 블록의 마찰면적 [mm^2]
b : 브레이크 블록의 나비[mm]
d : 브레이크 바퀴의 지름[mm]=$2r$

블록과 브레이크 바퀴 사이의 제동압력	$q=\frac{P}{A}=\frac{P}{be}$	[$N/mm^2=Pa$]
브레이크 용량	$735.5H_{PS}=Qv=\mu qAv=\mu Pv$ $H_{PS}=\frac{Qv}{735.5}=\frac{\mu qAv}{735.5}=\frac{\mu Pv}{735.5}$ $H_{kW}=\frac{\mu Pv}{102}$	v : 브레이크 바퀴의 주속 [m/s] Q : 브레이크 바퀴의 제동력 [N] H_{PS} : 제동마력 [PS] H_{kW} : 제동마력 [kW]
마찰면의 단위면적당 일량	$\frac{\mu Pv}{A}=\mu qv\,[N/mm^2 \cdot m/s]$	$\mu\ qv$: 마찰계수 브레이크 압력 [N/mm^2] 속도 [m/s]
브레이크 면적	$A=\frac{735.5H_{PS}}{\mu qv}=\frac{102H_{kW}}{\mu qv}$	

[밴드 브레이크]

$T1, T2$: 밴드 양단의 장력
μ : 밴드와 브레이크 바퀴 사이의 마찰계수
T : 회전 토크
θ : 밴드와 브레이크 바퀴 사이의 접촉각
Q : 브레이크 제동력
F : 조작력

밴드 브레이크의 제동력	$Fl=T_2a$ $F=Q\frac{a}{l}\cdot\frac{1}{e^{\mu\theta}-1}$	단동식 우회전의 경우
	$Fl=T_1a$ $F=Q\frac{a}{l}\cdot\frac{e^{\mu\theta}}{e^{\mu\theta}-1}$	단동식 좌회전의 경우
	$Fl=T_2b-T_1a$ $F=\frac{Q(b-ae^{\mu\theta})}{l(e^{\mu\theta}-1)}$	차동식 우회전의 경우
	$Fl=T_1b-T_2a$ $F=\frac{Q(be^{\mu\theta}-a)}{l(e^{\mu\theta}-1)}$	차동식 좌회전의 경우
	$Fl=T_1a+T_2b$ $F=\frac{Qa(e^{\mu\theta}+1)}{l(e^{\mu\theta}-1)}$	합동식 우회전의 경우
	$Fl=T_1a-T_2a$ $F=\frac{Qa(e^{\mu\theta}-1)}{l(e^{\mu\theta}-1)}$	합동식 좌회전의 경우

2. 래칫과 폴

[래칫휠의 설계]

W : 폴(pawl)에 작용하는 힘 $[N]$
Z : 래칫의 잇수
h : 이의 높이 $[mm]$
e : 이뿌리의 두께 $[mm]$
D : 래칫의 외접원의 지름 $[mm]$
T : 래칫에 작용하는 회전토크 $[N \cdot mm]$
p : 래칫의 이의 피치 $[mm]$
b : 래칫의 나비 $[mm]$
q : 이에 작용하는 압력 $[N/mm^2 = MPa]$

항 목	공 식	비 고
폴에 작용하는 힘	$W = \frac{2T}{D} = \frac{2\pi T}{Zp}$	
이의 높이	$h = 0.35p$	
이뿌리의 두께	$e = 0.5p$	
래칫의 나비	$b = 0.25p$	
이에 작용하는 압력	$p = 3.75\sqrt[3]{\frac{T}{\varnothing Z\sigma_a}}$	$b = 0.25p$ $= 0.5$
래칫의 이의 피치	$p = 4.74\sqrt[3]{\frac{T}{Z\sigma_a}}$	
면압력	$q = \frac{W}{bh}$	q : 5~10 $[MPa]$ 주철 q : 15~30 $[MPa]$ 철강, 단강
모 듈	$m = \frac{p}{\pi}$	피치 : $p = \pi m$ 외접원의 지름 : $D = Zm$

27-5 압력용기와 관로

1. 압력용기

두께가 얇은 원통	
원주 방향의 인장응력	$\sigma_1 = \frac{D \cdot P}{2t}$ $[kg/mm^2]$
축 방향의 인장응력	$\sigma_2 = \frac{D \cdot P}{4t} = \frac{1}{2} \cdot \sigma_1$ $[kg/mm^2]$
원통의 두께	$t = \frac{D \cdot P}{2\sigma_a \cdot \eta} + C$ $[mm]$

두께가 두꺼운 원통	
원주 방향의 최대응력(양쪽 개방)	$\sigma_{\max} = \frac{P(0.7r_1^2 + 1.3r_2^2)}{r_2^2 - r_1^2}$ $[kg/mm^2]$
원통의 두께	$t = \frac{D}{2}\left(\sqrt{\frac{\sigma_a + 0.7p}{\sigma_a - 1.3p}} - 1\right)$ $[mm]$
원주 방향의 응력(양쪽 막힘)	$\sigma_{\max} = \frac{(0.4r_1^2 + 1.3r_2^2)}{r_2^2 - r_1^2}$ $[kg/mm^2]$
원통의 두께	$t = \frac{D}{2}\left(\sqrt{\frac{\sigma_a + 0.4p}{\sigma_a - 1.3p}} - 1\right)$ $[mm]$

2. 관로

두께가 두꺼운 원통	
유량	$Q = A \cdot V_m = \frac{\pi}{4}\left(\frac{D}{1000}\right)^2 \cdot V_m\ [m^3/\mathrm{sec}]$
관의 지름	$D = 1128\sqrt{\frac{Q}{V_m}}$

3. 파이프의 평균 유속(m/s) 및 허용인장응력과 정수

파이프의 종류	평균 유속 V
일반 상수도관	1~2
왕복펌프(흡입관)	0.5~1
왕복펌프(토출관)	1~2
원심펌프관	2.5~3.5
공기파이프	15~20
증기파이프	25~50

파이프의 종류	σ , $[kg/cm^2]$	$[cm]$
주철관	250	0.6 (1-PD/2750)
주강관	600	0.6 (1-PD/6600)
단접관	800	0.1
인발강철판	1000	0.1
동관	200	0.15

memo

Chapter 28

유압기기설계

28-1 유압 시스템의 설계 계산법

■ SI 단위 계산

계산에 필요한 각 부분의 기호는 다음과 같다(다음 그림 참조).

A_H : 헤드측 면적 [mm^2]
D : 피스톤의 지름 [mm]
F : 피스톤의 추력 [N^2]
P : 압력계의 표시 압력 [MPa]
1 [MPa] = 1×10^{-6} [Pa]

A_R : 로드측 면적 [mm^2]
d : 로드의 지름 [mm]
A : 수압 면적 [mm^2]
1 [mm^2] = 1×10^{-6} [m^2]

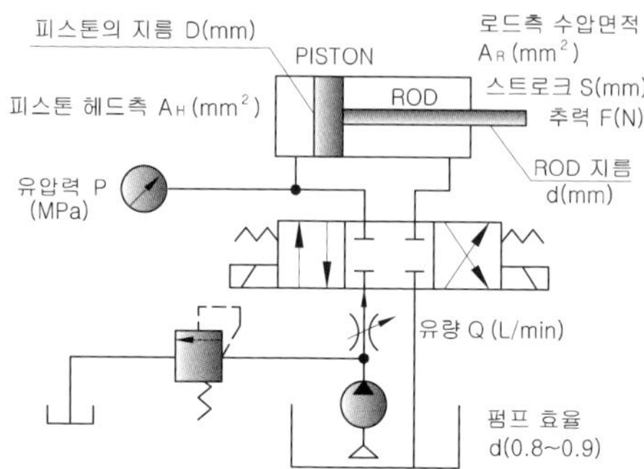

SI단위에서 1Pa란 1m^{2}의 면적에 1N의 힘이 작용한다는 것을 의미한다. 압력계의 표시 압력 1MPa란 Pa의 10^{6}배를 말한다. 또 피스톤의 수압면적 A의 단위도 미터로 맞추기 위하여 mm^{2}의 값을 10^{6}배 한 m^{2}로 고쳐 사용하기로 한다.

1) 피스톤의 수압 면적

① 헤드 측의 면적

헤드측의 면적=$(\frac{\pi}{4})$×피스톤의 지름^2

$$A_H = (\frac{\pi}{4}) \times D^2 \qquad (1)$$

② 로드 측의 면적

로드측의 면적 = $(\frac{\pi}{4})$×(피스톤의 지름^2 − 로드의 지름^2)

$$A_R = (\frac{\pi}{4}) \times (D^2 - d^2) \qquad (2)$$

2) 피스톤의 추력과 수압면적 및 압력의 관계

피스톤의 추력 = 압력계의 표시 압력×수압면적

$$F = P \times A \qquad (3)$$

계산의 단위로서 F의 단위는 N이므로

$$F[N] = (P \times 10^{6} N/m^2) \times (A \times 10^{-6} m^2)$$

이 계산에서는 A의 수압면적 mm^2를 $10^{-6}m^2$로 하고 P의 압력 MPa를 $10^{-6}/m^2$로 하여 곱한다. 압력계의 표시 압력=피스톤의 추력/피스톤의 수압 면적이며, 계산에 들어가기 전에 실린더 피스톤의 추력 F의 단위 N과 Pa의 관계를 보면,

$$1\times10^{-6}N/m^2 = 1\times10^{6}Pa = 1MPa$$

$1N/m^2 = 1Pa$에서 $1N = 1Pa\times m^2$

$$P = F/A \quad (4)$$

수압면적 = 피스톤의 추력/압력계의 표시 압력

$$A = F/P \quad (5)$$

π/4 를 계산하면 0.7850이므로 이하에서는 이 값을 사용한다.

■ 공학 단위 계산

계산에 필요한 각 부분의 기호는 다음과 같다.

A_H : 헤드측 면적 [cm^2]
D : 피스톤의 지름 [cm]
F : 피스톤의 추력 [kgf]
P : 압력계의 표시 압력 [kgf/cm^2]

A_R : 로드측 면적 [cm^2]
d : 로드의 지름 [cm]
A : 수압면적 [cm^2]

공학 단위로 계산할 때는 압력계의 단위가 kgf/cm^2이므로 cm로 계산한다.

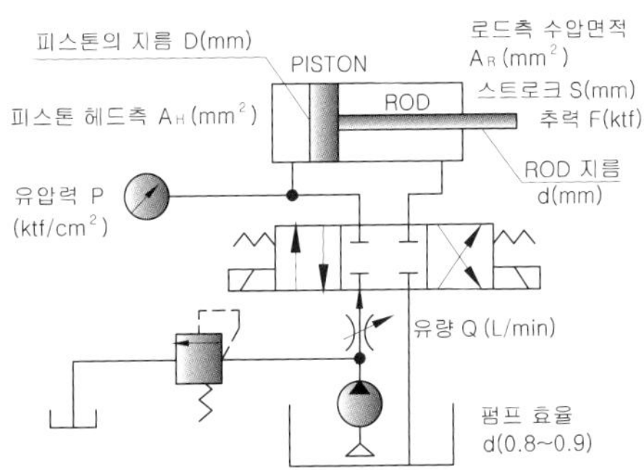

1) 피스톤의 수압 면적

① 헤드 측의 면적

헤드측의 면적=$(\frac{\pi}{4})\times$피스톤의 지름^2

$$A_H = (\frac{\pi}{4})\times D^2 \quad (6)$$

② 로드 측의 면적

로드측의 면적=$(\frac{\pi}{4})\times$(피스톤의 지름^2 − 로드의 지름^2)

$$A_R = (\frac{\pi}{4})\times(D^2-d^2) \quad (7)$$

2) 피스톤의 추력과 수압면적 및 압력의 관계

피스톤의 추력=수압면적×압력계의 표시 압력

$F = P \times A$ (8)

압력계의 표시 압력=피스톤의 추력/수압면적

$P = F/A$ (9)

수압면적=피스톤의 추력/압력계의 표시압력

$A = F/P$ (10)

$\frac{\pi}{4}$를 계산하면 0.785이므로 이하에서는 이 값을 사용한다.

예제

●SI단위 계산

지름 60mm의 피스톤을 갖는 실린더로 1000N의 추력을 내리면 유압력을 얼마로 해야 하는가?

〈풀이〉

실린더의 피스톤 지름은 60mm이다(압력계의 표시압력 MPa란 1Pa의 10^6이다. 또 피스톤의 수압면적 A의 단위를 미터로 맞추기 위하여 mm^2의 값을 10^{-6}배하여 m^2로 고쳐 사용한다).

식(1)에 의하여 헤드측 수압면적

A_H = 0.785×피스톤의 지름^2
= 0.785×60×60
= 2,826 [mm2]
= 2,826×10^{-6} [m^2]

식(4)에 의하여 유압력

P = 피스톤의 추력/수압면적=F/A
= 1000/2826×10^6
= 3.54×10^6 [Pa]
= 3,540 [MPa]

따라서 유압력 3.54 [MPa] 이상을 실린더에 압력유로써 보내도록 압력제어 밸브(릴리프 밸브)에 설정 압력을 세트하면 된다.

●공학단위 계산

지름 60mm의 피스톤을 갖는 실린더로 1,000kgf의 추력을 내려면 유압력을 얼마로 해야 하는가?

〈풀이〉

실린더의 피스톤 지름은 60mm, 즉 6cm이다. 공학단위로 계산할 때는 압력계의 단위가 kgf/cm^2이므로 cm로 계산한다.

식(6)에 의하여 헤드측 수압면적

A_H = 0.785×피스톤의 지름^2
= 0.785×6×6
= 0.785×36
= 28.26 [cm^2]

식(9)에 의하여 유압력=피스톤의 추력/수압면적

F/A = 1,000/28.26
= 35.4 [kgf/cm^2]

따라서 유압력 35.4kgf/cm^2 이상을 실린더에 압력유로써 보내도록 압력제어 밸브(릴리프 밸브)에 설정 압력을 세트하면 된다.

3) 실린더에 있어서 피스톤 로드의 속도와 유량의 관계

① SI 단위 계산

피스톤 로드의 속도가 스트로크/시간으로 표시되었을 때, 예를 들면 3000mm/4초, 5000mm/10초, 6000mm/3분과 같은 경우, [초]는 [분]으로 고치고 스트로크는 mm로 계산한다.
다음 식과 같이 스트로크에 필요한 시간이 [초]로 표시되었을 때는,

$$Q = A \times S(\frac{60}{T}) \times (\frac{1}{10^6}) \qquad (11)$$

Q : 유량 [l /min]
A : 피스톤의 수압면적 [mm^2]
S : 로드의 스트로크 [mm]
T : 스트로크에 필요한 시간 [S]

이 식을 보면 $S(60/T)$는 1분간에 이동하는 스트로크의 길이를 나타내고 있다. 또 $1/10^{-6}$을 곱하고 있는데 이것은 A [mm^2]와 스트로크의 길이 S [mm]이고 유량은 [mm^3]으로서 10^6으로 나눈 것은 [mm^3]을 리터 [l]로 고치기 위한 것이다.

② 공학 단위 계산

피스톤 로드의 속도가 스트로크/시간으로 표시되었을 때, 예를 들면 300cm/4초, 500cm/10초, 6m/3분과 같은 경우, [초]는 [분]으로 고치고 스트로크는 cm로 계산한다.

다음 식과 같이 스트로크에 필요한 시간이 [초]로 표시되었을 때는,

$$Q = A \times S(\frac{60}{T}) \times (\frac{1}{1000}) \qquad (12)$$

Q : 유량 [l /min]
A : 피스톤의 수압면적 [mm^2]
S : 로드의 스트로크 [mm]
T : 스트로크에 필요한 시간 [S]

이 식을 보면 $S(60/T)$는 1분간에 이동하는 스트로크의 길이를 나타내고 있다. 또 $1/10^{-6}$을 곱하고 있는데 이것은 A [mm^2]와 스트로크의 길이 S [mm]이고 1,000으로 나눈 것은 [cm^3]를 리터 [l]로 고치기 위한 것이다.

예제

● 피스톤 지름 60mm의 실린더로 로드 스트로크 300mm, 1스트로크에 소요되는 시간을 4초라 할 때 매분당 필요한 유량을 구하라.

〈풀이〉
지름 60mm의 피스톤 수압면적은 앞의 문제와 같으므로 28.26cm^2이다.
다음에 식(12)에 의하여

유량 Q =피스톤의 수압면적×로드의 스트로크×(60/스트로크에 소요되는 시간)×(1/1000)

$$= A \times S(\frac{60}{T}) \times (\frac{1}{1000}) = 28.26 \times 30 \times (\frac{60}{T}) \times \frac{1}{1000} = 12.717 \ [l/min]$$

따라서 1분간에 필요한 유량은 12.717 l 이다.

4) 유량과 압력 및 축동력의 관계

1W의 동력은 매초 1J의 일을 하는 일률을 말하며, 1J의 일이란 1N의 힘이 작용하여 1m의 거리를 움직이는 것을 말한다.

$$1\,[W] = 1\,[J/S] = 1\,[N \cdot m/s]$$

유압력 P와 유량 Q를 곱한 것을 유체동력이라 하고 유압의 일률의 크기를 나타낸다. 유압은 유압 펌프를 전동기 등에 의하여 회전시킴으로써 만들어지는데 유압펌프에는 회전 슬라이드 부분의 마찰에 의하여 누설되는 용적 손실이 따르므로 전동기의 동력은 유압의 유체 동력보다 클 필요가 있다. 유체 동력으로 바뀌는 비율을 펌프 효율 η 라 하는데 보통, 80~90%의 값을 나타낸다. 전동기가 내는 동력을 축동력이라 하며 유압의 유체 동력을 펌프 효율 η 로 나누면 축동력을 산출할 수 있다.

① SI 단위 계산

P : 유압력 [MPa]
Q : 유량 [l /min]
η : 펌프 효율 0.8~0.9

축동력 N_1[kW]의 계산식은 다음과 같이 된다.

$$\begin{aligned}
N_1 &= P \times 10^{-6}\ [Pa] \times Q\ [l/min] \times (\,l/\eta\,) \\
&= P \times 10^{4}\ [N/m^2] \times Q \times 10^{-3}\ [m^3]/60[s] \times (\,l/\eta\,) \\
&= P \times Q \times (l/60\eta\,) \times 10^{3}\ [N \cdot m/s] \\
&= P \times Q \times (l/60\eta\,) \times 10^{3}\ [W] \\
&= P \times Q \times (l/60\eta\,)\ [kW] \qquad (13)
\end{aligned}$$

와 같이 마력 표시로 바꿀 수도 있다. 또 동력의 단위에는 마력 [PS]이라는 단위가 있다.
1마력 [PS] = 0.7355 [kW]에 해당하므로

$$\begin{aligned}
N2 &= P \times Q \times (l/60\eta\,) \times [kW] \times 1\ [PS]/0.7355\ [kW] \\
&= P \times Q \times (l/44.1\eta\,)\ [PS] \qquad (14)
\end{aligned}$$

와 같이 마력 표시로 바꿀 수도 있다.

② 공학 단위 계산

공학 단위에 있어서 동력의 단위는 1 kgf · m/s이다.
또 kW와 PS사이에는 75kgf · m/s=0.7355kW=1PS의 관계가 있다.

P : 유압력 [MPa]
Q : 유량 [l /min]
η : 펌프 효율 0.8~0.9

축동력 N_1[kW]의 계산식은 다음과 같이 된다.

$$\begin{aligned}
N_1 &= P[kgf/cm^2] \times Q\ [\,l/min] \times (\,l/\eta\,) \\
&= P \times 10^{4}\ [kgf/cm^2] \times Q \times 10^{-3}/60\ [s] \times (\,l/\eta\,) \\
&= P \times Q \times (l/60\eta\,)\ [kgf \cdot m/s] \\
&= P \times Q \times (l/60\eta\,)\ [kgf \cdot m/s] \times 0.7355 \times [kW]/75\ [kgf \cdot m/s] \\
&= P \times Q(612) \times (1/\eta\,]\ [kW] \qquad (15)
\end{aligned}$$

또 축동력 N_2[PS]의 계산식은 상기한 환산식의 도중에서

$$\begin{aligned}
N_1 &= P \times Q \times (l/60\eta\,)\ [kgf \cdot m/s] \\
&= P \times Q \times (l/60\eta\,)\ [kgf \cdot m/s] \times 1\ [PS]/75\ [kgf \cdot m/s] \\
&= (P \times Q/450) \times (\,l/\eta\,)\ [PS]
\end{aligned}$$

예제

●(SI단위 계산)
실린더의 피스톤 지름 80mm, 로드의 지름 40mm, 스트로크 250mm의 조건에서 10kN [1tf]의 실린더 추력과 실린더로드의 전진에는 3초, 후진에는 2초의 작동을 얻기 위해서는 펌프압력, 오일의 유량, 모터의 축동력은 각각 어떻게 되어야 하는가? 다만, 펌프효율 η =0.8로 한다.

〈풀이〉
식(1)에 의하여
① 피스톤 헤드 측의 수압면적
A_H = $(\pi/4)\times$피스톤의 지름^2= $0.785\times D^2$
= $0.785\times 80\times 80$=5,024 [mm^2]

식(2)에 의하여
② 피스톤 로드 측의 수압면적
A_R = (헤드 측 지름^2 - 로드 측 지름^2)$\times(\pi/4)$
= $(D^2 - d^2)\times 0.785$
= $(80^2 - 40^2)\times 0.785$
= 3,768 [mm^2]

식(4)에 의하여
유압력 P = 추력[N] / 피스톤의 수압면적 [mm^2]
= F/A = 10,000/5,024
≒2 [MPa]

식(11)에 의하여 유량을 구하면,
1분간의 유량 Q=피스톤의 수압면적×로드의 스트로크×(60/스트로크에 소요되는 시간)×($1/10^6$)을 기본식으로 하되 전진과 후진의 두 식으로 나누어 생각해야 한다.
전진에 필요한 1분간의 유량=헤드측 피스톤의 수압면적×로드의 스트로크×(60/3)×($1/10^6$)을 기본식으로 하되 전진과 후진의 두 식으로 나누어 생각해야 한다.

전진에 필요한 1분간의 유량 = 헤드측 피스톤의 수압면적×로드의 스트로크×(60/3)×($1/10^6$)
= $5024\times 250\times 20\times (1/10^6)$
= 25.1 [l/min]

후진에 필요한 1분간의 유량 = 헤드측 피스톤의 수압면적×로드의 스트로크×(60/2)×($1/10^6$)
= $3768\times 250\times 30\times (1/10^6)$
= 28.3 [l/min]

후진에 필요한 유량이 전진의 유량보다 많으므로 유량 조정 밸브의 조정은 후진의 유량에 맞춘다.

다음에는 식(13)에 의하여 축동력을 구한다.
= $(P\times Q)/(60\times\eta)$
= $(2\times 28.3)/(60\times 0.8)$
= 1.18 [kW]

1.18kW이므로 정격 1.5kW의 모터를 선정한다.

1.18kW이므로 정격 1.5kW의 모터를 선정한다. 따라서,
펌프 압력 : 2 [MPa]
모터 동력 : 1.5 [kW]
유량 : 28.3 [l /min]

[참고] : 유압 회로에 의한 압력 손실을 고려하여 릴리프 밸브의 설정 압력을 계산 값보다 약간 높게 세트한다. 또 모터 용량도 어느 정도 여유를 주는 것이 무난하다.

예제

실린더의 피스톤 지름 80mm, 로드의 지름 40mm, 스트로크 250mm의 조건에서 10kN [1tf]의 실린더 추력과 실린더로드의 전진에는 3초, 후진에는 2초의 작동을 얻기 위해서는 펌프압력, 오일의 유량, 모터의 축동력은 각각 어떻게 되어야 하는가? 다만, 펌프효율 η =0.8로 한다.

〈풀이〉

식(6)에 의하여

① 피스톤 헤드 측의 수압면적

A_H = $(\pi/4)\times$ 피스톤의 지름^2

$= 0.785\times D^2$

$= 0.785\times 80\times 80 = 5{,}024\ [mm^2]$

식(7)에 의하여

② 피스톤 로드 측의 수압면적

A_R = (헤드 측 지름^2 - 로드 측 지름^2)$\times(\pi/4)$

$= (D^2 - d^2)\times 0.785$

$= (8^2 - 4^2)\times 0.785$

$= 37.68\ [mm^2]$

식(9)에 의하여

유압력 P = 추력[N] / 피스톤의 수압면적[mm^2]

$= F/A = 1{,}000/50.2$

$\fallingdotseq 20\ [kgf/cm^2]$

식(12)에 의하여 유량을 구하면

1분간의 유량 Q=피스톤의 수압면적×로드의 스트로크×(60/스트로크에 소요되는 시간)×(1/1000)을 기본식으로 하되 전진과 후진의 두 식으로 나누어 생각해야 한다.

전진에 필요한 1분간의 유량=헤드측 피스톤의 수압면적×로드의 스트로크(60/3)×(1/1000)

$=50.2\times 25\times 20\times(1/1000)$

$=25.1[\ l\ /min]$

후진에 필요한 1분간의 유량=헤드측 피스톤의 수압면적×로드의 스트로크(60/2)×(1/1000)

$=37.7\times 25\times 30\times(1/1000)$

$=28.3[\ l\ /min]$

후진에 필요한 유량이 전진의 유량보다 많으므로 유량조정밸브의 조정은 후진의 유량에 맞춘다. 그리고 식(15)에 의하여 축동력을 구한다.

축동력 N_1[kW] = (유압력×유량)/(612×펌프효율)

$= (P\times Q)/(612\times\eta)$

$= (20\times 28.3)/(612\times 0.8)$

$= 1.15[kW]$

1.15kW이므로 정격 1.5kW의 모터를 선정한다. 따라서,

펌프압력 : 20 [kgf/cm^2]

모터동력 : 2.5 [kW]

유량 : 28.3 [l /min]

[참고] : 유압 회로에 의한 압력 손실을 고려하여 릴리프 밸브의 설정 압력을 계산값보다 약간 높게 세팅한다. 또한 모터의 용량도 어느 정도 여유를 주는 것이 무난하다.

28-2 호닝파이프의 두께 및 허용 내압 계산법

호닝은 금속과 비금속 재료에서 파이프의 내면이나 구멍의 내면을 절삭 가공하기 위한 정밀입자 마찰가공이다. 호닝 가공법에 있어서 축방향의 왕복운동과 동시에 회전운동으로 가공함에 따라, 이 두 운동의 속도 조화와 마찰 압력이 가공면의 표면거칠기에 결정적인 영향을 미치며 원주 방향과 절삭 입자의 운동 방향의 각도인 교우각은 10° ~30° 가 표준이다. 특히, 실린더 튜브의 호닝가공면은 적절한 교우각을 지닌 그물망 형태의 교차선(mesh)이 있어야 피스톤이 부드럽게 움직이며 지나치게 면이 매끄러우면 윤활유막이 형성되지 않아 스트립 현상이 발생한다.

호닝파이프는,

1. 재질 : 기계구조용 탄소강 강관 STKM13C

2. 인장강도 : 52 [kg/mm^2 이상]

3. 항복점 : 39 [kg/mm^2 이상]

4. 연신율 : 15% 이상(11, 12호 시험편)

5. 가공 정밀도

1) 면의 조도 : 3s 이하

2) 진직도 : 1 [mm/m]

3) 진원도 : H8 (IT8 등급) 이상

6. 호닝파이프의 강도 및 허용내압

σ : 호닝파이프의 인장강도 52 [kg/mm^2]

S : 호닝파이프의 허용강도(안전율 5배) 52/5= 10.4kg/mm^2

P : 실린더의 사용 압력 [kg/cm^2]

D : 호닝파이프의 안지름 [mm]

t : 호닝파이프의 두께 [mm]

[계산식]

$$S=\frac{PD}{2t}$$

$$P=\frac{2080t}{D}$$

예제 1

● 실린더 파이프 안지름 50mm, 두께 2.5mm인 경우, 허용 내압을 구하시오.

$$P=\frac{2080\times2.5}{50}=104[\mathrm{kg/cm^2}]$$

예제 2

● 실린더 안지름 50mm, 최대사용압력이 140[kg/cm^2]인 경우, 파이프의 두께를 구하시오.

$$t=\frac{P\times D}{2080}=\frac{140\times50}{2080}\fallingdotseq3.37[\mathrm{mm}]$$

memo

memo

memo